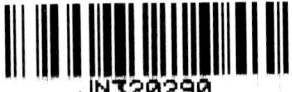

チャールズ・ダーウィン
種の起原

原書
第6版

THE ORIGIN OF SPECIES

BY MEANS OF NATURAL SELECTION,
OR THE
PRESERVATION OF FAVOURED RACES IN THE STRUGGLE
FOR LIFE.

堀 伸夫
堀 大才
[訳]

朝倉書店

『しかし物質界に関しては、我々は少なくとも次のところまで進んで行くことができる——事象は個々の場合に発揮される隔絶した神の力の介在によってではなく、一般法則の確立によって発生することを認めることができる。』

WHEWELL：Bridgewater Treatise.

『「自然的」という言葉の唯一の明瞭な意味は、一定的、固定的あるいは確定的ということである。ゆえに自然的なものは、超自然あるいは奇蹟が一度で効果をあげるのと同様の知的要因、すなわち頻繁にあるいは一定の時間に効果を現す知的要因を要求し、予想する。』

BUTLER：Analogy of Revealed Religion.

『それゆえ結論として、何人をも冷静な私見のなさ、あるいは中庸の誤った適用から、人は神の言葉の書物または神の仕事の書物の中に神学または哲学をあまりに深く探りすぎ、あるいはあまりによく学びすぎるのだと考えたり、主張させたりすることなく、むしろ人を両者の限りない前進または熟達のために努力させよ。』

BACON：Advancement of Learning.

Down, Bechenham, Kent,

目次

本書第一版刊行以前における種の起原に関する学説の沿革の概要

序論 …… 一

第一章 飼育の下での変異 …… 五

変異性の原因――習性と部分の使用不使用の効果――相関変異――遺伝――飼育変種の形質――変種と種を識別することの困難――一種または複数の種に由来する飼育変種の起原――飼育鳩、それらの差異と起原――古代に守られた淘汰の原則とその効果――組織的無意識的淘汰――飼育生物の未知の起原――人為淘汰に好都合な情況

第二章 自然の下での変異 …… 三五

変異性――個体差――疑わしい種――広範囲に豊富に拡散した普通の種は最も多く変異する――各地域において大きい属の種は小さい属の種よりも一層頻繁に変異する――大きい属の多くの種は、その相互関係が同等ではないが非常に密接であり、また分布範囲が制限されていることで変種に似ている――摘要

第三章 生存闘争 …… 五一

自然淘汰との関係――広義に用いられてきたこの用語――増加の幾何級数的比率――帰

化動植物の急速な増加——増加を抑制する性質——普遍的競争——気候の影響——個体の数による防御——自然界を通じての全動植物の複雑な関係——生活のための闘争は同種の個体間および変種間で最も厳しく、しばしば同属の種間でも過酷である——生物と生物の関係はすべての関係の中で最も重要である

第四章　自然淘汰、すなわち最適者の生存……六七
自然淘汰——自然淘汰と人為淘汰との能力の比較——わずかな重要性しかない形質に及ぼす自然淘汰の力——あらゆる年齢と雌雄両性に及ぼす自然淘汰の力——雌雄淘汰——同種の個体間における交雑の普遍性について——自然淘汰の結果に好適な情況と不適な情況、すなわち交雑、隔離、個体の数——緩慢な作用——自然淘汰に起因する絶滅——小地域の棲息物の多様性と帰化に関係した形質の分岐——形質の分岐と絶滅をとおして、共通祖先に由来する子孫に及ぼす自然淘汰の作用——全生物の分類の説明——生物体の進歩——保存されている下等形態——形質の収斂——種の際限のない増加——摘要

第五章　変異の法則……一一五
変化した条件の効果——使用不使用と自然淘汰との協力、飛行と視覚の器官——順化——相関変異——成長の代償と秩序——擬似的相関関係——多様に使用し未発達で下等な有機構造は変異し易い——異常な状態に発達した部分は高度に変異し易い。種的形質は属的形質よりも変異し易い。第二次性徴は変異し易い——同属の種は類似の方法で変異する——久しく失われていた形質への先祖返り——摘要

第六章　この理論の難点……………………………………………………一四五
変容を伴う継承の理論の難点——過渡的変種の欠如または稀なことについて——生活習性の推移——同一種における多様な習性——類縁の種と著しく相違した習性を有する種——極度に完成した器官——転換の様式——難点の事例——自然は飛躍せず——重要性の小さい器官——すべての場合に絶対的に完全な器官はない——自然淘汰の理論によって受け入れられる型の一致の法則と生存条件の法則

第七章　自然淘汰の理論に対する種々の反論……………………………一八三
長寿——変容は必ずしも同時に起こるのではない——直接には役立たないように見える変容——漸進的発達——機能上重要さの小さい形質は最も不変である——有用構造の初期段階を説明するには自然淘汰は無能であるという仮説——自然淘汰を通じての有用構造の獲得を妨げる原因——機能の変化を伴う構造の漸次的移行——同一綱の成員における同一の根源から発達した大きく異なる器官——大きなそして突然の変容を信じない理由

第八章　本　能…………………………………………………………………二二四
習性と比較できるがその起原を異にする本能——漸次的移行をなす本能——アリマキと蟻——変異する本能——飼育本能、その起原——カッコウ、コウウチョウ、ダチョウ、および寄生蜂の自然本能——奴隷を作る蟻——ミツバチ、その巣室を造る本能——本能

と構造の変化は必ずしも同時ではない――本能についての自然淘汰の理論の難点――中性虫すなわち不稔性昆虫――摘要

第九章　雑　種　性　……………………………………二五八
最初の交雑の不稔性と種間雑種の不稔性の区別――普遍的でなく、近親交配によって影響を受け、飼育によって取り除かれる様々な程度の不稔性――種間雑種の不稔性を支配する法則――特別な資質でなく、自然淘汰によって累積されない他の差異に附随する不稔性――最初の交雑の不稔性と種間雑種の不稔性の原因――生活条件の変化の影響と交雑の影響との間の並行関係――二形性と三形性――変種が交雑したときの稔性とそれらの変種間雑種子孫の稔性は普遍的でない――繁殖力と無関係に比較された種間雑種と変種間雑種――摘要

第十章　地質学的記録の不完全について　……………………二九一
現在、中間変種が存在しないことについて――絶滅した中間変種の性質およびその数について――浸食と堆積の割合から推測した時間の経過について――年数で見積もった時間の経過について――古生物学的収集の貧弱なことについて――地質累層の断続について――花崗岩地帯の浸食について――どの累層にも中間変種が存在しないことについて――種の群の突然の出現について――化石を含むことが判明している地層の最下層に突然種の群が現れることについて――生物が棲息し得た地球の古さ

第十一章　生物の地史的遷移について……三二〇
新種がゆっくりと連続的に出現することについて――彼らの変化の異なる進度について――一度失われた種は再現しない――種の群の出現と消滅は単一の種と同様一般的規則に従う――絶滅について――世界を通じて生命形態が一斉に変化することについて――絶滅種相互の、および絶滅種と現存種の類縁性について――古代形態の発達状態について――同一区域内の同一型の遷移について――前章および本章の摘要

第十二章　地理的分布……三四八
現在の分布は物理的条件の差異によって説明することはできない――障壁の重要性――同一大陸の生物の類縁性――創造の中心――気候と陸地の水準の変化および偶然的方法による拡散の方法――氷河時代の間の拡散――北と南とで交替する氷河時代

第十三章　地理的分布――続き……三七七
淡水生物の分布――大洋島の棲息物について――両棲類と陸棲哺乳類の欠けていること――島の棲息物と最も近い本土の棲息物との関係について――最も近い源からの移住とその後の変容について――前章および本章の摘要

第十四章　生物相互の類縁関係、形態学、発生学、痕跡器官……三九八
分類、群に従属する群――自然分類法――変容を伴う継承の理論によって説明される分類上の規則と困難――変種の分類――分類に常に用いられる継承――相似的または適応

的形質――一般的な、複雑な、そして放射的な類縁性――絶滅は群を分離し明確にする――同一綱の成員間と同一個体の部分間の形態学――幼年期に生ぜず対応する成長期に遺伝する変異によって説明される発生学の法則――痕跡器官、その起原の説明――摘要

第十五章　要約および結論……四四三
自然淘汰の理論に対する反論の要約――この理論に有利な一般的および特別な情況の要約――種の不変性に対する一般的信念の理由――自然淘汰の理論はどこまで展開できるか――博物学の研究にこの理論を採用する効果――結論的意見

本書に用いられた主要な科学用語の解説……四七一

原著第六版における増補と訂正の内容……四八五

訳者あとがき……四八七

本書第一版刊行以前における種の起原に関する学説の沿革の概要

私はここに、種の起原に関する学説の沿革を簡単に述べておく。最近まで博物学者の大多数は、種は不変の生成物であって、各々別々に創造されたものであると信じていた。この見解は多くの著述家により巧みに擁護されてきた。一方、ある少数の博物学者だけは、種は変容を受けるものであること、現存の生命形態は先行形態の真実の世代連続による子孫であることを信じてきたのである。古典的な著述家でこの問題を暗に論じたものもあるが（註）それはしばらくおくとして、近代で科学的精神に立脚してこの問題を論じた最初の著述家はビュフォン（Buffon）であった。しかし彼の意見は時によって甚だしい変動があり、その上彼は種の変化の原因や方法に論及しなかったから、私はここに彼の説を詳しく説明する必要を認めない。

（註）アリストテレスはその『医術診療』Physicae Auscultationes(第二巻第八章第二節)において、雨は穀物を生長させるために降るものでもないし、また農夫が外で脱穀した穀物を腐らせるために降るものでもないことを説いた後に、これと同じ論法を生物体に適用し次のように附言している(初めて私にこの一節を示してくれたクレア・グリース(Clair Grece)氏の訳による)。『ゆえに〔身体の〕異なった部分が、自然において単なる偶然的な関係しかもたないことに何の妨げがあろうか? 例えば歯はそれぞれの必要に応じて生じ、前歯は鋭くて嚙み切るのに適しており、臼歯は平らで食物を咀嚼するのに有用である。しかしそれらはこのために造られたのではなく偶然の結果である。ある目的に適応しているように見える他の部分も同様である。従って一緒にあるすべての物(すなわち一つの全体のすべての部分)があたかも何かの目的で造られたかのように見えるところではどこでも、これらは内的自然発生によって適当に造られたために保存されたのであって、事物がこのように造られなかったものはすべて消滅し今も消滅している。』我々はこれによって自然淘汰の原理が影を映し出していたことを知るのであるが、しかしこの原理に対するアリストテレスの理解がいかに不十分であったかは、歯の構成に関する彼の説明が示している。

ラマルク（Lamarck）はこの主題に関する彼の結論によって大いに〔世人の〕注意を喚起した最初の人である。この正しく高名な博物学者は一八〇一年に初めてその見解を公にした。彼は一八〇九年に『動物哲学』(Philosophie Zoologique)において、続いて一八一五年にその『無脊椎動物誌』(Hist. Nat. des Animaux sans Vertêbres)の序論においてその見解をさらにずっと拡張した。これらの著書において、彼は人類を含む〔一切の〕種は他の種から由来したのであるという説を支持する。彼は初めて、無機的世界と同様に生物のすべての変化は法則の結果であって、奇蹟が介在したのではないということの可能性に注意を喚起し、優れた功績を立てた。ラマルクが種の漸次的変化の結論に達したのは、主として種と変種を区別することの困難性、ある群における形態のほとんど完全な漸次的移行、および飼育生物からの類推によるらしい。変化の方法に関しては、その幾らかを生活の物理的条件の直接作用に、幾らかを既存の形態の交雑に、そしてその大部分を使用および不使用、すなわち習性の効果に起因すると考えた。彼は自然における見事な適応――例えば木の枝を食うためのキリンの長い首――のすべてを使用および不使用の作用に起因させているようである。しかし彼はまた進歩的発達の法則をも信じていたので、一切の生命形態は進歩する傾向があるということから、現在の単純な生物の存在を説明するために、このような形態は今も自然発生していると主張する。(註)

(註)私はラマルクが初めてこの説を公にした日附を、イジドール・ジョフロワ・サンティレール(Isid. Geoffroy Saint-Hilaire)のこの主題に関する卓越した学説史(博物学通論 Hist. Nat. Gênérale 第二巻、四百五頁、一八五九年)から得た。この書には同じ主題に関するビュフォンの結論について詳しい説明が載っている。奇妙なことは私の祖父エラズマス・ダーウィン(Erasmus Darwin)博士が、一七九四年に公にした『動物生理学』(Zoonomia 第一巻、五百頁―五百十頁)において、ラマルクの見解とその誤った論拠とに大部分先鞭をつけていることである。イジドール・ジョフロワによるとゲーテ(Goethe)もまた類似の見解の急進的な同志であったことは疑いなく、それは一七九四年と一七九五年に書かれたがずっと後まで刊行されなかったある著作の序論の中に見られる。すなわち彼は、博物学者の将来の問題は、例えば牛がどのようにして角を得たかということであって、何のために用いられるかということではない、ということを明確に説いている(カール・メーディンク博士著『自然科学者としてのゲーテ』'Goethe als Naturforscher' von Dr. Karl Meding 三十四頁)。このようにドイツではゲーテ、イギリスではダーウィン博士、フランスでは(すぐ後で述べるように)ジョフロワ・サンティレールが、一七九四年から一七九五年の間に、種の起原に関する同様の結論に達し

たということは、ほとんど同時に類似の見解が出たやゝ珍しい一例である。

ジョフロワ・サンティレールは、彼の息子によって書かれた彼の『生涯』に述べられているように、早くも一七九五年において、我々が種とよんでいるものは同じ型の種々の変質ではないかと想像していた。万物の起原以来同じ形態が永続してきたのではないという確信は一八二八年まで刊行されなかった。ジョフロワは、変化の原因は主として生活条件すなわち『環境』にあるとしていたらしい。彼は結論を下すことに用心深かったし、また現存の種が現に変化を受けつつあるとは信じなかった。そして彼の息子は『従ってよしんば将来この問題が論じられなければならないとしても、それはそっくり将来に残しておくべき問題である。』と附記している。

一八一三年にW・C・ウェルズ（Wells）博士は、『皮膚の一部が黒人に似ている白人の一女性に関する報告』を王立協会（the Royal Society）で朗読した。けれどもこの論文は彼の有名な『涙および単視に関する二論説』（Two Essays upon Dew and Single Vision）が一八一八年に現れるまで刊行されなかった。この論文で彼は自然淘汰の原則をはっきり認めている。そしてこれはこの原則の認識を示した最初のものである。けれども彼はこれを単に人類の種族、および形質のみに適用したにすぎなかった。彼は黒人および黒白混血児がある熱帯病に免疫性をもつことを説明したのち、まず一切の動物がある程度変異する傾向のあること、次に農業家が選択によってその飼育動物を改良することを述べている。そして彼は次のように附言する。この後者の場合に『人為的に』行われることは『自然によっても、より緩慢ではあるが同様の効果をもって行われているように思われる。そして居住する地域に適した人類の変種を造るのである。アフリカの中部地方に散在していたごく少数の人類の中から偶然に幾つかの変種が現れ、そのうちのあるものは他のものよりその地域の風土病に対して抵抗力が強かったに違いない。従ってこの人種は増加したのに対し、他のものは減少したであろう。これは単に彼らが病気の襲来に抵抗力がないというばかりでなく、また強健な隣人との競争にも無力だったからである。私はこの強健な人種の色が、前述の理由から当然黒色であったろうと思う。しかし変種を形成した同じ傾向がその後も存在したので、時とともにますます色の黒い種族が現れてきたであろう。そしてその最も黒いものが最もよくその気候風土に適しているところから、ついにこれがその特定の地域において、唯一の人種とはならないまでも、最も優勢な人種となったであろう。』そして彼はこれと同じ見解を寒冷気候に住む白色人種にまで及ぼしている。ウェルズ博士の著書における上記の一節に対してブレイス（Brace）氏を介して私の注意をうながしてくれたことについて、私は合衆国のラウリ（Rowley）氏に感謝する。

　後にマンチェスターの主任司祭となったW・ハーバート（Herbert）尊師は、一八二二年の『園芸会報』（Horticultural Transactions）第四巻、および彼の著作『ヒガンバナ科』（Amaryllidaceae 一八三七年、十九頁および三百三十九頁）において、『園芸的実験は、植物の種が変種の一層高く一層永続的な一類にすぎないことを証明しており、反駁の余地はない。』と言明している。彼はこれと同じ見解を動物にも及ぼしている。この主任司祭は、それぞれの属の個々の種は本来極めて変化し易い状態に造られ、これらが主として異種交配により、また変種も加わって、あらゆる現存の種を産出したのであると信じている。

　一八二六年にグラント（Grant）教授はヌマカイメン（Spongilla）に関する有名な論文の末節（エディンバラ哲学紀要 Edinburgh Philosophical Journal 第十四巻、二百八十三頁）で、種は他の種から由来したものであり、また変容の過程において改良されたものであるという所信をはっきり表明している。これと同じ見解が、一八三四年の『ランセット』（Lancet）誌に公表された第五十五回講義にも出ている。

　一八三一年にパトリック・マシュウ（Patrick Matthew）氏は『艦材と樹木栽培』（Naval Timber and Arboriculture）という著書を出し、その中で氏は種の起原に関して、[1]ウォレス（Wallace）氏および私が『リンネ学会誌』（Linnean Journal）に提出し（このことは後述する）、また本書に増補して述べられているものと全く同一の見解を述べている。不幸にしてマシュウ氏は別の課題の著書の附録の中で、しかも飛び飛びの節にごく簡単にこの見解を述べているので、一八六〇年四月七日の『園芸家新聞』（Gardener's Chronicle）の中で氏自身がこれを注意するまでは気づかれないままであった。マシュウ氏の見解と私の見解が違っているところは大して重要なものではない。氏は、連続する時代の中で世界は生物が激減し、そして再び貯えられたのだ、と考えるらしい。そして氏は、新しい形態は『過去の生物群の何らの鋳型も胚種もなしに』産出され得る、という道を選んでいる。私は氏の文章のある個所を誤解していないとも限らない。しかし氏は生活条件の直接作用に大きく影響されると考えているようである。とはいえ氏は自然淘汰の原理の十分な力を明白に認めていた。

高名な地質学者でまた博物学者であるフォン・ブーフ（Von Buch）はその名著『カナリー諸島自然誌』（Description Physique des Isles Canaries 一八三六年、百四十七頁）において、変種は徐々に永久の種と変わり、遂に異種交配が不可能になる、とその所信を明瞭に述べている。

ラフィネスク（Rafinesque）は一八三六年刊行の『北アメリカの新植物相』（New Flora of North America）に次のように書いている（六頁）。『すべての種がかつては変種であったろう。そして当然、多くの変種は永続的で特有な形質を身につけることによって徐々に種となりつつある。』しかしそのあと（十八頁）に、『属の原型すなわち属の祖先を除いて』と附記している。

一八四三―四四年にホールドマン（Haldeman）教授は（ボストン博物学紀要 Boston Journal of Nat. Hist. U. States 第四巻、四六八頁）種の発達および変容の仮説に対する賛否の両論を巧みに紹介している。彼は変化説のほうに傾いているようである。

『創造の痕跡』（Vestiges of Creation）は一八四四年に世に出た。その大改訂された第十版（一八五三年）で、この匿名の著者は次のように述べている（百五十五頁）。『深い考察の後に次のような判断に達した。すなわち生物の数多くの系列は、最も簡単で最も古いものから最も高等で最も新しいものに至るまで、神の摂理のもとで、第一に、衝撃が生命形態に与えられたことの結果である。その衝撃は一定の時間に、最高の双子葉植物および脊椎動物に終わる生物の階級をとおして、世代連続により彼らを前進させるのである。これらの階級は数が少なく、一般に有機的形質の隔たりによって区分されるので、我々が相互の類縁を確かめるのに実際上の困難を感じるのである。第二に、生命力と結びついている他の衝撃の結果である。この衝撃は食物、棲息地の状態、また気象的要因のような外界の環境に応じて、有機的構造を世代経過の間に変容させるのであって、これは自然神学者のいわゆる「適応」である。』この著者は、生物体は突然の変化によって進歩するが、生活条件から生じる効果は緩慢であることを信じているように見える。彼は種が不変のものでないという一般的基本問題を力強く主張している。けれども私はこの仮定された二つの『衝撃』がどのようにしてこの自然界の至るところに見られる多くの見事な相互適応を科学的に説明するのか分からない。例えば、キツツキがどうしてその特異な生活習性に適応するようになったか、ということについての何らかの洞察がこれによって得られるとは思えないのである。この書は古い版では正確な知識がほとんどなく、しかも科学的な慎重さを甚だしく欠いていたにもかかわらず、その力強い華やかな文体によってすぐに広く流布した。私の見解では、この書は我が国〔英国〕において、この主題に注意を喚起し、偏見を排除して類似の見解を受け入れる基盤を整えた点で卓越した貢献をしたのである。

一八四六年に老練な地質学者J・ドマリウス・ダロア（d'Omalius d'Halloy）氏は、短いけれども卓越した一論文（Bulletins de l'Acad. Roy. Bruxelles 第十三巻、五百八十一頁）において、新しい種は各々別々に創造されたとするよりは、変容を伴う継承により造られたと見るほうがより確からしいという意見を公にした。この著者が最初にこの意見を発表したのは一八三一年であった。

オウエン（Owen）教授は一八四九年（肢の性質 Nature of Limbs 八十六頁）、次のように書いた。『原型の観念は、今実際にそれを例示しているこれらの動物の種の存在よりはるかに先立って、この地球上で、このような様々な変容の下に現実に肉体化していたのである。我々はこのような有機的現象の秩序ある変遷と進歩とが、どのような自然法則または二次的原因に基づくのであるか、についてはまだ無知である。』彼は一八五八年に、英国学会（British Association）の講演で『創造力の連続的作用の原理、あるいは生物の規定された生成の原理』について語っている（五十一頁）。さらに進んで（九十頁）地理上の分布に言及したのち『これらの現象は、ニュージーランドのキーウイ（Apteryx）やイングランドのアカライチョウがそれぞれの島のためにそれぞれ別々に創造されたという確信に対する我々の信頼を動揺させる。また「創造」という言葉によって動物学者は「その何であるかを知らない過程」を意味していることを常によく心にとめておかなければならない。』と附言している。教授はさらにこの観念を拡張して次のように附言している。このアカライチョウのような場合を『その鳥がその島で、その島のために別個に創造された証拠として動物学者が数え上げるならば、いかにしてアカライチョウがそこに、しかもそこだけにきて棲むようになったかを彼が知らないことを本質的に表示しているのである。またこのような無知の表し方によって、鳥も島もともにその起原を偉大な最初の創造的原因に負うという彼の信念を示しているのである。』今この講演中の言葉を前後参酌して解釈すると、この著名な哲学者は一八五八年において、キーウイおよびアカライチョウが『どのようにしてだか分からないが、』あるいは『何だか分からない』ある過程によって、各自の郷土に初めて出現したのだという彼の信念の動揺を感じていたように見える。

この講演は、すぐ後に述べるウォレス氏と私の種の起原に関する論文がリンネ学会で朗読された後に行われたものである。この著書の第一版が発行されたときに、私は他の多くの人々と同じく『創造力の連続的作用』という表現から全く誤解して、このオウエン教授を種の不変性を確信している他の古生物学者の仲間に入れてしまった。しかしこれはとんでもない誤解だったようだ(脊椎動物の解剖 Anat. of Vertebrates 第三巻、七百九十六頁)。この書の最終版の中の『疑いもなく基本型は』云々という言葉で始まっている一節（同書第一巻、三十五頁）から私の推定したところでは、そしてこの推定は今でも完全に正しいと思うが、オウエン教授は自然淘汰が新種の形成にある程度力のあったことを認めている。けれどもこれは不正確で証拠もないように見える(同書第三巻、七百九十八頁)。私はまたオウエン教授と『ロンドン評論』（London Review）編集者との書簡の若干を抜萃したことがある。これによるとオウエン教授が私に先立って自然淘汰の理論を公表したと主張していることは、私と同様その編集者にも明らかなように思われた。そして私はこの声明に対して驚きと満足の意を表しておいた。けれども最近になって公刊されたある数節（前掲書第三巻、七百九十八頁）を理解し得る限りにおいては、私は再び部分的にか全面的にか誤解に陥ってしまった。しかし他の人々もまた私と同様に、オウエン教授の論争的なその著作を理解し難く、また互いに一致し難いものと見ていることは私にとっての慰めである。単に自然淘汰の原則を宣言したことだけならば、オウエン教授が私の先であっても、またそうでなくても、そんなことは問うに足りない問題である。何となれば我々は二人とも、この略史ですでに示されたように、ウエルズ博士およびマシュウ氏にずっと先行されてしまっているからである。

イジドール・ジョフロワ・サンティレール氏は一八五〇年に行ったその講演（その大要は一八五一年一月の『動物学評論』Revue et Mag. de Zoolog. に出ている）の中で次のように信じる理由を簡単に述べている。種の形質は『種が同一環境の中に存続する限り各々の種に対して固定されている。周囲の状態が変化すればそれは変わる。』『要するに、野生動物の観察によってすでに種の限られた変異性が証示されている。飼育動物となった野生動物についての、また再び野生に帰った飼育動物についての経験はなお一層明らかにこのことを示している。のみならずこの同じ経験は、こうして生じた差異が属の価値をもつものであり得ることを証明している。』氏の『一般博物学』(Hist. Nat. Générale 第二巻、四百三十頁、一八五九年）にはこれと同様の結論が展開されている。

最近発行されたある回覧文によると、フリーク（Freke）博士は一八五一年に（ダブリン医学雑誌 Dublin Medical Press 三百二十二頁）一切の生物が一つの原始形から由来したものであるという学説を提議したらしい。彼の所信の根拠と主題の扱い方は全く私のものとは違っている。けれどもフリーク博士は現在（一八六一年）『有機的類縁性による種の起原』(Origin of Species by means of Organic Affinity)についての論説を公にしているので、氏の見解の概念を紹介しようという困難な試みは私にとって不必要になった。

ハーバート・スペンサー（Herbert Spencer）氏は一論説（最初 Leader 一八五二年三月号に発表し、一八五八年に彼の Essays に再録した）において、非凡な技量と迫力をもって、生物の創造説と発達説を対照して論じている。氏は、飼育生物からの類推や、幾つかの種の胚が受ける変化や、種と変種を区別することの困難なことや、また一般的漸次的移行の原則から、種の変容したことを論証している。そしてその変容を環境の変化に起因させている。この著者はまた（一八五五年）漸次的移行によって一つ一つの精神力および知能を必然的に獲得するという原則に立って、心理学を論じている。

一八五二年に有名な植物学者ノーダン（Naudin）氏は種の起原に関する賞賛すべき一論文（園芸評論 Revue Horticole 百二頁、後にその一部分は自然科学博物館情報 Nouvelles Archives du Muséum 第一巻、百七十一頁に再録された）において、変種が栽培の下に形成されるのと類似の仕方で種は形成されるという所信を明記している。そして氏は変種が栽培の下に形成される過程を人間の淘汰力に帰している。しかし氏は淘汰が自然界でどのように働くかは示していない。氏は主任司祭ハーバートと同じく、種はその発生期には今より変化し易いものであったと信じている。氏はいわゆる窮極目的の原則に重きを置いている。すなわち『それは神秘な不確定の潜在力である。ある者に対しては宿命であり、またある者に対しては神の意志である。このものの生物に及ぼす連続的作用が、世界の存在のあらゆる時期に、彼らの各々の形や大きさや寿命を、その属する類における運命に応じて決定するのである。各部分を、自然の全体的組織においてそれが果たすべき職分、すなわちそれの存在理由である職分、に適応させることによって全体と調和させるのはこの潜在力である。』（註）

（註）ブロン（Bronn）の『進化の法則に関する研究』（Untersuchungen über die Entwickelungs-Gesetze）の引照によれば、有名な植物学者でまた古生物学者であるウンゲル（Unger）は一八五二年に、種は発達し変容するものであるという所信を公にしたらしい。ドールトン（Dalton）もまた一八二一年に化石のナマケモノに関するパンダー（Pander）との共著の中で同様の所信を表明した。周知の如く、似たような見解がオーケン（Oken）によって、その神秘的な『自然哲学』（Natur-Philosophie）の中にも主張されている。なおゴドロン（Godron）の著書『種について』（Sur l'Espèce）によると、ボーリ・セント・ヴィンセント（Bory st. Vincent）、ブールダッハ（Burdach）、ポアレ（Poiret）、およびフリース（Fries）なども、新種が絶えず発生しつつあることを認めていたらしい。

なおこの略史の中にあげた三十四名の著者は、種の変容を信じ、あるいは少なくとも種が別々に創造されたということを信じない人達であるが、彼らの中の二十七名は博物学または地質学の特殊な部門について著述した人々であることを附言しておこう。

一八五三年に有名な地質学者カイザーリンク（Keyserling）伯爵は（地質学会紀要 Bulletin de la Soc. Géolog. 第二編、第十巻、三百五十七頁）、ある毒気のために発生したと想像される新疾病が起こり全世界に広がったと同様に、ある時代に、当時現存していた種の胚が特殊な性質を有する周囲の分子のために化学的影響を受けて、これによって新しい形態を生じるに至った、ということを示唆した。

同年すなわち一八五三年にシャーフハウゼン（Schaaffhausen) 博士は非常に優れた小冊子（博物学会報 Verhand. des Naturhist. プロイセンラインラント協会 Vereins der Preuss. Rheinlands など）を公にして、その中で地球上の生物の発達を主張している。彼は、多くの種は永い間そのままの形を守ってきたが少数のものは変容したのであると推論している。そして種の区別はその中間的な移行段階の生物が絶滅することによって生じたのだと説明する。『それゆえ現存の動植物は、絶滅したものとは別に新しく創造されたものではなく、継続的生殖作用による彼らの子孫と見なすべきである。』

有名なフランスの植物学者ルコック（Lecoq）氏は、一八五四年に（植物地理に関する研究 Etudes sur Géograph. Bot. 第一巻、二百五十頁）『種の固定あるいは変異に関する我々の研究は、高名に恥じない二人の人物、ジョフロワ・サンティレールおよびゲーテが提唱した観念へとまっすぐに我々を導くことが分かる。』と書いている。ルコック氏の大著の中に散見される他の文章は、氏が種の変容についてどこまでその見解を推し進めていったのかをやや疑わさせる。

『創造の哲学』（Philosophy of Creation）は一八五五年ベイドゥン・パウエル（Badon Powell）尊師によってその『諸世界の調和に関する論集』（Essays on the Unity of Worlds）の中に巧みな手法で論述されたものである。彼が新種の導入は『規則的な、偶然的でない現象』であること、または、ジョン・ハーシェル（John Herschel）卿がいったように、『奇蹟的過程とは対照的に区別される自然的過程』であることを示したその手法ほど印象的なものはない。

『リンネ学会誌』の第三巻には、一八五八年七月一日に[2]ウォレス氏および私の読んだ論文が載っている。この中には、私が本書の序論に書いておいたように、自然淘汰の理論がウォレス氏により驚くべき力と明瞭さをもって公表されている。

すべての動物学者から深く尊敬されているフォン・ベール（Von Baer）は、一八五九年頃、主として地理的分布の法則に基づいて、現在は完全に別異である諸形態も単一な原祖形態から由来したのだという確信を表明した（ルドルフ・ヴァグナー Rudolph Wagner 教授著 動物学的人類学研究 Zoologisch-Anthropologische Untersuchungen 一八六一年、五十一頁参照）。

一八五九年六月に、ハクスリー（Huxley）教授は、王立科学研究所（Royal Institution）で『動物生命の永続型』

(Persistent Types of Animal Life) について講演をした。このような例について彼は次のように述べている。『動植物の各種、もしくは生物体の一つ一つの大きな型が、創造力の別異な働きによって地球の表面に永い時を隔てながら形成され配置されたものと仮定すると、以上のような事実の意味を理解することは困難である。そしてこのような仮説は、自然界の一般的相似性に反すると同様に、伝説または黙示によっても支持されないことを想起すべきである。これと反対に、どんな時代に生存する種も、すべてそれ以前に存在した種の漸次的変容の結果であると想定する仮説――未証明でありその支持者のある者によってひどく損なわれはしたが、それでも生理学が幾らか支持する唯一の仮説――に関連してこの「永続型」を見るならば、これらの存在は、生物が地質時代の間に受けた変容の量は生物が受けた変化の全系列に比べると極めて少量にすぎないことを示すように見えるであろう。』

一八五九年十二月にフッカー(Hooker)博士は、『オーストラリアの植物相概論』(Introduction to the Australian Flora)を発行した。この大著作の最初の部分において、彼は種の継承と変容の真理を認め、多くの独創的観察によってこの説を支持している。

本書の第一版は一八五九年十一月二十四日に、第二版は一八六〇年一月七日に発行された。

訳者注

(1) Alfred Russel Wallace(一八二三―一九一三)。ダーウィンとは別個に自然淘汰の理論を構築した。

(2) ウォレス、ダーウィンともこの時には出席しておらず論文は代読されたものである。しかもウォレスはその当時マレー諸島におり、自分の論文がリンネ学会に提出され読まれたことも知らなかった。

序　論

私は博物学者として英国軍艦『ビーグル』（Beagle）に乗っていたとき，南アメリカに棲んでいる生物の分布について，この大陸の現在の棲息物と過去の棲息物の地質学的関係についての，若干の事実に深い感銘を受けた。これらの事実は本書の後章において述べるが，これこそ種の起原——我らの最大の哲学者の一人が神秘中の神秘とよんだ種の起原——にある光を投げかけるもののように思われた。帰国の後一八三七年に胸に浮かんだ考えは，このことに何らかの関係を有するあらゆる種類の事実を根気よく収集して熟考すれば，あるいはこの問題について何物かが得られるのではないだろうかということであった。私は五年間の研究の後，この主題への理論構成を試み，幾らかの短い覚え書を作成した。一八四四年，私はこれらを敷衍して，私にとって確からしいと思われた結論を略記した。その後今日に至るまで私は着々としてこの主題を追求してきたのである。ここにこんな個人的事柄を述べるのは，私が性急に結論に達したものではないことを示すためであるから，許していただきたい。

私の仕事は今（一八五九年）ほとんど終わった。しかしこれを完成するにはなお多くの年月を要するであろうし，また私の健康がすぐれないために已むを得ずこの抜粋の刊行を急いだのである。これにはさらに特別の理由がある。それは今マレー諸島の博物を研究しているウォレス氏が，種の起原について私とほとんど同様な一般的結論に達したからである。氏は一八五八年にこの主題に関する一論文を私に寄せて，これをチャールズ・ライエル（Charles Lyell）卿に送るように頼んできた。ライエル卿はこれをリンネ学会に提出した。そしてこれは同会会報の第三巻に発表されることになった。C・ライエル卿とフッカー博士はともに私の研究を知っていたので——博士は一八四四年の私の略記を読んでいた——光栄にもウォレス氏の立派な論文と一緒に私の原稿からの簡単な抜粋を公にすることを勧められたのである。

今私の公にする抜粋は当然ながら不完全なものである。

この書において私は多くの記述に典拠と引用をあげることができなかった。それゆえこれについては読者に私の記述の正確なことを信用していただかねばならない。私は常に信頼できる良い典拠にのみ依るように注意したが、もとより幾らかの誤謬は入っているに違いない。この書にはただ私が到達した一般的結論を述べ得ただけで、例証のための事実は少数にとどまった。しかし大抵の場合はこれで十分であると思っている。今後この結論の基礎になっている一切の事実を、その引照とともに詳細に公表しなければならない必要は、誰よりも私自身が最も痛切に感じており、私は将来の著作でこれを果たしたいと思っている。なぜなら、この書の中で論じたことは、一見したところ私の到達した結論と正反対の結論に導くような事実をあげ得ないものはほとんど一つもないことを、私はよく承知しているからである。公平な結果はただ事実を十分述べて比較考量し、双方の問題について議論することのみによって得られるが、ここではそれができないのである。

紙面が足りないために、個人的には知らない人も含む非常に多くの博物学者から受けた豊富な助力に対して、一々感謝の意を表することのできなかったことは、私の最も遺憾とするところである。けれども私はこの機会において、フッカー博士に対して深謝の意を表せずにはいられない。博士は実にこの十五年間ほど、その該博な知識と卓越した判断をもって、あらゆる可能な方法により私を援助してくれたのである。

『種の起原』を考察するに当たって、博物学者が生物相互の類縁や、その発生学的関係や、またその地理的分布、地質系統、その他同様の事実を考慮して、種は独立に創造されたものではなく変種と同様に他の種から由来したものである、という結論に達するだろうことは十分考えられる。けれどもこのような結論は、たとえ十分な根拠があっても、この世界に存在する無数の種が我々の賞賛をよぶ完全な構造と相互適応を得るまでにどのように変容してきたかを説明できるのでなかったならば、不十分であることを免れない。博物学者は常に変異の唯一の可能な原因として、気候とか食物とかの外的条件をあげている。後に述べるような限られた意味においてこれは事実であろう。しかし、例えば樹皮下の昆虫を捕えることに実に巧みに適応した脚、尾、嘴および舌をもつキツツキの構造を、ただ外的条件にのみ帰するのは不合理である。ヤドリギの場合は、その栄養を幾つかの木から得、その種子は鳥類によって運ばれなければならず、またその花は雌雄の区別があるので、昆虫の媒介によって花粉が一つの花から他の花へ運ばれることが絶対に必要である。この寄生植物の構造を、幾つかの異なった生物への関係とともに、外的条件とか植物自身の習性または意志作用とかの効果によって説明するのは同様に不合理である。

それゆえ、変容および相互適応の方法について明瞭な洞察を得ることが最も重要である。私は私の観察の開始に当たって、飼育動物および栽培植物を注意して研究すれば、この不分明な問題を解決する絶好の機会を得るに違いないと思っていた。そして私の予想は外れなかった。この問題の場合にも、その他の当惑させられる場合にも、飼育の下に現れる変異についての我々の知識が、たとえその知識は不完全であっても、いつも最も良好でかつ安全な手掛かりを与えることを発見した。私はこのような研究は、博物学者には一般に軽視されてきたが、価値の高いものであるという確信を敢えてここに表明したい。

以上の考慮により、私はこの抜粋の第一章を『飼育の下での変異』に充てる。これによって我々は大量の遺伝的変容が少なくとも可能であることを知るとともに、またこれと同等かまたはそれ以上に重大なことだが、淘汰(Selection)によって継続的に小さな変異を累積してゆく人間の力がどんなに大きいかが分かるであろう。私は次に自然状態における種の変異性に移る。しかしこの主題を適切に論じるには多くの事実を列挙しなければならないので、遺憾ながら極めて簡単に論じる外ないであろう。けれども我々はどういう状態が変異に最も好都合であるかを検討することはできよう。次の章では、生物の増殖が幾何級数的比率をもって行われることから必然的に起こってくる、世界中の一切の生物の間の『生存闘争』が考察される。これはマルサス(Malthus)の学説を全動植物界に適用したのである。各々の種はその生存可能な数よりはるかに多くの個体を産出する。その結果生存闘争が頻発するので、従ってある生物が、複雑でまた時々変化する生活条件の下で、もし少しでも自己に有利なように変異すれば、その生物は生存の機会をもつことが多くなり、こうして自然に選択されることになる。選択された変種は、遺伝という力強い原則によって、その新しい変容した形態を増殖するようになるであろう。

この基本的主題である『自然淘汰』は第四章においてか

なり詳しく論じるつもりである。そして我々は自然淘汰がいかにして改良の少ない生命形態の多数の『絶滅』をほとんど必然的に招来するのか、またいかにして私のいわゆる『形質の分岐』に導くのかを知るであろう。次の章では複雑でそしてほとんど知られていない変異の諸法則を論じよう。それ以下の五つの章には、この理論を受け入れるに当たっての最も明白で最も重大な難点があげられるであろう。すなわち第一には推移の困難性、つまりいかにして簡単な生物または器官が高度に発達した生物、または精巧な構造を有する器官に変化し完成され得るかということである。第二は『本能』、すなわち動物の精神能力の問題である。第三は『雑種性』、すなわち異種交配したときの種の不稔性と変種の多産性の問題である。第四は『地質学的記録』が不完全なことである。その次の章では時間を通じての生物の地史的遷移を考察し、第十二章および第十三章では空間を通じての生物の地理的分布を、第十四章では生物の分類、あるいは成熟時と胚状態の両者における生物の相互類縁を考察する。最後の章では本書全体の簡単な要約と多少の結論的見解をあげる。

我々の周囲に生存する多くの生物の相互関係について我々が完全に無知であることを認めれば、種および変種の起原についてまだ説明されずに残されているものの多いことに驚くことはない。なぜある種は遠くまで広がりその数も非常に多いのか、またなぜ他の類似の種は狭い分布範囲で数も少ないのか?を誰が説明できよう。しかしこれらの関係は極めて重大なことである。なぜならこれらはこの世界のあらゆる棲息者の現在の繁栄と、私の信じるところによれば将来の成功並びに変容を決定するからである。地球の歴史における過去の幾つかの地質時代における無数の棲息者の相互関係については、我々の知るところはさらに少ない。多くのことは不明であり、また今後も永く不明のままであろうが、私の及ぶ限りの最も慎重な研究と冷静な判断の結果、多くの博物学者が最近まで抱いていた、そして私もかつて抱いていた見解——すなわち各々の種は別々に創造されたという見解——は誤りであることを私は疑うことができない。種は不変ではなく、ある種の変種がその種の子孫と認められるのと同様に、いわゆる同属に属する種は他の、一般的には絶滅した種の直系的子孫であると完全に確信している。さらに『自然淘汰』は変容の手段の唯一のものではないが、最も重要なものであると確信している。

第一章　飼育の下での変異

変異性の原因——習性と部分の使用不使用の効果——相関変異——遺伝——飼育変種の形質——変種と種を識別することの困難——一種または複数の種に由来する飼育変種の起原——飼育鳩、それらの差異と起原——古代に守られた淘汰の原則とその効果——組織的無意識的淘汰——飼育生物の未知の起原——人為淘汰に好都合な情況

変異性の原因

我々が古くから飼育栽培している動植物の同じ変種または亜変種の諸個体を比較するとき、最も強く印象づけられる点の一つは、これらの個体が自然の状態にあるどんな種または変種の個体よりも相互の差異が大きいことである。そして全生涯を全く違った気候および取り扱いの下で飼育栽培され、また変化してきた動植物の甚だしい差異を熟考すると、この大きな変異性は我々の飼育生物が、自然状態に置かれてきた母種の生活条件のように一様でなく、また幾らか違った生活条件の下に育てられた結果であると結論しなければならない。アンドリュー・ナイト（Andrew Knight）は、この変異性は幾らかは過剰な食物に関係しているという見解を出しているが、これにも多少の可能性はある。一つの大変異を生じるには生物が数世代の間新しい条件下に置かれなければならず、また生物体が一度変異し始めると一般的に多くの世代変異を続けるということは明らかなように思われる。変異し易い生物が飼育栽培の下で変異を中止したということはかつて記録にないことである。我々の最も古い栽培植物、例えば小麦のようなものでもなお新変種を生じ、我々の最も古い飼育動物も、今なお急速に改良あるいは変容しているのである。

この主題に長い間心を向けた後に私が到達し得た判断によると、生活条件は二通りの作用を及ぼすようである。生物体全体もしくはある部分だけに対する直接的作用と、生

殖系統に影響する間接的作用である。この直接的作用については、最近ワイスマン（Weismann）教授が主張し、また私が『飼育の下での変異』（Variation under Domestication）という著書において附随的に論じたように、あらゆる場合に二つの要因、すなわち生物体の性質と外的条件の性質があることを記憶しておかなければならない。中でも前者は特に重要なものであるように思われる。なぜなら、我々の判断し得る限りでは、ほとんど同様の変異がしばしば異なる条件の下で起こり、また一方では、異なる変異がほとんど同一のように思われる条件の下で起こるからである。子孫に及ぼす効果は確定的なものもあり不確定なものもある。もし数世代の間ある条件にさらされた個体のすべてあるいはほとんどすべての子孫が同じように変容するときには、それは確定的と見なされよう。このように確定的にひき起こされた変化の程度に関して、何か結論を下すことは非常に困難である。けれども食物の量による大きさ、食物の性質による色彩、そして気候によって生じる皮膚と毛髪の厚さ、濃さ等の多くの軽微な変化についてはほとんど疑うことはできない。鶏の羽毛に見られる限りない変異のそれぞれは、ある有利な原因をもっているに違いない。そしてもし同一の原因が多くの個体の上に、何世代もの永い間一様に作用したとすれば、おそらくこれらは皆同じように変容するであろう。植物の場合、虫こぶを造る虫による微量な毒液の注入の結果変化し易くなり、複雑で異様な副産物を生じるような事実は、樹液の性質の化学的変化からいかに異常な変容が生じ得るかを示している。

不確定な変異性は確定的な変異性に比べて外的条件の変化から生じるはるかに有りふれた現象であり、またおそらく我々の飼育品種の形成に一層重大な役割を果たしている。我々は、同一種の個体を区別する場合のような、そして両親からかまたはやや遠い祖先からの遺伝では説明できない場合のような無数の軽微な特質の中に、不確定な変異性を認める。時として同じ腹の子や同じ朔の実生苗の間に、非常に著しい差異の現れることがある。永い年月の間には、同じ地域でほとんど同じ食物で養われた何百万の個体の中から、奇形ともいえるほどひどく際立った構造の偏向を生じる。しかし奇形を何らか明瞭な境界線によって軽微な変異と区別することはできない。一緒に生活している多くの個体中に現れるこのような構造の変化のすべては、極めて軽微であるか非常に顕著であるかにかかわりなく、生活条件が各個体に及ぼす不確定な効果であると見なすことができる。それは同一の寒さが様々な人に不確定な仕方で影響し、身体の状態または体質に応じて咳や感冒、リューマチあるいは種々の器官の炎症を起こすのとほぼ同様である。

変化した条件の間接作用と私のよんだもの、すなわち生殖系統をとおしての影響については、一部分はこの系統が条件のどんな変化にも極めて敏感であるという事実から、また一部分はケールロイター（Kölreuter）その他の人々が言及したように、別種の交雑から生じる変異性と、動植物が新しいまたは不自然な条件の下で育てられたときに見られる変異性との間の類似性から、変異性がひき起こされる理由を推論することができよう。多くの事実は生殖系統が周囲の条件の非常に些細な変化にいかに著しく影響され易いかということを明らかに示している。ある動物を飼い馴らすことほど容易なことはないが、たとえ雌雄が交尾しても、監禁状態で自由に繁殖させることほど困難なことはほとんどない。その郷土においてほとんど自由な状態に保たれながら、なお子を産まない動物がいかに多いことか！　これは一般に本能が損われたせいになっているが間違いである。多くの栽培植物は最高度の活力を現すが、それにもかかわらず稀にしか、もしくは全く実を結ばないのである！　ある少数の例では、極めて些細な変化、例えばある特定の生長期の水分のわずかな多寡が植物に実を結ぶか結ばないかを決定させる、ということが発見されたのである。私が収集し、他のところで公にしたこの奇妙な課題の詳細を今ここで述べることはできない。しかし監禁状態の動物の生殖を決定する法則がいかに奇異なものであるかを示しておく。食肉動物は、熱帯地方からきたものでさえも、我が国においてかなり自由に監禁状態で繁殖する。ただ例外は蹠行動物すなわちクマ科で、これは稀にしか子を産まない。しかるに猛禽類は、稀に例外はあるが、受精した卵を滅多に産まない。多くの外来植物は最も不稔性の雑種の場合と同じように全く無用な花粉をつける。一方において、飼育動植物がしばしば虚弱多病であるにもかかわらず監禁状態の下で自由に繁殖するのを見るとき、また他方において、幼時に自然状態から引き離され、十分に馴らされかつ長寿で健康であるにもかかわらず（このことについては多くの実例をあげることができる）、ある不明な原因からその生殖系統に甚だしい障害を受けて生殖作用を営み得ない個体を見るとき、生殖系統が監禁状態の下では不規則に働き、また両親と幾らか違った子を産むとしても驚くことはない。ある生物（例えば檻の中に飼われているカイウサギやシロイタチ）は最も不自然な状態の下でも自由に繁殖し、彼らの生殖器官が容易に影響を受けないことを示している。このように、ある動植物は飼育または栽培に堪えて非常にわずかしか――おそらく自然の状態より多くなく――変異しないであろうことを附言しておく。

ある博物学者達は、一切の変異は有性生殖の作用と結びついていると主張している。しかし、これは確かに誤りである。というのは、私は他の著書に園芸家のいわゆる『突然変異植物』――すなわち同じ植物の中で突然新しい、時として他の芽とは非常に形質の異なった一つの芽を生じた植物――の長い目録をあげたことがある。この芽の変異ともいうべきものは、接ぎ木、挿し木等によって、また時としては種子によって増殖させることができる。この現象は自然の下で起ることは稀であるが、栽培の下では決して珍しくない。一様な条件下の同一植物に毎年造られる何千の芽の中から、突然ただ一つの芽が新しい形質を帯びることもあり、また異なる条件下に生長している別の木の芽が時としてほとんど同じ変種を生じることもある。――例えば、モモの木の芽がツバイモモ（nectarine）を生じ、普通のバラの芽がモスローズを生じるなどである。これにより、変異のそれぞれの形態を決定する上で、外的条件の性質は生物の性質に比較して、その重要度が劣っていることは明らかである。――おそらく可燃性物質の塊に点火する火花の性質が燃焼の性質の決定に何ら重要でないようなものであろう。

習性と部分の使用不使用の効果、相関変異、遺伝

ある植物がある気候から他の気候に移されると開花の時期を変えるように、習性の変化は遺伝するある効果を生じる。動物では部分の使用の増加または不使用はより著しい影響を与える。そして私は、骨格全体に対する比率において、アヒルの翼の骨が鴨の同じ骨よりも軽く、脚の骨は重いことを発見した。この変化はアヒルがその野生の先祖よりも飛ぶことが少なく、歩くことが多いせいであることは間違いない。雌牛およびヤギの乳房がいつもその乳を搾っている国では他の国のものに比べて非常に大きく遺伝的に発達しているのも、多分この使用効果の一例であろう。垂れた耳の家畜がいない国はなく、そして耳の垂れているの

はその動物がひどく驚かされることが滅多にないための耳の筋肉の不使用によるものである、という説は確かであろう。

変異を支配する法則は沢山ある。その若干はおぼろげながらも知ることができ、これは後に簡単に論じるであろう。ここではいわゆる相関変異についてのみふれておこう。胎児もしくは幼体における重要な変化は、多分成熟した動物にも変化を遺すであろう。奇形の場合、全く異なった部分の間の相関は非常に奇妙であって、多くの実例がイジドール・ジョフロワ・サンティレールのこの主題に関する大著作中にあげられている。長い四肢がほとんど常に長い頭を伴うものであることを飼育家は信じている。幾つかの相関の例は全く気紛れであり、例えば完全に白色で青い眼の猫は一般につんぼである。もっとも、これは雄に限られていると近頃テイト(Tait)氏が説いている。色と体質上の特質とは相伴うもので、多くの著しい例を動物の中からも植物の中からもあげることができる。ホイジンガー(Heusinger)の収集した事実によると、白色の羊と豚はある植物の害を受けるが、暗色の個体はこれを免れるらしい。ワイマン(Wyman)教授は最近私にこの事実の好適例を知らせてきた。氏はヴァージニアの農夫達に、彼らの豚がどうしてみな黒いのかと尋ねてみたがその答えは、豚はペイント・ルート(Paint-root)(ラクナンテス Lachnanthes)を喰うので、その骨がピンク色に染まって黒色のもの以外はすべて蹄が落ちてしまうのだということであった。そして"Crackers"(すなわちヴァージニアの公有地無断定住者)の一人は『我々は一腹仔の中から黒い奴だけ選んで育てるんです。黒い奴だけが生き延びる見込みを持っていますんでね。』とつけ加えた。毛のない犬は歯が不完全である。長い毛および粗い毛の動物は長い角または多くの角を有する傾向があるといわれている。足に羽のある鳩はその外側の足指の間に膜がある。短い嘴の鳩は足が小さいし、嘴の長いものは足が大きい。従ってもし人間が何らかの特質を選択してそれを増大させるならば、相関という神秘的な法則によって、知らない間に構造の他の部分をも変容させてしまうことはほとんど間違いないであろう。

多様で未知の、あるいはぼんやりとしか理解されていない変異の諸法則の結果は非常に複雑であり多岐である。ヒヤシンス、ジャガイモ、またはダリアなど古くから栽培されている植物についての幾つかの論説を注意して研究するのは十分価値のあることである。そして変種と亜変種において互いにわずかしか異なっていない構造および体質上の無数の点に注意すると実に驚くべきものがある。生物体全体が可塑的になったように見え、その親の型から軽度に離れてゆくのである。

遺伝しない変異は我々にとっては重要でない。しかし、構造上の遺伝可能な偏向の数と多様性は、その生理的重要性の大きいものも小さいものもともに無限である。プロスパー・ルカス（Prosper Lucas）博士の二大冊の論文はこの主題に関する最も完全で最も良いものである。養畜家は一人として遺伝の傾向の強大なことを疑うものはない。似たものは似たものを産むということは彼らの根本信条である。この原則に疑問をはさむ者はただ理論家だけである。何らかの構造上の偏向がしばしば現れて、それが父親にも子にも見られる場合に、両者に同一の原因が作用したのかどうかを言明することはできない。しかし明らかに同じ条件の下にさらされた多くの個体中に、環境のある異常な組み合わせによって何か非常に稀な偏向が親に現れ——例えば何百万の個体中にただ一回——そしてそれが再びその子に現れたとすれば、確率の理論だけからでもその再現は遺伝のせいでなければならぬはずである。白皮症や鮫肌や多毛症などが、同じ家族の数人に現れることは誰でも聞いたことがあるに違いない。もし奇異なそして稀な構造の偏向が本当に遺伝されるとすれば、それよりももっと珍しくなくもっと普通な偏向が遺伝するものであることは率直に認められるであろう。あらゆる形質はすべて遺伝するのが常則で遺伝しないのが変則であるとするのが、おそらくこの主題全体に対する正しい見解であろう。

遺伝を支配する法則は大部分未知である。なぜ同じ種の異なる個体における、または異なる種における同一の特質が時として遺伝し、時として遺伝しないのか。なぜ子供はある形質においてしばしばその祖父または祖母、あるいはさらに遠い祖先に逆戻りするのか。なぜある特質がしばしば一つの性から両性に、またはどちらかの性にのみ伝えられ、しかも普通には、例外もなくはないが、同性に伝えられるのか。これらに対しては誰も答えることができない。飼育品種の雄に現れる特質がしばしば、例外なくあるいははるかに多い割合で雄にのみ伝えられることは、我々にとってかなり重要な事実である。私が信用してもよいと思っているもっとずっと重要な規則は、ある特質が生涯のどのような時期に初めて現れても、それはその子孫の対応する成長期に、時折早いこともあるが、再現する傾向があることである。多くの場合この規則は外れない。例えば牛の角における遺伝的特質は、その仔のほとんど成熟したときにのみ現れる。カイコにおける特質はそれに対応する幼虫もしくはまゆの時代に現れることが知られている。しかし遺伝病やその他の事実によって、私はこの規則が一層広い範囲を有することを信じる。そしてまたなぜ一つの特質がある特別な成長期に現れるかという明白な理由のないときにも、やはり最初親に現れたと同じ時期にその子に現れる傾向のあることを信じる。そして私は、この規則が発生学の法則を説明するのに最も重要なものであることを信じている。もちろんここに説明したことは特質の最初の出現だけに限られているのであって、胚珠もしくは雄の遺伝要素に作用を及ぼした第一次の原因には当てはまらない。それは例えば、長角の雄牛と短角の雌牛の間に生まれた仔牛の角の長さの増大は成長した後に現れるのではあるが、明らかに雄の要素によるというのとほぼ同様である。

　さきに先祖返りのことに言及したので、ここに博物学者がしばしば唱えている説にふれておこう。それは飼育変種を野に放つと、徐々にではあるが例外なく原始祖先の形質に逆戻りするというのである。このことから、飼育品種から演繹して自然の状態にある種を論じることはできない、という議論を生じた。私はこの説がどのような決定的な事実によって、あれほど頻繁に、またあれほど大胆に主張されてきたのかを見つけようとしたが空しい努力であった。この説の真実性を証明するには大きな困難があろう。最も強い特徴を有する飼育変種には、野生生活に堪え得ないものが非常に多いと結論して差しつかえない。多くの場合、我々は原始祖先がどんなものであったかを知らない。従ってほぼ完全な先祖返りが行われたかどうかを語ることができない。異種交配の効果を防ぐためにある一変種だけを新しい居住地に放つことが必要であろう。しかしそれでも、我々の変種は確かに時折その形質の幾らかを祖先の形に逆戻りさせることがあるから、もし多くの世代の間、例えばキャベツの幾つかの品種をひどい痩地に移植することに成功するか、もしくは栽培しなければならなかったとすれば（もっともこの場合には、効果の幾らかは痩地という明確な作用によるものとしなければならないが）、その大部分またはすべてのものさえもが野生の原種に逆戻りすることもあり得ないことではないと思われる。この実験が成功しようとしまいと、それは我々の議論の方向にさほど重要ではない。なぜなら実験そのものによって生活条件が変化するからである。もし我々の飼育変種が強い先祖返りの傾向——すなわち同一条件下にあり、かつ大きな集団を維持しているために相互混和による自由な異種交配がその構造のどんな些細な偏向をも抑止する場合にも、なおそれらが既得の形質を失うほどに強い先祖返りの傾向——を現すことが証明されたとすれば、その場合には私も飼育変種からは種に関する何事も演繹できないことを承認する。しかしこの見解に有利な証拠は微塵もないのである。馬車馬や競走馬、長角や短角の牛、様々な品種の家禽、および食用野菜類を、限りない世代の間繁殖させてゆくことができないと主張するのはすべての経験に反するであろう。

飼育変種の形質、変種と種を識別することの困難、飼育変種の一種または多種からの起原

今もし飼育動植物の遺伝性の変種もしくは品種をとって、これをそのごく近い類縁種と比較して見ると、すでに述べたように、飼育品種ではいずれも一般にその形質の一様性が真の種より少ないことに気づく。飼育品種はしばしば幾らか奇形的な形質をもっている。換言すれば、彼らは幾つかの些細な点において相互に異なり、同一属の他の種とも異なるのであるが、しばしばある一部分において——互いに他と比較したときにも、また特に最も近い類縁の自然種と比較したときにも——極端に異なることがある。これらの例外（および交雑したときの変種の完全な多産性——この問題は後に論じる）を除けば、同一種の飼育品種間の違い方は自然状態にある同一属の近縁の種の間の違い方と似ている。ただし、その違い方は多くの場合後者より少ない。このことは事実として認められなければならない。なぜならば多くの動植物の飼育品種は、ある有能な鑑定家からは別な原種の子孫として分類され、また他の有能な鑑定家からは単なる変種とされるからである。もし判然とした区別が飼育品種と種の間にあったならば、このような疑問がそういつまでもくり返されることはないであろう。飼育品種は属的価値の形質において互いに異なることはない、ということがよくいわれてきた。この説の正しくないことは証明することができる。しかしどういう形質が属的価値を有するかの決定については博物学者の間で大きく異なってい

る。現在このような評価はすべて経験によっている。どのようにして属が自然界で発生したかが説明されたときには、飼育品種の間に属的な差の量をしばしば見出すことは期待すべきでないことが分かるであろう。

近縁の飼育品種の間の構造上の差異の量を測ろうとすると、我々はそれらが一つの母種に由来するのか多くの母種に由来するのかを知らないために、すぐ疑いの中に混乱してしまうのである。もしこの点を明らかにすることができれば興味深いであろう。例えばグレイハウンド、ブラッドハウンド、テリア、スパニエルおよびブルドッグはその品種を忠実に伝えてゆくことを我々は皆知っているが、もしそれらがすべてある一種から出た子孫であることが証明されれば、このような事実は世界の異なる地方に棲んでいる多くのごく近縁の自然種——例えば多数のキツネ——の不変性について我々に疑いを起こさせるに十分な大きな圧力をもつであろう。すぐ次に述べるように、私は犬の幾つかの品種の間に存在する差異の全量が飼育の下に生じたものであるとは信じない。その差異の一小部分は彼らが別種から生じたことによると信じている。若干の他の飼育種の著しい特徴を持つ品種の場合には、そのすべてが単一の野生種から由来したという推定的な、もしくは強力な証拠さえ存在する。

しばしば、人間は生来異常に変異し易い性向に加えて様々な気候に耐える性向をもった飼育動植物を選んだのであると仮定されている。私もこれらの能力が我々の大多数の飼育動植物の価値を大いに高めたことについて異論はない。しかし未開人が初めてある動物を飼い馴らしたときに、その動物が後の時代に変異するかどうか、また他の気候によく耐え得るかどうかをどうして知り得たであろうか？　ロバやガチョウが変異性に乏しいこと、トナカイが暑さに耐える能力の小さいこと、あるいは普通のラクダが寒さに耐える能力の小さいことはそれらの飼育を妨げたであろうか？もし他の動植物を我々の飼育動植物と同数分、そして同様に多様な綱と地域にわたって自然状態から取り出し、同じ世代数だけ飼育下で繁殖させたとすれば、これらは現在の飼育動植物の母種が変異したのと同様の平均的変異をするに違いないことを私は疑うことができない。

我々が古くから飼育してきた動植物の大部分については、それらが野生の一種に由来するのか数種に由来するのかについて判然とした結論を下すことはできない。家畜の多重起原を信じる人々の主な論拠は、最古の時代において、エジプトの遺跡やスイスの湖上住居に多種多様な品種が見出されること、そしてこれら古代品種のあるものは現存のものと非常によく似ているか、あるいは全く同一であるというところにある。しかしこれはただ文明の歴史をはるかに遡らせ、これまで想像されていたよりもかなり以前から動物が飼育されていたことを示すにすぎない。スイスの湖上住民は数種の小麦と大麦、エンドウマメ、製油用のケシおよびアマを栽培し、また数種の家畜を飼っていた。彼らはまた他民族と貿易もしていた。すべてこれは、ヘール(Heer)の説いたように、彼らがこの早い時代に著しく進んだ文明の域に達していたことを明らかに示すものである。そしてこれはまた、それ以前にそれより低い文明の期間が永く続いて、その期間に異なる地方の異なる部族によって保育されていた家畜が変異して別々な品種を生じるに至ったことを暗示するものである。世界の多くの場所で表面の地層中に火打石の道具が発見されて以来、あらゆる地質学者は、法外に遠い時代にすでに未開人が生存していたことを信じるようになった。そして現在少なくとも犬を飼育しないほど野蛮な部族はまずないことを我々は知っている。

我々の家畜の大部分の起原は永久に不明のままかも知れない。けれども私は全世界の飼犬を観察し、またすべての既知の事実の入念な収集の結果、イヌ科の野生の数種が飼い馴らされ、ある場合にはそれらの血が混ぜ合わされ、我々の飼育品種の血管に流れているのである、との結論に達したことをここに述べることができる。羊とヤギに関しては、私はまだ何の結論も下すことができない。インドのコブウシの習性、声、体質および構造についてブライス(Blyth)氏が私に通知してくれたところによると、それがヨーロッパの牛と違う原種に由来することはほとんど確実である。そしてある有能な鑑定家達は、ヨーロッパの牛が二種もしくは三種の野生の祖先——もっとも、これらが種に値するかどうかは別として——をもつと信じている。この結論ならびにコブウシと普通の牛との間に種的区別があるという結論は、実にリューティマイヤー(Rütimeyer)教授の見事な研究によって確立されたと見ることができる。馬に関しては、ここで述べ得ないある理由から、私はなお疑いを抱きながらも数人の著述家とは反対に、すべての品種が同一の種に属することを信じたいのである。ほとんどあらゆる品種のイングランド産の鶏を集め、それを飼育し交雑させてその骨格を調べて見たところによると、すべてがインド産の野生鶏、すなわちセキショクヤケイ（Gallus bankiva）の子孫であることはほぼ確実であるように思われ、これはまた、インドでこの鳥を研究したブライス氏やその他の人々の結論である。アヒルおよびカイウサギについては、ある品種の間には相互に著しい相違があるけれども、すべて普通の野鴨[1]および野兎[2]から出た明らかな証拠がある。

各々の飼育品種が各々の原種から出たという説はある著述家達によって不条理な極端にまで押し進められた。彼らは、各品種は忠実に生殖してゆき、たとえそれらを区別する形質がいかに軽小であってもすべてその野生の原型を保っていると信じている。もしこのとおりであるとすれば、ヨーロッパだけでも少なくとも二十種の野生牛、同数の羊および数種のヤギが存在していたはずであり、また英国内だけでも数種が存在していたはずである。現にある著述家は英国に固有の十一種の野生羊がかつて存在していたと信じている！ 今英国には特有な哺乳動物は一つもないし、フランスにもドイツのものと異なっているものは幾らもない。ハンガリー、スペイン等でも同様である。しかしこれらの国々はそれぞれ特有な何種類かの牛や羊などを有している。これらの事実を考えてみると、多数の飼育品種はヨーロッパで発生したものと認めなければならなくなる。もしそうでないとすれば、これらはどこから由来したのであろうか？ インドにおいても同様である。私が幾つかの野生種から出たのであると認めている全世界の飼犬の品種の場合においてさえも、遺伝した変異の量がすこぶる大きかったことは疑えない。なぜなら、どんな野生のイヌ科動物とも似ていないイタリアグレイハウンド、ブラッドハウンド、ブルドッグ、パッグドッグ、あるいはブレナムスパニエル等と酷似する動物が、かつて自然の状態で存在していたなどと誰が信じるであろうか？ 犬のあらゆる品種は少数の原種が交雑してできたのだということを漠然と説くものがよくある。しかし我々は交雑によって両親の間の幾らか中間的な形態を得るにすぎない。もし種々の飼育品種がこの過程によって生じたという説をもってすれば、イタリアグレイハウンド、ブラッドハウンド、ブルドックなどのような最も極端な形態のものが以前野生の状態で存在していたことを認めなければならないのである。その上交雑によって別の品種を作り出す可能性が甚だしく誇張されている。望みの形質をもつ個体を注意深く選択するという方法を併用すれば、時折の交雑によって一品種を変容させられることはしばしば記録にものっている。けれども全く異なった二品種の中間品種を得ることは非常に困難であろう。J・セブライト（Sebright）卿はわざわざこの目的をもって実験を行ったが失敗に帰した。二つの純粋な品種の間の最初の交雑から得た子はその形質がかなり一様で、時には（私が鳩で見出したように）全く一様であり、あらゆるものが全く単純に見える。けれどもこれらの雑種をさらに何代か交雑すると、それらのうちほとんど二つとして似通ったものがないのである。こうしてこの仕事の困難なことが明白になってくる。

飼育鳩の品種、それらの差異と起原

私はある特殊な群を研究するのが常に最善であると信じているので、熟考のすえ飼育鳩をとり上げた。私は買入れ取得し得る限りのあらゆる品種をもった。なお世界の各地から、特にW・エリオット（Elliot）閣下がインドから、C・マレイ（Murray）閣下がペルシャから剝製を寄贈してくれた。鳩に関する多くの論文が種々の国語で発表されている。中には相当古代のものであるだけに甚だ重要なものがある。私は幾人かの優れた愛好家と交際し、また二つのロンドン鳩クラブにも加入を許された。鳩の品種の多様なのにはいささか驚かされる。イングランド伝書鳩（English carrier）と短顔宙返り鳩（short-faced tumbler）を比較してみるとその嘴に驚くべき差異があり、その頭骨もこれに相当した差異を生じている。伝書鳩、特にその雄は頭の周囲の肉阜のある皮膚が驚くほど発達しているのが眼につく。そして目蓋は大変長く、鼻孔の入口は大きく口も広く裂けている。短顔宙返り鳩はその嘴の外形がフィンチ(3)とよく似ている。普通の宙返り鳩は密集した群をなしてすこぶる高く飛び、空中で宙返りをする奇妙な遺伝的習性をもっている。ラント（runt）は大形の鳩で、長いりっぱな嘴と大きな足をもっている。このラントの亜品種のあるものは長い首を、あるものは非常に長い翼と尾を、他のものは異常に短い尾を有する。バーバリバト（barb）は伝書鳩に似ているが長い嘴の代わりに非常に短くて幅の広い嘴をもつ。胸高鳩（pouter）は非常に長い体と翼と脚をもっている。その非常に発達した嗉囊を膨らませて得意になっているのには、驚かされもしまたおかしくもある。タービト（turbit）は短くて円錐形の嘴をもち、胸の下に逆さまに生えた一列の羽がある。そして食道の上部を絶えず少し膨らませる習性がある。ジャコビン（Jacobin）は首の背面に添って羽が逆さまに生えていて，ちょうど頭巾のようになっている。またその体の割に長い翼と尾羽をもっている。トランピーター（trumpeter）とラーファー（laugher）はその名の示すように他の品種とはよほど違った鳴声を発する。クジャクバト（fantail）は，尾羽の数がハト科を通じての正常な数である十二もしくは十四でなく三十，時には四十もあり，これらの羽は広げられ直立していて，優良な鳥では頭と尾が触れるほどである。脂肪腺は全く発育不全である。特色の少ない品種はまだ幾つか名をあげることができる。

幾つかの品種の骨格を比較して見ると，顔の骨の発達は長さと幅と湾曲において非常な差がある。下顎の枝骨の幅および長さとともにその形が極めて著しく変化している。肋骨の数と同様に尾部および仙骨部の脊椎骨がその数において異なっており，その相対的な幅および突起の存在も同様である。胸骨の開きの大きさおよび形も高度に変異性があり，叉骨の両枝の広がりの度合や相対的大きさも同様である。開いた口の広さの比率，目蓋や鼻孔や舌（必ずしも嘴の長さと厳密な相互関係をもたない）の長さの比率，嗉嚢や食道上部の大きさ，脂肪腺の発達および発育不全，第一翼および尾羽の数，翼と尾相互の，および体とに対する相対的長さ，脚と足の相対的長さ，足指の上の角質鱗片の数，足指の間の皮膚の発達，これらがすべて構造上変化し易い点である。完全な羽毛を生じる時期も異なり，孵化したばかりのひながつけている幼毛の状態も異なる。卵の形や大きさも違う。飛行の様子，またある品種では声と気質が著しく異なる。最後に，ある品種では雌雄の間に軽い相違を来している。

もし鳥類学者にこれが野生の鳥だといって示したならば，確かに定義の明確な種として分類しそうな鳩は全体で少なくとも二十種は選べよう。のみならず私は，どんな鳥類学者でもこの場合にイングランド伝書鳩，短顔宙返り鳩，ラント，バーバリバト，胸高鳩，およびクジャクバトを同じ属の中に入れるだろうとは信じない。ましてこれらの品種の各々において，幾つかの忠実に遺伝される亜品種もしくは種（彼はこれらをそうよぶであろう）を彼に示すことができた場合にはなおさらのことである。

鳩の品種の間にはこのように大きな差異があるが，私はすべての鳩の品種がカワラバト（Columba livia）からでたという博物学者が普通に唱えている説を正しいものと確信している。ただしこのカワラバトの中にはごく些細な点において相違のあるいろいろな地理的品種すなわち亜種をも含めてのことである。私がこれを信じるようになった理由の幾つかは、多少は他の例にも適用することができるからここに簡単に述べておきたい。いまもし幾つかの品種が変種でなく、またカワラバトに起因するものでないとすれば、それは少なくとも七種あるいは八種の原種から出たものでなければならない。なぜならこれよりも少数の原種の交雑では、現在の飼育品種を作ることができないからである。例えば胸高鳩のようなものは、両親のどちらかの血統が特有の巨大な嗉嚢をもっていなかったならば、どうして二品種の交雑によって生じることができるであろうか？ 仮想される原種はすべてカワラバトだったはずであり、それは樹上で子を産まず、もしくは樹上に棲むことを好まなかったものである。けれどもコルンバ・リヴィアとその地理的亜種の外にカワラバトの知られているのはただ二種あるいは三種あるのみである。そしてこれらのものは飼育品種の形質を一つももっていない。そこで仮定される原種は、それが初めて飼育された国になお存在しているがまだ鳥類学者に知られないのか——これはその大きさや習性、また著しい形質などを思うと有りそうもないことのように思われる——または野生の状態で死に絶えてしまったのでなければならない。けれども断崖に繁殖していてしかも巧みに飛ぶ鳥が絶滅するというようなことはないであろう。現に飼育品種と同じ習性をもっている普通のカワラバトが、英国の多くの小島や地中海の海岸においてさえ絶滅しないでいるのである。だからカワラバトと似た習性をもっている多くの種が絶滅したという想定は非常に軽率な想定のように思われる。その上、上述の幾つかの飼育品種は世界各地に輸送されたのであるから、そのあるものは再びその生まれ故郷に帰っていなければならない。けれども一つとして野生に帰ったものはないのである。ただカワラバトのわずかに変わった状態にある鳩舎鳩(dovecot-pigeon)が各地で野生になっているだけである。また最近のすべての実験は、野生動物を飼育して自由に繁殖させることは困難であることを示している。にもかかわらずもし鳩が多重起原だとする仮説に従うと、少なくとも七種あるいは八種が古代に半未開人によって、拘禁状態で十分多産なほど完全に飼育されたと仮定しなければならないのである。

甚だ重要で他の幾つかの場合にも適用し得る一つの論点は、上述の諸品種は一般に体質、習性、音声、色彩およびその構造の大部分について野生のカワラバトと一致しているが、他の部分については確かに著しく異常であるということである。我々は大きなハト科の全体を通じて、イングランド伝書鳩や短顔宙返り鳩、あるいはバーバリバトのような嘴を他に求めても見ることができず、ジャコビンのような逆毛、胸高鳩のような嗉嚢、クジャクバトのような尾羽も同様である。ゆえに半未開の人間が幾つかの種を完全に飼育することに成功したということばかりでなく、彼らが故意か偶然か極めて異常な種を見つけ出したこと、そしてさらにこれらの種そのものがその後すべて絶滅するか不明になってしまったと仮定しなければならない。このような多くの奇妙な偶然は到底有りそうもない。

鳩の色彩に関する若干の事実は十分考察に値する。カワラバトは青灰色で腰部は白い。しかしインドの亜種、すなわちストリックランド（Strickland）のコルンバ・インテルメディア（C. intermedia）はこの部分が青味がかっている。尾の端には暗色の縞があり、外側の羽は基部の外縁が白い。翼には二本の黒い線がある。若干の半飼育品種と若干の真の野生品種は二つの黒線のほかに黒い格子縞の翼をもっている。これらの幾つかの特徴はこの科全体の他のどんな種にも一緒には現れない。ところで飼育品種のいずれにおいても、十分によく育った鳥を見ると、時々前記のすべての特徴が外側の尾羽の白い縁に至るまで完全に発達して現れることがある。その上青色でなく、あるいは上記の特徴を何らもっていない二つまたはそれ以上の異なった品種の鳥を交雑させると、雑種の子孫がこれらの形質を突然獲得することがよくある。私の観察した幾つかの例の中から一例をあげよう。私は極めて忠実に遺伝生殖する白色のクジャクバトを黒色のバーバリバトと交雑させた――バーバリバトの青色変種は極めて稀で、私はまだイングランドでその例を聞かない。そして生じた雑種は黒色、褐色およびまだらであった。私はまたバーバリバトとスポット（spot）を交雑させた。スポットは白色で尾が赤く、かつ前額部には赤い斑点があって、よく知られているとおり非常に忠実に遺伝生殖する。生まれた雑種は淡黒およびまだらであった。私は次にバーバリバト×クジャクバトの雑種と、バーバリバト×スポットの雑種を交雑させた。するとどんな野生のカワラバトにも劣らずに美しい青色で、腰部が白く翼に二本の黒線があり、そして尾羽に縞と白い縁のある鳩を生じた！　飼育品種がすべてカワラバトに由来したとすると、祖先の形質に回帰するというよく知られた原則によって、我々はこの事実を理解することができる。しかしもしこれを否定すれば、我々は次のような到底信じ難い二つの仮説の一つを選ばなければならなくなる。すなわち第一は、想像される幾つかの原種がすべてカワラバトと同様の色彩や特徴をもっていたので――現存の他の諸種にはこのような色彩や特徴はないにもかかわらず――従って個々の品種それぞれが同一の色彩に回帰しようとする傾向があるというのである。第二は、各品種は最も純粋なものでも、十二代以内あるいは多くて二十代以内にカワラバトと交雑したというのである。十二代あるいは二十代以内といったのは、交雑の子孫がこれよりも多くの世代を隔てて異質の血統の祖先に回帰するという例は一つも知られていないからである。ただ一度だけ交雑した品種では各世代ごとに異質の血は少なくなるから、このような交雑に由来する形質に回帰する傾向は自然に少しずつ減るであろう。しかし、かつて一度も交雑したことがなく、また以前の世代の間に失われた形質に回帰する傾向がその品種にあるときは、この傾向は案外何代でも限りなく少しも減少せずに伝えられるのではないかと思われる。この二つの異なった回帰の場合が、遺伝を論じる人々によってしばしば混同されているのである。

　最後に、鳩のすべての飼育品種の間の交配種、すなわち品種間雑種は完全な繁殖力をもつ。これは最も相違している品種について意図的に行った私自身の観察からいえることである。ところで、全く異なった二種の動物の間の交配種が完全に繁殖するということが確実に認められた例はほとんど一つもない。ある著述家は永く続いた飼育が種におけるこの強い不稔の傾向を取り除くと信じている。犬および他の家畜の歴史から見ると、この結論は、互いに密接な関係にある種に適用した場合はおそらく正しいであろう。しかしこれを拡張して、伝書鳩、宙返り鳩、胸高鳩およびクジャクバトのような差異を本原的にもっていた種が完全な繁殖力を相互間でもつ子孫を生じるようになったと仮定するのは非常に軽率であろう。

　これらの幾つかの理由、すなわち――昔人間が鳩の七あるいは八の仮想種を飼育の下で自由に繁殖させたということの信じ難いこと――これらの仮想種の野生の状態のものは全く知られていず、またそれがどこにも野生に帰っていないこと――これらの種が多くの点でカワラバトによく似ているけれども、あらゆる他のハト科に比較して極めて異常な形質を現していること――純粋なときにも、交雑したときにも、すべての飼育品種に青色および種々の黒い印が時折再現すること――最後に雑種の子孫が完全に繁殖すること――これらの種々な理由を総合して、我々は一切の飼育品種がカワラバト、すなわちコルンバ・リヴィアおよびその地理的亜種に由来すると結論して差しつかえない。

この見解を有利にするものとして次のことを附け加える。まず第一に、野生のコルンバ・リヴィアがヨーロッパとインドにおいて飼育可能であることが発見され、またその習性と構造の多くの点がすべての飼育品種と一致していることである。第二に、イングランド伝書鳩または短顔宙返り鳩はある形質においてカワラバトと大いに異なるけれども、これら二品種の多くの亜品種を比較し、とりわけ遠くの地域から持ってこられたものを比較すると、これらとカワラバトとの間にほとんど完全な系列をつくることができ、これは全部の品種についてではないが、幾つかの他の場合にも可能である。第三に、各品種を区別する主な形質はそれぞれが著しく変化し易いことである。例えば伝書鳩の肉垂および嘴の長さ、宙返り鳩の嘴の長さの短いこと、またクジャクバトの尾羽の数などがそうである。この事実の意味は『淘汰』を論じるときに明らかとなるであろう。第四に、鳩はこの上ない注意のもとに保護と世話を受け、また多くの人々に愛されてきたことである。鳩は何千年もの間世界各地で飼育されてきたのである。分かっている最も古い鳩の記録は、レプシウス（Lepsius）教授が私に示してくれたところによると、紀元前三千年頃の第五エジプト王朝時代である。しかしバーチ（Birch）氏からの情報によれば、それ以前の王朝時代において料理の献立表に鳩が記載されているという。またプリニー[4]（Pliny）の伝えるところでは、ローマ時代には鳩に莫大な値がつけられ『のみならず彼らはその血統や品種を品定めできるほどになっていた。』という。インドのアクバー・カーン（Akber Khan）は千六百年頃、鳩を大いに大切にして、その宮廷に受け取られた鳩は二万羽を下らなかった。『イラン王およびツラン王がすこぶる珍稀な鳥を献じた。』そして『陛下はかつて行われたことのない方法で諸品種を交雑し、驚くべき改良を行った。』と宮廷史家は書いている。これとほとんど同時代にオランダ人も古代ローマ人と同じく鳩に熱中した。鳩が受けた甚だしい変異を説明するのにこれらの考察が何よりも大切であることは、これまた『淘汰』を論じるときに明らかとなるであろう。そしてまた、どうして多くの品種がしばしばや奇形的形質を現すのかを知るであろう。また別な品種を作り出すのに最も好都合な要因は、鳩の雌雄を容易に一生涯連れ添わせておくことができることであり、それゆえ種々異なる品種を同じ鳥小屋の中で飼っておくことができるのである。

私は全く不十分ではあるが、飼育鳩の確かな起原について幾らか長く論じた。なぜなら私が初めて鳩を飼ってそれぞれの種類を観察していたときに、彼らがいかに忠実に遺伝生殖するかを知って、彼らは飼育された後にすべて共通の先祖から生じたのだということを信じるのに深い困難を感じたからである。これは博物学者が自然状態にあるフィンチの多くの種あるいは他の鳥類に関して同様の結論に達することの困難と同様であった。大変私の心を打った一事がある。それは、私が親しく意見を交わしたり論文を読んだことのある種々の家畜の飼育家や植物の栽培者たちのほとんどすべてが、それぞれ世話をしている品種はこれと同数の別々の原種から出たということを確信していることである。私がしたように、ハーフォード牛の有名な牧養者にその牛がロングホーンから出たのではないのか、あるいは両者が他の共通の先祖から出たのではないのかと尋ねてみよう。彼らは必ず諸君を嘲笑するであろう。私はいまだかつて、主な品種がすべて違ったそれぞれの種から出たものであるということを確信しない鳩、鶏、アヒル、または兎の愛好家に出会ったことがない。ファン・モンス(Van Mons)はセイヨウナシとリンゴに関する論文で、種々な種類、例えばリブストン・ピピン(Ribston-pipin)やコドリン・アップル(Codlin-apple)、が同じ木の種子から生じたなどとは全く信じられないと言明している。このような例はなお無数にあげることができる。これは簡単に説明できることだと思う。彼らは長期にわたる研究によってそれぞれの品種の間の差異を強く印象づけられている。もちろん彼らは各品種が軽度に変異することはよく知っており、事実彼らはこのような軽度の差異を選別して賞を得ているのであるが、しかし彼らは一般論には一切無頓着で、多くの連続する世代の間に累積した軽度の差異を合計して考えようとはしないのである。飼育家よりも遺伝の法則についての知識がはるかに少なく、また永い系統線における中間の連結環についても飼育家の知識以上ではないのに、博物学者達は我々の飼育品種の多くが同じ先祖から生じたことを承認する。――それなのに彼らは、自然状態にある種が他の種の直系の子孫であるという考えを嘲笑する際、慎重であれという教訓を学ばないのであろうか?

古代に守られた淘汰の原則とその結果

さて飼育品種が一ないし近縁の数種から生じてきた足どりを簡単に考察してみよう。ある結果は生活の外的条件の直接的で明確な作用に、ある結果は習性に起因するものと考えられる。しかし馬車馬と競走馬、グレイハウンドとブラッドハウンド、伝書鳩と宙返り鳩の間の差異をこのような要因によって説明しようとする人は大胆な人といわなければならない。我々の飼育品種における最も著しい特色の一つは、動物または植物自身の利益への適応ではなく、人間の用途や趣味への適応であることが分かる。人間に有益な変異の幾つかはおそらく突然に、すなわち一足飛びに起こったものである。例えば多くの植物学者の信じるところによると、オニナベナはどんな器械的装置も及ばない鉤をもっているが、単に野生のナベナ属(Dipsacus)の一変種にすぎない。そしてこの変化は苗木において突然生じたものであろう。おそらくターンスピット犬の場合もそうであり、これはまたアンコン羊の場合もそうであったことが知られている。しかし、馬車馬と競走馬、ヒトコブラクダとラクダ、耕作地に適するか山の牧草地に適するかで毛の用途もそれぞれ違う羊の種々の品種を比較したとき、異なる用途によって各々人間に役立つ犬の多くの品種を比較したとき、ねばり強い闘いをする闘鶏とけんか好きでない他の品種の鶏、決して卵を抱こうとしない『絶え間なく産卵する鶏』、および小さくて優雅なチャボを比較したとき、また異なる季節に異なる目的で人間に甚だ有用であり、あるいは見る眼に美しい作物、野菜、果樹、および花卉園芸の諸品種の大群を比較したとき、単なる変異性以上のものに注目しなければならないと考える。我々はすべての品種が、今日見られるような完全で有益なものとして突然生じたと想像することはできない。実に多くの場合において、それらの歴史がそうでなかったことを我々は知っている。この鍵は実に人間の累積的淘汰の力にあるのである。自然は継続的変異を与える。人間は自分に有用な方向にその変異を積み上げる。この意味において人間は自分のために有用な品種を作ったということができるのである。

この淘汰の原則が大変有力なものであることは仮説ではない。多くの優れた飼育家がその一代においても、牛や羊の品種を大いに変容したことは確かである。彼らの業績を十分に理解しようと思えば、この主題に関する多くの論文の幾つかを読みその動物を検査することが必要であろう。飼育家は動物の体を、何か可塑的なものでほとんど望みのままに作ることができるようにいうのが常である。もし紙面に余裕があれば、私はここで極めて有能な権威者からこの効果に関する多くの章句を引用することができるのである。ユーアット（Youatt）は農業家の仕事におそらく誰よりも精通しており、また彼自身非常に立派な動物鑑定家であったが、彼は淘汰の原則について『この原則によって農業家は彼の群れの形質を変容させるだけでなく全く変えてしまうことができる。これは魔法使いの杖であって、彼は自分の望みの型と特性に生命を吹き込むことができるのだ。』といっている。サマヴィル（Somerville）卿は飼育家が羊に対して成し遂げた事について『彼らはそれ自身完全な型を壁に図取りしておき、次いでそれに生命を与えたようなものだ。』といっている。サクソニー（Saxony）[5]においてはメリノ綿羊に対する淘汰の原則の重要なことが十分に認められ、これを職業としている人があるほどである。すなわち美術鑑定家が絵画を扱うように羊を机の上に置いて検査する。数箇月を隔ててこれを三度行う。そのたびに羊は採点分類され、こうして最後に最良のものが繁殖用に選抜されるのである。

イングランドの飼育家が実際にどれほど成果をあげたかは、血統の良い動物に法外な高値がつけられていることで証明される。そしてそれらの動物はほとんど世界中の地域に輸出されている。動物の改良は一般的には異なる品種の交雑によって行われるのではない。すべての最良の飼育家はごく近縁の亜品種の間に時々これを行うほかは強くこの方法に反対している。そして交雑を行ったときには、最も厳密に淘汰をすることが普通の場合よりも一層必要なのである。もし淘汰がただ非常に変わった変種を分離して、それから繁殖させるのであるとすれば、この原則はほとんど注意する価値がないほど明白である。しかしその重要性は、素人の眼には全く見分けられない差異を——私はあるものについてこの差異を見出そうとしたが無駄であった——世代を重ねる間に一つの方向に累積させてゆくことによって生じる偉大な成果にある。優れた飼育家となるだけの十分正確な眼識を有するものは千人に一人もいない。もしこの資質に恵まれた者が多年にわたってこの問題を研究し、不屈の忍耐をもって生涯をこれに捧げるならば、彼は成功し大きな改良を成し遂げるであろう。もしこの資質に不足があれば間違いなく失敗するであろう。熟練した愛鳩家となるのでさえ天賦の才能と多年の熟練が不可欠である、といっても簡単に信じる人はほとんどいないであろう。

園芸家もまた同一原則に従っている。しかしこちらは変異が一層突発し易い。誰も我々の選び抜かれた植物が原種から一度の変異で生じたとは想像しない。そうでないという証拠が正確な記録の保存されている幾つかの事例の中にある。いま、ごく些細な例をあげると、普通のセイヨウスグリはその大きさを絶えず増している。今日の花とわずか二十年か三十年前に描かれた図画を比較すると、我々は花卉栽培者達の多くの花に対する驚くほどの改良を知る。植物の品種がかなりの程度に一たび確立すると、種苗家は最良の植物を選び抜くのではなく、単に苗床の中から本来の基準に外れているいわゆる『ならず者』を抜き去るだけである。実際には動物の場合も、この類の淘汰が同様に行われている。どんな人でも最も悪い動物から繁殖させるような迂濶なことはしない。

植物については淘汰の累積効果を観察するもう一つの方法がある。——すなわち花壇で同種の中の異なった変種の花の差異を比較し、菜園で葉、さや、塊茎、その他なんでも価値のある部分の差異を同じ変種の花と比較し、また果樹園で同じ種の果実の差異を同じ仲間の変種の葉および花と比較することである。キャベツの葉がどんなに相違しており、その花がどんなに密接に似ているか、パンジーの花がどんなに相違し、その葉がどんなに似ているか、またセイヨウスグリの異なった種類の花がごくわずかの差異しか示していないのに実の大きさ、色、形、および毛がどんなに相違しているかを見よ。ある一点において大きな差異のある諸変種が他の点において全く相違していないということはない。このようなことはほとんどなく——私の細心の観察によれば——おそらく決してないことであろう。決して見逃すことができない重要性をもつ相関変異の法則は確実にある差異をひき起こすであろう。しかし一般の規則として葉、花、または果実のいずれでもわずかな変異を継続的に淘汰してゆけば、主としてこれらの形質において互いに異なる品種を作り出すことは疑うことができない。淘汰の原則が組織的に実行されるようになってからまだ四分の三世紀になるかならないかだと反論する人があるかもしれない。確かに近年に至ってこの主題に一層の注意が向けられ、またこれに関して多くの論文が刊行された。そしてその結果もこれに応じて急速に現れかつ重要となった。けれどもこの原則が近世の発見だとするのは全く真実ではない。私は極めて古い著述の中から、この原則の重要性を十分に認めている幾つかの例をあげることができる。イングランドの歴史における野蛮で未開な時代に、選別された動物がたびたび輸入され、またその輸出を禁じる法律がしかれたことがある。一定の大きさ以下の馬を絶滅することが命令された。これは養苗家による植物の『間引き』に相当する。私は古い中国の百科事典の中に明らかに淘汰の原則が記されているのを見出した。明白な規則がローマの古典的著述家のある者によって規定されている。創世記の章句によれば、このような早い時期にすでに飼育動物の色が注意されていたのは明らかである。未開人は今もその品種を改良するために時々飼犬を野生の犬類と交雑している。

プリニーの章句は彼らが昔もこれを行っていたことを証言している。南アフリカの未開人はその荷車牛を体色で番わせるが、エスキモー人のあるものも犬の群れを同じようにする。リヴィングストン（Livingstone）によると、ヨーロッパ人と交際したことのないアフリカ内部に住む黒人は家畜の良い品種を非常に尊重しているということである。これらの事実のあるものは必ずしも実際の淘汰を立証していないが、古代において家畜の育成に細心の注意が払われていたこと、また現在最も下等な未開人によっても注意されていることを立証している。性質の良し悪しの遺伝は全く明白なことであるから、もし育成に注意が払われなかったとすればむしろ奇怪であろう。

無意識的淘汰

今日では優れた飼育家ははっきりした目的をもって組織的淘汰を行い、それによって国中のどんな種類よりも優った新しい血統または亜品種を作ろうとしているのである。しかし我々の目的にとっては、各人が最もよい動物を所有し繁殖させせようと試みることによる無意識的ともいえる淘汰の形式のほうがもっと重要である。例えばポインターを保育しようとする人は当然できるだけ良い犬を得ようとし、その後に所有する最良の犬から繁殖させる。しかしその人はその品種を永久に変えようという願望も期待ももっていない。けれどもこのような過程が数世紀間継続すれば、かのベイクウェル（Bakewell）、コリンズ（Collins）等がこの同じ過程をただ一層組織的に行って、わずか一生涯の間にさえ彼らの牛の形態や品質を大幅に変容させてしまったのと同様に、どんな品種も改良変容してゆくであろうと推察することができる。このような緩慢で眼に見えない変化は、問題の品種の実際の測定、または精密なスケッチが昔作られていて、それと比較するのでなかったならば決して認めることはできない。しかしながらある場合には、同じ品種の変化しないもの、あるいはわずかしか変化しなかったものが、品種をあまり改良しなかった未開地方に存在していることがある。キングチャールズスパニエル（King Charles's spaniel）がこの独裁者の時代以後無意識的に大幅に変容したと信ずべき理由がある。何人かの極めて信頼できる専門家は、セッターは直接スパニエルから出て、そしておそらくそれからゆっくりと変化したのであろうと信じている。イングリッシュポインターは前世紀の間に非常に変化したことが知られている。そしてこの場合は、その変化は主としてフォックスハウンドとの交雑による結果であると信じられている。しかし我々に関係のあることは、変化が無意識に徐々に行われ、しかもその効果が著しいことである。例えば古いスパニッシュポインターは確かにスペインからきたにもかかわらず、ボロウ（Borrow）氏の私への知らせでは、氏はスペインで我々のポインターのような土着の犬を一匹も見なかった由である。

簡単な淘汰の過程と注意深い訓練によって、イングランド競走馬はその速さと大きさで母種のアラブ種を凌駕し、その結果後者は、グッドウッド競馬における規定によりその荷の重さが有利になっている。スペンサー（Spencer）卿とその他の人々は、イングランドの牛が昔この国に飼われていた品種に比べて、重量を増し成熟の時期を早めたことを明らかにしている。英国、インドおよびペルシャにおける伝書鳩と宙返り鳩の過去と現在の状態に関する種々の古い論文中の記事を比較すると、我々はこれらの鳩が、気がつかないほど徐々に通り過ぎ、ついにカワラバトと甚だしい差異を生じるに至った行程をたどることができる。

ユーアット（Youatt）は無意識的と見なされる淘汰の過

程の効果について一つの好事例を示している。ここで無意識というのは、飼育家がその後に起こった結果——すなわち二つの異なった系統の生成——を決して期待したり希望しなかったというほどの意味である。ユーアット氏は、バックレー（Buckley）氏、およびバージェス（Burgess）氏の保有していたレスター羊の二つの群れが『いずれも五十余年にわたってベイクウェル氏の原種から純粋に繁殖してきたのである。これを知っている誰の心にも、所有者のどちらかが何かの時にベイクウェル氏の羊群の純粋な血統から逸脱させたのではないかという疑いは存在していないのである。にもかかわらずこの二人の紳士の所有する羊の間の差異は全く違う変種と思われるほど大きいのである。』と記している。

飼育動物の子孫の遺伝的形質をかつて考えたことのないほど野蛮な未開人がいたとしても、特殊な目的のために彼らにとって特に有用な動物は、彼らが受け易い飢饉やその他の災難の間にも注意して保存されるであろう。そしてこのような選ばれた動物は一般に劣った動物よりも多くの子孫を残すに違いない。従ってこの場合にも一種の無意識的淘汰が進行していることになる。フエゴ諸島（Tierra del Fuego）の未開人でさえ動物に価値を認め、食料欠乏のときに、犬よりも価値のないものとして彼らの老婦を殺して食うのである。

最初現れた際に別の変種として分類されるほど十分な差異を示したかどうか、また二個ないしそれ以上の種あるいは品種が交雑によって混ぜ合わされたかどうかを問わず、植物において最もよい個体を時折保存することによる同様の漸次的改良の過程が、パンジー、バラ、テンジクアオイ（pelargonium）、ダリア、およびその他の植物の変種を古い変種あるいはその母種と比較したときに見られる大きさや美しさの増大の中に明瞭に認められる。誰も野生植物の種子から第一級のパンジーあるいはダリアを得ようとは期待しないであろう。誰も野生のセイヨウナシの種子から第一級の泡雪ナシ（melting pear）を育てようとは期待しないであろう。もっとも、野生の貧弱な実生でも、もしそれが果樹園の親木から飛んできたものであれば成功するかも知れない。セイヨウナシは古代ギリシャ、ローマでも栽培されていたが、プリニーの記述によると、その果実は甚だ下等な品質であったらしい。このような貧弱な材料からこのように立派な結果を生み出した園芸家の素晴しい手腕に対して非常な驚きを表明している園芸書を見たことがある。しかしその技術は簡単なもので、最後の結果に関する限りほとんど無意識的に行われたのである。すなわちいつでも最も評判のよい変種を栽培し、その種子を播き、そして少しでも優れた変種が偶然に生じたときにはこれを選び出す、ということをくり返したのである。しかし求め得る最良のセイヨウナシを栽培した古代ギリシャ、ローマの園芸家達は、我々がどんなに素晴しい果物を食べることになるかということを決して考えなかったのである。けれども、我々が今日優良な果実の恩恵をこうむっているのは、彼らがどこかで見つけた最良の変種を当然のこととして選び保存したことに多少とも負っている。

私の信じるところでは、花壇や菜園に最も永く栽培されている植物の野生の母種を多くの場合認めることができず、従って知らないという周知の事実は、徐々にかつ無意識的に累積された変化の総計が大きいということによって説明される。もし我々の植物の大多数を有用な現在の規準にまで改良し変容させるのに数百年もしくは数千年を要したとすれば、我々はなぜオーストラリアや喜望峰その他全く未開の人間が住んでいる地方に、栽培する価値のある植物が一つも存在しないかということを理解できる。それは多くの種に富むこれらの諸国が奇妙な偶然によってどんな有用植物の原種ももたなかったからではなく、自生の植物が、古代から開けていた地域の植物と比べられるような完全な規準にまで、継続的淘汰によって改良されなかったからである。

未開人に飼われている動物に関して見過ごしてはならないことは、少なくともある季節の間ほとんど常に自分の食物を得るために闘わなければならないことである。そして甚だ環境を異にした二つの地域において、わずかに違っている体質もしくは構造を有する同種の個体が、一つの地域において他の地域よりもよく栄えることがしばしばある。こうして、後に十分説明するように、『自然淘汰』の過程によって二つの亜品種が形成されるであろう。おそらくこのことは、数人の学者が述べているように、未開人の飼っている変種が文明国で飼われている変種よりも純粋な種の形質を多くもっている理由を部分的に説明するであろう。

人間が果たした淘汰の重要な役割についてのこの見解によって、我々の飼育品種がその構造または習性において人間の要求や好みに適応しているのはなぜかということが直ちに明らかとなる。我々の飼育品種に頻繁に異常な形質の起こる理由、さらにそれらの差異が外的形質において甚だ大きく、内的部分または器官では非常に小さい理由を理解することができると私は考える。人間が構造の偏向を淘汰することは、外から見える部分を除いてはまずできない。あるいはできたとしても非常に困難でわずかしかできない。事実人間が内部的なものに注意することは稀である。人間は最初に自然によって軽度に与えられる変異がなければ決っして淘汰を行うことができない。尾の発達が多少異常になっている鳩を見なかったならば、誰もクジャクバトを作ろうとは試みなかったであろうし、また幾らか異常な大きさの嗉嚢をもっている鳩を見なかったならば、胸高鳩を作ろうとは試みなかったであろう。そしてどんな形質でもそれが初めて現れたときに変則または異常であれば、その分人間の注意をひき易いに違いない。しかしクジャクバトを作ろうと試みるというような表現を用いることは、多くの場合において全く不正確であることを私は疑わない。最初少しばかり大きな尾を持った鳩を選抜した人は、その鳩の子孫が永い間の半ば無意識的、半ば組織的な淘汰によってどんなものになるかを決して夢想しなかった。おそらくすべてのクジャクバトの先祖の鳥は、現在のジャワ島のクジャクバトのように、あるいは十七枚までの尾羽が数えられた他の異なった品種の個体のように、幾らか広がった十四枚の尾羽をもっていたにすぎないであろう。おそらく最初の胸高鳩は、現在のタービトがその食道の上部を膨らませる——これはこの品種の特徴の一つではないので愛好家の誰からも顧みられない習性——のとあまり違わない程度にしかその嗉嚢を膨らませなかったであろう。

また愛好家の眼をひくためには構造上のある大きな偏向が必要であると思ってはならない。愛好家は極めて微細な差異にも気がつく。そして自分の所有物にわずかでも目新しいものがあればそれを愛好するのが人情の常である。また昔、同一種の個体のわずかな差異に置かれた価値を、幾つかの品種がすでに適当に確立されている今日の価値によって判断してはならない。鳩については現在も多数の小変異が時々現われることが知られている。しかしこれらは欠点として、もしくは各品種における完全な規準からの偏向としてしりぞけられるのである。普通のガチョウには何ら著しい変種が生じていない。そこで最もはかない形質である色だけが違うトゥールーズ（Toulouse）と普通の品種とは、が別なものとして近頃家禽展覧会に出品された。

これらの見解はときどき指摘されたこと——すなわち我々はどの飼育品種についてもその起原または歴史についてほとんど何も知らない——ということを説明するように思われる。しかし実をいえば、一つの品種は言語の方言と同じことで、はっきりした起原をもつとはほとんどいえない。一人の人が構造上の軽微な偏向をもつ個体を保存して繁殖させるか、または普通以上に注意して彼の最良の動物を交配させる。このようにしてそれらを改良し、この改良された動物は徐々にそのごく近辺に広がる。しかしこれらはまだはっきりした名をもたないであろうし、またわずかな価値しかないのでその歴史は無視されたであろう。同様のゆっくりとした漸次的過程によってさらに改良されたときには、それらは一層広く伝播してある別なもの、貴重なものとして認められ、多分初めて地方名をつけられるであろう。自由な伝達方法のほとんどない半未開の地では新しい亜品種の伝播は緩慢であるに違いない。一度価値のある諸点が認められると、私のいわゆる無意識的淘汰の原則は——多分その品種の流行するか否かにより——また、多分住民の文明状態に従ってある時代には他の時代よりも多く——たとえそれが何であっても徐々に品種の特徴を増してゆくであろう。しかしこのように緩慢で、不安定で、かつ感知できないような変化について、記録が保存される機会は極めて小さいであろう。

人為淘汰に好都合な情況

私はこれから人為淘汰に好都合な、またそれと反対な情況について少し述べたい。変異性の程度の高いことは淘汰を行う材料を自由に提供してくれるから明らかに好都合である。単なる個体差だけでは、非常な注意の下にほとんどどんな望みの方向へでも大量の変容を累積してゆくのには不十分である、というわけではない。しかし人間にとってはっきり有用な、または好ましい変異は時折起こるにすぎないから、その発現の機会は保有している個体の数が多ければ大いに増加するであろう。それゆえ成功するには数が最も重要である。この原則についてマーシャル(Marshall)は以前ヨークシャーの諸地方の羊と関連して『それらは一般に貧しい人々の所有で大抵小さい集団なので、決して改良されない。』といっている。これに対して種苗家は同じ植物を大量に貯えているので、一般に新しい価値のある変種を作り出すのに素人よりはるかに成功し易い。動物または植物の個体を多く養うことができるのは、その繁殖に対する条件が有利なところだけである。個体の数が不足しているときにはどのような品質のものもすべて繁殖を許され、これは淘汰を妨げる効果をもつであろう。しかしおそらく最も重要な要素は、動植物が人間にとって高い価値をもち、その結果その品質や構造の最もわずかな偏向にも綿密な注意が払われることである。このような注意が払われなければ何の成果もあげることができない。イチゴは幸運にもちょうど園芸家がこの植物に注意し始めたときに変異し始めた、などとまじめに説いている者がある。疑いもなくイチゴは栽培されたとき以来常に変異してきたが、軽微な変種は無視されてきた。けれども園芸家が少し大きな、早成の、またはより良い実をもった植物を選り抜き、それから実生苗を育て、またその中から最もよい実生苗を選んで繁殖させるようになるが早いか、(幾らかは別種との交雑によって助けられ) たちまち最近の半世紀間に現れたような多くの見事なイチゴの諸変種を生じたのである。

動物では交雑の防止の容易さが新品種の形成に重要な要素である――少なくともすでに他品種の棲み込んでいる地域においてはそうである。これに関しては土地を囲うことが一つの役割を果たす。放浪している未開人もしくは広々とした平原の住民は同じ種の品種を二つ以上所有することは稀である。鳩は一生涯番わせておくことができるので愛鳩家には大変便利である。多数の品種を同じ鳥小屋に雑居させておいても、改良したり純粋に保つことができるからである。この情況は新品種の形成に大いに役立ったに違いない。その上、鳩は数多くかつ非常に速やかに増やすことができ、しかも劣ったものは殺せば食料となるので自由に除去することができる。これに対して猫は夜行の放浪習性から簡単に番わせることができず、そのため婦人や子供には非常に可愛がられるが、明確な品種が永く維持されるのを見ることは稀である。我々がよく見るこのような品種はほとんど常に外国から輸入されるのである。私はある飼育動物が他のものよりも変異が少ないことを疑わないが、猫、ロバ、クジャク、ガチョウ等が明確な品種の稀であったり無かったりするということは、主として淘汰作用が行われなかったことによると思う。すなわち猫は番いを維持することが困難なことにより、ロバは貧しい人々によって少しばかり飼われるだけでその育種にほとんど注意が払われないことによる――というのは最近スペインおよび合衆国のある地方において注意深い淘汰によって驚くほど変容し、改良されたからである。――クジャクではその育成があまり容易でなくまた多くを保有しないことにより、ガチョウではただ食料および羽毛の二つの目的のためにのみ貴ばれ、明確な品種を見せびらかしたところでたいして喜びを感じられなかったことによる。しかしガチョウは、他のところで述べたように少しは変異したのだが、飼育状態でさらされる条件の下では異例の不変的生物体を有するのである。

ある学者は、我々の飼育生物の変異は速やかにその総量に達し、その後は決してそれを超えないと主張した。どんな場合でも極限に達したと断言するのはいささか軽率であろう。というのは、我々のほとんどすべての動植物は最近になって多くの方法で大きく改良されたのであり、これは変異を暗示しているのである。現在通常の限界にまで増大した形質が、多くの世紀の間固定したままでいた後再び新しい生活条件の下で変異することはできない、と断言するのもまた同様に軽率であろう。大いなる真実性をもってウォレス氏が説いているように、最後にはある限界に達するであろうことは疑いない。例えば陸上動物の速力は打ち克つべき摩擦、運ぶべき体重、および筋肉繊維の収縮力によって決定されるであろうから、ある限界がなければならない。しかし我々に関わるところは、同一種の飼育変種は、人間が注意し淘汰したほとんどすべての形質において、同属中の異種間の相互の違いよりも異なっているということである。イジドール・ジョフロア・サンティレールは体の大きさについてこのことを証明しており、色についても、またおそらく毛の長さについても同様であろう。速力は多くの身体的形質に関係するものであるが、同属のどんな二つの自然の種に比べてもエクリプス(Eclipse)[6]はずっと駿足であったし、馬車馬ははるかに強い。植物でも同様で、マメまたはトウモロコシの異なる変種の種子の大きさの相違は、おそらくそれぞれの科のどの属の異なった種の種子の相違よりも甚だしい。同じことはプラムの種々の果実についても当てはまり、メロンその他多くの同様の事例ではなおさらそうである。

動植物の飼育品種の起原について総括しておこう。生活条件の変化は、生物体への直接作用と生殖系統に影響する間接作用の二つにより、変異性をひき起こす最も重大な原因である。おそらく変異性は、どんな情況の下でも本来的に備わっている必須の偶発事である、ということはない。遺伝する力と元に戻ろうとする力の大小が変異を持続するかどうかを決定する。変異性は多くの未知の法則に支配されるが、中でも相関成長の法則は多分最も重要であろう。どの程度かは分からないが、幾らかは生活条件の一定の作用に起因するものと考えられる。おそらくは大きな幾つかの効果は部分の使用不使用の増大に起因すると考えられる。こうして最後の結果は無限に複雑なものとなる。ある場合には、本源的に別な種の交配が我々の品種の起原に重要な役割を果したように見える。どこかの地域で一たび幾つかの品種が形成されると、淘汰の助けを借りた時折の交配が新しい亜品種の形成を大いに助けたことは疑いない。しかし交雑の重要性は、動物についてもまた種子で繁殖する植物についても、甚だしく誇張されてきた。挿し木、芽接ぎ等によって一時的に繁殖できる植物では、交雑の重要性は非常に大きい。この場合には、栽培者は種間および変種間雑種の極端な変異性、および種間雑種の不稔性を顧みる必要がないからである。しかし種子によって増殖するのではない植物は、その持続は一時的なものにすぎないので我々にとって重要ではない。これらすべての変化の原因を超えて、淘汰の累積作用こそはそれが組織的に迅速に行われるか、あるいは無意識的に徐々に、しかしより有効に行われるかを問わず、支配的な『力』であるように思われる。

訳者注

(1) マガモのこと

(2) ヨーロッパ産のアナウサギのこと

(3) アトリ科の小鳥の総称

(4) プリニウス（Plinius）のこと。古代ローマの博物学者

(5) ザクセン（Sachsen）の英名。東ドイツ南部の地方名

(6) 英国で一七六九―七〇年に十八戦不敗を誇った名競走馬

第二章　自然の下での変異

変異性――個体差――疑わしい種――広範囲に豊富に拡散した普通の種は最も多く変異する――各地域において大きい属の種は小さい属の種よりも一層頻繁に変異する――大きい属の多くの種は、その相互関係が同等ではないが非常に密接であり、また分布範囲が制限されていることで変種に似ている――摘要

前章で到達した原則を自然の状態にある生物に適用するに先立って、我々はこれら自然の生物が果たして変異するかどうかを簡単に論考しなければならない。この主題を正式に論じようとすれば無味乾燥な事実を沢山列挙しなければならないが、これは将来の仕事として残しておくことにしよう。また種という用語に与えられたいろいろな定義もここでは論じないことにする。すべての博物学者を満足させた定義は一つもない。しかし博物学者は皆、種について語るときそれが何を意味するかを漠然と知っている。一般にはこの言葉は創造の個別的作用という未知の要素を含んでいる。『変種』という言葉もほとんど同様に定義することが困難である。しかしこの場合には、証明できることは稀であるがほとんど普遍的に血統の共有という意味が含まれている。また奇形とよばれるものがあるが、これは次第に変種に変わる。私の考えでは、奇形とは種に対して一般に有害もしくは無用なかなり大きい構造上の偏向を意味する。ある学者は『変異』という言葉を物理的生活条件に直接起因する変容という意味の専門用語として使い、この意味の『変異』は遺伝されないものと仮定するのである。しかしバルト海の半塩水中の貝類の矮小化した状態、あるいはアルプス山頂の矮小化した植物、あるいは極北地方の動物の厚い毛皮が、ある場合に少なくとも数世代の間遺伝されないと誰がいえようか？　そしてこの場合、その形態は変種というべきであろうと考える。

我々の飼育生物、特に植物で時折見られるような突然の、またかなり大きい構造上の偏向が、自然の状態で永久に伝

えられるかどうかは疑問である。各生物のほとんどすべての部分はその複雑な生活条件に見事な関連を示しているので、ある部分が突然完全な形で生じたということは、ちょうど複雑な機械が人間によって完全な状態で発明されたというのと同様、有りそうもないことのように思われる。飼育の下において、かなり異なる動物の正常な構造に類似した奇形を生じることが時々ある。例えば豚は時折一種の吻をもって生まれることがある。そしてもし同一属のある野生種が生まれつき吻をもっていれば、これは奇形として現れたのだと主張されたかもしれない。しかし私は努めて探して見たが、まだ近縁の形態の正常な構造に似た奇形の事例を発見することができない。そしてこのようなものだけが問題なのである。もしこの種の奇形的形態が自然の状態の下に現れ、そして生殖再生が可能であるとしても（これは常にそうとはいえない）、これらの形は稀に単独に現れるのであるから、その保存は特別に好適な情況によらなければならない。また、初代およびその後の世代は普通の形のものと交雑するであろうし、従ってその異常な形質はほとんど失われるであろう。しかし私は後の章で単独あるいは時折の変異の保存と永続について再び論じるであろう。

個体差

同じ親からの子孫に現れる、もしくは同じ狭い地域に棲む同種の個体で観察されるところからこのように生じたものと推定される多くの微細な差異は、個体差とよぶことができよう。同じ種のすべての個体が現実に同じ鋳型で鋳造されると思う人はいない。誰もが知っているようにこれらの個体差はしばしば遺伝するので、我々にとって非常に大切なものである。そしてこれらはちょうど人間がその飼育生物の個体差を一定の方向に累積するのと同様の方法で、自然淘汰が働きかけ累積するための材料を供給する。これらの個体差は一般に博物学者が重要な部分ではないとするところに出現する。しかし生理学的見地から、あるいは分類学的見地から重要な部分とよばれなければならない部分が同種の個体の間でしばしば異なっていることを、私は多くの事例をあげて示すことができる。最も経験豊かな博物学者は、信ずべき典拠から私が収集したように、数年の間に彼が収集し得る変異性――構造の重要部分にさえ存在する――の事例の数に驚くに違いないと私は確信する。分類学者は重要な形質に変異性を認めることを好まず、また内部の重要な器官を苦心して調査し、同種の多くの標本についてそれらを比較する人は多くないということを記憶すべきである。昆虫の大きな中枢神経に近い主要な神経の分岐が同じ種の間で変化し易い、などとは決して予期されなかったに違いない。このような性質の変化は徐々にしか起こり得ないと思われていたかもしれない。ところがJ・ラボック（Lubbock）卿はカイガラムシ（Coccus）において、これらの主要な神経の変異性の程度が樹木の幹の不規則な分枝にほぼ比較し得ることを示した。なお附言すると、この哲学的博物学者はまた、ある昆虫の幼虫の筋肉が決して一様なものでないことを示している。学者は重要な器官が決して変化しないことを述べるに当たってよく循環論法をなす。というのはこれらの同じ学者達が（ある少数の博物学者が正直に告白したように）、実際上は変異しない部分を重要なものとして分類しているからである。この観点からすれば、重要な部分の変異する例は決して発見されないであろう。しかし他の観点に立てば確かに多くの例があげられるのである。

個体差と関連して極度に人を当惑させる一点がある。私がいうのは『多変的』もしくは『多形的』とよばれている属のことで、これらでは種が過度の変異量を示す。これらの形態の多くに関してこれを種に入れるか変種に入れるかで二人の博物学者の意見が一致することはほとんどない。その例として植物中のキイチゴ属（Rubus）、バラ属、ミヤマコウゾリナ属（Hieracium）、また昆虫類および腕足類の貝の幾つかの属をあげることができる。大抵の多形的属では種のあるものは固定した明確な形質をもっている。一つの地域で多形的な属は、少数の例外を除いて、他の地域でも多形的であるようであり、さらに腕足類の貝から判断すると昔もそうであったようだ。これらの事実は、この種の変異性が生活条件とは無関係なことを示すようなので、非常に当惑させられる。私は、少なくともこれらの多形的属の若干は種に無益または無害な、従って後に説明するように自然淘汰によって利用されず、また明確にされなかった変異があるのではないかと考えたい。

誰でも知っているように同じ種の個体は、例えば種々の動物の両性、昆虫における不稔性の雌または職虫の二三の階級、また多くの下等動物の未熟期および幼生期のように、変異に関係のない構造上の大きな差異をしばしば現す。また動物でも植物でも二形性および三形性の事例がある。例えば近頃この主題に注意を喚起したウォレス氏は、マレー諸島におけるある種の蝶の雌では、中間変種で連結されていない二つあるいは三つのはっきり異なった形態が規則正しく現れることを示している。フリッツ・ミュラー（Fritz Müller）はブラジルのある甲殻類の雄に関して、類似の、しかしもっと顕著な事例を記述している。すなわちタナイス（Tanais）の雄は規則正しく二つの異なる形態で現れる。その一つは強くて形の違う鋏をもち、他ははるかに多くの嗅覚毛を備えた触角をもっている。これら多くの場合において、動物でも植物でもその二つまたは三つの形態は、現在では中間的漸次的段階によって連結されてはいないが、かつては連結されていたらしい。例えばウォレス氏は、ある蝶は同じ島の中で中間の連結環によって連結された変種の一大系列を成しており、その連鎖の両端の環は、マレー諸島の他の地方に棲んでいる近縁の二形的種の二つの形態に密接に似ていると述べている。蟻においても同様で、幾つかの労働階級は一般に全く異なっている。しかし幾つかの例では、後に見るように階級が細かく段階づけられた変種によって連結されているのである。私自身が観察したところでは、ある二形的植物についても同様である。同じ雌の蝶が同時に三つの異なる形態の雌と一つの雄を産む力をもっていること、またある両性花の植物が同じ種子朔から、三種類の異なる雌と二種類あるいは六種類にも及ぶ異なる雄を生じる三つの異なった両性花の形態を産出するということは、最初は甚だ驚嘆すべきことのように思われる。けれどもこれらの事例は、雌が往々驚くほど相互に異なった雌雄を産むという普通の事実の誇張された表現にすぎない。

疑わしい種

種の形質をかなりの程度有しているが、博物学者がこれを別異の種として分類することを好まないほど密接に他の形態に酷似するか、もしくは中間の漸次的段階によって密接に連結されている形態は、いろいろの点で我々に最も重要なものである。これらの疑わしくそしてごく近縁の形態の多くは永い間、我々の知る限りでは真正な種と同じくらい永い間、その形質を永続的に保持してきたと信ずべきあらゆる理由を我々は有している。実際上、博物学者は中間の連結環によって二つの形態を結びつけることができるときには、一つを他の変種として扱うのである。すなわち最も普通なもの、しかし時には最初に記載されたもの、を種とし他を変種とするのである。ここで列挙はしないが、これらの二つが中間の連結環によって密接に連結されているときでさえ、一つの形態を他の変種として分類するかどうかを決定するのに、ときに大きな困難を生じる場合がある。中間形態が雑種の性質をもつという通常の仮定をもってしても、この困難が常に除かれるわけではない。しかしながら非常に多くの場合において、一つの形態が他の変種として分類されるのは中間の連結環が実際に発見されたからではなく、観察者が類推により、これらの連結環が現在どこかに存在しているかあるいは昔存在していたと想像するからである。そしてここに疑惑と臆測が入り込む広い扉が開かれるのである。

それゆえ一つの形態が種と変種のいずれに分類されるべきかを決めるには、適切な判断と広い経験を有する博物学者の意見が唯一の道標であるように思われる。けれども多くの場合は博物学者の多数決で決定しなければならない。なぜなら著しい特徴のあるよく知られた変種で、少なくとも若干の有能な鑑定家に種として分類されなかったものはほとんどないからである。

この疑わしい性質の変種が決して稀でないことはもちろんである。異なる植物学者によって著わされた英国、フランス、あるいは合衆国の幾つかの植物誌を比較すると、ある植物学者が正真の種としているものを他の植物学者は単なる変種としている形態が驚くほど沢山あることが分かる。あらゆる援助に対して私が深く感謝しているH・C・ワトソン（Watson）氏は、一般に変種と見なされているが植物学者には種と認められている百八十二の英国の植物を私に示してくれた。氏はこの表を作るに当たって、ある植物学者は種と認めているがさほど重要でない多くの変種を除外し、また幾つかの高度に多形的属も全く除外した。最も多く多形的形態を含んでいる属の下に、バビントン（Babington）氏は二百五十一種を数え、それに対してベンサム（Bentham）氏は百十二を数えたにすぎない——その差百三十九は疑わしい形態なのである！ 出産の度ごとに結合しまた高度の移動性をもつ動物では、ある動物学者には種として、また他の動物学者には変種として分類される疑わしい形態は同じ地域の中では滅多に見出されないが、隔たった地域では普通である。北アメリカおよびヨーロッパにおいて、互いに非常にわずかしか差のない鳥類および昆虫類のいかに多くが、ある優れた博物学者には疑いのない種として、また他の博物学者には変種もしくは、しばしばよばれているように、地理的品種として分類されていることか！　ウォレス氏は大マレー諸島の島々に棲む種々の動物、特に鱗翅目についての幾つかの価値ある論文において、これらが変異的形態、地方的形態、地理的品種もしくは亜種、および真の典型的種という四項の下に分類されることを示している。第一の変異的形態は同じ島の限界内で甚だしく変異する。地方的形態は各々の離れた島において適当に恒常的でまた相互に異なっている。しかし幾つかの島のすべての形態を一緒に比較すると、その差は定義や記述が不可能なほど軽微で漸次的であるが、同時に両極端の形態は十分異なっていることが分かる。地理的品種もしくは亜種は、地方的形態が完全に固定し分離したものである。しかしそれらは著しく目立った重要な形質において互いに相違しているのではないから、『いずれを種としいずれを変種とするかを決めるのに、個人的意見以外に実行可能な検査方法はないのである。』といっている。最後に、典型的種は各島の自然の秩序において地方的形態や亜種と同じ場を占める。しかし地方的形態や亜種の間よりも一層大きな差によって互いに区別されるので、ほとんど普遍的に博物学者から真の種として分類されている。けれどもこれらの変異的形態、地方的形態、亜種、および典型的種の識別を可能にするような一定の規準を与えることはとてもできない。

ずっと以前、私はガラパゴス諸島のごく接近した島々の鳥を相互に比較し、またこれとアメリカ大陸の鳥を比較し、また他の人々が比較するのを見て、種と変種の間の区別が全く曖昧で気紛れなのに非常に驚かされた。小マデイラ諸島の小島には、ウォラストン（Wollaston）氏の見事な著書では変種として特徴づけられている多くの昆虫がいるが、それらは多くの昆虫学者からは確実に別種として分類されるであろう。アイルランドでさえも、今日一般には変種として見なされているが、若干の動物学者によって種と認められている少数の動物がある。数人の経験豊かな鳥類学者は、英国のアカライチョウをノルウエイ種の著しい特徴をもった一品種にすぎないとしているが、大多数の者はこれを英国に特有な疑いのない種として位置づけている。二つの疑わしい形態の棲息地の間が広く離れていれば、多くの博物学者はこれらを別異の種として分類する傾向がある。しかしどれだけの距離があれば十分なのかというもっともな疑問がある。もしアメリカとヨーロッパの間が十分な広さであるとすれば、ヨーロッパとアゾレス、あるいはマデイラ、あるいはカナリー諸島との間、またはこれら小さい諸島の幾つかの小島の間の距離は十分なのであろうか?

合衆国の有名な昆虫学者B・D・ウォルシュ(Walsh)氏は、氏が植物食の変種および植物食の種とよんでいるものについて記述している。植物を食べる昆虫の大部分は一種類の植物または一群の植物によって生きており、あるものは無差別に多くの種類を食べているがそのために変異することはない。しかしながらウォルシュ氏の観察によると、違う植物の上で生活していることが発見された昆虫の幾つかの例では、幼虫か成虫かまたはその両方で、色、大きさ、あるいは分泌物の性質がわずかながらも一定の差異を現している。ある場合には雄だけが、ある場合には雌雄ともに軽度に異なることが観察された。この差異がさらにもっと著しいとき、また雌雄両性がすべての時期に影響を受けたとき、その形態はすべての昆虫学者によって真の種として位置づけられる。しかし観察者の誰も、これらの植物食の形態のどれを種とよびどれを変種とよぶべきかを、自分のために決めることはできても他人のために決めることはできない。ウォルシュ氏は自由に交雑すると想像される形態を変種とし、その力を失ったと思われるものを種とした。これらの差異は昆虫が永い間別々の植物を食べてきたことによるのであるから、それぞれの形態を連結する中間の連結環が今日発見されることを期待することはできない。こうして博物学者は疑わしい形態を変種とするかあるいは種とするかを決定するための最善の手引を失っているのである。その上、これは別々の大陸あるいは島に棲んでいる類似の生物に関しても必ず起こるのである。これに対して、ある動物または植物が同じ大陸に分布するか、あるいは同一諸島中の多くの島に棲息して異なる区域に異なる形態を現しているときには、その両極端の状態を連結する中間の形態が発見される好条件が常に存在している。そしてこれらはそのとき変種の位置に降格されるのである。

ある少数の博物学者は動物が決して変種を生じないと主張する。しかしそのときには、これらの博物学者は最も軽微な差も種の価値をもつものとして分類することになる。そして全く同一の形態が遠く離れた二つの地域、もしくは二つの地層中に見出されたときには、彼らは二つの別種が同じ外装の下に隠されているのだと信じる。こうして種という言葉は別々の創造行為を暗示し想定する単なる無用の抽象概念にすぎないことになる。非常に有能な鑑定家によって変種と考えられた多くの形態は、他の非常に有能な鑑定家によって種と認められたほどその形態が完全に種に似ていることは確かである。しかしこれらの言葉の何らかの定義が一般に受け入れられる以前に、彼らを種とよぶべきか変種とよぶべきかを議論するのは空気を打つに等しい無駄である。

著しい特徴をもつ変種または疑わしい種の事例の多くは十分に考察する価値がある。というのは、彼らの位置を決定しようと試みて、地理的分布、相似変異、雑種性等から幾つかの興味深い論議が集中したからである。しかしここでそれを論じることは紙面が許さない。多くの事例における詳細な研究によって、博物学者は疑わしい形態の位置づけ方法について一致するようになるであろう。しかし、我々が疑わしい形態を最も多く発見するのは最もよく知られた地域であることを認めなければならない。私が深く感じさせられたのは、自然の状態にある動物または植物が人間に極めて有益であるとか、あるいは何らかの原因で強く人間の注意をひきつける場合には、それの変種はほとんどもれなく記録されるという事実である。その上これらの変種はある学者によってしばしば種として位置づけられるであろう。ヨーロッパナラがいかに詳しく研究されているかを見よ。だがドイツの一学者は、他の植物学者からはほとんどあまねく変種と認められている形態から十二以上の種を作り出す。そして英国では無柄のナラと葉柄のあるナラとが真の別種であるか、あるいはただの変種であるかを証明するにも、植物学の最高権威者および実践家を引き合いに出すことができる。

近頃出版された全世界のナラ・カシ類に関するA・ド・カンドル（de Candolle）の注目に値する研究報告についてここに一言しておこう。まだ誰も種の区別に関して彼以上に豊富な材料を持ったものはなく、またこれらを彼以上に熱心さと聡明さをもって取り扱ったものはない。彼はまず、幾つかの種について変異する構造の多くの点をすべて詳細に列挙し、また変異の相対的頻度を数量的に見積もる。彼は、時には年齢または発育に応じ、また時には特別の理由なく同じ枝の上でさえも変異することのある一ダース以上の形質を明記している。このような形質はもちろん種的価値をもってはいない。しかし、エイサ・グレイ（Asa Gray）がこの報告を論評していったように、それらは一般に種の定義の中に入れられるものである。ド・カンドルは続いて、同じ木では決して変化せずそして中間状態によって決して連結されない形態を種とするといっている。非常な苦心の結果であるこの論考の後に、『我々の種の大部分は明らかな境界をもち、疑わしい種はごく少数にすぎないとくり返しいっている彼らは間違っている。この説は属が不完全にしか知られず、その種がわずかな標本を基としていた、つまり暫定的であった間は真実のように思われた。我々がそれらのものを一層よく知るに従って中間形態が入ってきて、種の境界についての疑いが増大してくる。』と強調している。彼はまた、最も多数の自然的変種および亜変種を現すのは最もよく知られた種であることを付け加えている。ヨーロッパナラ（Quercus robur）は二十八の変種を有し、そのうちの六つを除いた全部は三つの亜種、すなわちクエルクス・ペデュンキュラータ（Q. pedunculata）、セッシリフローラ（Q. sessiliflora）およびピュベッセンス（Q. pubescens）の周囲に集まっている。これらの三亜種を結びつける形態は比較的稀である。そしてエイサ・グレイが重ねていっているように、もし現在稀であるこれらの連結形態が全く絶滅してしまえば、これら三亜種は、典型的なヨーロッパナラを密接に取りまいている四ないし五の暫定的に種と認められているものの相互関係と全く同様となるに違いない。さらにド・カンドルはその序論において、ナラ・カシ科（oak family）に属するものとして列挙されるはずの三百種の中、少なくとも三分の二は暫定的な種であり、真の種についての前述の定義を厳密に満たしているとは見られないということを認めている。ここに附言しなければならないことは、ド・カンドルはもはや種が不変の創造物であることを信ぜず、派生説が最も自然な説であり『また古生物学、地理的動植物学における解剖学的構造および分類の既知の事実と一致する。』と結論していることである。[(1)]

若い博物学者が全く知らない生物の一群の研究を開始するとき、まず最初どの差異を種的と見なし、またどれを変種的と見なすかを決定するのに大いに戸惑うのである。なぜなら彼はその群の受けた変異の量と種類について何も知らないからである。そしてこのことは、少なくとも何らかの変異の存在がいかに極めて一般的であるかを示している。しかしもし彼がその注意を一地域内の一綱に限るならば、大部分の疑わしい形態の位置づけ方法についてすぐに決心がつくであろう。彼の一般的傾向は多くの種を設けることにあろう。というのは、先に述べた鳩または家禽の愛好家とちょうど同じように、彼は絶えず研究している形態における差異の量に深く印象づけられており、その上、彼の最初の印象を是正するはずの他の群および他の地域における類似の変異についての一般的知識がほとんどないからである。彼は観察の範囲を広げるに従って、一層多くの困難な事例に遭遇するであろう。というのは一層多数の類似形態に出会うからである。しかし彼の観察が広く拡張されれば、大抵最後には自分の考えを決定することができるようになるであろう。しかしそこまで成功するには多大な変異を容認しなければならないであろう――そしてこの容認の真実性はしばしば他の博物学者から反論されるであろう。彼が現在は地続きでない地域からもたされた近縁の形態を研究する場合には、中間の連結環を発見することは望めず、ほとんど全く類推に頼るほかなく、彼の困難は絶頂に達するであろう。

種と亜種――すなわちある博物学者の意見では、種の位置に非常に近づいているがまだ到達はしていない形態――の間、あるいは亜種と特徴の明瞭な変種の間、あるいはより低度の変種と個体の間には、確かにまだ明瞭な境界線が引かれていない。これらの差異は感知できないほど連続して互いに混じり合う。そして系列は現実の変遷の観念を我々の心に印すのである。

そこで私は、分類学者には興味が少ないが、博物学の著作には辛うじて記録する価値があるような些細な変種に向かう第一歩として、個体差を我々に最も重要なものと考える。そして私は、何らかの程度で一層異なり、また永続的な変種をより著しい特徴のある永続的変種に向かう歩みと見なし、さらにこの後者を、亜種、次いで種へ導かれるものと見なす。差異の一段階から他の段階への推移は、多くの場合、生物の性質とそれが永い間置かれていた物理的諸条件との単純な結果であろう。しかしより重要で適応的な形質に関しては、差異の一段階への推移は、後に説明する自然淘汰の累積作用、および生体各部の使用増加または不使用の効果に起因すると考えて差しつかえないであろう。それゆえ著しい特徴のある変種は初期の種といえよう。しかしこの信念を果たして正当と認めてよいかどうかは、本書を通じて与えられる種々の事実および考察の重要さによって判断されなければならない。

変種または初期の種がすべて種の位置に達するものと想

定する必要はない。それらは絶滅してしまうかもしれないし、あるいはウォラストン氏がマデイラにおけるある化石陸貝の変種について、またガストン・デ・サポルタ（Gaston de Saporta）が植物について示したように、極めて永い間変種として存続するかも知れない。もしある変種が数において母種を上まわるほど繁栄したとすれば、それが種に位置づけられ、種が変種に位置づけられるに違いない。あるいはそれは母種に取って代わりこれを絶滅させるかもしれない。あるいは両者共存して双方が独立の種として分類されるかもしれない。しかしこれについては後に再説するであろう。

前述の説明によって私が種という言葉を、相互に密接に類似している個体の一群に便宜上与えられたものであり、明瞭さが小さくより変動性の大きい形態に与えられる変種という言葉と本質的には異なっていない、と見なしていることが分かるであろう。変種という言葉も、単に個体差にすぎないものと比較してみて、やはり便宜上勝手に用いられた言葉にすぎないのである。

広範囲に豊富に拡散した普通の種は最も多く変異する

理論的考察に導かれ、私は詳しく調査された幾つかの植物相におけるすべての変種を一覧表にすることにより、最も多く変異する種の性質およびその関係について何か興味のある結果が得られるかも知れないと考えた。これは初め簡単な仕事のように思われた。ところが、この主題についての貴重な助言と援助とで大いに恩義があるH・C・ワトソン氏は、私に多くの困難があることをまもなく納得させた。その後、フッカー博士はさらに強い言葉で私にこのことを納得させた。これらの困難についての検討および変異する種の比率の表は将来の仕事のために残しておく。フッカー博士は私の原稿を精読し表を検討した後に、以下の見解はかなり確実な根拠をもつと彼が考えているという旨を私が附言することを許された。しかしながら、この全体の主題は、ここでは已むを得ずすこぶる簡単に扱うが、むしろ複雑なものであって、後に論じる『生存闘争』、『形質の分岐』、その他の問題への言及を避けることはできない。

アルフォンス・ド・カンドルおよびその他の人々は、非生物、特にほとんど同じ生活習性をもつ同じ属あるいは同じ綱の成員についてのみ言い得るものであることを理解しておかねばならない。個体の数あるいは種の普遍性ということについての比較は、もちろん単に同じ群の成員だけに関係する。高等植物の一つが、もしほとんど同じ条件の下で生活する同じ地域の他の植物よりも個体の数が多くまたより広く拡散しているならば、それは優勢であるということができる。このような植物は、水中に棲む藻の類やあるいは寄生菌の個体数のほうがはるかに多く、またより広く拡散しているからといって、これらよりも劣勢であるわけではない。しかしこの藻または寄生菌が上述の点でその同類を上まわっているならば、それは自分の属する綱の中で優勢なのである。

各地域において大きい属の種は小さい属の種よりもより頻繁に変異する

どれかの植物誌に記載されているようなある地域に棲息する植物が、もし等しい二つの集団に分けられ、大きい属（すなわち多くの種を含む属）のものをすべて一方に置き小さい属のものをすべてもう一方に置くならば、前者は極めて広範囲に広がっている植物は一般的に変種を現すことを示している。そしてこれはそれらの植物が異なった物理的条件にさらされることと、別の生物群と競争すること（これは後に見るように、前者に優るとも劣らない重要な環境である）から予期できることである。しかし私の表は、ある限られた地域では、個体数が最も多くまたその地域内に最も広く拡散している（これは広範囲であることとは意味が違い、また普遍的であることとも多少違う）最も普通な種が、植物学の著作に記載されるに足る十分な特徴のある変種を最も頻繁に生じることを示している。それゆえ最も繁栄する種、あるいはいわゆる優勢な種――広範囲に広がり、その地域内に最もよくゆきわたり、かつ最も個体数の多いもの――は著しい特徴のある変種、あるいは私が初期の種と考えるものを最も頻繁に生じる。そしてこれらはおそらく予想できることである。なぜなら、変種が多少とも永続的となるためには、必然的に地域内の他の棲息者と闘争しなければならないので、すでに優勢である種は幾らか変容するにしても、先祖が仲間を凌駕するようになった優利性を遺伝する子孫を生じるに違いないからである。優勢ということについての以上の説明は、単に互いに競争するて普通で多量に拡散している種、すなわち優勢な種を幾らか多く含んでいることを発見するであろう。このことは予想できたことである。なぜなら同じ属の数多くの種がある地域に棲息しているという事実だけで、すでにその地域の有機的または無機的条件においてその属に好都合な何かが存在することを示しており、従って大きい属すなわち多くの種を含む属には優勢な種の比率がより大きいことを予期できるからである。しかし多くの原因がこの結果を曖昧にしがちであるので、私の表で大きい属のほうがわずかながらも多数を示していることに私は驚いているのである。私はここに曖昧さの原因を二つだけ指摘しておこう。淡水植物および好塩植物は一般に非常に広範囲に広がり多量に拡散しているが、これはそれが棲息している産地の性質と関係があるらしく、その種が所属する属の大小にはほとんど、あるいは全く関係がないのである。また生体構造の下等な植物は、一般に高等な植物よりもはるかに広く拡散している。そしてこの場合にも属の大きさには密接な関係がないのである。下等な生体構造の植物が広範囲に広がる原因は『地理的分布』の章で論じることにする。

種を単に著しい特徴をもつ明確に定義された変種にすぎないと見なすことにより、私は各地域における大きい属の種は小さい属の種よりも頻繁に変種を生じるであろうと予想するに至った。なぜなら多数の密接な関係にある種（すなわち同じ属の種）が形成されたところではどこでも、一般の原則として、今も多数の変種または初期の種が形成されつつあるはずだからである。多くの大木が生長するところでは若木を見出すことが期待される。変異をとおして属の中に多くの種が造られたところでは、環境が変異に好都合だったのである。それゆえ我々は、環境は一般的に今も変異に好都合であると期待することができよう。他方、もし我々が各々の種を特別な創造行為として見るならば、なぜ多数の種を有する群がわずかしか種をもたない群よりも多くの変種を現すかについて、明らかな理由は何もなくなるのである。

この予想の真実性を確かめるために、私は十二の国の植物と二つの地方の鞘翅目昆虫をほとんど等しい二つの集団に分け、大きい属の種を片方の側に、小さい属の種をもう片方の側に置いた。そして大きい属の側は小さい属の側よりも比較的多数の種が変異を生じていることが例外なく立証された。その上、大きい属の種のほうが小さい属の種よりも変種の生じ方が常に大きい平均値を示している。これら二つの結果は別の分け方をして一種から四種しかない最小の属をすべて表から除いても同じであった。これらの事実は、種とは単に特徴の著しい永続的変種にすぎないという見解に立てば明らかな意味をもっている。というのは、同じ属の多くの種が形成された場所、あるいは工場という表現を使えば、種の製造工場が活動してきた場所ではどこでも、我々は一般にこの製造工場が今もなお活動していることを見出すはずであり、特に我々は新種の製造過程は緩慢なものであることを信じる十分な理由をもっているので、なおさらそういえるのである。そしてもし変種が初期の種と見なされるならばこのことは確かに真理である。なぜなら私の表の明らかに示すところによれば、一般的規則として、ある属に多くの種が形成されたところでは、その属の種は平均以上の変種すなわち初期の種を生じるのである。しかしこれは、すべての大きい属が現在大いに変異しつつありその種の数を増大させているというのではなく、また小さい属は今も変異せず増加していないというのでもない。もしそうであったならばそれは私の理論にとって致命的となろう。地質学は、小さい属が時間の経過の中で時々甚だしく増大し、また大きい属がしばしばその極大に達し、衰微し、そして消滅したことを明らかに我々に物語っているからである。私がここで示そうとするものはすべて、ある属に多くの種が形成されてきた場所では平均して多くの種が今も形成されつつあるということである。そしてこれは確かに正しい。

大きい属に含まれる種の多くは、その相互関係が同等でないが非常に密接であり、また分布範囲が限られていることで変種に似ている

大きい属の種とその記録されている変種の間には注目に値する別の関係がある。我々は先に種と著しい特徴のある変種を区別する間違いのない規準は存在しないことを見た。そして疑わしい形態の間に中間の連結環が発見されない場合、博物学者はそれらの間の差異の量によって、果たしてその一つあるいは両方を種に位置づけるのに十分であるか否かを、推測による判断により決定しなければならない。それゆえ差異の量は二つの形態を種に位置づけるべきか、または変種に位置づけるべきかを決める一つの非常に重要な規準である。ところでフリース（Fries）は植物に関し、

またウエストウッド（Westwood）は昆虫に関して、大きい属では種の間の差異の量が往々非常に小さいことを説いている。私はこれを数値的平均によって調べようと努め、そして私の不完全な結果の限りではこの見解は立証された。私はまた何人かの聡明で経験のある観察家に尋ねてみたが、彼らは熟考のすえこの見解に同意した。それゆえこの点で大きい属の種は小さい属の種よりも一層変種に似ている。あるいは次のようにいい換えてもよい。すなわち平均値以上の変種または初期の種が今も造られつつある大きい属においては、彼らの相互の差異は普通の差異の量よりも少ないので、すでに造られた種の多くもまだある程度変種に似ている。

その上、大きい属の種の相互関係はある一つの変種の相互関係と同様である。ある属のすべての種が互いに等しい差をもつと唱える博物学者は一人もいない。それらは一般に亜属、あるいは節、あるいはさらに小さい群に分けられる。フリースが上手に説明したように、種の小さい群は一般に他の種の周囲に衛星のように群がっている。そして変種とは、相互関係が同等でなく、そしてある形態の周囲――すなわちその母種の周囲――に群がっている形態の群でなくて何であろうか？ 疑いもなく種と変種の間には一つの極めて重要な相違点がある。すなわち変種間の差異の量は、相互にあるいはその母種と比較したとき、同じ属の種間の差異の量よりもよほど少ないということである。しかしこれをいかに説明するか、またいかにして変種間の小さい差異が種間の大きな差異にまで増大する傾向をもつかということは、私のいう『形質の分岐』の原則を論じるに至って分かるであろう。

注目に値する別の一点がある。変種は一般に分布範囲が極めて限られており、このことはほとんど自明の理である。なぜならもし一つの変種が、その仮想される母種よりも広範囲に広がっていることが発見されたならば、彼らの名称は逆になるはずだからである。しかし他の種に非常に密接に類似し、その限りでは変種に似ている種がしばしば極めて限られた分布範囲であることについては信ずべき理由がある。例えばH・C・ワトソン氏は十分調査された『ロンドン植物目録』（第四版）の中に、その書では種として位置づけられているが、他の種に非常に似ていて価値の疑わしいものと氏が考えている六十三の植物を私のために印してくれた。これら六十三のいわゆる種は、平均するとワトソン氏が英国を区分した地区の六・九地区に分布している。ところでこの同じ『目録』には五十三の公認の変種が載っていてこれらは七・七地区に分布しているが、これらの変種が所属している種は十四・三地区に分布している。従ってこの公認の変種は、ワトソン氏が私のために疑わしい種として印をつけてくれたが英国の植物学者によって普遍的に真正な種として位置づけられている密接に近似した諸形態と、ほとんど同様の限られた平均分布範囲を有している。

摘　要

結局、変種は種と区別できない。——ただし、第一に中間連鎖形態が発見されたり、第二にそれらの間の差異に不明確さがある場合は除かれる。なぜなら二つの形態は、もしその差がごくわずかであれば、彼らを密接に結びつけることができなくても、一般に変種として分類されるからである。しかし二つの形態に種の位置を与えるのに必要と考えられる差異の量を定義することはできない。ある地域で平均以上の種の数を有する属では、それらの属の種は平均以上の変種の数をもつ。大きい属では種は互いに密接であるが類似性は同等でなく、別の種の周囲に小さい集団を形成する傾向がある。他の種に非常に密接に類似した種は明らかに分布範囲が限られている。これらすべての点において大きい属の種は変種と強い相似性を示す。もし種がかつて変種として存在したことがあり、またこうして生じたのであるならば、この相似を我々は明らかに理解することができる。これに対し、もし種が独立の創造物であるならば、この相似は全く説明できない。

我々はまた、各綱において大きい属の最も繁栄する種、あるいは最も優勢な種は平均して最も多くの変種を生じることを見た。そして変種は、後に見るように、新しい明瞭な種に転化する傾向がある。こうして大きい属はますます大きくなろうとし、自然界を通じて現在優勢な生命形態は、多くの変容した優勢な子孫を残すことによってますます優勢になろうとする。しかし後に説明するような過程によって、大きい属も小さい属に分裂する傾向がある。こうして世界中で生命形態は群に従属する群へと分けられてゆくのである。

訳　者　注

(1) 現在はブナ科（beech family）

第三章　生存闘争

自然淘汰との関係――広義に用いられてきたこの用語――増加の幾何級数的比率――帰化動植物の急速な増加――増加を抑制する性質――普遍的競争――気候の影響――個体の数による防御――自然界を通じての全動植物の複雑な関係――生活のための闘争は同種の個体間および変種間で最も厳しく、しばしば同属の種間でも過酷である――生物と生物の関係はすべての関係の中で最も重要である

本章の主題に入る前に、私は生存闘争がどのように自然淘汰と関係しているかについて若干の予備的説明をしなければならない。自然の状態にある生物の間では、幾らかの個体的変異性の存在することを前章に述べた。実際私はこのことでかつて異論のあったことを知らない。多数の疑わしい形態が種とよばれるか、亜種とよばれるか、あるいは変種とよばれるかは我々にとって重要でない。例えばもし何らかのはっきりした特徴のある変種の存在が認められれば、英国の植物の二百あるいは三百の疑わしい形態がどんな位置を占める資格を与えられようと、それは我々にとって重要ではない。しかし、単に個体的変異性と少数のはっきりした特徴のある変種の存在だけでは、研究の基礎としては重要であるが、種がいかにして自然界に生じるかを理解するにはほとんど役立たない。生物体の一部分が他の部分や生活条件に対して示し、また一つの生物が他の生物に対して示す見事な適応のすべてはどのようにして完成されたのであろうか？　我々はこの見事な相互適応をキツツキとヤドリギにおいて最も明瞭に見るのであり、また四足獣の毛や鳥の羽毛にくっつく最も下等な寄生虫に、水中に潜る甲虫の構造に、非常に穏かな微風に軽々と運ばれる羽のついた種子に、ほとんど劣らない明瞭さでもって見るのである。要するに我々はあらゆる所で、生物界のあらゆる部分に見事な適応を見るのである。

また、私が初期の種とよんだ変種はどのようにして最後

に立派ではっきりした種、すなわち多くの場合同じ種の変種相互よりも明らかに大きな差異を互いにもつ種に転化するのか？と問われよう。別異の属とよばれるものを構成し、同じ属の種間よりも互いに相違する種の群がいかにして生じるのか？　これらの結果は次章でもっと十分に説明するように、すべて生活のための闘争から起こるのである。この闘争によって変異は、それがどんなに小さくまたどんな原因によるものであろうと、他の生物および生活の物理条件との無限に複雑な関係において種の個体に幾らかでも利益があればその個体を保存し、そして一般に子孫に遺伝されるであろう。子孫はまたこのようにして生き残るためのより良い機会をもつことになる。というのは、定期的に生まれる種の多数の個体のうち生き残るものは少数にすぎないからである。私は、各々の微小な変異がもし有益ならば保存されるというこの原則を、人間の淘汰力との関係で表すために『自然淘汰』とよんだ。しかしハーバート・スペンサー氏がしばしば用いた『適者生存』という言葉はより適切であり、また時には同様に便利である。人間が淘汰によって確かに偉大な結果を生み、また自然の手によって彼に与えられたわずかであるが有用な変異の累積により、生物を自分の用途に適合させることができることはすでに論じた。しかし後に見るように、『自然淘汰』は絶えず作用する力であり、自然の作品が人間の工芸に対し優っているように、人間の微力な努力に比べると格段に優っている。

今ここにもう少し詳細に生存闘争について検討しよう。この主題は私の将来の著作ではそれに値するだけの十分な長さで論じるであろう。老[(1)]ド・カンドル（The elder De Candolle）とライエルは、あらゆる生物が厳しい競争にさらされていることを広くかつ哲学的に説いた。また植物については誰もマンチェスターの主任司祭W・ハーバートに優る熱意と才能をもってこの主題を研究したものはなく、これは明らかに彼の偉大な園芸の知識の結果であった。普遍的な闘争の真理を言葉の上で認めることほど容易なことはない。反対にこの結論を絶えず心にとどめておくことほど――少なくとも私の経験では――困難なことはない。けれどもこれを徹底的に心に浸み込ませておかなければ、分布、稀少、多量、絶滅、および変異に関するあらゆる事象を伴う自然界の全秩序は不明瞭となるかあるいは全く誤解してしまうであろう。我々は自然界の表情が喜びに輝き、しばしば食物が有り余っているのを見る。我々は、我々の周囲にのんきに囀っている鳥は大抵昆虫や種子を食って生活し、こうして絶えず生命を滅ぼしていることを見ないかあるいは忘れている。また我々は、これらの鳴き鳥、あるいはその卵やひながいかに多くの猛禽や猛獣の餌として滅ぼされるかを忘れている。我々は食物が今は有り余っていても、めぐり来るそれぞれの年のすべての季節においてそうではないことを常に心にとどめてはいない。

広義に用いられた生存闘争という言葉

あらかじめ言っておかなければならないことは、私はこの言葉を、一生物の他の生物への依存や、また（さらに重要なことは）個体の生活だけでなく子孫を残すことに成功することを含め、広くまた比喩的な意味で用いることである。飢饉のとき二匹のイヌ科動物が食物と生存を得るために互いに闘争するというのは真実である。しかし砂漠の果てにある一植物は乾燥に対して、より適切には湿気に依存しているというべきであるが、生活のための闘争を行っているといわれている。年々千個の種子を生じてそのうち平均一個だけが成熟する植物が、すでにその土地を覆っている同じ種や他の種の植物と闘争するということはさらに真実であろう。ヤドリギはリンゴや他の少数の樹木に依存しているのであるが、強いていえばこれらの樹木と闘争するともいえる。なぜならこれらの寄生植物があまりに多く同じ樹木の上に生長すると、その木は衰弱、枯死してしまうからである。しかし同じ枝に密に生育するヤドリギの幾つかの実生は互いに闘争するというのがより正しいであろう。ヤドリギは鳥によって種子を散布されるので、その存在は鳥に依存している。それゆえ比喩的には、鳥を誘引してその実を食わせ種子を散布させることによって、他の結実植物と闘争するということができる。私は便宜上、これらの相互に推移する幾つかの意味において、『生存闘争』という一般的な言葉を用いるのである。

増加の幾何級数的比率

生存闘争はあらゆる生物の増加傾向が高い比率であるところから必然的に生じるのである。その自然的生涯の間に幾つかの卵または種子を生じる各生物は、その生涯のある時期の間、またある季節もしくは折々の年の間に滅亡されなければならない。さもなければ幾何級数的増加の原則によって、その数は速やかに、どんな地域もその生産物を支えることができないほど過度に大きくなるであろう。このように生存できるよりも多くの個体が生まれるので、あらゆる場合に生存闘争が存在しなければならず、その闘争は一つの個体が同種の他の個体に対してか、別種の個体に対してか、あるいは生活の物理的条件に対してかのいずれかで行われるのである。これはマルサスの学説を全動植物界に多様な力で適用したのである。なぜならこの場合に、食物の人為的増加や結婚の慎重な抑制はあり得ないからである。ある種は現在多少早くその数を増加しているが、すべてがそうであることはできない。なぜなら世界がそれらを収容し得ないからである。

　あらゆる生物は非常に高い比率で自然に増加するから、もし滅ぼされることがなければ世界は一組の夫婦の子孫によってたちまち覆われてしまうであろう、という法則に例外はない。繁殖の遅い人類でさえ二十五年間に二倍になった。この比率でゆくと千年もたたないうちに文字どおり子孫の居所はなくなるに違いない。リンネ[2]（Linnaeus）の計算したところでは、もし一株の一年生植物がたった二個の種子を生じ――こんな不産な植物はないが――その実生苗が翌年二個の種子を生じ、こうして進んでゆくとすると、二十年間に百万株の植物ができる。象はあらゆる既知の動物中最も繁殖の遅いものと認められている。そして私は少々苦心して可能性のある最小の自然増加率を概算してみた。象は三十歳で生殖を始めて九十歳までこれを続け、その間に六匹の仔を産んで百歳まで生存すると仮定するのが最も安全であろう。もしこのとおりであったとすれば、七百四十年ないし七百五十年後には最初の一組から出た千九百万頭近くの象が生存することになる。

　しかしこの主題に関しては、単なる理論的計算よりももっとよい証拠がある。すなわち二三シーズンの間好適な環境であったときに、自然状態にある種々の動物が驚くほどの早さで増加した多数の事例が記録されている。さらにもっと著しいのは、世界の幾つかの地域で野放しになった多くの種類の飼育動物についての証拠である。南アメリカおよび最近のオーストラリアにおける繁殖の遅い牛と馬の増加率の報告は、もし十分に証明されたのでなかったならば信じ難いほどである。植物についてもそのとおりであって、導入植物が十年もたたないうちに島全体に普通なものになってしまった事例をあげることができる。カルドン[3]やある丈の高いアザミなど幾つかの植物は現在ラプラタの大平原で最も普通なものであり、数平方リーグ[4]を覆ってほとんど他の植物を追放してしまったが、これはヨーロッパから導入されたものである。また私がフォークナー（Falconer）博士から聞いたところによると、インドにはアメリカ発見後にそこから輸入された植物でコモリン岬からヒマラヤに至るまで広がっているものがあるという。このような事例やさらにあげることのできる際限のない他の事例において、これらの動植物の繁殖力が突然に、また一時的にかなりの程度増加したのであるとは誰も想像しない。これの分かり易い説明は、生活条件が非常に好適であったために老若ともに死滅することが少なく、ほとんどあらゆる幼体が繁殖できたことにある。彼らの増加の幾何級数的比率は、その結果は常に人を驚かすのだが、彼らの新郷土における非常に急速な増加と広い拡散を簡単に説明するのである。

自然の状態では十分生長した植物のほとんどすべては毎年種子を生じ、動物においても毎年番いにならないものは非常に稀である。そこで我々は、あらゆる動植物は幾何級数的比率で増加しようとする傾向があり——すべてのものはどうにか生存できるあらゆる産地を速やかに満たそうとし——そして増加の幾何級数的傾向は、その生涯のある時期における滅亡によって抑制されるに違いない、と確信をもって断言することができる。我々は大型の飼育動物に親しんでいるのでそのために惑わされるのだと私は思う。我々は彼らの上に大きな滅亡が起こるのを見ない。しかし我々は年々数千頭が食料として屠殺されていることを忘れており、また自然状態の下にあってもこれと同数のものが何らかの方法で片付けられているのを忘れている。

年々数千もの卵や種子を生じる生物と極めてわずかしか産まない生物との差は、好適な状態の下ではどんなに広大であろうと、繁殖の遅いもののほうがある地方全部を満たすのにやや多くの年月を要するというのにすぎない。コンドルは一対の卵を産み、ダチョウは二十個を産むが、同じ地域でコンドルのほうがかえって数が多いことがあり得る。フルマカモメはただ一個の卵を産むにすぎないが、世界中で最も数の多い鳥だと信じられている。一匹の蠅は数百の卵を産み、また他のウマシラミバエのようなものはただ一個を産むにすぎない。しかしこの差はこの二種の個体がある地方でどれだけ養われ得るかを決定しない。卵の数が多いということは、絶えず分量の変動する食物に頼っている種にとってはある重要性をもつ。なぜならこれによって速ない。抑制を軽くし、少しでもその滅亡を緩和すれば、その種の数はほとんど一瞬のうちにどこまでも増加するであろう。

増加抑制の性質

各々の種が増加しようとする自然の傾向を抑制する原因は甚だ不明瞭である。最も活力のある種を観察して見ると、群れの数が多くなればなるほどますますその数を増やす傾向がある。我々は抑制が何であるかをただ一つの事例でさえも正確には知らない。人類に関しては他の動物より比較にならないほどよく知られているのに、それでも我々がこの題目についていかに無知であるかを考えたことがある人には、これらのことは驚くに当たらないであろう。この増加抑制の主題は幾人かの学者によって上手にまとめられているので、私は将来の著作においてかなりの長さで、特に南アメリカの野生動物について論じたいと思う。ここでは若干の主な点を読者に想起してもらうために二三の所見を述べるだけにする。卵または非常に幼い動物は一般に最も被害を受けるように思われるが、これは必ずしも常にそうではない。植物ではその種子の非常に多くが滅亡するが、私の行った若干の観察によると、実生苗の大部分はすでに他の植物が密生している土地に発芽するために被害を受けるように見える。実生苗はまた種々の敵によって非常に数多く滅ぼされる。例えば掘り返され耕された、他の植物から生長を止められることのない長さ三フィート幅二フィートの土地で、私は自生の雑草の実生苗をそれが発生するにつれてすべて記入したが、その三百五十七のうち二百九十五以上が主としてナメクジと昆虫によって滅ぼされた。もし永い間苅られてきた芝生を——四足獣に細かく食べられてきた芝生の場合も同じことであろうが——草の生えるにまかせると、強い植物が弱い植物を、十分に生長したものまでも次第に殺してゆくのである。こうして、苅り込まれた芝生の小区画（三フィート×四フィート）に生じた二十種のうち九種は他の種が自由に生長を許されたために死滅した。

各々の種に対する食物の量は、もちろん各々が増加できる厳しい限度を与える。しかしある種の標準個体数を決定するのは得られる食物ではなく、他の動物の餌食となることである場合が非常によくある。こうして、ある広大な区域におけるヤマウズラ、ライチョウ、およびノウサギの棲息数が主として害鳥獣の駆除に依存することはほとんど疑えない。もしイングランドで今後二十年間一匹の猟鳥獣も射殺されず、同時に害鳥獣も全く駆除されないとすれば、年々数十万の猟鳥獣が射殺されている今日よりもかえって猟鳥獣の数が減少することはおそらく間違いない。一方、例えば象のような場合には一匹も猛獣に殺されない。インドの虎でさえ、母親に守られている仔象を襲うことは極めて稀である。

気候は種の標準個体数を決定するのに重要な役割を演じる。周期的にくる極端な寒さや旱魃の季節はあらゆる抑制作用の中で最も有効なもののようである。私は（主として春における巣の数の大幅な減少から）一八五四—五年の冬が私の所有地における鳥の五分の四を死滅させたと見積もった。人間の疫病による非常に厳しい死亡率が十パーセントであることを思うと、これは恐るべき破滅である。一見しただけでは気候の作用は全く生存闘争には無関係のように思われる。しかし気候が主として食物を減少するように作用する限りでは、同じ種類の食物に依存している同種もしくは異種いずれの個体の間にも極めて厳しい闘争をもたらすのである。例えば極端な寒さのように気候が直接作用するときでさえも、最も害を受けるのは最も弱い個体か、または冬に入ってから少ししか食物を得られなかった個体であろう。我々が南から北へ、あるいは湿潤な地方から乾燥した地方へ旅行すると、ある種が漸次稀少になってゆき、遂には姿を消してしまうのを常に見るであろう。そして気候の変化が目立っているために、我々は全効果を気候の直接作用に起因すると考えたくなるのである。しかしこれは誤った見解である。各々の種は、最も豊富に存在しているところでさえ、生涯のある時期に、同じ場や同じ食物に対する敵または競争者から絶えず非常な破壊を受けていることを我々は忘れている。もしこれらの敵または競争者が気候の軽微な変化によってわずかでも有利になるとそれは数を増やす。そして、それぞれの区域はすでに棲息者で充満しているのであるから、他の種は減少しなければならない。我々が南方に旅行してある種がその数を減少しているのを見ると、その原因はこの種が損害を受けた分、他の種が利益を受けていることにあると感じるに違いない。我々が北方に旅行するときもそのとおりであるが、その程度は幾らか低い。というのは北方では、あらゆる種類の種の数、従って競争者の数が減少するからである。それゆえ、北方に行くかあるいは山に登ると、南方に進むかあるいは山を下るときよりも、頻繁に気候の直接的有害作用に基づく発育不良な形態に出会うのである。北極地方、あるいは冠雪の山頂、あるいは純然たる砂漠に行けば、生活のための闘争はもっぱら気候作用に対してである。

　気候が主として他の種を利することによって間接的に作用することは、我々の庭園で無数の植物がこの地の気候に完全に耐え抜くが、土着の植物と競争することができず、また土着の動物による破壊に抵抗することができないために決して帰化しないのを見ても明らかである。

　ある種が極めて好適な環境のためにある小地域に過度に増加すると、流行病――これは少なくとも我々の狩猟動物では一般に起こるように思われる――がしばしば発生する。そしてここに我々は生活のための闘争と無関係な限定的制御を見る。しかしこれらのいわゆる流行病でさえ、ある原因から、おそらく一部分は密集した動物の間に広がることが容易なことから、不当に利益を与えられた寄生虫に起因するようである。そこでここに寄生生物とその犠牲者との間に一種の闘争が始まる。

　一方多くの場合、同じ種の個体の数がその敵に比べて多いということはその種の保存のために絶対に必要なことである。例えば我々が田畑において多量の穀物やアブラナ等を容易に十分栽培できるのは、種子を食う鳥の数に比べて種子が甚だしく過剰に存在するからである。また鳥はこの一季節には有り余る食物を有するけれども、冬期にその数が抑制されるために種子の供給に比例した数を増加させることができないのである。ところが庭で作るわずかな小麦あるいは他の同様の植物から種子を得ることがどんなに困難であるかは、やったことのある人は知っている。私の場合は一粒の種子も得られなかった。種の保存のためには同種の多数の株が必要であるというこの見解は、非常に稀少な植物が、それが存在する少数の場所では往々非常に繁茂している、というような自然における奇妙な事実を解明するものであると私は信じる。またある群生植物がその分布範囲の一番外側のところでさえ群生して個体が豊富であることもその例である。このような場合、植物はその生活条件が非常に有利で多数が共存でき、種を全滅から助けたようなところにだけ生存できたのであると我々は信じてよいであろう。なお、交雑の良い効果および近親交配の悪い効果がこれらの事例の多くに疑いもなく作用していることを附言しておかなければならない。しかしここではこの主題をこれ以上詳しく書かない。

生存闘争における全動植物相互の複雑な関係

同じ地域で互いに闘争しなければならない生物の間の制御と相互関係がいかに複雑で予想外なものであるかを示す多くの事例が記録されている。単純であるが私の興味をひいた一例をあげよう。スタフォード州の、私が豊富な研究材料を持ったある親戚の領地に、いまだ人間が手を触れたことのない極めて不毛の広い荒野（heath）がある。しかし全く同じ性質の数エーカーが二十五年前に囲いをされてヨーロッパアカマツが植えられていた。この植付け部分の荒野に起こった自然植生の変化は極めて著しく、ある土壌から他の全く異なった土壌に移ったときに一般に見られる変化以上であった。すなわち荒野植物の数の比率が全く変化したばかりでなく、荒野に見られなかった十二種の植物（イネ科類とスゲ類を数えないで）がその植付地に繁茂した。昆虫に及ぼした効果はさらに大きかったに違いない。というのはこの荒野に見られなかった六種の食虫性の鳥がこの植付地では全く普通のものとなり、また二三の別の食虫性の鳥もしばしば荒野を訪れたからである。ここに我々は、牛が入り込まないように土地を囲った以外何もせず、ただ一本の樹木を持ち込んだだけの効果がいかに強い影響を与えたかを知るのである。ところが私は囲うことがどれほど重要な要因であるかをサーリーのファーナム附近で明らかに見た。そこには広大な荒野があって、遠い丘の上には古いヨーロッパアカマツの数本の木立があった。最近十年以内に広い範囲が囲われ、自然に蒔かれた松が今では沢山芽を出して、全部が生存できないほど密集している。私はこれらの幼樹が蒔付け、または植付けられたのではないことを確かめたときその数に大いに驚いたので、展望のきく数地点に行き、そこから囲われていない数百エーカーの荒野を調査したが、昔に植えられた木立のほかは全く一本のヨーロッパアカマツも見ることができなかった。しかし私はヒースの茎と茎の間を綿密に注意して探し、沢山の実生苗と絶えず牛に食われ続けてきた小樹を発見した。私は古い木立の中の一本から約百ヤード離れた地点で一ヤード四方に三十二本の小樹を数えた。そしてその中の二十六の年輪をもつ一本は、多年の間ヒースの茎の上に頭を上げようを試みて成功しなかったのである。その地が囲われるや否や、直ちに力強く生長する若い松で厚く覆われたのを驚くことはない。荒野は極度に不毛であり広大であったので、牛がこうまでも細かくかつ効果的に食物を探していたとは誰も想像しなかったに違いない。

ここに我々は牛がヨーロッパアカマツの生存を絶対的に決定しているのを見るのであるが、世界の幾つかの地方では昆虫が牛の存在を決定している。おそらくパラグァイがこの最も珍らしい例を提供する。南方や北方では野生の状態で群棲しているにもかかわらず、ここではかつて牛や馬や犬が野生のまま成長したことがない。アザラ（Azara）およびレンゲル（Rengger）は、これはこれらの動物が産まれたときにそのへそに卵を産みつける一種の蠅がパラグァイには非常に多いことが原因であるとしている。これらの蠅はおびただしい数であるとはいえ、その増加はある方法によって、多分他の寄生昆虫によって、絶えず抑制されているに違いない。それゆえもしある食虫性の鳥がパラグァイで減少すれば、おそらく寄生昆虫は増加するであろう。そしてこれはへそを訪れる蠅の数を減少させるであろう――そのとき牛や馬は野生となり、そしてこれは（私が実際に南アメリカの各地で観察したように）確かに植生を大く変化させるに違いない。これはまた大いに昆虫に影響を及ぼし、ちょうど我々がスタフォード州で見たように食虫性の鳥に影響し、こうして絶えず増大する錯綜した円環を進むであろう。自然の下で関係がいつもこのように単純なのではない。戦いの中に戦いがくり返され、その結果も変化するに違いない。けれども結局は諸勢力はうまく釣り合って、確かに些細なことが一つの生物に他の生物に対する勝利を与えるであろうが、自然の表情は永い間一定に保たれる。それにもかかわらず、我々の無知が甚だ深く、我々の確信が非常に強いので、一生物の絶滅を知ると我々はびっくりしてしまう。そしてその原因を知らないので、我々は世界を荒廃させる大洪水を証人に呼び出したり、あるいは生命形態の存続期間についての法則を創作したりするのである。

私は自然の序列において遠く隔たった動植物がいかに複雑な関係の網によって固く縛られているかを示すもう一つの実例をあげたいと思う。私は外来のロベリア・フルゲンス[(5)](Lobelia fulgens)が私の庭では決して昆虫に来訪されず、従ってその特殊な構造のために決して種子を結ばないことを後に説く機会があろうと思う。我々のほとんどすべてのラン科植物は、昆虫が来訪してその花粉塊を動かし受精させることを絶対に必要とする。私は実験によってマルハナバチがサンショクスミレ(Viola tricolor)の受精にほとんど欠くことのできないものであることを見出す。というのは他の蜂はこの花を訪れないからである。私はまた蜂の来訪がある種類のクローバーの受精に必要なことを発見した。例えばシロツメクサ(Trifolium repens)の二十の頭状花からは二千二百九十個の種子が生じたが、蜂のこないように防いだ他の二十の頭状花からはただ一個の種子も生じなかった。また百の頭状花のムラサキツメクサ(T. pratense)からは二千七百個の種子が生じたけれども、蜂を近づけなかった別の同数の花には一個の種子も生じなかった。ムラサキツメクサを訪れるのはマルハナバチだけで他の蜂は花蜜にとどかないのである。蛾がクローバーを受精させるといわれているが、私はムラサキツメクサの場合に果たしてそうであるか疑っている。そのわけは蛾の体重は翼弁を押し下げるのに足りないからである。それで我々は極めてありそうなこととして次のように推論することができる。すなわちイングランドでもしマルハナバチの属全部が絶滅するかまたは非常に稀になったとすれば、スミレおよびムラサキツメクサは非常に稀となり、あるいは全く消滅するに違いない。どの地方でもマルハナバチの数は、その巣室や巣を破壊するノネズミの数に大いに関係する。そして永い間マルハナバチの習性を観察していたニューマン（Newman）陸軍大佐は『全イングランドを通じてマルハナバチの三分の二以上はこうして滅ぼされる。』と信じている。しかるに鼠の数は誰でも知っているように猫の数に大いに関係する。そしてニューマン大佐は『村落や小さい町の附近ではマルハナバチの巣が他のところよりも一層多いことを私は発見した。これは鼠を滅ぼす猫が多いからであると考えられる。』といっている。それゆえある地方において猫のような動物の数が多いということが、第一に鼠を、次に蜂を介在して、その地方における花の数を決定するということは十分に信じられることである！

すべての種において、生涯の異なる時期、および異なる季節または年の間に多くの異なる抑制がおそらく作用するであろう。一般にはある一つの抑制、あるいは少数の抑制が最も有力である。しかしすべての同時作用が種の標準個体数あるいは存在さえも決定する。ある場合には、大幅に異なる抑制作用が異なる地方で同じ種に作用することを示すことができる。入り組んだ川岸を覆っている植物や叢林を見るとき、我々はそれらの数と種数の割合をいわゆる偶然のせいにしようとする。しかしこれは何という誤った見解であることか！　アメリカの森林が伐り倒されると非常に違った植生が発生することは誰でも聞いていることである。しかし合衆国南部におけるインディアンの古い廃墟は、かつてはその樹木が切り払われたであろうが、今はその周囲の処女林と同様の美しい多様性と種類の構成比を示していることが観察された。数世紀もの永い間、年々何千もの種子を散布する幾つかの種類の樹木の間に、どんな闘争が行われたのであろうか。昆虫と昆虫の間に——昆虫、カタツムリその他の動物と食肉鳥獣との間に——すべてが増えようと努力しすべてが互いに他を、あるいは樹木、種子、および実生苗を、あるいはまた最初に地面を覆い樹木の生長を妨げていた他の植物を餌としつつ、どんな闘いが行われたのであろうか！　一握りの羽毛を投げ上げると、すべては一定の法則に従って地面に落ちる。けれども各々の羽毛がどこに落ちるかという問題も、インディアンの廃墟に今生長している樹木の数と種類の構成比を数世紀の経過とともに決定した無数の動植物の作用と反作用の問題に比べれば、どんなに単純なものであろうか！

寄生動物とその餌食のような、ある生物の他の生物への依存関係は、一般に自然の序列において遠く隔たっている生物の間で生じるのである。これは時に、イナゴと草食獣の場合のように、互いに生存のために闘争していると厳密にいうことのできる場合にも同様である。しかし闘争はほとんど例外なく同種の個体間で最も激烈である。なぜなら彼らは同じ地方に棲み、同じ食物を要求し、また同じ危険にさらされているからである。同じ種の変種の場合も一般に闘争はほとんど同様に激烈であろう。そしてこの場合にはその競争が速やかに決せられるのを時々見る。例えば小麦の幾つかの変種を一緒に蒔いて、そして混じり合った種子をさらにくり返し蒔くと、土壌または気候に最も適した変種、もしくはもともと最も繁殖力の旺盛な変種のあるものが他を圧倒して多くの種子を生じ、数年のうちに他の変種を駆逐するであろう。種々の色のスイートピーのように非常に近縁の変種でさえ、混合した貯蔵状態を維持するには毎年別々に収穫してその種子を適当な割合に混合しなければならない。さもなければ弱い種類のものはどんどんその数が減り、消滅してしまうであろう。羊の変種でも同様である。ある山地性変種は他の山地性変種を餓死させてしまうので、一緒に飼っておくことができないといわれている。医療用ヒルの諸変種を一緒に飼う場合にもこれと同じ結果を生じた[(6)]。我々の飼育動植物のいずれかの変種が、もし自然状態にある生物と同じように互いに闘争するままにまかされ、そしてその種子や幼体が年々適当な割合で保存されないとすれば、その混合状態の割合を（交雑は起こらないようにしたとして）六代の間維持できるほど正確に同じ強さ、習性、および体質をもっているかどうかは疑わしい。

生活のための闘争は同種の個体および変種の間で最も厳しい

同属の諸種は、必ずというわけではないが通常その習性と体質、また常に構造において大きな類似性をもつので、もし互いに競争することになれば、その闘争は一般に別属の種の間よりも厳しいであろう。我々は近頃合衆国の諸地方に燕の一種が広がって他の種を減少させたことを見る。近頃スコットランドの諸地方にオオツグミ（missel-thrush）が増加してウタツグミ（song-thrush）の減少の原因となった。鼠の一種がひどく違った気候の下で他の種に取って代わることをいかによく聞くことか！ ロシアでは小さなアジアのゴキブリが至るところで大きな同類を駆逐してしまった。オーストラリアでは輸入されたミツバチが急速に土着の小さな針のない蜂を根絶しつつある。カラシナの一種は他の種に取って代わることが知られている。その他の場合も同様である。我々は自然の秩序においてほとんど同一の場を満たす類縁の形態の間になぜ競争が最も厳しいかを漠然と理解することはできる。しかしなぜある種が生命の厳しい闘いにおいて他の種に勝ったかについては、おそらくただの一つも正確にいうことができないであろう。

上述のことから最高度の重要性をもつ一つの必然的結果が推定される。すなわち、あらゆる生物の構造は、その生物が食物や棲息地のために競争したり、あるいは逃げたり、あるいは餌食とする相手である他のすべての生物の構造と、最も本質的であるがしばしば隠された方法で関係しているというものである。これは虎の歯と爪の構造で明らかであり、また虎の体の毛に附着する寄生虫の脚と鉤爪の構造でも明らかである。しかるにタンポポの美しい羽をつけた種子や水棲甲虫の扁平で房のついた脚では、その関係は一見空気と水の要素に限られているように見える。しかし羽のついている種子の利益は、土地がすでに他の植物によって厚く覆われていることと疑いなく密接な関係にある。すなわちこれらの種子は広く散布されて占有者のいない地面に落ちることができるのである。水棲甲虫ではその脚の構造が水に潜ることによく適しているので、他の水棲昆虫と競争し、自分の餌食を捕えると同時に、他の動物の餌食となることを免れることができるのである。

多くの植物の種子に蓄えられた栄養分は、一見したところ他の植物と何の関係もないようである。しかしエンドウマメやインゲンマメのような種子を長い牧草の真中に蒔いたときのそれから芽生えた苗の旺盛な生長を見ると、種子の中の栄養分の主要な役目は、周囲に繁茂している他の植物と闘争する間、実生苗の生長を助けることにあるのではないかと思われる。

その分布範囲の真中にある一つの植物を見よ。なぜそれはその数を二倍あるいは四倍にしないのであろうか？ 我々はそれが少々の暑さまたは寒さ、湿りまたは乾きに完全によく耐えることを知っている。なぜならそれは他の場所でもう少し暑いまたは寒い、湿ったまたは乾いた地方にまで広がっているからである。この場合我々が明らかに分かることは、もし想像上その植物に数を増加する力を与えようと望むならば、我々はその競争者、あるいはその植物を食物とする動物に優るある利点を与えなければならないということである。その地理的分布範囲の境界では、気候に関しての体質の変化が明らかにその植物にとって一つの利点であるに違いない。しかしもっぱら気候の厳しさによって滅ぼされてしまうほど遠くまで広がる動植物はわずかしかないと信ずべき理由がある。北極地方あるいは純然たる砂漠の境界線で生活の極限に達するまで、競争は止まないであろう。土地が極めて寒いかあるいは乾いていても、最も暖かい地点、あるいは最も湿った地点を求めて、少数の種の間で、または同じ種の個体の間で競争があろう。

　それゆえある植物または動物が、新しい地域で新しい競争者の中に置かれるときには、気候は以前の郷土と正確に同じであっても、その生活条件は一般に本質的に変化することが分かる。もしその標準個体数を新しい郷土で増加させなければならないとすれば、我々はそれをその生地でなすべきであったのとは違った方法で変容しなければならない。なぜなら我々は違った競争者または敵の群に優る利点をそれに与えなければならないからである。

　こうして他の種に優る利点をある種に与えることを想像上で試みるのはよいことである。おそらくはただ一つの場合でさえ、我々はどうしたらよいか分からないであろう。このことはすべての生物の相互関係についての我々の無知を自覚させずにはおかない。この自覚を得ることは困難であるが必要なことである。我々のできることは、各生物は幾何級数的比率で増加しようとしていること、各生物は生涯のある時期に、一年のある季節の間に、それぞれの世代の間に、あるいは世代を隔てて、生活のために闘争しなければならず、大きな破滅を受けなければならないことを、固く記憶にとどめることである。この闘争について考えるとき、自然の闘いは絶え間のないものではないこと、恐怖は感じられないこと、死は一般的に即座にくること、活力に富み健康で幸運なものが生き残り増加すること、を十分に信じて我々は自らを慰めることができるのである。

訳者注

(1) アルフォンス・ド・カンドル（スイス　一八〇六―九三）の父で同じ植物学者のオーグスティン・ド・カンドル（Augustin de Candolle 一七七八―一八四一）のこと

(2) リンネ（Linné）のラテン名

(3) ヨーロッパで栽培される食用アザミ

(4) league　英国とアメリカで用いられる距離の単位。時代や場所により異なるが、概ね一リーグ＝三マイル（四・八三キロメートル）

(5) キキョウ科ミゾカクシ属の草本

(6) ヨーロッパ産の Hirudo medicinalis のこと。血を吸わせるのに使用

第四章　自然淘汰、すなわち最適者の生存

自然淘汰――自然淘汰と人為淘汰との能力の比較――わずかな重要性しかない形質に及ぼす自然淘汰の力――あらゆる年齢と雌雄両性に及ぼす自然淘汰の力――雌雄淘汰――同種の個体間における交雑の普遍性について――自然淘汰の結果に好適な情況と不適な情況、すなわち交雑、隔離、個体の数――緩慢な作用――自然淘汰に起因する絶滅――小地域の棲息物の多様性と帰化に関係した形質の分岐――形質の分岐と絶滅をとおして、共通祖先に由来する子孫に及ぼす自然淘汰の作用――全生物の分類の説明――生物体の進歩――保存されている下等形態――形質の収斂――種の際限のない増加――摘要

前章で簡単に説明した生存闘争は、変異に関してはどのように作用するであろうか？　我々が人間の支配下では非常に強力であるのを見た淘汰の原則は自然の下でも適用できるであろうか？　私は、それが極めて有効に作用し得ることを我々は知るであろうと考える。我々の飼育生物に現れ、また自然状態の動植物に程度少なく現れる無数の小変異と個体差に留意し、同様に遺伝する傾向の強さに留意しよう。飼育の下では生物体全体がある程度可塑的になると間違いなくいうことができる。しかし、飼育生物においてほとんど普遍的に見られる変異性は、フッカーとエイサ・グレイが適切に述べているように、直接人間によって生み出されたのではない。人間は変種を創造することもできないしその発生を妨げることもできないのである。人間はその現れたものを保存し累積することができるだけである。無意識に彼は生物を新しい変化しつつある生活条件にさらし、その結果変異性が生じるのである。しかし自然の下でもそれと同様の条件変化が起こるかも知れないし、実際起こっているのである。またすべての生物同士とその生活の物理条件との相互関係がいかに限りなく複雑で緊密であるかに留意し、その結果として、変化している生活条件の下

では、限りなく変異した構造の多様性が各生物にとってどれほど有用であるかに留意せよ。そのとき、人間にとって有用な変異が確かに起こったのを見ながら、大きく複雑な生命の闘いの中で、各生物にとって何らか有用な他の変異が多くの連続する世代の経過の中で生じたということを、有りそうもないことと見なすことができるであろうか？ もしこのような変異が起こるとすれば、我々は（生存の可能性のあるものよりも多くの個体が生まれることを想起して）、たとえわずかでも他より優れた点をもつ個体が、生存と仲間の生産に対して最良の機会をもつことを疑うことができるであろうか？ これに対し、最小限度でも有害な何らかの変異が厳しく滅ぼされることは確かであるように感じられる。このように有利な個体差および変異の保存と有害なものの滅亡を、私は『自然淘汰』または『最適者の生存』と名づけた。有益でもなく有害でもない変異は自然淘汰によって影響されないであろう。そして多分、ある多形的な種に見られるように不安定な要素として残されるか、あるいは生物体の性質および条件の性質によって結局は固定されてしまうか、いずれかであろう。

幾人かの著述家は『自然淘汰』という言葉を誤解したりあるいは反対したりした。単にその生活条件の下に生じ、そしてその生物に有益な変異が保存されることを意味するにすぎないのに、ある者は自然淘汰が変異性を誘発するものだと想像した。農業家が人為淘汰の強力な効果について語るのに異論を唱えるものはいない。そしてこの場合、人間がある目的のために選択する、自然によって与えられた個体差がまず生じなければならない。他のある者は、淘汰という言葉は変容する動物における意識的選択を意味すると反対した。そして植物は意志作用をもたないから、自然淘汰は彼らに適用できないと強調した！ 言葉の文字どおりの意味からは、もちろん自然淘汰というのは誤った名称である。しかし化学者が諸元素の選択性親和力について語ることにかつて誰が反対したであろうか？ ――酸が好んで結合する塩基を選択するとは厳密にはいえないのに。自然淘汰を私が一つの活力もしくは神性として語っているともいわれた。しかしある学者が引力を惑星の運動を支配するものとして語ることに誰が反対するであろうか？ このような比喩的な表現が何を意味し、何を含んでいるかは誰でも知っている。これらは簡潔さのためにはほとんど必然なのである。また『自然』という言葉の擬人化を避けることも同様に困難である。しかし私は、『自然』とは単に多くの自然法則の総合作用および成果を意味するものとし、そして法則とは、我々によって確かめられた事象の因果的連鎖を意味するものとする。少し慣れてくればこのような皮相な反対論は忘れられるであろう。

真実と思われる自然淘汰の経過を最もよく我々に理解させるのは、ある軽微な物理的変化、例えば気候の変化を受けている地域の例であろう。そこの棲息者の均衡のとれた数はほとんど直ちに変化を受け、ある種はおそらく絶滅するであろう。すでに見たように、各地域の棲息者が相互に結び付いている状態は密接かつ複雑であるから、棲息者の数的均衡の変化は、気候自体の変化とは無関係に他に重大な影響を与えるであろうと結論することができる。もしこの地域の境界が開放されていたとすれば、確かに新しい形態が移住してくるに違いない。そしてこれがまた幾つかの先住者の関係を甚だしく撹乱するに違いない。導入された一本の樹木あるいは一匹の哺乳動物の影響がどんなに強力であるかについて前に示したことを思い出そう。しかし島あるいは部分的に障害物で囲まれた地域の場合のように、より一層適応した新しい形態が自由に入ってくることができないならば、原住者のあるものが何らかの変容を受けたときには、それは自然の秩序の中で確かにより一層満たされる場をもつであろう。なぜならもしその地域が移住者に開放されていたならば、これらの同じ場は侵入者によって奪われたに違いないからである。このような場合では、ある種の個体に何らかの利益を与えたわずかな変容は、変化した生活条件に彼らをよりよく適応させることで保存される傾向をもつはずである。そして自然淘汰は自由に改良の作業を行う余地をもつに違いない。

第一章で述べたように、生活条件の変化が変異性を増大する傾向を与えることを信ずべき十分な理由がある。そして前述の場合では条件が変化したのであって、これは有利な変異の起こる良い機会を与えることで明らかに自然淘汰に好都合であろう。このような変異が起こらなければ自然淘汰は何もできないのである。『変異』という言葉の中には単なる個体差も含まれていることを忘れてはならない。人間がある方向に個体差を積み重ねることによって飼育動植物に偉大な結果を生み出すことができるように、自然淘汰もまた、比較にならないほど永い作用時間をもつことで、はるかに容易にそれをなし得たのである。また、自然淘汰が変異する棲息者の幾つかを改良することで新しい未占領の場は満たされるが、それが残されるためには気候の変化のような大きな物理的変化あるいは移住を妨げる何らか普通でない隔離が必要である、とは私は信じていない。なぜなら各地域のすべての棲息者は見事に均衡を保った力で互いに闘争しているので、一つの種の構造または習性における極めてわずかな変容がしばしば他を凌ぐ利点を与えるからである。そして同じ種類のさらに一層進んだ変容は、その種が同じ生活条件の下に存続し、同様の生存と防衛の方法によって利益を得ている間は、しばしばその利点を一層増大させるであろう。土着のすべての棲息者が現在相互に、また生活の物理的条件にも完全に適応していて、どの棲息者もこれ以上よく適応したり改良したりすることはできない、というような国はどこにもない。なぜならすべての国で土着の生物が帰化生物によって確実に征服されており、その結果ある外来者はその土地を確実に占領しているからである。このように外来者はあらゆる国で土着のあるものを打ち負かしているのであるから、我々は土着のものが有利な変容をすることによって侵入者に対してもっとよく抵抗できたかも知れないと結論して差しつかえないであろう。

　人間でさえも淘汰の組織的無意識的方法によって偉大な結果を生み出すことができ、また確かに生み出したのであるから、それを自然淘汰にできないことがあろうか？　人間は外面的で眼に見える形質に働きかけるだけである。もし最適者の自然的保存あるいは生存を擬人化することが許されるならば、自然はある生物に有益な場合を除き外観に対しては何の注意も払わない。自然はあらゆる内部器官に、体質上のあらゆる微妙な差異に、生命の機構全体に、作用することができる。人間は人間の利益のために選択する。自然は自然が世話をする生物のためにのみ選択する。選択されたあらゆる形質は、その淘汰の事実が暗示しているように自然によって十分鍛錬されている。人間は同じ地域の中で様々な気候の動植物を保育する。人間はある特別な、また適当な方法で選択したそれぞれの形質を鍛錬することは滅多にない。長い嘴の鳩も短い嘴の鳩も同じ食物で養う。長い背あるいは長い脚の四足獣を何らかの特別な方法で鍛錬することをしない。長い毛の羊も短い毛の羊も同じ気候にさらしておく。人間は最も活力のある雄が雌のために闘争することを許さない。人間はすべての劣等な動物を厳しく滅ぼすことをせず、かえってそれぞれの季節変化をとおして、力の及ぶ限りすべての生産物を保護する。人間はしばしば半奇形の形態によって淘汰を始める。あるいは少なくとも、十分眼をひいたり、明らかに人間に有用であるような目立った変容によって淘汰を始める。自然の下では、構造または体質の最も些細な差異でも、生活闘争における巧みに釣り合った天秤を回転させることができ、そして保存され得る。人間の欲望と努力の何とはかなく、人間のもつ時間の何と短かいことか！　その結果、自然が全地質時代にわたって蓄積した結果と比べ、人間の成果の何と貧弱なことか！　しからば自然の生産物が人間の生産物よりもその形質においてはるかに『より適正』であり、最も複雑な条件に対して無限により良く適応しており、明らかにはるかに高い技量の冴えを示すことを我々は不思議に思うことができるであろうか？

　比喩的にいえば、自然淘汰は世界中で時々刻々、最も些細な変異を詳細に調査しており、悪いものを除き良いものをすべて保存し集積している。機会があればいつでもどこでも、黙々と誰にも気づかれずに、それぞれの生物を生活の有機的無機的条件との関連において改良することに従事している。我々には時間が年代の経過を印すまでは、これらの緩慢な変化の進行について何も見えない。そして大昔の地質時代に関する我々の知識は非常に不完全なので、現在の生命の形態は昔のものと異なっているということを知るだけである。

　ある種に大量の変容がもたらされるためには、おそらく長時間が経過した後に一度形成された変種が再び変異するか、以前と同様の有利な性質の個体差を現し、そしてこれらが再び保存されなければならず、またこうして一歩一歩進んでゆかなければならない。同じような個体差が永続的にくり返されるのを見れば、これを無責任な仮定と見なすことはできない。しかしそれが真実かどうかは、この仮説がどの程度まで自然の一般現象と調和しそれを説明するかを見ることによってのみ判断することができる。一方、可能な変異の合計は厳密に限られた量であるという通常の信念も同様に単純な仮定にすぎないのである。

　自然淘汰は単に各生物の利益をとおして、また利益のために作用し得るにすぎないが、我々が非常につまらない価値のものと見なしがちな形質や構造も作用を受けるのである。食葉昆虫が緑色であり、樹皮を食うものがまだらの灰色であり、また高山のライチョウが冬の間白色であり、アカライチョウがヒースの色をしているのを見るとき、我々はこれらの色合いがこれらの鳥や虫を危険から保護する働きをなすことを信じなければならない。ライチョウは、もし生涯のある時期に滅ぼされることがなければ無数に増加するに相違ない。彼らが猛禽によって大いに害されることはよく知られている。また鷹はその視力によって獲物を捕えに行く——ヨーロッパ大陸の諸地方では、白い鳩は一番殺され易いので飼わないように警告されているほどである。それゆえ、自然淘汰はライチョウの各種類に適当な色を与え、かつ一度得た色をそのまま不変に保ってゆく働きをするかもしれない。また我々はある特殊な色の動物が時折滅ぼされることをほとんど効果のないことであると考えてはならない。白い羊の群れの中で極めて薄い黒線のある小羊を殺してしまうことがどんなに肝要であるかを想起すべきである。ヴァージニアにおいてペイント・ルートを餌とする豚の色がその生死を決定することはすでに見た。植物ではその果実の軟毛や肉の色は、植物学者によって最も些細な価値の形質と見なされている。しかし優れた園芸家ダウニング(Downing)から聞いたところでは[1]、合衆国ではすべすべした果実は軟毛のある果実よりもクルクリオ(Curculio)という甲虫の害を受けることがはるかに多く、紫色のプラムは黄色のプラムよりもある病気に侵されることがはるかに多い。ところが他の病気は他の色の果肉の桃よりも、黄色の桃を襲うことがはるかに多いという。もし人工の補助があるにもかかわらず、これらのわずかな差異が幾つかの変種を栽培する場合に大きな差異を生じるものとすれば、樹木が他の樹木や敵の大群と闘争しなければならない自然状態では、このような差異は確かに、滑らかな果実か軟毛のある果実か、黄色の果実のものか紫色のものか、そのいずれの変種が成功するかを効果的に決定するであろう。

無知な我々の判断による限りでは全く重要でないように見える種の間の多くの小さな差異点を観察するに当たって、我々は気候、食物等が疑いもなくある直接の効果を生じたことを忘れてはならない。一つの部分が変異し、その変異が自然淘汰によって累積されるときは、相関の法則によってしばしば全く予期しない性質の他の変容が続いて現れることを、心にとどめておくこともまた必要である。

飼育の下で、生涯のある特殊な時期に現れる変異が子孫において同じ時期に再び現れる傾向のあることを我々は知っている——例えば、我々の野菜類や作物の多くの変種の種子の形、大きさ、および味において、カイコの変種の幼虫期やまゆ期において、家禽の卵とそのひなの羽毛の色において、ほとんど成熟したときの羊や牛の角においてである。——同様に自然状態では、自然淘汰はある年齢の生物に対し、その年齢における有利な変異の蓄積と、対応一致する年齢におけるそれらの遺伝によって作用を及ぼし、それを変容させることができる。もし風によってますます広く散布される種子をもつことがある植物にとって利益であれば、自然淘汰によってそれが達成されることは、綿栽培者が淘汰によってそのワタノキのさやの中の綿毛を増加し改良することよりも困難なことであるとは私は思わない。自然淘汰は成虫が関与するのとは全く異なる二十もの偶発事象に対して、昆虫の幼虫を変容、適応させるであろう。そしてこれらの変容は相関によって成虫の構造にも影響するであろう。反対に成虫の変容はまた幼虫の構造に影響するであろう。しかしすべての場合に、自然淘汰はそれらの変容が有害ではないことを保証するであろう。というのは、もしそれが有害であったならその種は絶滅してしまうはずだからである。

自然淘汰は親に関連して子の構造を変容し、子に関連して親の構造を変容する。社会的動物では、もし淘汰された変化によって共同社会が利益を得るならば、自然淘汰は各個体の構造を全共同社会の利益に適応させるであろう。自然淘汰の成し得ないところは、一つの種の構造をそれに何の利点も与えることなしに他の種の利益のために変容することである。この効果に関する記述が博物学の著作に見出されるけれども、私は研究に値するような事例を見出すことができない。一動物の生涯でたった一度しか使用されない構造でも、それがその動物にとって非常に重要なものであれば、自然淘汰によってある程度変容させられるであろう。例えばある昆虫のまゆを破るときにだけ使われる大きな顎——あるいは卵を破るのに使われるまだ孵化しないひなの嘴の硬い切っ先がそれである。嘴の短い宙返り鳩の最良のものは、卵から出ることのできるものよりも卵の中で死ぬもののほうが数が多いと主張されている。そこで愛好家達は孵化の動作を助けてやるのである。それゆえ、もし自然が成熟した鳩の嘴をその鳥自身の利益のために非常に短くしなければならなかったとしても、その変容の過程は極めて徐々にしか行われないであろう。そしてそれと同時に卵の中で、最も強力で最も硬い嘴をもっているすべての幼い鳩が厳格に選抜され、弱い嘴をもつものはすべて死滅するであろう。殻の厚さは他のあらゆる構造と等しく変異することが知られているから、あるいはもっと華奢でもっと割れ易い殻が選抜されるかも知れない。

あらゆる生物には、その自然淘汰の過程にほとんど、あるいは全く影響のない甚だ偶然的滅亡があるに違いない、ということをここに述べておくのがよいであろう。例えば年々莫大な数の卵や種子が餌食となり、そしてこれらは敵から防護されるような具合に変異した場合にのみ、自然淘汰によって変容され得るのである。けれどもこれらの卵または種子の多くは、もし滅ぼされなかったならば、たまま生き残ったものよりも一層よくその生活条件に適応した個体を生じたことであろう。また成長した動物および植物の莫大な数も、それらが条件に最もよく適応したものであると否とを問わず、年々偶然の原因によって滅ぼされなければならない。それは、他の点ではこの種に有益であるような構造または体質の変化によっても少しも軽減されないであろう。しかしある地方において生存し得る数がこのような原因によって全く抑制されてしまわなければ、成体の滅亡がどんなにひどくても——あるいは卵や種子の破壊がわずか百分の一か千分の一しか発育しないほどひどくても——これらのあるものは生き残り、そして有利な方向に向かう何らかの変異性が存在すると仮定される最もよく適応した個体は、十分適応していないものよりもその種類を増加させてゆくであろう。もし、実際にしばしば起こるように、今示した原因によって全部の数が抑制されるならば、自然淘汰はある有益な方向に向う力をもたないであろう。しかしこれは他の場合、他の方法における自然淘汰の有効性に対して正当な反論とはならない。というのは多くの種が常に同じ地域で同時に変容と改良を受けると想定しなければならない理由は何もないからである。

雌雄淘汰

飼育の下である特質がしばしば片方の性に現れ、遺伝的にその性に固定することがあるのであるから、自然の下でもまたそうであることは疑いない。こうして、時々実際に起こるように、二つの性が異なる生活習性に関して自然淘汰をとおして変容を受けることが可能となる。あるいは、普通に起こるように、一つの性が他の性との関連上変容を受けることが可能となる。私のいう『雌雄淘汰』について私がここに数言を費やした理由はこれである。この形の淘汰は他の生物または外的条件に関連しての生存闘争には依存せず、一つの性、一般的には雄性の個体の間の異性所有のための闘争に依存する。その結果は競争に敗れたものの死ではなく、その子孫が少なくなったりあるいは無くなることである。それゆえ雌雄淘汰は自然淘汰ほど厳しくない。一般に、最も活力のある雄、自然界における彼らの場に最もよく適した雄が最も多くの子孫を残すであろう。しかし多くの場合においては、勝利は全般的な活力によるよりは、むしろ雄性に限られた特殊な武器をもつことによる。角のない牡鹿またはけづめのない雄鶏は多くの子孫を残す機会に乏しいであろう。雌雄淘汰は常に勝利者に繁殖を許すことになるので、確かに不屈の勇気を与え、角に長さを、またけづめのついた脚で打つために翼に強さを与えるであろう。それは残酷な闘鶏家がその優良な雄鶏を注意深い淘汰によって選び出すのとほとんど同じ方法である。自然の序列においてどのくらい低いところまで闘いの法則が通用するのか私は知らない。アリゲーターの雄はその雌を得るために争い、怒号し、またインディアンの出陣踊りのように旋回することが記述されている。また鮭の雄が終日闘っているのが観察されている。クワガタムシの雄は、時々他の雄の巨大な大顎で傷つけられている。またある膜翅目昆虫の雄が一匹の特定の雌のために争い、雌はその傍に外見上闘争に無関係な傍観者のように坐っていて、やがて勝利者とともに退いて行くということを、比類のない観察者ファーブル（Fabre）氏がしばしば観察している。この闘いはおそらく多婚性動物の雄の間で最も激烈であり、そしてこれらの動物は大抵特殊な武器を備えているように思われる。食肉動物の雄はすでに十分武装しているが、これらの動物およびその他の動物には、例えばライオンのたてがみや鮭の雄の曲がった顎のような特殊な防御手段が雌雄淘汰によって与えられることもある。というのは楯もまた剣や槍と等しく勝利に必要なものだからである。

鳥類の間ではこの競争はしばしばもっと穏和な性質のものである。多くの種の雄の間で、その鳴声によって雌をひきつけようとする最も激しい張り合いのあることは、この問題に注意してきたすべての人の信じているところである。ギアナのイソヒヨドリ、ゴクラクチョウその他は一箇所に集合する。そして雄は相次いで入念に注意してその華麗な羽を広げ、できるだけ気取ってそれを見せびらかす。彼らて雌の前で奇妙な道化を演じる。雌は傍でそれを見物していて、最後に一番気に入った相手を選ぶのである。閉じ込められている鳥を仔細に観察した人々は、鳥が往々個別的な好みと嫌悪を示すことをよく知っている。例えばR・ヘロン(Heron)卿は、まだらの雄のクジャクがいかに著しくすべての雌鳥をひきつけたかを書き記している。私はここに必要な細目に入ることができない。しかし人間がその美の規準に従って短期間にチャボに対して美と優雅な姿態を与え得たとすれば、雌鳥は自分の美の規準に従って何千世代かの間最も声の良い、あるいは最も美しい雄を選択することによって顕著な効果を生じたことであろうことを疑う理由はないのである。ひなの羽と比較しての雄鳥と雌鳥の羽に関する周知の若干の法則は、異なる年齢に生じ、またそれに対応する年齢において雄に対してのみか、あるいは雌雄両性に対して遺伝される変異に及ぼす雌雄淘汰の作用によって部分的に説明できる。しかしここではこの問題に立入る余裕がない。

私の信じるところでは、このようにある動物の雄と雌が同じ一般的生活習性をもっていても、構造、色彩、あるいは装飾において違っているときは、その相違は主として雌雄淘汰によって生じたのである。換言すれば、雄の個体が何世代も継続する間に、その武器、防御の手段、あるいは魅力において他の雄に優った若干の軽微な利点を保有し、それをその雄の子孫にのみ遺伝してきたことによって生じたのである。とはいえ、私は雌雄間の差異をすべてこの作用に起因させようと願っているのではない。なぜなら我々は飼育動物の場合に、雄に現れてそれに固定される特質で、外見上人為淘汰によって少しも増大されなかったものを知っているからである。野生のシチメンチョウの雄の胸にある毛の房は何の用途もなく、またそれが雌鳥の眼に装飾的に見えるかどうかも疑わしい。――実際、もし飼育の下にこんな房が現れたならば、それは奇形だといわれたに違いない。

自然淘汰の作用すなわち適者生存の例証

私の信じる自然淘汰の作用がどのようなものであるかを明らかにするために、私はここに一二の想像的例証をあげることを許して貰いたい。今狼が、あるものは知恵によって、あるものはその強さによって、あるものは駿足によって種々の動物を餌食として手に入れる場合をとろう。そして狼が最も食物に窮する季節の間に、例えば鹿のような最も足の早い餌食がその地域で何かの変化から数を増し、他の餌食が数を減らしたと仮定しよう。このような情況の下では、最も速く最も細身の狼が生き残る最良の機会を有し、従って保存、あるいは選択されたであろう。——ただし彼らがこの時期あるいは他の時期にほかの動物を餌食にしなければならないときには、その餌食を征服する強さを常に保持していなければならない。人間が注意深い組織的淘汰によって、あるいは各人にはその品種を変容させるという考えはなく、ただ最良の犬を保持しようとするところから生じる無意識的淘汰によってグレイハウンドの速力を改良できるのと同様の結果になることを疑う理由はない。ピアス(Pierce)氏によると、合衆国のキャッツキル山脈に棲んでいる狼には二つの変種があって、一つは軽快なグレイハウンドのような形態で鹿を追跡し、もう一つは体がもっと大きく脚が短くより頻繁に牧羊の群れを襲う、という話を付け加えておきたい。

前記の例証では、私は最も細身の個々の狼について語ったのであって、何らか著しい特徴のある変異が保存されたことを語ったのではないことに気づかなければならない。本書の前の諸版では、私はこの二つのうち後者がしばしば起こったかのように述べたことが時々ある。私は個体差が非常に重要であることを知った。そしてこのことは私に、多かれ少なかれ価値のあるすべての個体を保存し、劣等なものを滅ぼすことによる人間の無意識的淘汰の結果を十分に検討させた。私はまた、自然状態では奇形のような構造上のある偶然的偏向が保存されることは稀であること、そして最初は保存されたとしてもその後の普通の個体との交雑によって一般に失われるであろうことを見た。にもかかわらず、私はNorth British Review(一八六七年)の中の価値ある論説を読むまでは、わずかであるか顕著であるかを問わず、単一の変異が永存されることのいかに稀であるかを正しく評価していなかった。その著者は、一対の動物がその生涯に二百匹の仔を生み、その中から種々の滅亡原因により、平均して二匹だけがその種類の生産のために生き残る場合をあげている。これは高等動物の大多数に対していささか極端な見積もりであるが、下等生物の多くの場合には決してそうではない。彼は次に、もしある状態に変異した一個の個体が生まれ、これに他の個体の二倍の生存の機会を与えても、なお可能性としてはそれが生き残ることを強く妨げることを示している。仮にそれが生き残り増殖して、その仔の半分が有利な変異を遺伝したとしても、それでもなお、この論者が証明しているように、その仔は生き残り繁殖する機会をわずかに多く有するにすぎないであろう。そしてこの機会も代を重ねる間に減少してゆくであろう。これらの説明の妥当性は争うことのできないものと私は思う。例えばある種類の鳥は湾曲した嘴を有することでより一層容易にその食物を得ることができるものとし、そして一羽の鳥が強く湾曲した嘴をもって生まれ、その結果繁栄したとしても、それでもなおこの一個体が普通の形態を排除してその種類を永続させる機会は極めて乏しいであろう。しかし飼育の下で起こるところを見て判断すれば、多少強く湾曲した嘴をもっている個体の多数が多くの世代を通じて保存され、またまっすぐな嘴を有するもののさらに多くの数が滅ぼされるという結果を生じるであろうことはほとんど疑うことができない。

けれども誰も単なる個体差とは評価しないようなやや顕著な変異は、相似の生物体が相似の作用を受ける結果としてしばしばくり返されることを見逃してはならない。——この事実については飼育生物の中から多数の例をあげることができる。このような場合においては、実際には変異する個体が新たに得たその形質をその子孫に伝えなかったとしても、現在の同じ条件が続く限りは同じように変異する一層強い傾向をその子孫に伝えてゆくに違いない。この同じように変異する傾向はしばしば非常に強かったので、同種のすべての個体がどんな形の淘汰の助けもなしに同じように変容したことは、これまたほとんど疑うことができない。これについては幾つかの例があげられるように、個体の三分の一、五分の一もしくは十分の一だけがこのように影響を受けたかも知れない。例えばグラバ(Graba)が見積もったところによると、フェロー諸島におけるウミガラスの約五分の一は、以前ウリア・ラクリマンス(Uria lacrymans)という名の下に別種として認められていたほど著しい特徴をもった一変種から成っている。このような場合に、もしその変異が有益な性質のものであれば、適者生存によって元の形態は間もなくこの変容形態に取って代わられるに違いない。

交雑がすべての種類の変異を排除する効果については後で再び述べるが、大抵の動物と植物は彼らの固有の郷土を守り続けるものであって、不必要に放浪することはない、ということを述べておこう。このことは渡り鳥でさえも認められるのであって、彼らはほとんど常に同一地点に帰ってくるのである。従って新しくできた各変種は一般に最初は局地的であり、これは自然状態の下における変種の共通法則と思われる。その結果、同じように変容した個体は速やかに小集団を成して一緒に生存し、またしばしば相互の間で繁殖するであろう。もしその新変種が生存の闘いで勝利を得たならば、それは絶えず増大する領域の境界上で変化しない個体と競争し、これに打ち勝ちながら徐々に中心地から広がってゆくであろう。

自然淘汰の作用の一層複雑な他の事例をあげることも価値があろう。ある植物は、見たところ樹液からある有害物を除去するために思われる甘い液を分泌する。これは例えば、あるマメ科植物では托葉の根元の腺で、またセイヨウバクチノキでは葉の裏の腺で営まれる。この液は、量は少ないが昆虫によって貪欲に探し求められる。しかし昆虫の来訪はこの植物に何の利益ももたらさないのである。さて、この液あるいは蜜がある種の幾つかの植物の花の内部から分泌されたと仮定しよう。蜜を求めてくる昆虫は花粉ではこりだらけになり、そしてしばしばそれを他の花へ運搬するに相違ない。こうして同種の二つの個体の花は交配することになろう。そして交配の作用は、十分証明できるように活力ある実生苗を生じ、従って繁栄と生存の最良の機会をもつであろう。最も多く蜜を分泌する最も大きい腺あるいは蜜腺をもつ花を生じた植物は、最も頻繁に昆虫が訪れ最も頻繁に交配するので、結局それは優勢となり、地方的変種を形成するであろう。また訪れた特定の昆虫の大きさや習性に対して、幾らかでも花粉の運搬に便利であるように雄蕊と雌蕊を配置した花も同様に利益があるであろう。昆虫が花蜜でなく、花粉を集めるために花を訪れる場合をとってもよい。花粉は受精という唯一の目的のために造られたものであるから、その破壊はその植物にとって単に損失になるだけのことのように見える。しかしこの花粉を食う昆虫によって、最初は偶然的に、後には習慣的に花から花へ少量の花粉が運ばれ交配が成されれば、花粉の十分の九が破壊されても、その植物にとってはこうして掠奪されることがやはり大きな利益であろう。そしてますます多くの花粉を生じ、より大きな葯を有する個体が選択されるであろう。

植物が前述の過程を永く継続することによって昆虫を非

常にひきつけるようになったときは、昆虫は、そのつもりはなくとも規則的に花から花へ花粉を運搬するであろう。そして彼らがこれを効果的に行うことを私は多くの著しい事実によって容易に示すことができる。ここではただ一例をあげ、併せて植物の雌雄の分離への一段階を例証しよう。あるホリー[(2)]（holly）はただ雄花だけをもち、その花はやや少量の花粉を生じる四本の雄蕊と、痕跡的な一本の雌蕊をもっている。別のホリーはただ雌花だけをもち、その花は十分な大きさの一本の雌蕊と、一粒の花粉も見つけられないしなびた葯をもつ四本の雄蕊をもっている。かつて一本の雄の木から正確に六十ヤード離れたところにある雌の木を発見したことがあり、その異なる枝から取った二十個の花の柱頭を顕微鏡で調べて見たが、どれにも例外なく少量の花粉があり、中には多量にあるものもあった。その前の数日間は風が雌の木のほうから雄の木のほうに吹いていたので、花粉が風によって運ばれることはあり得なかった。天候は寒くかつ荒れていたので蜂にとって都合は悪かったが、それにもかかわらず私が調べた雌花のすべては、蜜を求めて木から木に飛び廻った蜂によって効果的に受精されていたのである。だが我々の仮想的事例に戻ろう。植物が昆虫を非常にひきつけるようになり、花粉が規則的に花から花へ運搬されるようになるや否や、直ちに他の過程が始まるであろう。博物学者は誰でもいわゆる『生理的分業』の有利性を疑わない。それゆえ我々は、植物にとって一つの花あるいは一つの木に雄蕊のみを生じ、他の花または他の木には雌蕊のみを生じることは有利であるに違いないと信じることができるのである。栽培され新しい生活条件の下に置かれた植物では、時々雄性器官が、また時には雌性器官が多少とも無能力となることがある。今もしこのようなことが自然の状態でごくわずかでも起こるものと仮定すると、花粉はすでに規則正しく花から花へ運ばれており、また植物の雌雄がより完全に分離することは、分業の原則上有利であるのだから、最終的に雌雄の完全な分離が成し遂げられるまでますますこの傾向は増大し、個体は絶えず利益を得、あるいは選択されるであろう。種々の植物における、二形性やその他の方法による明らかに現在進行中の雌雄分離の様々な段階をここで示すことはあまりに多くの紙面をふさぐであろう。しかしエイサ・グレイによれば、北アメリカにおけるホリーのある種は正確に中間の状態にあり、あるいは氏の表現によれば、多少とも雌雄異株的雑性花であるということを付け加えておこう。

ここで話を蜜を吸う昆虫に転じよう。我々が継続した淘汰によって徐々に蜜を増大させてきた植物を普通の植物と仮定し、そしてある昆虫がその蜜を主な食物としていたと仮定する。私は蜂が時間を節約するのにどれほど気を使うかを示す多くの事実をあげることができる。例えばほんの少しの労力を厭わなければその口から入ることのできるような花の基部に、孔を少し開けて蜜を吸う習性が彼らにはある。このような事実を念頭に置いて考えれば、ある情況の下では、吻の曲がり方や長さなどの我々には分からないほどわずかな個体差が蜂あるいは他の昆虫を利し、そのためにある個体は他よりも素早く食物を獲得することができる、ということを信じることができ、従って彼らの属した集団が繁栄して同じ特徴を遺伝する多くの群を生じるであろう、ということを信じることができる。普通のムラサキツメクサとベニバナツメクサ(Trifolium pratense and incarnatum)の花冠の筒状部は、ちょっと見ただけではその長さが違っているようには見えない。しかるにミツバチはベニバナツメクサからは容易に蜜を吸い取ることができるが、普通のムラサキツメクサからはできないのであって、これを訪れるのはマルハナバチだけである。従って野を覆うムラサキツメクサの貴重な花蜜の豊かな供給もミツバチにとっては意味がない。ミツバチがこの蜜を甚だ好んでいることは確かである。なぜなら私は秋だけではあるが、多くのミツバチがマルハナバチによって筒状部の基部に開けられた孔から蜜を吸うところを何度も見たからである。ミツバチの来訪を決定するこの二種類のクローバーにおける花冠の長さの差はきわめて小さなものに違いない。というのは、確かな事実として聞かされたところによると、ムラサキツメクサの刈り取られて二度目の収穫の花は幾らか小さく多くのミツバチがこれを訪れるという。私はこの話が正確なものかどうか知らない。また一般に普通のミツバチの単なる変種と認められ自由にそれと交雑するリグリアバチがムラサキツメクサの蜜に達してこれを吸うことができるという、公刊されている別の報告が果たして信用のおけるものかどうかも知らない。ともかくこの種類のクローバーの豊富な地域では、ミツバチにとって少し長いかあるいは異なった構造の吻をもっていることが非常に有利であろう。一方、このクローバーの受精能は全くその花を訪れる蜂に依存するのであるから、もしどこかの地域でマルハナバチの数が物の引き続く創造、あるいはその構造の大きな突然の変容の見解を追放するであろう。

個体間の交雑について

私はここでちょっと脇道に入らねばならない。両性の分離している動物および植物の場合には、出産の度ごとに（奇妙なそしてまだよく分かっていない単為生殖の場合を除き）必ず二つの個体が結合しなければならないことはもちろん明白である。しかし両性体の場合にはこのことは明白とはいえない。とはいえすべての両性体において二つの個体が、偶然的にか習慣的にか、その種族の生殖のために結合することを信ずべき理由がある。この見解は大分前にシュプレンゲル（Sprengel）、ナイト（Knight）、およびケールロイター（Kölreuter）によって、不確かな形で提唱されていた。我々はほどなくこのことの重要性を知るであろう。しかし私は十分な検討のために用意した材料を持っているのであるが、ここではこの問題をごく簡単に扱わなければならないのである。すべての脊椎動物、すべての昆虫、および幾つかの他の大きな群の動物は出産の度ごとに番う。最近の調査により、両性体と思われていたものの数は大いに減少した。そして本当の両性体の多くが番うのである。すなわち二つの個体が生殖のために規則正しく結合する。このことが我々にすべて関係する。しかし確かに習慣的には番わない多くの両性体の動物がなお存在しており、そして植物の大多数は両性花である。これらの場合に、二つの個体が生殖のためにいつも協力すると仮定するのはどういう理由があるのか？と問われるであろう。ここでは細論に立ち入ることが不可能なので、私は幾つかの一般的考察を信頼しなければならない。

まず第一に、私は非常に沢山の事実を集め数多くの実験を行ったが、それらの示すところでは、飼育家のほとんど普遍的信念と一致して、動物および植物における異なる変種間、あるいは同じ変種であるが血統の違う個体間の交雑は子孫に活力と多産性を与え、一方近親交配は活力と繁殖力を減少させる。これらの事実だけで、どんな生物も世代の永続のためには自家受精をしないということが自然の一般的法則であり、他の個体との折にふれての——おそらくは長い間隔をおいての——交配は欠くことのできないことであるということを私に信じさせる。

これが自然の一法則であるという信念に立てば、我々は次のような、他のどんな見解でも説明できない幾つかの大きな部門の事実を理解できると思う。雑種育成家は誰でも、湿気にさらすことが花の受精にとってどんなに不利益であるかを知っている。それなのにどんなに多くの花がその葯や柱頭を外気に完全にさらしていることか！　植物の自身の葯と雌蕊とが互いに接近していてほとんど自家受精を保証しているにもかかわらず時折の交配が欠くことのできないものならば、他の個体から花粉が入るのを完全に自由にしているということによって、このような器官の露出状態が説明されるであろう。一方多くの花は、例えば多くの蝶形花科（Papilionaceous）すなわちマメ科のように、その結実器官は密閉されている。しかしこれらはほとんど常に、昆虫の来訪に関連して見事なそして奇妙な適応を示す。多くの蝶形花にとって蜂の来訪は極めて必要なことであって、もしその来訪が妨げられたならばその繁殖力は非常に減退するのである。ところで、昆虫が花から花へ飛び廻りながら花粉を一つの花から他の花へ運ばないということはほとんどあり得ないことであって、これは植物にとって非常な幸運である。昆虫はラクダの毛の筆のような作用をするのであって、受精を保証するには、同じはけで一つの花の葯と次に他の花の柱頭にちょっと触れるだけで十分である。しかし蜂がこのようにして異なる種の間に多くの雑種を生み出すと想像してはならない。なぜかというと、もし自分の花粉と他の種の植物の花粉が同じ柱頭に置かれるならば、ゲルトナー（Gärtner）が示したように、前者は非常に勢力が強いのでいつも異質の花粉の影響を消滅させるからである。

ある花の雄蕊が急に雌蕊に向かって跳びかかり、あるいは次々と徐々に雌蕊のほうに動くとき、その仕掛けは全く自家受精を確実にするためにのみ適応しているように見える。そして疑いもなくそれはこの目的に役立っている。しかしケールロイターがメギの場合にそうであることを示したように、雄蕊を跳ねさせるためにはしばしば昆虫の働きが必要なのである。そして自家受精のための特別の仕掛けをもつように見えるまさしくこの属において、もし近縁の形態または変種が互いに接近して植えられると、純粋の実生苗を育てることがほとんど不可能なほど彼らが自然に交雑することは周知のとおりである。多くの他の事例では自家受精の便宜からはほど遠く、シュプレンゲルその他の著作からも、また私自身の観察からも示すことができるように、柱頭が自身の花粉を受けるのを有効に妨げる特殊な仕掛けが存在している。例えばロベリア・フルゲンスには実に見事で精巧な仕掛けがあって、それぞれの花の無数に多くの花粉粒は、個々の花の柱頭が連結した葯から花粉を受ける用意ができる前に、すべて一掃されてしまうのである。そしてこの花は、少なくとも私の庭では昆虫の来訪を受けないので決して実を結ばないが、私は一つの花の花粉を他の花の柱頭に置くことによって多くの実生苗を育てているのである。蜂の来訪を受けるミゾカクシ属（Lobelia）の他の種は私の庭で自由に結実した。非常に多くの他の事例では、柱頭が同じ花から花粉を受けることを妨げる特別の機械的仕掛けはないが、シュプレンゲル、また最近ではヒルデブラント(Hildebrand)およびその他の人々が示し、私もそれを確証することができるように、柱頭に受精の用意ができる前に葯が破裂するか、その花の花粉が用意される前に柱頭に受精の用意ができるかのいずれかである。従ってこれらのいわゆる雌雄異熟植物は事実上両性が分離しており、常に交配が必要なのである。前に言及した相互的な二形性および三形性の植物についても同様である。これらの事実の何と奇妙なことか！ まるで自家受精の目的のためのように同一の花で花粉と柱頭の表面がこんなにも相接近して配置されているのに、非常に多くの場合に相互に役に立たないとは何と奇妙なことであろうか？　これらの事実も、別異の個体との時折の交配が利益であり、あるいは不可欠であるという見解からすれば、何と簡単に説明されることか！

キャベツ、ハツカダイコン、タマネギおよび他の若干の植物の幾つかの変種を互いに近いところで結実させると、これによって生じた実生苗の大部分が雑種であることを私は見出した。例えば私は、相接近して生長した異なった変種のキャベツの数株から二百三十三本の実生苗を育てたが、そのうちわずか七十八本だけがその種類を忠実に再現し、これらのうちにさえ完全に忠実でないものが若干あった。しかるにそれぞれのキャベツの花の雌蕊は、それ自身の六本の雄蕊だけでなく、同じ株の多くの別の花にも取り囲まれている。そしてそれぞれの花の花粉は、昆虫の媒介なしに容易にそれ自身の柱頭に達する。なぜなら、注意して昆虫の来訪を防いだ株が十分な数のさやを生じるのを私は見出したからである。ではこのような巨大な数の実生苗はどうして雑種となったのであろうか？　それは、別な変種の花粉はその花自身の花粉よりも強力な効果を有することに起因するに違いない。そしてこれは同じ種の異なる個体の交配によって良いものが得られるという一般法則の一部をなすのである。別な種と交雑するときには事情は逆になる。というのは、植物の自身の花粉はほとんど常に異質な花粉よりも強力であるからである。しかしこの問題については後の章で再び述べるであろう。

無数の花で覆われた大木の場合では、花粉は木から木へ運ばれることは滅多になく、せいぜい同じ木の花から花へ運ばれるだけであり、また同じ木の花は限られた意味でしか別々の個体と見なすことができないのではないか、という反対理由が持ち出されるかもしれない。私はこの異議を正当なものと信じるが、しかし自然は雌雄分離した花をもつ強い傾向を樹木に与えることによって、十分にこれに対する対策を備えている。雌雄が分離されていれば、雄花と雌花が同じ木に生じても、花粉は規則正しく花から花へ運ばれなければならない。そしてこれは、花粉が折にふれて木から木へ運ばれるのに一層よい機会を与えるであろう。すべての目に属する樹木が他の植物よりも雌雄別々になっている場合の多いことを私はこの国で見出した。そして私の求めに応じてフッカー博士はニュージーランドの樹木を、またエイサ・グレイ博士は合衆国の樹木を表に作ってくれたが、その結果は私の予想したとおりであった。もっともフッカー博士はこの規則がオーストラリアでは通用しないことを私に告げた。しかしもし大部分のオーストラリアの樹木が雌雄異熟であるとすれば、雌雄分離した花を備えているのと同じ結果を生じるであろう。以上樹木について数言を費したのは、ただこの主題に注意を喚起するためにすぎない。

話を転じて簡単に動物について述べよう。陸棲軟体動物やミミズのように、種々の陸棲種が両性動物である。しかしこれらはいずれも番う。いまだかつて私は自家受精することのできる陸棲動物を一つも見たことがない。陸上植物とこうも著しい対照をなすこの注目すべき事実は、時折の交配が不可欠であるという見解から理解することができる。なぜかというと、陸棲動物ではその受精要素の性質上、植物における昆虫や風の作用に類似した方法がないために、二つの個体の合体なしには時折の交配がなされないからである。水棲動物では多くの自家受精的両性動物がある。しかしこの場合には、水の流れが時折の交配に対する明らかな方法を提供している。私は最高権威者の一人であるハクスリー（Huxley）教授の意見も聞いてみたのだが、今日までは、花の場合のように生殖器官が全く閉じられていて、外部からの接近および別の個体の時折の影響が物理的に不可能であることを示すことができる両性動物はただの一つも発見されていない。この観点からは、蔓脚類は非常に困難な事例を示すものと私は長い間思っていた。しかし私は幸運な機会によって、二つの個体が、両者いずれも自家受精的両性体でありながら時々交配することを証明することができたのである。

動物および植物のいずれにおいても、同じ科のあるいは同じ属の種さえも、その生物体全体は互いに密接に一致しているのに、ある種は両性体でありある種は単性体であることは、奇妙な変則として大部分の博物学者に強い印象を与えたに違いない。しかし事実上すべての両性体が時折交配するならば、彼らと単性の種との差は、機能に関する限り非常に小さいものである。

これらの幾つかの考察から、またここにあげることはできないが私の集めた多くの特殊な事実から、動物および植物において別な個体の間の時折の交配は、普遍的でないにしても非常に一般的な自然法則であるように思われる。

自然淘汰による新しい形態の生成に好都合な情況

これは極めて錯雑した問題である。変異性——この言葉には個体差が含まれている——の量が大きいことは明らかに好都合である。個体の数の多いことは一定の期間内に有益な変異が現れるための一層よい機会を与えるので、各個体の変異性の量が少ないことを補うであろう。そして私はこれを非常に重要な成功の一要素であると信じている。大自然は自然淘汰の仕事のために永い時間を与えるが、無限の時間を与えるわけではない。なぜなら、すべての生物は自然の秩序の中でそれぞれの場を保持しようと争っているので、もしある種がその競争者に匹敵する程度に変容し、改良されなければ、その種は絶滅するからである。有益な変異が少なくとも子孫の若干のものに遺伝されるのでなかったならば、自然淘汰では何の効果もあげることができない。先祖返りの傾向はしばしばこの仕事を抑制したり妨げるであろう。しかしこの傾向は、人間の淘汰による多数の飼育品種の形成を妨げなかったのであるから、それが自然淘汰を圧倒してしまう理由がどこにあろうか?

組織的淘汰の場合には、飼育家はある明確な目的のために選択するのである。そしてもし多くの個体が自由に交配することを許されていれば、彼の仕事は完全に失敗するであろう。しかし多くの人が、品種を変えようというつもりはなくとも、ほとんど共通の完成規準をもっていて、そしてすべての人が最良の動物を求めそれから繁殖させようと試みるときには、選択された個体は隔離されないにもかかわらず、この無意識的な淘汰過程によって徐々にではあるが確実に改良が行われる。自然の下においてもこのようであろう。というのは、自然の体制においてまだ完全には占領されていない場をもつ限られた区域の中では、異なる程度であっても適切な方向に変異しつつあるすべての個体は保存される傾向があるからである。しかしもしその区域が広大であるならば、その幾つかの地方はほとんど確実に異なる生活条件を呈するであろう。そしてもし同じ種が異なる地方で変容を受けるならば、この新しく形成された諸変種はそれぞれの境界で交雑するであろう。しかし我々は第六章において、中間の地方に棲んでいる中間変種は、結局は大抵隣接の変種の一つに取って代わられるということを見るであろう。交雑が主として影響を及ぼすのは、各出産を忠実にかつ一様に保つことで、自然界で重要な役割を演じるのである。各出産ごとに結合する動物では、それは明らかにより一層効果的に作用するであろう。しかしすでに述べたように、時折の交雑はあらゆる動物と植物にわたって行われることを信ずべき理由がある。たとえそれが長い時を隔てて起こるにせよ、こうして生じた子は長く継続した自家受精から生じた子に比べれば、非常な活力と繁殖力を得ており、従って生存とその種の増殖に一層よい機会を有するであろう。こうして結局、交配の影響は時を隔てて稀に起こる場合でも大きいであろう。有性生殖をせず、結合もせず、また到底交雑することのできない極めて下等な生物では、同じ生活条件の下で形質の一様性が保たれるのは、ただ遺伝の原則と基本型から外れた個体をすべて滅ぼす自然淘汰によってのみである。もし生活条件が変化して形態が変容を受ければ、こうして変容した子孫に形質の一様性が与えられ得るのは、もっぱら類似の有利な変異を保存する自然淘汰によってのみである。

孤立も自然淘汰による種の変容における重要な一要素である。もし非常に広大でなければ、限られたまたは孤立した区域では有機的無機的生活条件は一般にほとんど一様で

ごとに結合しかつ放浪性が大であり、また増加率の小さい動物に対してである。それゆえこのような性質の動物、例えば鳥類では、変種は一般に隔離された地域に限られるであろう。そして事実そうであることを私は見ている。時折交配するにすぎない両性生物や、同様に各出産ごとに結合するがほとんど放浪せずかつ速やかに増加できる動物では、改良された新しい変種が直ちにある場所に形成され、そこに一団を成して自らを維持し、その後に広まってゆく結果、その新変種の個体は主として相互に交わるであろう。この原則に基づいて種苗家は常に植物の大集団から種子を貯えることを好むが、これによって異種交配の機会が減少するからである。

それぞれの出産ごとに結合し、かつ速やかに繁殖しない動物でも、自由な交雑が常に自然淘汰の効果を除去すると仮定してはならない。なぜならば同じ区域の中で同じ動物の二つの変種が異なる場所に棲息すること、やや異なる季節に繁殖すること、あるいはそれぞれの変種の個体がその中で番うことを好むということを示すかなり多くの事実を、私は提出することができるからである。

交配は同じ種または同じ変種の個体について、その形質

あろう。従って自然淘汰は同種のすべての変異しつつある個体を同じように変容する傾向をもつであろう。その周囲の区域の棲息者との交雑もこうして妨げられるであろう。モーリッツ・ヴァグナー（Moritz Wagner）は近頃この問題に関する有益な一論文を公にして、新しく形成された変種の間の交雑の防止に対する孤立の役割は、おそらく私が想像していた以上に大きいものであることを示した。しかし私はすでに示した理由によって、移動と孤立が新種の形成に必須の要素であるというこの博物学者の説にはどうしても同意することができない。孤立の重要性はまた土地の気候や標高等の諸条件に物理的変化があった後の、一層よく適応した生物の移住を妨げる点で大きい。すなわちその地方の自然の秩序における新しい場は、古い棲息者の変容によって自由に満たされるであろう。最後に、孤立は新変種が徐々に改良される時間を与えるであろう。そしてこれは時には非常に重要なことである。けれども、もし孤立している土地が障害物によって囲まれているかあるいは非常に特殊な物理的条件を有するために甚だ狭小であれば、その棲息者の総数は少ないであろう。そしてこれは有利な変異の生じる機会を少なくするので、自然淘汰による新しい種の形成は遅れるであろう。

単なる時間の経過はそれ自体では別に自然淘汰を助けもしなければ妨げもしない。私がなぜこれをいうのかというと、時間の要素が種の変容に最も重大な役割を果たし、まるですべての生命形態はある生来の法則によって必然的に変化を受けているかのように私が想定したと誤り伝えられているからである。時間の経過は有益な変異が発生し、かつそれらが選択、累積され、そして固定されるのに一層よい機会を与えるという限りにおいて重要であり、そしてこの点についての重要性は大きい。それはまた各生物の体質に関連して、生活の物理的条件の直接作用を増加する傾向をもつ。

これらの説明の真実性を調べるために自然に眼を向け、例えば大洋島のような小さな孤立した土地を見ると、『地理的分布』の章で分かるようにそこに棲息する種の数は少ないのであるが、これらの種の大部分は地方固有のものである――すなわちそこに産し、世界の他のどこにも産しないのである。それゆえ大洋島は一見したところ新しい種の生成に非常に好都合であったように思われる。しかしこれは考え違いであるかも知れない。というのは、小さい孤立した土地と大陸のような大きな開かれた土地とどちらが新しい生物形態の生成に好都合であったか、を確かめるためには等しい時間の範囲内で比較しなければならないのに、我々にはこれができないからである。

孤立は新種の生成に甚だ重要であるが、私は総体的には土地の広大なことのほうがより重要であり、特に長期間の持続性と広い拡散の能力をもつような種の生成に対してはそうであると信じたい。広大で開かれた区域の至るところに、そこに生活する同種の個体の数の多いことから有利な変異が生じるより良い機会があるが、それだけでなく、また既存の種の数の多さからも生活条件ははるかに一層複雑である。そしてもしこれらの多くの種のあるものが変容し改良されるならば、他のものもこれに対応する程度に改良されなければならず、さもなければ絶滅してしまうであろう。また各々の新形態は、大いに改良されるや否や直ちに開かれた地続きの区域に伝播してゆくことができ、従って他の多くの形態と競争するようになるであろう。その上広大な土地は、今日では続いているが昔の地表変動によってしばしば断絶状態にあったこともあり、一般にはある程度まで孤立のよい効果も協力したのである。結局私は次のように結論する。小さな孤立した土地はある点では新種の生成に極めて有利であったが、変容の過程は一般に大きな土地のほうが一層急速であったろう。そしてなお一層重要なことは、広大な土地に生じすでに多くの競争者と競争して勝利を収めてきた新形態は、最も広く伝播し最も多数の新変種と新種を生じるということである。こうして彼らは生物界の変化の歴史において一層重大な役割を果たすであろう。

この見解に従えば、おそらく我々は『地理的分布』の章で再び言及するある事実を理解することができるであろう。例えばオーストラリアの小大陸の生成物は、今やより大きいヨーロッパ、アジア地区のものに屈服しつつあるという事実である。大陸の生成物があらゆるところの島で大いに帰化していることもそうである。小島では生活のための競争はそれほど厳しくなかったであろうし、変容や絶滅も少なかったであろう。オズワルド・ヘール（Oswald Heer）によれば、マデイラの植物相はある程度までヨーロッパの絶滅した第三紀の植物相に似ているというが、我々はその理由を理解することができる。すべての淡水低地は全部合わせても海や陸に比較すればわずかな面積である。その結果、淡水生物の間の競争は他の場所ほど厳しくなかったであろう。それゆえ新形態はゆっくりと生成され、古い形態はゆっくりと滅びていったであろう。我々がかつては優勢であった目の残存物である硬鱗魚類（Ganoid fish）の七つの属を発見したのはこの淡水低地である。また淡水ではカモノハシ（Ornithorhynchus）やレピドシレン[(3)]（Lepidosiren）のような、現在世界に知られている最も異常な形態の幾つかが見出される。これらの生物は、自然の序列において現在は甚だしく分離してしまった目を化石のようにある程度まで連結する。これらの異常形態は生きた化石ということができる。彼らは限られた区域に棲息してきたことと、変化が少なく従って競争のあまり厳しくない状態におかれてきたことのために、今日まで耐え抜いてきたのである。

極度に複雑な問題であるが、できる限り自然淘汰による新種の形成に好都合な情況と不都合な情況をここに要約しよう。私の結論では、陸棲生物に対しては多くの地表変動を受けた広大な大陸が、永い間耐え抜き広く伝播するのに適した多くの新しい生命形態の生成に最も好都合であったろう。その区域が大陸として存在していた間は、棲息者は個体の数と種類の数がとても多かったであろうし、また激烈な競争下に置かれていたであろう。沈降によって分離した大きな島に変わったときも、それぞれの島にはまだ同じ種の多くの個体が存在していたであろう。各々の新種の分布区域の境界における交雑は抑制されたであろう。どんな種類の物理的変化の後にも移住は妨げられており、その結果それぞれの島の体制における新しい場は、旧来の棲息者の変容によって満たされなければならなかったであろう。そしてそれぞれの島の変種は十分に変容し完成する時間を与えられたであろう。再び始まった隆起によって諸島が一つの大陸に復帰したときには、再び非常に厳しい競争が起こったであろう。最も有利な、あるいは改良された変種は広がることができたであろう。あまり改良されなかった形態は多く滅亡し、再結合した大陸の種々の棲息者の相対的比率は再び変化したであろう。そして再び自然淘汰のための公平な場が開かれて棲息者はさらに一層改良され、こうして新種を生じたであろう。

自然淘汰が一般的に極めて緩慢に作用することを私は十分に認めている。それはただ、一地区の自然体制において現存の棲息者のある者が変容することによってよりよく満たされるような場が存在しているときにのみ、作用することができる。このような場の発生はしばしばすこぶる緩慢に起こる物理的変化にかかっており、またもっと適応した形態の移住が防止されることにかかっている。旧来の棲息者のある少数のものが変容するにつれて他のものの相互関係がしばしば攪乱され、そしてこれは一層適応した形態が満たすことのできる新たな場を創造するであろう。しかしこれらのことはすべて非常に緩慢に起こるであろう。同種のあらゆる個体は互いに軽度に異なっているが、生物体の各部分に明らかな性質の差異が起こるにはしばしば永い時間を要するに違いない。自由な交雑によってこの結果はしばしば大幅に遅れるであろう。多くの人々は、これらの幾つかの原因は自然淘汰の力を中和させるに十分すぎるくらいではないかと叫ぶであろう。私はそうは信じない。私は自然淘汰が一般に極めて徐々に、また永い時間を隔てて、同じ区域の棲息者の少数のものに対してのみ作用することを信じている。私はさらに、これらの緩慢で断続的に起こる結果は、世界の棲息者が変化した速度と方法について地質学が我々に語るところとよく一致していることを信じる。

　淘汰の過程は緩慢であるが、もし微力な人間が人為淘汰によって多くのことを成し得るのであれば、自然の淘汰力すなわち適者生存による永い時間の経過の間の相互の影響、また生活の物理的条件から受けた変化の量とあらゆる生物の間の相互適応の美しさと複雑さに限界を認めることはできない。

自然淘汰に起因する絶滅

　この主題は『地質学』に関する章でもっと十分に論じるが、自然淘汰と密接な関係があるのでここに言及しておく必要がある。自然淘汰は何らかの点で利益があり、その結果として持続することのできる変異の保存をとおしてのみ作用するのである。すべての生物が高度の幾何級数的増加率を有する結果、各々の区域はすでに十分に棲息者で満たされている。従って恵まれた形態がその数を増加するのと同様に、恵まれないものは一般に減少し稀になるであろう。地質学が我々に語っているように、稀少は絶滅の前兆である。少数の個体によって代表されている形態は、季節の性質の大きな変動を通じて、あるいは敵の数の一時的増加によって、完全な絶滅の危機を招くであろうことを我々は理解することができる。しかし我々はもっと前へ進むことができよう。というのは、もし種的形態がその数を無限に増加できることを認めないとすれば、新しい形態が生じるにつれて多くの古い形態が絶滅しなければならない。種的形態が無限にその数を増加しなかったことは、地質学が明白に我々に語っている。そこで我々はすぐ後に、なぜ世界を通じて種の数が無限に多くならなかったかの説明を試みるであろう。

最も個体数の多い種がある一定の期間内に有利な変異を生じるのに最もよい機会をもっていることを我々は見てきた。我々は第二章に述べられた事実の中にその証拠を見るであろう。それは、記録された変種の数が最大であるものは、普通な、また広く拡散した優勢な種であることを示している。それゆえ稀少な種は、ある一定の期間内に変容もしくは改良される速度が小さく、その結果、生活競争において彼らはより一般的な種の変容し改良された子孫によって打ち負かされるであろう。

これらの幾つかの考察から、新種が時間経過の中で自然淘汰をとおして形成されるのに対し、他のものは次第に稀少となり、ついに絶滅してしまうことは必然的であると私は考える。変容と改良を受けつつある形態と最も白熱的に競争する形態は、当然最もひどく害を受けるであろう。そして我々は、『生存闘争』の章において、最も近縁な形態――同じ種の変種、および同じ属または類縁の属の種――はほとんど同一の構造、体質および習性をもっているので、一般に最も厳しい競争を相互の間で行うことを見た。従ってそれぞれの新変種もしくは新種は、その形成が進行している間中、それと最も近い種類に最も厳しい圧力を加えてそれを絶滅させようとする。飼育生物の間でも、人間による改良された形態の淘汰をとおして、これと同じ絶滅の過程を我々は見る。牛、羊、およびその他の動物の新品種、また花の変種がいかに急速に古い劣った種類に代わってゆくかを示す多くの奇妙な実例をあげることができる。ヨークシャーでは古代の黒牛がロングホーンに置き換えられ、そしてこのロングホーンが『まるである凶悪な疫病によるかのように、ショートホーンによって一掃された』（ある農業著述家の言葉を引用）ことは史上よく知られている。

形質の分岐

私がこの言葉によって示した原則は甚だ重要なものであって、幾つかの重要な事実を説明するものと信じる。第一に、変種は著しい特徴のあるものでさえ幾らか種の形質を持っているにもかかわらず――それらをどのように位置づけるかについて多くの場合絶望的な困惑を生じることから分かるように――その相互の差異は、真に明瞭な種の相互の差異よりも確かにずっと少ないのである。しかしながら私の見解では、変種は形成過程にある種であり、すなわち私のいう初期の種である。ではどうして変種間の小さな差異が種間の大きな差異にまで拡大するのであろうか? このことが恒常的に起こっていることは、自然界を通じて無数の種の大部分が明瞭な差異を現しているのに対し、将来の明瞭な種の原型であり祖先であると想定される変種はわずかな、また不明瞭な差異を現していることから推察されなければならない。いわゆる単なる偶然によって、一つの変種のある形質がその親と異なり、またこの変種の子孫が再びその親と同一の形質において一層大きな程度に異なることもあり得よう。しかしこれだけでは、同属の種の間の差異のような通常の大きな程度の差異を説明することは決してできないであろう。

私のいつもの習慣で、私は飼育生物からこの主題の手掛りを求めた。我々は類似したあるものをここに発見するであろう。ショートホーンとハーフォード牛、競走馬と馬車馬、鳩の幾つかの品種などのように非常に異なっている品種の生成は、多くの連綿と続く世代の間に類似の変異が単に偶然に累積しただけでは起こり得ないことを認めるであろう。実地においても、例えばある愛好家は少し短い嘴の鳩に感心し、他の愛好家はむしろ長い嘴の鳩に感心する。そして『愛好家は中間的標準を喜ばず極端を好む』という一般に認められている原則により、両者は(実際に宙返り鳩の亜品種に起こったように)ますます長い嘴、あるいはますます短い嘴の鳥を選んで繁殖させてゆくのである。我々はまた歴史の初期において、一つの国もしくは一つの地方の人々は駿足な馬を要求し、他の国もしくは他の地方の人々はより強く大きな馬を要求したと想定することができる。初めの頃の差異は極めてわずかであろうが、時間の経過とともに一方には駿足な馬、他方には強大な馬が絶えず選択されることから、その差異はますます大きくなり、二つの亜品種を形成すると認められるようになるであろう。結局数世紀後には、これらの亜品種は二つの十分に確立した明瞭な品種に変わってしまうであろう。その差異がますます大きくなるに従って、速くもなく強くもない中間の性質の劣等動物は繁殖に用いられず、こうして消滅する傾向をもつであろう。我々はここに、人間の生産物において分岐の原則ともいうべき作用、すなわち最初は辛うじて感知できるにすぎない差異を着々と増大させ、その品種の形質を相互にまた共通の祖先からも分岐させる作用を見るのである。

しかし、いかにしてこれと類似の原則が自然に適用されるのか?と問われるであろう。私は次の簡単な情況からそれが最も効果的に適用できるし、また適用されていると信じる(もっとも私がこの情況を知るまでには長い時を要したのであるが)。すなわち、ある種からの子孫が構造、体質、および習性において多様になればなるほど、彼らは自然社会においてますます多くの、かつ種々異なる場を占有することができるようになり、従ってその数を増加させることができるのである。

単純な習性をもつ動物の場合には、これをはっきり認めることができる。ある地域で維持できる数の標準数いっぱいにずっと以前に到達した食肉四足獣を例にとって見よう。それの自然の増加力が作用するままであるとすれば、それは(その地域が何の条件変化も受けないとして)その変異する子孫が現在他の動物によって占領されている場を奪うことによってのみ、その数を増加させることができる。例えば彼らのあるものは新しい種類の生きた餌食または死んだ餌食を食うことができるようになることにより、あるものは新しい場所に棲み、木に登り、水の中にいることにより、またあるものはおそらく食肉性を減らすことによる。こうして食肉動物の子孫は、その習性や構造が多様になればなるほどますます多くの場を占めることができるようになるであろう。一つの動物に適用されることはあらゆる時代を通じてすべての動物に適用されるであろう——それは彼らが変異するならばである——というのは、そうでなければ自然淘汰は何もできないのである。これは植物の場合も同様であろう。今ある地点に牧草のある一種を蒔き、また他の同様の地点に幾つかの異なる属の牧草を蒔くと、前の場合よりも後の場合のほうが一層多くの数の植物と一層多くの乾草を収穫できることが実験的に証明されている。小麦の一つの変種と幾つかの変種を混合したものを同じ広さの土地に蒔いたときにも、同じ結果であることが発見された。それゆえもし牧草のある一つの種が変異し続けるものとして、ごくわずかであるが異なる種や異なる属の牧草が互いに異なるのと同じように、互いに異なる変種が絶えず選択されてゆけば、変容した子孫を含めて、この種の一層多くの個体が同じ土地に生存できるようになるであろう。そして我々の知っているように、牧草のそれぞれの種、それぞれの変種は、毎年数えきれないほど多くの種子を蒔いている。従って最高度にその数を増加させようと努めているといってもよい。その結果、数千世代を経過する間に、牧草のある一つの種の最も明瞭な変種が、成功と個体数の増加のための、従ってまた明瞭さの少ない変種に取って代わるための、最善の機会をもつであろう。そして変種は相互に甚だしく異なるものとなったとき、種の位置を獲得するのである。

構造が大幅に多様化することによって生命の最大量が維持される、という原則の真実性は多くの自然的環境の下で見られる。極めて狭い区域で、特に自由に移住ができるように開かれていて個体と個体の間の競争が非常に厳しい場所では、我々は常にその棲息者が甚だ多様性に富んでいることを見出すのである。例えば私は、多年の間全く同じ条件にさらされていた三フィートに四フィートの大きさの一面の芝生が二十種の植物を維持していて、それらは十八属および八目に属するのを見出したが、これはこれらの植物がいかに大きく互いに相違していたかを示している。これは小さく均質な小島の植物や昆虫についても同様であり、淡水の小さな池においても同様である。農夫は最も異なった目に属する植物の輪作によって最も多く食物を収穫できることを知っている。自然は同時輪作とでもいえることを行っている。ある小さい一面の土地の周囲に密生する動植物の多くは、(その土地の性質が何ら特殊なものでないと想定すれば)そこに生活できたのであり、またそこに生活しようと極力努めているといえよう。しかしそれらの競争が最も白熱しているところでは、習性と体質の差を伴う構造の多様化の有利性は、互いに最も接触して競合している棲息者が、一般的法則としていわゆる異なる属および目に属することを決定することが分かる。

これと同一の原則は、人間の媒介によってある植物が外国の土地に帰化する場合にも見られる。ある土地に帰化して成功する植物は一般に自生種によく似たものであると期待されるであろう。というのは自生種は特別に彼ら自身の国のために創造され、それに適応したものと普通認められているからである。またおそらく、帰化植物はその新郷土の中のある土地に特に適応した少数の群に属したものと期待されるであろう。しかし事実はこれと大きく相違していいる。そしてアルフォンス・ド・カンドル（Alph. de Candolle）はその賞賛すべき大著作において、植物相は帰化により、土着の属と種の数との比較上、新しい属を新しい種よりもはるかに多く獲得することを適切に説いている。今その一例をあげれば、エイサ・グレイ博士の『合衆国北部の植物相の手引』（Manual of the Flora of the Northern United States）の最新版に二百六十の帰化植物が列挙されていて、これらは百六十二の属に属する。このように我々はこれらの帰化植物が非常に多様な性質をもっていることを知るのである。その上彼らは自生種と大いに異なっている。先の百六十二の帰化した属のうち、百以上の属は自生していなかったものであり、従って合衆国に現存する属は比較的大きな割合で追加がなされたのである。

ある地域において自生種と闘争して成功し、そこに帰化した植物または動物の性質を考えると、自生種のあるものがその同胞に対する優越を得るためには、どのように変容しなければならなかったのかということについて、大雑把な観念が得られる。そして我々は、少なくとも新しい属的差異に相当する構造の多様化が彼らにとって有益であるに違いないと推察できる。

同じ地方の棲息者における構造の多様化の有利さは、事実同じ個体の器官の生理的分業――この課題はミルヌ・エドワール（Milne Edwards）によって十分明らかにされた――の利益と同じである。植物性物質のみ、または肉類のみを消化するのに適応した胃がこれらの食物から最も多くの栄養を吸収することを、生理学者は誰も疑わない。ある土地の一般的秩序においてもそうで、動植物が異なる生活習性に向かってますます広く、ますます完全に多様化するに従って、より多くの個体がそこで自らを維持できるであろう。生物体がごくわずかしか多様化していない動物の一団は、構造がより完全に多様化した一団とはほとんど競争できないであろう。例えばオーストラリアの有袋類は互いにわずかしか相違していないグループに分けられ、それらは、ウォーターハウス（Waterhouse）氏およびその他の人々がいっているように、おぼろげに我々の食肉類、反芻類、および齧歯類の哺乳動物を思わせるが、果たしてこれらの十分に発達した目のものと首尾よく競争していけるかどうか疑わしい。我々はオーストラリアの哺乳動物において、発達の初期で不完全な段階にある多様化の過程を見るのである。

形質の分岐と絶滅をとおして共通祖先の子孫に及ぼす自然淘汰の作用の予期し得る効果

上記の非常に短縮した論考によって、我々は、ある一つの種の変容した子孫はその構造が多様化すればするほどますますよく成功し、これによって他の生物に占領されている場所を侵食することが可能になると仮定することができる。そこで今、形質の分岐から利益が得られるということの原則が、自然淘汰の原則および絶滅の原則と結びついてどのように作用するかを論じよう。

ここにあげた図はこのかなり込み入った問題を理解する助けになろう。AからLまでをその地域におけるある大きい属の種を代表するものとする。これらの種は、自然界で一般にそうであるように、等しくはないが互いに類似しており、この図でも等しくない距離に置かれた文字で表示されている。私が大きい属といったのは、第二章で見たように、大きい属では小さい属よりも平均して多くの種が変異しており、また大きい属の変異する種はより多くの変種を生じるからである。我々はまた、最も普通で最も広く拡散した種は稀少で限定された種よりもより多く変異することを見た。Aを、その地域における大きい属に所属し普通に見られ、広く分布し、また変異している種としよう。Aから出発して不等な長さに枝分かれし分出する点線は、その変異する子孫を表すものとする。変異は極めてわずかであるが、しかし最も多様な性質のものであると想定される。それらはすべてが同時に現れるとは想定されないが、しばしば永い時間を隔てて現れるものと想定され、またすべてが同じ期間存続するとは想定されない。何らかの点で有利な変異だけが保存されるかまたは自然に選択されるであろう。そしてここに形質の分岐から利益を引き出せるという原則の重要性が入ってくる。なぜなら、この原則によれば一般に最も差異の多い、すなわち最も分岐した変異（外側の点線で表示されている）が自然淘汰によって保存、累積されるからである。ある点線が水平線の一つに達しそこで番号つきの小文字をつけられたときには、十分な量の変異が累積されて、分類学の書物に記録される価値があると思われる程度の相当はっきりした変種になったものと想定するのである。

図中の水平線の間隔はそれぞれ千世代またはそれ以上の世代を表すものとする。千世代の後に種Aは二つのかなり

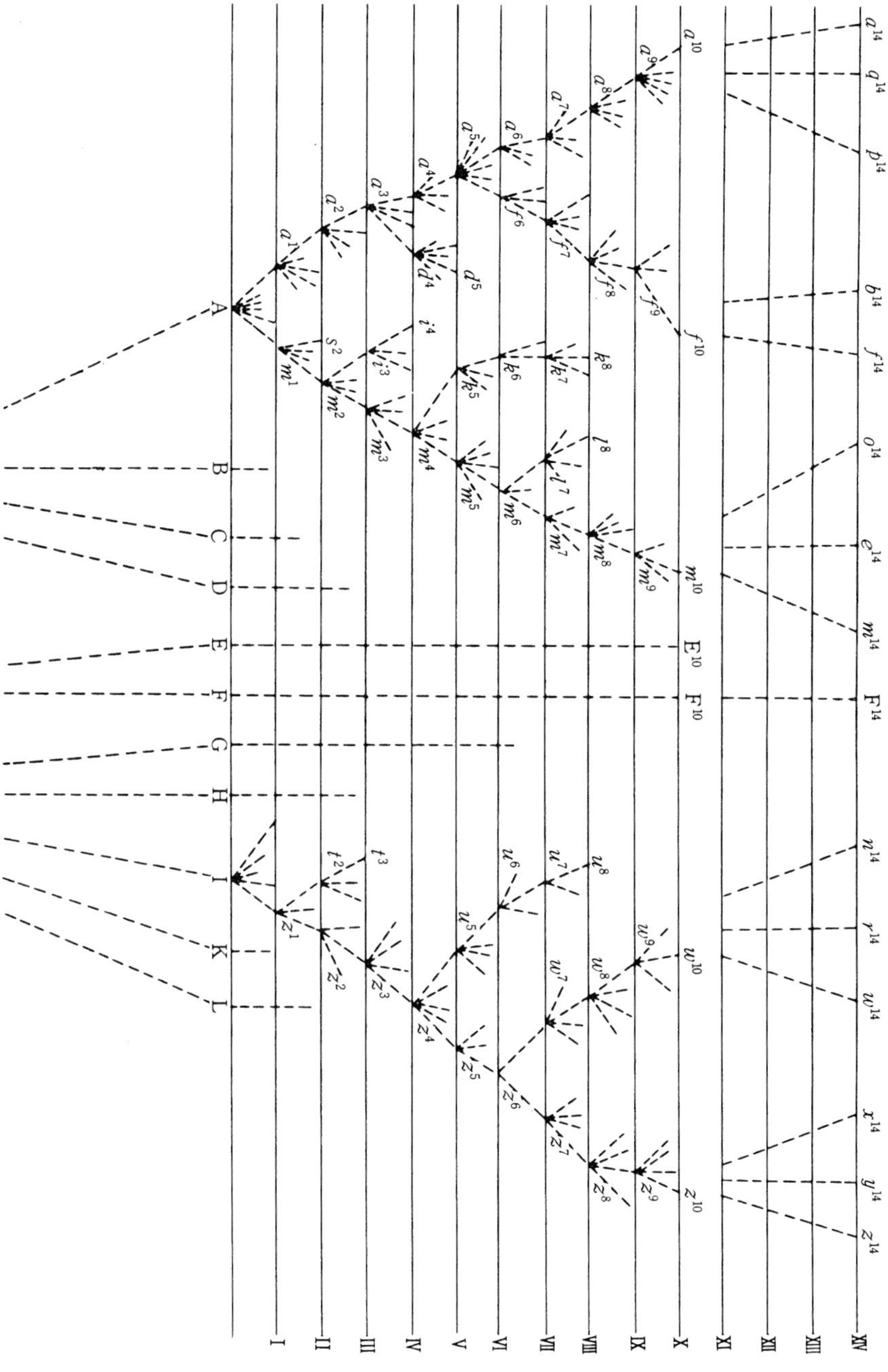
A
B
C
D
E
F
G
H
I
K
L
a14
q14
p14
b14
f14
o14
e14
m14
F14
n14
r14
w14
x14
y14
z14
a10
f10
m10
E10
F10
w10
z10
I
II
III
IV
V
VI
VII
VIII
IX
X
XI
XII
XIII
XIV

顕著な変種、すなわちa^1とm^1を生じたと想定される。これら二つの変種は、一般的にはなおも彼らの先祖に変異を起こさせたのと同じ条件下に置かれるであろう。そして変異性への傾向は元来遺伝的であるので、従って彼らもまた変異する傾向をもち、しかもそれは普通彼らの先祖が行ったのとほぼ同じ方法であろう。その上これらの二変種はわずかに変容した形態にすぎないので、彼らの先祖Aを同じ地域の他の大部分の棲息者よりも数多くさせた利点を遺伝しようとするであろう。彼らはまた、母種が所属していた属をその地域において大きい属にしていたより一般的な利点を分かちあうであろう。そしてこれらのすべての情況は新変種の生成に好都合である。

次にもしこれらの二変種が変異し易ければ、一般にそれらの変異の最も離れて分岐したものが次の千世代の間保存されるであろう。そしてこの期間の後に、図における変種a^1は変種a^2を生じたものと想定され、a^2は分岐の原則によって変種a^1よりもさらにAと異なっているであろう。変種m^1は二つの変種すなわちm^2とs^2を生じたと想定され、それらは互いに相違すると同時に、その共通祖先Aとはより一層相違する。我々は同様の進め方でこの過程を任意の長さの時間続けてゆくことができる。ある変種は千世代を経るごとにわずかに一つの変種を生じたにすぎないが、ますます変容した条件の下で、あるものは二つまたは三つの変種を生じ、またあるものは変種を生み出すことに失敗してしまう。こうして共通祖先Aの変種または変容した子孫は一般に数を増し形質を分岐してゆくであろう。図ではこの過程が一万世代まで示されており、なお凝縮、簡略された形式の下で一万四千世代まで示されている。

しかしここで述べておかなくてはならないことは、私はこの過程が図に示されたように常に規則正しく進行するとは想像しないし――もっとも図でも幾らか不規則にしてあるが――また連続的に進行するとも想像しないということである。各形態は永い間変わらずにとどまり、それから再び変容を受けるとするほうがはるかに確からしい。また私は最も広がって分岐した変種が必ず保存されるとも想像しない。中間の形態が永い間持続していることもしばしばあり、二つ以上の変容した子孫を生成することも生成しないこともある。というのは、自然淘汰は常に他の生物の占有者がいないかあるいは完全には占領されていないかのどちらかの場の性質に応じて作用するのであり、これは無限に複雑な関係によっているのである。しかし一般の規則としては、ある一つの種の子孫の構造がもっと多様化すれば、彼らはもっと多くの場を獲得することができ、そしてその変容した子孫はもっと増加するであろう。我々の図では、系列の線は変種として記録するほど十分に異なった連続する形態を表示する番号つき小文字によって、規則正しい間隔に区切られている。しかしこの区切りは仮想的なものであって、分岐する変異をかなりの量累積させるのに十分な長い間隔の後ではどこに挿入してもよいのである。

大きな属に所属する普通に広く分布した種からのすべての変容子孫は、彼らの祖先の生活を成功させたのと同じ利点を分有する傾向があるので、彼らは形質を分岐させるだけでなく、一般にその数を増大させるであろう。図ではこれはAから出る幾つかの分岐した枝によって示されている。この系統線において、後に出てくる一層高度に改良された枝から生じる変容子孫は、おそらくしばしば初期のあまり改良されていない枝に取って代わりそれを滅ぼすであろう。これは図の中で下方の枝のあるものが上の水平線まで達していないことで示される。ある場合には疑いもなく変容の過程は一本の系統線に限られていて、分岐した変容の総量は増大したとしても、変容子孫の数は増加しないであろう。この場合は図においてa^1からa^{10}の線を除外して、その他のAから出ているすべての線を取り去れば示される。このようにしてイングランド競走馬およびイングリッシュポインターは、いずれも明らかに何らの新しい枝や新品種を生むことなしに、徐々にその原種から形質を分岐し続けてきたのである。

一万世代の後、種Aはa^{10}、f^{10}、およびm^{10}の三つの形態を生じたと想定され、これらは代々形質を分岐してきたので相互に、また共通祖先からも大きく相違するようになったが、その差は同等ではない。もし図中の各水平線間の変化の量が極めて小さいものとすれば、これらの三形態はまだ明瞭な変種であるにすぎないであろう。しかしこれら三形態を疑わしい種、あるいは少なくとも確定した種に切り替えるには、変容の過程の段階をもっと数の多い、あるいはもっと量の大きいものと想定するだけである。こうしてこの図は、変種を識別する小さい差異が種を識別する大きい差異へと増加してゆく段階を示しているのである。さらに多くの世代の間同じ過程を続けてゆくことによって（図には短縮、単純化した形式で示してある）、すべてAから出た

a^{14}とm^{14}の間の文字で示された八つの種を得る。こうして種が増加し属が形成されると私は信じる。

大きい属ではおそらく一種より多くの種が変異するであろう。図では第二の種Iが類似の歩みによって、一万世代の後に水平線の間で表されると想定された変化の量に応じて、二つの明瞭な変種（w^{10}およびz^{10}）または二つの種を生じたものと仮定する。一万四千世代の後にはn^{14}からz^{14}に至る文字で示された六つの新しい種を生じたものと想定される。いずれの属においても、すでに非常に互いの形質が相違している種は一般に最も多数の変容した子孫を生じる傾向があろう。というのは、これらは自然の体制において、新しい、大幅に異なった場を占有する最良の機会をもつのである。ゆえに図において、私は大いに変異し新しい変種と種を生じたものとして最端の種Aと端に近い種Iを選んだ。もとの属の（大文字で示された）他の九つの種は永い期間不変の子孫を伝え続けるが、この期間は同等ではない。これは図において不等の長さに上方に引かれた点線によって示されている。

しかし図に示された変容の過程の間に、我々の他の原則、すなわち絶滅の原則が重要な役割を果たしたであろう。十分に生物の繁殖した各地域では、自然淘汰は必ず、選択された形態が生活闘争で他の形態に優るある利点を有することにより作用するので、ある一つの種の改良された子孫は世代継承の各段階ごとにその前任者や原始祖先に取って代わり絶滅させようとする一定の傾向をもつであろう。競争は一般に習性、体質および構造において互いに最も近い関係にある形態の間で最も厳しいことを忘れてはならない。それゆえ、同じ種の初めの状態と後の状態の中間、すなわち改良の少ない状態と多い状態との間のあらゆる中間形態は、もとの母種自体と同様に一般に絶滅に向かう傾向があるであろう。多くの傍系的系統線のすべてについてもおそらくこれと同様で、後からの改良された系統線によって征服されるであろう。しかしながらもしある種の変容子孫がどこか別の地域に入るか、あるいは全く新しい場所に急速に適応してそこでは子孫と先祖が競争しないとすれば、両方とも生存し続けるのである。

そこで、我々の図表がかなり大きい変容の量を表しているものと仮定すると、種Aとすべての初期の変種は絶滅して八つの新しい種（a^{14}からm^{14}まで）に代わり、また種Iは六つ（n^{14}からz^{14}まで）の新しい種に代わるであろう。

しかし我々はもっと一般化することができる。我々の属の諸原種は、一般に自然においてそうであるように、同じ程度ではないが相互に類似していると想定されている。すなわち種Aは他の種よりもB、C、およびDと一層近い関係にあり、種Iは他の種よりもG、H、K、Lと一層近い関係にある。これら二つの種AおよびIはまた、極めて有りふれた広く拡散した種と仮定したのであるから、従ってその属の他の種の大部分よりも優ったある利点をもっていなければならない。一万四千世代の後に十四の数となったなった彼らの変容子孫は、おそらく同じ利点の幾らかを遺伝したであろう。彼らはまた世代継承の各段階ごとに多種多様な方法で変容、改良され、その地域の自然の秩序における多くの関連した場に適応するようになった。それゆえ彼らは単にその祖先であるAとIばかりでなく、その祖先に最も近い関係にあった原種のあるものの場を奪い、これを絶滅させてしまったことは、極めて有りそうなことのように思われる。それゆえ一万四千世代まで子孫を伝えた原種は極めて少ないであろう。我々は他の九つの原種に最も関係の少なかった二つの種（EおよびF）の一つ（F）だけがこの世代継承の最後の段階まで子孫を伝えたものと仮定することができよう。

十一種の原種から出た図中の新種はいまや十五を数えるようになった。自然淘汰の分岐的傾向によって、a^{14}とz^{14}の間の形質の差の最大量は、十一の原種の最も異なったものの間よりもずっと大きいであろう。その上新種の相互の類似の状態は甚だしく異なっているであろう。Aから出た八つの子孫のうちa^{14}、q^{14}、p^{14}で示された三つは最近a^{10}から分かれたものであるから近い関係にあり、b^{14}とf^{14}は早期にa^{5}から分岐したのであるから、ある程度前の三種とは異なっているであろう。そして最後にo^{14}、e^{14}、およびm^{14}は相互には近い関係にあるが、他の五種とは変容の過程の開始期に分岐したのであるから著しく異なり、一亜属もしくは明確な属を構成するであろう。

Iから出た六つの子孫は二つの亜属または属を形成するであろう。しかし原種Iはもとの属のほとんど外端に位置しAとは大きく相違していたので、Iからの六つの子孫はAから出た八つの子孫とは遺伝だけでも相当異なるであろう。その上、この二つの群は異なる方向に分岐し続けたと想定される。また（これは非常に重要な考察であるが）原種AとIを連結した中間種は、Fを除けばすべて絶滅し子孫を残さなかった。それゆえIから出た六つの新種とAから出た八つの新種とは、非常に異なった属として、あるいは明確な亜科としてさえ分類しなければならないであろう。

私の信じるところでは、こうして二つあるいはそれ以上の属が同じ属の二つもしくはそれ以上の種から、変容を伴う継承によって生成されるのである。そして二つまたはそれ以上の母種は、それ以前の属のある一つの種から出たものであると想像される。我々の図ではこれは大文字の下の点線が幾つかに枝分かれしながら下方の一点に集中することによって示される。この一点が、幾つかの新しい亜属および属の祖先と想定される一つの種を表示するのである。

ここにしばらく新しい種F^{14}の形質について考察するのも価値がある。F^{14}はあまりその形質を分岐せず、Fの形態を変えずに、あるいはわずかに変えただけで保持してきたものと想定される。この場合、これと他の十四の新種との類縁関係は奇妙で間接的な性質であろう。母種AとIの間にあり、今は絶滅して不明と想定される形態から出たものなので、それは形質においてある程度これら二種に由来する二つの群の中間にあるであろう。しかしこれら二群はその祖先の原型から形質を分岐してきたのであるから、新種F^{14}は直接的にこれらの中間でなく、むしろ二群の原型の中間であろう。そして博物学者はだれでもこのような事例を念頭に浮かべることができるであろう。

図において各水平線はこれまで千世代を表示するものと想定されたが、それぞれ百万もしくはそれ以上の世代とすることもできよう。また絶滅した生物遺体を含んでいる地球の地殻の連続層の一断面を表すこともできよう。この課題については地質学に関する章で再び言及するはずである。そしてそのとき我々は、この図が絶滅した生物の類縁関係に光を投げかけるのを見るであろうと私は考える。これらの絶滅生物は一般に現在生存しているものと同じ目、同じ科、もしくは同じ属に入るが、しばしばある程度まで現存の群の中間の形質をもっている。そして絶滅種は、枝分かれしている系統線がまだ少ししか分岐していなかった様々な遠い時代に生存していたということから、我々はこの事実を理解することができる。

今説明したように、変容の過程を属の形成だけに限定する理由はないことが分かる。もし図において分岐している点線の連続する群によって表示される変化の量を大きいものと想定すれば、a^{14}からp^{14}までに示された形態、b^{14}、f^{14}で示された形態、およびo^{14}からm^{14}までに示された形態は非常に異なった三つの属を形成するであろう。我々はまたＩに由来しＡの子孫とは大いに異なった二つの非常に明確な属をもつ。こうしてこれら二群の属は、図の中で表示されると想定した分岐する変容の量に応じて、二つの明確な科または目を形成するであろう。そしてこの二つの新しい科または目はもとの属の二つの種に由来するものであり、それらはまたさらに古代の不明なある形態に由来したものと想定される。

各地域において変種または初期の種を最もよく現すものは大きい属に所属する種であることをすでに論じた。実際これは予想されたことである。というのは、自然淘汰は生存闘争において他の形態に優ったある利点をもっている一つの形態をとおして作用するのであるから、それは主としてすでにある利点をもっているものに作用するであろう。そしてある群が大きいということは、その種が共通祖先からある利点を共通に遺伝していることを示している。それゆえ新しいかつ変容した子孫の生成のための闘争は、主として全員がその数を増加させようと試みている大きい群の間で行われるであろう。一つの大きな群は徐々に他の大きな群を征服し、その数を減らし、これ以上の変容や改良の機会を少なくするであろう。同じ大きな群の中でも後から出た一層高度に完成された亜群は、枝を広げ自然の体制における多くの新しい場を占有することで、以前に出現した改良の少ない亜群に取って代わり、破滅させようとする傾向を常にもつであろう。小さい衰弱した群と亜群は最後には消滅するであろう。我々は将来を見て、現在大きく成功し破壊が最も少ない、すなわちこれまでの破滅的損害が最も少ない生物の群は永い間増加し続けるであろうと予言することができる。しかし最後にどの群が繁栄するかは誰も予言することができない。というのは、以前に最も広範囲に発展した多くの群が今は絶滅しているのを知っているからである。さらにもっと遠い将来を見れば、大きな群の継続した堅実な増加のために多数の小さな群は完全に絶滅し変容子孫を残さず、従ってある時代に生存する種の中で遠い将来にまで子孫を伝えるものは極めて少ないと予言してよいであろう。『分類』の章でこの主題に戻るはずであるがここに附言しておくと、この見解によれば古代の種のごく少数のものだけが今日まで子孫を伝えており、そして同じ種のすべての子孫が綱を形成するのであるから、なぜ動物界および植物界の主要な各部門において少数の綱だけしか存在しないかを理解することができる。最も古い種のごく少数のものだけが変容した子孫を残したのであるが、それにもかかわらず遠い地質時代においても、地球には今日とほとんど同じように多くの属、科、目、および綱の種が棲息していたであろう。

生物体が進歩する傾向の程度について

自然淘汰はもっぱら、各生物が生存の全期間にさらされる有機的無機的条件の下で有益である変異の保存と累積によって作用する。最終的な結果は、各生物がその条件に関連してますます改良される傾向をもつことである。この改良は必然的に世界中の大多数の生物の生体構造を次第に進歩させるであろう。しかし我々はここに非常に込み入った主題に踏み込むのである。というのは、博物学者は生物体の進歩ということの意味についてまだ互いに満足する定義を下していないからである。脊椎動物の間では明らかに知能の程度と構造上人間に近づくことが用いられる。様々な部分と器官が胚から成熟に至るまで発達する間に経過する変化の量を比較の規準とすれば十分であると考えられるかも知れない。しかしある寄生性甲殻類のように、構造の幾つかの部分が完全さを減らし、成熟した動物がその幼体よりも高等だといえない場合がある。フォン・ベア（Von Baer）の規準は最も広く適用できる最善のもののように思われる。すなわち同じ生物——成熟した状態における、という言葉を私は附け加えたい——の各部分の分化量、および異なる機能への特殊化、あるいはミルヌ・エドワールの表現を借りれば生理的分業の完成である。しかし我々が例えば魚類を注意して見ると、この主題がいかに曖昧なものであるかを知るであろう。ある博物学者は鮫のような最も両棲類に接近しているものを魚類の最高位に位置づけている。それに対し他の博物学者は普通の硬骨魚類を、それらが最も正確に魚らしく、他の脊椎動物の綱と最も異なるがゆえに最高位に位置づけている。植物に眼を向けるとこの主題の曖昧なことがなお一層はっきりする。植物の場合には知能という規準はもちろん全く存在する余地がない。それである植物学者は、それぞれの花において萼片、花弁、雄蕊および雌蕊のようなあらゆる器官が十分に発達している植物を最高位とするが、他の植物学者は、多分このほうが一層真理に近いであろうが、大いに変容しかつ数を減らした幾つかの器官を有する植物を最高と見ている。

もし高等な生物体の規準として、成熟したときの各生物における それぞれの器官の分化と特殊化の量をとるならば(この中には知的目的に対する脳の進歩も含まれる)、自然淘汰は明らかにこの規準に向かってゆくものである。なぜならすべての生理学者は、諸器官の特殊化はこの状態でそれらの機能を一層よく営む限り、それぞれの生物にとって有利であるということを認めており、従って特殊化に向かってゆく変異の累積は自然淘汰の範囲内にあるからである。他方、すべての生物は高い比率で増加しようとしており、また自然の秩序におけるあらゆる未占領の場、または十分に占領されていない場を奪おうと努めていることを念頭におけば、自然淘汰が次第に生物を幾つかの器官が余計もしくは無用であるような状態に対しても適合させてゆくことは、十分可能であることが分かる。このような場合には生物体の尺度による退化が存在するであろう。生物体が非常に遠い地質時代から現在までに全体として実際に進歩したかどうかは『地質遷移』の章で論議するほうが好都合であろう。

しかし次のような反論があるかも知れない。もしすべての生物がこのようにして序列を上昇する傾向をもつとすれば、多くの最下等な形態が今なお世界中に生存しているのはなぜか? またそれぞれの大きな綱においてある形態は他よりもはるかに高度に発達しているのはなぜか? なぜより高度に発達した形態がより下等なものをどこでも押しのけ絶滅させなかったのか? ラマルクはすべての生物が完成に向かう生来の必然的な傾向をもつと信じたが、この困難に窮したものと見えて、新しい単純な形態が絶えず自然発生によって生成されると想定するに至った。将来明らかにされるかどうか知らないが、科学はまだこの信念の真実性を証明していない。我々の理論では、下等な生物が存在し続けていることは困難な問題ではない。というのは自然淘汰すなわち適者生存は必ずしも前進的発達を含まない——それはただ各生物の生活の複雑な関係の下で、各生物に生じ利益を与える有利な変異を利用するにすぎないからである。あるいはまた質問する人があるかも知れない。極微な繊毛虫類にとって——回虫にとって——あるいはミミズにとってさえ、高等な組織をもつことが我々の知り得る限りにおいてどんな利益があろうか。もし利益がなければ、これらの形態は自然淘汰によって未改良のままかあるいはわずかに改良されただけで残され、また無限の年月の間下等な状態にとどまっているかもしれない。地質学が語るところによれば、繊毛虫類や根足虫類のような最下等形態のあるものははるかに永い時代の間ほとんど今日の状態でとどまっていたのである。しかし今日存在している多くの下等形態の大部分が生命の最初のあけぼの以来少しも進歩しなかったと想像するのはあまりに速断に過ぎる。というのは現在非常に下等なものと位置づけられている生物を解剖したことのある博物学者は、誰でもその実に驚くべき見事な生体構造に感嘆するに違いないからである。

ほとんど同じことが同じ大きな群の内部における異なる段階の生物体を見る場合にも当てはまる。例えば、脊椎動物において哺乳類と魚類との共存――哺乳類の中では人類とカモノハシとの共存――魚類の中では鮫と無脊椎動物の類に近い極めて簡単な構造をもつナメクジウオ(Amphoxus)との共存の場合である。しかし哺乳類と魚類とはほとんど互いに競争することはない。哺乳動物の全綱、またはその綱の中のある成員の進歩が最高段階に達しても、そのために魚類の場を奪うということはないであろう。生理学者は脳が高度に活動的であるためには温い血で洗われなければならないと信じている。そしてそのためには空気の呼吸が必要である。従って温血哺乳類が水中に棲息する場合には絶えず水面で呼吸しなければならないという不利な状態におかれる。魚類の場合ではサメ科のものがナメクジウオを押しのけようとはしないであろう。なぜならば、フリッツ・ミュラーから聞いたところによると、ナメクジウオは南ブラジルの不毛な砂地の海岸に唯一の伴侶兼競争者として変則的な環形動物を有するにすぎないという。哺乳類の最下等な三つの目、すなわち有袋類、貧歯類、および齧歯類は南アメリカで多くの猿類と同じ地方に共存しており、しかもおそらく相互に干渉し合うことはほとんどない。生物体は世界を通じて全体としては進歩してきたし、また進歩しつつあるが、それにもかかわらずその序列は常に多くの完成度合を示すであろう。というのはある綱の全体、あるいは各綱のある成員の高度の進歩のためにそれと密接な競合をしない群が絶滅する必然性は全くないからである。後に論じるように、ある場合には、下等な有機形態は限定された、あるいは特殊な地点に棲んでそこではあまり厳しい競争に遭わず、またその数が不足なために有利な変異の起こる機会を遅らされた結果、今日まで保存されてきたのだと思われる。

最後に私は、多くの下等な有機形態は種々な原因によって現在世界の至るところに存在していることを信じる。ある場合には有利な性質の変異あるいは個体差が一度も起こらず、自然淘汰が作用し累積することがなかったのかも知れない。おそらくどんな場合にも、最高度に可能な量の発達をするには十分な時間ではなかったであろう。ある少数の場合には、生物体の退化ともいうべきものがあった。しかし主な原因は次の事実にある。非常に単純な生活条件の下では高度な生物体は何の役にも立たないであろう——それは一層繊細な性質をもち狂い易く傷つき易いので、事によると実際有害であるかも知れない。

すべての生物が最も簡単な構造を現していたと信じられる生命の最初の発端を見れば、いかにして部分の進歩または分化の第一歩が起こり得たのか?と問われるに違いない。ハーバート・スペンサー氏は多分、単純な単細胞生物が成長あるいは分裂によって幾つかの細胞の合成体となり、あるいは何らかの支持面に附着するようになったとき、直ちに氏の『ある状態にある相同の構成単位は、附随的力が異なってくるのに関連して、その比率が分化してくる』という法則が作用を始めると答えるであろう。しかし我々は、我々を導いてくれる何らの事実ももたないので、この主題についての推論はほとんど無益である。けれども多数の形態が現れるまでは生存闘争もなく、従って自然淘汰もなかったと想像するのは誤りである。孤立した地点に棲んでいる単一の種における変異が有益なこともあり、従って個体の全集団が変容したり二つの別異の形態が生じたりするであろう。しかし『序論』の終わり近くで述べたように、現在の世界の棲息者の相互関係についての我々の無知は深く、過去の時代に関してはなお一層無知であることを十分に考慮すれば、種の起原についてまだ説明できないで残されているものの多いことに誰も驚かないはずである。

形質の収斂

H・C・ワトソン氏は、私が形質の分岐の重要性を高く見積もりすぎていると考え（しかし氏も明らかにその重要性を信じているのであるが）、そして収斂といえるものが同様に一つの役割を果たしたと考えている。もし、近縁ではあるが別異である二つの属に所属する二つの種がどちらも多数の新しい分岐した形態を生み出したとすれば、これらが互いに非常に接近してきて、その結果すべてを同じ属の下に分類しなければならなくなることは想像できることである。そしてこの二つの別異の属の子孫は一つに収斂するであろう。しかし大抵の場合には、甚だしく相違した形態の変容子孫における構造の密接なそして一般的な類似性を収斂に帰するのは極めて軽率であろう。結晶体の形は全く分子力のみによって決定される。それゆえ異なる物質がときどき同じ形を現すのは驚くに当たらない。しかし生物体にあっては、各々の形態は無数の複雑な関係に依存することを忘れてはならない。すなわちそれは、到底追究できないほど込み入った諸原因によって発生した変異に依存し――保存あるいは選択された変異の性質に依存し、そしてこれは周囲の物理的条件に依存し、さらに一層高度に各々の競争相手である周囲の生物に依存する。――そして最後に無数の祖先からの遺伝（本来これは変動要因である）に依存し、しかも祖先のすべてはその形態を同様に複雑な関係によって決定してきたのである。元々は著しく異なっていた二つの生物の子孫が、後に生物体全体を通じて同等のものに接近してくるほど密接に収斂するということは信じられない。もしこのようなことが起こったとすれば、我々は同じ形態が発生的つながりとは無関係に、甚だしく隔たった地質累層の中に再現されるのを見なければならない。けれども証拠物件の比較考量はこれを承認することに反対する。

ワトソン氏はまた、自然淘汰の継続的作用は形質の分岐と協力して無限の数の種的形態を造る傾向をもつであろうという異議を唱えている。単に無機的条件に関する限りでは、十分な数の種が熱、湿気等の相当な多様性のすべてにすぐ適応することは有りそうなことのように見える。しかし私は生物の相互関係のほうがより重要であることを十分認めている。そしてどの地域でも種の数が増加し続けるにつれて、生活の有機的条件はますます複雑になるに違いない。従って一見したところ、構造の有益な多様化の量には限りがなく、それゆえ生成される種の数にも限りがないように見える。我々は最も肥沃な区域でさえも種的形態が十分に貯えられているのを知らない。喜望峰とオーストラリアは驚くべき数の種を維持しているが、そこには多くのヨーロッパ植物が帰化している。しかし地質学が我々に示すところでは、貝類の種の数は第三紀の初期以降、また哺乳類の数は同紀の中期以降、ともにほとんどあるいは全く増加していない。それでは種の数の無限の増加を抑制するものは何であろうか？　ある区域に維持されている生命の量（種的形態の数のことではない）は物理的条件に非常に大きく依存するので、ある限界をもつはずである。それゆえもしある区域に非常に多くの種が棲んでいるとすると、すべての種あるいはほとんどすべての種はわずかな個体しかないであろう。そしてこのような種は季節の性質あるいは敵の数の偶然的変動によって絶滅し易いであろう。このような場合の絶滅の過程は急速であろうが、これに対して新しい種の生成は常に緩慢であるに違いない。イングランドにいる個体の数だけの種が存在するという極端な場合を想像してみると、最初の厳しい冬あるいは非常に乾燥した夏は何千もの種を絶滅させるであろう。どの地域でも種の数が無限に増加すれば、それぞれの種の個体数は稀少となろうが、稀少な種は、すでにしばしば説明した原則によって、ある与えられた期間内に有利な変異を現すことは少ないであろう。従って新しい種的形態が誕生する過程は遅れるであろう。種が甚だしく稀少となったときには、近親交配が絶滅を助長するであろう。著述家達はリトアニアにおけるオーロクス（Aurochs）[(5)]、スコットランドにおける赤鹿、およびノルウェイにおける熊などの素質低下の原因としてこの近親交配を考えている。最後に、そして私はこれを最も重要な要素と考えたいのだが、すでに自分の郷土で多くの競争者を打ち破った優勢な種はさらに広まって多くの他の種に取って代わる傾向があろう。アルフォンス・ド・カンドルの示すところでは、広く拡散したこれらの種は一般にさらに広く拡散しようとする傾向がある。従って彼らは幾つかの地域で幾つかの種に取って代わり絶滅させようとするので、世界中に種的形態が過度に増加することを抑制するであろう。フッカー博士は近頃、地球の異なった地域から多くの侵入者が入り込んだことの明らかであるオーストラリアの南東地方において、オーストラリア固有の種が大いにその数を減らしたことを示した。これらの幾つかの考察の結果に対してどれほど重きを置くことができるかは敢ていうまい。しかしこれらは相協力して、各地で種的形態が無限に増加する傾向を制限しているに違いない。

本章の摘要

変化する生活条件の下で、生物がその構造のほとんどあらゆる部分で個体差を示すことは議論の余地がない。また幾何級数的に増加するために厳しい生活闘争が、ある年齢、季節、または年に存在することも確かに議論の余地がない。そして、すべての生物の相互関係と生活条件の無限の複雑さが構造、体質、および習性における無限の多様化の原因となり、また彼らにとって有益なものとなることを考慮すれば、人間にとって有益な多くの変異が起こったのと同じように各生物自身の繁栄にとって有益な変異が起こらなかったとすれば、それこそ最も驚くべき事実である。しかしもしある生物に有益な変異が起こるならば、こうして特色づけられた個体は間違いなく生活闘争において生き残る最良の機会をもつであろう。そして遺伝という強力な原則によって、これらは類似の特質をもった子孫を生み出す傾向をもつであろう。この保存の原則あるいは適者生存を私は『自然淘汰』という。それは有機的無機的な生活条件に関連してそれぞれの生物を改良し、その結果、多くの場合生物体の進歩と見なさなければならないものに導く。しかしながら下等で単純な形態も、その単純な生活条件によく適合していれば永く継続する。

特質は対応する年齢に遺伝するという原則によって、自然淘汰は卵、種子、または幼体を成体と同様にたやすく変容することができる。多くの動物においては、最も活力のある最も適応した雄に最も多くの子孫を保証することによって、雌雄淘汰が普通の淘汰を助けるであろう。雌雄淘汰はまた他の雄との闘争あるいは対抗の中で雄だけに有用な形質を与えるであろう。そしてこれらの形質は普通の遺伝形式に従って、一つの性かあるいは両性に伝えられるであろう。

種の生命形態がそれらの幾つかの条件と場所に適応する際に、自然淘汰が本当に上述のように作用したかどうかは、以下の章にあげる証拠の一般的進行方向と比較考量によって判断しなければならない。しかし我々はすでにいかにしてそれが絶滅をひき起こすかを見た。そして世界の歴史上絶滅がいかに大きく作用したかは、地質学がはっきりと宣言している。自然淘汰はまた形質の分岐を導く。というのは、より多くの生物が構造、習性、および体質において分岐すれば、ますます多くの数をその区域に維持できるからである——その証拠はある小さい地点の棲息者や外国の土地に帰化した生物を見れば分かる。それゆえある種の子孫が変容している間、またはすべての種がその数を増加しようとして絶えず闘争している間は、子孫が多様化すればするほど生活の闘いにおける成功の機会は大きいであろう。

こうして同じ種の変種を区別する小さい差異は、同じ属、あるいはさらに別な属の種の間の大きな差異に等しくなるまで着々と増加する傾向を示す。

それぞれの綱の中の大きな属に所属し、普通に見られ広く拡散し広く分布する種が最も多く変異することを我々は見た。そしてこれらは現在それぞれの地域において彼らを優勢にしている長所を、その変容子孫に伝える傾向をもつ。自然淘汰は今述べたように形質の分岐を導き、また改良の少なかった中間の生命形態を絶滅に導く。これらの原則によって、世界中のそれぞれの綱の無数の生物の間の類縁の性質と、一般的な十分明瞭な差異が説明される。すべての時間と空間を通じて、すべての動物と植物が至るところで我々が見るような具合に、群に従属する群の中で互いに関係し合っていることは真に驚くべき事実である。——我々は見慣れているのでこの驚くべき事実をとかく見逃し易い——すなわち同じ種の変種は最も密接に関連し、同じ属の種は密接さが少なく、また関連は同等ではないが節および亜属を形成し、異なる属の種はさらに密接な関連が少なくなり、そして属は異なる度合で関連して亜科、科、目、亜綱および綱を形成する。ある綱に従属する幾つかの群は一列に並べることができず、点の周りに密集しているように見え、そしてこれらは他の点の周りに集まり、以下同様にしてほとんど無限の環を成している。もし種が独立に創造されたのであったなら、このような種類の分類に対する説明は不可能であろう。しかしそれは、図で例証したように、遺伝および絶滅と形質の分岐を伴う自然淘汰の複雑な作用によって説明される。

同じ綱のあらゆる生物の類縁性は時として大きな樹木で表される。私はこの直接的比喩は多分に真理を語っていると信じる。青々と発芽している小枝は現存している種を表し、以前に生じた小枝は絶滅種の永い系列を表している。各年齢において、すべての生長する小枝は種や種の群がその生活のための大闘争において終始他の種を圧倒したのと同様に、あらゆる方向に枝分かれして周囲の小枝や枝の上に頭を出しこれを枯らそうと試みた。大枝に分かれた幹枝も、またより一層小さい枝に分かれる大枝も、かつてその木がまだ若かったときには発芽しかかった細枝であった。そして旧芽と新芽を分岐する枝で連結することは、すべての絶滅種と現存種を群に従属する群に分類することを表す。この木がまだ低木にすぎなかった頃に栄えた多くの小枝の中で、わずかに二三のものが今や大きな枝にまで生長して生き残り他の枝を生じている。これと同じく、遠い過去の地質時代に生存した種の中で極めて少数のものが、今日生存している変容子孫を残している。この木の最初の生長のとき以来、多くの幹枝や枝が枯れ落ちた。そしてこれらの様々な大きさの落ちた枝は目、科、および属の全体を表すが、今日では生きた代表者を有しておらず、化石状態で我々に知られているにすぎない。木の低い分岐点から生えている細い散らばった枝がここかしこに見られ、これはある機会に恵まれて今もなおその頂上で生きているのであるが、これと同じように、我々は時にカモノハシまたはレピドシレンのような動物を見る。これらは類縁によって生命の二つの大枝をわずかに連結しており、また保護された土地に棲んでいたことによって致命的な競争から救われたものと思われる。芽が生長してさらに新芽を生じ、そしてこれらがもし活力に富んでいればさらに枝分かれして周りの多くの弱い枝の上にかぶさるように、世代による『生命の大樹』も同様であったと私は信じる。生命の大樹は枯死し敗れた枝をもって地殻を満たし、絶えず分岐してゆく美しい分枝によって地表を覆うのである。

訳者注

(1) ゾウムシの一種

(2) holly モチノキ科のセイヨウヒイラギの類

(3) 一八三七年に発見された肺魚の一種

(4) Hereford cattle 英国産の食用牛

(5) 一六二七年に絶滅したヨーロッパの野生牛

第五章　変異の法則

変化した条件の効果――使用不使用と自然淘汰との協力、飛行と視覚の器官――順化――相関変異――成長の代償と秩序――擬似的相関関係――多様に使用し未発達で下等な有機構造は変異し易い――異常な状態に発達した部分は高度に変異し易い。種的形質は属的形質よりも変異し易い。第二次性徴は変異し易い――同属の種は類似の方法で変異する――久しく失われていた形質への先祖返り――摘要

私はこれまで時として変異――飼育の下にある生物では全く普通で多様であり、自然の状態の生物ではそれより程度が低い――があたかも偶然に生じるかのように説いた。これはもちろん全く不正確な表現であるが、しかしそれはそれぞれの特殊な変異の原因についての我々の無知を明白に認めるのに役立つ。ある著述家達は個体差すなわち構造の微細な偏向を生じるのは、親に似た子を生むのと同様に、生殖系統の機能であると信じている。しかし変異や奇形が自然の下でよりも飼育の下でははるかに頻繁に起こること、限られた分布範囲の種よりも広い分布範囲の種のほうが一層大きな変異性を有するという事実は、変異性が一般に、幾つかの連続する世代の間それぞれの種がさらされていた生活条件に関係するという結論に導く。第一章において私は条件の変化が直接には生物体の全体あるいはある部分に作用し、間接には生殖系統を通じて作用するという二つの方法で作用することを示そうと試みた。すべての場合に、生物の体の性質と条件の性質の二因子があり、前者のほうがはるかに重要である。変化した条件の直接作用は明確な結果あるいは不明確な結果に導く。後者の場合には生物体は可塑的になるように見え、非常に変動する変異性が現れる。前者の場合には、生物体はある条件に置かれるとすぐにそれに従うような性質をもつのであって、すべての、あるいはほとんどすべての個体が同じ方法で変容するのである。

気候、食物等の条件の変化がどこまで明確に作用したかを決定するのは極めて困難である。時間の経過の中で、その効果が明らかな証拠によって解き明かされる以上に偉大であったことを信じる理由がある。しかし我々は、自然を通じて種々の生物の間に見られる構造の数限りない複雑な相互適応は、単にこのような作用にのみ起因すると考えることはできないと結論して差しつかえない。以下にあげる諸事例では、条件がわずかながら明確な効果を生じたように見える。E・フォーブス（Forbes）は、貝類はその南方の限界あるいは浅い水中に棲んでいる場合には、もっと北または深い水中に棲む同じ種よりも色彩がもっと鮮明である、と主張する。しかしこれは必ずしも常に真ではない。グールド（Gould）氏は同じ種の鳥はよく澄んだ大気の下では海岸の近くまたは島に棲む場合よりも色彩が鮮明であると信じている。そしてウォラストン（Wollaston）は海の近くに棲息することが昆虫の色彩に影響することを確信している。モカン・タンドン（Moquin-Tandon）は、他の場所ではそうでないのに、海岸に近いところで生長するときには多少多肉質の葉をもつ植物の目録を作っている。これらの軽度に変異する生物は、類似した条件に閉じ込められている種が備えている相似の形質を彼らが現す限りにおいて興味深い。

ある変異がある生物にとってごく些細な役にしかたたないときには、我々は自然淘汰の累積作用に起因するのがどれくらいか、また生活条件の明確な作用に起因するのがどれくらいかをいうことができない。例えば同じ種の動物は北のほうに棲むものほど毛皮が厚くて良いことを毛皮業者はよく知っている。しかしその差異のどの程度までを、最も暖かく覆われた個体が多くの世代にわたって利益を得、保存されてきたことに帰してよいか、またどの程度までを厳しい気候の作用に帰してよいかを誰がいうことができようか？　なぜなら気候は我々の飼育四足獣の毛に対して、ある直接作用を及ぼすように見えるからである。

想像できる限りに違った外的生活条件の下にいる同じ種から類似の変種が生まれ、また一方では、外見上同じ外的条件の下で似ていない変種の現れる実例をあげることができる。さらに、正反対の気候の下に生活しながら種が忠実に保持され少しも変異しない無数の例が、あらゆる博物学者に知られている。これらのことを考えると、私は周囲の条件の直接作用については、我々の全く知らない原因に基づくある変異しようとする傾向ほどには重きを置けないような気がする。

ある意味において、生活条件は単に直接あるいは間接に変異性の原因となるだけでなく、さらに自然淘汰をも包含するといえる。というのは、条件はどの変種が生き残るかを決定するからである。しかし人間が淘汰の要因である場合には、我々は明らかにこの変化の二つの要因が区別されるのを見る。変異性はある方法でひき起こされる。しかし変異を一定の方向に累積するのは人間の意志である。そしてこの後者の要因が自然の下における適者生存に対応するものである。

自然淘汰によって制御された部分の使用増加と不使用の効果

第一章で言及した事実から、飼育動物において使用がある部分を強大にし、不使用が衰退させること、そしてこのような変容が遺伝することは疑うことができないと思う。自由な自然の下では、我々はその祖先の形態を知らないので、永い間継続した使用不使用の効果について判断を下すのに比較の規準がないのである。しかし多くの動物は不使用の効果によって最もよく説明できる構造をもっている。オウエン（Owen）教授が説明したように、自然界においては飛ぶことのできない鳥ほど変則なものはない。しかるにこの状態にあるものが幾つかある。南アメリカのバカガモ（logger-headed duck）はただ水面に沿って羽ばたきすることができるだけで、その翼はほとんどエイルズバリアヒル（Aylesbury duck）と同じ状態にある。カニンガム（Cunningham）氏によれば、この鳥は幼いときには飛ぶことができるが成長すると飛ぶ力を失う、というがこれは注目すべき事実である。地上に餌を求める大きな鳥は危険を避ける以外飛ぶことを滅多にしないので、食肉獣の棲んでいない幾つかの大洋諸島に現在棲んでいる、あるいは最近まで棲んでいた幾つかの鳥のほとんど無翼に近い状態が不使用によってひき起こされたことは確かであろう。ダチョウは大陸に棲んでいて危険にさらされており、飛行によってそれを避けることができないのであるが、しかしダチョウは多くの四足獣と同じように効果的に敵を蹴って身を守ることができる。ダチョウ属の祖先がノガンのような習性をもっていたこと、そしてその身体の大きさや重さが代々増加したので、その脚を使うことがますます多く、翼を使うことがますます少なくなり、遂に飛ぶことができなくなってしまったことを我々は信じることができる。

カービー（Kirby）が述べた（私も同じ事実を観察した）ところによると、食糞甲虫の多くの雄においてその前跗節すなわち足が往々なくなっている。彼は自分で集めた十七個の標本を調べて見たが、ただの一匹も痕跡さえなかったという。オニテス・アペレス（Onites apelles）には跗節のないことが普通になっていて、そのためにこの昆虫はそれをもたないものとして記載されている。若干の他の属には存在しているがそれも痕跡的状態においてである。アテウクス（Ateuchus）すなわちエジプト人の神聖甲虫には完全に欠けている。偶発的切断が遺伝するという証拠は現在まだない。しかしブラウン・セカール（Brown-Séquard）がテンジクネズミについて観察した、手術の結果の遺伝という著しい事例はこの傾向を否定することに警告する。それゆえおそらく最も安全なのは、アテウクスに前跗節が全くなくある他の属には痕跡的状態で存在していることを切断の遺伝の事例と見ず、永く続いた不使用の効果によると見ることであろう。というのは多くの食糞甲虫が一般に跗節を失っているので、これは生涯の早い時期に起こったことに違いなく、それゆえ跗節は甚だ重要な、もしくはこれらの昆虫に大いに使用されるものではあり得ないからである。

ある場合、我々は全面的な、あるいは主体的な自然淘汰による構造の変容を安易に不使用のせいにしてしまうおそれがある。ウォラストン氏はマデイラに棲んでいる五百五十種（ただし今ではもっと多く知られている）の甲虫のうち二百種は飛ぶことができないほど不完全な翅をもっており、また固有の二十九属のうち少なくとも二十三以上の属は、すべての種がこのような状態にあるという著しい事実を発見した。幾つかの事実——すなわち、世界の多くの地で甲虫はしばしば海中に吹き飛ばされて死滅すること、ウォラストン氏の観察によるマデイラの甲虫は風が静まり日が輝くまで大抵身を隠していること、翅のない甲虫の割合はマデイラ島そのものよりも吹きさらしのデゼルタス島のほうが大きいこと、絶対に翅を使用しなければならず他の場所には極めて多くいる甲虫のある大きな群がここにはほとんど全くいない、というウォラストン氏の特に力説した驚くべき事実——これらの幾つかの考察は、このように多くのマデイラの甲虫の翅のない状態は主として自然淘汰の作用によるものであり、おそらくそれに不使用が組み合わさったのであることを私に信じさせる。なぜならば多くの世代が続く間、その翅の発達がほんのわずか不完全であったためか、あるいは怠惰な習性のために飛ぶことの最も少なかった甲虫の個体は海に吹き飛ばされずにすんだ結果生存の最良の機会を得たのであろうし、また一方、最も喜んで飛んだ甲虫は最も頻繁に海中に吹き飛ばされて死滅したであろう。

マデイラ島の昆虫でも、地面に食物を求めるのではなく花に食物を求めるある鞘翅類や鱗翅類のように、生存のために常時その翅を使用しなければならないものは、ウォラストン氏が推察しているように、少しもその翅を退化させることなくかえって大きくしている。これは全く自然淘汰の作用と矛盾しない。というのは新しい種が初めてこの島へきたとき、翅を拡大あるいは縮小させる自然淘汰の傾向は、大多数の個体が風と闘って勝つことで救われたか、あるいは闘いを断念して飛ぶことを少なくするか、全く飛ぶことをやめてしまうことで救われたかのいずれかに依存するからである。海岸近くで難破した舟乗りのように、よく泳げる者はもっと遠くまで泳げればなおよかったであろうし、一方、泳ぎの下手な者は全く泳げないで難破船に摑まっていたほうがよかったであろう。

モグラや若干の穴居性の齧歯類の眼は大きさにおいて痕跡的であり、ある場合には皮膚および柔毛で全く覆われている。眼のこのような状態は多分不使用のための漸次的縮小によるのであろうが、しかしおそらく自然淘汰によって助けられたであろう。南アメリカのツコツコ（tuco-tuco）またはクテノミス（Ctenomys）という穴居性の齧歯類は、その習性がモグラよりももっと地下性である。そしてこれをしばしば捕えたことがある一人のスペイン人が私に断言したところでは、彼らはしばしば盲目であるという。私が生かしておいた一匹も確かに盲目であった。その原因は解剖して見たところまばたきする薄い膜の炎症であった。眼の度重なる炎症はどんな動物にとっても有害であるに違いないし、また地下生活の習性のある動物には確かに眼は必要でなく、眼の大きさが縮小し同時に目瞼が癒着して柔毛がこれを覆って成長することは、このような場合には有利であるかも知れない。もしそうであれば、自然淘汰は不使用の効果を助けることになるであろう。

カルニョーラ（Carniola）やケンタッキーの洞穴に棲んでいる最も違った綱に属する幾つかの動物が盲目なことはよく知られている。蟹のあるものでは眼がなくなっているのに眼の肉茎は残っている。レンズのついた望遠鏡は失われたが望遠鏡の台座はそこにある。眼は暗黒なところに棲息する動物にとって、不用であっても何らか有害なものだと想像することは困難であるから、その喪失の原因は不使用に起因すると考えられる。盲目動物の一つ、すなわちシリマン（Silliman）教授が洞穴の入口から半マイルほどの距離の所、従って最も奥深くではない所で捕えた二匹の洞穴性鼠（モリネズミ Neotoma）は、眼に光沢がありその形も大きかった。そして私がシリマン教授から知らされたところによると、これらの動物は約一箇月間、次第に強さを増す光にさらしておいた後には、ぼんやりと物体を知覚できるようになったということである。

ほとんど同じ気候の下にある深い大鐘乳洞の奥以上に均質な生活条件は想像し難い。従ってもし盲目動物がアメリカとヨーロッパの洞穴で別々に創造されたという古い見解に従うと、それらの生物体における非常に密接な相似と類縁関係が予期されなければならないはずである。しかるに両者の全動物相を調べて見ると、明らかにそのようなことはないのである。そして昆虫だけについてシエーテ（Schiödte）は『それゆえ我々はこの全体の現象を純粋に局地的なあるもの以外の他の見地からは考えることができない。そしてマンモス洞穴（Mammoth Cave ケンタッキーにある）とカルニョーラの洞穴との間の少数の形態に見られる相似性は、一般にヨーロッパと北アメリカの動物相の間に内在する類似を極めて明瞭に表現しているとする以外に考えようがない。』といっている。私の見解では、大抵の場合普通の視力をもっていたアメリカの動物が、ちょうどヨーロッパの動物がヨーロッパの洞穴でそうしたように、何世代もの間続けて外の世界からケンタッキーの洞穴の奥深くへ徐々に移住したものと想像しなければならない。我々は習性のこの漸次的推移について幾つかの証拠をもっている。シエーテのいっているように、『それゆえ我々は、地下性の動物相を隣接地区の地理的に限られた動物相から地中に入り込み、暗黒の中に広がるにつれてその周囲の環境に順応した一小分派であると見なす。まず普通の形態とあまり違わない動物が明るみから暗黒への移動を準備する。次いで薄明りに適する構造となったものがこれに続き、最後に全くの暗黒に向くように運命づけられた全く特異な形態が後を追うのである。』以上のシエーテの説明は同じ種には当てはまらず、別の種に当てはまると理解すべきである。この見解では、ある動物が無数の世代経過した後最も奥深い所まで達したときまでに、その眼は不使用のため多かれ少なかれ完全に取り除かれたであろう。そして自然淘汰は往々この盲目の代償として、触角または触鬚の長さの増大のような他の変化をもたらしたであろう。このような変容にもかかわらず、我々はやはりアメリカの洞穴動物にはその大陸の他の棲息者との類縁を見、またヨーロッパの洞穴動物にはヨーロッパ大陸の棲息者との類縁を見ることを期待できるであろう。そしてデーナ（Dana）教授から聞いたところでは、アメリカの洞穴動物のあるものについては実際そのとおりである。そしてヨーロッパの洞穴昆虫のあるものは周囲の地域の昆虫に非常に密接に類似している。両大陸の他の棲息者に対する盲目な洞穴動物の類縁性を、それらが独立に創造されたという普通の見解から論理的に説明することは困難であろう。旧世界と新世界の洞穴の棲息者の幾つかが密接に関連していることは、両世界における他の生物の大部分について知られている相関から予期することができよう。バシスキア[1]（Bathyscia）の一盲目種は洞穴から遠く離れた日蔭の岩の上に豊富に発見されるのであるから、この属の洞穴種に視力が無くなったことはおそらくその暗黒の棲息地とは関係がない。というのはすでに視力を奪われた昆虫が容易に暗黒の洞穴に適するようになるのは自然なことである。もう一つの盲目属[2]（アノフタルムス Anophthalmus）は次の著しい特徴を呈している。すなわちその種は、マレイ（Murray）氏の観察によれば、いまだかつて洞穴以外では発見されたことがないが、ヨーロッパとアメリカの幾つかの洞穴に棲むものはそれぞれ別である。しかしこれらの幾つかの種の祖先が眼を備えていた間に早く両大陸に分布していて、その後、現在引きこもった住居に棲んでいるものを除いてすべて絶滅してしまったということは可能である。アガシ（Agassiz）が盲目魚アンブリオプシス[3]（Amblyopsis）について述べたように、またヨーロッパの爬虫類では盲目なホライモリ[4]（Proteus）の場合のように、洞穴動物のあるものが非常に特異であることに私は敢えて驚かないが、ただ私は、これら暗黒の住居のごく少ない棲息者があまり厳しい競争にさらされなかったのにもっと多くの古代生命の残骸が保存されなかったことに驚くだけである。

順化

開花の時期、休眠の時間、種子の発芽に要する雨量等のように習性は植物において遺伝的である。そして順化について私が数言を費す理由はここにある。同じ属に所属する異なった種が暑い地域と寒い地域に棲息していることは極めて普通であるので、もし同じ属のすべての種が単一の祖先形態から生じたことが正しければ、永い世代継承を経る間には容易に順化が達せられるはずである。それぞれの種がそれぞれの郷土の気候に適応していることは誰でも知っていることである。北極地方からの種あるいは温帯地方からの種でさえ、熱帯の気候に耐えることができないし、またその逆もそうである。また多くの多肉植物は湿潤な気候に耐えられない。しかし種の生活している気候に対する適応の程度はしばしば過大に評価される。我々はこれを、導入されたある植物が我々の気候に耐えるかどうかを予知することがしばしば不可能であることと、また異なる国から持ってこられてそこで完全に健康を保っている動植物の数から推察できる。自然状態にある種がその分布範囲をはっきりと制限されるのは、特殊な気候への適応によるものと全く同じか、またはそれ以上に他の生物との競争によるものであると信じる理由がある。しかしこの適応が多くの場合に非常に正確に行われるものかどうかはさておき、我々はある少数の植物について、ある程度まで異なる温度に自然に慣れてくる、すなわち順化する証拠をもっている。例えばフッカー博士がヒマラヤの異なる高さに生育していた同じ種の種子を採集して育てたマツとシャクナゲは、我が国において寒さに抵抗する素質が異なっていることが発見された。スエイツ（Thwaites）氏はセイロン島で同様の事実を観察したと私に報告してきている。H・C・ワトソン氏はアゾレス島からイングランドにもってこられたヨーロッパ種の植物について類似の観察を行った。私も他の事例をあげることができる。動物に関しては有史時代の間に温帯地方から寒帯地方へ、またその逆方向へその分布範囲を大きく広げた種について、幾つかの確かな例をあげることができる。しかしすべての普通の場合では、それが事実であろうと推定はするが、我々はこれらの動物が厳密にその郷土の気候に適応していたことを実証的に知っているのではない。またその後彼らがその新郷土に特別に順化して最初よりも一層適合するようになったことを我々は知らない。

我々の飼育動物が最初未開人によって選択されたのは、これらの動物が有用でありまた容易に拘束の下で繁殖したからであって、その後にそれらが遠距離の輸送に耐えることが発見されたためではないことを我々は推察できる。それゆえ我々の飼育動物が最も異なった気候に耐えるだけでなく、その下で完全に生殖する（これははるかに厳しい試練である）という共通なかつ異常な能力は、現在自然状態にある他の動物の大きな割合が甚だ異なった気候に容易に耐えることができるであろうという論拠として用いられる。けれども我々は、飼育動物のあるものがおそらく幾つかの野生種から出たという理由で、上述の論議をあまり推し進めてはならない。例えば我々の飼育品種には熱帯と寒帯の狼の血が混じっているかも知れない。ドブネズミやハツカネズミは飼育動物と見なすことはできないが、しかし彼らは人間によって世界の多くの地方に運ばれて、今日では他のどんな齧歯類よりもはるかに広い分布範囲をもっている。すなわち彼らは、北はフェロー諸島、南はフォークランド諸島の寒冷気候下に棲み、そして熱帯の多くの島に棲んでいる。それゆえある特別な気候への適応は大部分の動物に共通で、生来の幅広い柔軟性のある体質に容易に移植される特質として認めることができる。この見解によれば、人間自身と人間の飼育動物が最も異なる気候に耐える能力をもち、また絶滅した象やサイが、現存の種はすべて熱帯性または亜熱帯性であるにもかかわらず、昔は氷河時代の気候に耐えたという事実は、決してこれを例外として見るべきではなく、特殊な状況の下で作用した極めて有りふれた体質の柔軟性の例証として見るべきである。

ある特殊な気候に対する種の順化がどこまで単なる習性に起因し、どこまで生来の体質を異にする変種の自然淘汰に起因し、またどこまでこの両者の組み合わせに起因しているかは不明瞭な問題である。習性あるいは習慣がある影響力を有することは、類推からもまた農業の著作、例えば古代中国の古い百科事典でさえ、動物をある地方から他の地方へ移すには非常に慎重でなければならないことを絶えず忠告していることからも、私はこれを信じないわけにはいかない。そして人間がそれぞれの地方に特に適した体質の品種と亜品種をこのように沢山選別することに成功したということは有りそうなことと思われないので、この結果は習性に起因するに違いないと私は思う。他方、自然淘汰は必然的に、その地域に最も適応した体質を持って生まれた個体を保存する傾向があろう。栽培植物の多くの種類に関する論文の中に、ある変種はある気候に対して他のものよりよく耐えると述べられている。これは合衆国で出版された果樹に関する著作の中に印象的に示されており、その中である変種はいつも北部の州に、ある変種は南部の州に推奨されている。これらの変種の大部分は近年に出現したものであるから、それらの体質上の差異を習性に帰することはできない。キクイモ（Jerusalem artichoke）はイングランドでは種子で繁殖したことがなく、従って新変種を生じたことがないので、今も昔のままに寒さに弱く順化が作用することができない例証としてあげられている！　またインゲンマメの事例も同様の目的で引用され、しかもはるかに重要なものとされている。しかし、誰かがインゲンマメを二十世代の間、その大部分が霜のために枯れるほど早期に蒔いて、注意して偶然的交配を防ぎつつわずかに生き残ったものから種子を集め、そして再び同様の用心をしてその実生苗から種子を得るということをしてみるまでは、実験が試みられたとはいえない。インゲンマメの実生苗の体質に決して差異が現れないと想像してはならない。というのは、ある実生苗がいかに他の実生苗よりも耐寒性が強いかということについて一つの報告が公表されており、また私自身もこの事実の著しい例を観察したからである。

要するに、習性、すなわち使用と不使用は、ある場合には体質と構造の変容にかなりの役割を果たしたのであるが、その効果はしばしば生来の変異の自然淘汰と広く組み合わさり、またときにはこれに圧倒されたと結論できよう。

相関変異

ここでいう相関変異とは、生物体全体がその成長と発達の間一つに連結していて、ある部分にわずかな変異が生じ、それが自然淘汰によって蓄積されると他の部分も変容することを意味するのである。それは非常に重要な問題で、極めて不完全にしか理解されてなく、また疑いなく完全に異なった部類の事実がこれと混同され易い。我々はすぐ次に、単純な遺伝が往々相関の疑似的様相を呈することを見るであろう。これの最も明瞭な事例の一つは、子すなわち幼体に生じる構造の変異が成熟した動物の構造に自然に影響する傾向のあることである。身体の幾つかの部分は相同的であり、胚期の初めは全く同じ構造であり、そして必然的に同じ状態におかれており、同じように変異しようとする顕著な傾向をもつように見える。我々はこれを、同じように変異する身体の左右両側に、前肢と後肢に、また共に変異してゆく顎と肢にも見る。というのは、下顎はある解剖学者達によって肢と相同のものと信じられているからである。私はこれらの傾向が多少とも完全に自然淘汰によって支配されていることを疑わない。例えば片側だけに枝角をもった雄鹿の一科がかつて存在していたとし、そしてもしこれがその品種にとって何らか有用であったならば、おそらくは淘汰によって永久的なものとされたであろう。

ある著述家達が述べているように、相同的部分は結合する傾向がある。これはしばしば奇形植物に見られる。また花弁が結合して一つの管になるように、正常な構造における相同的部分の結合はこの上なく有りふれている。硬い部分は隣接する柔かい部分の形に影響を及ぼすように見える。ある著述家達は、鳥類では骨盤の形の多様なことがその腎臓の形の著しい多様性の原因になっていると信じている。他の著述家達は、人間の母親の骨盤の形がその圧力によって子供の頭の形に影響すると信じている。シュレーゲル(Schlegel)によると、蛇類においては身体の形と食物を呑み込む方法が、幾つかの最も重要な内臓の位置と形を決定する。

この結びつきの性質はしばしば全く不明瞭である。イジドール・ジョフロワ・サンティレール氏は、ある不完全な形態は頻繁に、他の不完全な形態は稀に共存するが、その理由を特定することはできないことを力説している。猫における完全に白色で青い眼のものとつんぼのものとの関係、あるいは三毛猫と雌との関係、あるいは鳩における羽の生えている足と外側足指の間の皮膜との関係、あるいは孵化したときのひな鳩の綿毛の多寡と将来の羽毛の色との関係、あるいはまた、無毛のトルコ犬における毛と歯との関係といったものよりも奇異なものがあろうか? もっともこの最後の場合には疑いなく相同性が関与している。この最後の例の相関に関連して私は、皮膚の外被が最も異常である哺乳類の二つの目、すなわち鯨類(Cetacea)と貧歯類(Edentata アルマジロ、センザンコウ等)が同様に全体としてその歯が最も異常を呈していることは偶然ではないと思う。しかしマイヴァート(Mivart)氏が述べているように、この規則には多くの例外があってあまり価値はない。

あるキク科とセリ科の植物の外花と内花の間の差異以上に、有用性とは無関係な、従って自然淘汰とも無関係な相関と変異の法則の重要性を示す適切な事例を私は知らない。例えばヒナギクの放射状花と中央の小筒花との差異は誰でも知っている。そしてこの差異はしばしば生殖器管の部分的あるいは完全な発育不全を伴う。しかしこれらの植物のあるものでは、種子も形や凹凸模様を異にする。これらの差異は時として総苞の小筒花に対する圧力、または小筒花相互の圧力に起因すると考えられた。そしてあるキク科の放射状花における種子の形状はこの考えを支持する。しかしセリ科においては、フッカー博士が私に報告してくれたように、最も頻繁に内花と外花の間に差異を現すものは、決して最も密な頭状花をもつ種というわけではない。放射状花弁が生殖器官から養分を取って発達することがそれらの発育不全の原因となると考えられるかも知れない。しかしこれは唯一の原因ではない。というのはあるキク科では、花冠には何の差異もないのに内花と外花の種子が相違しているからである。ことによるとこれらの幾つかの差異は、中央の花と外側の花とに送られる養分の差に関連しているのかも知れない。少なくとも我々は、不規則な花では軸に最も近いものが最も正化、すなわち異例的に対称的となり易いことを知っている。この事実の一例として、また相関の著しい一例として私はここに次のことを附言しておきたい。多くのテンジクアオイでは、花序の中央の花の二枚の上部花弁がしばしばその暗色の斑点を失っている。そしてこれが生じる場合には着生した蜜腺が全く不完全であり、こうして中央の花は正化、すなわち規則正しい花となるのである。二枚の上部花弁の一枚だけが色をもたないときは、蜜腺は全くの不完全ではなく、ただ著しく短くなっている。

花冠の発達については、放射状花がこれらの植物の受精に極めて有利な、もしくは必要な要因である昆虫を誘い寄せる役をするというシュプレンゲル（Sprengel）の考えは極めて確かなようである。そしてもしそうであればそこに自然淘汰が働いたであろう。しかし種子については、形は花冠の差異と必ずしも常に相関的ではなく、形の差異が何らかの利益となることは不可能であるように見える。もっともセリ科にあっては、これらの差異は明らかに重要なものであって——種子は時々外花では直立種子、中央花では中腔種子となっている。——老ド・カンドルはこの形質に基づいてこの目の主な分類を創設している。それゆえ分類学者によって重要な価値と見なされている構造の変容は、我々が判断し得る限りではその種に何ら役立つことなしに、完全に変異と相関の法則に起因するのであろう。

往々にして我々は、種の全群に共通な、そして実際には単に遺伝のせいである構造を、誤って相関変異に起因すると考えることがある。というのは古い祖先が自然淘汰によって構造にある一つの変容を獲得し、そして数千世代の後にこれとは無関係にある別な変容を得たとすると、これら二つの変容は異なった習性とともに子孫の全群に伝えられるので、当然ある必然的な方法で相互に関連しているように考えられるからである。ある他の相関は明らかに自然淘汰だけが作用できる方法に起因している。例えばアルフォンス・ド・カンドルは、羽のある種子は開かない果実には決して見られないことを述べている。私はこの規則を、朔果が開かなければ種子が自然淘汰によって次第に羽をもつようになることは不可能である、ということで説明しよう。というのは、朔が開く場合では風に浮かぶことにわずかでも適応した種子のほうが、広く伝播することにあまり適していない他の種子よりも利益を得るからである。

成長の代償と秩序

老ジョフロワとゲーテは、ほとんど同時に成長の代償あるいは均衡の法則を提唱した。すなわちゲーテは『自然は一方で消費するために他方で節約することを余儀なくさせられる。』と表現している。私は、このことはある程度まで飼育生物に当てはまると思う。すなわちもし栄養が一部分または一器官に過度に流入すると、他の部分へは、少なくとも過度に流入することは稀になる。例えば多量の乳を出ししかも速やかに肥満する雌牛を得ることはむずかしい。キャベツの同じ変種が沢山の栄養分に富んだ葉を生じ、油を含む種子を多量に供給することはない。我々の果実の中の種子が萎縮すると、果実それ自体は大きさと品質において大いに向上する。鶏において頭上に羽の大きな房があるものは一般にとさかが小さくなっており、また大きなひげのあるものは肉垂が小さくなっている。自然状態にある種ではこの法則が普遍的に適用されるとは主張し難い。しかし多くの優れた観察者達、とりわけ植物学者はこれの真実性を信じている。けれども私はここにその例証をあげない。というのは一方においてある部分が自然淘汰によって非常に発達し、そして他の隣接する部分がこの同じ過程あるいは不使用によって縮小する効果と、他方において他の隣接する部分の過度の成長によって、ある部分から実際に栄養が回収される効果との間を、見分ける方法を見出し難いからである。

私はまた、前述の代償の事例のあるもの、そして同様にある他の事実が、より一般的な原則、すなわち自然淘汰は絶えず生物体のあらゆる部分を節約しようと試みつつある、という原則の中に含まれるのではないかと思っている。もし生活条件が変化して以前有用であった構造が有用性を減らせば、その栄養分を無用の構造を造り上げるために浪費することをやめるのはその個体にとって利益となるので、縮小は好都合であろう。かつて私は蔓脚類を調べたとき大いに印象を深くした事実があり、また類似の例を多くあげることができるが、これは以上の考えによってのみ理解できる。すなわち、ある蔓脚類が他の蔓脚類の中に寄生してこれによって保護されているときには、それは多少とも完全に殻あるいは甲殻を失うという事実である。ケハダエボシ(Ibla)の雄の場合、また実に異常な方法でプロテオレパス(Proteolepas)の場合がやはりそうである。[(5)]というのは他のすべての蔓脚類の甲殻は、異常に発達して大きな神経と筋肉を備えている頭の前部にある、極めて重要な三個の環節から成っているのに、寄生となって保護されているプロテオレパスでは頭の前部全体が、摑むのに適した触角の基部に附着した単なる痕跡に退化しているからである。さて、大きく複雑な構造が余計なものになったときに、それを節約することは種の連綿と続く個体それぞれにとって明確な利益であろう。なぜならばあらゆる動物が遭遇する生活闘争において、各々は栄養分の浪費を少なくすることによって自らを維持する一層よい機会をもつからである。

私の信じるところでは、こうして生物体のある部分が習性の変化によって余分になると、自然淘汰は最終的にその部分を縮小させる傾向をもつが、その際、それと引き替えに他の部分を大いに発達させるということはないであろう。またこれと反対に、自然淘汰は一つの器官を、必然的代償としてある隣接部分の縮小を要求することをしなくとも、大いに発達させることに完全に成功するであろう。

多様に使用し、未発達で、下等な有機構造は変異し易い

イジドール・ジォフロワ・サンティレールが述べたように、変種と種の双方において、ある部分または器官が同じ個体の中で(蛇における脊椎骨および多雄蕊花の雄蕊のように)何度もくり返されているときには、その数は変異し易く、これは一つの規則のように見える。それに対して同じ部分または器官の数が多いときには数は一定である。同

氏はまた何人かの植物学者達と同様に、多様に使用される部分は構造が極めて変異し易いことを述べている。オウエン教授の表現する『成長の反復』は生物体が下等であることのしるしであるから、上述のことは、自然の序列で下位にある生物は上位にある生物よりも一層変異し易いという博物学者の共通な考えと一致するのである。ここでいう下等とは、生物体の幾つかの部分が、特別な機能のための特殊化をほとんど示していないことを意味するものと私は推定している。そして同じ部分が多様な仕事を果たさなければならない限り、我々はおそらく、それがなぜ変異し易いままで残っているのか、すなわち、自然淘汰が形態のそれぞれの小さな偏向を、その部分が一つの特殊な目的のために仕えなければならないときのように注意深く保存またはは排除しなかった理由を理解することができるであろう。これは、あらゆる種類の物を切らなければならないナイフはほとんどどんな形でもよいが、ある特別な目的のための道具はある特別な形をしていなければならないのと同じことである。自然淘汰は全く各生物の利益を通じ、また利益のためにのみ作用できるものであることを忘れてはならない。

一般に認められているように、未発達な部分は極めて変異し易い。この主題については再び述べなければならないが、ここでは、それらの変異は無用であり、従って自然淘汰がそれらの構造における偏向を抑制する力をもたなかったことの結果であると思われることのみを附言しておく。

ある種において、近縁の種の同じ部分と比較して異常な程度または異常な状態に発達した部分は極度に変異し易い傾向がある

数年前、私は標記の効果についてウォーターハウス(Waterhouse)氏の述べた言葉に大いに心を打たれた。オウエン教授もこれとほとんど似た結論に達したように見える。この問題の真実性を人々に納得させようとする試みは、私の収集した多くの事実を列挙しなければ望みのないことであるし、またここにそれを紹介することは到底できない。私はこれが高度の一般性をもつ規則であるという確信を表明するだけである。私は幾つかの誤りの原因を承知しているが、しかし私はそれらに対して適当な考慮を払ったつもりである。ある部分がどんなに異常に発達していても、それが一つの種または少数の種において、多くの近縁種の同じ部分と比べて異常に発達しているのでなければ、この規

則は決して適用されないことを理解しておくべきである。例えばコウモリの翼は哺乳類の綱の中で最も変則的な構造であるが、コウモリの全群が翼をもっているので、この規則はここでは適用されないであろう。これはある種が同属の他の種と比較して著しく発達した翼をもっている場合にのみ適用されるであろう。この規則は二次性徴が何らかの異常を呈しているときに非常によく当てはまる。ハンター(Hunter)の用いたこの二次性徴という言葉は、一つの性に附属しているが直接に生殖行為と結びついていない形質に関係している。この規則は雄にも雌にも当てはまる。しかし雌は滅多に著しい二次性徴を現さないので、雌に当てはまることは稀である。この規則がこのように明白に二次性徴の場合に適用できるのは、これらの形質が異常を呈しているかどうかは別にして、大きな変異性をもっていることによるのである――この事実についてはほとんど疑うことができないと私は考える。しかしこの法則が二次性徴だけに限られないことは、両性体の蔓脚類の場合にはっきりと示されている。私はこの目を研究している間ウォーターハウス氏の言葉に特別気をつけた。そしてこの規則がほとんど常に当てはまることを十分に確信した。私は将来の著書でより著しい事例のすべての目録を作ろうと思っているが、ここにはこの規則の最も広い適用を示す一例だけをあげることにしよう。固着性蔓脚類(フジツボ)の有蓋殻はあらゆる意味において極めて重要な構造である。そして別の属でさえごくわずかしか違っていない。しかしピルゴマ(Pyrgoma)という属の幾つかの種では、これらの殻は驚くほど多様化しており、異なる種における相同の殻が時には全く形状を異にしている。また同じ種の個体の変異の量も極めて大きく、同じ種の変種がこれらの重要な器官に由来する形質において互いに相違している状態は、他の別の属に属する種の間よりも大きいといっても過言ではない。

鳥類では同じ地域に棲んでいる同種の個体はごくわずかしか変異しないので、私は特にそれに気をつけた。そしてこの規則は確かにこの綱にもよく当てはまるように見える。私はそれが植物にも当てはまることを証明することができなかったので、植物では変異性が大きいために変異性の相対的度合の比較がとりわけ困難であるということがなかったならば、この規則の真実性についての私の信念に深刻な動揺を来したであろう。

我々がある種において、ある部分または器官が著しい程度または状態に発達しているのを見るとき、それがその種にとって極めて重要であると推定するのは無理がない。にもかかわらず、この場合ではそれは極めて変異し易い。これはなぜであろうか？　それぞれの種が、今日我々が見るようなあらゆる部分とともに独立に創造されたという見解に立てば、私には何の説明もできない。しかし種の群が幾つかの他の種に由来し、自然淘汰によって変容させられたという見解に立てば、我々は多少の光明を得ることができると考える。まず若干の予備的説明をしておこう。もし我々の飼育動物において、ある部分または動物全体が放置されて淘汰がなされないとすれば、その部分（例えばドーキング鶏のとさか）[6]または品種全体は一様な形質を持たなくなるであろう。そしてその品種は低下しつつあるといえよう。未発達な器官やある特別な目的のための特殊化がほとんどなされなかった器官において、またおそらくは多形的群において、我々はほとんど同様の例を見るのである。というのはこのような例では、自然淘汰は十分な働きをなさずまたなすこともできず、従ってその生物体は変動状態のまま残されるからである。しかしここで我々に特に関係のあることは、飼育動物では、現在引き続く淘汰によって急速な変化を受けつつある個所はまた著しく変異し易いということである。鳩の同じ品種の個体を見れば、宙返り鳩の嘴、伝書鳩の嘴と肉垂、またクジャクバトの姿態と尾、などにおける差異量の巨大なことが分かる。これは現在イングランドの愛好家に主に注目されている点なのである。短顔宙返り鳩のように同じ亜品種でさえも多くのものが標準から大幅に逸脱するので、ほとんど完全な鳥を繁殖させることはすこぶる困難である。一方では新たな変異への生来の傾向と同様に不完全な状態へ回帰する傾向があり、他方では品種を忠実に保持しようとする確固とした淘汰の力があって、これらの間に絶えず闘争が行われているといってよいであろう。永い間には結局淘汰が勝利を収め、優良な短顔宙返り鳩の血統から普通の宙返り鳩のような粗悪な鳥を産み出すといった完全な失敗を我々は予期しないのである。しかし淘汰が速やかに進行している間は、変容を受けつつある部分に多くの変異性が出ることは常に予期される。

さて自然に眼を向けよう。ある一つの種において、ある一部分が同じ属の他の種に比較して異常な状態に発達しているときには、この部分はその属の共通祖先から幾つかの種が分かれたとき以来、異常な量の変容を受けたと結論してよい。種は一つの地質時代以上に永続することは稀なので、この時期が極度に遠い過去にまで遡ることは滅多にないであろう。変容の異常な量は、異常に大きく永く続いた変異性の量を含んでおり、それは自然淘汰が種の利益のために絶えず累積していったものである。しかし異常に発達した部分または器官の変異性は、極端に永くはないある時代の中で非常に大きくなり、また幾らか永く続いたのであるから、我々は一般の規則として、このような部分には、それよりもはるかに永い時代の間ほとんど一定にとどまっていた生物体の他の部分よりも、一層多くの変異が見出されることを予期することができる。そして私はこれが事実であると確信している。一方では自然淘汰、他方では先祖返りと変異性への傾向があり、この間の闘争は時間の経過とともに納まるであろうし、また最も変則的に発達した器官が固定されることを疑う理由は見つからない。それゆえ、例えばコウモリの翼の場合のようにいかに変則的であろうと、ある器官が多くの変容子孫にほぼ同一の状態で遺伝されたときには、我々の理論によればそれは果てしない期間ほとんど同じ状態で存在したはずである。こうしてそれは他の構造よりも変異し易いということはなくなったのである。発生的変異性ともいうべきものが今も高度に存在するのを見出すのは、変容が比較的新しくかつ異常に大きい場合だけである。なぜならばこの場合、変異性は要求される状態や程度の中で変容する個体の継続的淘汰により、また昔のあまり変容していない状態に回帰しようとする傾向のある個体の継続的排除によって、いつまでも固定されたままであるということは滅多にないからである。

種的形質は属的形質よりも変異し易い

前の表題で論じた原則はこの主題にも適用される。種的形質が属的形質よりも一層変異し易いことはよく知られている。簡単な例でその意味を説明しよう。もし植物の大きい属の中で、ある種は青い花を、他の種は赤い花をもっていたとすれば、その色は単に種的形質にすぎない。そして青い種の一つが赤い種に変わり、またその逆に変わったところで誰も驚かないであろう。しかしもしすべての種が青い花であればその色は属的形質となり、その変異はより異常な事態であろう。私がこの例を選んだ理由は、大抵の博物学者が提出する説明、すなわち、種的形質は属を分類するために普通に用いられる部分よりも生理的重要性の少ない部分からとられるので、種的形質は属的形質よりも変異し易いという説明がここでは適用できないからである。この説明は部分的に、しかも単に間接的に真であると私は信じる。けれどもこの点については『分類』の章で再び論じることにする。普通の種的形質が属的形質よりも一層変異し易いという主張を助けるために証拠をあげることはほとんど余計なことであろう。しかし重要な形質に関しては、私は博物学の著作の中でくり返し次のことを述べた。すなわちある学者は、種の大きい群全体をとおして一般に極めて一定している重要な器官または部分が、近縁の種においてかなり違っていることについて驚きを表明しているが、この場合それはしばしば同じ種の個体の間で変異し易いのである。そしてこの事実は、一般に属的価値をもつある形質がその価値を低下させてただの種的価値のものとなるときには、その生理的重要性は前と変わらないのにしばしば変異し易いものとなることを示している。これと同じことが奇形にも当てはまる。ある器官が同じ群の異なる種において正常な状態で相違すればするほど、個体では一層異常形態になり易いということについて、少なくともイジドール・ジォフロア・サンティレールは疑っていないようである。

それぞれの種は独立に創造されたという普通の見解によれば、同じ属の中で独立に創造された他の種におけるものとは異なっている構造の部分のほうが、幾つかの種において密接に類似する部分よりも変異し易いのはなぜであろうか？　私は説明できると思わない。しかし種は単に特徴の著しい固定された変種にすぎないという見解に立てば、かなり近い時代に変異し互いに相違するに至った構造の諸部分で、今もなおしばしば変異を続けているのが見られることを期待してよい。あるいはこの状態を別の言葉で述べれば――ある属のすべての種がある点で互いに類似し、そして類縁の属と相違している点は属的形質といわれる。そしてこれらの形質は共通祖先からの遺伝に起因すると考えられる。というのは、多少とも大きく相違する習性に適した幾つかの別の種を、自然淘汰が正確に同じように変容させたということは滅多に起こることではないからである。そしてこれらのいわゆる属的形質は、幾つかの種が最初その共通祖先から分岐した時代の前から遺伝され、その後も全くあるいはわずかしか変異しなかったのであるから、それが今日変異することは有りそうもないことである。他方、種が同じ属の他の種と違う点を種的形質という。そしてこの種的形質は、種が共通祖先から分かれた時代以後に変異して相違を生じたのであるから、それが今もなおある程度変異し易いということ――少なくとも非常に永い期間不変であった生物体の部分よりは変異し易いということ――は確からしい。

〔二次性徴は変異し易い〕――二次性徴が高度に変異し易いことは、私が詳しく述べるまでもなく博物学者によって認められているであろうと考える。また同じ群の種では、生物体の他の部分よりは二次性徴のほうが互いにより大きく相違することも認められるであろう。例えば、二次性徴を強く現しているキジ目の鳥の雄の間の差異量を雌の間の差異量と比較しよう。これらの形質の変異性の本来の原因は明らかでない。しかし我々はそれらがなぜ他の形質のように一定、一様でないのかということは分かる。なぜならば、それらは雌雄淘汰によって累積されるのであって、これは恵まれなかった雄に死をもたらすのではなく、ただ子孫がより少なくなるにすぎないので、普通の淘汰よりも作用が厳格でないからである。二次性徴の変異性の原因が何であろうとそれらは高度に変異し易いので、雌雄淘汰は広い範囲に作用したであろう。そしてこれによって同じ群の種に、他の点よりも一層大きな差異量を与えることに成功したであろう。

同じ種の両性の間の二次的差異が、一般に同じ属の種の互いに相違する生物体の部分とまさに同じ部分に現れることは注目すべき事実である。この事実の例証として、たまたま私の目録に載っている最初の二つの事例をここにあげよう。そしてこれらの事例における差異はかなり異常な性質のものであるから、その関係は単なる偶然とはいえないようである。跗節における関節の数が同じであることは甲虫の非常に大きな群に共通な形質である。しかしウエストウッド(Westwood)が述べているように、エングス科(Engidae)ではこの数が大いに変異している。そしてこの数は同種の両性においても異なっている。また掘穴性膜翅類において、翅の脈相は大きな群に共通なので最も重要な形質になっている。しかしある属では、脈相は異なる種や同種の両性の間で相違している。近頃J・ラボック(Lubbock)卿は、幾つかの微小な甲殻類がこの法則の好例証を提供すると述べている。『例えばポンテラ(Pontella)では、性的形質は主として前触角および第五対の脚にある。種的差異もまた主にこれらの器官にある。』私の見解では、この関係は明瞭な意味をもっているのである。私は、同じ属のすべての種はどんな種の両性でもそうであるように確かに一つの共通祖先に由来するものと見る。従って共通祖先またはその早期の子孫の構造のどの部分が変異し易くなったにせよ、この部分の変異が自然淘汰と雌雄淘汰によって優位性を与えられ、それぞれの種を自然界の秩序におけるそれぞれの場に適合させ、また同様に同種の両性を互いに適合させ、あるいは雄を雌の獲得のために他の雄と闘争することに適合させることは、極めて有りそうなことである。

そこで最後に私はこう結論する。種的形質、すなわち種と種を区別する形質は属的形質、すなわちすべての種によって所有されている形質よりも変異性が大きいこと——一つの種において、その同属の他の種の同じ部分に比較して異常な状態に発達した部分はしばしば極度に変異し易いこと、そして極端に発達していても、もしそれが種の全群に共通なものであればその部分の変異性はわずかであること——二次性徴は極めて変異し易く、密接に近縁の種でも差異が大きいこと——二次的な性的差異と普通の種的差異とは一般に生物体の同じ部分に現れること——これらはすべて密接に関連した原則である。これらのすべては主として、同じ群の種が共通祖先の子孫であり、それから多くのものを共通に遺伝していることに起因するのであり——最近になって大きく変異した部分は、永い間遺伝して変異しなかった部分よりもいまだに変異し続ける傾向があること——自然淘汰は時間の経過につれて多かれ少なかれ完全に、回帰の傾向と一層変異しようとする傾向を制圧したこと——雌雄淘汰は通常の淘汰よりも厳格さが少ないこと——同じ部分の変異は自然淘汰と雌雄淘汰によって累積され、こうして二次的性目的と普通の目的に適応したこと、によるのである。

《別異の種が相似的変異を現し、そのため一つの種の変種がしばしば近縁の種に固有な形質を身につけ、あるいは初期の祖先の形質のあるものに回帰すること》——これらの問題は我々の飼育品種を見れば最も容易に理解されるであろう。非常に隔たった地域における鳩の最も異なった品種が頭頂の逆毛と足の羽——原種のカワラバトが所有しなかった形質——をもつ亜変種を現す。そしてこれらは二つあるいはそれ以上の別異の品種における相似変異である。

胸高鳩がしばしば十四あるいは十六枚の尾羽を持っているのは、他の品種、すなわちクジャクバトの正常な構造を現す変異と見なされよう。すべてこのような相似変異は、鳩の幾つかの品種が共通祖先から同じ体質を遺伝し、また類似の未知な影響に作用されて同じ変異する傾向を遺伝したことに起因することを、誰も疑わないであろうと私は思う。植物界においてはカブカンラン（Swedish turnip）とルタバガ（Ruta baga）の肥大した茎、すなわち普通に根といわれているものに相似変異の一例を見る。これらの植物は、幾人かの植物学者が共通祖先から栽培によって生じた変種と認めている植物である。もしそうでないとすると、これらは二つのいわゆる別異の種における相似変異の例となる。そしてこれらに第三のもの、すなわち普通のカブが加えられる。それぞれの種が独立に創造されたという普通の見解に従えば、これらの三つの植物の肥大した茎における類似は、系統の共有という真の原因と、同じように変異しようとする必然的傾向に帰せられないで、三つの別々なしかし密接に関連した創造作用に起因するものと考えなければならなくなる。多くの同様な相似変異の事例が、ノーダン（Naudin）によって大[7]ヒョウタン科で、また様々な学者によって我々の穀物で観察された。自然状態にある昆虫に起こる類似の事例が最近ウォルシュ（Walsh）氏によって手際よく論じられた。同氏はこれらを氏の『均等変異性』の法則の下に分類している。

しかしながら鳩については他の事例がある。すなわちすべての品種で翼に二本の黒い縞があり、腰は白く、尾の端に一本の縞があり、そして外側の羽が根元に近いところで外縁が白くなっている青灰色の鳩が時々現れることである。これらの特徴はすべて母種のカワラバトの特徴であるから、誰もこれは先祖返りの一例であって、幾つかの品種に現れる新しい相似変異ではないことを疑わないであろう。我々は自信をもってこの結論に達し得ると私は思う。なぜならばすでに見たように、これらの色の特徴は色の異なった二つの品種の交雑子孫に著しく現れ易く、そしてこの場合には、遺伝の法則における単なる交雑の作用の影響以外は、幾つかの特徴をもつ青灰色を再現する原因となるものが外的生活条件の中に何もないからである。

形質が多くの世代、おそらくは数百世代の間失われた後に再び現れるということが非常に驚くべき事実であることは当然である。しかしある品種がただ一度だけ他の品種と交雑したときには、その子孫は時々多くの世代——ある人は十二世代あるいはさらに二十世代といっている——の間、異質な品種の形質に回帰する傾向を示すのである。十二世代の後には一つの祖先からの俗にいう血の割合はわずかに二千四十八分の一となる。それにもかかわらず、我々の見るように、回帰の傾向はこの異質な血の残りによって保たれることが一般に信じられている。交雑したことがなく両親とも祖先の所有していたある形質を失った品種において、その失われた形質を再現しようとする大なり小なりの傾向は、前にも述べたようにこれとは反対にほとんど任意の世代の間伝わるのを見ることができる。ある品種に失われたある形質が非常に多くの世代を経て再現するとき、最も確かと思われる仮説は、一つの個体が数百世代を隔てた祖先を突然模倣するというのではなく、連綿と続くそれぞれの世代にその形質は潜在していて、遂にある未知の好適な条件の下で発現したということである。例えばごく稀に青い鳥を生じるバーバリバトにあっては、各世代に青い羽毛を生じる潜在的傾向があることは確からしい。このような傾向が莫大な数の世代をとおして遺伝されることは、全く無用な、もしくは痕跡的な器官が同様に遺伝されること以上に理論上起こり得ないことではない。痕跡器官を生じる単なる傾向が実際このようにして時々遺伝される。

同じ属のすべての種は共通の祖先に由来したと仮定されるので、彼らが時折類似の方法で変異することを期待してもよいであろう。すなわち二つまたはそれ以上の種の変種が相互に類似し、あるいは一つの種の変種がある形質で他の別異な種に類似するであろう。——この他の種というのは、我々の見解に従えば、単に特徴のはっきりした永久的変種にすぎないのである。しかしもっぱら相似変異のみに起因する形質は多分重要ではない性質であろう。なぜならば、すべての機能的に重要な形質の保存は、種の習性の違いに応じて自然淘汰をとおして決定されるからである。同じ属の種が時折永い間失われていた形質への回帰を示すことはより一層期待してよいであろう。けれども我々はどんな自然の群の共通祖先も知らないので、回帰的形質と相似的形質を区別することができない。例えば我々がもし、先祖のカワラバトが羽の生えた脚やそり返った冠毛をもっていなかったことを知らなければ、飼育品種に現れるこれらの形質が先祖返りであるか、あるいは単なる相似変異であるかを語ることはできないに違いない。しかし我々は斑点の数によって青い色が先祖返りの事例であることを推測したのである。これらの斑点は青い色と関連しており、またおそらく単純な変異からではすべてが一緒には現れなかったであろう。とりわけ我々は、青い色と幾つかの特徴がしばしば色の異なる品種を交雑したときに現れることからこれを推測することができた。それゆえ、自然の下でどの事例が以前に存在した形質への回帰であり、またどの事例が新しい相似変異であるかということは一般的に疑問として残されなければならないのであるが、しかし我々の理論では、ある種の変異しつつある子孫が時々同じ群の他の成員にすでに存在している形質を装うことを見出すはずである。そしてこれは疑いようのない事実である。

　変異し易い種を見分ける際の困難は、実際には同じ属の他の種を真似する変種のあることに大きな原因がある。また、それ自身疑いをもたれながらやっと種に位置づけられるような二つの形態の中間形態も、かなりの数存在している。そして、これらすべての密接に近縁な形態は別々に創造された種であると見なすことをしなければ、それらは変異の際他の形態のある形質を装ったことを示す。しかし相似変異の最もよい証拠は、一般的には形質において一定であるが時折類縁種の同じ部分または器官にある程度似た変異をする部分または器官によって示される。私はこのような事例の長い目録をまとめた。しかし例によって、私はそれらをここに示すことのできないまことに不利な状態に置かれている。私はただ、このような事例が確かに起こり、そしてそれは私にとって非常に注目すべきもののように思われることをくり返しいうことができるだけである。

　けれども私は一つの奇妙なそして複雑な例をあげようと思う。それは決して重要な形質に作用するというのではなく、同じ属の幾つかの種において、一部は飼育の下で、一部は自然の下で現れるのである。それはほとんど確実に先祖返りの一例である。ロバは時々シマウマの脚にあるような非常に明瞭な横縞をその脚にもっていることがある。これはロバの子において最も鮮やかだといわれており、私も調べてみた結果それが事実であることを信じている。肩の縞は時々二重になっていて、長さや輪郭が非常に変異し易い。白子でない白色のロバは、背にも肩にも縞がないと記載されている。そしてこれらの縞は暗色のロバでは時々非常にぼんやりしている[8]か、あるいは実際全く失われている。パラス（Pallas）のクーランは二重の肩縞をもっているのが見られたといわれている。ブライス（Blyth）氏は明確な肩縞をもつ[9]ヘミオヌスの一標本を見たが、本来はないものである。また私はプール（Poole）大佐から、この種の仔馬は一般に脚に縞があり、また肩にかすかにあるという情報を得た。[10]クアッガはシマウマのように胴体の上に明らかな筋があるけれども脚には筋がない。しかしグレイ博士は飛節の上にシマウマのように非常にはっきりとした筋がある一標本を描いている。

　馬については、私はイングランドにおける最も異なった品種およびすべての色の馬の背中の縞の事例を収集した。脚の横筋は[11]ダンや[12]マウスダンには珍らしくなく、また[13]チェストナットにも一例がある。薄い肩の縞は時々ダンに見られ、私は一頭の[14]ベイの馬に痕跡を見た。私の息子は私のために、両肩に二重の縞をもち脚に縞のある一頭のダンのベルギー馬車馬を詳細に調べてスケッチをしてくれた。私自身も一頭のダンのデボン州産ポニーを見、また小さなダンのウエールズ産ポニーが私のために注意深く記載されたが、どちらも両肩に三本の平行した縞をもっていた

　インドの北西部ではカチワー（Kattywar）品種の馬が一般に縞をもっており、インド政府のためにこの品種を調査したプール大佐から聞くと、縞のない馬は純粋な品種と見なされないという。背には常に縞があり、脚には一般に筋がある。そして時には二重、時には三重の肩縞が普通である。その上、顔の側面にも時々縞がある。これらの縞はしばしば仔馬で最も鮮やかで、老馬では時々全く消滅していることがある。プール大佐は灰色とベイのカチワー馬がいずれも最初産まれたときに縞をもっているのを見たという。私はまたW・W・エドワーズ（Edwards）氏が私にくれた報告によって、イングランド競走馬では背中の縞は成長した馬よりも仔馬のほうにはるかに普通であると推測する理由をもっている。私自身近頃、（トルコマン Turkoman 馬とフランドル Flemish の雌馬との仔である）ベイの雌馬とベイのイングランド競走馬を交配させて一頭の仔馬を得た。この仔馬は生後一週間のとき、後部の四分の一と額に多数の極めて細い暗色のシマウマのような筋をもち、また脚にもかすかに縞があった。すべての縞は間もなく完全に消え去った。ここではこれ以上詳しいことには入らないで次のことを述べておこう。私は英国から中国東部に至るまで、そして北はノルウェイから南はマレー諸島までの諸国の、非常に異なる品種の馬における脚と肩の縞の例を集めた。

世界のすべての地方で、これらの縞はダンとマウスダンに最も頻繁に現れる。ダンという言葉は褐色と黒色の間の色からクリーム色にごく近い色に至るまでの広い範囲の色を含んでいる。

私は、この主題について一書を著わしたハミルトン・スミス（Hamilton Smith）大佐が、馬の幾つかの品種はそれぞれの原種に由来したのであり――その原種の一つであるダンが縞をもち、そして上述の現象はすべてダン系統との間の古代の交雑に起因していると信じていることを知っている。しかしこの見解は否定してかまわない。なぜならば世界の最も隔たった地方に棲んでいる重いベルギー馬車馬、ウエールズ・ポニー、ノルウエイ・コッブ、やせたカチワール品種等がすべて一つの仮想的原種と交雑したということは、とても有りそうもないことだからである。[15]

さて、ウマ属の幾つかの種を交雑させる効果に眼を向けよう。ロラン（Rollin）は、ロバと馬から産まれた普通のラバはとりわけその脚に筋をもち易いと主張している。ゴッス（Gosse）氏によれば、合衆国のある地方ではラバの十頭のうちの約九頭は脚に縞がある。私はかつて誰もが雑種のシマウマだと思うほどに縞の多い脚をもったラバを見たことがある。そしてW・C・マーティン（Martin）氏は馬に関する立派な論文の中で同様なラバの図をあげている。私の見た四枚のロバとシマウマの雑種の彩色画では、その脚は体の他の部分よりもはるかに鮮やかに筋をつけていた。そしてそれらの一つには二重の肩縞があった。モートン（Morton）卿のチェストナットの雌馬とクアッガの雄馬から生まれた有名な雑種では、純粋のクアッガよりその脚の横筋がはるかに鮮やかであったし、またその後に同じ雌馬と黒色のアラビヤたね馬との間に産まれた純粋な仔でさえもそうであった。最後になるがここに別の最も著しい例がある。グレイ博士はロバとヘミオヌスの雑種を図示している（なお博士は第二の例を知っていることを私に告げてきた）。ロバは時折その脚に縞をもつにすぎず、またヘミオヌスには全くなく肩縞さえもない。それにもかかわらずこの雑種は四脚全部に筋をもち、またデボン州産とウエールズ産のダンのポニーのように三本の短い肩縞をもち、またその顔の側面には何本かのシマウマのような縞さえもっていた。この最後の事実については、私は一本の色の縞といえども俗にいう偶然によって起こるものではないことを確信していたので、このロバとヘミオヌスの雑種に顔面の縞が現れたというだけのことから、私はプール大佐にこのような顔面の縞は非常に縞の多いカチワー品種の馬に現れるかどうかをたずねた。そしてすでに見たように、答えは肯定的だったのである。

さてこれら幾つかの事実から我々は何がいえるのであろうか？　我々はウマ属の幾つかの別異の種が単純な変異によってシマウマのように脚に縞を生じ、あるいはロバのように肩に縞を生じるようになるのを見る。馬ではこの傾向はダン――この属の他の種の一般的な色に近い色――に現れるときにいつも強いことを我々は見る。縞が現れることは形態の変化あるいは他の新しい形質を伴わない。我々はこの縞を生じる傾向が、幾つかの最も別異な種の間の雑種で最も強く現れるのを見る。そこで鳩の幾つかの品種の場合を観察すると、それらは一定の筋やその他の特徴をもつ青色がかった鳩（二つあるいは三つの亜種あるいは地理的品種を含む）に由来したものである。そしてある品種が単純な変異によって青みがかった色になると、これらの筋やその他の特徴が例外なく再現する。しかし形態や形質には何の変化もない。種々な色の最も古く最も純粋な品種を交雑すると、我々はその雑種に青色と筋と斑点の再現される強い傾向を見る。非常に古い形質の再現を説明するための最も確かと思われる仮説は――連続する世代それぞれの幼体には永く失われていた形質を生じようとする傾向がある こと、そしてこの傾向は未知の原因から時々優勢なものとなること、であることをすでに述べた。そして我々は今、ウマ属の幾つかの種では縞は年とったものよりも幼いもののほうにより鮮やかに、あるいはより普通に現れることを見た。今もし鳩の諸品種――そのあるものは数世紀間純粋さを保って繁殖してきたのである――を種とよぶならば、いかにウマ属の諸種の場合と正確に並行的なことか！　自分自身のために私は敢えて確信をもって何千何万の世代を振り返ってみる。そしてシマウマのように縞をもつが、多分その他の点では非常に異なった構造をもっているある動物を、我々の飼育馬（それが一つあるいはそれ以上の野生種に由来したのかどうかは問わず）、ロバ、ヘミオヌス、クアッガ、およびシマウマの共通の祖先と見るのである。

ウマ属の各種が独立に創造されたと信じる人は、各々の種は自然の下にあっても飼育の下にあっても、しばしば同属の他の種に似た縞を生じるような特別の状態で変異する傾向をもって創造されたのであり、またそれぞれは世界の遠く隔たった地方に棲んでいる種と交雑したとき、彼らの祖先ではなく同属の他の種に似た縞をもつ雑種を生じる強い傾向をもって創造された、ということを主張するであろうと私は臆測する。この見解を認めることは、真実を否定し、真実でない、少なくとも不明な原因を採用することのように私には見える。それは神の仕事を単なる模倣やまやかしにすぎないものとする。それくらいならば私はむしろ年老いた無知な宇宙創造論者とともに、化石の貝は決して生存していたものではなく、海岸に棲む貝を真似るために石で造られたものであるということを信じるであろう。

《摘要》――変異の法則についての我々の無知は深いものである。百のうちの一つも、我々はなぜこの部分またはほかの部分が変異したのかということの原因を特定することができないのである。しかし我々が比較する手段を有するときはいつでも、同じ法則が同種の変種の間ではより小さい差異を、同属の種の間ではより大きな差異を生じるように働いたように見える。条件の変化は一般にただの彷徨変異性を誘発するにすぎないが、時々直接に明確な効果の原因となることがある。そしてこの題目について我々は十分な証拠をもっていないが、これらの効果は時間の経過とともに極めて明確なものになることもあろう。習性が体質の特徴を生じ、使用が器官を強化し、また不使用が器官を弱く縮小させる効果は多くの場合に有力であったように見える。相同部分は同じ状態に変異する傾向があり、また相同部分は結合する傾向がある。固い部分や外面の部分の変容は時々柔かい内面の部分に影響する。一部分が大いに発達するときには、多分隣接部分から栄養を吸収しようとするであろう。そして損害なしに節約できる構造のあらゆる部分は節約されるであろう。幼時における構造の変化はその後に発達した部分に影響を及ぼすことがあり、そして我々がまだその本質を理解することのできない相関変異の多くの事例を生じるであろう。多様に使用される部分は数においても構造においても変異し易く、これはおそらくこのような部分がある特別な機能のためにはっきりと特殊化されていないので、その変容が自然淘汰によって徹底的に抑制されないことから起こるのである。下等な生物が、高等で生物体全体が一層特殊化した生物よりも変異し易いのは、多分これと同じ原因によるのであろう。無用な痕跡器官は自然淘汰で規制されず従って変異し易い。種的形質――すなわち同じ属の幾つかの種が共通祖先から分かれ出た後に相違するようになった形質――は属的形質、すなわち永い間遺伝して同じ期間内に変わらなかった形質よりも変異し易い。以上の説明は、最近変異して差異を生じたものであるために今なお変異し易い特殊な部分あるいは器官のことを述べたのである。しかし我々はすでに第二章において、同じ原則が個体の全体に当てはまることを見た。というのはある属の多くの種が見られる地方――すなわち以前に多くの変異と分化があったところ、または新しい種的形態の製造が盛んに行われてきたところ――では、現在これらの種の中で平均して最も多くの変種を見出すからである。二次性徴は極めて変異し易い。またこのような形質は同じ群の種の間で大きく相違している。生物体の同じ部分における変異性は、一般に同じ種の両性に二次的な性的差異を与えることと、同じ属の幾つかの種に種的差異を与えることに利用された。近縁の種における同じ部分または器官に比較して、異常な大きさまたは異常な状態に発達したある部分または器官は、その属が生じて以来驚くべき量の変容を経てきたのに違いない。こうして我々は、それがなぜ今でも時に他の部分よりもはるかに高度に変異し易いかということを理解することができる。というのは、変異は永い間続いた緩慢な過程であり、自然淘汰はこのような場合には、より一層の変異性の傾向と変容の少ない状態への回帰の傾向に打ち克つに十分な時間をもたなかったのであろう。しかしある非常に発達した器官をもっている種が多くの変容子孫の祖先となったときには――これは我々の見解からすれば永い時間経過を要する非常に緩慢な過程でなければならない――いかに異常な状態にその器官が発達していても、この場合自然淘汰はそれに固定した形質を与えることに成功しているのである。共通の祖先からほとんど同じ体質を遺伝し、また同様な影響下におかれた種は、自然に相似変異を示す傾向をもつか、あるいはこれらの同じ種はしばしばその古い祖先の形質に回帰するであろう。新しいまた重要な変容が先祖返りまたは相似変異から起こることはないであろうが、このような変容は自然の美しくまた調和のとれた多様性を加えるであろう。

子孫とその祖先との間のそれぞれのわずかな差異の原因が何であろうと――そしてそれぞれの差異には原因がなければならない――我々はそれぞれの種の習性と関連して構造のより重要な変容を生じさせたものは、有益な差異の着実な積み重ねであることを信じる理由がある。

訳者注

(1) チビシデムシ科の甲虫。ヨーロッパの洞穴に棲息

(2) オサムシ科の甲虫

(3) サケスズキ目アンブリオプシス科の北方性洞穴魚

(4) ホライモリは両棲類である。爬虫類と両棲類を完全に区別するようになったのは十九世紀中頃からであり、それ以前は用語の上からは区別されていなかった

(5) ハダカエボシに寄生する西インド諸島産の甲殻類。ダーウィン以後見た人がない

(6) Dorking fowl 英国・サーリー州原産の食肉用鶏の一品種

(7) great gourd - family ウリ科のこと

(8) koulan, kulan とも書く。中央・南アジア産のオナジャー（Equus onager）のことと思われる

(9) hemionus 中央アジア産のロバの一種 Equus hemionus と思われるがクーランのこともヘミオヌスということがあるので判然としない

(10) quagga 南アフリカ産の野生馬の一種。一八八三年に絶滅

(11) 暗褐色の馬のこと

(12) 灰褐色の馬のこと

(13) 栗毛色の馬のこと

(14) 鹿毛色あるいは赤褐色の馬のこと

(15) Norwegian cob 足の短い強健な馬の一品種

第六章　この理論の難点

変容を伴う継承の理論の難点――過渡的変種の欠如もしくは稀なことについて――生活習性の推移――同一種における多様な習性――類縁の種と著しく相違した習性を有する種――極度に完成した器官――転換の様式――難点の事例――自然は飛躍せず――重要性の小さい器官――すべての場合に絶対的に完全な器官はない――自然淘汰の理論によって受け入れられる型の一致の法則と生存条件の法則

読者はすでにここまでくる大分以前から、多くの難点を心に思い浮かべたであろう。これらの中の幾つかは非常に重大なので、私は今日もなお、それを考えるたびにある程度の動揺を禁じ得ない。しかし私の判断の及ぶ限りでは、大多数は外見上のものにすぎず、また実質的な難点でも、この理論に致命的なものではないと私は考える。

これらの難点と反論は次の箇条に分類することができる。――第一に、もし種が細かな漸次的移行によって他の種に由来したとすれば、なぜ我々はあらゆるところに無数の過渡的形態を見ないのであろうか？　なぜ自然全体が混乱していないで、我々の見るように種が明確に定義されているのであろうか？

第二に、例えばコウモリのような構造と習性をもつ動物が、大きく異なった習性と構造をもつある別な動物の変容によって形成されるということは有り得るであろうか？　我々は自然淘汰が、一方では蝿叩の役をするキリンの尾のような重要性の小さい器官を生じ、他方では眼のようなすばらしい器官を生じることができたということを信じられるであろうか？

第三に、本能は自然淘汰によって獲得され変容され得るであろうか？　蜂に巣室を造らせ、学殖の深い数学者の発見を事実上先取りした本能に対して我々は何といおうか？

第四に、種間で交雑したときは不稔となり、また不稔性の子を生じるのに、変種間で交雑したときは彼らの繁殖力が損なわれないことを我々はどうやって説明できるであろうか？

最初の二箇条をここで論じ、幾つかの多岐にわたる反論を次章で、『本能』と『雑種性』をそれに続く二章で論じよう。

〈過渡的変種の欠如または稀なことについて〉――自然淘汰はもっぱら有益な変容の保存によってのみ作用するのであるから、十分に棲息者を貯えた地域では、それぞれの新しい形態は、改良の少ない自分の祖先の形態と、競争相手である他の利点の少ない形態に取って代わり、最後にはそれらを絶滅させようとする傾向をもつであろう。こうして絶滅と自然淘汰は緊密に提携するのである。それゆえ、もしそれぞれの種をある未知な形態に由来したものと見ても、その祖先とすべての過渡的変種は、いずれも一般に新形態の形成と完成の過程そのものによって絶滅したであろう。

しかし、この説によれば無数の過渡的形態が存在していなければならないのに、なぜ我々は地球の地殻の中に彼らが無数に埋没しているのを見出さないのであろうか？　この問題は『地質学上の記録の不完全』についての章で論じるほうがよいであろう。ここでは、一般に想像されるよりもはるかに記録が不完全であることの中にその答が横たわっていると私が信じていることを述べておくにとどめよう。地球の地殻は巨大な博物館である。しかし自然の収集は不完全であり、永い時間を空けて時々行われたにすぎないのである。

しかし幾つかの近縁の種が同じ区域に棲息しているときは、我々は現在でも確実に多くの過渡的形態を見出すはずであると主張されるかもしれない。簡単な例をあげよう。ある大陸を北から南へ旅行する際、我々は一般にある間隔ごとにそれぞれの土地の自然的秩序におけるほとんど同じ場を明らかに満たしている近縁の種もしくは対応類似の種に出会う。これらの対応類似の種はしばしば交わり重なり合っている。そして一方が次第に稀少になり他方が次第に多くなって遂に一方が他方に置き代わる。しかしこれらの種を彼らが混棲している所で比較して見ると、彼らは一般にそれぞれが棲んでいる中心地から採った標本と同様に、構造のあらゆる細部にわたって互いに全く相違している。私の理論からすれば、これらの類縁種は共通祖先に由来するのである。そして変容の過程をとおして各々は自身の領域の生活条件に適応し、また元々の祖先形態や過去と現在の状態の間にあるすべての過渡的変種に置き代わり、それを絶滅させたのである。従って彼らはかつては存在していたに違いなく、また化石状態でそこに埋もれているかも知れないが、我々は現在各地方において無数の過渡的変種に出会うことを期待すべきではない。しかし中間的な生活条件を有する中間地帯で、なぜ我々は密接につながっている中間変種を現在見ないのであろうか？　この難問は長い間全く私を悩ました。しかし私は、それは大部分説明できると考える。

第一に我々は、ある地域が現在つながっているからそれが長期にわたってずっとつながっていた、と推論するには極めて慎重でなければならない。地質学は、大陸の多くは第三紀後期の間でさえ島々に分かれていたことを我々に信じさせる。そしてこのような島では異なった種が、中間地帯に中間変種が存在する可能性なしに、別々に形成されたであろう。今は続いている海面も、陸地の形や気候の変化により、過去の近い時代にしばしば現在よりももっと連続でなくまた一様でない状態にあったはずである。しかし私は難問から逃れるこの考えを無視するつもりである。というのは、多くの完全に明確な種が厳密につながっている区域で形成されたことを私は信じるからである。しかし私は、現在つながっている地域が以前にはばらばらであったという条件が、特に自由に交雑し放浪する動物の新種の形成に重要な役割を演じたことを疑ってはいない。

現在広い地域にわたって分布している種を見ると、それらは一般に大きな区域にわたってかなり多く見られ、分布の境界に近づいてやや急に稀少となってゆき、最後には姿を消す。従って、二つの対応類似の種の間の中間地帯はそれぞれに固有の領域に比べて一般に狭い。我々は山に登るとき同じ事実を見る。そしてアルフォンス・ド・カンドルが観察したように、普通の高山種が時々急に姿を消す有様は全く注目に値する。同じ事実は、E・フォーブス(Forbes)によって浚渫船で海の深さを探った際に認められた。気候や物理的生活条件を分布の最も重要な要素と見る人々は、気候や高さや深さは気づかないほど徐々に変わってゆくものであるから、きっとこれらの事実に驚くであろう。しかしほとんどあらゆる種は、その中心地でさえも、競争する他の種がなかったならば無限にその数を増加すること、またほとんどすべての種が他を餌食にするか、さもなければ他の餌食となること、つまりそれぞれの生物は直接、間接に他の生物と最も重要な方法で関係していることに留意すれば——我々はある地域における棲息者の分布範囲も、感知できないほど徐々に変化する物理的条件にのみ依存するのではなく、大部分は生きるか死ぬか、あるいは競争する他の種の存在に依存することが分かる。そしてこれらの種はすでに明確な対象物であり、感知できないような漸次的変化によって相互に混じり合っているのではないから、一つの種の分布範囲は他の種の分布範囲とはっきりと分けられる傾向をもつであろう。その上、分布範囲の境界にあるそれぞれの種はそこに存在する数が少ないので、敵や餌食の数、または季節の性質の変動によって完全な絶滅に極めて陥り易い。こうして地理的分布はより一層はっきりと分けられるようになるであろう。

類縁あるいは対応類似の種は、連続した区域に棲息しているとき、一般的にそれぞれが広い分布範囲をもつように分布し、その間に比較的狭い中間地帯があって、そこではかなり急に稀少になってゆくのである。そして変種は本質的には種と異なるところがないので、おそらく同じ規則が両者に当てはまるであろう。またもし非常に広い区域に棲む変異しつつある種をとりあげるならば、我々は二つの変種を二つの広い地域に、そして第三の変種を狭い中間地帯に適応させなければならないであろう。その結果、中間の変種は狭く小さい地域に棲むことから、数は一層少ないであろう。そして私が証明できる限りでは、実際にこの規則は自然状態の変種の中間変種についてよく当てはまる。私はフジツボ属の明確な変種の中間変種の場合に、この規則の印象的な例に出会ったことがある。またワトソン氏、エイサ・グレイ博士およびウォラストン氏から得た報告を見ても、一般に中間変種はそれによって連結されている二形態よりもずっと数が少ないように見える。そこでもしこれらの事実と推測を信じ、二つの他の形態を連結する変種はそれによってつなげられている形態よりも一般に数が少ないと結論するならば、我々は、なぜ中間変種が非常に永い期間存続しないのか——すなわち、なぜ彼らは一般的規則として元々彼らがつなげていた形態よりも早く滅亡し姿を消すのか——を理解することができる。

すでに述べたように、存在する数が少ないものよりも絶滅の機会が大きい。そして特別な場合には、

一四八

中間形態はその両側に存在する密接に近縁な形態の侵害を著しく受け易い。しかしもっと重要な考察は、二つの変種を二つの明確な種に変えて完成させると想像されるさらに一層の変容過程をとおして、広い区域に棲息する数の多い二つの変種は、狭い中間地帯に数少なく存在している中間変種に優る大きな利点をもつようになるということである。なぜならば、多数存在する形態は数の少ない稀少な形態よりも一定の期間内にさらに有利な変異を現し、自然淘汰がそれを捕える機会を一層多くもつからである。従ってより普通の形態は、生命の競争において変容と改良の遅い普通でない形態を打ち負かし、取って代わる傾向をもつであろう。私の信じるところでは、第二章に示したように、それぞれの地域における普通の種が稀少な種よりも平均して多くの明瞭な変種を現すことも、この同じ原則によって説明される。次のような羊の三つの変種が飼育されていると想定して例証してみよう。すなわち第一の変種は広大な山岳地方に、第二の変種は比較的狭い丘陵地区に、そして第三の変種は麓の広い平野にそれぞれ適応したものとする。そしてどの地方の住民も皆同様の堅実さと技量をもって、淘汰により彼らの品種を改良しようと努めていると想定する。この場合、山岳あるいは平野地方における多くの家畜の所有者は、中間の狭い丘陵地区の少ない所有者よりも早く品種改良する非常に有利な機会をもつであろう。従ってこの改良された山岳もしくは平野の品種は間もなく改良の少ない丘陵の品種の場を奪うであろう。このようにして、元々数の多かった二つの品種は、排除された中間の丘陵変種の介在なしに直接接触することとなるであろう。

要約すると、私は種がかなりよく定義された対象物となり、どんな時期においても、変異する中間の連結環の無秩序な混乱を呈するものでないことを信じる。その理由は第一に、変異は緩慢な過程であるので新変種は非常にゆっくりと形成され、そして自然淘汰は有益な個体差もしくは変異が起こるまで、またその地域の自然体制の場が一つあるいはそれ以上の棲息者の変容によってよく満たされるようになるまで、何事も成し得ないからである。そしてこのような新しい場は気候の緩やかな変化、または新しい棲息者の偶然の移住に依存し、またおそらく重要度はさらに高いが、旧棲息者のあるものが徐々に変容し、こうして造られた新形態と旧形態とが互いに作用し反作用しあうことに依存するであろう。こうしてどんな地方でも、またどんな時期でも、我々はただ少数の種だけがある程度恒久的な構造にわずかな変容を呈するにすぎないことを見るはずであり、確かに我々はこれを見ているのである。

第二に、今連続している地域は近時にしばしば分離した部分として存在したことがあるに違いない。そしてこれらの各部分における多くの形態、とりわけ出産ごとに結合しまた大いに放浪する綱に属する形態は、それぞれ別々に対応類似の種として位置づけられるほど十分異なった独自のものになったであろう。この場合、幾つかの対応類似の種とそれらの共通祖先との間の中間変種は、以前はその土地のそれぞれ孤立した部分に存在していたに違いないが、これらの連結環が自然淘汰の過程をとおして排除され絶滅させられたので、もはや生きた状態では見られなくなったのであろう。

第三に、二つもしくは三つ以上の変種が厳密に連続している区域の異なる部分に形成されたときには、多分最初は中間変種が中間地帯に形成されたであろう。しかし彼らは一般に短い寿命であったろう。というのは、これらの中間変種はすでに示した理由から(すなわち近縁の、あるいは対応類似の種の現実の分布、また同様に変種と認められているものの現実の分布について我々が知っていることから)、それによって連結されている変種よりも中間地帯に数少なく存在するからである。この原因だけでも中間変種は偶然的滅亡に陥り易い。そして自然淘汰によって一層の変容が進む過程で、彼らによって連結されている形態のために打ち負かされ排除されることはほとんど確実であろう。なぜなら、多くの数を擁する形態は全体としてより多くの変種を現し、従って自然淘汰によってさらに改良され、さらに多くの利点を獲得するからである。

最後に、一時期だけでなくすべての時期をとおして見ると、もし私の理論が正しければ、同じ群のすべての種を密に連結する無数の中間変種が確かに存在したはずである。しかし何度も述べたように、自然淘汰の過程そのものが祖先の形態と中間の連結環を絶滅しようとする一定の傾向をもつ。従って彼らが以前に存在したという証拠は、後章で証明するように、極めて不完全で断続的な記録として保存されている化石的遺体の中にのみ発見できるであろう。

《特殊な習性と構造をもつ生物の起原と変遷について》

——私の見解に反対する人々は、例えばどうして陸棲食肉動物が水棲的習性の動物に転換したのか、その過渡的状態の動物はどうやって生存していたのか?と質問した。厳密に陸棲的習性から水棲的習性への細かな中間段階を現している食肉動物が現在存在していることは簡単に示される。そしてそれぞれの動物は生活闘争によって存在しているのであるから、明らかに自然におけるその場によく適応していなければならない。水掻のある脚を有し、毛皮や短かい脚や尾の形がカワウソに似ている北アメリカのミンク(Mustela vison)を見よ。この動物は夏の間は水中に潜って魚類を捕食するが、長い冬の間は凍った水中を去って、他のイタチと同様に鼠や他の陸棲動物を捕食する。もし他の例をとって、いかにして食虫性四足獣が飛ぶコウモリに転換したかを質問されていたら、この問題ははるかに解答が困難であったろう。とはいえ私はこの難問は大したことではないと思う。

ここでも他の場合と同様、私はひどく不利な立場に置かれている。というのは私の収集した多くの印象的事例の中から、類縁種における過渡的習性や構造について、また同種における永久的か一時的かどちらかの多様化した習性について、ここでは一二の例しかあげることができないからである。そしてこのような事例の長い目録のほかに、コウモリのような特殊な場合の困難を十分に減ずることができるものはないと私には思われる。

リスの科を見よ。ここにはその尾がわずかだけ扁平になっている動物から、またJ・リチャードソン(Richardson)卿が述べているように、その身体の後部がやや広くなって横腹の皮が多少張っているものから、いわゆるモモンガに至るまで極めて細かな段階がある。そしてモモンガはその四肢と尾のつけねまでもが幅広く広がった皮膚で連結されている。これはパラシュートの役目を果たし、これによって驚くべき距離を木から木へ滑空することができる。それぞれの地域で、それぞれの構造がそれぞれの種類のリスにとって有用であることを疑うことはできない。すなわち猛禽獣から逃れ、食物をより素早く集め、あるいはこれは信ずべき理由のあることだが、時折の墜落の危険を少なくする。しかしこの事実から、それぞれのリスの構造はあらゆる可能な条件の下で想像される最善のものだとはいえない。気候や植生が変化するか、競争者となる他の齧歯類あるいは新しい食肉獣が移住してくるか、あるいは旧来のものが変容するかすれば、すべての類推は、リス類の少なくともあるものは、これに対応して構造が変容し改良されなかったならば、その数を減少するか絶滅してしまうことを信じさせるであろう。それゆえ私は、次第に膨らむわき腹の膜を有する個体が、その一つ一つの変容が有益であるので絶えず保存され、それぞれが繁殖して、遂にこの自然淘汰の進行の累積効果によって完全ないわゆるモモンガを生じるに至ったことについて、特に生活条件の変化がある場合には、何の困難も見ることができないのである。

　ところで、ガレオピテクス（Galeopithecus）すなわちいわゆる[1]ヒヨケザルを見よ。これは以前はコウモリの中に分類されていたのであるが、今は食虫目に属するものと信じられている。極めて広いわき腹の膜が顎の隅から尾まで広がっていて、長く伸びた指のついた四肢をその中に入れている。このわき腹の膜は伸筋を備えている。空中を滑空するのに適した構造の段階的連結環が今日ヒヨケザルと他の食虫目を連結してはいないが、このような連結環が以前には存在したこと、そしてその各々がより不完全な滑空をするリス類の場合と同じ方法で発達してきたことは、構造の各段階がその所有者にとって有用であったのであるから想像するに困難はない。さらに一歩を進めて、ヒヨケザルの指と前腕を連結する膜が自然淘汰によって非常に長く伸ばされたことを信じることにも、何ら克服できない困難は見当たらない。そしてこのことが、飛行の器官に関する限り、この動物をコウモリに転化させたであろう。翼の膜が肩の上端から尾まで延びて後脚も包み込んでいるあるコウモリにおいて、我々は多分、元々は飛ぶよりもむしろ滑空するのに適した装置の痕跡を見るであろう。

　もし鳥類の約一ダースの属が滅亡したとすれば、その翼をバカガモ（エイトン Eyton のミクロプテルス Micropterus）のようにただ羽ばたきだけに使う鳥、ペンギンのように水の中ではひれとして、陸上では前脚として使う鳥、ダチョウのように帆として使う鳥、およびキーウィ（Apteryx）のように機能的には何の目的もない鳥、が存在していたと誰が敢えて推測するであろうか？　しかるにこれらの鳥類のそれぞれの構造は、各々が闘争によって生きなければならないのであるから、それがさらされている生活条件の下ではそれぞれ有益なものである。しかしそれは必ずしもあらゆる可能な条件の下で可能な最善のものではない。以上の説明から、おそらくはすべて不使用の結果であると思われるここに言及した翼構造の段階を、鳥類が完全な飛行力を実際に獲得するに至った歩みを示すものと推論してはならない。しかしそれらは少なくともいかに多様な変遷方法が可能であるかを示すのに役立つ。

甲殻類や軟体動物のような水中呼吸をする綱の少数の成員が陸上生活に適応しているのを見、また飛ぶ鳥類や哺乳類、甚だ多様な型の飛ぶ昆虫、また昔いた飛ぶ爬虫類を見れば、現在ばたばたするひれの助けで少し上昇して旋回をしはるかに滑空をするトビウオが、完全に翼のある動物に変容することは想像できる。もしこれが実際に起こっていたならば、それらの動物が初期の過渡的状態においては外洋の棲息者であり、我々の知る限りでは、彼らの初期の飛行器官をもっぱら他の魚に食べられることを免れるためにのみ使用していたと誰が想像したであろうか？

飛行のための鳥の翼のように、ある特別な習性のために高度に完成された構造を見るとき、我々は、その構造の初期の過渡的段階を現す動物は、その後自然淘汰をとおして漸次に完全なものにされた彼らの後継者によって排除されたであろうから、今日まで生き残っているものは稀であるということに留意しなければならない。さらに我々は、非常に異なった生活習性に適する構造の間の過渡的状態が、その初期の時代では数が多くまた多くの従属形態を伴って発達したということは稀であったと結論することができよう。それゆえトビウオの想像的例証に戻れば、真の飛行を行える魚類が、飛行の器官が高度に完成して生きるための闘いの中で他の動物に優る確固とした優位が得られるまで、陸上や水中において多くの方法で多くの種類の餌食を獲得するために多くの従属的形態を伴って発達した、ということは有りそうもないようにみえる。従って過渡的段階の構造を有する種は存在が少なかったのであるから、化石状態で発見する機会は、十分に発達した構造を有する種の場合よりも常に少ないであろう。

ここで私は同じ種の個体における多様化した習性と変化した習性の両方についての二三の事例をあげよう。いずれの場合も、自然淘汰が動物の構造をその変化した習性に適応させるか、もしくは幾つかの習性の中の一つにのみ適応させることは容易であろう。けれども、一般に習性がまず変化して構造がその後に変化するのか、あるいは構造のわずかな変容が習性の変化を導くのか、このどちらであるかを決定することは困難であり、また我々にとって重要なことではない。おそらく両方がしばしばほとんど同時に起こったのであろう。変化した習性の事例については現在外来の植物を食物とするか、あるいはもっぱら人工的物質のみを食物としている多くの英国産昆虫をあげるだけで十分であろう。多様化した習性については無数の事例をあげることができる。私は南アメリカにおいてタイランチョウ（Saurophagus sulphuratus）がチョウゲンボウのように一地点の上空を舞い、やがて他の地点へ進んでゆくのをよく見ており、また別のときには水際にじっと立っていて、やがてカワセミのように魚を目がけて水中に突進するのを見た。我が国では、シジュウカラ（Parus major）がほとんどキバシリのように枝をよじ登るのが見られる。この鳥は時々モズのように小鳥の頭を強打して殺すことがある。私はまたこの鳥がイチイの種子を枝の上で叩きゴジュウカラのようにそれを壊しているのを何度も見、また聞いた。北アメリカではハーン（Hearne）によってクロクマが大きく口を開けて何時間も泳ぎ、まるで鯨のように水中の昆虫類を捕えているのが観察されている。

我々は時々個体がその種や同じ属の他の種に固有な習性とは異なる習性に従うのを見る場合があるのであるから、このような個体が時折変則的な習性をもち、またそれらの類型的構造からわずかにかあるいはかなりの程度に変容した構造を有する新しい種を生じるということを期待してよい。そしてこのような例は自然界に起こっている。キツツキが木によじ登って樹皮の裂け目の昆虫を捕えること以上に著しい適応の例があるであろうか？　しかるに北アメリカではほとんど果実を食べているキツツキがあり、また長く伸びた翼をもち飛びながら昆虫を追いかけるものもある。ほとんど一本の木も生えないラプラタの平原には、前後二本ずつの足指、長く尖った舌、支柱に垂直にその身体を支えるに十分なほど硬いが典型的なキツツキのようには硬くない尖った尾羽、およびまっすぐな強い嘴を有するキツツキ（ハシボソキツツキ Colaptes campestris）がいる。この嘴は典型的なキツツキのようにまっすぐでもなくまた強くもないが、木質に孔を開けるには十分な強さである。従ってこのハシボソキツツキはその構造の本質的部分のすべてにキツツキである。色彩、声の耳ざわりな調子、波状の飛び方のような重要でない形質でさえ、普通のキツツキとの親密な血縁関係が明らかに現れている。しかるに私自身の観察からばかりでなく、アザラ（Azara）の正確な観察からも断言できるように、ある大きな地方ではそれは木によじ登らず、その巣を土手の穴の中に造るのである。けれどもまたある別の地方では、ハドソン（Hudson）氏が述べているように、この同じキッツキがしばしば木を訪れ巣を造るために幹に孔を開けるのである。この属の変化した習性の他の例証として、メキシコのハシボソキッツキはどんぐりを貯えるために堅い材に孔を開けるとド・ソシュール（De Saussure）が記述していることも言及しておこう。

ミズナギドリ類は最も空中性でまた海洋性の鳥である。しかしフエゴ諸島の静穏な海峡では、プフィヌリア・ベラルディ（Puffinuria berardi）はその一般的な習性において、その驚くべき潜水力において、その泳ぎ方と飛び立つときの飛び方において、誰もがウミスズメかカイツブリに見誤るであろう。生物体の多くの部分が新しい生活習性に応じて大いに変容しているが、しかしそれは本質的にミズナギドリである。これに対してラプラタのキッツキはわずかに変容しただけの構造をもっている。カワガラスの場合には、どのように慧眼な観察者でもその死体を検査して、その半水中生活に気づくことはあるまい。しかるにツグミ科と近縁のこの鳥は潜水によって——水中でその翼を使用し、足で石を摑んで——生活している。大きな膜翅目昆虫のすべては陸棲的で、ただ一つの例外はジョン・ラボック卿が水棲的習性をもつことを発見したタマゴバチ属（Proctotrupes）である。これはしばしば水中に入り肢でなく翼を用いて潜水する。そして四時間ぐらいも水面に浮かんでこない。しかもこれはその変則的習性に一致した構造上の変容を現していないのである。

それぞれの生物が現在我々の見るような形で創造されたと信じる人は、習性と構造の一致しない動物を見るとき驚きを感じることがあるに違いない。カモ類やガン類の水搔のある足が泳ぐために造られたということほど明らかなことがあろうか？　しかるに水搔のある足をもちながら、稀にしか水に近づかない高地のガンがある。また四本の足指すべてに水搔を備えたグンカンドリが大洋の水面に着水するのを見たのはオーデュボン（Audubon）ひとりにすぎない。これに対してカイツブリやオオバンは、その足指が膜で縁取られているにすぎないが著しく水棲的である。渉禽類の膜のない長い足指が、湿地や浮遊している植物の上を歩くために造られたことより明白に見えることがあろうか？——バンとウズラクイナはこの目の成員である。しかるに前者はほとんどオオバンと等しく水棲的であり、後者はほとんどウズラやヨーロッパヤマウズラと等しく陸棲的である。

このような事例やなおあげることのできる他の多くの事例において、習性は構造の対応的変化を伴わずに変化したのである。高地ガンの水掻のある足は、構造上はそうでもないけれども機能上はほとんど痕跡的になったといえる。[2] グンカンドリにおいては、その足指の間の深くえぐられた膜が、その構造の変化し始めたことを示しているのである。

別々の、そして無数の創造行為を信じる人は、これらの場合には一つ型の生物に他の型に属する生物の代理をさせることが創造主の意に適ったのであるというかもしれない。しかしこれはただ勿体をつけた言葉で事実をいい換えたにすぎないように思われる。生存闘争と自然淘汰の原則を信じる人は、あらゆる生物が絶えずその数を増加しようと努力していること、そしてもしある一つの生物が習性か構造のどちらかでほんのわずかでも変異して、このために同じ地域の他の棲息者に優る利点を得るならば、その生物はこの棲息者の場を、たとえそれが自分の場とどんなに異なっていようと奪い取るであろうということを認めるであろう。従って、乾いた陸地に棲んだり滅多に着水しない水掻のある足を備えたガンやグンカンドリの存在することも、沼沢の代わりに草原に棲んでいる長い足指のウズラクイナの存在することも、またほとんど樹木の生えない所にキツツキが存在することも、また水に潜るツグミや水に潜る膜翅類、そしてウミスズメの習性をもつミズナギドリの存在することも何ら彼を驚かさないであろう。

極度に完成した複雑な器官

異なる距離に対して焦点を調整し、異なる量の光を受け入れ、また球面収差と色収差を補正する等のあらゆる真似のできない装置を有する眼が自然淘汰によって形成されたと想定することは、正直なところ極めて不合理であると思われる。太陽は静止していて地球が回転するのだということが最初に唱えられたとき、人類の常識はこれを虚偽の学説だと宣言した。しかしあらゆる哲学者の知る如く、『民の声は神の声なり』という古い格言は科学では信用できない。理性は私に告げていう。もし簡単で不完全な眼から複雑で完全な眼に至るまでの多数の漸次的段階が存在していて、それぞれの段階が――実際確かにそうであるように――その所有者に有用であることが証明されるならば、さらにもし――同様に実際確かにそうであるように――眼が変異しその変異が遺伝されるならば、またもしこのような変異が変化する生活条件の下である動物に有用なものであるとしたならば、その際には完全で複雑な眼が自然淘汰によって形成されたと信じることの困難は、我々の想像では克服し難いにしても、この理論を破壊するものと見なすべきではない。いかにして神経が光を感じるようになったかということは、いかにして生命が起こったかということとほとんど同様に我々の知り得ぬことである。しかし次のようにいってよいであろう。神経の見出されない最下等の生物のあるものが光を感知する能力をもつのを見れば、彼らの肉様質(3)における感覚性の要素が、この特殊な感覚を授けられた神経にまで集成発達することは不可能とは思われない。

任意の種においてある器官が完成されてきた漸次的移行を探求するには、もっぱら直系的祖先のみに注目しなければならない。しかしこれはおそらく不可能なことである。そこで我々は、どのような漸次的移行が可能であるかを見るために、またある段階が不変にもしくはほんの少ししか変化しない状態で伝えられる機会について見るために、同じ群の他の種と属、すなわち同じ祖先形態から出た傍系子孫を頼りにしなければならない。しかし異なる綱における同じ器官の状態は、それが完成されてきた歩みの上に偶然的光を投げかけることがある。

眼ということのできる最も簡単な器官は、色素細胞で囲まれ半透明な皮膚で覆われた、しかしレンズやその他の屈折体がない一つの視神経から成っている。しかしジュルダン（Jourdain）氏によれば、我々はさらに一歩低く下がって、何の神経もなくただ肉様質組織の上にのっているだけの色素細胞の集団が明らかに視覚器官の役をしているのを見ることができる。このような簡単な性質の眼は明確な視覚の能力をもたず、暗黒から光を区別する役を果たすにすぎない。あるヒトデでは、今引用した学者によって記述されているように、神経を囲む色素の層の中の小さな凹みが透明なゼラチン状の物質で満たされ、高等動物の角膜のように凸面をなして突き出している。彼の意見ではこれは映像を作る働きはなく、ただ光線を集中させてその感知を一層容易にさせるだけである。この光線の集中ということに、我々は映像を作る真の眼の形成に向かっての最初の、かつ決定的に重要な一段階を得るのである。なぜならば下等動物のあるものでは深く体内に埋もれており、またあるものでは表面近くにある視神経の裸出した先端を、集光装置から正しい距離に置きさえすれば映像がその上に作られるからでである。

体節動物（Articulata）の大きな綱にあっては、単に色素で包まれただけの視神経で、色素は時々一種の瞳孔を形成しているが、レンズその他の光学的装置を欠いているものから出発することができる。昆虫類においては、その大きな複眼の角膜の上の多くの小眼面が真のレンズを形成し、そして円錐体は奇妙に変容した神経繊維を包含していることが今日知られている。しかし体節動物におけるこれらの器官は甚だ多様化しているのであって、ミュラー（Müller）は以前三つの主要な綱を設け、それを七つに細分し、さらに単眼の集合である第四の主要な綱を設けたほどである。

ここではあまりに簡単すぎたが、下等動物の眼の構造の広く多様で段階的な範囲についてのこれらの事実を熟考し、また現存するすべての形態がすでに滅亡したものと比較してどんなに少数であるかを念頭におくと、自然淘汰が色素で覆われ透明な膜で包まれた視神経の簡単な装置を、体節動物の綱のある成員がもっているような完全な光学器械に転化させたと信じることの困難はそう大したものではなくなる。

ここまで進むことに同意する者は、もし本書を読み終って他の説では説明できない大量の事実が自然淘汰による変容の理論で説明できることを見出したならば、さらに一歩進むことをためらってはならない。人は鷹の眼のような完全な構造でさえもこのようにして形成されたことを、この場合過渡的状態を知らなくても承認すべきである。眼を変容させ、しかもそれを完全な器械として保存するためには多くの変化が同時に起こらねばならないが、これは当然自然淘汰によっては成され得ないという反論があった。しかし飼育動物の変異についての私の著書の中で示そうと試みたように、もし変容が極めてわずかであり段階的であるならば、変容がすべて同時に起こったと仮定する必要はない。異なる種類の変容が同じ一般的目的に役立つこともあろう。ウォレス氏は『もしレンズが短かすぎるか長すぎる焦点をもっていれば、それは屈曲の変更かあるいは密度の変更のどちらかで修正することができよう。もし屈曲が不規則で光線が一点に集中しないならば、屈曲の規則性の増大が改良となるであろう。それゆえ、虹彩の収縮や眼の筋肉の運動はどちらも視覚にとって本質的なものではなく、この器械の組み立てのある段階において附加され、そして完成された改良にすぎない。』と述べている。動物界の最高部門、すなわち脊椎動物では、ナメクジウオのように、神経を備え色素が並んでいるほかは何の装置もない透明な皮膚の小さな袋から成る簡単な眼から出発することができる。魚類や爬虫類では、オウエン（Owen）が書いているように『光線を屈折する構造の漸次的移行の範囲が非常に大きい。』フィルヒョウ（Virchow）の高説に従えば、人間でさえ、美しい水晶体は胎児において、皮膚の袋状のひだの中にある表皮細胞の累積によって形成され、ガラス体は胎児の皮膚の皮下組織から形成されるというが、これは重要な事実である。けれども、驚異的とはいえ絶体的に完全な形質とはいえない眼の形成について正しい結論に達するには、理性が想像に打ち克つことを必須とする。しかし私はこの困難をあまりにも痛切に感じてきたので、自然淘汰の原則をこのような驚くべき範囲にまで拡張することに他の人々が躊躇するのを不思議とは思わない。

眼を望遠鏡と比較することはほとんど避け難い。我々はこの器械が人間の最高の英知の長い努力によって完成されたことを知っている。そして我々は当然、眼は多少これに類似した過程によって形成されたと推論する。しかしこの推論は図々しくはないのか？　我々には創造主が人間の智力と同様の智力によって仕事をすると仮定する権利があるであろうか？　もし眼を光学器械と比較しなければならないとすれば、我々は液体で満たされた空間を持ち、その下方に光を感受する神経を備えた透明な組織の厚い層を想像し、そしてこの層のあらゆる部分が徐々にしかも途切れなく密度を変化してゆき、異なる密度と厚さの層に分かれ、それらの層が互いに異なる距離に置かれ、それぞれの層の表面の形状もまた徐々に変化すると想定しなければならない。さらに我々は、自然淘汰もしくは適者生存に代わる力があって、透明な層におけるそれぞれのわずかな変更を常に熱心に注視し、また変化した情況の下で、何らかの方法または何らかの程度でより明瞭な映像を生じる傾向を一つ一つ注意深く保存しているものと想定しなければならない。我々は器械のそれぞれの新しい状態が多数の個体によって構成され、各々はより良いものが生じるまで保存され、次に古いものがすべて滅ぼされると想定しなければならない。生物体では、変異はわずかな変化をひき起こし、世代連続はそれをほとんど無限に増加させ、そして自然淘汰は的確な技量でそれぞれの改良を選び出すであろう。この過程を数百万年の間、それぞれの年ごとに多くの種類の数百万の個体の上に進行させてみよう。こうすれば我々は、創造主の仕事が人類の仕事に優っているのと同様、生きた光学器械がガラス器械に優ったものとして形成されることを信じられるのではなかろうか？

転換の様式

もし多くの連続的な微小変容によって形成される可能性のない何らかの複雑な器官の存在することが証明されれば、私の理論は全く完全に破壊されてしまうであろう。しかし私はこのような例を一つも見出すことができない。無論その過渡的段階の分からない器官は沢山ある。甚だしく弧立した種を見る場合には特にそうであるが、私の理論によれば、このような種の周囲には甚だしい絶滅があったのである。あるいはさらに、ある綱に属するすべての成員に共通な器官をとる場合もそうである。というのはこの後者の場合では、その器官は元々遠い過去に形成されたものであって、それ以来その綱の多くの成員はすべて発達したからである。そしてその器官が通過してきた早い時期の過渡的段階を発見するためには、絶滅して久しい非常に古い祖先の形態を頼りにしなければならない。

我々は、ある器官がある種類の過渡的段階によって形成されることはないと結論するには、極めて慎重でなければならない。下等動物の間では、同一の器官が同時に全く別の機能を営んでいる数多くの事例をあげることができる。すなわちトンボの幼虫やシマドジョウ（Cobites）においては、消化管が呼吸し、消化し、また排泄する。ヒドラ（Hydra）では体の内側を外側に裏返しすることができ、その際には外側の表面が消化し胃が呼吸する。このような場合には、もしこれによって何らかの利点が得られるのであれば、自然淘汰は以前には二つの機能を営んでいた器官の全部もしくは一部を一つの機能のみに特殊化させ、こうして気づかれないほどゆっくりとした歩みによってその性質を大きく変化させるであろう。多くの植物が異なった構造の花を同時に規則正しく生じることはよく知られている。そしてもしこのような植物が一種類の花だけを生じるとすれば、その種の形質に大きな変化が比較的突然起こったのであろう。けれども同じ植物から生じた二種類の花が、元々今もある少数の事例に跡づけられる細かな段階的歩みによって分けられてきたことは有りそうなことである。

さらに二つの異なる器官、あるいは二つの非常に異なる形態の下にある同じ器官が、同じ個体において同じ機能を同時に営んでいることがある。そしてこれは転換の極めて重要な方法である。一例をあげると――えらで水中に溶けている空気を呼吸すると同時に、その浮き袋の中の大気を呼吸する魚類がある。この後者の器官は非常に血管の多い隔壁で分けられており、空気の供給を受けるための気管を有している。他の例を植物界からあげる。植物は螺旋状に巻きつくこと、敏感な巻き鬚によって支柱にからむこと、および付着根を出すことの三つの異なる方法で木によじ登る。これらの三つの方法は、普通は異なる群に見られるのであるが、ある少数の種ではこれらの方法の二つまたは三つ全部を同じ個体に併せてもっているのが見られる。このような場合はすべて、二つの器官の一つはたやすく変容され、変容の過程の間他の器官によって助けられつつ、すべての仕事を果たせるようになるまで完成されるであろう。そしてその際、その他の器官は別の全く異なった目的に向かって変容されるか、あるいは完全に消滅するであろう。

魚類における浮き袋の例は好例である。なぜかといえば、それは元々ある目的、すなわち浮くために造られた器官がこれと甚だしく異なった目的、すなわち呼吸のための器官に転化するという非常に重要な事実をはっきりと示しているからである。浮き袋はまた、ある魚類では聴覚器官の附属器官として働いている。すべての生理学者は浮き袋が位置と構造において高等な脊椎動物の肺と相同または『理想的に類似』であることを認めている。それゆえ、浮き袋が実際に肺すなわちもっぱら呼吸のためにのみ用いられる器官に転化したことを疑う理由はないのである。

この見解に従えば、真の肺を有するすべての脊椎動物は、浮上装置すなわち浮き袋を有していた古代の未知の原型から通常の世代連続によって由来したものであると推論される。こうして我々は、これらの部分に関するオウエンの興味深い記述から推論されるように、我々が呑み込む食物や飲み物の一つ一つの小片が、声門を閉ざす見事な仕掛けにもかかわらずややもすれば肺に落ち込もうとする危険を伴いながら、気管の孔の上を通過しなければならない奇妙な事実を理解できる。高等脊椎動物ではえらは完全に消滅している――しかし胎児にあっては、首の両側にある裂目や動脈の環状の経路が今もそれらの以前の位置を印している。しかし現在全く失われたえらは、自然淘汰によってある別な目的に向かって段階的に働くようになったかもしれないと考えられる。例えばランドア（Landois）は昆虫の翅が気管から発達したものであることを示した。それゆえこの大きな綱では、かつては呼吸に使われていた器官が飛ぶための器官に実際転化したのだということは極めて確かなことらしい。

器官の転換を考察するに当たっては、ある一つの機能から他の機能への転化の確率を常に念頭に置くことが非常に重要なので、私はもう一つの例をあげてみたい。有柄蔓脚類には皮膚に二つの微小なひだがある。私はこれを保卵繋帯と名づけたが、これは粘着性の分泌物によって、卵が孵化するまで袋の中に保つ役をする。これらの蔓脚類はえらをもたず、体と袋とそれに小さな繋帯を含めた全表面で呼吸する。一方、フジツボ類すなわち無柄蔓脚類は保卵繋帯をもたず、卵は袋の底に十分閉ざされた殻に包まれて放置されている。しかし繋帯と同じ相対的位置にひだの沢山ある大きな膜がある。これは袋と体の循環空隙に自由に連絡しており、すべての博物学者によってえらとして作用していると認められている。そこで私は、一つの科における保卵繋帯が他の科におけるえらに厳密に相同であることに誰も異議を唱えないと思う。事実これらは相互に段階的となっているのである。それゆえ元々は保卵繋帯の役を果たし、さらにほんのわずか呼吸作用も助けていた皮膚の二つの小さなひだが自然淘汰によって単にその大きさを増し、またその粘着性の腺が消滅したことで次第にえらに転化したことを疑う必要はない。もしあらゆる有柄蔓脚類が滅亡していたら、実際それらは無柄蔓脚類よりもはるかに多く滅亡しているが、無柄蔓脚類のえらが、本来は卵が袋から洗い落されるのを防ぐ器官として存在したことを誰が想像したであろうか。

可能な転換のもう一つの様式がある。すなわち生殖時期の促進もしくは遅延によるものである。これは近頃合衆国においてコープ（Cope）教授その他の人々によって主張されている。ある動物はまだ完全な形質を獲得しない極めて幼い時期にすでに生殖の能力をもつことが今日知られている。もしこの力がある種において徹底的に発達したならば、成熟期が早晩無くなってしまうことは確かと思われる。そしてこの場合、特にその幼体が成熟形態と大きく異なっているときには、その種の形質は大幅に変化しそして退化するであろう。また、成熟期に達した後もほとんど全生涯の間形質を変化させ続ける動物も少なくない。例えば哺乳動物では、ミューリー（Murie）博士がアザラシについて若干の著しい例をあげているように、頭骨の形がしばしば年齢とともに大きく変えられる。年をとるにつれて、雄鹿の角がますます枝を出し、ある鳥類の羽がますます見事に発達してゆくことは誰でも知っている。コープ教授はあるトカゲの歯が年齢の進みとともにその形状を大きく変化することを述べている。フリッツ・ミュラーの記録によれば、甲殻類では成熟後、多くの軽微な部分だけでなく若干の重要な部分が新しい形質を身につける。これらのすべての場合において――まだ多くの例をあげることができる――もし生殖の適齢が遅らされれば、種の形質は、少なくともその成熟期では変容するであろう。また以前の早期の発達段階がある場合早められ、最後には無くなってしまうこともあり得ないことではない。種がこの比較的突然な転換様式によってしばしば変容したか、あるいはかつて変容したかどうかについて私は意見をいうことができない。しかしもしこれが起こったとすれば、幼体と成体の間の差および成体と老体の間の差が発達の最初の段階的な歩みによって獲得されたということは確からしい。

自然淘汰の理論の特別な困難

ある器官が連続する小さな過渡的段階によって生じることはあり得ない、と結論するには我々は極めて慎重でなければならないが、しかし疑いもなく深刻な困難な事例が存在している。

最も深刻なものの一つは、雄または繁殖力のある雌のいずれともしばしば異なる構造をもつ中性昆虫類の場合である。しかしこれは次章で扱うことにしよう。魚類の電気器官は特別な困難の他の例である。というのはこれらの不思議な器官がどのような歩みで生じたのかを想像することが不可能だからである。しかし我々はこれらが何の役に立つのかも知らないのであるから驚くには当たらない。[5]ギムノタス（Gymnotus）やシビレエイ（Torpedo）においては、これは疑いもなく有力な防御方法として、また多分獲物を確保する手段として役立つ。けれどもエイでは、マッテウッチー（Matteucci）の観察によれば、その尾にある類似器官は、この動物を非常に興奮させたときでさえ少量の電気しか発しない。前記の目的には何の役にもたたないほど非常に少量である。その上エイは、R・マクドネル（M'Donnell）

博士が示しているように、今述べた器官のほかに頭の近くに別の器官があり、これは電気的であることは知られていないが、シビレエイの電池と全く相同であるように見える。これらの器官と普通の筋肉との間に、本質的構造、神経の分布、および各種の試薬に対する反応の状態において密接な相似の存在することが一般に認められている。また、筋肉の収縮が放電を伴うことは特に注目する必要がある。そしてラドクリッフ (Radcliffe) 博士の主張するように、『静止している間のシビレエイの電気的装置には、静止している間の筋肉と神経に見られるものとあらゆる点で似ている電荷があるらしい。そしてシビレエイの放電は別に特殊なものではなく、筋肉と運動神経の活動に伴う放電の他の形式にすぎないであろう。』我々は目下のところこれ以上説明を進めることができない。しかしこれらの器官の役目について我々の知っていることはほとんどなく、また現存の電気魚類の祖先の習性や構造についても何も知らないのであるから、これらの器官が段階的に発達するに当たって何の有用な過渡的状態も有り得ない、と主張するのはあまりに大胆であろう。

これらの器官は別のさらに一層深刻な困難を提出するように最初は思われる。というのはこれらは約一ダースの種類の魚類に存在しており、しかもその中の幾つかは類縁関係が甚だ隔たっているからである。同じ器官が同じ綱の幾つかの成員に見られる場合、とりわけ非常に異なる生活習性をもつ成員に見られる場合には、我々は一般にその存在を共通祖先からの遺伝に起因すると考え、また成員のある者に欠けている場合は不使用または自然淘汰による喪失に帰することができる。従ってもし電気器官が古代のある一つの祖先から遺伝されたとすれば、すべての電気魚類は互いに特別な関係があったと期待したに違いない。しかしこれは事実から遠く離れている。また地質学も、大部分の魚類が昔は電気器官を所有していたが、彼らの変容子孫は今はそれを失ったのであるという信念には決して導かない。しかしこの問題をさらに詳しく調べてみると、我々は電気器官を備えた幾つかの魚類では、これらの器官が体の異なる部分にあること――彼らが極板の配列のような構造で異なること、またパチニ (Pacini) によれば、電気が起こされる過程または方法が異なること――そして最後に違った起点から生じる神経を有することで異なること、を見出す。そしてこの最後の相違点はおそらくすべての相違の中で最も重要なものであろう。それゆえ電気器官を備えている幾つかの魚類では、これらの器官は相同と見なすことができず、ただ機能上の類似と見なされるにすぎない。従ってそれらが共通祖先から遺伝したと想像する理由はない。もしそうであったなら、それらはあらゆる点で互いに密接に似ているはずである。こうして、外見上同じ器官が類縁上遠い幾つかの種に現れるという困難は消滅する。残るは、それよりも小さいがなおやはり重大な困難、すなわちこれらの器官は果たしてどのような段階的歩みによって魚類のそれぞれ別な群に発達したのかという困難だけである。

大きく異なる科に属する少数の昆虫類に存在し、体の異なる部分に位置する発光器官は、現在の我々の無知な状態の下では、電気器官のそれとほとんど正確に並行する困難を提供する。このほかにも同様の事例をあげることができる。例えば植物では、粘着性の腺をもつ花柄の上に生じる花粉粒の塊りの非常に奇妙な仕掛けは、ハクサンチドリ属(Orchis)とトウワタ属(Asclepidas)――この両属は顕花植物の中でおよそ最もかけ離れたものである――において外見上同じである。しかしこの場合でもこれらの部分は相同ではない。生物体の序列で互いに遠く隔たっていてしかも同様の特異な器官を備えている生物の場合にはすべて、器官の一般的外観と機能は同じであっても、それらの間に常に根本的な相違のあることが見出されるであろう。例えば頭足類すなわちイカの眼と脊椎動物の眼とは外見が驚くほど似ている。そしてこのように大幅に分離した群では、この類似のどの部分も共通祖先からの遺伝に帰することはできない。マイヴァート(Mivart)氏はこの場合を特別な困難の一つとして提示しているが、私は氏の議論にうなずくことができない。視覚の器官は透明な組織で形成されなければならず、また映像を暗室の背面に投じるためのある種のレンズを備えていなければならない。イカの眼と脊椎動物の眼との間にはこの外観の類似以外にはほとんど何の真の類似もなく、このことは頭足類のこれらの器官についてのヘンゼン(Hensen)の見事な論文を参照すれば分かる。私は今ここで詳細に立入ることはできない。しかしその差異点の二三を明記しておこう。高等なイカにおける水晶体は二つの部分から成っていて、二レンズ系のように前後に置かれており、両者とも脊椎動物のものと非常に異なる構造と配列をもっている。網膜は全く違っていてその主要部は事実上逆になっており、また眼の膜の内部に大きな神経節がある。筋肉の関係はこれ以上考えられないほど違っており、その他の諸点も同様である。それゆえ頭足類と脊椎動物の眼を記述するのにどの程度まで同じ用語を使用すべきかを決めることは小さな困難ではないのである。いずれの場合も、眼は連続するわずかな変異の自然淘汰をとおして発達することができたのだということを否定するのはもちろん誰でも自由である。しかしもしこれがある一つの場合に認められれば、それは他の場合にも明らかに可能である。そしてこの二つの群の視覚器官における構造の根本的差異は、それらの形成方法についての見解に一致して予想されたところである。二人の人が時々別個に同じ発明に行き当たることがあるように、以上述べてきた幾つかの場合でも、各生物の利益のために働き、またすべての有利な変異を利用する自然淘汰が、その構造の何ものも共通祖先からの共通の遺伝に負わない別異の生物において、機能に関する限り類似の器官を生じたものと思われる。

フリッツ・ミュラーはこの書で到達した結論を検討するために、多大の注意を払ってほとんど同じ議論の道筋を徹底的に追求した。甲殻類の幾つかの科には、空気を呼吸する装置を備え水の外で生活するのに適した少数の種が含まれている。これらの科の中で、ミュラーが特に研究し相互に近い関係をもつ二つの科では、その種はすべての重要な形質がごく密接に一致している。すなわちそれらの感覚器官、循環系統において、それらの複雑な胃の内部の毛のふさの位置において、そして最後に、水で呼吸するえらの全構造、またこのえらを清掃する顕微鏡的な鉤に至るまで密接に一致している。それゆえ陸上に生活する両科所属の少数の種では、同等に重要な大気呼吸装置は同じであると期待されるに違いない。なぜならば、他のすべての重要な器官が密接に類似しあるいは全く同一であるのに、同じ目的のために与えられたこの一つの装置が違ったものにされる理由はないからである。

フリッツ・ミュラーは私の提出した見解と一致して、構造上のこのように多くの点の密接な類似は共通祖先からの遺伝によって説明されなければならないと論じている。しかし前述の二科の大多数の種は、他の大部分の甲殻類と同様にその習性が水棲的であるので、それらの共通祖先が空気を呼吸するように適応していたということはほとんど有りそうもないことである。こうしてミュラーは空気を呼吸する種の装置を詳細に調べるに至ったのである。そして彼はそれぞれが幾つかの重要な点、例えば孔の位置、その開閉の方法、また若干の附随的細部において相違することを発見した。さてこのような差異は、別異の科に属する種が次第に水の外で生活し、空気を呼吸するようにゆっくりと適応したという仮定に立てば理解できることであり、予期することとさえできたかも知れない。なぜなら、これらの種は別異の科に属しているのである程度相違していたであろうし、また各々の変異の性質は二つの因子、すなわち生物の性質と周囲の条件の性質に起因するという原則に一致して、彼らの変異性は確かに厳密に同じではなかったからである。従って自然淘汰は同じ機能的結果に到達するために異なる材料または変異に働きかけたであろう。そしてこのようにして獲得された構造はほとんど必然的に相違していたであろう。創造の個別的作用の仮説に立てば、すべての事例は理解できないままに残される。本書で私が主張した見解をフリッツ・ミュラーが受け入れるようになったのは、主としてこの議論の道筋の重要性によるものと思われる。

別の著名な動物学者、故クラパレード（Claparède）教授は同様の方法で同様の結果を論じた。彼は、異なった亜科と科に属する寄生性のダニ（コナダニ科 Acaridae）で毛把握器を備えたもののあることを示している。これらの器官は共通祖先から遺伝されたものではあり得ないので、独自に発達したものでなければならない。そしてそれぞれの群において、これらは前脚——後脚——小腮または唇片——および体の後部の下側にある附属肢の変容によって形成される。

前述の事例において、我々は全く近縁でないかもしくはごく遠縁にすぎない生物が、発生上はそうではないが外見上は密接に類似した器官によって、同じ結果を得て同じ機能を果たしているのを見る。他方、密接に関連する生物の場合でさえ、時々同じ結果が極めて多様な手段で得られるということは自然界全体を通じての共通の規則である。鳥類の羽毛で覆われた翼とコウモリの膜で覆われた翼とはいかに違った構造であろうか。また蝶の四枚の翅、蠅の二枚の翅、および甲虫の鞘つきの翅ではなおさらのことである。二枚貝の殻は開いたり閉じたりするようにできているが、蝶番は——マメクルミガイ（Nucula）のきちんと咬み合う歯の長い列からイガイ（Mussel）の単純な靱帯に至るまで——何と数多くの型に造られていることか！　種子が散布されるのはそれが微小であることにより――その翅が軽い風船のような気嚢に転化していることにより――鳥の注意をひいて食われるように、非常に多様な部分から成り栄養分を多くしまた目立つように彩色されている果肉の中に埋め込まれることにより――四足獣の毛に附着するように多くの種類の鉤や錨鉤また鋸歯状の芒をもつことにより――そしてどんな微風でも漂うように種々の形をした優雅な構造の翼や冠毛を備えることにより、なされるのである。同じ結果が極めて多様な手段によって得られるという問題は十分注目に値するので、私はなお他の一例をあげておきたい。ある著述家達は、生物は店頭の玩具と同じことで、ただ変異することが目的で多様な方法で形成されたのであると主張する。しかし自然についてのこのような見解は信じられない。雌雄が別な植物や、雌雄同体であるが花粉が自発的に柱頭に落ちない植物では、その受精のためにある助けが必要である。幾つかの種類では、軽くて粘着性のない花粉粒が風のため単なる偶然で柱頭に吹きつけられることによってこれが行われる。そしてこれは想像することのできる最も簡単な設計である。これとは大分違うが簡単なことではほとんど同様の設計は、対称的な花が少量の蜜を分泌することであり、従って昆虫の来訪を受ける多くの植物に見出される。そしてこれらの昆虫は花粉を葯から柱頭に運ぶのである。

この簡単な段階から出発して、我々は数限りない仕掛けを見ることができる。すべては同じ目的のためであり、また本質的には同じ方法で目的が果たされているのだが、花のあらゆる部分に変化をもたらしている。蜜は種々の形の花托に蓄えられ、花托は多くの状態に変容した雄蕊や雌蕊をもち、時には罠のような仕掛けになっており、時には刺激反応または弾性によって巧みに適応した運動を行うことができるようになっている。我々はこのような構造から出発して、近頃クリューゲル（Crüger）博士がコリアンテス(Coryanthes)について記述しているような異常な適応の例にまでくることができる。このランは唇弁すなわち下唇が大きなバケツのようにうつろになっていて、その上にある二つの分泌角《つの》からほとんど純粋な水滴が絶えず中に落ちてくる。そしてバケツが半分ほど満たされると、水は一方の側のとい口から溢れて出る。唇弁の基底部はバケツの上方にあり、それ自身もまたうつろになっていて側面に二つの入口がある一種の小室をなしている。この小室の内部には奇妙な肉質の隆起がある。どんな明敏な人でもそこで起こっていることを目撃しなければ、これらのすべての部分が何の目的に役立つかを決して想像することができないであろう。しかしクリューゲル博士は、オオマルハナバチの群れがこのランの巨大な花を訪れるのは蜜を吸うためでなく、バケツの上方の小室内の隆起を嚙み切るためであるのを見た。その際彼らはしばしば互いに押し合ってバケツの中に落ち込み、そのため彼らの翅は濡れて飛べなくなり、已むを得ずとい口すなわち、排水口になっている通路を通って這い出されなければならなかった。クリューゲル博士はこうして不本意な水浴から這い出してくる蜂の『間断なき行列』を見た。この通路は狭くまた蕊柱の屋根で覆われているので、蜂がその道を無理に押し出ようとする際に、その背をまず粘着性の柱頭にこすりつけ、次に花粉塊の粘着腺にこすりつける。こうして花粉塊は、開いたばかりの花の通路をたまたま最初に通って這い出した蜂の背に粘りつき、こうして運ばれるのである。クリューゲル博士は蜂と一緒にこの花をアルコール漬けにして私に送ってくれた。蜂はちょうど這い出す前に殺したもので、その背にはまだ花粉塊がくっついていた。このように花粉の支給を受けた蜂が他の花かまたは同じ花に再び飛んでゆく。そしてその仲間のためにバケツの中に落されて通路から這い出すときに、花粉塊は必然的に最初にねばねばした柱頭に接触しそれにくっつく。そして花は受精する。今や遂に、我々はこの花のあらゆる部分、水を分泌する角、水が半分満ちているバケツの十分な効用を知った。それは蜂の飛び去るのを妨げ、また彼らがとい口を通って這い出し適当な位置にある粘着性の花粉塊と粘着性の柱頭をこすることを強制する。

もう一つの近縁のラン、すなわちカタセタム(Catasetum)の花の構造は、同じ結果を果たすのであるが大きく異なっており、そして同様に奇妙なものである。蜂はコリアンテスの花の場合と同様に唇弁を嚙み切るためにこの花を訪れる。その際彼らは長くて先の尖った繊細な突起、すなわち私が触角とよんだものに必然的にさわる。この触角はそれに触れると一種の感覚もしくは振動をある膜に伝え、膜は直ちに破裂する。これによってばねが解かれて花粉塊が矢のように正しい方向に放たれ、その粘着性の先端によって蜂の背にくっつくのである。雄性植物(というのはこのランには雌雄の区別があるから)の花粉塊はこのようにして雌性植物の花に運ばれ、そこで柱頭に接触する。柱頭は弾力のある糸をちぎるほどの粘着性があり、花粉がそこに保持され、受精が果たされるのである。

前述の例やその他の無数の例について次のように問われるかもしれない。我々はいかにして、同じ結果を得るためのこのような段階的な複雑さの序列と多種多様な手段が生じたことを理解できるのか。すでに述べたように、これに対する疑いのない答えは、すでにわずかな程度互いに異なっている二つの形態が変異するとき、変異性は正確に同じ性質ではなく、従って同じ一般的目的のために自然淘汰によって獲得された結果もまた同じにはならないであろうということである。我々はまた、高度に発達したあらゆる生物は多くの変化を経てきたこと、そして変容した各構造は遺伝する傾向があるので各変容は簡単には失われず、かえってさらに何度も変えられるということに留意すべきである。それゆえ、それぞれの種のそれぞれの部分の構造は、それがどんな目的に役立つにせよ、変化した習性と生活条件に種が連続的に適応する間に受けた多くの遺伝する変化の総計である。

それで最後に、どのような変遷によって器官がその現在の状態に到達したかは多くの場合推測することさえ極めて困難であるが、生存する既知の形態が絶滅した未知の形態に対していかに小さい割合であるかを考慮すれば、私はそこに至る過渡的段階の全く分からない器官がいかに稀かということに驚くのである。まるである特別の目的のために創造されたような新しい器官が生物に現れることは稀かもしくは絶無である、ということは確かに事実である。――博物学における古い、しかし幾らか誇張された、かの『自然は飛躍せず』という規範の示すとおりである。我々は経験に富んだほとんどすべての博物学者の著述においてこのことが認められているのを見る。あるいはミルヌ・エドワール（Milne Edwards）が表現したように、自然は変化に対しては無駄使いするが革新に対してけちである。創造説の上では、なぜ、変化がこのように多いのに真に斬新なものはこのように少ないのであろうか？　それぞれが自然における固有の場に別々に創造されたと想定される多くの独立した生物のすべての部分と器官が、なぜこうも普通に段階的歩みによって連結されているのであろうか？　なぜ自然は構造から構造へ突然飛躍しないのであろうか？　自然淘汰の理論によれば、我々は自然がなぜそうしないかをはっきりと理解することができる。なぜならば、自然淘汰はたらくだわずかな連続的変異を利用することによってのみ作用するからである。自然は決して大きな突然の飛躍をせず、緩慢ではあるが短く確実な歩みでもって進まなければならないのである。

外見上あまり重要でない器官が自然淘汰の作用を受けること

自然淘汰は生と死によって——適者生存によって、また十分適応しなかった個体の滅亡によって——作用するのであるから、私は時々、重要ではない部分の起原または形成を理解するのに大きな困難を感じた。性質は全く違うが、最も完全で複雑な器官の場合とほとんど同じ大きさの困難を感じたのである。

第一に、我々は任意の一つの生物の全組織についてあまりにも無知であるので、どの微小変容が重要でどれがそうでないかを言うことができないのである。前章で私は果実の綿毛やその果肉の色、四足獣の皮膚と毛の色のような、ごく価値の少ない形質の例をあげた。これらの形質は体質の差異と相互に関連し、また昆虫の攻撃を決定するので、確かに自然淘汰の作用を受けるであろう。キリンの尾は人工的に造られた蠅叩のようにみえる。そしてこの尾が、わずかな変容の連続により、各変容ごとに蠅を追い払うというようなそう大したことではない目的にますますよく適応してゆき、遂にその今日の目的に適応するようになったということは最初は信じ難いように見える。しかし我々はこのような場合でさえも、あまり独断的にならないで一息入れて考えるべきである。というのは、南アメリカの牛やその他の動物の分布と生存が完全に昆虫の攻撃に抵抗する彼らの能力に依存していることを、我々は知っているからである。それゆえ、何らかの方法でこの小さい敵を防御することのできる個体は新しい牧草地に広がってゆくことができ、こうして大きな利益を得るのである。大きな四足獣が実際に蠅のために殺されるということは（幾つかの稀な例を除いて）ないが、しかし絶えず悩まされてその体力が衰え、そのために病気にかかり易くなり、あるいは食物が不足したときにそれを探したり猛獣の攻撃から逃げたりすることが十分にできなくなるのである。

現在は大して重要性のない器官が、ある場合にはおそらく初期の祖先にとってなかなか重要なものであり、そして前の時代に徐々に完成された後、今は非常にわずかな用しかなくても、ほとんど同じ状態で現存の種に伝えられたのであろう。しかしそれらの構造における実際に有害な偏向はもちろん自然淘汰によって抑制されたであろう。大部分の水棲動物でその尾がいかに重要な移動器官であるかを見れば、肺または変容した浮き袋によって元々水棲動物であったことが示されている多くの陸棲動物に、この尾が一般的に存在して多くの用に充てられていることは、おそらくこのようにして説明されるであろう。よく発達した尾がある水棲動物において形成されていたならば、それはその後にあらゆる種類の用途——蠅叩として、把握器官として、あるいは犬の場合のように方向転換の助けとして——充てられるようになるであろう。もっともほとんど尾のないノウサギのほうが一層素早く身をかわすことができるのであるから、この最後の場合における補助は些細なものに相違ない。

第二に、我々は誤ってある形質を重要なものと見なし、そしてそれが自然淘汰によって発達したのだと誤信することがよくある。我々は、生活条件の変化の確定的作用の——条件の性質に対しては全く従属的にしか依存していないように見えるいわゆる自発的変異の——永い間失われていた形質へ回帰する傾向の——相関、代償、ある部分の他の部分への圧力等のような複雑な成長法則の——そして最後に、一つの性に有用な形質をしばしば獲得させ、次いで何の役にも立たないのにもう一つの性にそれを多少とも完全に伝える雌雄淘汰の、効果を決して見過ごしてはならない。しかしこのようにして間接に獲得した構造は、最初は種にとって何の利点がなくても、後にその変容子孫によって新しい生活条件と新しく獲得した習性の下で有利となったかも知れない。

もし緑色のキツツキだけが生存していて他に多くの黒色または雑色の種類があることを知らなかったならば、我々はおそらく、緑色は常に木を訪れるこの鳥をその敵から隠すための見事な適応であると考え、従ってそれは重要な形質であり、自然淘汰によって獲得されたものであると考えたに違いないと私は思う。実のところ、この色は多分主として雌雄淘汰に起因するのである。マレー諸島における絡みつく性質のヤシは、枝の末端に集まっている巧妙な構造の鉤によって非常に高い木に登ってゆく。そしてこの仕掛けは疑いもなくこの植物に最高に役立っている。しかし我々は攀縁植物でない多くの樹木にこれとほとんど同様の鉤を見出す。そしてこの鉤はアフリカや南アメリカにおける棘をもつ種の分布から信じられるように、それを食べる四足獣に対する防御の役をなすものである。それゆえヤシの尖った大釘も最初はこの目的のために発達し、その後この植物がさらに変容を受けて攀縁植物となるにつれて改良され有益となったのであろう。ハゲタカの頭の上の裸の皮膚は、腐敗物の中で転げ廻るための直接の適応であると一般に見なされている。そうかもしれないがことによると腐敗物の直接作用によるのかも知れない。しかし我々は清潔な食物を食う雄のシチメンチョウの頭の皮膚が同様に裸であるのを見ると、このような推測を下すにはよほど慎重でなければならない。また哺乳類の幼児の頭骨における縫合は、分娩を助ける見事な適応であるという意見が出されている。疑いもなくこれは分娩を容易にし、あるいはそれに絶対必要なものであるかも知れない。しかし縫合はただ卵の殻を破って出るにすぎない鳥類や爬虫類の幼体の頭骨にもあるのであるから、我々はこの構造が成長の法則によって発生し、そして高等動物の分娩に有利となったのであると推測することができる。

我々はそれぞれの軽微な変異または個体差の原因については全くの無知である。異なる国における――とりわけ組織的淘汰がほとんど行われなかった未開な地方における――家畜動物の品種間の差異を熟考するとき、我々はすぐにこのことに気がつく。異なる地方の未開人に飼われている動物は、しばしば自己の生存のために闘争しなければならず、ある程度までは自然淘汰にさらされており、わずかに異なる体質をもつ個体が異なる気候の下で最も成功するかも知れない。牛では蠅の攻撃を受け易い度合は色と相関があり、ある植物に中毒し易い度合も同様である。従って色さえもこうして自然淘汰の作用を受けるのである。何人かの観察者は湿気の多い気候が毛の生長に影響すること、また角が毛と相関のあることを確信している。山地性品種は常に低地性品種と異なっている。そして山の多い地域は後肢を働かせることが多いので多分そこに影響を及ぼし、ことによると骨盤の形にさえ影響を及ぼすかも知れない。そしてその際には、相同変異の法則によって、多分前肢や頭部も影響を受けるであろう。また骨盤の形状はその圧力によって子宮内の胎児のある部分の形状に影響するかもしれない。高地帯では呼吸に骨が折れるので胸の大きさを増す傾向があり、これには十分信ずべき理由がある。そしてこの場合にも相互関係が働くであろう。豊富な食べ物に伴う運動の減少が生物体全体に及ぼす効果はおそらくさらに一層重要であろう。そしてこのことはH・フォン・ナトゥージウス(von Nathusius)が近頃その卓越した論文で示したように、明らかに豚の品種が受けた大きな変容の主要な原因である。しかし我々は既知ならびに未知の幾つかの変異の原因の相対的価値を推測するにはあまりにも無知である。そして私が以上のことを述べたのは、一つあるいは少数の母種から普通の世代連続によって生じたと一般に認められている幾つかの飼育品種の形質的差異でさえも我々が説明できないとすれば、正真の種の間のわずかな相似的差異の正確な原因について我々が無知であることを、我々はそう問題にすべきではないということを示すためにすぎない。

功利説はどの程度まで真実であるか、美はいかにして獲得されたか

以上の論説に関連して、私は近頃何人かの博物学者によってなされた一つの抗議について数言を費さなければならない。その抗議というのは、構造のあらゆる細部が皆その所有者の利益のために生成されたという功利説に対してなされたのである。彼らは、多くの構造は人間または創造主(しかし創造主のことは科学的論議の範囲を越えている)を喜ばせる美のために、もしくはすでに論じた見解だが、単に変化の多様性のために造られたと信じている。このような説がもし真実であれば、私の理論に対して絶対的に致命的である。私は多くの構造が現在その所有者にとって何ら直接の役に立たず、またその祖先にとっても何の役にも立たなかったものであることを十分に認める。しかしこれはそれらが単に美や多様性のために造られたという証拠にはならない。条件変化の一定の作用や前に明記した変容の様々な原因が、その結果獲得された利点とは無関係に、すべてある効果を、おそらくは大きな効果を、生じたことは疑いない。しかしそれよりもさらに重要な考察は、あらゆる生物の生体構造の主要部分は遺伝によるものであるということである。従って各生物は確かに自然界におけるそれぞれの場に適合しているけれども、多くの構造は現在の生活習性に対して何ら密接で直接的な関係をもっていない。こうして我々は、高地のガンやグンカンドリの水掻のある足がこれらの鳥にとって特別な用途をもつと信じることはできない。我々は猿の腕、馬の前脚、コウモリの翼、およびア

ザラシのひれ足における同様の骨がこれらの動物に対して特別な用途をもつと信じることはできない。我々はこれらの構造を遺伝に帰して差しつかえない。しかし水掻のある足は、現存の鳥類で最も水棲的なものに現在有用であるのと同様に、高地のガンやグンカンドリの祖先には有用であったに相違ない。同じく我々は、アザラシの祖先がひれ足をもたず、歩いたり握ったりするのに適した五本の指のある足をもっていたと信じてよい。さらに進んで猿、馬、およびコウモリの四肢にある幾つかの骨は、効用の原則に基づいて、おそらくその綱全体の魚類のような古代の祖先のひれにおける一層多くの骨の減少によって最初に発生したものであることを、我々は敢えて信じることができる。外的条件の一定の作用、いわゆる自発的変異、および複雑な成長の法則のような変化の諸原因をどの程度まで考慮すべきかは、決定することがほとんど不可能である。しかしこれらの重要な例外はあっても、あらゆる生物の構造は現在か過去においてその所有者にある直接、間接の用途をもっている、またはもっていたと結論できよう。

生物は人間を喜ばすために美しく造られたという信念——この信念は私の全理論を覆すものであると主張されている——に関しては、私はまず、美的感覚は歎賞する対象物の実際の性質にはかかわりなく明らかに心の本性によるものであること、また何が美しいかという観念は生来のもの、あるいは不変のものではないことをいっておこう。このことは、例えば異なる人種の男がその婦人に全く異なる規準で美を歎賞することで分かる。もし美しい物が単に人間の満足のためにのみ創造されたのであれば、人間の出現以前にはその登場以後よりも、地球の表面に美が少なかったということを示さなければならない。始新世の美しい巻貝やイモ貝、また第二紀の優美な彫刻のあるアンモナイトは、[6]後に人間がその陳列室で歎賞するために造られたのであろうか？　珪藻類の微小な珪質の小函ほど美しいものはほとんどない。これらは顕微鏡の高い倍率の下で調べられ歎賞されるために造られたのであろうか？　この後者の例や多くの他の例における美は明らかにすべて成長の対称性に起因するものである。花は自然界の最も美しい生成物に属している。しかし花は緑色の葉と対照をなして目立つようにされ、その結果として同時に美しくなったのであって、このため容易に昆虫類の眼につくのである。私がこの結論に達したのは、風によって受精する花は決して華美な色の花冠をつけないという例外のない規則を発見したからである。幾つかの植物はいつも二種類の花を生じる。その一つは昆虫をひきつけるように開かれ、彩られており、もう一つは閉じて色がなく、蜜を生ぜず決して昆虫が訪れない。それゆえ我々は、もし昆虫がこの地球上に発生しなかったとすれば、我々の植物は美しい花で飾られることがなく、風の媒介によって受精するモミ、ナラ、クルミおよびトネリコの木、また禾本類、ホウレンソウ、ギシギシ、およびイラクサに見るような貧弱な花のみを生じたであろうと結論してよい。同様の論法が果実にも当てはまる。熟したイチゴやサクランボが口にも眼にも快いこと——セイヨウマユミの華美に彩られた果実やセイヨウヒイラギの深紅色の漿果が美しいものであること——は誰にも認められるであろう。しかしこの美は果実が喰われその種子が排泄物としてまき散らされるための、鳥や獣に対する案内役をなすにすぎない。私がこのことの事実であることを推論するのは、種子が何らかの種類の果実の中（すなわち多肉質または果肉性の外被の中）に埋め込まれている場合は果実が輝くように彩られ、あるいは白や黒によって目立つようにされているという規則に対する例外を一つも見出さないからである。

他方、私は最も華麗なすべての鳥類、幾つかの魚類、爬虫類、および哺乳類、さらに華麗に彩られた蝶の大群のような多数の雄の動物は、美のために美化されているということを進んで認める。しかしこれは雌雄淘汰をとおして、すなわちより美しい雄が絶えず雌に好まれてきたことにより生じたのであって、決して人間の喜びのためではないのである。鳥の音楽についても同様である。我々はこれらのすべてから、美しい色に対しまた音楽の音色に対してほとんど類似の嗜好が動物界の大きな部分にゆきわたっていることを推論してよい。雌が雄と同様に美しく彩られているような鳥類や蝶類には稀でない場合には、その原因は明らかに雌雄淘汰をとおして獲得された色彩が雄だけに伝わらないで雌雄両性に遺伝されたことにある。最も単純な形における美の感覚——すなわちある色彩、形、および音から特有の種類の喜びを感受すること——がいかにして人類や下等な動物の心に最初に発生したかということは極めて不明瞭な問題である。なぜある味や芳香が快感を与えて他のものが不快感を与えるかを問う場合にも同様の困難が生じる。これらの場合のすべてに、ある程度まで習性が作用するように思われる。しかしそれぞれの種における神経系統の性質に、ある根本的原因が存在しているに違いない。

自然界全体を通じて、一つの種は絶えず他の種の構造を利用しまた利益を得ているが、自然淘汰はある種の中にもっぱら他の種の利益となる変容を生じさせることは決してできない。しかし自然淘汰は毒蛇の牙や、ヒメバチがその卵を他の昆虫類の生きた体の中へ産みつけるための産卵管のような、しばしば他の動物を直接害するような構造を生じることができ、また生じている。もしある一つの種の構造のある部分が全く他の種の利益のためにだけ形成されたということが証明されたとすれば、それは私の理論を無効にすることになろう。なぜならば、このようなものは自然淘汰では生成されないはずだからである。この効果について多くの記述が博物学の本に見出されるけれども、私は一つとして価値のあるものを見出すことができない。ガラガラヘビが自己の防御のためと餌食を殺すために毒牙を有することは認められる。しかしある著述家達は、同時にそれは自己自身の害のために、すなわち獲物に警告するために発音器を備えていると想定する。それくらいなら私は、猫が飛びかかろうとするに当たってその尾の先を曲げるのは、不運な鼠に警告するためであるということもほとんど同様に信じるであろう。ガラガラヘビがその発音器を使用し、コブラがその頭巾を広げ、パッフ・アッダー(7)が大きな荒々しいシューシューという声を発しながら膨れあがるのは、最も有毒な種をも攻撃することが知られている多くの鳥獣類を威嚇するためであるというほうがはるかに確からしい見解である。蛇は、犬がひよこに近づいたときに雌鶏がその羽毛を逆立て翼を広げるのと同じ原則に基づいて行動する。しかし私には、動物がその敵を威嚇しようとして用いる多くの方法についてここに詳述する紙幅がないのである。

自然淘汰がある生物において、その生物に有益である以上に有害な構造を生じることは決してないであろう。というのは、自然淘汰はそれぞれの生物の利益によってのみ、また利益のためにのみ働くからである。パレイ（Paley）が述べたように、その所有者に苦痛をひき起こす目的で、もしくは害を与えるために形成される器官はないであろう。もし各部分によってもたらされた利益と損害を公平に算定すれば、いずれも全体として有利なことが見出されるであろう。変化する生活条件の下で時間が経過した後に、もしある部分が有害になればその部分は変容するであろう。もしそうでなければ、その生物は無数の生物が滅亡したように滅亡するであろう。

自然淘汰は各々の生物を、競争相手である同じ地域の他の棲息者と同じように完全にするか、もしくはわずかに優る程度に完全にする傾向をもつにすぎない。そして我々はこれが自然界で達成される完全の規準であると見る。例えば、ニュージーランド固有の諸生物は相互の比較の上では完全である。しかし今やヨーロッパから導入された植物および動物の進軍する軍団の前に急速に屈服しつつある。自然淘汰は絶対的な完全を生じないであろう。そして、我々の判断し得る限りでは、我々は自然界でこの高い規準にあうことはない。光の収差に対する補正は、最も完全な器官である人間の眼においてさえも完全でないとミュラーはいっている。ヘルムホルツ(Helmholtz)――彼の判断には誰も異議をはさまないであろう――は人間の眼の驚くべき能力を最も力強い言葉で記述した後、次のような注目すべき言葉を付け加えている。『我々が光学器械や網膜上の映像において発見した不正確で不完全な方法については、我々が今感覚の領域で遭遇した不一致と比較すれば無に等しい。自然は外界と内界の間に調和が昔から存在するという理論からすべての根拠を取り去るために、矛盾を積み重ねて楽しんでいるといえよう。』もし理性が我々を自然界における多くの真似のできない仕掛けに驚歎させたとしても、この同じ理性が、ある別の仕掛けは不完全であることを我々に告げる。もっとも我々はこの両面において誤りを犯し易いのであるが。我々はミツバチの針を完全なものと見なすことができるであろうか? この針は多くの種類の敵に対して用いられたときには、後方に向かっている鋸状の歯のために抜き取ることができないので、その虫は必然的にその内臓を引き裂いて死ぬことになるのである。

もしミツバチの針を、同じ大きな目に属する多くの成員にあるような鋸歯状の穿孔器として遠い祖先に存在したものと見なし、そして以来それは変容したが現在の目的のためには完成されてなく、また本来は虫こぶの生成というような別の目的に適応していた毒がその後強烈になったとみれば、おそらく我々は針の使用がなぜこんなによく昆虫自身の死をひき起こすかを理解できるであろう。なぜならば、もし全体から見て刺す能力が社会的共同体に有用であるならば、たとえ少数の仲間の死をひき起こしても、それは自然淘汰のすべての要求を満たすからである。我々は多くの昆虫の雄が雌を発見するのに用いるまことに驚くべき嗅覚能力に感歎しても、この目的のみであって、その共同体にとって他の目的では全く無用であり、結局は勤勉な不稔の姉妹によって殺される何千もの雄のミツバチが生成されることに感歎できるであろうか？　女王蜂をして、その娘である若い女王蜂が生れる否や直ちに滅ぼさせ、あるいはその闘争の中で自らが死ぬ野蛮な本能的憎悪心に感歎することは困難かもしれないが、しかし我々は感歎しなければならないのである。なぜならばこれは疑いもなく共同体の利益のためであるからである。母性愛でも母性憎悪でも、もっとも後者は幸いにもごく稀であるが、冷酷な自然淘汰の原則にとっては全く同じことである。もしランや他の多くの植物を昆虫の媒介によって受精させる幾つかの巧妙な仕掛けに感歎しても、モミが少数の花粉粒を偶然胚珠に吹き送るために造る花粉の濃密な雲の精巧さを、同等に完全なものと見なすことができるであろうか？

摘要、型の一致の法則と生存条件の法則は自然淘汰の理論に包括される

我々は本章において、本理論に対して強く主張される幾つかの難点と反論を検討した。これらの多くは深刻なものである。しかし私はこの検討によって、創造の個別的作用の信念からは全く分からない幾つかの事実の上に光が投げかけられたと考える。我々は、種がある一時期において漠然とは変異せず、また多数の中間的段階によって連結されていないのは、部分的には自然淘汰の過程が常に非常に緩慢で、そして一度に少数の形態だけにしか作用しないからであり、また部分的には自然淘汰の過程そのものが先行の中間的段階の絶え間ない排除と絶滅を伴っているからであることをみた。現在連続した区域に棲息する近縁の種は、その区域がつながっていなかったときに、そして生活条件が一地区から他地区へ感知できないほど漸次的ではなかったときに、しばしば形成されたに違いない。二つの変種が連続した区域の二つの地方に形成されるときには、中間地帯に適した中間変種がしばしば形成される。しかしすでに指摘した理由によって、通常、中間変種はそれが連結する二つの形態よりも生存する数が少ない。従って後の二形態は、さらに一層の変容が進行する間、多数存在しているためにそれより少ない中間変種に優る大きな利点をもつであろうし、このようにして一般にそれを排除し根絶することに成功するであろう。

我々は本章において、最も異なる生活習性が互いに段階的に他へ移り変わってゆくことはできないこと、例えばコウモリが最初は空中を滑空しただけの動物から自然淘汰によって形成されることはあり得ないこと、を結論するにはいかに慎重でなければならないかを見た。

我々は種が新しい生活条件の下でその習性を変化させることを見た。あるいはそれは最も近い同類と全く似ていないものを含む多様な習性をもつこともあり得る。それゆえ我々は、各生物が生活できるところにはどこでも生きようと試みるものであることを念頭におけば、水掻のある足を有する高地のガン、地上のキツツキ、水に潜るツグミ、およびウミスズメの習性をもつミズナギドリがどうして生じたのかを理解できるのである。

眼のような完全な器官が自然淘汰によって形成されたという信念に対しては誰でもたじろがずにはいられないが、しかしもしある器官の事例において、変化しつつある生活条件の下で、それぞれがその所有者に有益である複雑で段階的な長い系列のあることを我々が知るならば、自然淘汰により想像できる程度の完全さが獲得されることに論理的な不可能は存在しない。我々が中間的または過渡的状態のあったことを知らない場合、そのようなものは一つも存在しなかったと結論を下すには極めて慎重でなければならない。なぜならば多くの器官の変態は、機能上のどんなに驚くべき変化でも、少なくとも可能性はあることを示しているからである。例えば浮き袋は明らかに空気を呼吸する肺に転化している。同じ器官が非常に異なる機能を同時に営み、後にその一部分もしくは全部がある一つの機能に対して特殊化した場合、また二つの別の器官が同時に同じ機能を営み、その一つがもう一つに助けられて完成した場合には、転化がしばしば大いに促進されたに違いない。

我々は、自然の序列において互いに大きく離れている二つの生物の場合、同じ目的に役立ち外観も密接に似ている器官が別々に独立に形成されることを知った。しかしこのような器官を綿密に調べて見ると、その構造に本質的差がほとんど常に発見される。そしてこれは自然淘汰の原則からの当然の帰結である。他方、同じ結果を得るための構造が無限に多様であることは、自然界を通じて共通の規則である。そしてこれも同じ大原則からの当然の帰結である。

多くの場合、ある部分もしくはある器官は種の繁栄にとって重要でないから、その構造の変容が自然淘汰の手段によって徐々に累積されることはないと主張するには、我々はあまりにも無知である。多くの他の例では、変容はおそらく変異の法則または成長の法則の直接の結果であり、こうして得られた利益とは無関係なのである。しかしこのような構造でさえも後にしばしば利用され、新しい生活条件の下で種の利益のためにさらに変容したことは確実であると感じられる。我々はまた、以前には重要であった部分が今日の状態では自然淘汰の手段で獲得されたとは思えないほど価値が小さくなっているけれども、(水棲動物の尾が陸棲の子孫によって保有されているように) しばしば保有されたことを信じる。

自然淘汰がある種においてもっぱら他の種の利益もしくは損害のためにのみ何かを生じることはできない。他の種にとって大いに有益か不可欠である、あるいはまた大いに有害な部分、器官、および排泄物を生成することはできるが、しかしすべての場合にそれらは同時にその所有者にとって有用なのである。十分に生物が繁殖した各地域では、自然淘汰は棲息者の競争をとおして働く。従ってそれは単に個々の地域の規準に対応して生活のための闘いを成功させるにすぎない。それゆえ、一般的な狭い地域の棲息者は、他の一般的な広い地域の棲息者にしばしば屈服する。なぜならば、広い地域では個体の数が多く、形態がより多様で、競争は一段と厳しく、従って完成の規準がより高いところにあるからである。自然淘汰は必ずしも完全無欠の完成には導かないであろう。そしてまた、我々の限られた能力で判断する限りでは、完全無欠の完成はどこにもないと断言できる。

自然淘汰の理論に立てば、我々は博物学における古い規範『自然は飛躍せず』の十分な意味をはっきりと理解することができる。この規範は、もし我々が世界の現在の棲息者だけを見るのであれば厳密には正しくない。しかしもし、既知であるか未知であるかを問わず過去のすべての棲息者を包括すれば、それはこの理論の上から厳密に真実でなければならない。

一切の生物が二大法則——『型の一致』と『生存条件』——の上に形成されたことは一般に認められている。型の一致とは、我々が同じ綱の生物において見る、彼らの生活習性とは全く無関係な構造上の根本的一致を意味するのである。私の理論では、型の一致は由来の一致によって説明される。かの有名なキュヴィエ(Cuvier)がしばしば主張した生存条件という表現は、自然淘汰の原則の中に完全にとり入れられている。なぜかというと、自然淘汰はそれぞれの生物の変異している部分をその有機的無機的な生活条件に現在適応させるか、あるいは過去の時期に適応させたかのいずれかで作用するからである。そして適応は多くの場合、部分の使用増加または不使用によって助けられ、外的生活条件の直接作用に影響され、そしてすべての場合に成長と変異の幾つかの法則に支配されるのである。それゆえ実際に、『生存条件』の法則は過去の変異と適応の遺伝をとおして『型の一致』の法則を包含するので、より高い法則なのである。

訳　者　注

(1) コウモリザルともいう。現在は皮翼目ヒヨケザル科

(2) upland goose　パタゴニアやフォークランド諸島に棲息するマゼランガンのこと

(3) sarcode　原形質の旧称

(4) 現在は原索動物門頭索亜門に入る

(5) デンキウナギに比較的近い硬骨魚類

(6) Secondary period　G. Arduino（一七五九）の地殻四区分の第二番目。中生代に相当する

(7) puff-adder　アフリカ南部の乾燥地に棲むクサリヘビ科のヘビ

第七章　自然淘汰の理論に対する種々の反論

長寿——変容は必ずしも同時に起こるのではない——直接には役立たないように見える変容——漸進的発達——機能上重要さの小さい形質は最も不変である——有用構造の初期段階を説明するには自然淘汰は無能であるという仮説——自然淘汰を通じての有用構造の獲得を妨げる原因——機能の変化を伴う構造の漸次的移行——同一綱の成員における同一の根源から発達した大きく異なる器官——大きなそして突然の変容を信じない理由

私は本章を私の見解に対して提出された種々の反論の考察に充てようと思う。上述の論議のあるものはこれによって一層はっきりとするであろう。しかし反論の多くのものは、この主題を理解しようとして骨を折らなかった著述家達によってなされたのであるから、それらのすべてを論じることは無駄である。例えばドイツの著名なある博物学者は、私の理論の最大の弱点はすべての生物を不完全なものと見なすところにあると主張した。私が実際にいったことは、すべてのものはその条件に関連してあり得たかも知れないほどには完全ではないということである。そしてこれは世界の多くの地方において多くの自生形態が、侵入してくる外来者に対してその場を譲ったという事実に示されている。また生物はたとえある一時期にその生活条件に完全に適応していたとしても、条件の変化したときに彼ら自身もさらに変化するのでなかったならば、そのままとどまっていることはできない。そして各地域の物理的条件がその棲息者の数や種類と同様に多くの変化を受けたことは争えない事実であろう。

近頃ある評論家は数学的精密さを誇り気味に、長寿はすべての種にとって大きな利益であるから、自然淘汰を信じる者は、すべての子孫がその祖先よりも長生きであるように『彼の系統樹を編成しなければならない』と主張している。この評論家は、二年生植物や下等動物のあるものが寒い地帯にまで広がって冬ごとにそこで死滅しつつも、なお自然淘汰を通じて得た利点によって、その種子もしくは卵で年々生き残ってゆくのであると考えることができないのであろうか？ E・レイ・ランケスター（Ray Lankester）氏は近頃この主題を論じて、この主題の極端な複雑さの中から氏が判断し得た限りでは、長寿は一般に生物体の序列におけるそれぞれの種の規準に関係すると同様に、生殖と一般的活動における消費の量にも関係すると結論している。[1] そしておそらく、これらの条件は大部分自然淘汰によって決定されたのである。

我々のよく知っているエジプトの動植物が一つとしてこの三四千年の間に変化していないのを見ると、世界のどの部分でもおそらくそうであろうという議論がある。しかしG・H・ルイス（Lewes）氏が述べたように、この論証は行き過ぎである。エジプトの遺跡に画かれた、あるいはミイラにされた古代の飼育品種は現在生存しているものと密接に類似するか、あるいは全く同一でさえある。けれども、すべての博物学者はこれらの品種がその原型の変容によって生成されたことを認めている。氷河時代の初めから変化せずにいる多くの動物は、これとは比較にならぬほど有力な事例であろう。なぜならばこれらの動物は気候の大変化にさらされ、また遠大な距離を移住している。しかるにエジプトでは、我々の知る限りでは、この数千年の間その生活条件は全く一定のままであるからである。氷河時代以来ほとんどあるいは全く変容を生じなかったという事実は、生来の、また必然の発達法則を信じる人々への反証としては幾らか役立つかも知れないが、自然淘汰説すなわち適者生存の説に対しては何の力もない。この説はたまたま利益となる性質の変異または個体差が起こったときに、それが保存されることを意味する。しかしこれはただ好適な環境の下でのみ実現されるであろう。

有名な古生物学者ブロン（Bronn）は本書のドイツ語訳の巻末で、自然淘汰の原則によれば、いかにして変種がその母種と並んで生きることができるのであろうか？と質問している。もし両者がわずかに異なる生活習性もしくは条件に適合するようになったならば、彼らは一緒に生きることができるであろう。そして変異性がその特性であるように見える多形的種や大きさ、白化症等のような単なる一時的変異のすべてを別にすれば、より永続的な変種は、私が発見できる限りでは、一般に別異の場所——例えば高地または低地、乾燥地または湿潤地——に棲んでいることが見出される。その上、自由に放浪し自由に交配する動物の場合には、それらの変種は一般に異なった地方に制限されているように見える。

ブロンはまた、異なった種は互いに決して単一の形質だけで相違せず多くの部分で相違することを主張し、そして生物体の多くの部分が変異と自然淘汰によって同時に変容する、ということがどうして常に起こるのか?と質問している。しかし一つの生物のあらゆる部分が同時に変容したと想像する必要はない。ある目的に向かって見事に適応した最も著しい変容は、すでに述べたように、わずかながらも継続的な変異により、最初は一つの部分に、そして次には他の部分に獲得されるであろう。そしてこれらはすべて一緒に伝えられるので、我々にはちょうど同時に発達したように見えるに違いない。しかし上述の反論に対する最善の答は、ある特別な目的のために主として人為淘汰によって変容させられた飼育品種によって与えられる。競走馬と馬車馬、あるいはグレイハウンドとマスティフを見よ。彼らの全体の体格、またその心的特徴さえも変容している。しかしもし我々が彼らの変容の歴史のそれぞれの歩みを跡づけることができたならば——そして後期の歩みは跡づけられる——我々は大きな同時的な変化を見ることなく、最初はある部分が、次には他の部分が少しずつ変容して改良されるのを見るであろう。人間によってある一つの形質にのみ淘汰が適用された場合でさえ——これについては栽培植物が最もよい例を提供する——その一部分すなわち花、実あるいは葉が大きく変化するにしても、ほとんどすべての他の部分がわずかに変容していることが例外なく見られるであろう。これは部分的には相関成長の原則に起因し、また部分的にはいわゆる自発的変異に起因すると考えられる。

さらにもっと深刻な反論がブロンによって、また最近ではブローカ(Broca)によって力説された。すなわち多くの形質はその所有者にとって役に立たないように見えるから、従って、それらは自然淘汰によって影響されることはないというのである。ブロンはノウサギやハツカネズミの異なる種における耳や尾の長さ——多くの動物の歯におけるエナメル質の複雑なひだ、その他類似の多くの事例——を引用している。植物についてはネーゲリ(Nägeli)がその賞賛に値する論文でこの主題を論じている。彼は自然淘汰が多くの効果をもたらしたことを認めているが、しかし彼は、植物の諸科は主として種の繁栄のためには全く重要でないように見える形態学的形質において互いに相違すると主張している。従って彼は漸進的で一層完全な発達に向かう生来の傾向のあることを信じている。彼は組織における細胞の配列と軸の上の葉の配列を自然淘汰の作用しなかった例として具体的に述べている。これにはさらに、花の各部分における数的配分、胚珠の位置、散布には少しも役立たない種子の形状等が加えられよう。

上述の反論はかなり強力なものである。しかしながら我々は第一に、それぞれの種に対してどの構造が現在有用なのか、あるいは以前に有用であったかを決定しようと思うときには極めて慎重でなければならない。第二に、一つの部分が変容すると他の部分もまた変容すること、例えばある部分への養分の流れの増加もしくは減少、相互の圧力、早く発達した部分が続いて発達した部分に対して影響すること、などのようなはっきり分からないある原因によって——あるいはまた我々の少しも理解していない多くの不思議な相関の事例をひき起こす他の原因によって——変容するということを常に念頭におくべきである。これらの要因は簡潔にするためにすべて成長の法則という言葉の下にまとめられよう。第三に、変化した生活条件の直接的で明確な作用、およびいわゆる自発的変異を考慮しなければならない。後者においては条件の性質は明らかに全く附随的なものである。セイヨウバラにコケバラ（moss-rose）の芽が出たり、あるいはモモの木にツバイモモ（nectarine）が生じたりする枝変わりは自発的変異の好例である。しかしこれらの場合でも、毒液の微小な一滴が複雑な虫こぶを生じる力のあることを念頭におくと、上述の変異も条件のある変化による樹液の性質の局部的変化の効果ではないとはっきり断言してはならない。それぞれのわずかな個体差にも、時折生じる一層はっきりした変異と同様に、ある有力な原因がなければならない。そしてもしこの未知の原因が継続して作用したとすれば、種のすべての個体が同様に変容することはほとんど確実である。

私は本書の前の諸版では、今思うと、自発的変異性による変容がしばしば起こることとその重要なことを過小評価していたようである。しかしそれぞれの種の生活習性に対して実によく適応した無数の構造をこの原因のせいにすることは不可能である。私がこれを信じることのできないのは、人為淘汰の原理がよく理解される以前に昔の博物学者を大いに驚かした競走馬やグレイハウンドの立派に適応した形態が、自発的変異性によって説明されるということを信じることのできないのと同様である。

前述の幾つかを例証するのも無駄ではないだろう。様々な部分と器官が無益であると仮定することについては、十分によく知られている高等動物においてさえ、その重要性を誰も疑わないほど高度に発達しているが、その用途が分かっていないかあるいは最近ようやく分かった多くの構造が存在することを、今さら注意する必要もあるまい。ブロンは価値のないものであるが何の特別な用途もない構造におけ る差異の例としてハツカネズミの諸種における耳や尾の長さをあげているので、私は次のことに言及しておく。シェーブル(Schöbl)博士によれば、普通のハツカネズミの外耳には驚くべき状態で神経が分布していて疑いなく触覚器官として役立っている。それゆえ耳の長さは全く重要でないとすることは到底できない。また我々は、ある種にとって尾はかなり有用な把握器官であること、そしてその使用能力がその長さによって大いに影響されることをすぐ後に見るであろう。

植物についてはネーゲリの論文もあるので、私はただ次のことを述べるにとどめよう。ランの花は多くの奇妙な構造を現していることが認められる。これらは数年前までは何の特別な機能もない単なる形態学上の差異と見なされていたであろう。しかし今日ではこれらは昆虫の助けを通じての種の受精のために極めて重要であることが知られており、おそらくは自然淘汰によって獲得されたのであろう。誰も近頃までは、二形性と三形性の植物において雄蕊と雌蕊の長さの相違やその配置が何かの役に立っているとは想像しなかったであろう。しかし今日我々はその事実を知ったのである。

植物のある群ではすべて胚珠が直立し、他の群ではぶら下がっている。そしてある少数の植物では、同じ子房内において一つの胚珠は前者の姿勢を、第二の胚珠は後者の姿勢を保っている。これらの姿勢は最初純粋に形態学的なもので生理学的意味はないように思われる。しかしフッカー博士が私に告げたところでは、同じ子房内においてある場合は上部の胚珠だけが、またある場合は下部の胚珠だけが受精する。そしてこれはおそらく花粉管が子房内に入る方向によるというのが氏の意見である。もしそうであれば、胚珠の姿勢は同一の子房内で一つが直立し他が懸垂している場合でさえも、受精や種子の生成に好都合であった姿勢の何らか軽微な偏向の選択の効果であるに違いない。

別異の目に属する幾つかの植物は常に二種類の花を生じる——その一つは普通の構造の開いた花で、もう一つは閉じた不完全なものである。これら二種類の花は時々構造が驚くほど違っているが、しかし同じ植物では相互に段階的であるのが見られる。普通の開いた花は交雑することができる。そしてこの過程から得られる確かな利益はこうして保障される。しかしながら閉じた不完全な花は明らかに高度の重要性をもつ。というのは、それらは驚くほどわずかな花粉の消費で極めて安全に大量の種子を生産するからである。今も述べたように、二種類の花はしばしばその構造が大きく異なっている。不完全な花の花弁はほとんど常に未発達な形態から成り、花粉粒の直径は減少している。オ(2)ノニス・コルムネ（Ononis columnae）では互生の雄蕊の五本が未発達である。またスミレ属のある種では三本の雄蕊が未発達で、残りの二本は本来の機能を保持しているが形が非常に小さい。あるインド産のスミレ（この植物は私の手許ではまだ一度も完全な花を生じないので名は分からない）における三十個の閉じた花のうちの六個は、その萼片が正規の数五個から三個に減少している。A・ド・ジュシュー（de Jussieu）によると、キントラノオ科（Malpighiaceae）のある節では、閉じた花がさらに一層変容している。すなわち萼片に対応する五本の雄蕊がすべて未発達で、花弁に対応する六番目の雄蕊だけが発達している。この雄蕊はこれらの種の普通の花には存在しない。花柱は退化しており、また子房は三個から二個に減っている。さて、自然淘汰はある花の開くのを妨げ、花の閉鎖によって余分になった花粉の量を減らす力をもってはいるが、上述の特殊な変容がこのようにして決定されたとするのは困難で、花粉の減少と花の閉鎖の過程を通じて、部分が機能的に不活発となることを含んだ成長の法則の結果でなければならない。

成長の法則の重要な効果を正しく評価することはとても必要なことであるから、私は別な種類の事例、すなわち同一植物上の相対的位置の差に起因する同じ部分または器官における差異の幾つかの事例を加えておこう。シャハト（Schacht）によると、ヨーロッパグリやあるモミの木では、ほとんど水平な枝と直立した枝とで葉の分岐角度が相違している。ヘンルーダや幾つかの他の植物では一つの花、通常は真中または頂生の花がまず開いて、それには五つの萼片と五つの花弁があり、子房は五つに区分されている。しかるにこの植物の他の花はすべて四つずつである。レンプクソウ(Adoxa)では、最上部にある花は一般に二つの萼片をもち、他の器官は四の数から成っている。しかるに周囲の花は一般に三つの萼片をもち、他の器官は五の数から成っている。多くのキク科およびセリ科では(また他の幾つかの植物でも)、周囲の花は中心の花よりもはるかによく発達した花冠をもっている。そしてこれはしばしば生殖器官の発育不全と関係しているように見える。すでに述べたように、周辺の花と中心の花の痩果または種子が時々その形状、色、その他の形質において大きく相違するのはもっと奇妙な事実である。ベニバナ属(Carthamus)や他の幾つかのキク科においては中央の痩果だけに冠毛があり、またヒオセリス(Hyoseris)においては同一の頭状花に三つの異なった形の痩果を生じる。タウシュ(Tausch)によると、あるセリ科では外部の種子は直種で中央の種子は腔種である。そしてこれはド・カンドルが他の種において分類上最も重要と考えた形質である。ブラウン(Braun)教授はケマン属(Fumariaceous)について述べているが、この属では穂状花序の下部の花は卵形で種子が一つのうねのある小堅果を生じ、そして穂状花序の上部では、槍の穂先形で二つの朔片と二つの種子の長角果を生じる。これらの幾つかの例では、花を昆虫の眼につくようにする役目のよく発達した放射状花の場合を除いて、我々の判断し得る限りでは、自然淘汰は作用を及ぼすことができないかあるいは全く従属的な方法だけで作用したのである。これらの変容のすべては各部分の相対的位置と相互作用の結果である。そしてもし同一の植物におけるすべての花と葉がある位置における花と葉のように同じ外的内的条件に支配されたとすれば、すべてが同じ状態に変容したことをほとんど疑うことができない。

数多くの他の例において、我々は同じ植物上のある花だけに作用するか、もしくは同じ条件の下で隣接して生長する別の植物に生じている構造上の変容を見出すが、これは植物学者によって一般に高度に重要な性質のものと認められている。これらの変異はその植物に対して何ら特別な役目はないようなので、これらが自然淘汰の影響を受けることはなかったに違いない。我々はこれらの原因については全く無知であり、我々は最後にあげた組の事例においてのように、相対的位置のような最も近い要因でさえ、起因すると考えることができないのである。私は二三の例のみをあげよう。同じ植物の上で花が勝手に四の数、五の数等になっているのは普通に観察されることで、例をあげる必要もないほどである。しかしその部分が少数の場合には数の変異は比較的稀であるから、私はド・カンドルに従って、ハカマオニゲシ（Papaver bracteatum）の花は花弁が四で萼片が二であるか（これがケシの普通の型である）、あるいは花弁が六で萼片が三であるかのいずれかであることを述べておこう。花弁が花芽の中に包まれている状態は大抵の群において非常に一定した形態学的形質である。しかしエイサ・グレイ教授の述べたところによるとミゾホオズキ属（Mimulus）の幾つかの種では、花芽層はその属が所属しているキンギョソウ亜科（Antirrhinideae）の状態であるのと、シオガマギク亜科（Rhinanthideae）の状態であるのとがほとんど同じ頻度である。オーギュスト・サンティレール（Aug. St. Hilaire）は以下の例をあげている。サンショウ属（Zanthoxylon）は一つの子房を有するミカン科の一部類に属するが、そのある種においては、一つあるいは二つの子房を有する花が同じ植物の上あるいは同じ円錐花序の中にさえ見られる。ハンニチバナ属（Helianthemum）では、その朔は単房室もしくは三房室として記載されている。そしてこの属のムタビレ（H. mutabile）では『多少広い一枚の葉片が果皮と胎座との間に広がっている。』マスターズ（Masters）博士はシャボンソウ（Saponaria officinalis）の花に縁辺胎座と独立中央胎座の両方の例を観察した。最後に、サンティレールはゴムフィア・オレエフォルミス（Gomphia oleaeformis）の分布範囲の南端で二つの形態を発見し、それらを最初は異なった種であると信じていたが、後に同じ灌木の上に生じているのを見た。そして彼は『このように同じ個体において直立した軸に附着したりあるいは子房座に附着する幾つかの室と一花柱がある。』と付け加えている。

こうして我々は、植物では多くの形態学的変化は自然淘汰に関係なく、成長の法則と部分の相互作用に起因すると考える。しかし完成あるいは漸進的発達に向かう生来の傾向というネーゲリの説については、これらの非常に顕著な変異の事例において、植物はより高い発達の状態に向かって前進していく行動をとっているということができるであろうか？ それに対し、私は問題の部分が同じ植物の上で大きく相違したり変異している事実だけから見ても、このような変容はたとえ我々が分類する上では一般にどのように重要であろうと、その植物自身にとっては極めて価値の小さいものであると推定する。無用な部分の獲得は自然の序列においてその生物の位置を高めるとはいい難い。そこで、もし上述の不完全な閉じた花の場合について、何らかの新しい原則を立てなければならないとすれば、それは進歩の原則ではなくて退化の原則でなければならない。そして多くの寄生動物や退化した動物についてもそうでなければならない。我々は上記の変容をひき起こした原因については無知である。しかしもしその未知の原因がある期間ほとんど一様に作用したとすれば、その結果もまたほとんど一様であると推定するであろう。そしてこの場合、その種のすべての個体は同じ状態に変容するであろう。

上述の形質は種の繁栄に対して重要ではないという事実から、その形質に生じたどんなわずかな変異も自然淘汰によって累積されたり増加されたりしなかったであろう。永く続いた淘汰によって発達した構造は、種にとって有用でなくなれば、未発達な器官で見られるように一般に変異し易いものとなる。というのは、もはやこの同じ淘汰の力によって調整されることがないからである。しかし生物の性質と条件の性質から種の繁栄に対して少しも重要でない変容が誘導されたときには、それらは別の方法で変容した多くの子孫にほとんど同じ状態で伝えられるであろうし、また明らかにしばしばそうであった。哺乳類、鳥類、あるいは爬虫類の大多数にとって、毛で覆われていようと羽で覆われていようと、あるいは鱗で覆われていようと大して重要なことではないはずである。それにもかかわらず毛はほとんどすべての哺乳類に遺伝され、羽はすべての鳥類に、そして鱗はすべての真正爬虫類に遺伝されている。多くの類縁形態に共通する構造は、たとえ何であっても分類上高度に重要なものとして位置づけられ、従ってしばしばその種の生命維持のために高度の重要性をもつと想定されるのである。かくて、私は次のように信じたい。我々が重要と見なしている形態的差異——例えば葉の配列、花や子房の区分、胚珠の位置等——は多くの場合まず彷徨変異として現れ、やがてそれは生物の性質や周囲の条件の性質により、あるいはまた別の個体との交雑によって恒常的となったが、しかし自然淘汰は関与していない。なぜならばこれらの形態学的形質は種の繁栄に対して影響がないのであるから、それらのどんなにわずかな偏向も後者の要因によって支配されたり累積されたりしたはずはないからである。我々がこうして到達する結果、すなわち種に対してわずかな生命的価値の形質が分類学者にとって最も重要であるという結果は奇妙なものである。しかし後で分類の遺伝的原則を扱うときに見るように、これは決して最初そう見えるほど矛盾してはいないのである。

我々は漸進的発達に向かう生来の傾向が生物に存在するという有力な証拠をもっていないが、これは第四章で証明を試みたように、自然淘汰の継続的作用によって必然的に生じてくる結果である。なぜならば、生物体の高さの規準について従来与えられた最もよい定義は、部分の特殊化または分化した程度ということである。そして自然淘汰は、部分がこれによってその機能をより効果的に営むことを可能にされる限り、この目的に向かって進む傾向があるからである。

著名な動物学者セント・ジョージ・マイヴァート（St. George Mivart）氏は近頃、ウォレス氏と私が提唱した自然淘汰の理論に対する、これまで私自身や他の人々が提出したすべての反論を収集し、見事な技巧と力でもってそれらを例証された。反対説もこのように整理されると恐るべき戦力になる。そしてマイヴァート氏の計画の中には、氏の結論に反対する様々な事実や考察をあげることは入っていないので、両方の証拠を比較考量しようと願う読者にとって推理と記憶を働かせる余地はいささかも残されていない。特殊な事例を論じるに当たって、マイヴァート氏は部分の使用増加と不使用の効果を無視している。これは私が常に極めて重要なものとして主張しているもので、私の『飼育の下での変異』において、他のどんな著述家よりも詳細にこれを論じたと私は信じている。氏はその上、私が自然淘汰と無関係には何ものも変異の原因となることはないと考えている、としばしば仮定している。しかるに今いった著作において、私は私の知る限りのどの著作に見られるよりも多数のよく確証された事例を集めているのである。私の判断は信頼できないかも知れないが、しかしマイヴァート氏の著書を注意して読み、その各節を私が同じ題目で述べたことと比較して見た後に、私は本書で到達した結論の一般的真実性をこれほど強く確信したことはいまだかつてなかったのである。もちろんこれは非常に錯雑した主題なので部分的誤りは沢山あるとは思うが。

マイヴァート氏のすべての反論については本書で考察するであろうし、またすでにしたものもある。多くの読者に強い印象を与えたと思われる一つの新しい点は『自然淘汰は有用な構造の初期段階を説明するには無能である。』ということである。この主題はしばしば機能の変化を伴う形質の漸次的移行——例えば浮き袋の肺への転化——と密接に結びついている。これは前章に二つの見出しの下で論じた点である。けれども私はマイヴァート氏が提出した事例について全部考察する紙面はないので、幾つか最も例証に適切なものを選んで、ここに幾らか詳しく考察してみよう。

キリンはその高い身長、大いに長くなった首、前脚、頭、および舌によって、その全体格が樹木の高い枝の葉を食うのに見事に適応している。こうしてそれは同じ地域に棲んでいる他の有蹄類の届かないところに食物を得ることができる。そしてこれは飢饉のときに大きな利点となるに違いない。南アメリカにおけるニアタ牛は、このような時期にいかに構造上の小さな差異が動物の生命を保持する上で大きな差異を生じるかを示している。この牛は他の牛と同様に草を食べることができるが、その下顎が突出しているために、しばしばくり返される旱魃の際に、普通の牛や馬が已むを得ず食べる木の小枝や葦などを食うことができない。従ってこのようなとき、このニアタ牛はもし飼主に食物を与えられなければ死滅してしまうのである。マイヴァート氏の反論に論及する前に、自然淘汰がすべての普通の場合にどのように作用するかをもう一度説明しておくのがよいであろう。人間が自分の動物のあるものを変容させるのは、必ずしも構造の特殊な点に注意したのではなく、単に、例えば競走馬やグレイハウンドのように最も速い個体を保存し繁殖させることによって、あるいは闘鶏のように勝利を得た鳥から繁殖させることによってである。同様に自然の下でも初期のキリンの場合、最も高い枝葉を食う個体、そして飢饉のときに他よりも一インチでも二インチでも高い所に届く個体がしばしば保存されたであろう。なぜならば彼らは食物を探して地域全体を歩き廻ったからである。同じ種の個体がそのあらゆる部分の相対的長さにおいて、しばしば少しばかり異なっていることは多くの博物学書に見られ、そこには正確な測定値が載っている。成長の法則と変異の法則に起因するこれらのわずかな相対的差異は、大抵の種にとって少しも用のないまたは重要でないものである。しかし初期のキリンにおいては、その確かと思われる生活習性を考えれば事情は異なっていたであろう。というのは、体のある一部分または幾つかの部分が普通よりやや長くなった個体が一般に生き残ったに違いないからである。これらは互いに交配して、同じ身体的特殊性を遺伝する子孫か、もしくは再び同じように変異しようとする傾向をもつ子孫を残したであろう。これに対して、これらの同じ点についてあまり恵まれなかった個体は最も死滅しがちであったろう。

我々はここでは、人間が品種を組織的に改良するとき行うように単一の番いを分離する必要はないと考える。自然淘汰はすべての優れた個体を、それらが自由に交配するのを許すことによって保存し分離して、あらゆる劣った個体を滅亡させるであろう。私が人間による無意識的淘汰とよんだものと正確に対応する永く続けられたこの過程が、疑いもなく部分の使用増加の遺伝効果と最も重要な状態で結びつくことによって、普通の有蹄四足獣がキリンに転化したことはほとんど確実なことと私には思われる。

この結論に対してマイヴァート氏は二つの反論を提出している。その一つは、身体の大きさの増加は明らかに食物の供給の増加を要求するであろうということであって、氏は『これから生じる不利が飢饉のときに利点と釣り合う以上に大きくないといえるかどうかは非常に問題である。』と考える。しかし南アフリカにおいては現にキリンが多数生存しており、また雄牛よりも背の高い世界最大のカモシカの幾つかが沢山いるのであるから、大きさに関する限り中間段階が以前そこに、今日と同じ厳しい飢饉に遭いながら存在していたことを疑うべきではない。大きさの増してゆく各段階において、その地域の他の有蹄四足獣に触れられないで残った食物に届くということは、確かに初期のキリンにとってある利益をもたらしたであろう。その上我々は、体軀の増大がライオンを除くほとんどすべての食肉獣に対して防御の用になるということを見逃してはならない。そしてライオンに対してはその長い首が――長いほど一層よく――物見台の役目をするということをチャウンシー・ライト（Chauncey Wright）氏は説いている。S・ベイカー（Baker）卿が述べているように、キリンほど忍び寄るのに困難な動物はいないのも、その原因はここにあるのである。この動物はまた、その切株のような角で武装された頭を激しく振ることによって、その長い頭を攻撃または防御のために使用する。それぞれの種の保存はある一つの利点だけから決定されることは稀であって、大小すべてのものの総合によって決定されるのである。

マイヴァート氏はさらに質問する（これは氏の第二の反論である）。もし自然淘汰がそれほど有力であり、そして高い枝を食うことがそれほど大きな利点であるならば、なぜキリンや、それより程度は低いがラクダ、グアナコおよびマクラウケニア(3)、以外の他の有蹄類四足獣が長い首と高い体格を獲得しなかったのであるか？　あるいはまた、なぜこれらの群のどれかが長い鼻を獲得しなかったのであるか？以前には多数のキリンの群れが棲んでいた南アフリカに関しては答は困難でなく、一つの例証で最もよく答えられる。イングランドにおける樹木の生えているあらゆる牧草地では、低い枝が馬や牛に食われて正確な高さにきれいに刈り込まれたり平らにされているのを見る。例えば今そこに羊が飼われているとすると、わずかに長い首を獲得することが羊にとってどんな利点となろうか？　いずれの地方においても、ある一種類の動物が他の種類の動物よりも高い木の枝葉を食うことができるのはほとんど確かであろう。そしてこの一種類だけが、自然淘汰と使用増加の効果によって、この目的のために首を長くできることもほとんど同様に確かである。南アフリカにおいては、アカシアやその他の樹木の高い枝を食う競争はキリンとキリンの間には行われるであろうが、キリンと他の有蹄動物との間には行われないに違いない。

なぜ世界の他の地方において、この同じ目に属する種々の動物が長い首かあるいは長い鼻を獲得しなかったかということについては、はっきりと答えることはできない。しかしこのような疑問に明確な答を望むのは無理なことであって、それはちょうど人類の歴史におけるある出来事が、なぜある国に起こって他の国に起こらなかったのかというのと同様である。我々はそれぞれの種の数や分布を決定する条件に関して無知である。そして我々は、ある新しい地域において、どのような構造変化がその種の増加に好都合であるかを推測することさえできない。けれども我々は、種々の原因が長い首または鼻の発達に干渉したに違いないと一般的に考えることができる。相当高いところの葉に（登らないで。というのは有蹄動物は登るのに特別不適当な構造をしている）達するということは体格がよほど大きくなったことを意味している。そして我々はある地域、例えば南アメリカは非常に肥沃な土地であるにもかかわらず特に大型四足獣が少なく、これに対して南アフリカには比較にならぬほど多くいることを知っている。なぜそうであるかを我々は知らないし、またなぜ、第三紀の後期がこれらの動物の生存に対して今日よりもはるかに好適であったのかも知らない。この原因がどのようなものであっても、我々はある地方やある時期が、他の地方や他の時期よりもキリンのような巨大な四足獣の発達にはるかに好適であったと考えることができる。

ある動物が特別に大きく発達した構造を獲得するためには、幾つかの他の部分が変容し相互適応することがほとんど不可欠である。体のあらゆる部分は軽微に変異するけれども、そのことから必要な部分が常に正しい方向と正しい程度に変異するということにはならない。飼育動物の異なる種ではその諸部分が異なる状態や程度で変異すること、またある種が他の種よりもはるかに変異し易いことを我々は知っている。たとえ適当な変異が起こったとしても、自然淘汰がそれらに働きかけることができ、そして明らかにその種に有益な構造を生成するとは限らない。例えばある地域に生存する個体の数が、しばしばその例が見られるように主として食肉獣——外部的もしくは内部的寄生虫等——による殺害によって決定されるならば、自然淘汰は食物を得るための何らか特別な構造を変容することがほとんどできないか、あるいは大幅に遅れてしまうであろう。最後に、自然淘汰は緩慢な過程であり、これによって何らか著しい効果が生じるためには同じ好適な条件が永く続かなければならない。このような一般的な漠然とした理由を示す以外には、なぜ世界の多くの地方で有蹄四足獣が樹木の高い枝の枝葉を食うために非常に長く伸びた首あるいは他の手段を獲得しなかったのか、ということを我々は説明することができない。

前述の反論と同じ性質の反論は多くの著述家によって出されている。それぞれの場合において、今示した一般的な原因のほかにおそらく様々な原因が、ある種に利益と考えられる構造の自然淘汰を通じての獲得に関与したであろう。ある著述家は、なぜダチョウは飛ぶ能力を獲得しなかったか？と尋ねる。しかしこの砂漠に棲む鳥にあの大きな体で空中を動く力を与えるにはどれほど多量の食物の供給が必要であるかは少し考えればすぐに分かるであろう。大洋の島にはコウモリやアザラシは棲んでいるけれども陸棲哺乳類はいない。しかしこれらのコウモリの幾つかは特有の種であるから、永い間現在の棲息地に棲んでいたに違いない。それゆえC・ライエル卿は、なぜこのような島でアザラシやコウモリは陸上生活に適した形態を生み出さなかったのか？と質問し、そしてそれに答える若干の理由をあげている。しかしアザラシは必然的にまず相当な大きさの陸棲食肉動物に転化するであろうし、コウモリは陸棲食虫動物に転化するであろう。前者にとって餌食は何もないであろうが、これらは大部分の大洋島に最初に移住して沢山棲息しているであろう。コウモリにとっては地上の昆虫が食用に供せられるであろうが、これらは大部分の大洋島に最初に移住して沢山棲息している爬虫類や鳥類によってすでに多く食べられているであろう。変化する種に有益な各段階をもつ構造の漸次的推移が好適であるのは、ある特殊な条件の下でのみである。厳密に陸棲的な動物が時折浅い水の中で餌をあさり、やがて小川や湖に入り、遂には大洋を恐れない完全な水棲的動物に転化することもあるに違いない。しかしアザラシは大洋の島の上で陸棲的形態へ段階的に再転化する好適な条件を見出さないであろう。コウモリは、すでに示したように、多分その翼を最初は敵から逃げたり墜落を避ける目的で、いわゆるモモンガのように木から木へ滑空することで獲得したのである。しかしすでに一度本当の飛行力を得たからには、それが滑空という効果の少ない能力へ再転化して復帰するようなことは、少なくも上記の目的のためには決してないであろう。実際、コウモリは多くの鳥類のようにその翼を不使用によって著しく縮小するか、あるいは全く失ってしまうことがあるかもしれない。しかしこの場合には、彼らはまずその後肢だけの助けによって素早く地上を走る能力を獲得して、鳥類や他の地上動物と競争できるようになることが必要であろう。しかるにこのような変化にはコウモリは特別不適当であるように見える。これらの臆測的見解は、ただ、各段階ごとに有益である構造の転換というものは極めて複雑な事柄であること、またこの転換がある特別な場合に起こらなかったことに少しも不思議はないことを示すために行ったのである。

最後に、精神力の発達はすべての動物にとって有益であるのに、なぜある動物は他の動物より高度に発達した精神力をもっているのか？　なぜ猿は人間の知能を獲得しなかったのか？と複数の著述家が尋ねている。これには種々の原因を指摘することができよう。しかしそれらは臆測的なものであり、それらの相対的可能性を比較検討することができないので、それらを述べることは無益であろう。後の疑問に対しては、未開人の二種族について、なぜその一方が他方よりも高度の文明に達したかという——このことは明白に頭脳の能力の増加を含んでいる——より単純な問題を誰も解くことができないのを見れば、確定的な答えを期待すべきではない。

　マイヴァート氏の他の反論に戻ろう。昆虫類は防御の目的で、青葉や朽葉、枯枝、地衣類の小片、花、棘、鳥の糞、および生きた昆虫のような様々な物体に似ることがしばしばある。この最後の生きた昆虫の点については後で再び述べることにする。この類似はしばしば驚くほど精巧で、色だけに限らず形にも及び、また昆虫の体の構え方にまで及んでいる。芋虫がその食物とする灌木から枯れた小枝のように突き出て動かないのは、この種の類似の優れた例である。鳥類の糞のようなものを模倣する場合は稀で例外的である。この問題についてマイヴァート氏は『ダーウィン氏の理論によれば絶えず不確定の変異を生じる傾向があり、そして微小な初期の変異はあらゆる方向に向かうであろうから、それらは互いに相殺される傾向をもつはずである。また最初にこのような不安定な変容を形成する傾向をもつはずであるから、このような微小な発端の不確定な変動が、いかにして自然淘汰に捕捉されて永続するほど十分に感知されて葉、棘、あるいはその他の物体への類似を築き上げることができるかを理解することは、不可能ではないにしても困難である。』と述べている。

　しかし上述のすべての場合に、昆虫はその元々の状態において、彼らが常にいる場所に普通見られる物体に対して幾らか大雑把な、そして偶然的類似を現していたことは疑いない。そしてこのことは、周囲の物体の数がほとんど無限なことや存在する昆虫群の形と色が多様なことを考えると、決してあり得ないことではない。ある大雑把な類似は最初の出発に必要であるから、我々はより大きくより高等な動物が、(私の知る限りでは一魚類を除いて)防御のために特別な物体に似ないで普通に彼らをとりまいている表面、しかも主として色にだけ類似する理由を理解することができる。たまたまある昆虫が枯れた小枝や朽葉に幾らか似ていて、それが多くの方法でわずかに変異したと仮定すれば、昆虫をこのような物体に少しでも多く似るようにし、こうして逃避に好都合となったすべての変異は保存され、これに対して他の変異は無視され結局は失われるであろう。あるいは、もし変異が昆虫を少しでも模倣される物体に似ないようにしたならば、そのような変異は除去されるであろう。もし我々が上記の類似を自然淘汰と無関係に、単に彷徨変異性だけによって説明しようと試みたのであれば、マイヴァート氏の反論には確かに力があったであろう。しかしこのような事情であるから何の力もないのである。

なお私は『擬態における完成の最後の仕上げ』についても、マイヴァート氏の異議に何の力も認めることができない。この実例はウォレス氏があげた『匍匐する苔すなわちツボミゴケに覆われたステッキ』に似たナナフシ（セロクシルス・ラセラタス Ceroxylus laceratus）である。これは実によく似ているので土着のダイアク人はその葉状の瘤を本当の苔だといい張ったほどである。昆虫は、おそらく我々より視力が鋭い鳥類やその他の敵の餌食にされる。そして昆虫を気づかれたり発見されたりすることから逃げるのを助けたあらゆる段階の類似は昆虫の保存に向かって進むであろう。そしてその類似がより完全になれば、昆虫にとって一層利益が多くなる。上記のセロクシルスを含む群の種の間の差異の性質を考えると、この昆虫がその体表面の凹凸で変異したこと、また凹凸が多少とも緑色を帯びるようになったことについて疑いをはさむ理由はない。なぜならばあらゆる群において、幾つかの種の間で異なる形質は最も変異し易く、これに対して属的形質、すなわちすべての種に共通な形質は最も恒常的であるからである。

ホッキョククジラは世界で最も驚異的な動物の一つであり、鯨鬚はその最大の特性の一つである。鯨鬚は上顎の両側に口の長軸と直角に密生して並んでいる約三百枚の薄板の一列から成っている。主列の内側に幾つかの補助列がある。すべての板の先端と内縁は硬い剛毛にささくれていて、それが巨大な口蓋全体を覆い、水を沪過したり篩い分ける役をし、こうしてこの巨大な動物が生存するための微小な餌を確保するのである。ホッキョククジラの有する中央の最も長い薄板は、長さ十フィート、十二フィートあるいは十五フィートにも達する。しかしクジラ類（Cetacean）の種の異なるに従って長さは段階的である。スコアスビイ（Scoresby）によれば、中央の薄板の長さはある種では四フィート、他の種では三フィート、さらに他の種では十八インチである。そしてコイワシクジラ（Balaenoptera rostrata）ではわずかに九インチ内外にすぎない。また鯨鬚の質についても種によって相違する。

マイヴァート氏はこの鯨鬚について論じ、もしそれが『少しでも有用であるような大きさと発達を一たび達成したならば、その保存と有用な範囲内での増大とは自然淘汰のみによっても促進されるであろう。しかしこのような有用な発達の始まりはどうやって獲得されるのか？』といっている。答として次のように質問することができる。鯨鬚を備えた鯨の古い祖先がなぜ鴨の薄板状の嘴に似た構造の口をもっていてはならないのであろうか？　鴨類は鯨のように泥や水を篩って食物をとる。そしてこの科は時々クリブラトレス(Criblatores)すなわち篩とよばれている。鯨の祖先が実際に鴨の嘴のような薄板状の口を所有していたと私がいっているように誤解されないことを願う。私はただこれが信じられないことではないということ、またホッキョククジラにおける大きな鯨鬚の板は、その所有者それぞれに有用な細かな段階で進んだ歩みによってこのような薄板から発達したのかもしれない、ということを示したいと望むだけである。

ハシビロガモ（Spatula clypeata）の嘴は、鯨の口よりも一層見事なそして複雑な構造をもっている。上嘴には両側に（私の調べた標本では）百八十八個の弾力性のある薄板から成る一列の櫛があって、それらは斜角をなして先が尖っており、口の長軸に対して直角に並んでいる。それらは口蓋から生じて柔軟性のある膜によって嘴の両側に附着している。中央附近にあるものが最も長く約三分の一インチの長さであり、端から下に〇・一四インチだけ突き出ている。それらの基部には斜めに横断する薄板の短い補助列がある。これらの幾つかの点は鯨の口における鯨鬚の板に似ている。しかし嘴の先端になると大分違っていて、下のほうへまっすぐに突き出る代わりに内側へ突き出ている。ハシビロガモの頭全体は、わずかに九インチの長さの鬚を有する鯨である中位の大きさのコイワシクジラの頭と比較すると、その容積は比較にならないほど小さいが、長さにおいてはおよそ十八分の一である。従って、もしハシビロガモの頭をコイワシクジラの頭だけの大きさにしたとすれば、その薄板の長さは六インチ——すなわちこの種の鯨の鯨鬚の三分の二——となる。ハシビロガモの下嘴には、上嘴のと同じ長さでそれよりも細かい薄板がある。そしてこの点において鯨の鯨鬚のない下顎と著しく相違しているのである。一方、この下側の薄板もその先端はささくれて細い尖った剛毛となっているから、この点においては鯨鬚の板と奇妙に似ている。また別異のミズナギドリ科に属するクジラドリ属（Prion）においては、上嘴だけに薄板があって、それが十分に発達して縁端の下に突き出ている。従ってこの鳥の嘴は、この点で鯨の口と類似している。

我々はハシビロガモの高度に発達した嘴の構造から、（サルヴィン Salvin 氏が私に送ってくれた報告と標本によって私が学んだところでは）篩うことへの適合に関する限り何ら大きな途切れもなく、ヤマガモ（Merganetta armata）の嘴を経、また若干の点ではアメリカオシドリ（Aix sponsa）の嘴を経て、普通の鴨の嘴まで進むことができる。この最後の種では薄板がハシビロガモよりもよほど粗末であり、嘴の両側にしっかりと附着している。そしてその数もそれぞれの側に五十ぐらいしかなく、縁端の下方に少しも突き出ていない。その頂は四角形になっていて半透明のやや硬い組織で縁どられ、まるで食物を砕くためのもののようになっている。そして下嘴の縁には多数の細かい隆起線が交叉しており、それがほんの少し突き出ている。このようにこの鴨の嘴は篩としてはハシビロガモの嘴よりもよほど劣っているのであるが、それにもかかわらずこの鳥は誰でも知っているようにこの目的のために絶えずそれを使用している。サルヴィン氏から聞いたところでは、普通のカモよりもかなり発達程度の低い薄板をもっている他の種があるそうである。しかし彼らが果たして水を篩うことにその嘴を使用しているかどうかは私は知らない。

同じ科の他の一群に眼を向けよう。エジプトガン（Chenalopex）では嘴は普通の鴨とよく似ている。しかし薄板はそれほど多くなく、また互いにそれほど分かれてなく、さらに内側に向かってそれほど大して突き出てもいない。しかるにE・バートレット（Bartlett）氏が私に知らせてくれたところによると、このガンは『その嘴を鴨と同様に隅のところから水を吐き出すことに使用する。』という。しかしその主な食物は草で、それを普通のガンのように嚙み切って食うのである。普通のガンでは上嘴の薄板は普通の鴨よりもはるかに粗末であってほとんど合生しており、その数は両側に各々約二十七で上端は歯のような瘤で終わっている。口蓋もまた硬い円味を帯びた瘤で覆われている。下嘴の縁は鴨よりもはるかにずっと突き出した粗末な鋭い歯でギザギザになっている。普通のガンは水を篩わないで、その嘴をもっぱら草を裂いたり切ったりすることだけに使うのである。この目的に対してはそれは極めてよく適応していて、ほとんど他のどんな動物よりも一層短いところまで草を嚙み切ることができるのである。バートレット氏から聞いたところでは、普通のガンよりももっと発達していない薄板をもったガンの別の種があるということである。

こうして我々は、ガンカモ科の成員で普通のガンのような構造の単に生草を食べることだけに適応した嘴をもつもの、あるいはさらに発達程度の低い薄板を備えた嘴をもつものでさえ、小さな変化によってエジプトガンのような種に転化し――これが普通の鴨のようなものに転化し――そして最後にほとんど全く水を篩うことだけに適応した嘴をもつハシビロガモのようなものに転化するのではないかと考える。ハシビロガモはその嘴を、鉤状に曲がった尖端を除くどの部分も、固形の食物を摑んだり引き裂くことにほとんど使用できないのである。なお次のことを付け加えよう。ガンの嘴もまた小さな変化によって、アイサ属（同じ科の成員）の歯のように、生きた魚類を捕えるという大幅に異なった目的に役立つ突き出してそり返った歯をもつものに転化し得るであろう。

鯨類に戻ろう。トックリクジラ（Hyperoodon bidens）は効果的な本当の歯をもっていない。しかしラセペード（Lacépède）によると、その口蓋は小さい不揃いの硬い角質の突起でざらざらになっている。それゆえある初期の鯨類が口蓋に同様の、ただしもっと規則正しく配列した角質の突起をもち、それぞれがガチョウの嘴の瘤のように食物を摑んだり引き裂いたりする助けをした、と想像することは少しも差しつかえないことである。そうだとすれば次のことを否定するのは困難であろう。すなわち、この突起は変異と自然淘汰をとおしてエジプトガンのような十分に発達した薄板に転化し、その場合それは物を摑むことと水を篩うことの両方に使用されたであろう。次にそれはアヒルのような薄板に転化するであろう。こうして順次前進し遂にハシビロガモのような完全な構造にまで転化し、その場合それはもっぱら篩い装置としてのみ役立ったであろう。現存の鯨類に見られる漸次的移行は、我々を薄板がコイワシクジラにおける鯨鬚の板の三分の二の長さに相当するこの段階からホッキョククジラの鯨鬚の巨大な薄板にまで導く。また次のことを疑う理由は少しもない。すなわち、その発達の進行過程において各部分の機能がゆっくりと変化するなかで、この序列における各段階が古代のある鯨に有用であったことは、ガンカモ科の種々の現存種の嘴における漸次的移行が有用であるのと同様であろう。我々は鴨のそれぞれの種が厳しい生存闘争にさらされていること，そしてその体の各部分の構造がその生活条件によく適応しているに違いないことを念頭におくべきである。

カレイ科（Pleuronectidae）すなわち扁平魚は非対称的な体であるために注目される。彼らは一方の側を下にして静止する――その大部分の種は左側を下にするが，あるものは右側を下にする。そしてときには成長後逆になる例がある。下方すなわち地につける面は一見すると普通の魚類の腹面のようである。すなわち白い色をしていて，上方の側よりはいろいろの点で発達の度が低い。そしてその側部のひれも比較的小さいことがしばしばある。しかしこの魚の最も著しい特徴はその眼である。というのは眼が両方とも頭の上側にあるからである。しかし幼魚の間はそれらは互いに反対側にあり，かつ全身も対称的であって両側の色も等しい。やがて下側にあった眼は徐々に頭を廻って上側に移動し始めるのである。しかし以前に考えられていたような，その頭蓋骨をまっすぐに突き抜けるのではない。下側の眼がこのようにして上側に廻り込まなかったならば，一方を下方にする習慣的姿勢で横たわっている間，それが魚にとって役に立たないことは明らかである。またこの下のほうの眼は海底の砂のためにすり減らされてしまうであろう。カレイ科の魚がその扁平で非対称的な構造によって見事にその生活習性に適応していることは，シタビラメ，カレイ等の幾つかの種が極めて普通に存在することから明らかである。こうして獲得された主な利点はその敵に対する防御と海底において餌を得ることの容易さにあるらしい。けれどもこの科に属する種々な成員にはシェーテ（Schiödte）の説明によると，『卵を出たときの形状をほとんど変更しないハリバット[4]（Hippoglossus pinguis）から，全く一方向きになってしまうシタビラメに至るまで，段階的推移を示す諸形態の長い系列』がある。

マイヴァート氏はこの例をとり上げて，眼の位置が突然自発的に変化するとは考えられないと論じている。この点は私も全く氏に同意する。氏はさらに『もしこの移動が段階的であったとすれば，このように一つの眼が頭の反対側に向かう行程の微小部分を移動することがどうしてその個体に利益を与え得たか，ということは実に理解し難いところである。このような初期の変化はむしろ有害であったに違いないとさえ思われる。』とつけ加えている。しかし氏は一八六七年、マルム（Malm）によって公にされた見事な観察の中に、この反論に対する答を見出し得たであろう。カレイ科の魚は、非常に幼くまだ対称的でその両眼が頭の両側にある間は、彼らの体が高すぎること、その側方のひれが小さいこと、および浮き袋をもたないことのために長く垂直の姿勢を保っていることができない。それで彼らはすぐに疲労し一方を下にして海底に降りる。マルムの観察によると、こうして彼らが休んでいる間、上のほうを見ようとしてしばしば下方の眼を上方にねじる。そしてよほど力をこめてこれを行うので、その眼は眼窩の上部をひどく圧迫される。従って容易に分かるように、眼の間の前額部の幅は一時的に狭められる。あるときマルムは、一尾の幼魚が約七十度の角度の距離にわたってその下側の眼を上げたり下げたりするのを見たといっている。

この幼年期における頭蓋は軟骨質で柔軟であるから、筋肉の動作によって容易に屈曲することを忘れてはならない。高等動物で、しかも幼年期の後でさえ、もし皮膚または筋肉が病気や事故のために永久的に収縮されるならば、頭蓋骨が曲がってその形を変えることがあるのはよく知られている。長い耳のカイウサギでは、もし一方の耳が前方に垂れ下がると、その重さで同じ側の頭蓋骨のすべての骨が前方に引張られるのである。これについて私は図解したことがある。マルムは孵化したばかりのパーチ[5]、サーモン[6]、その他幾つかの対称的魚類が、時折片側を下にして底に横たわる習性があることを述べている。そして彼の観察では、その際これらはしばしば上のほうを見ようとして下側の眼を引張り、その結果頭蓋骨が多少歪むのである。しかしこれらの魚類は間もなく直立の姿勢を保つことができるようになり、従って永久的な効果は生じないのである。しかるにカレイ科では、その成長するに従って体が扁平の度を増すために、ますます横になって休むことが習慣的になってくる。従って永久的効果が頭の形と眼の位置に生じるのである。類推によって判断すれば、この歪みの傾向は疑いもなく遺伝の原則によって増大するであろう。シェーテは、他の何人かの博物学者に反対して、カレイ科が胚のときからすでに完全な対称ではないということを信じている。もしそうであれば、ある種が幼時においていつも左側を下にして降りて横たわり、他の種が右側を下にする理由を理解することができるのである。なお、マルムは上記の見解を確認するものとして、カレイ科の成員ではないトラチプテ[7]

ルス・アルクティクス（Trachypterus arcticus）の成魚が、その左側を下にして海底に横たわり、また水中を斜めに泳ぐことを附記している。そしてこの魚の頭の両側は幾らか異なっているといわれている。魚類についての一大権威者であるギュンター（Günther）博士はマルムの論文の抄録の結論として『この著者はカレイ科の変則的状態について、甚だ簡潔な説明を与えた。』と述べている。

こうして我々は、マイヴァート氏が有害であろうと考えた頭の一方から他の側への眼の移動の第一段階は、海底に横たわっている間に両方の眼で上方を見ようとする、明らかにその個体および種にとって有益な習慣に起因するものと考える。我々はまた、扁平魚の幾つかの種類でその口が下方に曲がっており、それとともに、トラケール（Traquair）博士の想像するように、海底においてたやすく食物を捕えるために眼のない側の顎の骨が他の側の顎の骨よりも強くまた有効になっている事実を、使用の効果の遺伝に起因すると考えることができよう。他方、側方のひれを含む体の下半分全体の発達程度の低さは不使用によって説明されるであろう。もっともヤレル（Yarrel）は、これらのひれが小さくなっていることは『上側の大きいひれよりも活動の機会がずっと少ない』ので、かえってこの魚にとって有利であると考えている。ツノガレイの両顎の上半部における歯の数が下半部における歯の数よりも二十五ないし三十に対する四ないし七の割合で少ないのも、おそらくは不使用によって説明されよう。大抵の魚、および他の多くの動物の腹部表面が無色状態であることから、扁平魚において右か左かどちらか下になる側に色が欠けているのは光に当たらないためであると無理なく想像することができよう。しかしシタビラメの上側に特有の斑点があってちょうど砂質の海床のように見えること、あるいは近頃プーシェ（Pouchet）が示したように、幾つかの種には周囲の表面に応じてこの色を変える力のあること、あるいはヒラメの上側に骨質の結節のあることは、光の作用によるものと想像することはできない。この場合にはおそらく、これらの魚の体の全般的形や多くの他の特異性を彼らの生活習性に適応させるのと同様に、自然淘汰が作用したのである。前に私が主張したように、我々は部分の使用増加や多分不使用も、その遺伝的効果は自然淘汰によって強化されるであろうということを忘れてはならない。なぜならば正しい方向にあるすべての自発的変異はこうして保存されるからである。ある部部分の使用増大と有益な使用の効果を最高度に遺伝する個体が保存されるのも同じである。それぞれの特殊な場合において、どれだけが使用の効果でありどれだけが自然淘汰の結果であるかということを決定することは不可能なように思われる。

明らかにその起原がもっぱら使用あるいは習性に起因する構造の他の一例をあげよう。幾つかのアメリカのサルの尾の先端は驚くほど完全な把握器官に転化していて、第五の手の役を果たしている。マイヴァート氏とあらゆる詳細な点で一致しているある評論家はこの構造について、『どんな年月であろうと、物を把握するという最初のわずかな発端的傾向がそれを所有する個体の生命を保存したり、あるいは子孫を生み育てる機会をよりよく与えることは信じることができない。』と述べている。しかしそんなことを信じる必要はないのである。この作業には多分習性だけで十分であろう。習性は多かれ少なかれ利益というものを伴っているのである。ブレーム(Brehm)はあるアフリカのサル(オナガザル属 Cercopithecus)の子供が、その手で母親の腹部にしがみつき、同時にその小さな尾を母親の尾に巻きつけているのを見た。ヘンズロウ(Henslow)教授は幾らかのカヤネズミ(Mus messorius)[8]を飼っていた。彼らは物を摑むのに適した構造の尾をもたないのに、その尾を檻の中の灌木の枝に巻きつけてよじ登る助けにしているのがしばしば観察された。私はこれと類似の報告をギュンター博士から受けとった。彼はハツカネズミがこのようにしてぶら下がるのを見たということである。もしカヤネズミがもっと厳密に樹上生活をするのであったならば、同じ目の中のある成員の場合のように、おそらくその尾は物を摑むような構造となったであろう。オナガザルがなぜこのような尾をもつようにならなかったかは、その幼時の習性を考えると答えることはむづかしい。しかしこの猿の長い尾は、物を摑む器官としてよりも、その並外れた跳躍をするに当たって体の均衡をとる器官として一層役立っているのかも知れない。

乳腺は哺乳類の綱全体に共通であって、その生存に欠くことはできない。従ってそれは極めて遠い時代に発達したものでなければならず、我々はその発達の様子について確かなことは何も知ることができないのである。マイヴァート氏は『ある動物の子供が、その母親の偶然に異常肥大したた皮膚の腺からほとんど栄養のない流動体の一滴を偶然に吸ったために死滅から助かった、というようなことが想像できるであろうか？ またたとえある者がそうであったとしても、このような変異を永続させるどんな機会があったろうか？』と問う。しかしここには仮定が公正に立てられていない。哺乳類がある有袋類の形態から出たことは大部分の進化論者によって認められている。もしそうならば、乳腺は最初有袋類の袋の中で発達したであろう。魚類の事例（タツノオトシゴ Hippocampus）では、これと同じ性質の袋の中で卵が孵化し、稚魚がしばらくの間ここで育てられる。アメリカの博物学者ロックウッド（Lockwood）氏はこの稚魚の発達を見て、それが袋の中の皮膚腺からの分泌物によって養われるものと信じている。さて哺乳類の早期の祖先についても、少なくともまだ哺乳類とよべないような時期に、その幼児がこれと似た方法で養われていたということが可能ではなかろうか？ そしてこの場合、ある程度またはある方法で最も栄養の多い流動物を分泌して乳の性質をもつようになった個体が、流動物の分泌が少ない個体よりも、永い間には栄養豊かな子孫を一層多く育てるであろう。こうして乳腺の相同器官である皮膚腺が改良され、より効果的なものにされるであろう。袋のある一定の場所に広がっている腺が、その他のものより高度に発達したということは、広い意味の分化の原則に合っている。そしてそれらは次に乳房を形成したであろう。しかし最初は哺乳類の系列の最下位にあるカモノハシ属（Ornithorhyncus）に見られるように、まだ乳首はなかったであろう。どういう要因によって、ある一定の場所に広がっている腺が他の腺よりも高度に分化したかについては、部分的に成長の代償作用や使用あるいは自然淘汰の効果によるにせよ、私はこれを決定したいと思わない。

乳腺の発達は、幼児がそれと同時に分泌物を摂取できるようにならなければ役に立たず、また自然淘汰の効果はなかったであろう。いかにして哺乳類の幼児が本能的に乳房を吸うことを覚えたかということを理解することは、卵の中のひながどうしてその特別に適応した嘴で卵の殻を突き破ることを覚えたかということや、そのひながどうして殻を出て二三時間の後に穀物の粒を拾うことを覚えたか、ということを理解することよりも困難ではない。このような場合の最も確かな答は、最初もっと年齢の進んだときに練習によって得た習性が後にもっと早い年齢の子孫に伝えられたということのようである。しかしカンガルーの幼児は母親の乳首にすがるだけで吸うことをせず、母親がその無力で未熟な子供の口に乳を注入する能力をもっているのだといわれている。この点についてマイヴァート氏は『もし何らかの特殊な仕組みがなかったならば、気管の中への乳の浸入で幼児は間違いなく窒息するに違いない。しかし特殊な仕組みがある。すなわち喉頭が長く伸びて鼻孔の後端まで上がっているので、乳がこの長く伸びた喉頭の両側を無事に通過して易々とその背後の食道に達する間に、空気は自由に肺の中へ入ることができるのである。』と述べている。マイヴァート氏は続いて、いかにして自然淘汰は『この少なくとも完全に罪のない無害な構造』を成長したカンガルーから(そして哺乳類は有袋形態から出たと仮定して、他の大部分の哺乳類から）奪い取ったのであろうか?と問いかける。答としては次のように提議しよう。音声は確かに多くの動物にとってかなり重要なものであるが、喉頭が鼻孔に入っている間は到底十分な力でそれを用いることができない。そしてフラワー（Flower）教授はこの構造が固形の食物を呑み込むのに非常な障害になることを私に示唆した。

ここでしばらく動物界の下等な部類に移ろう。棘皮動物(Echinodermata ヒトデ、ウニ等)には叉棘とよばれる注目すべき器官がある。その十分に発達したものは三つ指の鋏――すなわち筋肉によって動く柔軟な軸の頂上に置かれ、きちんと組み合わされるようになっている三個の鋸歯状の腕――から成る。これらの鋏はどんな物でもしっかりと摑むことができる。アレクサンダー・アガシ(Alexander Agassiz)は、[9]エキヌス属（Echinus）がその殻を汚さないように、体の一定の線に沿って排泄物の粒片を鋏から鋏へ素早く送り降しているのを見た。しかしあらゆる種類のごみを除去する外にそれらが他の機能に有用であることは疑いない。防御は明らかにその一つである。

これらの器官についても、マイヴァート氏は前の多くの場合と同様に『このような構造の最初の根本的発端に、果たしてどんな有用性があったのか、そしてこのような初期の芽生えがいかにして一個のエキヌスの生命を保存したのであろうか?』と問うている。氏はさらに『この嚙みつく作用が突然に発達したとしても、自由に動く支えがなければ何らの利益もないであろうし、また後者は嚙みつく顎がなければ有効であり得ない。しかるに単なる微細で不確定な変異がこれらの構造の複雑な相互調整を同時に発展させることはできない。これを否定することは奇怪な矛盾を認めるのと同様である。』といっている。マイヴァート氏にはいかに矛盾に見えようとも、三つ指の鋏がその基部に固定していて、しかもよく嚙みつく作用をなし得るものが確かにあるヒトデに存在している。そしてもしそれが、少なくとも部分的に防御の手段として役立つならば理解できることである。私はアガシ氏に対し、この主題について多くの情報を与えてくれた親切に感謝しているのであるが、氏は鋏の三つの指の一つが縮小して他の二つの支えになっている他のヒトデがあり、また第三指が全く消失している属があることを私に知らせてくれた。ペリエ（Perrier）氏の記述によると、タマゴウニ属(Echinoneus)には殻に二種類の叉棘があって、その一つはエキヌス属のものに、他はスパタングス属（Spatangus）のものに似ているということである。このような事例は、ある器官の二つの状態の一つが発育不全となることによって、突然のように見える転換を行う方法を与えるものとして常に興味がある。

これらの奇妙な器官の進化してきた歩みについて、アガシ氏は自らの研究とミュラーの研究から、ヒトデとウニの両方において、叉棘は疑いなく棘が変容したものと見なされなければならないと推論している。これは個体における発達の様子により、また異なる種や属における単純な微小体から普通の棘を経て完全な三つ指の叉棘に至る、長い完全な漸次的移行の系列によって推測することができる。この漸次的移行は、普通の棘や石灰質の支持桿をもつ叉棘が殻と関節接合している状態にまで及んでいる。ヒトデのある属には『叉棘が変容して枝分かれした棘になったにすぎないことを示すのに必要な絶好の組み合わせ』の存在するのが見られる。すなわち、三つの等距離で鋸歯状の動かすことのできる枝が固着した棘の基部の近くで関節接合しており、さらにその同じ棘の高い所に他の三つの動かすことのできる枝が接合している。ところでこの後者が棘の上端から生じると、それらは実際に粗末な三つ指の叉棘となる。そしてこのようなものが同じ棘の上に、三つの下方の枝とともに見られるのである。この場合に叉棘の腕と棘の可動性の枝が性質上同一なことは間違いない。普通の棘が防御の役に立つことは一般に認められている。もしそうであれば、鋸歯状で動かすことのできる枝を有するこれらのものが、やはり同じ目的に役立つことを疑う理由はあり得ない。

そしてこれらが寄り集まって把握したり嚙みつく装置として働くようになると同時に、さらに効果的に使用されるであろう。ゆえに普通の固着している棘から固着した叉棘に至る各々の漸次的移行段階はいずれも有用であるに違いない。

ヒトデのある属では、これらの器官は動かない支柱の上に固定されたり支えられている代わりに、短いけれども柔軟性のある筋肉質の軸の上端にある。そしてこの場合には、それらはおそらく防御の外に幾つかの副次的機能に役立つであろう。ウニでは固着した棘が殻と関節接合するようになり、こうして動くことができるようになる段階を追うことができる。私はここに叉棘の発達に関するアガシ氏の興味ある観察をもっと十分抄録する紙面があったらと残念に思う。氏が附記するように、ヒトデの叉棘と棘皮動物の他の類であるクモヒトデ類(Ophiurians)の鉤の間に、またウニの叉棘と同じ綱に属するクロナマコ属(Holothuriae)の錨状触手の間に、あらゆる可能な漸次的移行を同様に見出せるのである。

ある群体動物あるいは植虫類(zoophyte)と名づけられた

もの、すなわちコケムシ類(Polyzoa)には、鳥頭体という奇妙な器官がある。この器官は種が異なるとその構造も大きく異なっている。その最も完全な状態にあるものはハゲタカの頭と嘴を縮小したものと奇妙に似ており、頸状部の上にあって運動することができ、下顎あるいは下嘴も同様に運動することができる。私の観察したある種では、同じ枝の上にあるすべての鳥頭体がしばしば一斉に、下顎を大きく開いたまま、五秒間に約九十度の角度を前後に動いた。そしてコケムシ群体の全体がこの運動により振動した。針でこの顎に触れるとその針を固く摑むので枝が振り動かせるくらいである。

マイヴァート氏がこの事例を示した主な理由は、氏が『本質的に類似のもの』と見なしているコケムシの鳥頭体と棘皮動物の叉棘のような器官が、動物界の大きく異なった部門において自然淘汰により発達したことは信じ難いという点にある。しかし構造に関する限り、私は三つ指の叉棘と鳥頭体の間に何の類似性も見つけることができない。後者はむしろ甲殻類(Crustacean)の鋏に一層よく似ている。だからマイヴァート氏は同じ妥当性をもって、この類似を特殊な困難として引き合いに出すこともできたわけだ。あるいは鳥の頭と嘴に対する類似性をさえも提示できたに違いない。バスク(Busk)氏、スミット(Smitt)博士およびニッチェ(Nitsche)博士――この群を注意深く研究した博物学者達――の信じるところでは、鳥頭体は植虫を構成する個虫とそれらの虫室に相同のものであって、虫室の動く唇弁あるいは蓋は鳥頭体の動く下顎に対応するのである。けれどもバスク氏は個虫と鳥頭体との間に現在存在する漸次的移行段階を少しも知らないといっている。従ってどのような有用な漸次的移行によって一方が他方に転化したのかを推測することはできない。しかしそれはこのような漸次的移行がなかったという意味ではない。

甲殻類の鋏はある程度コケムシ類の鳥頭体と似ており、ともに鋏の役をするので、前者において有用な漸次的移行の長い系列が今も存在していることを示すのも価値があろう。最初の最も簡単な段階では、肢の末端の環節が、その次の広い環節の正方形の頂点、もしくは一方の全側面に対して折り合わさり、これによって物を摑むことができるようになっている。しかしこの肢はなお移動の器官としても使用されている。次に我々は、末端から二番目の広い環節の一隅が少し高く突き出して時々不規則な歯を備えているのを見る。そして末端の環節がこれらに対して折り合わさる。この突起の大きさが増し、同時にその形が末端の環節の形とともにわずかに変容し改良されることによって、ウミザリガニ(lobster)の鋏のような有能な道具となるまで、鋏はますます完全となってゆくのである。そしてこれらのあらゆる漸次的移行段階は実際に跡づけることができるのである。

コケムシ類には鳥頭体の外に振鞭体という奇妙な器官がある。この器官は一般に長い剛毛から成り、これは動くことができ刺激に感じ易い。私の調べたある種では、振鞭体は少し曲がっていて外縁が鋸歯状となっていた。そして同じコケムシ群体の上のそれらのすべてが一斉に動くので、ちょうど長い櫂のような動作をし、私の顕微鏡の対物レンズを横ぎって、素早く枝を払い除けてしまった。一つの枝をその表面に置くと振鞭体がもつれ、自由になろうとして盛んにあばれた。それらは防御の役をするものと想像される。そしてバスク氏が述べているように『ゆっくりと注意深くコケムシ群体の表面を掃除して、虫室の繊細な棲息者がその触手を突き出したとき、彼らに有害であるかも知れないものを取り除く。』のが見られる。鳥頭体は振鞭体のようにおそらく防御としての役目を果たすが、また小さい生きた動物を捕まえて殺すこともする。そしてこれらの小さな動物は、後で水の流れによって個虫の触手の届く所まで押し流されるのだと信じられている。ある種は鳥頭体と振鞭体を備えおり、ある種は鳥頭体だけを、そして幾らかの種は振鞭体だけをもっている。

剛毛あるいは振鞭体と鳥の頭のような鳥頭体との間以上に外見上大きく相違した二つのものを想像するのは簡単ではない。しかしこれらはほとんど確実に相同であって、いずれも同じ共通の根源、すなわち虫室をもつ個虫から発達してきたものである。それゆえバスク氏が私に報告したように、我々はこれらの器官がある事例において、なぜ相互に漸次的移行段階をもつのかを理解することができるのである。すなわちレプラリア属(Lepralia)の幾つかの種の鳥頭体では、動かすことができる下顎は剛毛に非常によく似ているので、その鳥頭体の性質を判定する役をなすものは上方の固着した嘴の存在だけである。振鞭体は鳥頭体の段階を経過しないで虫室の唇弁から直接発達したのかも知れない。しかしこの段階を通過したというほうが一層真実に近いように思われる。というのは変形の初期段階で、虫室の他の部分がその中に含まれた個虫とともに一時に消滅してしまったということはあり得ないからである。多くの場合に、振鞭体はその基部に溝のある支柱をもっており、これが固着した嘴を表すものと思われる。しかしこの支柱は幾つかの種では全く欠けている。振鞭体の発達についてのこの見解は、もし信用できるのであれば興味深いものである。なぜならば鳥頭体を有するすべての種が絶滅したと仮定すると、どんなに豊かな想像力を有するものでも、振鞭体がもともと鳥の頭または歪んだ形の箱または頭巾に似たある器官の一部として存在したとは考えないからである。このように大きく異なった二つの器官が共通の根源から発達したということは興味深いことである。そして虫室の動く唇弁は個虫を保護する役を果たすのであるから、唇弁がまず鳥頭体の下顎に転化し、次に長く伸びた剛毛に転化するすべての漸次的移行段階が異なる方法、異なる環境の下で等しく防御の役目をした、と信じることに困難なことはなにもないのである。

植物界においては、マイヴァート氏はただ二つの事例、すなわちランの花の構造と攀縁植物の運動に言及しているだけである。前者について氏は『それらの起原についての説明は全く不十分――それらがかなり発達した後になって初めて効用をもつような構造の初期の微小な始まりを説明するのには全く不十分――であると思われる。』といっている。私は他の著作でこのことを十分論じているから、ここではランの花の最も著しい特性の一つ、すなわちその花粉塊だけについて若干細かい点を述べておこう。花粉塊の高度に発達したものは弾力性のある花梗すなわち花粉塊柄に附着する花粉粒の塊からなり、花粉塊柄は極めて粘着性の強い物質の小塊に附着している。花粉塊はこの粘着手段により昆虫によって一つの花から他の花の柱頭に運ばれるのである。あるランでは花粉塊に花粉塊柄がない。そして花粉粒は単に細い糸によって結び合わされているにすぎない。しかし以上のことはランに限ったことではないのでここで考察する必要はない。けれども私は、ラン科植物の系列の最下位のアツモリソウ属（Cypripedium）において、この糸がどうやって最初に発生したかを見ることができることを一言しておこう。別のランでは、この糸が花粉塊の一端に密着している。これは花粉塊柄の最初、あるいは発生期の痕跡をなすものである。かなりの長さで高度に発達した場合も含み、これが花粉塊柄の起原であるということについて、我々は、時々中央の固形の部分の中に発育の止まった花粉粒が埋もれているのが見出されるという良い証拠をもっている。

第二の主な特性、すなわち花粉塊柄の末端に附着した粘着性物質の小さい塊については、それぞれが植物にとって明らかに有用な漸次的移行の長い系列を書き上げることができる。他の目に属する大部分の花では、柱頭は少量の粘性物質を分泌する。ところがあるランでは類似の粘着物質を分泌はするが、三つの柱頭の一つだけが特に大量に分泌する。そしてこの柱頭はおそらく多量の分泌物のために実がならなくなっている。昆虫がこの種類の花を訪れるときには粘着物質の幾らかをこすり落し、それと同時に幾らかの花粉粒をひきずってゆく。多くの普通の花と比較して大差ないこの簡単な状態から――花粉塊がごく短い固定していない花粉塊柄に終わっている種――そして花粉塊柄がしっかりと粘着物質に附着して、実を結ばない柱頭自身が著しく変容している他の種まで、果てしない段階がある。この最後の場合が、最も高度に発達した完全な状態の花粉塊である。ランの花を自分で注意深く調べる人は、上記の漸次的移行の系列——普通の花の柱頭と大差ない柱頭を有し、単に糸で結ばれただけの花粉粒の集団から、昆虫に運ばれるように巧みに適応した高度に複雑な花粉塊まで——の存在することを否定しないであろう。また幾つかの種における漸次的移行段階のすべてが、それぞれの花の一般的構造と関連して、それぞれ異なる昆虫によって受精されるように見事に適応していることを否定しないであろう。この場合やまたほとんどあらゆる他の場合に、質問はさらに遡って進められる。そして普通の花の柱頭がどうして粘着性となったかと問われるであろう。しかし我々はどんな生物の群についてもその十分な歴史を知らないのであるからそれは無益な質問であり、このような問題に答えようとするのも無駄なことである。

我々はここで攀縁植物に転じよう。この植物は単に支柱に絡みつくものから、私が葉攀縁植物と名づけたもの、そして巻鬚のあるものまでの長い系列に編成できる。この後の二つの部類では、常にというわけではないが、茎は一般に巻き付く力を失っている。しかし回転する力は残されていて巻鬚もその力をもっている。葉攀縁植物から巻鬚植物までの漸次的移行は驚くほど密であって、ある植物はどちらにも片寄らない状態にある。しかし単純な纏繞植物から葉攀縁植物までの系列を昇ってゆく際に、ある重要な性質が加えられる。すなわち接触への感受性であって、これによって葉柄または花柄、もしくはこれらが変容転化した巻鬚は、接触した物体の周りに沿って曲がり絡みつくように刺激されるのである。これらの植物についての私の研究報告を読む者は、単純な纏繞植物と巻鬚植物との間の機能上、構造上の多くの漸次的移行段階のすべてが、種にとって一つ一つ高度に有益なものであることを認めるであろう。例えば纏繞植物にとって葉攀縁植物になることは明らかに非常に有利となる。そしておそらく、長い柄の葉をもつあらゆる纏繞植物は、もしその葉柄が少しでも接触への必要な感受性をもったならば葉攀縁植物に発達したであろう。

絡みつくことは支柱に登る最も簡単な方法であり系列の基礎をなすので、いかにして植物が初期段階でこの能力を獲得し、その後自然淘汰によって改良され増大されたのか、は当然の問いである。この絡みつく力は、第一に若い間は茎が極めて柔軟であること（もっともこれは攀縁植物ではない多くの植物に共通な形質である）、第二に茎がすべての方向に同じ順序で間断なく連続的に曲がることによるのである。茎はこの運動によってあらゆる方向に曲がり，ぐるぐると旋回運動してゆくのである。茎の下部が何物かに突き当たって止まるや否や，上部はなおも曲がり続け旋回して，そして必然的に支柱に絡みつきよじ登ってゆくのである。この旋回運動は若枝の初期生長が過ぎると止まる。大きく離れている植物の多くの科では，単一の種や単一の属だけが旋回力をもっていてこのような纏繞植物になったのであるから，それらは独立にこの力を得たのであり，ある共通の祖先から遺伝したものではあり得ない。それゆえ私は，この種類の運動をなすある軽微な傾向は攀上しない植物にも共通でないはずはないこと，そしてそれが，自然淘汰が働き改良するための基礎を与えたのであることを予想するに至った。この予測をしたとき，私は一つの不完全な例を知っていたにすぎない。すなわちそれは[10]マウランディア属(Maurandia)の若い花柄の場合であって，これは纏繞植物の茎のようにわずかに不規則に旋回するが，この習性を少しも利用しないのである。その後間もなくフリッツ・ミュラーは，サジオモダカ属（Alisma）とアマ属（Linum）——攀上せず自然分類上大きく離れている植物——の若い茎が不規則ながらも明らかに旋回することを発見した。そして彼は他の植物にもこのことが生じるものと推察する理由があると述べている。これらのわずかな運動はこれらの植物にとって何の役にも立っていないように思われる。いずれにしても我々が今問題にしているよじ登るということには少しも役に立たない。それでも，もしこれらの植物の茎が柔軟であり，そしてその植物がさらされている条件の下で高く登ることが利益になったならば，わずかにそして不規則に旋回する習性が自然淘汰によって増大され利用されて，遂にそれらの植物は十分に発達した纏繞種に転化したのであると考えることができる。

葉柄，花柄ならびに巻鬚の感受性についても，纏繞植物の旋回運動とほとんど同様の説明が適用できる。大きく異なる群に属する非常に多くの種がこの種類の感受性を与えられているのであるから，これは攀縁植物にならなかった多くの植物に初期的状態で見出せるはずである。これには実例がある。私は前述のマウランディアの若い花柄が接触を受けた側のほうに少し曲がったのを見た。モレン(Morren)はカタバミ属(Oxalis)の幾つかの種において，葉とその葉柄が特に強い日光にさらされた後で静かにくり返し触れられたとき，あるいは植物が揺り動かされたとき動くことを発見した。私がカタバミ属の幾つかの他の種についてくり返し観察した結果も同じであった。彼らの中のあるものでは運動ははっきりしていたが、若い葉で最もはっきりと見られた。他のものでは運動は極めてわずかであった。もっと重要な事実は、ホーフマイスター（Hofmeister）の権威ある典拠によれば、あらゆる植物の若い枝や葉は揺り動かされた後に動くということである。そして攀縁植物では、我々の知っているとおり、葉柄、花柄および巻鬚が感受性をもつのは生長の初期の間だけである。

植物の若い生長しつつある器官が接触または振動によって上述のようにわずかな運動をするということは、その植物にとって機能上少しも重要なことだと思われない。しかし植物は種々な刺激に応じて運動する力をもっており、これは植物にとって明らかに重要なことである。例えば光のほうに向かうか、あるいは稀に光と逆方向に向かう――重力と反対の方向か、あるいは稀に重力の方向に向かう。動物の神経や筋肉が直流電気やストリキニーネの吸収によって刺激されたとき、それによって起こる運動は偶発的結果とよんでよい。というのは、神経や筋肉はこれらの刺激に対して特に感受性をもつようにされているのではないからである。同様に植物でも、一定の刺激に応じて運動する力をもっているところから、接触や振動により附随的な方法で刺激されるのであると思われる。それゆえ、葉攀縁植物および巻鬚植物の場合に、自然淘汰によって利点を得、増大したのはこの傾向であることを認めるのに大きな困難はない。けれども、私の研究報告で示した理由から、多分これはすでに旋回力を獲得し、それによって纒繞植物となっていた植物のみに起こったのであろう。

私はこれまで、植物がどのようにして纒繞植物になったかを説明しようと努めた。すなわち、最初それらの植物にとって何の役にも立たなかったわずかで不規則な旋回運動の傾向の増大によって説明しようと努めた。この運動は、接触または振動に基づく運動もそうであるが、他の有益な目的のために獲得された動く力の副次的な結果なのである。攀縁植物が段階的に発達する間に、自然淘汰が使用の遺伝的効果によって助けられたかどうかということについては、私は敢えて判決を下そうとは思わない。しかし我々はある周期的運動、例えばいわゆる植物の睡眠、が習性によって支配されていることを知っている自然淘汰が有益な構造の初期段階を説明する資格をもたないことを証拠立てるために、老練な博物学者によって注意深く選択された諸事例について、今や私は十分に、おそらく十分以上に考察した。そして私はこの問題について大きな困難はないことを示したと信じる。機能変化としばしば連結している構造の漸次的移行について幾らか詳述するよい機会を得ることができた。——これは本書の前の諸版では十分な長さで扱うことができなかった重要な主題である。さて前述の事例を簡単に要約しよう。

キリンについては、ある高い所へ届く絶滅した反芻類の中で最も長い首、脚等をもち、平均の高さよりも少し高い葉を食うことのできた個体が絶えず保存されたこと、そしてそのような高い所の葉を食うことのできなかった個体が絶えず滅ぼされたことがこの並外れた四足獣の生成を十分に説明するであろう。しかしすべての部分が引き続き使用され、それが遺伝されたことが一緒になって、重要な方法でそれらの調整を助けたに違いない。様々な物体を模倣する多くの昆虫については、ある普通の物体への偶然の類似がそれぞれの場合に自然淘汰の仕事の基本となって、その後この類似を少しでも緊密にしたわずかな変異が時折保存されることによって完成されたのであると信じることに問題はない。そしてこれは昆虫が変異を継続する限り、またますます完全となる類似が鋭敏な視覚をもつ敵から逃れることを可能にする限り、続行されたであろう。鯨のある種では口蓋上に不規則な小さい角質の突起を形成する傾向がある。そしてこの突起がまずガンの嘴にあるような薄板の瘤または歯に転化し——次にアヒルのそれのような短い薄板に——また次にハシビロガモのような完全な薄板に——そして最後にホッキョククジラの口にあるような巨大な板の鯨鬚に——転化するまでのあらゆる有利な変異を保存することは、全く自然淘汰の範囲内であるように思われる。ガンカモ科では薄板は初め歯として用いられ、次に部分的に歯として、部分的に篩器具として用いられ、そして最後にほとんど全く篩としてのみ用いられるのである。

上述の角質の薄板もしくは鯨鬚のような構造については、我々が判断できる限りでは、習性あるいは使用はそれらの発達にほとんどあるいは全く働きをなし得なかった。一方、扁平魚の下方の眼の頭の上側への移動、および摑むのに適した尾の形成は、ほとんど完全に連続的な使用と遺伝を合わせたものに起因すると考えられる。高等動物の乳房につ攀縁植物に関しては今述べたばかりなのでくり返す必要はない。

もし自然淘汰がそれほど有力ならば、なぜある種は明らかに有益であると思われるこれこれしかじかの構造を獲得しなかったのであるか?ということをよく質問される。しかし各々の種の過去の歴史や、現在その数と分布を決定している諸条件についての我々の無知を考えれば、このような質問に正確な答を期待するほうが無理である。大抵の場合は単に一般的理由だけであるが、ある少数の場合は特別な理由が示される。すなわち一つの種を新しい生活習性に適応させるには、多くの調整された変容がほとんど不可欠であり、そして必要な部分が正しい状態または正しい程度に変異しなかったということも往々にしてあり得る。多くの種は、その種に有益であるように見えるのであるからおそらく自然淘汰によって獲得されたに違いない、と我々が想像する一定の構造に何の関係もない有害な要因によって、数の増加が妨げられたに違いない。この場合、生活闘争はこのような構造に依存しなかったのであるから、これらの構造は自然淘汰によって獲得されることはなかった。多くの場合、ある構造が発達するには複雑で永続的な条件、し

いての最も確かな推測は、最初有袋類の袋の全面にあった皮膚腺が栄養分のある流動物を分泌し、そしてこれらの腺が自然淘汰によって機能的に改良され、ある限られた部分に集中して遂に乳房を形成するようになったというものである。ある古代の棘皮動物の防御の役をする枝分かれした棘が自然淘汰によってどのように三指の叉棘に発達したかを理解するのは、甲殻類の鋏が最初は単に移動に使われた肢の先端の環節と二番目の環節における軽微で有用な変容をとおして発達したことを理解するよりも困難ではない。コケムシ類の鳥頭体と振鞭体において、我々は同一の根源から発達した甚だしく外見を異にする器官を見る。そしてこの振鞭体については、我々は連続的な段階的転換がいかに有用であったかを理解することができる。ランの花粉塊については、元々花粉粒を結び合わせる役をした糸が密着して花粉塊柄となった跡を追うことができるし、同様に普通の花の柱頭に分泌されるような粘性物質が、今もこれと全く同じではないがほとんど同じ目的に役立ちながら、花粉塊柄の固定していない末端に附着するようになるまでの歩みを追うことができる。——これらの漸次的移行段階のすべてはそれぞれの植物にとって明らかに有用なのである。

ばしば特殊な性質の条件が必要である。そして必要な条件が同時に起こることは滅多になかったであろう。しばしば間違って信じるのであろうが、我々がある種にとって有益であろうと考えるある与えられた構造はどんな情況の下でも自然淘汰によって獲得されたに違いない、と信じることは、我々が自然淘汰の作用の仕方について理解できることに反している。マイヴァート氏は自然淘汰が何かをなし遂げたということを否認するのではない。しかし氏は、私がその作用として説明している諸現象の原因を示すには自然淘汰は『論証に不十分』だと見なすのである。氏の主な主張は今考察した。これから他の議論を考察しよう。これらは立証的性格をほとんど含んでおらず、しばしば明記した他の作用によって助けられた自然淘汰の力に好都合な立証に比較して、ほとんど価値がないように思われる。私がここに用いた幾つかの事実と主張は近頃『外科医学評論』(Medico-Chirurgical Review)に発表されたある優れた論説の中に、同じ目的で提出されていることを附記しておかねばならない。

今日ではほとんどすべての博物学者が何らかの形で進化を認めている。マイヴァート氏は種が『ある内的な力、あるいは傾向』によって変化すると信じているが、これに関しては何かが知られているとは考えられていない。種が変化する能力をもつことはすべての進化論者によって認められるであろう。しかし普通の変異性への傾向以外に、何らかの内的な力を持ち出す必要はないように私には思われる。普通の変異性は人為淘汰の助けを通じて多くのよく適応した飼育品種を生じたし、また同様に自然淘汰の助けを通じて段階的に自然の品種または種を生じるであろう。最終的結果は、すでに説明したように、一般には生物体における進歩であったが、少数の場合には退化であったろう。

マイヴァート氏はさらに、新しい種が『突然に、そして同時に現れる変容によって』出現すると信じる傾向があり、若干の博物学者もこれに同意している。例えば氏は絶滅した三本足指のヒッパリオン(Hipparion)と馬の差異が突然起こったものだと想定する。氏は鳥の翼が『顕著な、そして重要な性質の比較的突然な変容以外の他の方法で発生した』とは信じ難いと考える。そして明らかに氏は同じ見解をコウモリや翼竜(pterodactyl)の翼にも及ぼすであろう。この結論は系列中に大きな途切れまたは不連続のあることを意味するものであって、私には最も本当らしくないように思われる。

緩慢なそして段階的な進化を信じる人は誰でも、種の変化が、我々が自然の下で、あるいは飼育の下でさえ遭遇するある単独の変異と同じように、突発的で同じような大きさをもつことをもちろん認めるであろう。しかし種は自然状態の下でよりも飼育あるいは栽培されたときに一層変異し易いのであるから、飼育の下で時折起こるような大きな突発的な変異が自然の下でもしばしば起こったということは本当らしくない。飼育の下での変異の中の幾つかは先祖返りに起因すると考えられる。そしてこれによって再現する形質は多くの場合、最初は徐々に獲得されたものであるというのが本当らしい。さらに多くのものは奇形とよぶべきものである。例えば六本指の人、ヤマアラシのような針毛のある人、アンコン羊、ニアタ牛等がこれである。そしてこれらは形質において自然種とあまりにかけ離れているので、我々の主題に対してはほとんど参考にならない。このような突発的な変異の場合を除くと、残った少数のものは、もし自然の状態の下で見つけられたならば、それらの祖先型に密接に関係している疑わしい種を構成するのがせいぜいであろう。

自然の種が時折飼育品種に起こったのと同じように突然に変化したかどうかを私が疑問に思い、また自然の種がマイヴァート氏の示すような不思議な方法で変化したということを私が全く信じない理由は次のとおりである。我々の経験では、突発的に著しい特徴のある変異が我々の飼育生物に起こるのは単独的であり、そして相当長い時間を隔ててである。もしこのような変異が自然の下で起こったとしても、すでに説いたように、それは偶然的滅亡の原因により、またその後の交雑によって失われがちであろう。そして、もしこの種類の突発的変異が人間の注意によって特に保存され分離されなければ、飼育の下においてもやはり同じであることが知られている。それゆえ新しい種がマイヴァート氏の想像するような方法で突然に出現するためには、あらゆる類推に反して、幾つかの驚くほど変化した個体が一斉に同じ区域に現れたということを信じる必要がある。人間による無意識的淘汰の場合のように、多かれ少なかれある好適な方向に変異した個体の多くが保存され、これと反対の状態に変異した個体の多くが滅亡することによる段階的進化の理論によって、この困難は避けることができる。

多くの種が極めて緩やかな歩みで進化したことはほとん

ど疑うことができない。多くの大きな自然の科の種や属さえも、互いに密接な類縁関係にあるので識別の困難なものが少なくない。あらゆる大陸において北から南へ、低地から高地へ等と進む際、我々は密接に関連した種または典型的な種の大群に出会う。それは、以前は続いていたと信じる理由のある別の大陸においてと同様である。しかしこれらのことやまた次のことを述べるには、この後に検討する主題に言及しないわけにはいかない。大陸の周囲に離れて存在する多くの島々を見よ。そしてそれらの棲息者のいかに多くが単に疑わしい種の位置にしか昇ることができないかを見よ。過去の時代を見て、消滅したばかりの種と同じ地域内に現存する種を比較した場合、あるいは同じ地質学的累層の亜階に埋没されている化石種を比較した場合にも同じである。おびただしい数の種が現存している他の種もしくは近頃まで生存していた他の種と極めて密接に関連していることはまことに明白である。そしてこのような種が突発的な方法で出現したと主張するのは困難であろう。また別異の種の代わりに類縁種の特殊な部分をよく見ると、大きく異なった構造を連結する多数の驚くばかりに細かい漸次的移行段階が跡づけられることを忘れてはならない。多数の事実は種が極めて小さな歩みによって進化したという原則の上に立ってのみ理解できる。例えば、実際に大きい属に含まれる種は小さい属の種よりも互いに一層密接に関連し、また一層多数の変種を示す。前者はまた、種を取り巻く変種のように小集団の群を成している。そしてそれは第二章で示したように他の点でも変種との相似を示している。種的形質が属的形質よりも変異し易い理由、また異常なほどに発達した部分が同じ種の他の部分よりも変異し易い理由もこの同じ原則によって理解される。すべてが同じ方向を指している多くの相似の事実をあげることができよう。

非常に多くの種が微細な変種を分けるよりも小さい歩みで生じたことはほとんど確かであるが、それでもなおある種はそれと異なる突発的な方法で発達したと主張されるかも知れない。しかしこれを承認するにはよほど有力な証拠が示されなければならない。この見解を支持するために提出されたものでチャウンシー・ライト氏によって示されたような漠然とした、そしてある点では間違っている類推、例えば無機物質の突然の結晶、あるいは小面をもつ回転楕円体の一小面から他の小面への落下というようなものはほとんど考察に値しない。ただしある一組の事実、すなわち地質累層の中に新しいそして別異の生命形態が突然に出現することは、一見したところでは突発的発達の信念を支持している。しかしこの証拠の価値は全く、世界の歴史における遠い時代に関して地質学的記録が完全であるかどうかにかかっている。もしこの記録が多くの地質学者の熱心に主張するように断片的なものにすぎないとすれば、新しい形態があたかも突然に発達したかのように見えるのも不思議ではない。

マイヴァート氏のいう巨大な変形、例えば鳥類またはコウモリ類の翼の突然の発達、あるいはヒッパリオンの馬への突然の転化を認める以外には、地質累層の中に連結環の欠けていることを突発的変容の信念で解き明かすことはできない。しかしこのような突発的変化を信じることに対しては発生学が強力な異議を申し立てる。鳥およびコウモリの翼と馬または他の四足獣の脚がその発生初期では見分けがつかず、そしてそれらが気づかないほど微細な歩みによって分化してくることは周知のことである。後章で論じるように、あらゆる種類の発生学的類似は、現存種の祖先が幼体初期の後に変異して、その新たに得た形質を対応する年齢においてその子孫に遺伝したことによって説明することができる。胚はこうしてほとんど影響を受けずに残されており、種の過去の状態の記録の役をする。現存種がその発生の初期にしばしば同じ綱に属する古代の絶滅形態に類似するのはこのためである。発生学的類似の意味についてのこの見解に立てば、そして実際はどんな見解であろうと、ある動物が上述のような重大で突発的な変形を受けたということ、それにもかかわらずその胚状態において何ら突然的変容の痕跡さえとどめてなく、その構造のあらゆる細部が気づかないほど微細な段階を経て発達しているということは信じることができない。

ある古代の形態が内的力あるいは傾向によって、例えば翼を備えたものに突然変形したと信じる人は、一切の類推に反して多くの個体が一斉に変異したものと仮定しなければならない。このような突発的な大きな構造上の変化は、大抵の種が明らかに受けたと思われる変化と大幅に異なることは否定できない。彼はさらに、同じ生物のすべての他の部分と周囲の状態に見事に適応した多くの構造が突然に生じたことを信じなければならないであろう。そしてこのような複雑で驚くべき相互適応については、彼は説明の片鱗さえも提示することができないであろう。彼はこれらの大きな突然の形質転換が胚にその作用の痕跡を少しも残さなかったということを認めないわけにいかないであろう。これらのすべてを認めることは奇蹟の領域に入ることであり、科学の領域を去ることであると私には思われる。

訳者注

(1) biennial plant　原文でこうなっているが、一年生植物 annual plant の間違いか
(2) マメ科の植物
(3) macrauchenia　南アメリカの洪積世に生存した滑距目の動物。三指
(4) オヒョウに近種のカレイ科の魚
(5) perch　ヨーロッパ産の淡水魚
(6) salmon　北大西洋の海岸やヨーロッパ、北アメリカの川に棲息するニジマスの近種の Salmo sala のこと
(7) フリソデウオ科フリソデウオ属
(8) 現在は Micromys 属
(9) ヨーロッパ大西洋岸のウニ
(10) ゴマノハグサ科の蔓性植物

自然淘汰の理論に対する種々の反論

第八章　本　能

習性と比較できるがその起原を異にする本能――漸次的移行をなす本能――アリマキと蟻――変異する本能――飼育本能、その起原――カッコウ、コウウチョウ、ダチョウ、および寄生蜂の自然本能――奴隷を作る蟻――ミツバチ、その巣室を造る本能――本能と構造の変化は必ずしも同時ではない――本能についての自然淘汰の理論の難点――中性虫すなわち不稔性昆虫――摘要

多くの本能は実に驚くべきものであるから、読者にはおそらくそれらの発達は私の全理論を覆すに足る難問であるように思われるであろう。あらかじめいっておくが、私が決して精神力の起原について論じるのでないことは、生命そのものの起原を論じないのと同様である。我々が問題とするのは、ただ同じ綱の動物における本能とその他の精神的能力の多様性だけである。

私は本能について何か定義を下そうとは思わない。幾つかの異なった精神作用が通常この言葉の中に含まれていることを示すのは容易であろう。しかし本能はカッコウを移動させ、その卵を他の鳥の巣の中に産ませるといわれるとき、それが何を意味するかは誰にも分かるのである。我々が行うためには経験を必要とする行為が動物によって、特に非常に幼い動物によって経験なしに行われたとき、そしてそれがどういう目的でなされるのかを知らずに多くの個体によって同じ方法で行われたとき、それは普通本能的であるといわれている。しかし私はこれらの特性が普遍的ではないことを示すことができる。ピエール・ユベ（Pierre Huber）が表現したように、自然界の序列の下等な動物にさえ、しばしば少量の判断や理性は働いているのである。

フレデリック・キュヴィエ（Frederick Cuvier）とそれより古い時代の数人の形而上学者は本能を習性と比較した。思うにこの比較は、本能的行為の営まれるときの心の状態についての正確な概念を与えるが、必ずしも本能の起原に

ついての概念は与えない。多くの習性的行為がいかに無意識的に行われることか！　実際我々の意識的意志と正反対であることも稀ではない。とはいえそれは意志または理性によって変容させられる。習性は容易に他の習性と結びつき、一定の時期と身体の状態に結びつく。一度獲得されると、それらはしばしば生涯を通じて変わらない。本能と習性の間の類似についてはなお幾つかの点が指摘される。よく知っている歌をくり返し歌う場合のように、本能においては一種のリズムをなして一つの動作が他の動作に続く。もしある人が歌の途中で、または何かを機械的にくり返している途中で中断されると、その人は思考の習慣的連鎖を回復するために一般に後戻りすることを余儀なくされる。P・ユベは非常に複雑なハンモックを造る毛虫の場合にそうであることを発見した。すなわちハンモックを例えば第六段階まで造り上げた毛虫を取って、これを第三段階までしか造られていないハンモックに置くと、その毛虫はわけなくその建築の第四、第五、および第六段階を再演した。しかし例えば第三段階まで造り上げたハンモックから毛虫を取り出して、第六段階まで終了しているもの、すなわちその仕事の大部分がすでに彼のためになされてしまっているものの中に置くと、毛虫はこれから利益を引き出すどころかかえって大いに当惑し、そしてハンモックを完成するために、先に中止した第三段階からやり始めることを余儀なくされるように見え、こうしてすでに終了した仕事を完成しようと試みたのである。

もしある習慣的行為が遺伝されると仮定すれば――そしてこれは時々実際に起こることを示すことができる――もともと習性であったものと本能との間の類似は非常に密接なものになって区別することができなくなる。もしモーツァルトが驚くほどわずかな練習だけで三歳のときにピアノを弾いたというのではなく、全く練習しないで曲を弾いたのであれば、真実彼は本能的にそれをやったのだといえよう。しかし本能の大多数が習慣によって一世代の間に獲得され、そしてその後に続く世代に遺伝によって伝えられたのだと想像するのは重大な誤りであろう。我々のよく知っている最も驚異的な本能、すなわちミツバチや多くの蟻の本能を習慣によって獲得することは不可能であることを、はっきりと示すことができるのである。

各々の種の現在の生活条件の下で、本能がその種の繁栄にとって肉体構造と同じ程度に重要であることはあまねく認めらるであろう。変化した生活条件の下で本能のわずかな変容が種にとって有益であるということは、少なくとも可能である。そしてもし本能が少しでも変異することが証明できれば、私は自然淘汰が本能の変異を保存し絶えず累積して、ある程度有利なものにしてゆくことに何の問題も見つけることができない。私の信じるところでは、最も複雑で驚異的な本能もすべてこのようにして生じたのである。肉体的構造の変容は使用あるいは習性から生じて増大し、そして不使用によって減少または消滅するが、私は本能もまた同様にそうであったことを疑わない。しかし多くの場合、習性の効果は本能の自発的変異と名づけられるもの——すなわち身体的構造のわずかな偏向を生じるのと同じ未知な原因によって生じる変異——の自然淘汰の効果に対しては、従属的な重要性のものであると信じる。

複雑な本能は多くの軽微な、しかし有益な変異のゆっくりとした段階的な累積によってでなければ、自然淘汰を通じて生じさせることができない。従って肉体的構造の場合と同じく我々が自然界に見出すべきものは、各々の複雑な本能が獲得されるに至った現実の変遷の段階ではなく——というのは、これらはそれぞれの種の直系の祖先にのみ見出すことができるから——我々は並行する系統線においてこのような漸次的移行の証拠を見出すべきであり、あるいは少なくともある種類の漸次的移行が可能であることを示すことができなければならない。そして我々は確かにこれをなすことができるのである。ヨーロッパや北アメリカ以外では動物の本能はほとんど観察されておらず、また絶滅種については何らの本能も知られていないことを承認するならば、私は最も複雑な本能に至る漸次的移行がいかに広く一般的に発見されるかに驚かされる。本能の変化は同じ種が生涯の異なる時期、あるいは一年の異なる季節、あるいは異なる環境に置かれたときなどに、異なる本能をもつことによって助長されることがある。この場合にはそれらの中のどれか一つの本能が自然淘汰によって保存されるかも知れない。そしてこのような同じ種の本能の多様性の例は自然界に存在することを示すことができる。

また、肉体的構造の場合と同じく私の理論と一致して、それぞれの種の本能はそれ自身にとって有益であるが、我々の判断し得る限りでは、決して他の利益のみのために生成されたことはない。単に他の利益のみのために行動するように見える動物の最も著しい例で私の知っている一つは、ユベによって最初に観察された、アリマキが彼らの甘い分泌物を自発的に蟻に供給するものである。彼らが自発的にそれをすることは次の事実が示している。私はギシギシの上にいた一ダースばかりのアリマキの群れからすべての蟻を取り除き、数時間の間蟻が寄ってこないようにした。この時間の後、私はアリマキが分泌したがっていることを確信していた。しばらくの間レンズを透して彼らを観察していたが一匹も分泌しなかった。そこで私は蟻がその触角でやるのとできるだけ同じように彼らを毛でくすぐりなでて見た。しかし一匹も分泌しなかった。その後一匹の蟻を訪問させた。すると早速その蟻は、熱心に走り廻る仕草から見て、どれほど豊富な群れを見つけたかをよく知っているらしい様子をみせた。それから触角でまず一匹のアリマキの腹をさすり始め次に他に移った。そしてアリマキは触角が触れるや否や、いずれも直ちにその腹を持ち上げて甘い透明な汁の一滴を分泌し、蟻はそれを熱心に飲み込んだ。非常に幼いアリマキでさえ同じ態度をしたことは、この行為が本能的なものであって経験の結果でないことを示している。ユベの観察から、アリマキが蟻に対して少しも嫌悪を示さないことは確かである。もし蟻がいない場合でも彼らは最後には分泌物を排泄しなければならない。しかし分泌物は極めて粘着性の強いものなので、これを取り除くことはアリマキにとっても疑いもなく好都合である。それゆえ多分、彼らは単に蟻の利益のためにのみ分泌するのではないのである。動物がもっぱら他の種の利益のためにある行為をするという証拠は一つも無いが、それぞれが他の本能を利用しようと試みることは、それぞれが他の種のより弱い身体的構造を利用するのと同様である。それゆえ、ある本能が絶対的に完全であると見なすことはできないのである。しかしこの点やこれに類する他の点についての細かいことは絶対に必要というのではないからここでは省略しよう。

自然状態における本能のある程度の変異とこのような変異の遺伝は、自然淘汰の作用にとって必須のものであるからなるべく多くの実例をあげるべきであるが、紙面の不足でそれができない。私には本能は確かに変異すると断言することができるだけである。――例えば移住の本能は広がりと方向の双方において変異し、また完全に失われることがある。鳥類の巣についてもそうであって、それは部分的には選ばれる場所により、また棲息する地域の性質や温度によって変異するが、しかし我々の全く知らない原因によって変異することもしばしばある。オーデュボンは、合衆国の南部と北部における同じ種の巣の差異について幾つかの著しい事例をあげている。もし本能が変異するものであるならば、なぜ蜂は『蜂蠟が欠乏したときに他の材料を使う能力』を与えられなかったのか？という質問があった。しかしどのような他の自然の材料を蜂は使うことができるであろうか？　私の見た限りでは、蜂は朱で固めた蠟やあるいはラードで柔かくした蠟で仕事するのが常である。アンドリュー・ナイトは、彼の蜂が苦労して蜂蠟を集める代わりに、彼が皮を剝がれた木に塗っておいた蠟とテレピンとの接合剤を使用したのを見た。近頃蜂が花粉を探す代わりに甚だ違った物質、すなわちオートミールを喜んで使うことが示された。ある特殊な敵に対する恐れは、ひな鳥に見られるように確かに本能的性質である。もっともそれは経験により、また同じ敵に対する他の動物の恐れを見ることによって強められる。他のところで示したように、人間への恐怖が無人島に棲む種々の動物によって徐々に習得される。そして、この実例はイングランドでさえ見られる。すなわちすべての大きな鳥は小さな鳥に比べてはるかに人に馴れない。なぜならば大きな鳥は人間によって最も迫害されたからである。我々は我が国の大きな鳥が極めて人に馴れない原因をこれに帰して差しつかえない。というのは無人島では大きな鳥が小さな鳥より一層人を恐れるということはないからである。そしてイングランドであれほど用心深いカササギが、ノルウェイではエジプトにおけるハイイロガラスと同様によく人に馴れているのである。

自然の状態で生まれた同じ種類の動物の精神的特質がかなり異なることは、多くの事実によって示すことができる。また野生動物における一時的な奇妙な習性で、もしその種に有益ならば自然淘汰をとおして新しく本能を生じたかも知れないと思われるものについても、幾つかの事例を提示できる。しかし私はこのような詳細に事実をあげない一般的陳述では、読者の心に弱い印象を与えるにすぎないことをよく知っている。私は、十分な証拠がなければ語らないという私の断言をくり返すことしかできない。

飼育動物における習性あるいは本能の遺伝的変化

自然状態で、遺伝される本能の変異が有り得ること、あるいは確かに有るらしいことは、飼育の下での少数の事例を簡単に考察することによってはっきりしてくる。我々はこれによって、習性といわゆる自発的変異の淘汰とが飼育動物の精神的特質の変容に果たした役割を知ることができるであろう。飼育動物がその精神的特質においてどんなに大きく変異するかは周知の事実である。例えば猫では、あるものは生来ドブネズミを捕えることを好み、他のものはハツカネズミを捕えることを好む。そしてこれらの傾向は遺伝することが知られている。セント・ジョン（St. John）氏によると、ある猫は常に猟鳥を、他の猫はノウサギまたはアナウサギを捕えて帰り、またあるものは沼地を狩りしてほとんど毎晩ヤマシギやタシギを捕えたという。一定の精神状態または時期と結びついている種々の色合をもった気質や嗜好また風変わりな癖などが遺伝することについては、幾つかの奇妙なそして信ずべき実例をあげることができる。しかし犬の諸品種についてのなじみ深い事例を見てみよう。若いポインターが全く初めて連れ出されたときに、時々獲物の所在を知らせ（point）たり他の犬を助けたりさえすることは疑うことができない（私は自ら印象的な例を見た）。獲物を探して持ってくること（retrieving）は確かにある程度[1]レトリーヴァによって遺伝されている。また羊の群れに跳びかかる代わりにその周囲を走り廻る傾向は、牧羊犬によって遺伝されている。若い動物によって経験なしに、しかも各個体ともほとんど同様に行われるこれらの行為、各品種によって熱心な喜びをもってしかも目的を知ることなしに行われるこれらの行為——というのは、若いポインターがポイントを主人を助けるためにするということを知らないのは、シロチョウが何のために卵をキャベツの葉の上に産むのかを知らないと同様であるから——を私は真の本能と本質的に異なるものと見なすことができない。我々はもし狼の一種類が、若い時に何の訓練もなしに、獲物を嗅ぎつけるや否や彫像のように見動きもしないで立ち、やがて独特の足どりでゆっくりと前方に這って行くのを見、また他の種類の狼が、鹿の群れに突入する代わりにその周囲を跳び廻って遠方に追いつめるのを見たとすれば、これらの行為を確信をもって本能的とよぶべきである。飼育的本能ともよぶべき本能は、確かに自然的本能よりもはるかに固定性の少ないものである。しかしそれらは厳しさのずっと少ない淘汰が作用し、また固定性の少ない生活条件の下で、比較にならないほど短い期間に伝えられたものである。

これらの飼育的本能、習性、および気質がいかに強く遺伝されるか、またそれらがいかに奇妙に混じるかは、異なる品種の犬を交雑するとよく分かる。例えばブルドッグとの交雑がグレイハウンドの勇気と頑固さに多くの世代の間影響を与えたこと、またグレイハウンドとの交雑が牧羊犬の全族にノウサギを狩る傾向を与えたことはよく知られている。これらの飼育的本能は、こうして交雑によって試したとき自然的本能に類似しており、自然的本能も同じように奇妙に混じり合って、永い期間にわたりどちらかの親の本能の痕跡を示すのである。例えばル・ロア（Le Roy）は、その曾祖父が狼であった犬のことを記述している。この犬は呼ばれたときに主人の方へ真直ぐにこないというただ一つの点で、その野生的血統の痕跡を示していた。

飼育的本能は永く続いた強制された習性からのみ遺伝的となった行為であるといわれることが時々あるが、これは真実でない。誰も宙返り鳩に宙返りを教えようとは思わなかったであろうし、またおそらく教えることはできなかったであろう。――この行為は私の目撃したところでは、鳩の宙返りを見たことのない若い鳥も行うのである。我々はある鳩がこの奇妙な習性への軽微な傾向をもっていて、そしてその後に続く世代において最良の個体を永く続けて選抜したことが、宙返り鳩を今日のようなものにしたと信じてよいであろう。ブレント（Brent）氏から聞いたところでは、グラスゴウの近くに、さかさまになって進まなければ十八インチの高さにも飛べない家飼の宙返り鳩がいるということである。ある犬が生来ポイントする傾向を示していたのでなかったならば、犬をポイントするように訓練しようと誰が考えたか疑われよう。私は一度見たが、この傾向はしばしば純粋のテリアにもあることが知られている。ポイントする行為は、多くの人々が考えたように、おそらくは単に動物がその餌食に跳びかかる用意をする際の姿勢を誇張したものにすぎないであろう。ポイントする最初の傾向が一たび外に現れると、その後に続く各世代における組織的選択と強制的訓練の遺伝効果は間もなく仕事を完成するに違いない。そして各人が品種を改良しようとは思わないで、最もよく獲物を指示し最もよく狩りをする犬を得ようと試みることから、無意識的淘汰は今も進行している[2]。

一方、ある場合には習性だけで十分なことがある。アナウサギの仔ほど馴らし難いものはない。カイウサギの仔ほど従順な動物はほとんどいない。しかし私はカイウサギが馴れることのためにのみしばしば選択されたとは想像することができない。ゆえに我々は、極端な野生から極端な従順への遺伝的変化の少なくとも大部分を習慣と永い間の厳重な監禁に起因すると考えなければならない。

自然的本能は飼育の下では消失する。その著しい例は、非常に稀にしかまたは決して『巣につく』ことをしない、すなわち自分の卵の上に坐ることを決して望まない鶏の品種に見られる。いかに大きく、いかに永久的に我々の飼育動物の心が変容したかが見えないのは、あまりの親密さが見ることを妨げているからである。人を愛することが犬において本能的なものになっていることを疑うことはまず不可能である。あらゆる狼、狐、ジャッカル、およびネコ属の各種は、馴らしておいてもしきりに家禽、羊、および豚を攻撃したがる。そしてこの傾向は、フエゴ島やオーストラリアのような、これらの家畜を未開人が保有していない地方から仔犬として連れてこられた犬では矯正できないことが発見された。一方、我々の教化された犬では極めて幼い時でさえ、家禽、羊、および豚を攻撃しないように教える必要を感じることがいかに稀であろうか！　無論彼らもたまには攻撃をすることがあり、その時には叩かれる。そして癖が直らなければ殺される。従っておそらくは習性とある程度の淘汰が、我々の犬の遺伝による教化に共に作用したのである。他方、幼い鶏は習性から犬や猫に対する恐怖心を全く喪失している。本来これは疑いもなく彼らにとって本能的であったのである。例えば私がハットン(Hutton)大尉から受けた報告では、母種であるセキショクヤケイ(Gallus bankiva)のひなは、インドで雌鶏に育てられたとき、最初は極度に馴れないという。イングランドで雌鶏に育てられる幼いキジでも同様である。ひなはあらゆる恐怖心を失ったのではなく、ただ犬と猫に対する恐怖心を失ったにすぎない。というのは、もし雌鶏がクックッと危険を知らせると、彼らは（とりわけ幼いシチメンチョウは）雌鶏の下から走り出て近くの草か藪に隠れる。そしてこれは、野生の地上性鳥類に見られるように、彼らの母を自由に飛び去らせようとする本能的目的によってなされることは明白である。しかし我々のひなに保持されたこの本能は飼育の下では無用になってしまった。なぜならば母鶏が飛行力を不使用によってほとんど失っているからである。

そこで我々は次のように結論することができよう。飼育の下で本能が獲得され自然的本能が失われたのは、部分的には習性、部分的には人間が連続する世代の間特異な精神的習性および行為——これらは我々の無知のために偶然とよぶ外ないものから最初現れたのである——を選択し累積したことによる。ある場合には強制的習性だけで遺伝的心の変化を生じるのに十分である。他の場合には、強制的習性は何もなさなかった。そしてすべては組織的無意識的に遂行された淘汰の結果であった。しかし大抵の場合に習性と淘汰がおそらく共に作用したであろう。

特殊な本能

我々はおそらく、自然の状態で本能がいかにして淘汰によって変容したかを、少数の事例を考察することによって最もよく理解するであろう。私は三例だけを選ぼう。——すなわちカッコウが他の鳥の巣に卵を産む本能、ある蟻が奴隷を作る本能、およびミツバチが巣室を造る能力である。後の二つの本能は博物学者によって、一般に当然のことながらあらゆる既知の本能中最も驚異的なものと位置づけられている。

《カッコウの本能》——何人かの博物学者の想像では、

カッコウの本能のより直接的原因は、この鳥が卵を毎日でなく二日ないし三日ごとに産むことにある。従ってこの鳥が自分の巣を造り自身の卵を抱くとすれば、最初に産んだ卵はしばらくの間抱かないで放っておかなければならないか、あるいは同じ巣の中に卵と様々な成長期間のひながいることになろう。そうすると、この鳥はとりわけ非常に早い時期に移住するので、産卵と孵化の過程が長くなって不自由なことになる。そして最初に孵化したひなは、多分雄だけによって育てられなければならないであろう。しかしアメリカカッコウはこの境遇にあるのである。すなわちそれは自身の巣を造り、卵と次々に孵化したひなをすべて同時に所有する。アメリカカッコウが時折その卵を他の鳥の巣に産むことについては肯定と否定の両論がある。しかし最近私がアイオワのメリル（Merrell）博士から聞いたところでは、彼はかつてイリノイでアオカケス（Garrulus cristatus）[(3)]の巣の中に一羽の幼いカッコウが一羽の幼いカケスと一緒にいるのを見た。そしてどちらももうほとんど羽が生え揃っていたので、それらを混同する恐れはなかったという。私はさらに、卵を時折他の鳥の巣の中に産むものとして知られている種々の鳥の幾つかの例をあげることができる。

さて、ヨーロッパのカッコウの古い祖先がアメリカカッコウの習性を有し、そして時折他の鳥の巣に卵を産んだと想像しよう。もしこの鳥がたまに起こるこの習性によって以前よりも早く移住することができるようになったり、何か他の原因をとおしてこの習性に適合したならば、あるいはまた、同時に卵と様々な成長期間のひなを持つことによる失敗をしないようにしなければならない煩わしさを避けたい母親に育てられるよりは、他の鳥の錯誤の本能を利用することによってもし幼い鳥がより一層元気になったとすれば、親鳥と里親に養われたひなは利益を得るであろう。そして類推は、こうして養われたひながその母鳥の時折の変則的習性を遺伝によって受け継ぐ傾向があり、また自分の番がきたときに他の鳥の巣へ卵を産む傾向をもち、こうしてそのひなを養育することに一層成功するであろうと我々に信じさせる。私はこのような性質の連続した過程によって、我々のカッコウの奇妙な本能が生み出されたのであると信じる。なお近頃、アドルフ・ミュラー（Adolf Müller）により、十分な証拠に基づいて、カッコウは時折卵を裸の地面に産み、その卵を抱いてひなを育て上げることが確かめられた。この稀な出来事は、おそらく永く失われていた原始的巣造り本能への先祖返りの事例である。

カッコウにおいて必然的に相互調整の関係にあるといわれている他の関連した本能と構造の適応を、私は見逃しているという反論がある。しかしあらゆる場合に、単一の種においてのみ我々に知られている本能について考察することは無益である。なぜならば、我々はこれまで我々を導くような事実を一つも持っていなかったのである。最近まではヨーロッパのカッコウと寄生的でないアメリカカッコウの本能だけが知られていた。今ではラムゼイ（Ramsay）氏の観察のおかげで、卵を他の鳥の巣に産む三つのオーストラリア種について幾らか学んだ。参考になる主要な点は次の三つである。第一に、普通のカッコウは稀な例外を除いては一つの巣にただ一個の卵しか産まず、従って大きな大食のひなも十分な食物にありつくこと。第二に、卵は著しく小さく、ヒバリの卵――ヒバリはカッコウの約四分の一の大きさである――より大きくないこと。卵の小さいことが適応の実際の一例であることは、寄生的でないアメリカカッコウが十分な大きさの卵を産む事実から推測できる。第三に、カッコウのひなは産まれるとすぐその乳兄弟を追い出す本能と体力と適当な形の背をもっていること。乳兄弟はその場合寒さと飢えで死んでしまうのである。厚かましくもこれはカッコウのひなが十分な食物を得、またその乳兄弟がまだ多くの感情をもたない前に死ぬための慈悲深い処置であるといわれている！

さてオーストラリア種の話に移ろう。これらの鳥は一般には一つの巣に一つの卵を産むのであるが、二個または三個の卵を同じ巣に見出すことも稀でない。ブロンズカッコウでは卵の大きさに甚だしい変動があり、長さ八ないし十ライン(4)である。今もし、現在産むものよりもさらに小さい卵を産むことがこの種にとってその里親を欺くために有利であり、あるいは一層確かと思われることは、短期間に孵化するために（卵の大きさと孵化に要する期間との間には関係があると主張されている）有利であったとすれば、より小さい卵を産むような種族または種が形成されることを信じるのに困難はない。なぜならば、そのような卵は一層安全に孵化され育てられたに違いないからである。ラムゼイ氏は、オーストラリアのカッコウの二種が卵を覆いのない巣に産むときに、自分のものと類似の色の卵のある巣をはっきり選ぶと述べている。ヨーロッパ種も同様の本能へのある傾向を示しているように思われる。しかしこの傾向から離れるものも稀でないことは、鈍い青白色の卵を明るい緑青色の卵を産むカキヨシキリ（Hedge-warbler）の巣に産むことから分かる。もしカッコウが例外なく上述の本能を現していたとすれば、確実にすべてが一緒に獲得されたに違いないと仮定される本能の中に加えられたであろう。ラムゼイ氏によると、オーストラリアのブロンズカッコウの卵はその色に甚だしい変動があるという。従ってこの点においても大きさと同様、自然淘汰がある有利な変異を確保し固定したに違いない。

ヨーロッパのカッコウの場合には、普通その里親の子はカッコウが孵化してから三日以内に巣から追い出される。そしてこのときのカッコウはまだ全く無力な状態にあるので、グールド（Gould）氏は、以前には追い出す行為は里親自身によって行われるのだと信じたい気持がしていた。しかし氏は今、幼いカッコウがまだ眼の開かないそして自分の頭を持ち上げることさえできないときにその乳兄弟を追い出すところを実際に見た、という信頼できる報告を得ている。観察者はこれらの中の一羽を巣の中へ戻したが、再び投げ出されてしまった。この奇異なそして憎むべき本能が獲得された方法については、もし幼いカッコウにとって産まれてすぐにできるだけ多くの食物を得ることが非常に重要なことだとすれば、また事実そうであろうが、私は追い出すことに必要な盲目的な欲求、力、および構造をその後に続く世代で徐々に獲得したことに何ら特別な困難を見出せない。なぜならば、このような習性と構造の最もよく発達した幼いカッコウが最も安全に育てられたからである。この固有の本能の獲得への最初の段階は、幾らか成長期間や体力が増した頃のひなの単なる無意識の落着きのなさであって、その習性がのちに改良され、そして早い年齢に伝えられたのに違いない。私はこのことについては、他の鳥のまだ孵化していないひなが自らその殻を破って出る本能を獲得したこと――あるいはオウエンが述べたように、蛇の子がその上顎に頑丈な卵の殻を破って出るための一時的な鋭い歯を得たこと――より以上の困難があろうとは思わない。なぜならば、もし各部分があらゆる年齢で個体的変異を受けがちであり、変異は対応する年齢あるいはそれより早い年齢に遺伝される傾向をもつとすれば――これは争う余地のない命題である――幼体の本能と構造は成体のそれと同じ程度の確実さで徐々に変容されよう。そしてどちらの場合も、自然淘汰の全理論と成否を共にしなければならない。

我々のホシムクドリと同類でかなり異なった属であるアメリカの鳥のコウウチョウ属(Molothrus)のある種は、カッコウのような寄生的習性をもっている。そしてこの種はその本能の完成について興味深い漸次的移行を示している。優れた観察者ハドソン(Hudson)氏の記すところによると、モロスルス・バディウス(M. badius)の雌雄は時々乱雑に群れを成して一緒に棲み、また時には番いを成して生活する。彼らは自らその巣を造ることもあり、あるいは他の鳥の巣を奪うこともあって、しばしば他の鳥のひなを放り出す。彼らはこうして盗んだ巣に卵を産むこともあり、あるいは奇妙なことにその巣の上に更に自分自身で巣を造ることもある。彼らは普通自分自身の卵を抱き、自分自身のひなを育てる。しかしハドソン氏は、彼らが時折寄生的になるらしいといっている。というのは、氏はこの種のひなが違った種類の親鳥に従って、それに食物を求めて騒々しく鳴いているのを見たからである。コウウチョウ属の他の一種、モロスルス・ボナリエンシス(M. bonariensis)の寄生的習性はこれに比べるとずっと高度に発達しているが、しかしまだ完全というにはほど遠い。この鳥は、知られている限りでは常に卵を他の鳥の巣に産む。しかし面白いことに、幾羽かが集まって時々彼ら自身の巣を不規則で乱雑に、しかも奇妙に不適当な場所、例えば大きなアザミの葉の上のような所に造り始めることがある。ところがハドソン氏が確かめた限りでは、彼らは決して彼ら自身で巣を完成することはない。彼らはしばしば多くの卵——十五個から二十個を同じ里親の巣の中に産むので、ほとんどあるいは全く孵化できない。その上、彼らは盗んだ巣の中にある卵を、自身のものであろうと里親のであろうと、突ついてこれに孔を開けるという異常な習性をもっている。彼らはまた多くの卵を裸の地面に落して無駄にしてしまう。第三の種、北アメリカのモロスルス・ペコリス（M. pecoris）はカッコウと同じ程度に完全な本能を獲得している。すなわちそれは里親の巣の中に決して一つより多くの卵を産まず、従ってそのひなは安全に育てられる。ハドソン氏は進化の強硬な不信者であるが、モロスルス・ボナリエンシスの不完全な本能にはかなり強い印象を受けたと見え、私の言葉を引用して質問している。『我々はこれらの習性を、特別に与えられたものでも創造された本能でもなく、一つの一般的法則、すなわち移行の小さな帰結と見なさなければならないのであろうか？』

すでに説明したように、様々な鳥が時折その卵を他の鳥の巣に産むことがある。この習性はジュンケイ類（Gallinaceae）ではそれほど珍らしくなく、そしてこの習性はダチョウの奇異な本能にある光を投げかける。この科では数羽の雌鳥が合同して、最初少数の卵を一つの巣に産み次に他の巣に産む。そしてそれらを雄鳥が孵すのである。この本能はおそらく、雌鳥は多数の卵を産むがカッコウと同様に二日、もしくは三日の間隔をあけて産むという事実によって説明されよう。しかしアメリカダチョウの本能は、モロスルス・ボナリエンシスの場合と同じくまだ完成されていない。すなわち驚くほどの数の卵が草原の上にまき散らされていて、私は一日探し歩いて二十個以上の破損して無駄になった卵を拾ったほどである。

多くの蜂が寄生的であり、規則正しくその卵を他の種類の蜂の巣に産む。この場合はカッコウの場合よりも一層注目に値する。というのはこれらの蜂は単にこの本能をもっているばかりでなく、その構造もこの寄生的習性に従って変容している。すなわち彼らは、もし自分の幼虫の食物を貯えるのであればなくてはならないはずの花粉収集装置をもっていないのである。ジガバチ科（Sphegidae）（ジガバチ等に似た昆虫）のある種も同様に寄生的である。そして近頃ファーブル（Fabre）氏の示したところによると、[6]タキテス・ニグラ（Tachytes nigra）は一般に自分の穴を造り、その中に幼虫のための麻痺させた餌食を貯えるのであるが、この昆虫が他のクロアナバチ（sphex）によってすでに造り上げられ貯えられた穴を見つけたときには、その分捕品を利用して臨時に寄生的になるということを信じることができる十分な理由がある。この場合には、コウウチョウ属やカッコウの場合と同じく、もしそれがこの種にとって利益であり、またもしその巣と貯えた食物を非道に奪われる昆虫がこれによって絶滅してしまわなければ、私は自然淘汰が一時的な習性を永久的なものとすることに何の困難も見出さない。

《奴隷を作る本能》――この注目すべき本能は、有名なその父をもしのぐ優れた観察者ピエール・ユベにより、[7]フォルミカ・ルフェセンス（Formica（Polyerges）rufescens）において最初に発見された。この蟻はその奴隷に絶対的に依存していて、その助けなしにはこの種は確実に一年で絶滅するに違いない。雄と受精能のある雌はどんな種類の仕事もせず、働き蟻すなわち不稔性の雌は、奴隷を捕えることには最も精力的で勇敢であるのに他の仕事は何もしない。彼らは自分の巣を造ることも、自分の幼虫を養うこともできない。旧い巣が具合が悪いと分かって移住しなければならないときに、移住を決定するのは奴隷で、実際その顎で主人達を運んでゆく。主人達は全く無力であって、ユベがその三十四を奴隷なしに閉じ込め、その代わりに彼らの最も好む食物を豊富に置き、また彼らを働かせるための刺激として彼ら自身の幼虫と蛹を置いたところ、彼らは何もしなかった。彼らは自分で食物を喰うことさえできず多くは餓死してしまった。そこでユベは一匹の奴隷のクロヤマアリ（F. fusca）を入れてやると、その奴隷は直ちに仕事に着手し、生存者に食物をとらせて救い、幾らかの巣室を造って幼虫を看護し、そしてすべてを整理した。よく確認されたこれらの事実ほど驚くべきことが他にあり得ようか。もし我々が奴隷を作る他の蟻について知らなかったならば、どうしてこのような驚くべき本能が完成されたかを推測する望みはなかったであろう。

他の一種、フォルミカ・サングイネア（Formica sanguinea）も同様にP・ユベによって初めて奴隷を作る蟻であることが発見された。この種はイングランドの南部に見られ、その習性は大英博物館のF・スミス（Smith）氏によって注目された。私はこの主題や他の事柄について氏の報告に負うところが多いのである。私はユベやスミス氏の発表を十分に信用しているのではあるが、奴隷を作るというような異常な本能の存在を疑うことは誰にも許されてよいことであるから、私はこの主題に懐疑的な心構えで近づこうと試みた。それで私は私の行った観察を幾らか詳細に述べてみたい。私はF・サングイネアの十四個の巣を開けてみて、どれにも少数の奴隷を発見した。奴隷種（クロヤマアリ）の雄と受精能のある雌とは彼ら自身の固有の共同社会の中にだけ発見され、決してF・サングイネアの巣の中には見られなかった。奴隷は色が黒く、大きさはその赤色の主人の半分より大きくない。従ってその外見も著しく相違している。巣をちょっとかき乱すと奴隷が時折出てきて、彼らの主人と同じように騒ぎ立てて巣を防衛する。もっとひどく巣をかき乱して幼虫と蛹を外にさらすと、奴隷は主人と一緒になってそれを安全な場所へ運び去るために精力的に働く。これから見て、奴隷が自分の家にいるように感じていることは明らかである。私は三年続けて、六月と七月の間サーリーとサセックスで幾つかの巣を多くの時間観察したが、いまだかつて奴隷が巣に出入するのを見たことがない。これらの月の間は奴隷の数が甚だ少ないので、もっと多いときには違った振舞いをするかも知れないと考えた。しかしスミス氏が私に報告してくれたところによると、氏はサーリーとハンプシャーの両地で五月、六月、および八月の間様々な時刻に巣を見張ったが、八月には奴隷の数が多いにもかかわらず遂にそれが出入するのを見なかったという。それで氏は、彼らを厳密に屋内奴隷であると見なすのである。他方、主人達は一定して巣の材料やあらゆる種類の食物を運び入れているのが見られる。しかし私は一八六〇年の七月に、非常に沢山の奴隷をつれた一団に出会った。そして私は、主人に混じって少数の奴隷が巣から離れて二十五ヤード隔たった高いヨーロッパアカマツの木に向かって同じ路を行進し、多分アリマキかカイガラムシを探すために一緒にその木に登るのを見た。十分な観察の機会をもったユベによると、スイスの奴隷は巣を造るのにその主人と共に働くのを常とし、彼らのみで朝夕出入口の開閉をするという。そしてユベの明確に述べているところでは、彼らの主要な役目はアリマキを探すことである。二つの国における主人と奴隷の日常の習性のこの相違は、おそらくは単にスイスではイングランドにおいてよりも奴隷が多く捕えられていることによるであろう。

ある日私は、運よくF・サングイネアが一つの巣から他の巣へ移住しているところを目撃した。そのとき一番面白かった光景は、F・ルフェセンスのように主人が奴隷に運ばれる代わりに、主人が奴隷を注意深く顎で運んでゆくものであった。また別の日私の注意をひいたことがあった。それは約二十匹の奴隷作りが同じ地点にしつこくつきまとっていて、しかも明らかに食物を探すのではない。彼らは奴隷種（クロヤマアリ）の独立集団に近寄り、そして激しく撃退された。時にはこれらの蟻が三匹ほども奴隷作りのF・サングイネアの脚にしがみついていた。後者は無慈悲に彼らの小さい敵対者を殺し、その死体を食物として二十九ヤード離れた自分の巣に運んだ。しかし彼らは奴隷として養成する一匹の蛹も得ることはできなかった。そこで私は他の巣からクロヤマアリの蛹の小さい塊を掘り出して、これを戦闘の場所に近い裸の地点に置いた。それらは暴君どもによって熱心に捕えられ運び去られた。彼らは多分その最後の戦闘で結局勝利を得たのだと思ったことだろう。同じときに私は他のある種、F・フラヴァ（flava）の蛹の小塊を同じ場所に置いてみた。その巣の破片にはこの小さい黄色の蟻の幾らかがまだしがみついていた。この種はスミス氏の記述しているように、稀にではあるが時折奴隷にされることがある。とても小さい種であるが非常に勇敢であって、私は彼らが猛然と他の蟻を攻撃しているのを見たことがある。一例をあげると、驚くことに奴隷作りのF・サングイネアの巣の真下の石の下にF・フラヴァの独立集団を見出した。そして私が偶然両方の巣を攪乱したとき、この小さい蟻は驚くべき勇敢さで大きな隣人を攻撃した。そこで私はF・サングイネアが、彼らが常習的に奴隷にしているクロヤマアリの蛹と、稀にしか捕えない小さく狂暴なF・フラヴァの蛹を区別することができるかどうかを確かめてみたいと思った。そして彼らが直ちにそれらを区別したことは明らかであった。というのは、彼らは熱心にそして即座にクロヤマアリの蛹を捕えたのに対し、F・フラヴァの蛹あるいはその巣の土に出会ったときでさえひどく恐れて急いで逃げてゆくのを見たからである。しかし十五分ほどしてこの小さい黄色の蟻が這い去った後、やがて彼らは気を取り直して蛹を運び去ったのである。

ある夕方、私はF・サングイネアの他の集団を訪れた。そしてこの蟻の若干数がクロヤマアリの死体（移住ではないことをこれが示している）と多数の蛹を運んで帰り、その巣に入るのを見た。私は戦利品を担っている蟻の長い行列をたどって約四十ヤード後退し、非常に密生したヒースの藪に来た。そこからF・サングイネアのしんがりの一匹が蛹を運んで出てくるのを見た。しかし私は密生したヒースの中に荒された巣を見つけることができなかった。けれども巣はすぐ間近にあったはずである。なぜならクロヤマアリの二三匹が非常に興奮して駆け廻っていたし、また一匹はその口に自分達の蛹をくわえたままヒースの小枝の頂きにじっと止まっており、掠奪された我が家に対する絶望を象徴していたからである。

奴隷を作るという不思議な本能については私がそれを追認する必要はなかったのであるが、事実は以上のとおりである。F・サングイネアの本能的習性が大陸のF・ルフェセンスとどんな対照を示しているかを見てみよう。後者は自分の巣を造らず、自分の移住を決定せず、自分またはその幼虫のための食物を集めず、また自分で物を食うことさえできない。それは絶対的に数の多い奴隷に依存している。これに対してフォルミカ・サングイネアはずっと少ない奴隷を所有し、初夏の候には極めて少数である。主人はいつどこに新しい巣を造るべきかを決定する。そして移住するときには主人が奴隷を運ぶ。スイスでもイングランドでも幼虫の世話はもっぱら奴隷が行うらしく、奴隷狩りに遠征するのは主人だけである。スイスでは主人と奴隷が一緒に働いて巣を造り、また巣を造る材料を集める。両方、しかし主として奴隷がアリマキを見張りいわば乳をしぼる。こうして両方がその集団のために食物を集めるのである。イングランドでは普通主人だけが巣を離れ、建築材料や自分、奴隷、および幼虫のための食物を集める。従って我が国における主人はスイスの主人に比較すれば奴隷の世話になることがずっと少ないのである。

私はF・サングイネアの本能がどのような段階を経て発生したかについては推測しようとは思わない。しかし私の見たところでは、奴隷作りでない蟻が他の種の蛹を、それがその巣の近くに散らばっていれば運び去るところから、本来食物として貯えられたこのような蛹が発育するということもあり得る。そしてこのようにして何気なく育てられた外来の蟻は、その固有の本能に従い、彼らのできる仕事をするであろう。もし彼らの存在が彼らを捕えた種にとって有益であると分かれば――もし捕虜の働き蟻のほうがそれを産むよりもこの種にとって有利であれば――もともと食物として蛹を集めた習性が自然淘汰によって強められ、そして奴隷を育てるという非常に異なった目的のために永久化されるということもあろう。このような本能が一度獲得されると、すでに見たように、たとえその実行される程度がスイスの同じ種より奴隷によって援助されることの少ない我が英国のF・サングイネアよりもさらにずっと少なくても、自然淘汰はその本能を増大、変容し――各変容はその種にとって有用であると常に仮定する――遂にフォルミカ・ルフェセンスのようにみじめにも奴隷を頼りにするような蟻が形成されることになろう。

《ミツバチの巣室を造る本能》――私はここでこの主題についての細かな詳論には入らないで、単に私の到達した結論の概要を述べるだけにしたい。非常に見事にその目的に適応した蜂の巣の精巧極まる構造を調べて熱烈な讃美をしない人があれば、その人は鈍感に違いない。数学者から聞いたところでは、蜂は深遠な問題を実践的に解決し、貴重な蝋の可能な最小量を建築に消費して、蜜の最大可能量を貯えるような特有な形にその巣室を造っているという。適当な道具と計測器をもった熟練した職人であっても、実物どおりの形の蝋の巣室を造ることは非常に困難であろうといわれている。ところがこれが暗い巣箱の中で働く蜂の大群によって造られるのである。仮にどのような本能を諸君が認めるにしても、どうしてそれがすべての必要な角度と平面を造ることができ、あるいはさらにそれが正確に造られたときにどうしてそれを知覚するかということは、最初は全く想像できないことのように見える。しかしこの困難も最初そう思われるほど決して大きいものではない。すなわち、すべてのこの見事な仕事は、少数の単純な本能の結果であることを示すことができると私は思う。

私をこの研究に導いたのはウォーターハウス(Waterhouse)氏であって、氏は、巣室の形は隣接する巣室の存在と密接な関係があることを示した。そして以下の見解は多分単に氏の説の修正にすぎないと見なしてよいであろう。漸次的移行の大原則に注目して、自然がその仕事の方法を我々に示さないかどうかを見よう。短い系列の一端にマルハナバチがいる。これは古いまゆの中に蜜を貯え、時にはこれに短い蝋の管を添えることがあり、その上離ればなれの非常に不規則な円形の蠟の巣室を造る。系列のもう一方の端には、二重の層をなしているミツバチの巣室がある。各巣室は周知のように六角形の柱をなし、その六つの辺の基底の稜は斜めに切られて、三つの菱形からなる逆立ちしたピラミッドに連結するようになっている。これらの菱形はある角度をなしており、蜂の巣の一方の側にある単一の巣室のピラミッド形の基底を形成する三個の菱形は、反対側にある三個の隣接する巣室の基底の構成に参加している。ミツバチの巣室の極度の完成とマルハナバチのそれの単純さの間の系列に、ピエール・ユベによって注意深く記述され図示されたメキシコのハリナシミツバチ(Melipona domestica)の巣室がはいる。ハリナシミツバチそれ自身は構造上ミツバチとマルハナバチの中間に位置しているが後者のほうに近い。この蜂は円筒形の室からなるほとんど規則的な蠟の巣を造ってその中で幼虫を孵化させ、その上、蜜を貯えるための幾らか大きな蠟の室を造る。この後者の室はほとんど球形であって大きさはほとんど等しく、これらが集まって一つの不規則な団塊となっている。しかし注意すべき重要な点は、これらの室の相互の接近の程度が常に、もしその球形が完全なものにされたならば互いに交叉するか、もしくは互いに凹凸になる程度であるということである。しかし蜂はこうして交叉する傾向のある球の間に完全に平らな蠟の壁を造るのでそういうことは起こらない。それゆえ、各室は外側の球形の一部と、隣接する二つ、三つあるいはそれ以上の他の巣室に応じて二つ、三つあるいはそれ以上の平面からなる。一つの室が他の三つの室の上に置かれたときには、球はいずれもほとんど同じ大きさであるから、非常に頻繁にかつ必然的に起こることであるが、この場合には三つの平面は結合して一個のピラミッドを形成する。そしてこのピラミッドは、ユベが述べているように、明らかにミツバチの室の三面ピラミッド形の基底の粗雑な模造である。ミツバチの室と同様、ここでも任意の一つの室の三つの平面は、三つの隣接する室の構造に必然的に参加している。ハリナシミツバチはこの建築様式によって明らかに蠟を節約し、そしてさらに重要なことは労力を節約する。なぜなら隣接する室の間の平らな壁は二重でなく外側の球形の部分と同じ厚さであって、しかも各々の平らな部分は二つの室の一部を成しているからである。

この例を熟考した結果私の心に思い浮かんだことは、もしハリナシミツバチがその球形を互いにある一定の距離に造り、そしてそれらを同じ大きさに造り、対称的に二重の層に配列したとすれば、その構造はミツバチの巣と同じ程度に完全であるに違いないということであった。それで私はケンブリッジのミラー（Miller）教授に手紙を書いた。そしてこの幾何学者は、氏の情報に基づいて作成した次の記述を快く読み、それが厳密に正しいことを私に告げたのである。——

二つの平行な層に中心をもつ若干の等しい大きさの球を描き、それぞれの球の中心を同じ層にある周囲の六つの球の中心から半径×$\sqrt{2}$すなわち半径×一・四一四二一の距離（あるいはこれよりも幾らか短い距離）に置き、そして平行な層にある隣接する球の中心からもこれと同じ距離に置く。こうして二つの層の幾つかの球の間に交叉平面を造れば、その結果として三つの菱形からなるピラミッド形の基底によって結び合わされる六角柱体の二重層ができる。そして菱形と六角柱の各面とはいずれの角度においてもミツバチの巣室を最も精密に測ったものと全く同じになる。しかし多くの注意深い測定を行ったワイマン（Wyman）教授から聞いたところでは、蜂の技量の精度はかなり誇張していわれているのであって、巣室の典型的形がどんなものであろうと、それが実現されることは、あったとしても稀であるという。

そこで我々は、もしハリナシミツバチのすでに所有する、そしてそれ自身としてはそう驚異的でもない本能を少し変容することができたならば、この蜂はミツバチと同様に驚異的に完全な構造を造るであろうと結論して差しつかえない。我々は正しい球形で同じ大きさの室を造る能力をもつハリナシミツバチを想像しなければならない。そしてこれは、この蜂がすでにある程度行っていることであり、また多くの昆虫が一つの固定した点の周囲を回転したと思われるような完全に円筒形の穴を木に造るのを見れば、大して驚くほどのことではないであろう。我々は、すでにその円筒形の室について行っているように、その室を水平な層に配列するハリナシミツバチを想像しなければならない。そしてさらに、これが最大の困難であるが、この蜂は何匹かでその球を造っているときにその仕事仲間からどれくらいの距離にいるかを何とか正確に判断できるものと想像しなければならない。しかしこの蜂はすでに、その球を常にある程度交叉するように画くほどに距離を判断する力をもっているのである。そして次に、この蜂は完全に平らな面に中止して、鉢と鉢の間の交叉線上に蠟の平らな壁を築き始めた。従って各々の六角形の柱体は、普通の巣室の場合のように三面ピラミッドの直線的な稜の上でなく、滑らかな鉢の波形の稜の上に築かれたのである。

私は次に、厚い長方形の蠟板の代わりに、朱で彩色した薄く狭い刃形の蠟片を巣箱に入れた。蜂は直ちにその両側から前と同じ方法で、互いに接近した小さな鉢をくり抜きはじめた。しかしこの蠟片はごく薄かったので、もし前の実験と同じ深さにくり抜かれたとしたら、鉢の底は両側から互いに食い込んだであろう。けれども蜂は決してそのようなことをせず、やがてくり抜くことを止めた。こうして鉢は少し深くなるとすぐに底を平らにされた。そしてこの噛み取られずに残った朱蠟の薄い板からなる平らな底は、肉眼で判断し得る限りでは、蠟片の両側の鉢の間の想像上の交叉平面の位置と正確に一致していた。ある場所では菱形の板の小さな部分だけが、他の場所では大きな部分が、こうして向かい合った鉢の間に残された。しかしこの作業は物事が不自然な状態にあったために手際よくはいかなかった。蜂がこのように交叉平面で仕事をやめて鉢の中間に平らな板を残すことに成功するためには、この朱色の蠟片

よって交叉点を結ぶのである。それ自体はそう驚異的ではない本能——鳥に巣を造るように導く本能以上に驚異的ではない——のこのような変容によって、私はミツバチがその真似のできない建築上の能力を自然淘汰をとおして獲得したと信じるのである。

しかし、この説は実験によって試すことができる。すなわちテーゲットマイアー（Tegetmeier）氏の例に従って、私は二個の蜂の巣を分離し、その中間に長く厚い長方形の蠟の板を置いた。蜂は直ちにそれに微小な円い穴をくり抜き始めた。そしてこれらの小さな穴を深く掘るにつれて次第にそれを広くし、遂にそれらは浅い鉢状のものに変わった。これは見たところでは完全に正しい球面またはその一部分のようで、直径はほぼ巣室のそれに等しい。この観察において非常に興味のあったことは、何匹かの蜂が近くで一緒にこれらの鉢をくり抜き始めた場合には、彼らはいつも互いにある一定の距離で仕事を始め、それぞれの鉢が上述の幅（すなわちほぼ通常の巣室の幅）となり、そして深さが鉢を一部分とする球の直径のほぼ六分の一となったときには、鉢の縁が互いに交叉しまたは食い込み合うようになったことであった。こうなるとすぐに蜂はくり抜くのを

の両側にあって鉢を円く噛み取り深くする際に、ほとんど同じ速さで作業しなければならなかったはずである。

薄い蠟がいかに柔かいものであるかを考えると、私は蜂が蠟片の両側で仕事をしている際に、適当な薄さまで噛み取ったことを知覚してそこで仕事を止めることを困難なこととは考えない。通常の蜂の巣では、私の見たところでは、蜂は常に両側から正確に同じ速さで仕事を進めることに成功するとは限らない。というのは、私はちょうど着手された巣室の底に半ば出来上がった菱形を見たことがあるが、それは片側がわずかに凹面をなしていて、そこでは蜂が早く掘りすぎたのであると想像される。そして反対側は凸面をなしていて、そこでは蜂が遅く掘ったのである。ある一つの顕著な事例では、私が巣を巣箱に返して蜂に短時間仕事を続けさせ、そして再びその巣室を検査したところ、菱形の板が完成されていて、完全に平らになっているのが見られた。小さい板は極度に薄いのであるから、凸面側を噛み取ってこのように仕上げるということは絶対に不可能である。想像するに蜂はこのような場合、引き伸ばし易い温かな蠟を両側から押したり曲げたりして（私はこれをやってみたが簡単にできる）それを適当な中間平面の位置に直し、こうしてそれを平らにするのであろう。

朱蠟の薄片の実験から、我々は次のように考えることができる。もし蜂が自分で薄い蠟の壁を造るとしたら、彼らは互いに適当な距離に位置し、同じ速さでくり抜き、そして等しい球形であるが球が互いに食い込み合わないようなくぼみを造ろうと努めることによって、適当な形の巣室を造ることができるのである。さて蜂は、造営中の巣の縁を調べれば明らかに分かるように、巣の全周囲に粗い囲い壁すなわち枠を造る。そしてこれを、各室を掘るときのように円形にしながら両側から噛み取ってゆくのである。彼らはどの室についても三面ピラミッドの基底全体を同時には造らず、増大しつつある縁の先端にある一つの菱形の板、または場合によっては二個の菱形の板を造るにすぎない。そして六角形の壁に着手するまでは決して菱形の板の上部の稜を完成しない。これらの記述のあるものは名高い先輩ユベの記述と違っているけれども、私はそれが正確であることを確信している。そしてもし紙面があったら、私はそれが私の理論と合致することを示すことができたであろう。

一番最初の巣室は一つの小さい平行側面の蠟壁からくり抜かれるというユベの記述は、私の見た限りでは厳密には正しくない。最初の着手は常に蠟の小さいふたであった。しかし、ここでは詳細に入らない。我々はくり抜き作業が巣室の構築にどれほど重要な役割を果たしているかを知っているが、しかし蜂が蠟の粗い壁を適当な位置に——すなわち二個の隣接する球面の交叉平面に沿って——造り上げることができないと想像するのは甚だしい誤りであろう。私は彼らがこれをなすことができることを明らかに示す幾つかの標本を持っている。造営中の巣をとり囲む蠟の粗末な枠または外壁でも、未来の巣室の菱形の基底板の平面の位置に対応している屈曲が時々観察される。しかし粗い蠟壁は、あらゆる場合に、両面で大きく嚙み取られることによって仕上げがなされなくてはならない。蜂の建築方法は奇妙である。彼らは常に最初の粗壁を、最後に残される巣室の極度に薄く仕上がった壁よりも十倍ないし二十倍厚く造る。彼らの仕事の方法を理解するには次のように想像すればよい。すなわち石工がまずセメントの幅広いうねを積み上げ、次にその地面に近い両側を均等に切り取りながら、最後に滑らかな非常に薄い壁が中央に残されるようにする。その際石工は常にその切り取ったセメントを積み上げ、そして新しいセメントをうねの頂きに追加する。こうして薄い壁が着々と上方に伸びてゆくが、しかし常に巨大な笠が頂上にかぶさっていることになる。こうしてすべての巣室は始まったばかりのものも完成されたものも、蠟の丈夫な笠をかぶっているので、蜂が巣の上に群らがり這い廻っても、繊細な六角形の壁を損わないのである。これらの壁は、ミラー教授が私のために親切に確かめてくれたように、厚さに大きな相違がある。すなわち巣の境界に近い所で行われた十二回の測定の平均は三百五十二分の一インチの厚さであったが、基底の菱形の板は約三対二の割合でこれより厚く、二十一回の測定の平均の厚さは二百二十九分の一インチであった。以上のような変わった建築法により、結局は蠟が最も高度に節約されながら巣は絶えず強さを与えられるのである。

最初は、おびただしい数の蜂がすべて一緒に働くということは、どのようにして巣室が造られるかを理解するための困難を増すように思われる。一匹の蜂は短い時間一つの巣室で働いたのち他の巣室のほうに行くのであり、従ってユベの述べたように、最初の室の工事開始に当たってさえ二十四の蜂が働くのである。私は次のようにしてこの事実を実際に示すことができた。すなわち単一の巣室の六角形の壁の稜、または成長しつつある巣の外枠の一番端の縁を、溶解した朱蠟の極めて薄い層で覆った。そして私はいつも色が蜂によって実に巧妙に——あたかも画家が筆で仕上げたかのように巧妙に——散らされるのを見た。それは着色された蠟の微粒子がそれの置かれてあった場所から切り取られて、巣室の成長しつつある縁の全体に行きわたるように塗り込められたからである。この建築作業は多くの蜂の間の一種の差引勘定のように思われる。すなわちすべての蜂が本能的に互いに同じ相対的距離を保ち、すべてが等しい球形をさらえようと試み、そしてこれらの球の間の交叉平面を造り上げ、もしくは噛み残すのである。見ていて実に奇妙だったことは、巣の二片がある角度で出会ったときのような困難の場合に、蜂はしばしばそれを取り壊して同じ巣室を違う方法で再び造り直そうとし、時にはそれが彼らの最初不合格にした形の再現だったことである。

蜂が彼らの足場にできる場所を仕事に適した位置に持っているとき——例えば下方に増大しつつある巣の中央のすぐ下に木片が置かれていて、巣をその木片の一つの面の上に造らなければならないとき——蜂は新しい六角柱体の一つの壁の土台を他の完成した巣室の向こうに突出させながら厳密に正しい場所に据えることができる。蜂は相互に、また最後に完成された巣室の壁からも、適当な相対的距離を保つことができればそれで十分であり、それから彼らは想像上の球面を型どることによって、二個の隣接する球の間の中間壁を造り上げることができるのである。しかし私の見た限りでは、彼らが一つの巣室の隅を噛み取って仕上げをするのは、必ずその巣室とそれに隣接する巣室の大部分が造られた後である。蜂が二個の着手されたばかりの巣室の間の適当な場所に、一定の状況の下で粗い壁を立てることの能力は、一見したところでは前述の理論を破滅させるように見えるある事実に関係があり、重要である。すなわちスズメバチの巣の最端縁の巣室が時々正確に六角形を成していることをいうのである。しかしここでこの主題に立ち入る余白をもたない。またただ一匹の昆虫が（スズメバチの女王の場合のように）六角形の巣室を造ることも、もしその蜂が着手されたばかりの巣室の諸部分から常に適当な相対的距離を保ち、球あるいは円筒を掘上げ、そして中間平面を築き上げながら、同時に着手された二または三個の巣室の内側と外側で交互に働くとすれば、大して困難があるようには思われない。

自然淘汰は、個体にとってその生活条件の下で利益のある構造または本能の一つ一つのわずかな変異を累積することでのみ働くのであるから、建築本能の変容がすべて現在の構造設計に向かって進みつつ、永い間段階的に継続したことは、どのようにミツバチの祖先に利益を与えたのか？と問われるのは当然のことである。その答えは困難ではないと私は思う。ミツバチまたはスズメバチの巣室のような構造は強さが得られ、また労力、空間および構築材料がかなり節約される。よく知られているように、蜂は蠟を造るための十分な蜜を集めるのにしばしば苦しめられるのであって、テーゲットマイアー氏からの報告によると、一ポンドの蠟を分泌するために乾いた砂糖の十二ないし十五ポンドがミツバチによって消費されることが実験的に証明されている。従って一つの巣箱における蜂は、彼らの巣を造るのに必要な蠟を分泌するために莫大な量の液体の蜜を集めて消費しなければならない。その上多くの蜂は分泌の過程の間何もせずに暮さねばならない。冬の間蜂の大群を養うには蜜の大量の貯えが必要である。そして巣箱の安全が主として養われている蜂の多数であることに依存していることは人の知るところである。それゆえ蠟を節約することは、蜜や蜜を集める時間を大いに節約するので、どの科の蜂にとっても成功の一大要素でなければならない。もちろん種の成功はその敵の数、または寄生虫の数あるいは全く別な諸原因の数に依存しており、従って蜂が集めることができる蜜の量とは総じて無関係であるかも知れない。しかし、この後者の環境が、多分しばしば実際にそうであったように、我々のマルハナバチに類縁の蜂がある地域において多数生存することができたかどうかを決定したと想像してみよう。そしてさらに、その集団が冬の間生活しその結果蜜の貯蔵を必要としたと想像しよう。この場合、もし本能のわずかな変容が彼らに蠟室が少し交叉するように互いに接近して造らせたとすれば、我々の想像上のマルハナバチにとって有益であることは疑いようがない。なぜならば、二つの接する巣室でさえも壁を共有することで若干の労力と蠟を節約するからである。それゆえもしこのマルハナバチが巣室をますます規則正しいものとし、ますます近づけ、そしてハリナシミツバチの巣室のように一団に集合させたとすれば、この蜂にとってはますます有利となるに違いない。というのはこの場合、各室の境界面の大部分が隣接する室の境界として役立ち、多くの労力と蠟が節約されるからである。また、同じ理由により、もしハリナシミツバチがその巣室をさらに接近させ、そしてあらゆる点で現在よりももっと規則正しく造れば、それは彼らにとって有利となるに違いない。なぜならば、すでに見たように、こうして球面は全く消滅して平面で置き換えられ、そしてハリナシミツバチはミツバチと同様の完全な巣を造るようになるからである。自然淘汰も建築術をこの段階以上の完全さに導くことはできない。すなわちミツバチの巣は我々の知る限りでは、労力と蠟を節約することにおいて絶対的に完全である。

私の信じるところでは、こうしてあらゆる既知の本能のうち最も驚異的なミツバチの本能は、単純な本能の数多い連続的で軽微な変容を自然淘汰が利用したものと説明することができる。自然淘汰はゆっくりとではあるが蜂をますます完全に導き、二重の層で、等しい大きさの球を互いに一定距離のところに掘らせ、そして交叉平面に沿って蠟を築き上げくり抜かさせたのである。もちろん蜂はその球を相互に一つの特別な距離に掘ったことを知らず、また六角形の柱や基底の菱形の板のそれぞれの角度が何であるかも知らない。自然淘汰の過程の原動力は、丈夫で幼虫に対して適当な大きさや形の巣室を造ることであり、そして労力と蠟を最大限に節約してこれをなし遂げることである。こうして最少の労働と最少の蜜の消費で蠟を分泌して最良の巣室を造った群れが最もよく成功し、そして彼らの新しく獲得された経済的本能を新しい群れに伝え、今度はこれが生存闘争に成功する最良の機会を得ることとなるのである。

本能に適用した自然淘汰の理論に対する反論、中性および不稔の昆虫

本能の起原に関する前述の見解に対して次のような反論がある。『構造の変異と本能の変異は、その一方の変容が他方の即座の対応的変化を伴わなければ致命的であったのだから、同時的でなおかつ精密に相互調整されていたに違いない。』この反論の力は本能と構造における変化が突発的であるという仮定に完全に基づいている。一つの例証として、前の章で論及したシジュウカラ（Parus major）の場合をとろう。この鳥はよく枝の上でその足の間にイチイの実を挟んで、核種に達するまで嘴で叩くのである。ところで自然淘汰が種子を破るのによりよく適応した嘴の形のあらゆる軽微な個体的変異を保存し、遂にゴジュウカラの嘴のよう

にこの目的によく適した構造が形成され、同時に味覚の習性、強制、あるいは自発的変異がこの鳥をますます種子食いにしたということに、どんな特殊な困難があろうか？　この場合、嘴は自然淘汰により徐々に変化し、それと同時に習性または嗜好が徐々に変容すると想像される。しかしシジュウカラの足が、嘴と関連するかあるいは何か他の未知の原因によって変異し大きくなると仮定すれば、このように大きくなった足はその鳥をますます木によじ登るようにさせ、遂にゴジュウカラの著しい攀上本能と力を獲得するようになるであろう。この場合は、構造の段階的変化が本能的習性の変化を誘導するものと想像される。もう一つの例をあげよう。東洋の諸島におけるアマツバメが、その巣をもっぱら濃縮した唾液のみで造る本能ほど際立ったものはほとんどない。ある鳥類は唾液で湿らしたと信じられる泥でその巣を造る。また北アメリカのアマツバメの一種は、唾液で接着させた小枝やそのかけらでさえも巣を造る（私はそれを見た）。そうすると、ますます多くの唾液を分泌した個々のアマツバメの自然淘汰が、最後に他の材料を無視して巣をもっぱら濃縮唾液のみで造る本能をもった種を生じたということは、全く有りそうもないことであろうか？

他の場合もこれと同様である。しかし多くの場合、我々は最初に変異したのが本能であったのか、構造であったのかを推測できないことを認めなければならない。

説明することが非常に困難な多くの本能が自然淘汰説の妨げとなることは疑いない。——例えばある本能がいかにして生じたかを知ることができない場合、中間的段階の存在が知られていない場合、自然淘汰が作用するには困難なほどつまらない価値しかない本能の場合、自然の序列において非常に遠い動物にほとんど同一の本能があって、その類似を共通祖先からの遺伝によって説明することができず、従って別々に自然淘汰によって獲得されたものと信じなければならない場合などがこれである。私はここでこれら幾つかの事例に立ち入ることをせず、ただ私が最初到底打ち勝ち難い、そして実際にこの理論全体に致命的であると思った一つの特別な困難だけを述べることにしよう。私がいうのは昆虫共同体における中性すなわち不稔性の雌のことである。これらの中性昆虫は本能や構造において、雄と繁殖性の雌の両方から大きく相違しており、しかも不稔性であるためにその種類を繁殖させることができないのである。

この問題はかなりの長さで論じる価値のあるものである

が、ここでは唯一つ、働き蟻すなわち不稔性の蟻の場合をとろう。いかにして働き蟻が不稔となったかということは一つの困難である。けれども他の顕著な構造上の変容に比べてそれほど大きな困難ではない。というのは自然の状態にある若干の昆虫類や他の体節動物が時折不稔性になることがあるからである。そしてもしこのような昆虫類が社会生活を営むものであって、そして働くことはできるが生殖できないものを年々幾らかずつ産むことがその社会にとって有益であったとすれば、これが自然淘汰を通じて成されることに、私は何ら特別な困難を見出さない。しかし私はこの予備的困難を省略しなければならない。大きな困難は、働き蟻が雄や繁殖性の雌と、胸部の形や翅がないことや時折眼が欠けていることなどの構造上の点と本能において、大いに相違していることにある。本能に関するだけならば、職虫と完全な雌との間の驚くべき差異はミツバチで一層よく例証されたであろう。もし働き蟻または他の中性昆虫が通常の動物であったならば、私はそのすべての形質が自然淘汰によってゆっくりと獲得されたのだと即座に想定したに違ない。すなわち個体が軽度の有益な変容をもって生まれ、それが子孫に遺伝され、そしてそれらが再び変異しさらに選択され、このようにして前進してゆくのである。しかし働き蟻はその両親と大きく異なり、しかも絶対的な不稔性昆虫なのである。従ってそれは獲得された構造または本能の変容を、その子孫に連続的に伝えることが決してできなかったのである。当然提出される質問は、この場合を自然淘汰の理論と調和させることがどのようにして可能であるか?ということである。

まず、我々の飼育生物においても自然状態にある生物においても、一定の年齢やどちらかの性と相関関係にある遺伝構造の差異には、あらゆる種類の無数の例があることを念頭におこう。一つの性と相関関係にあるだけでなく、生殖系統が活動している短い期間と相関関係にある差異、例えば多くの鳥の婚礼用の羽毛や雄の鮭の鉤状の顎を我々は知っている。牛の種々の品種の角においては、雄性の人為的不完全状態に関連するわずかな差異さえも存在する。すなわちある品種の去勢雄牛の角は他の品種の去勢雄牛の角よりも、これら同じ品種の雄牛と雌牛の両方の角の長さと比較して長くなっている。それゆえ私は何らかの形質が昆虫共同体の一定成員の不稔状態と相関することに大きな困難があるとは思わない。困難は、どのようにして構造上のこのような相関的変容が自然淘汰によって徐々に累積されたかを理解する点にある。

この困難は克服し難いように見えるが、淘汰が個体に適用されると同様に一族にも適用され、こうして欲する目的に到達することを念頭におけば、減少するかあるいは消滅すると私は信じる。養牛家は肉と脂肪が十分よく大理石模様に入り混じることを望んでいる。この特徴のある牛は屠殺されてきたが、養牛家は確信をもって同一系統のものを求め、そして成功してきた。おそらく、常に驚くべき長さの角をもつ去勢雄牛を生じる牛の品種は、どのような個々の雄牛と雌牛が番ったときに最も長い角の去勢雄牛を産むかを注意深く見守ることによって形成できる、という信念が淘汰の力に置かれているのであろう。だがしかし、去勢雄牛はその種類を繁殖することができないのである。ここにもっとよい実際的な例がある。ヴェルロー（Verlot）氏によると、八重咲き一年生のアラセイトウのある変種は、長い間注意深く適度に選択されると必ず八重咲きで全く不稔の花をつける実生苗を多数生じるが、それらは同様に若干の一重で稔性の植物を生じるという。この後者すなわちそれによってのみ変種が繁殖できるものは稔性の雄と雌の蟻に比べられ、そして八重咲きの不稔植物は同じ共同体の中性の蟻に比べられる。アラセイトウの変種と同じく社会性昆虫類においても、淘汰は有益な結果を得るためにその一族に適用されたのであって、個体に適用されたのではない。ゆえに我々はこう結論することができる。共同体の一定の成員の不稔状態と相関関係にある構造または本能の軽微な変容は有利であることが分かった。その結果、稔性の雄および雌が繁栄し、そしてその稔性の子孫に同じ変容をもった不稔性の成員を生じる傾向を伝えたのである。この過程は何回もくり返され、我々が多くの社会性昆虫類に見る同じ種の稔性と不稔性の雌の間の巨大な差異を生じるに至ったに相違ない。

しかし我々はまだ困難の頂点にはふれていない。すなわち幾つかの蟻の中性虫は単に稔性の雌および雄と異なるだけでなく、相互の間でも、時にはほとんど信じることができない程度にまで相違していて、二つまたは三つもの階級に分けられるという事実である。その上、これらの階級は普通相互の漸次的変化がなく、完全に明確に区別される。すなわち同属中の二種あるいはむしろ同じ科の二属ほどに相互に異なっている。例えばサスライアリ属(Eciton)には異常に異なった顎と本能をもった中性の働き蟻と兵隊蟻がある。クリプトセルス属（Cryptocerus）では一つの階級の働き蟻だけがその頭に用途の全く分からない不思議な盾をもっている。メキシコのミツアリ属（Myrmecocystus）では一つの階級の働き蟻は決して巣から離れない。彼らは他の階級の働き蟻に養われており、非常に大きく発達した腹をもっていて一種の蜜を分泌し、我がヨーロッパの蟻類が保護し監禁する飼育牛ともいうべきアリマキの分泌物の代用をしているのである。

実際、このような不思議な、そして十分確実な事実は直ちに自然淘汰の理論を全滅させるものであることを私が承認しないならば、自然淘汰の原則にうぬぼれた自信をもっていると思われることであろう。自然淘汰をとおして稔性の雄および雌と異なるようにされたと信じられる中性昆虫がすべて一階級である簡単な場合には、我々は正常の変異の類推から次のように結論できよう。連続的なわずかに有益な変容は、最初同じ巣の中のすべての中性虫に起こったのではなく、ある少数のものにだけ起こったのであり、そして有利な変容を有する中性虫を最も多く生じた雌をもつ共同体が生き残ることによって、すべての中性虫が結局このような形質を得るようになったのである。この見解によると、我々は時折同じ巣の中に構造の漸次的移行を示す中性の昆虫を見出さねばならぬはずである。そして我々は実際これを見出すのであって、しかもヨーロッパ以外ではいかに少数しか中性昆虫が注意深く調べられていないかを考慮すると、見出すことが稀ではないとさえいえるのである。F・スミス氏は幾つかの英国産の蟻の中性虫が、大きさや時には色において相互に驚くほど異なっていること、またその両極端の形体が同じ巣から取り出された個体によって連結されることを示している。私自身もこの種類の完全な漸次的移行段階を比較してみた。ある場合には大きなあるいは小さな働き蟻が最も多数であり、また大小ともに多数で中間の大きさのものが少ないこともある。フォルミカ・フラヴァには大きい働き蟻と小さい働き蟻があり、中間の大きさのものが少数ある。そしてこの種では、F・スミス氏の観察によると、大きな働き蟻は小さいけれども明らかに見分けられる単眼をもっているのに対し、小さい働き蟻は痕跡的な単眼をもっている。これらの働き蟻の幾つかの標本を注意深く解剖した結果、私は小さい働き蟻の眼は、単にそれらが比率として小さいと説明される以上にもっと痕跡的であると断言することができる。そして私は、敢えて積極的に主張することはしないが、中間の大きさの働き蟻が正確に中間状態にある単眼を有することを十分に信じる。従って同じ巣の中に二組の不稔性働き蟻があって、それらは単に大きさだけでなく視覚器官においても相違しているが、しかもなお中間状態にある少数の成員によって結びつけられているのである。ついでにいっておくが、もし小さい働き蟻がその集団に最も有用であったとし、そして小さい働き蟻をますます多く産んだ雄および雌が継続的に選択され、遂にすべての働き蟻がこの状態になったとすると、クシケアリ属（Myrmica）の中性虫とほとんど同じ状態の中性虫を有する蟻の一種を生じたはずである。クシケアリ属の働き蟻は、この属の雄および雌の蟻がよく発達した単眼をもっているにもかかわらず、単眼の痕跡さえもっていないのである。

他の一例をあげよう。私は同じ種における中性虫の異なる階級の間に、時折重要な構造の漸次的移行段階を見出すはずであると十分な確信をもって期待していたので、F・スミス氏が西アフリカのグンタイアリ（Anomma）の同じ巣からとって提供してくれた多数の標本を喜んで利用したのである。実際の測定値でなく厳密に正確な図解的説明を与えることによって、読者は多分これらの働き蟻の差異量を最も正しく評価するであろう。すなわちその差異は、あたかも家を建てている一群の職人があって、その多くは身長五フィート四インチであり、また他の多くは身長十六フィートであるのを見ているのと同様である。しかもそれに加えて大きいほうの職人は、その頭が小さいほうの職人の三倍ではなく四倍の大きさであり、顎はほとんど五倍の大きさであると想像しなければならない。その上種々の大きさの働き蟻の顎はその形状において、また歯の形と数において驚くばかりに異なっている。しかし我々にとって重要な事実は、働き蟻は異なる大きさの階級に分類されるが、しかもなお相互に気づかないほど漸次に推移しており、それらの顎の甚だしく相違した構造においても同様である。私はこの後者の点については自信をもって語ることができる。というのはJ・ラボック（Lubbock）卿が、種々の大きさの働き蟻から私が切り取った顎を、私のためにカメラ・ルシダで図取りしてくれたからである。ベイツ（Bates）氏はその興味深い『アマゾンの博物学者』（Naturalist on the Amazons）の中に類似の事例を記述している。

これらの事実を前にして私は次のように信じる。自然淘汰は稔性の蟻すなわち両親の上に作用することで、中性虫のすべてがある一つの形の顎を有する大きな型となるか、あるいはすべてが甚だしく異なった顎を有する小さな型となるように、中性虫を規則正しく産むような種を造ることができ、あるいは最後に、これは最も大きな困難であるが、ある大きさと構造を有する一組の働き蟻と同時に異なる大きさと構造をもつ他の一組の働き蟻を規則正しく産むような種を造ることができたのである。その際、グンタイアリの場合のように、一つの漸次的系列がまず形成され、次に両極端の形体がそれらを発生させた両親の生存をとおしてますます多く産出され、遂に中間構造が全く産出されなくなったのである。

これと相似の説明を、ウォレス氏は同様に複雑な事例、すなわち二つまたは三つの異なった雌の形体が規則正しく現れるマレーのある蝶類について行い、そしてフリッツ・ミュラーは、同様に二つの甚だ異なる雄の形体をもって現れるブラジルのある甲殻類について行っている。しかしこの問題はここで論じる必要はない。

さて私は、不稔性働き蟻の明らかに区別される二つの階級が同じ巣の中に生存して、どちらも相互に、またその両親とも甚だしく違っているという不思議な事実がどのようにして生じたと信じられるかを説明した。我々は分業が文明人に有用であるのと同じ原則に基づいて、彼らの生成が蟻の社会的共同体にとっていかに有益であったかを理解することができる。とはいえ、人間は獲得した知識と製作した器械で仕事をするのに対し、蟻は遺伝された本能と遺伝された器官または用具で仕事をする。しかし私は、自然淘汰に対する私の信念にもかかわらず、もしこれらの中性昆虫の事例が私をこの結論に導かなかったならば、私はこの原則がこれほどに有効であるとは決して予想しなかったに違いないことを告白しなければならない。それゆえ私は、この事例を自然淘汰の力を示すために、そしてまたこれが私の理論が出合った最も厳しい特殊な困難であるがゆえに、全く不十分ではあるが少々論じたのである。またこの事例は、動物においても植物と同様に、ある量の変容が練習または習性の働きなしに、何らかの利益を与える多くの軽微な自発的変異の累積によって生じることを証明している点で、非常に興味深いのである。というのは、職虫または不稔性の雌に限られている特異な習性は、幾ら永い間続けられても雄や稔性の雌に影響を与えることができるはずがなく、子孫を残すのはこれらの後者だけだからである。私はこれまで誰も、ラマルクの提出したよく知られている習性の遺伝の説に反対する明らかな証拠を示す中性昆虫の例を提出しなかったことに驚くのである。

摘要

私は本章で我々の飼育動物の心的素質が変異すること、またその変異は遺伝することを簡単に示そうと努めた。さらに一層簡単に、私は本能が自然状態で軽度に変異することを示そうと試みた。本能がそれぞれの動物にとって最も重要なものであることは誰も反対しないであろう。それゆえ変化する生活条件の下で、自然淘汰が何らかの有用な本能の軽微な変容をある程度累積することに実際的困難はない。多くの場合、おそらく習性または使用不使用が関与したであろう。私は本章にあげた事実が私の理論をある程度強化するとは主張しない。しかし私の判断の及ぶ限りでは、私の理論を無効にする困難な事例は一つもない。他方、本能は必ずしも絶対的に完全でなく失敗しがちであるという事実——動物は他の動物の本能を利用はするが、他の動物の利益のために生じたと証明される本能はないという事実——『自然は飛躍せず』という博物学の規範は身体的構造に対してと同様本能にも当てはまり、そして前述の見解によれば明らかに説明されるが、そうでなければ説明できないという事実——はすべて自然淘汰の理論を強固にする方向に向かっている。

この理論はまた本能に関する若干の他の事実によって強化される。すなわち、密接な類縁はあるが別異の種が世界の遠隔の地に棲息し、かなり異なった生活条件の下に生活しながら、しかもしばしばほとんど同じ本能を保持しているという有りふれた場合がそれである。例えば我々は、南アメリカの熱帯地方のツグミが、英国のツグミがやるのと同じ特有の方法でその巣を泥で裏塗りする理由、アフリカとインドのサイチョウが木の洞の中へ雌を閉じ込めて漆喰を塗り、一つだけ小さい孔を残しておいてそこから雄が雌とその孵化したひなに食物をやるという驚くべき本能を同じようにもっている理由、北アメリカのミソサザイ属(Troglodytes)の雄が我が国のミソサザイの雄と同じく『雄鳥の巣』を造ってそこをねぐらとする——この習性は他のどんな既知の鳥とも全く似ていない——理由を遺伝の原則によって理解することができる。最後に、カッコウのひながその乳兄弟を追い出し——蟻が奴隷を作り——ヒメバチ科の幼虫が芋虫の生きた体の中で自らを養うというような本能を、特別に与えられたあるいは創造された本能と見ず、あらゆる生物の進歩を生み出す——すなわち増殖し、変異し、強者が生存し、弱者が死滅する——一つの一般的法則の小さい帰結として見ることは、論理的な結論ではないかも知れないが、私の想像にははるかに多くの満足を与えるのである。

訳者注

(1) 獲物を探してもってくるように訓練された猟犬

(2) wild rabbit　ヨーロッパに棲息するカイウサギ（イエウサギ）の原種

(3) 現在はカケス属(Garrulus)から分けられアオカケス属(Cyanocitta)となっている

(4) 一ラインは十二分の一インチ

(5) 現在はムクドリモドキ科である。ホシムクドリはムクドリ科

(6) トガリアナバチ属

(7) ヤマアリ属

第九章　雑　種　性

最初の交雑の不稔性と種間雑種の不稔性の区別——普遍的でなく、近親交配によって影響を受け、飼育によって取り除かれる様々な程度の不稔性——種間雑種の不稔性を支配する法則——特別な資質でなく、自然淘汰によって累積されない他の差異に附随する不稔性——最初の交雑の不稔性と種間雑種の不稔性の原因——生活条件の変化の影響と交雑の影響との間の並行関係——二形性と三形性——変種が交雑したときの稔性とそれらの変種間雑種子孫の稔性は普遍的でない——繁殖力と無関係に比較された種間雑種と変種間雑種——摘要

種は異種交配したとき、その混乱を予防するために特別に不稔性を与えられたのである、というのが博物学者の普通に抱いている見解である。この見解は一見したところでは甚だもっともらしく思われる。なぜならもし彼らが自由に交雑することができたとすれば、一緒に生活している種は明確な区別を保ってゆくことがほとんどできなかったからである。この主題は多くの点で我々にとって重要である。ことに、最初に交雑したときの種の不稔性とそれらの雑種子孫の不稔性は、後に示すように、連続的に有益な不稔性の保存によって獲得されたのではあり得ないのだからなおさらのことである。それは母種の生殖系統における差異に偶然伴う結果である。

この主題を論じるに当たって、大きな範囲で根本的に異なる二種類の事実が一般に混同されている。すなわち、最初に交雑したときの種の不稔性と、それらの間に生じた雑種の不稔性である。

純粋な種はもちろん完全な状態の生殖器官を有しているが、異種交配したときには子を少ししか産まないか、あるいは全く産まない。これに対して、雑種は植物と動物の両者における雄性要素の状態から明らかに分かるように、そ

の生殖器官が機能的に無能力になっている。もっとも形成器官そのものは、顕微鏡の示す限りでは構造上完全なのである。第一の場合には胚を形成すべき雌雄両性の要素は完全であり、第二の場合にはこれらが少しも発達していないか、もしくは発達が不完全なのである。この区別は、両方の場合に共通である不稔性の原因を考察しなければならないときに重要である。この区別が見逃されてきたのは、おそらく両方の場合の不稔性が我々の推理能力の範囲を超えた特別な資性と見なされているためである。

変種すなわち共通の祖先から出たと認められるか信じられている諸形態が交雑したときの多産性と、彼らの変種間雑種子孫の同様の多産性は、私の理論に対して種の不稔性と同じ重要性をもつ。というのは、それは変種と種の間にはっきりとした明白な区別をつけるように思われるからである。

《不稔性の程度》——まず、交雑したときの種の不稔性とその雑種子孫の不稔性について。その生涯をほとんどこの主題に献げた二人の良心的な優れた観察家、ケールロイター（Kölreuter）とゲルトナー（Gärtner）の幾つかの研究記録と著作を研究するものは、ある程度の不稔性が高度に一般的なものであることに深い印象を受けずにはいられない。ケールロイターは法則を普遍的なものとした。しかしその際彼は思いきった処置をしている。すなわち彼は大多数の学者によって別異の種と見なされている二つの形態が結合したとき、全く多産性であることの分かった十事例について、彼はそれをためらわずに変種と位置づけているのである。ゲルトナーもまた法則を等しく普遍的なものにしている。そしてケールロイターのあげた十の事例が完全に多産だということに反論している。しかしこれらの事例や多くのその他の事例において、ゲルトナーは、ある程度の不稔性の存在を示すために、注意深く種子の数を数える必要に迫られる。彼は常に最初に交雑した二種によって生産された種子の最大数と、その雑種子孫によって生産された最大数を、自然状態にある両方とも純粋な原種によって生産される平均数と比較する。しかし重大な誤謬の原因がここに介在する。雑種を得ようとする植物は葯を除去しなければならず、そしてしばしば一層重要なことは、昆虫類が他の植物から花粉を運んでくるのを防ぐために隔離しなければならないことである。ゲルトナーの実験したほとんどすべての植物は、鉢植にして彼の家の室内に置かれていた。

これらの処置がしばしば植物の稔性に有害であることは疑うことができない。ゲルトナーは彼の表に、彼が葯を取り去り人工的にその植物自身の花粉で受精させた約二十の植物の例をあげているが、(人工的取り扱いが困難なことを一般に認められているマメ科のような場合をすべて除いて)これら二十の植物の半数はある程度その稔性を傷つけられているのである。その上ゲルトナーは、最も優れた植物学者達が変種に分類している普通のアカバナルリハコベとルリハコベ（Anagallis arvensis and coerulea）のような若干の形態をくり返し交雑させて、それらが絶対的に不稔であることを見出しているのであるから、我々は多くの種が異種交配したとき、彼が信じるほど実際に不稔であるかどうか疑ってもよいであろう。

一方では、様々な種が交雑したときの不稔性はその程度が種々異なっていて、気がつかないほど漸次に変化しているため、また他方では、純粋種の稔性は様々な環境によって影響され易いものであるために、実際上の目的には、どこで完全な稔性が終わって不稔性が始まるかをいうことが極めて困難であることは確かである。この証拠としては、かつてないほどの深い経験をもつ二人の観察者、すなわちケールロイターとゲルトナーが全く同じ形態のあるものに関して正反対の結論に到達したということ以上のよい証拠は求められないと私は考える。また最も教訓的なのは――しかし私はここにそれを詳しく述べる余白をもたない――ある疑わしい形態を種に分類すべきか変種に分類すべきかという問題について我々の最も優れた植物学者の提出した証拠を、異なる雑種育成者によって、または同じ観察者が異なる年次に行った実験によって提示された稔性からの証拠と比較することである。こうして不稔性も稔性も、種と変種の間に何ら確実な区別を与えないことが示される。この原因からの証拠は漸次的移行をなしており、他の体質上、構造上の差異から導かれた証拠と同程度に疑わしいのである。

連続する世代における種間雑種の不稔性に関し、ゲルトナーは若干の雑種を、どちらの純粋原種との交配も注意深く防ぎながら、六世代または七世代、ある場合には十世代の間育てることができたが、しかし彼はそれらの稔性が決して増加せず、一般には大きくまた突然に減少することを断言している。この減少ということに関してはまず次のことが注目される。構造上または体質上の何らかの偏向が両方の親に共通しているときには、これはしばしば増大して子孫に伝えられる。そして雑種植物における雌雄両方の性要素はすでにある程度影響を受けている。しかし私は、彼らの稔性がこれらのほとんどすべての場合に減少したのはある別個の原因、すなわちあまりに近親交配が過ぎたためと信じる。私は一方で、別異の個体または変種との時折の交配がその子孫の活力と稔性を増し、また他方では非常な近親交配がそれらの活力と稔性を減らすことを示す多くの実験を試み、また多くの事実を集めているので、この結論の正しさを疑うことができない。種間雑種が実験家によって多数育てられることは滅多にない。そして一般に母種または他の近縁の雑種が同じ庭園に生えているので、開花の季節には注意して昆虫の訪れを防がなければならない。それゆえ雑種は、もし放置されれば、各世代の間一般に同じ花の花粉によって受精されることになる。そしておそらくこのことは、すでに元来種間雑種であるために減殺されているその稔性に有害であることは間違いない。私はゲルトナーがくり返し行った次のような注目すべき記述によってこの確信を深めたのである。すなわち稔性の少ない種間雑種でも、同じ種類の雑種の花粉で人工的に受精されると、人工的取り扱いからはしばしば悪い結果となるにもかかわらず、その稔性が時々明らかに増加し、また増加し続けるという。さて人工的受精の過程において、花粉はその受精されるべき花自身の葯から取られるのと同じくらいの頻度で、偶然に他の花の葯からも取られる（これは私自身の経験からも分かる）。従って二個の花の間の交配は、おそらくしばしば同じ植物の上ではあるが、こうして行われるのであろう。その上、込み入った実験が進行しているときには、ゲルトナーのような注意深い観察者はいつでも彼の雑種の葯を取り去ったに違いない。そしてこのことは、同じ植物の別の花かまたは同じ雑種的性質の他の植物の花か、いずれかの花の花粉との交配を各世代ごとに保証したであろう。こうして、人工的に受精された雑種が、自発的に自家受精したものとは対照的に、連続する世代の中で稔性を増してゆくという奇妙な事実は、私の信じるところでは、過度の近親交配が避けられたことによって説明される。

　さて第三の最も経験に富む雑種育成者、すなわちＷ・ハーバート（Herbert）尊師閣下の到達した結果に眼を転じよう。彼は若干の種間雑種が完全に稔性である――純粋の原種と同じ程度に稔性である――という彼の結論を、ケールロイターやゲルトナーが、別異の種の間のある程度の不稔性は自然界の普遍的法則であると主張するのと同じ程度の強い調子で主張している。彼はゲルトナーと全く同じ種の幾つかについて実験した。私が考えるに、この二人の結果の差異は、ハーバートが偉大な園芸技術家であることと自由に使える温室をもっていることによって一部分証明されよう。彼の多くの重要な記述の中から、私は例として次の一つだけをあげる。すなわち、『クリヌム・カペンセ(Crinum capense) の莢にあるいずれの胚珠もクリヌム・レヴォルータム (C. revolutum) によって受精されると、その自然受精の場合には決して生じるのを見たことがない植物を産出した。』というものである。従ってここに我々は、二つの別異の種の間の最初の交雑において、完全な、もしくは普通以上に完全な稔性を得たのである、

このハマユウ属 (Crinum) の事例は私を一つの異常な事実に注目させる。すなわち、ミゾカクシ属(Lobelia)、モウズイカ属 (Verbascum) およびトケイソウ属 (Passiflora) のある種の個々の植物は容易に別な種の花粉によって受精するが、同じ植物の花粉によっては受精しないのである。しかしこの花粉は他の植物または種を受精させることで完全に健全であることが証明されている。アマリリス属(Hippeastrum) とキケマン属 (Corydalis) でヒルデブラント (Hildebrand) 教授が示したように、種々のランでスコット (Scott) 氏とフリッツ・ミュラーが示したように、すべての個体はこの奇妙な状態にある。従ってある種ではある変則的個体が、また他の種ではすべての個体が、実際には同じ個体からの花粉によって受精するよりもはるかに容易に異種受精され得るのである。一例をあげれば、ヒッペアストルム・アウリクム (Hippeastrum aulicum) の一つの球根が四つの花を生じた。その三つはハーバートによってそれ自身の花粉によって受精され、第四の花はその後、三つの別異の種に由来する複合雑種の花粉によって受精された。その結果は『初め三つの花の子房は間もなく生長を中止し、数日後には全く枯死した。しかるに雑種の花粉によって受精された莢は盛んに生長し、速やかに発育して成熟し、優良な種子を結び、この種子はまた自由に生育した。』ハーバート氏は多年の間同様の実験を試みいつも同じ結果を得た。これらの事例は、種の稔性の大小がある場合にはどんなに軽微なそして神秘的な原因に依存しているかということを示すのに役立つ。

園芸家の実地の実験は、科学的な精密さではなされないにしても幾らか注目する価値はある。テンジクアオイ属（Pelargonium）、ツリウキソウ属（Fuchsia）、キンチャクソウ属（Calceolaria）、ツクバネアサガオ属（Petunia）、ツツジ属（Rhododendron）等の種がとても込み入った状態で交雑していながら、しかもなおこれらの雑種の多くが自由に結実することはよく知られている。例えばハーバートは、一般的習性において最も大きく異なった種であるチリメンキンチャクソウ（Calceolaria integrifolia）とプランタギネア（C. plantaginea）からの雑種が『チリーの山地からの自然種であるかのように完全に繁殖する。』と断言している。私はツツジ属の複雑な交配雑種の幾つかの繁殖性の程度を確かめるために多少苦心した。そして私はその多くが完全に繁殖することを確信する。例えばC・ノウブル（Noble）氏の私への報告によると、氏はムラサキセキナン（Rhododendron ponticum）とカタウビエンセ（R. catawbiense）との間の雑種から接ぎ木するための台木を栽培しているが、この雑種は『これ以上は想像できないほど自由に結実する。』という。もしゲルトナーが事実だと信じたように、種間雑種が公正に取り扱われた場合、連続する世代のそれぞれが常にその繁殖性を減少していったとすれば、この事実は種苗家に知れわたっていたはずである。園芸家は同じ雑種の大きな苗床を作る。そしてこのような方法だけが公正な取り扱いである。なぜなら、昆虫の媒介によって幾つかの個体が自由に交雑を許され、近親交配の有害な影響をこうして防ぐことができるからである。花粉を生じない一層不稔な種類の雑種ツツジ属の花を調べると、それらの柱頭上に他の花から運ばれた多量の花粉を見出すのが常であるから、誰でも容易に昆虫媒介の効果を確信することができよう。

動物については、植物についてよりも注意深く試みられた実験の数がずっと少ない。もし我々の分類学的配列が信頼できるのであれば、すなわちもし動物の属が植物の属と同じ程度に相互に別異であるならば、我々は自然の序列において一層大きく異なっている動物が、植物の場合よりも一層容易に交雑され得ると推測してよい。しかし種間雑種それ自体はより不稔性であると私は考える。けれども監禁の下で自由に繁殖する動物はわずかであるので、公正に試みられた実験はほとんどないことを記憶しなければならない。例えばカナリアがフィンチの九つの別な種と交雑させられたが、これらのうちの一つも監禁状態では自由に繁殖しないので、我々はそれらとカナリアとの間の最初の交雑またはそれらの雑種が、完全な繁殖力をもつであろうと期待する権利を有しないのである。またもっと多産な雑種動物の連続する世代における繁殖性については、私は、近親交配の悪影響を避けるために同じ雑種の二家族を同時に異なる両親から育て上げたという例をほとんど全く知らない。それどころか、あらゆる飼育家の再三の警告に反し、兄弟や姉妹が通常連続する世代それぞれに交配されている。そしてこの場合に、雑種における先天的不稔性が増加し続けたとしても少しも驚くに当たらない。

私は徹底的に十分確証された完全に多産な種間雑種動物の事例をほとんど一つも知らないのだが、[1]セルヴルス・ヴァギナリス（Cervulus vaginalis）とキョン（C. reevesii）との雑種、およびクロクビキジ（Phasianus colchicus）とシナキジ（P. torquatus）との雑種が完全な多産性であることを信じる理由を私はもっている。カトルファージュ(Quatrefages)氏は二つの蛾[2]（ボンビクス・シンティア Bombyx cynthia とアリンディア B. arrindia）の雑種が、八世代の間同一雑種内で繁殖性をもつことがパリで証明されたと述べている。近頃、ノウサギとカイウサギのような二つの別異の種を交配することができたとき生れる仔は、原種の一つと交雑したとき高度に多産性であると主張されている。普通のガチョウとシナガチョウ（Anser cygnoides）は一般に[3]別異の属に分類されるほど異なる種であるが、これから生じた雑種は我が国においてしばしば純粋原種のどちらとも交配繁殖し、また同一雑種内で繁殖した実例も一つある。これはエイトン（Eyton）氏が行ったもので、氏は同じ両親から、孵化は別であるけれども二つの雑種を育成した。そしてこれらの二羽の鳥から一回の孵化で八羽ほどの雑種（純粋のガチョウの孫）を育てた。しかしインドではこの異種交配のガチョウははるかにもっと多産であるに違いない。というのは私は二人の優れた能力をもつ鑑定家、すなわちブライス（Blyth）氏とハットン（Hutton）大尉によって、この交雑ガチョウの健全な大群がインドの各地で保育されていることを保証されたからである。そしてこれらはその純粋母種がどちらもいないところで利益目当てに保育されているのであるから、確かに高度の、または完全な繁殖性をもつに違いない。

我々の飼育動物では、様々な種族は互いに交雑したとき全く多産である。しかし多くの場合それらは二つもしくはそれ以上の野生種に由来する。この事実から、我々は原生の母種が最初完全に多産性の雑種を産んだと結論するか、あるいはその後飼育の下に育てられた雑種が全く多産の雑種となったと結論するか、いずれかでなければならない。この二つのうちの後者はパラス（Pallas）が初めて提唱したもので、はるかに確かなように思われ、また実際ほとんど疑うことができないものである。例えば、我々の犬が幾つかの野生種に由来したことはほとんど確実である。しかるに、南アメリカのある土着の飼犬はおそらく例外として、すべての犬は相互に完全な繁殖性をもつ。しかし私は類推から、幾つかの原種が果たして最初自由に交雑し、全く多産な雑種を生産したかどうかを大いに疑うのである。なお、私は近頃インドのコブウシと普通の牛からの交雑子孫が同一雑種内で完全に繁殖するという決定的証拠を得た。そしてリューティマイヤー（Rütimeyer）がそれらの重要な骨学的差異について観察したところからも、ブライス氏がそれらの習性、音声、体質等における差異について観察したところからも、これらの二形態は全く別異の種と見なされなければならない。(4) 同じ見解は豚の二つの主な種族にも拡張される。それゆえ我々は、交雑したとき種が普遍的に不稔であるという信念を放棄するか、あるいは動物におけるこの不稔性を消すことのできない特質と見ず飼育によって除去できるものと見るか、いずれかでなければならない。

最後に、植物と動物の異種交配に関するすべての確かめられた事実を考えると、ある程度の不稔性は、最初の交雑においても雑種においても極めて一般的な結果であるが、しかし今日の我々の知識状態では、それを絶対的に普遍的なものと見なすことはできないと結論してよい。

最初の交雑と種間雑種の不稔性を支配する法則

我々はこれから最初の交雑と雑種の不稔性を支配する法則をもう少し詳細に考察しよう。我々の主な目的はこれらの法則が果たして、種が交雑し混合して全くの混乱に陥るのを防ぐために彼らが特別にこの性質を賦与されたことを表示しているかどうかを見ることである。次の結論は主としてゲルトナーの植物の交配に関する名著から引用したものである。私はこれらがどの程度まで動物に当てはまるかを確かめるために大いに苦心した。そして、雑種動物に関する我々の知識がいかに不十分であるかを考えたとき、私はいかに一般的に同じ規則が動植物両界に当てはまるかを見出して驚いたのである。

最初の交雑と雑種の繁殖性の程度が零から完全な多産性まで漸次的移行をなしていることはすでに述べた。いかに多くの奇妙な方法でこの漸次的移行が現されるかは驚くほどである。しかし事実のほんの外面だけしかここであげることができない。ある科の植物の花粉が別な科の植物の柱頭に置かれたとき、それは同量の無機物の塵が及ぼすほどの影響しか発揮しない。同じ属のある一つの種の柱頭に接触した異なる種の花粉は形成される種子の数が完全な漸次的移行を現し、この絶対零の繁殖性から始まって、完璧に近いもしくは全く完璧な繁殖性にまで及んでおり、そしてすでに見たようにある変則的な場合には、その植物体自身の花粉が生じる数以上の過度の多産性にまで及ぶのである。雑種自身もこれと同様で、純粋の母種の花粉でさえもいまだかつて一つの繁殖性種子を生じたことがなく、またおそらくこれからも決して生じないであろうと思われるものがある。しかしこれらの事例の幾つかでは、純粋母種の花粉は他の花粉の場合よりも雑種の花を早く萎れさせることによって、繁殖性の最初の痕跡が見出される。花が早く萎れることは初期の受精作用の徴候である、ということはよく知られている。この極端な段階の不稔性から完全な繁殖性まで、次第に多くの種子を生じる自家受精の雑種が存在している。

交雑させることが非常に困難で、また稀にしか子を産まない二つの種から生じた雑種は一般に極めて不稔である。しかし最初の雑種を作ることの困難と、こうして生じた雑種の不稔性——この二つの事実は一般に混同されている——の間の並行性は決して厳密ではない。モウズイカ属(Verbascum)のように、二つの純粋種が並外れて容易に結合し多数の雑種子孫を産するにもかかわらず、これらの雑種は著しく不稔性である、といった例が多くある。他方、ごく稀にしか交雑しないか、あるいは交雑が極めて困難であるにもかかわらず、一たび産出された雑種は甚だ多産であるという種がある。同じ属の中でさえ、例えばナデシコ属(Dianthus)のようにこれら正反対な二つの例が生じることがある。

最初の交雑の繁殖性と雑種の繁殖性とはどちらも、純粋種の場合に比べれば不適な条件によって一層影響を受け易い。しかし最初の交雑の繁殖性は先天的にも変異し易いのである。というのは同じ二つの種が同じ環境の下で交雑したとき、繁殖性の程度は常に同じというわけではないからである。それは、部分的にはたまたま実験に選ばれた個体の体質によるのである。雑種についてもそうである。なぜならば彼らの繁殖性の程度は、同じ一つの朔の種子から育てられ同じ条件にさらされた幾つかの個体の間でも、しばしば大きな差異が見出されるからである。

分類学上の類縁性という言葉は種の間の構造上、体質上の一般的類似を意味している。さて最初の交雑の繁殖性と彼らから生じた雑種の繁殖性は、その分類学上の類縁によって大きく支配されている。このことは、分類学者によって別異の科に分類されている種の間に決して雑種ができず、これに対して非常に近縁な種は一般に容易に結合することによってはっきりと示されている。しかし分類学上の類縁性と交雑の容易さとの間の対応関係は決して厳密ではない。非常に近縁な種でありながら結合しないか、もしくは結合が極めて困難な事例がある一方では、非常に異なった種で至って容易に結合する事例が多数あげられる。同じ科でも、ナデシコ属のように非常に多くの種がとても容易に交雑する属と、マンテマ属(Silene)のように最も辛抱強い努力を傾けても、極めて近縁な種の間でさえ一つの雑種を生じることに失敗した属がある。同じ属の中でさえも我々はこれと同じ差異に出会う。例えばタバコ属(Nicotiana)の多くの種はほとんどどんな他の属の種よりも広く交雑してきた。しかしゲルトナーは、ニコティアナ・アクミナータ(N. acuminata)は特に別な種でもないのに、タバコ属の八つばかりの他の種を受精させること、あるいはこれらから受精することを頑強に拒んだ。類似の事実を沢山あげることができる。

ある認識できる形質にどんな種類あるいはどれだけの量の差異があれば二つの種の交雑を妨げるのに十分か、ということを指摘できる人はいない。習性や一般的外観で最も著しく異なっており、また花のあらゆる部分で、花粉でも、果実でも、そして子葉でも、甚だ明確な差異をもつ植物が交雑し得ることを示すことができる。一年生植物と多年生植物、落葉樹と常緑樹、異なる土地に生え極めて異なる気候に適応した植物、それらがしばしば容易に交雑される。

二つの種の間の相反交配とは、例えば雌のロバが最初雄馬と交配し、次に雌馬が雄のロバと交配するような場合を指すのである。これらの二種はその場合、相反的に交配したといってよい。相反交配の雑種を作る容易さには、考えられる限りの最も大きな差異がしばしばある。このようなく同じ二種の混合であって一つの種が最初は父として、次に母として用いられたのであり、外的形質が相違するのは稀であるのに、それにもかかわらず一般に繁殖性がわずかに相違したりまた時折かなり相違するということは注目すべき事実である。

この外幾つかの異常な例をゲルトナーの著書からあげることができる。例えばある種は他の種と交雑する著しい能力をもっている。同じ属の他の種はその雑種子孫に自らの姿を刻印する著しい能力をもっている。しかしこれら二つの能力は必ずしも相伴うものではない。ある雑種は、通常のように彼らの両親の間の中間的形質をもっていないで、常に両親の一方によく似る。そしてこのような雑種は、外観的にその純粋母種の一つによく似ているのに、稀な例外を除いて極めて不稔である。さらにまた、普通は構造上両親の中間である雑種の中に、時々、その純粋な両親の一つによく似る例外的変則的個体を生じることがある。そしてこれらの雑種は、同じ朔の種子から生じた他の雑種がかなりの繁殖性をもつときでさえ、ほとんど常に全く不稔である。これらの事実は、雑種の繁殖性がどちらかの純粋な親との外観的相似といかに完全に無関係であるかを示している。

事例はかなり重要である。すなわちそれらは、任意の二種の交雑する能力がしばしば彼らの分類学上の類縁、すなわち生殖系統の差異を除く彼らの構造上または体質上の差異と全く無関係であることを証明しているからである。同じ二つの種の間の相反交配における結果の多様性は、ずっと以前にケールロイターによって観察された。一例をあげると、オシロイバナ（Mirabilis jalapa）はナガバナオシロイバナ（M. longiflora）の花粉によって容易に受精できる。そしてこれによって生じた雑種は十分に多産である。しかしケールロイターはその後の八年間、相反的にナガバナオシロイバナをオシロイバナの花粉によって受精させようと二百回以上も試みたが全く失敗した。この外これと同様な著しい幾つかの事例をあげることができる。テュレー（Thuret）はある海草すなわちヒバマタ（Fuci）について同じ事実を観察した。ゲルトナーはさらに、相反交配雑種を作る容易さの差異はもっと低い程度で極めて普通であることを発見した。彼は多くの植物学者が単に変種と分類するにすぎない近縁の形態[(5)](例えばマティオラ・アニュア(Matthiola annua)とマティオラ・グラブラ（M. glabra））の間にさえそれを観察した。また相反交配から育てられた雑種が、もちろん全

る。

最初の交雑と雑種の繁殖性を支配する上記の幾つかの規則を考察して我々は次のことを知った。すなわち、まさしく別な種と見なさなければならない形態が結合するとき、それらの繁殖性は零から完全な多産性に至り、またある条件の下では過度の多産性までの漸次的移行をなしている。そしてその繁殖性は条件の適不適に著しく敏感であるほかに、先天的に変わり易くなっている。また最初の交雑とこの交雑から生じた雑種とでは、繁殖性の程度が決して常に同じでない。そして雑種の繁殖性はどちらかの親と外観的に似る程度とは関係がない。そして最後に、ある二種の間に最初の交配雑種を作る容易さは、彼らの分類学上の類縁性または相互に似る程度に常に支配されるとは限らない。この最後の事実は、同じ二つの種の間の相反交配の結果における差異によって明らかに証明される。なぜならば、一つの種または他の種が父として用いられるか、あるいは母として用いられるかによって、結合の目的を果たす容易さに若干の差異があり、また時折、考えられる限りの最も大きな差異があるからである。その上、相反交配から生じた雑種はしばしば繁殖性を異にする。

さてこれらの複雑で奇妙な規則は、単に種が自然において混乱状態に陥るのを防ぐために不稔性を授けられたことを示すのであろうか？　私はそうは思わない。というのは、そのすべてについて混乱を避けることが等しく重要であろうと想像しなければならない様々な種が交雑するとき、その不稔性はなぜこれほどまで極端に程度を異にするのであろうか？　なぜ不稔性の程度は同じ種の個体においても先天的に変化し易いのであろうか？　なぜある種は容易に交雑しながらしかも非常に不稔の雑種を生じるのか？　またなぜ他の種は交雑が極めて困難でありながら十分に多産な雑種を生じるのであろうか？　なぜ同じ二つの種の間の相反交配の結果にしばしば大きな相違があるのであろうか？さらにこうも尋ねることができよう。なぜ雑種の産出が許されたのであろうか？　雑種を産出する特別な能力を種に与えておきながら、彼らの親の間の最初の結合の容易さと厳密な関係なしに、不稔性の異なる程度によって彼らのそれ以上の繁殖を抑制するというのは、おかしな構成のように思われる。

これに対して、前述の規則と事実は最初の交雑と雑種の不稔性が単に偶発的なもの、すなわち彼らの生殖系統における未知の差異によるものであることを明示しているように私には思われる。この差異は非常に特異で限られた性質をもっているので、同じ二種の相反交配において、その一種の雄性要素はしばしば自由にもう一種の雌性要素に作用するが、逆方向には作用しない。不稔性は他の差異に偶然伴うものであって特別に授けられた特質ではない、というのは何を意味しているかを、一例をあげてもう少し十分に説明するのがよいと思う。ある植物が他の植物に接ぎ木または芽接ぎされる能力は、自然状態にある植物の繁栄にとっては無価値であるから、誰もこの能力を特別に授けられた特質に偶然に伴うものと認めるであろうと私は考える。我々は時々、ある木が他の木に接ぎ木されない理由をそれらの生長の割合、木部の堅さ、樹液の流れの周期または性質、等における差異に求めることができる。しかし大部分の場合では、我々はどんな理由も見つけることができない。二つの植物の大きさが大変に相違していること、一つが木で他が草であること、一つが常緑樹で他が落葉樹であること、そしてかなり異なる風土への適応、は必ずしも二者の接ぎ木を妨げない。交配のように接ぎ木もその能力は分類

学上の類縁によって制限される。なぜならば全く異なった科に属する木を接ぎ木することは誰にもできなかったしまた一方では近縁の種や同じ種の変種は、例外はあるが普通は容易に接ぎ木されるからである。しかしこの能力は、交配においてと同様、分類学上の類縁によって絶対的に支配されるものではない。同じ科の中の多くの別異の属が接ぎ木されているのに、他の場合では同じ属の種が互いに接ぎ木されない。セイヨウナシは、別属と位置づけられるマルメロに、同属のリンゴに接ぎ木されるよりもはるかに容易に接ぎ木される。セイヨウナシの変種の違いによっても、マルメロに接ぎ木される容易さの程度に違いがある。アンズとモモの異なった変種がプラムのある変種に接ぎ木される場合も同様である。

ゲルトナーは、時々同じ二つの種の異なる個体間の交雑にも先天的差異があることを発見したが、同様にサジュレー（Sageret）は、同じ二つの種の異なる個体の間の接ぎ木にも同じ事実があると信じている。相反交配の場合に結合の効果の容易さがしばしば全く異なっているように、接ぎ木の場合も時々そうなる。例えば普通のセイヨウスグリはスグリに接ぎ木できない。しかるにスグリは、困難で

二七〇

はあるが、セイヨウスグリに接ぎ木できるのである。

我々は、不完全な状態の生殖器官をもつ雑種の不稔性は、完全な生殖器官をもつ純粋な二種を結合することの困難とは事情が異なることを認めた。しかしこれら二組の異なる事情はかなりの程度並行しているのである。多少類似のことが接ぎ木の場合にも起こる。すなわちトゥーアン（Thouin）の見出したところによると、ニセアカシア属（Robinia）の三種は自分の根の上で自由に結実し、また第四の種に大した困難もなく接ぎ木されたが、こうして接ぎ木されたとき実を結ばないようになった。これに対してナナカマド属（Sorbus）のある種は他の種に接ぎ木されたとき、自分の根の上でよりも二倍多く実を結ぶのである。この最後の事実から思い出されるのは、アマリリス属、トケイソウ属等の異常な事例であって、これらは同じ植物の花粉で受精したときよりも別異の種の花粉で受精したときのほうがはるかに自由に実を結ぶのである。

こうして我々は、接ぎ木された台木の単なる着生と生殖作用における雌雄要素の結合との間には明瞭で大きな差異があるが、異なった種を接ぎ木した結果と交雑した結果との間には大雑把な並行が存在していると認める。そして樹木が互いに接ぎ木され得る容易さを支配する奇妙で複雑な法則を、我々はそれらの生長機構における未知の差異に偶然伴うものと見なければならないように、最初の交雑の容易さを支配するより一層複雑な法則は、彼らの生殖系統における未知の差異に偶然伴うものであると私は信じる。両方の場合におけるこれらの差異は、当然予期されるようにある程度まで分類学上の類縁性に附随する。分類学上の類縁性とは、生物の間のあらゆる種類の類似と相違を表現する言葉である。これらの事実は、様々な種を接ぎ木したり交雑させる困難の大小が特殊な資性であることを意味するものではないように思われる。もっとも交雑の場合には、その困難は種的形態の持続と安定のために重要であり、接ぎ木の場合にはそれは彼らの繁栄のために無価値である。

最初の交雑と種間雑種の不稔性の起原と原因

一時私には、他の人々もそうであったように、最初の交雑と雑種の不稔性は、一つの変種の個体が他の変種の個体と交雑したとき、他の変異と同様に自然に現れた繁殖性のわずかな減少が自然淘汰されることによって徐々に獲得されたものであろう、というのが確かなことのように思われことの可能性を考察するに当たっての最大の困難は、わずかに減少した繁殖性から絶対的不稔性までの多くの漸次的移行段階が存在していることに見出される。ある初期の種が、もしその祖先形態またはある他の変種と交雑したとき幾らかでも不稔になっていたとすれば、それはその種にとって利益であろうということは認められる。というのは、不純化され劣等化された子孫が生まれて形成過程の新種とその血を混合することが少なくなるからである。しかし、この最初の不稔性の程度が自然淘汰によって増大し、遂に多くの種に共通となり、また属あるいは科の位置にまで分化した種には普遍的となるような高度まで、その各段階を考察する労を厭わぬ者は、この問題が異常に複雑であることを見出すであろう。熟慮した結果、私にはこれは自然淘汰の結果生じたものではあり得ないように思われる。交雑して少数の不稔の子を生んだ二種を例としてあげよう。さて、たまたまわずかに相互不稔性を与えられ、これによって絶対的な不稔性に向かっての小さな一歩を踏み出した個体の存続を助けるようなものがあるであろうか？　もし自然淘汰の理論が適用されるとすれば、このような絶対的不稔に向かっての前進が絶えず多くの種に起こったはずである。というのは人間が同時に二つの変種を淘汰する際に、それらを別々に隔離しておくことが必要であるのと同じ原則によって、二つの変種または初期の種にとっては、もし彼らが互いに混じらないように保たれているならば、それは明らかに利益であるに違いないからである。まず第一に、異なる地域に棲息する種は交雑したときしばしば不稔であることに気づく。ところで、このように分離していた種にとって互いに不稔となったことは明らかに何の利益にもならず、従ってこのことは自然淘汰をとおしての結果ではあり得ない。しかし、もしある種が同郷のある一つの種に対して不稔になったとすれば、他の種との不稔は必然的に附随的事項として生じてくるだろうと主張されるかも知れない。第二に、相反交配において、ある一つの形態の雄性要素が第二の形態に対して全く無能となっているのに対し、第二の形態の雄性要素が自由に第一の形態を受精させられるということは、特殊な創造の説に対してとほとんど同様に、自然淘汰の説にも背反するものである。なぜならば生殖系統におけるこの特異な状態は、どちらの種にとっても有益ではあり得ないからである。

自然淘汰が種を相互に不稔にするために作用したという

る。なぜならば多くの種が相互に全く不産であるからである。不稔性の中性昆虫については、彼らの構造と生殖性における変容が、自然淘汰によって徐々に累積されたことを信じる理由がある。この場合、これによって彼らの属する共同体が、同じ種の他の共同体に対して間接的に有利となったのである。しかし社会的共同体に属さない個々の動物が、ある他の変種との交配に際して少々不稔になったとしても、これによって自身には何の利益もないし、間接的に同じ変種の他の個体に利点を与えて彼らを保存に導くこともないであろう。

しかしこの問題を細かく論じるのは余計なことであろう。というのは、我々は植物について、交雑した種の不稔性は全く自然淘汰と無関係なある原則の結果でなければならない、という決定的証拠をもっているからである。ゲルトナーとケールロイターの二人は、多くの種を含む諸属において、交雑したとき種子が次第に少なくなる種から、ただ一つの種子も生じないがしかしある他の種の花粉によって生殖質が膨れるほどには影響を受ける種に至るまでの、一つの系列を作ることができることを証明した。この場合、すでに種子の生産を中止した一層不稔な個体を選択することは明らかに不可能である。従って、生殖質だけが影響されるようなこの不稔の最頂点は淘汰によっては獲得されない。そして不稔性の種々の段階を支配する法則が動植物両界にわたって一様であることから、我々はこの原因が、たとえそれが何であろうと、すべての場合に同じかあるいはほとんど同じであると推測することができる。

我々はこれから、最初の交雑における不稔性と雑種における不稔性をひき起こす種の間の差異について、その確かと思われる性質をやや詳細に調べてみよう。最初の交雑の場合には、結合させることの困難と子を得ることの困難の大小は明らかに幾つかの異なった原因に依存する。雄性要素が胚珠に達することが物理的に不可能である場合も時々あるに違いない。例えば、雌蕊があまりに長すぎて花粉管が子房に達しない植物の場合である。またある種の花粉が縁の遠い種の柱頭に置かれたときは、花粉管が突き出ても柱頭の表面を貫通しないことが観察された。さらにテュレーのヒバマタ属(Fuci)について行った実験がそうであったと思われるように、雄性要素が雌性要素に達しても胚を発達させることができない場合がある。これらの事実については、なぜある木が他の木に接ぎ木できないのかというのと同じく、何の説明も与えることができないのである。最後に、胚が発達して、そして初期段階で死滅することがある。この最後については十分に注意されたことがない。しかし私は、キジと鶏の雑種育成について豊富な経験をもっているヒュウイット（Hewitt）氏から私に知らせてきた観察結果により、胚の早死が最初の交配において非常によく不稔の原因となることを信じる。近頃ソルター（Salter）氏は、ヤケイ属（Gallus）の三種とそれらの雑種の間の種々の交雑から生じた約五百個の卵を調べた結果を述べている。これらの卵の大多数は受精していた。そして受精した卵の大部分では、その胚は一部発達しただけで死滅していたか、あるいはほとんど成熟していてもひなは卵の殻を破ることができなかったのである。生れ出たひなのうちの五分の四以上は『何らはっきりした原因はなく、明らかにただ生きることの不能なことから』最初の二三日のうちに死に、遅くても数週間後に死んだ。こうして五百個の卵の中からたった十二羽のひなが育て上げられたにすぎなかった。植物においても雑種の胚はおそらく同様の状態でしばしば死滅する。少なくとも、非常に異なった種の間に生じた雑種が時々弱く矮小でかつ早期に死滅することはよく知られている。この事実について近頃マクス・ウイキュラ（Max Wichura）は、雑種のヤナギについて著しい例をあげている。また単為生殖の例では、受精されなかったカイコの卵の中の胚が、その発生の初期段階を経過してから、別な種の交配によって生じた胚のように死滅することもここに注意する価値があろう。これらの事実を知るまでは、私は雑種の胚がしばしば早死することを信じたくなかった。というのは、雑種は一度生まれると普通のラバのように、一般に健康で長生きするからである。しかし雑種は生れる前と後で異なる環境の下に置かれる。すなわち、両親が棲んでいる地域に生まれて生活しているときには、一般に好適な生活条件の下に置かれる。しかし雑種はその母の性質と体質を半分しか分け持っていない。それゆえ生れる前には、母の子宮の内部あるいは母の生んだ卵または種子の内部に養われている限り、ある程度不適当な条件にさらされ、従って早期に死滅しがちであろう。特にごく幼い生物はすべて、有害あるいは不自然な生活条件に著しく感じ易いものであるからなおさらのことである。しかし結局のところ原因は、胚が発達したのちにさらされる条件にあるというよりも、むしろ胚を不完全に発達させる因をなす最初の受精行為における、ある不完全さにあるというほうが確からしい。

性的要素が不完全な発達の雑種の不稔性については事情が幾らか違っている。動植物がその自然状態から離れるとその生殖系統に深刻な影響を極めて受け易いことを示す多数の事実を、私は再三述べた。事実これは動物の飼育に対する大きな障害である。こうして附加された不稔性と雑種の不稔性の間には多くの類似点がある。このいずれの場合も、不稔性は一般的健康には関係なく、そしてしばしば過度の大きさまたは非常な繁茂を伴う。いずれの場合も不稔性は様々な程度で起こり、いずれの場合も雄性要素がもっとも影響を受け易い。しかし時には雌性要素のほうが影響を受け易いことがある。いずれの場合も、この傾向はある程度まで分類学的類縁と並行する。すなわち動物と植物の群全体が同じ不自然な条件によって不能にされ、また種の群全体が不稔性の雑種を生じる傾向がある。他方、ある群の一つの種が時々条件の大きな変化に抵抗して繁殖性を維持することがある。またある群の若干の種は異常に多産な雑種を生じる。ある特定の動物が監禁状態の下で繁殖するかどうか、またある外来植物が栽培の下で自由に結実するかどうかは、やってみるまでは誰も何ともいえない。またある属のある二つの種がどの程度に不稔性の雑種を生じるかも、やって見なければ何ともいえない。最後に、生物が幾つかの世代の間彼らにとって不自然な条件の下に置かれると、それらは極めて変異し易く、これは彼らの生殖系統が、不稔性を生じたときよりは低い程度であるが、特別に影響を受けたことに部分的に起因するものと思われる。雑種についてもそうである。というのは、世代が続く中で彼らの子孫は、あらゆる実験家が観察しているように、特に変異し易いものだからである。

こうして我々は、生物が新しいそして不自然な条件の下に置かれたとき、また雑種が二つの種の不自然な交配によって生産されたとき、生殖系統は一般的健康状態と無関係に非常に類似の状態で影響されることを知った。一つの場合には生活条件が、我々の気づかないほどわずかな程度ではあるがしばしば乱されたのである。他の場合すなわち雑種の場合には、その外的条件は同じであるが、二つの異なった構造と体質の混合によって生殖系統も含めた生物体全体が乱されたのである。なぜなら、二つの生物体が混じって一つとなる際に、その発達、周期的作用、あるいは異なる部分や器官の相互関係または生活条件との関係、にある妨害を受けないということはほとんどあり得ないことだからである。雑種が同一雑種間で繁殖できるとき、彼らは同じ混合した生物体を子孫に代々伝えてゆくのであるから、我々は彼らの不稔性が、ある程度変異はしても減少しないということに驚く必要はないのである。それは増加する傾向さえあるのであって、これは先に説明したように、一般に近すぎる交配の結果である。雑種の不稔の原因は二つの体質が混合して一つになるところにある、という上述の見解はマクス・ウィキュラによって力説されたのである。

しかし我々は、上述の見解、もしくは他のどんな見解によっても、雑種の不稔性に関する幾つかの事実を理解できないことを認めなければならない。例えば相反交配から生じた雑種の繁殖性が同じでないこと、あるいはどちらかの純粋種に時折例外的に酷似する雑種の不稔性が増大すること、等である。私は上述の意見が問題の根幹であるとは主張しない。なぜ生物が不自然な条件の下に置かれたとき不稔となるかということについて何の説明も与えられていない。私が示そうと試みたことは、幾つかの点で類似している二つの場合に、不稔性は共通の結果である、ということだけである――一つの場合には生活条件が乱されたことからの結果であり、他の場合には生物体が二つの混合体によって乱されたことからの結果である。

同様の並行関係が、類縁ではあるが非常に異なる種類の事実に当てはまる。生活条件のわずかな変化があらゆる生物にとって利益であることは、私が他の著作にあげたおびただしい数の証拠に基づく、古くからのほとんど普遍的な信念である。我々は農業家や園芸家が種子、球根等を一つの土壌または気候から他の土壌または気候へ、あるいは逆に元のところへしばしば交換することでこれを行っているのを見る。動物の病気回復期には、その生活習性のほとんどどんな変化からも大きな利益を受けるのである。さらに動植物どちらの場合も、同じ種のある程度異なった個体の間の交雑がその子孫に活力と繁殖を与えること、また最も近い親類の間で数世代継続された近親交配は、もしこれらが同じ生活条件の下で保育されるならば、ほとんど常に矮小化、虚弱化、または不稔化を招くことについての明白な証拠がある。

それゆえ、一方では生活条件における軽微な変化はあらゆる生物に利益を与えるように思われ、他方では軽度の交雑、すなわちわずかに異なる生活条件の下にあるかあるいはわずかに変異した同じ種の雌雄間の交雑は、子孫に活力と繁殖力を与えるように思われる。しかしすでに見たように、自然状態の下である一様な条件に永く棲息した生物が、例えば監禁というようなその条件にかなり大きな変化を受けたときには、多少とも不稔となることが非常に多い。そして我々は、大幅にあるいは明確に相違するようになった二形態の間の交配が生じる雑種は、ほとんど常にある程度不稔であることを知っている。私はこの二つの並行関係が決して偶然や錯覚でないことを十分に信じるものである。象やその他の多くの動物が、その自生地において単に部分的に監禁されているだけで繁殖が不可能となることの理由を説明できる人は、雑種がこれほど一般的に不稔であることの主要な原因を説明できるであろう。同時にその人は、新しいそして一様でない条件にさらされた我々の飼育動物のある品種が異なった種に由来するものであり、そして異なった種である以上もし原始状態で交雑したならおそらく不稔であったに違いないと思われるにもかかわらず、全く相互に多産である理由を説明できるであろう。上述の二つの並行する事実は、本質的に生命の原則と関連するある共通の、しかし未知のきずなによって連結されているように思われる。この原則というのは、ハーバート・スペンサー氏によると、生命が種々の力の絶え間ない作用反作用に依存するか、もしくはそれらの中にあるということであり、これらの種々の力は、自然界を通じて常に平衡状態に向かう傾向をもつ。そしてこの傾向が何らかの変化のために少しく乱されたとき生命力は増大するのである。

相反的二形性と三形性

この主題はここでは簡単に論じるが、雑種の上にある光を投じることが見出されるであろう。別異の目に属する幾つかの植物は、ほぼ同じ数だけ存在し、また生殖器官の外はどんな点も相違していない二つの形態を現す。一つの形態は長い雌蕊と短い雄蕊を有し、他は短い雌蕊と長い雄蕊を有する。この二つは花粉粒の大きさが異なる。三形性植物では同様にその雌蕊と雄蕊の長さにおいて、花粉粒の大きさや色において、またその他の幾つかの点において異なる三つの形態がある。そしてこの三形態のそれぞれには二組の雄蕊があるので、全部で六組の雄蕊と三種類の雌蕊を有している。これらの器官は相互に長さが釣り合っており、三つの形態のうち二つの形態の雄蕊の半数が、第三の形態の柱頭と同じ高さになっている。ところで私は、これらの植物が十分な多産性を獲得するためには、一つの形態の柱頭が他の一つの形態における対応する高さの雄蕊から取られた花粉によって受精することが必要であることを示し、そしてその結果は他の観察者達によって確認された。従って二形性の種では、和合とよべる二形性の結合は十分多産であり、不和合とよべる二つは多少とも不稔である。三形性の種では六つの結合が和合、すなわち十分多産である——そして十二が不和合、すなわち多少とも不稔である。

様々な二形性と三形性の植物では、それらが不和合的に受精するとき、つまり高さが雌蕊と一致しない雄蕊から取られた花粉によって受精するときに観察される不稔性はその程度に大きな違いがあり、極端なものでは全く絶対的な不稔性にまで及んでいる。ちょうど異なった種が交雑した場合に起こるのと全く同じ状態である。後者の場合における不稔の程度が生活条件の好適さの多寡に著しく左右されるように、不和合の結合の場合にもそうであることを私は見出した。もし別異の種の花粉がある花の柱頭に置かれ、そしてその花自身の花粉がその後に同じ柱頭に置かれると、それがかなり長い時間経過した後でもその作用はすこぶる強力で、一般に外来の花粉の効果を消滅させることはよく知られている。同じ種の幾つかの形態の花粉についてもこれと同様であって、和合の花粉と不和合の花粉が同じ柱頭に置かれたとき、前者は後者よりはるかに強力である。私はこれを突きとめるために、まず不和合に幾つかの花を受精させ、二十四時間を経過した後、特異な色どりをもった変種から取った花粉で和合に受精させたが、すべての実生苗は類似の色どりをもっていた。このことは和合の花粉が、二十四時間後に適用したにもかかわらず、前につけた不和合の花粉の作用を全く破壊するか妨害したことを示すものである。また同じ二つの種の間に相反交配を行った場合その結果に時々大きな差異があるように、三形性植物でも同様のことが起こる。例えばエゾミソハギ(Lythrum salicaria)の中型形態は、短型形態の長い雄蕊から取った花粉によって極めて容易に不和合に受精し、かつ多くの種子を生じたけれども、後者の形態が中型形態の長い雄蕊によって受精したときにはたった一つの種子も生じなかった。

これらのあらゆる点とこれに附加される他の点において、疑いなく同じ種の形態は、不和合に結合したとき、二つの別な種が交雑したときと全く同じように振舞う。このため私は四年間、幾つかの不和合の結合から生じた多くの実生苗を注意して観察した。その主な結果は、これらの不和合植物ともいうべきものが十分な繁殖性をもたないということである。二形性の種から長型と短型の両方の不和合植物を、そして三形性の植物から三つ全部の不和合形態を育成することが可能である。次にこれらは、和合方法で適当に結合できる。これを実行するとき、それらは両親が和合に受精したときと同じように多くの種子を生じない外見上の理由は存在しない。しかし実際はそうでない。彼らは様々な程度ですべて不毛である。あるものは全く不治の不稔であって、四季の間に一つの種子も、あるいは一つの種子朔さえも生じなかった。これら不和合植物が相互に和合方法で結合したときの不稔性は、雑種が同一雑種間で交雑したときの不稔性と厳密に比較される。他方、もし雑種がどちらかの純粋母種と交雑すれば、不稔性は通常大いに減少する。そしてある不和合植物が和合植物と受精したときも同様である。雑種の不稔性が二つの母種の間に最初の交配雑種を作る困難と常に並行するとは限らないのと同じように、ある不和合植物の不稔性は異常に大であったが、それらの植物を産んだ結合の不稔性は決して大ではなかった。同じ種子朔から生じた雑種では、その不稔性の程度は先天的に変わり易い。不和合植物でもそれは著しい。最後に、多くの雑種は豊富にまた永続的に花をつけるが、他のもっと不稔な雑種は花も少なく、虚弱で、そして全く惨めな矮小形である。様々な二形性と三形性の植物の不和合の子孫にもこれと全く同様の場合が起こる。

総じて、不和合植物と雑種の間には、形質や振舞いにおいて最も密接な同一性がある。不和合植物は同じ種の範囲内で、ある形態の不適当な結合によって生じた雑種であり、これに対し通常の雑種は、いわゆる異なった種の間の不適当な結合によって生じたものであると主張しても決して誇張ではない。また我々はすでに、最初の不和合結合と別異の種の間の最初の交雑との間には、あらゆる点で最も密接な類似のあることを見た。このことは一つの例証によって多分一層明白になると思う。今ある植物学者が三形性のエゾミソハギの長型形態の二つの明確な変種（これは実際にある）を見出し、それらが種的に異なっているかどうかを交雑によって解決しようと決心したと仮定しよう。彼はこれらが本来の数の約五分の一しか種子を生ぜず、また前記のあらゆる他の点で、あたかも二つの別異の種であるかのように振舞うのを見出したとする。しかし事実を確かめるために、彼はその想像上の雑種的種子から植物を育成し、その実生苗が惨めな矮小形で全く不稔であること、またその他のあらゆる点で通常の雑種のように振舞うことを発見したとする。そこで彼は、普通の見解に従って、その二変種が立派に異なった種であることを実際に証明したと主張するかも知れない。しかし彼は完全に間違っているであろう。

二形性と三形性の植物についてここにあげた事実は、次の理由によって重要である。第一にこれらは、最初の交雑とその雑種における繁殖性の減少を生理学的に検査することが種を区別する安全な規準ではないことを示している。第二に我々は、不和合結合の不産性とその不和合子孫の不産性を結びつけるある未知のきずながあると結論することができ、また同じ見解を最初の交雑と雑種にまで拡張するように導かれる。第三に我々は、そしてこれは特に重要であるように思われるが、同じ種の二つまたは三つの形態があって、外的状態に関してはその構造においても体質においても何ら相違する点はないのに、一定の方法で結合したとき不稔であることを見出す。というのは我々は、同じ形態の個体、例えば二つの長型形態の性的要素の結合が不稔であること、これに対して二つの別異の形態に固有の性的要素の結合が多産であること、を念頭に置いていなければならない。それゆえ、この場合は一見したところ、同じ種の個体間の通常の結合と別異の種の間の交雑に伴って起ることとは全く反対のように見える。しかしこれが果たして実際にそうであるかどうかは疑わしい。けれども私はこの不明瞭な主題についてはこれ以上言及しない。

しかしながら、我々は二形性と三形性の植物の考察から、別異の種が交雑したときの不稔性とその雑種子孫の不稔性はもっぱらその性的要素の性質によるものであり、それらの構造または一般的体質の差には起因しない、というのが確からしいと推測してよい。我々はなお相反交配、すなわち一つの種の雄が第二の種の雌と結合できないか、もしくは結合が非常に困難であるのに対し、逆の交雑は全く容易に行われ得ることを考察することによってこの同じ結論に達する。かの優れた観察者ゲルトナーもまた、種が交雑したときの不稔はその生殖系統の範囲内だけの差異によるものと結論した。

変種が交雑したときの多産性とその変種間雑種子孫の多産性は普遍的でない

種と変種の間には、後者はその外観において互いにどれほど違っていても全く容易に交雑し完全な繁殖能力をもつ子孫を生むので、ある本質的な区別があるに違いないということが、圧倒的な論証として力説される。すぐ後にあげる若干の例外を除くと、私はこれが一つの規則であることを十分認める。しかしこの主題は諸々の困難にとり囲まれている。というのは自然の下に生じた変種を見るに、従来一般に変種と思われていた二つの形態がある程度互いに不稔であることが発見されると、それらは大多数の博物学者によって直ちに種と位置づけられるからである。例えば大多数の博物学者によって変種と見なされているルリハコベとアカバナルリハコベは、ゲルトナーによると、それらが交雑したとき全く不稔であるとされ、その結果彼はこれらを疑いのない種に分類している。もしこのような循環論法をもってするならば、自然の下に生じたすべての変種の多産性は確かに認められよう。

飼育の下に生じた変種、あるいは飼育の下に生じたと想像されている変種に眼を転ずるならば、我々はやはり若干の疑問に巻き込まれる。例えばある南アメリカの土着の飼犬がヨーロッパの犬と容易に結合しないといわれたとき、各人の頭に思い浮かび、またおそらく真実であろうと思われる説明は、彼らがもともと別の種から出たものであるということである。にもかかわらず、外見上互いにかなり異なっている飼育品種、例えば鳩やキャベツの品種の多くが完全に多産であることは注目すべき事実である。ことに、互いに極めて密接に類似しているにもかかわらず、交雑したとき全く不稔な種がどんなに多く存在しているかを思えばなおさらである。しかし様々な考察によって、飼育的変種の多産なことはそれほど不思議ではなくなる。第一に、二つの種の間の外部的差異の量は、それらの相互の不稔性の程度の確実な指針ではないことが観察され、従って変種の場合における同様の差異は何ら確実な指針ではないであろう。種については、原因はもっぱらその性的素質における差異にあることが確かである。ところで、飼育動物と栽培植物が受けてきた条件変化は、生殖系統を相互の不稔性に導くような状態に変容することをほとんどしなかったので、我々は正反対なパラス(Pallas)の説、すなわちこのような条件は一般にこの不稔傾向を取り除くという説を認める正当な根拠を有するのである。従って、自然状態では交雑したときおそらくある程度不稔であったに違いない種の飼育子孫が、相互に完全に多産性になるのである。植物についても、栽培は別異の種の間に不稔性に向かう傾向を与えるどころか、すでに述べた幾つかの十分確証された事例では、ある植物はかえって反対の状態となっている。すなわち、それらは自家受精不能となりながらなお他の種を受精させ、また他の種から受精する能力を保持している。もし永く続いた飼育によって不稔性が除去されるというパラスの説が認められれば——これはほとんど否定できない——永く続いた同じ条件がまたこの不稔傾向を誘発するということは全く有りそうもないこととなる。ただし種が特異な体質を有する場合には、不稔性が時折こうしてひき起こされる。このように私の信じるところでは、飼育動物が相互に不稔の変種を生じなかった理由、また植物ではこのような事例がすぐ次にあげる少数のものしか観察されなかった理由を我々は理解できるのである。

目下の主題における真の困難は、私の見るところでは、なぜ飼育変種が交雑したとき相互に不稔とならなかったかということではなく、なぜ自然的変種では、彼らが種の位置を得るのに十分なほど永久的に変容するや否や、これほど一般的に相互の不稔性が発生したか、ということである。我々にはこの原因を正確に知ることはとてもできない。そしてまた、これは生殖系統の正常な作用と異常な作用についての我々の無知が極めて深いことを考えると驚くには当たらない。しかし我々は、種が多くの競争者との生存闘争によって、飼育変種よりもさらに一様な条件に永い期間さらされてきたと考えることができる。そしてこのことが結果に大きな差異をひき起こすことは十分可能である。なぜならば、野生の動植物がその自然状態から離されて囚われの身となったとき、一般的に不稔となることは我々の知るところである。そして常に自然状態で生活してきた生物の生殖機能は、多分同様に不自然な交雑の影響に対して著しく敏感であるに違いない。一方、飼育生物は、飼育という単なる事実だけからも示されるように、もともと生活条件の変化には大して敏感でなかったのであり、また現在も一般に再三の生活条件の変化に対して繁殖性を減じることなしに抵抗できるのである。従って彼らの産む変種は、同様の起原をもつ他の変種との交雑行為によって、その生殖能力に有害な影響を受けることはほとんどないであろうと期待される。

私は今まで、同じ種の変種は交雑したとき常に多産だといってきた。しかし次の少数の事例では、ある程度の不稔性の存在の証拠を認めないわけにはいかない。今簡単にこの事例を要約する。この証拠は、少なくとも我々が多くの種の不稔性を信じるのと同じくらい根拠のあるものである。またこの証拠は、他のすべての場合に多産性と不稔性が種を区別する安全な規準であると見なしている敵方の証人から出たものである。ゲルトナーは数年間、トウモロコシの黄色の種子をもつ矮小な種類と赤色の種子をもつ丈の高い変種を、彼の庭で互いに接近させて栽培していた。そしてこれらの植物は雌雄が分かれているにもかかわらず、決して自然には交雑しなかった。そこで彼は一つの種類の十三の花をもう一つの花粉で受精させた。しかしわずかに一つの穂がどうやら種子を結んだだけで、しかもわずかに五粒を生じたにすぎなかった。これらの植物は雌雄が分かれているのだから、この場合の処理が有害であったはずはない。誰もトウモロコシのこれらの変種が別異の種だとは思わないと私は信じる。そして注目に値することは、このようにして生じた雑種植物それ自体は完全に多産であったことである。従ってゲルトナーでさえ、この二変種を種として別異なものとは見なそうとはしなかったのである。

ジルー・ド・ビュザラング（Girou de Buzareingues）は、トウモロコシのように雌雄が分かれているヒョウタンの三変種を交雑した。そして彼は、それらの相互受精はそれらの差異が大きくなるに従ってますます困難になると主張している。どこまでこれらの実験が信用できるのか私は知らない。しかし実験に用いたこれらの形態は、その分類を主として不稔性の試験を基にして樹立したサージュレー（Sageret）によって変種と認められ、ノーダン（Naudin）も同じ結論を得ている。

次の事例はさらに一層著しいもので、最初は信じ難いように見える。しかしそれは立派な観察者でかつ敵方の証人であるゲルトナーによって、多年の間モウズイカ属の九つの種についてなされた驚くばかりの数の実験の結果である。すなわち黄色と白色の変種が交雑したときには、同じ種の同じ色の変種よりも種子を生じることが少ないというのである。その上、彼の主張によると、一つの種の黄色と白色の変種が別な種の黄色と白色の変種と交雑したとき、違った色の花の間の交雑よりも類似の色の花の間の交雑のほうがより多くの種子を生じるという。スコット（Scott）氏もまたモウズイカ属の種と変種について実験した。そして別異の種の交雑についてはゲルトナーの結果を確かめることができなかったが、氏は、同じ種の異なる色の変種は同じ色の変種よりも八十六対百の割合で種子が少ないことを見出した。しかるにこれらの変種は花の色以外に異なる点はない。そして時々一つの変種が他の種子から生じることもあるのである。

ケールロイターはその後のあらゆる観察者によってその正確さを確認されている人であるが、彼は、普通のタバコの一つの特殊な変種がある著しく異なった種と交雑したとき、他の変種よりも多産であるという注目すべき事実を証明した。彼は通常変種だと見られている五つの形態について実験し、最も厳重な試験すなわち相反交配によって試験した結果、それらの雑種子孫が完全に多産であることを見出した。しかしこれらの五変種の一つは、父として用いられたときも母として用いられたときも、ニコティアナ・グルティノサ（Nicotiana glutinosa）と交雑した場合、他の四変種がニコティアナ・グルティノサと交雑した場合に生じた雑種ほど不稔ではない雑種を常に生じた。それゆえこの一つの変種の生殖系統は、ある状態にある程度変容しているはずである。

これらの事実から、変種が交雑したとき常に全く多産だということはもはや主張できない。変種だと想像されるものも、ある程度不稔であることが証明されるとほとんど普遍的に種と分類されるので、自然状態の変種の不稔性を確かめることはとても困難であること——人間はその飼育変種の外部的形質だけに注意すること、そしてこのような変種は非常に永い期間一様な生活条件にさらされていなかったこと——これらの幾つかの考察から、交雑したときの繁殖性は変種と種を根本的に区別するものではないと結論することができる。交雑した種の一般的不稔性は特別に獲得したものでも与えられたものでもなく、それらの性的要素における未知な性質の変化に附随してくるものと見て差しつかえない。

繁殖性と無関係に比較された種間雑種と変種間雑種

繁殖性の問題とは無関係に、交雑したときの種の子孫と変種の子孫を幾つか他の点から比較することができる。ゲルトナーは種と変種の間に明確な一線を引くことを強く望んだが，彼は種の雑種子孫と変種の雑種子孫との間に極めてわずかな，そして私の見るところでは全く無価値な差異を見出したにすぎない。そして他方，これらは多くの重要な点で最も密接に一致するのである。

私はここにこの主題をごく簡単に論じよう。その最も重要な区別は，最初の世代においては変種間雑種が種間雑種よりも変異し易いということである。しかしゲルトナーは，永い間栽培された種からの種間雑種は，しばしばその最初の世代で変異し易いことを認めている。そして私自身もこの事実の著しい実例を見た。ゲルトナーはさらに，非常に密接な類縁の種の間の雑種は，非常に異なる種との雑種よりも変易し易いことを認めている。そしてこのことは変異性の程度に段階的な差のあることを示すものである。変種間雑種と多産な種間雑種が何世代か繁殖するとき，二つの場合の子孫の変異性が極度に大きいことはよく知られている。しかし種間雑種でも変種間雑種でも，一様な形質を長く保持した少数の実例があげられる。けれども変種間雑種の連続する世代における変異性は，多分種間雑種よりも大きいであろう。

このように変種間雑種が種間雑種よりも変異性が大きいことは敢えて驚くほどのことではないように思う。なぜならば変種間雑種の両親は変種であり，そして大抵は飼育変種であるからである（自然的変種について試みられた実験は極めて少ない）。そしてこのことは最近に変異性が存在したことを意味し，これはしばしば継続し，交雑から生じる変異性を増大させるであろう。最初の世代における種間雑種の変異性が，それに続く世代における変異性と比べて軽微なのは奇妙な事実であり注目する価値がある。というのは，それは私が通常の変異性の原因の一つとしてあげた次の見解に関係するからである。すなわち，生殖系統は生活条件の変化に著しく敏感であるために，このような環境の下では，あらゆる点で親の形態に酷似した子孫を生むという固有の機能を営むことができないという見解である。ところで初代の種間雑種はその生殖系統に何の影響も受けなかった種（永い間栽培されたものを除き）に由来するので，従って変異性ではない。しかし種間雑種そのものは生殖系統に重大な影響を受けているので，その子孫は高度に変異し易いのである。

　しかし変種間雑種と種間雑種との比較に戻ろう。ゲルトナーは、変種間雑種は種間雑種よりもその両親のどちらかの形態に回帰し易いといっている。しかしこのことは、たとえ事実としても確かに単なる程度の差にすぎない。その上ゲルトナーは、永い間栽培された植物からの種間雑種は、自然状態の種からの種間雑種よりも先祖返りし易いことをはっきり述べている。そしてこれは、おそらく別々な観察者が到達した結果の奇妙な差異を説明するであろう。例えばマクス・ウィキュラは、種間雑種が果たしてその両親の形態に回帰するかどうかを疑ってヤナギの野生種について実験した。一方ノーダンはこれに対して、先祖返りの傾向は種間雑種においてほとんど普遍的であることを強く主張し、主に栽培植物について実験を行った。ゲルトナーはさらに、ある二つの種が、たとえ相互に最も密接な類縁はあっても、第三の種と交雑したときにはその種間雑種は互いに著しく異なっており、これに対して同じ種の非常に異なった二つの変種が他の種と交雑するならば、その種間雑種は大して相違しないと述べている。しかしこの結論は、私の知る限りではただ一つの実験に基づいたものである。そしてケールロイターの行った幾つかの実験の結果とは正反対であるように見える。

　以上が種間雑種植物と変種間雑種植物との間にゲルトナーが指摘できる、大して重要でない差異のすべてである。他方、変種間雑種と種間雑種、特に近い親類の種から生じた種間雑種がそれぞれの両親に類似する程度と性質は、ゲルトナーによると同じ法則に従うのである。二つの種が交雑した場合、時々その一つが非常に優勢に自分の姿を種間雑種に刻印する力をもっていることがある。私は植物の変種でもやはりそうだと信じている。そして動物についても、しばしば一つの変種が確かに他の変種よりも優勢にこの力をもっていることがある。相反交配から生じた種間雑種植物は一般に相互に似ている。そしてこれは相反交配から生じた変種間雑種植物についても同様である。種間雑種も変種間雑種も、その両親のどちらかとその後の世代連続して交雑をくり返すことによって、両親のどちらかの純粋な形態に還元させることができる。

　以上の幾つかの見解は明らかに動物にも当てはまる。しかしこの場合には問題がはるかに込み入っている。それは部分的には二次性徴の存在によるのであるが、特に、一つの種が他の種と交雑したときも、一つの変種が他の変種と交雑したときも、似た姿を優勢に遺伝する力は一方の性に他方の性よりも強く流れていることによるのである。例えば次のように主張している著述家を私は正しいと考える。すなわちロバは馬よりも優勢な遺伝力をもっているので、ラバもヒニも共に馬よりもロバにずっとよく似ている。しかし優位性遺伝力は雌のロバよりも雄のロバのほうに強く流れているので、雄ロバと雌馬との仔であるラバは雌ロバと雄馬との仔であるヒニよりも一層よくロバに似ているというのである。

幾人かの著述家は、子供が中間的形質をもたずにその両親の片方に酷似するのは、変種間雑種についてだけであるという想像上の事実を甚だ強調している。しかしこれは時々種間雑種にも起こることである。とはいえ私は、それが変種間雑種よりもよほど少ないことは認める。片親に酷似する交雑動物について私の集めた事例を見ると、この類似はその性質上ほとんど奇形的であり、かつ突然に現れた形質――例えば白化症、黒変症、尾や角の欠損、あるいは指や足指の増加――に主として限られているように思われ、淘汰によって徐々に獲得された形質には関係しない。両親のどちらかの完全な形質に突然回帰する傾向もまた、徐々に自然に生じた種に由来する種間雑種よりも、しばしば突然に生じまた形質も半奇形的な変種に由来する変種間雑種のほうに、はるかに現れる機会が多いに違いない。全体として私はプロスパー・ルカス（Prosper Lucas）博士に全く同意する。彼は動物についての尨大な資料を整理して、子供がその親に類似する法則は、その両親が互いにわずかしか相違していないかあるいは大きく相違しているかのどちらでも、すなわち同じ変種の個体の結合かあるいは異なる変種または別異の個体の結合のどちらでも、すべて同一であると結論している。

多産性および不稔性の問題は別にして、他のすべての点では、交雑した種の子孫と交雑した変種の子孫とには一般的な、また密接な類似関係があるように思われる。もし我々が種を特別に創造されたものと見なし、変種を二次的法則によって生じたものと見なすならば、この類似は驚くべき事実であろう。しかし、種と変種の間には何ら本質的な差異はないという見解とは完全に調和するのである。

本章の摘要

種として分類されるに十分なほど別異の形態の間の最初

の交雑とそれらの雑種は、普遍的ではないが非常に一般的に不稔である。この不稔性にはあらゆる程度があり、それはしばしば、最も細心な実験家が不稔性の試験によって形態を分類するに当たって正反対の結論に達したほど軽微である。この不稔性は同じ種の個体においても先天的に差異があり、そして好適な条件と不適な条件の作用に対して著しく敏感である。不稔性の程度は分類学的類縁と厳密には並行せず、幾つかの奇妙なそして複雑な法則に支配される。それは同じ二つの種の間の相反交配においても一般に違っており、時々大きな差異がある。最初の交雑とこの交雑から生じた種間雑種においても、その程度は必ずしも等しくない。

接ぎ木の場合では、一つの種または変種が他のものに接合する能力は、それらの生長機構における一般に未知な性質をもつ差異に偶然伴うのと同じように、交雑においては、一つの種が他の種と結合する容易さの大小は、彼らの生殖系統における未知の差異に偶然伴うのである。種の様々な程度の不稔性は、彼らが自然界で交雑し混じることを防ぐために特別に与えられたのであると考えるのは、樹木が互いに接ぎ木されるときの様々な幾らか類似な程度の困難が、森の中でそれらが寄せ接ぎされることを防ぐために特別に与えられたものだと考えるのと同じく、理由のないことである。

最初の交雑および種間雑種子孫の不稔性は自然淘汰を通じて獲得されたものではない。最初の交雑の場合は幾つかの情況に依存しているように思われ、ある場合には主として胚の早死によるらしい。種間雑種の場合には、それは明らかに彼らの生物体全体が二つの別異の形態の混合によってかき乱されたことによるのであって、この不稔性は純粋な種が新しい不自然な生活条件にさらされたときに、非常にしばしば影響されるものと密接に類似している。この後者の場合を説明し得る人は、種間雑種の不稔性を説明することができるであろう。この見解は他の種類の並行現象によって強く支持される。すなわち第一に、生活条件のわずかな変化はあらゆる生物の活力と繁殖性を増大すること、また第二に、少し違った生活条件にさらされた形態、または変異した形態の交雑は、その子の大きさ、活力、および繁殖性を助長することである。二形性および三形性植物の不和合結合と不和合子孫の不稔性についてあげた事実は、おそらくすべての場合に、ある未知の拘束力が最初の結合の繁殖性の程度と彼らの子孫の繁殖性の程度を関連させているということを確かなものとする。二形性に関するこれらの事実の考察、さらに相反交配の結果の考察は、交雑した種の不稔性の主要原因が彼らの性的要素における差異に限られるという結論に導く。しかし別異の種の場合、なぜその性的要素が彼らを相互に不稔にするほど一般的に多少とも変容したのかは我々には分からない。けれどもこれは、種が永い期間ほとんど一様な生活条件にさらされてきたことと密接な関係があるように思われる。

ある二種の交雑の困難とその雑種子孫の不稔性が多くの場合符合していることは、たとえその原因が違っているにしても驚くには当たらない。というのは両者はいずれも交雑する種の間の差異量に起因するからである。また最初の交雑の結果を得る容易さ、またこうして生じた雑種の多産性、さらに接ぎ木を受容する能力――この最後の能力は明らかにかなり異なった情況によるのである――がすべてある程度まで、実験を受ける形態の分類学的類縁に並行していることも驚くに当たらない。なぜならば分類学的類縁はあらゆる種類の類似を含むからである。

変種として知られている、もしくは変種と見なしてよいほど十分に似ている形態の間の最初の交雑とその変種間雑種子孫は非常に一般的に多産であるが、しかししばしばいわれているように常にそうである、というわけではない。そしてこのほとんど普遍的で完全な多産性も、自然状態における変種について我々がいかに循環論法的に論じがちであるかを思いおこせば、また変種の大多数は飼育の下で単なる外部的差異の淘汰によって生じたものであり、また彼らは永く一様な生活条件にさらされていないことを思いおこせば、敢えて驚くには当たらない。なお特に念頭に置かなければならないことは、永く続いた飼育が不稔性を除去する傾向をもち、従ってこの同じ性質を誘発する恐れはほとんどないことである。繁殖性の問題は別として、その他のあらゆる点において、種間雑種と変種間雑種の間には最も密接な一般的類似――その変異性、くり返される交雑により互いに他を吸収する能力、および両方の親の形態からの形質の遺伝、において密接な類似がある。最後に、我々は最初の交雑並びに種間雑種の不稔性の正確な原因について無知であり、また動植物がその自然的状態から離されると不稔になる理由についても同様に無知である。とはいえ私には本章にあげられた事実が、種は最初変種として存在していたという信念に反するとは思わない。

訳者注

(1) シカ科の一種
(2) カイコガ属
(3) 現在では同じ属に入れられている
(4) 現在は同一種内の品種扱いを受けている
(5) アラセイトウ属

第十章　地質学的記録の不完全について

現在、中間変種が存在しないことについて——絶滅した中間変種の性質およびその数について——浸食と堆積の割合から推測した時間の経過について——年数で見積もった時間の経過について——古生物学的収集の貧弱なことについて——地質累層の断続について——花崗岩地帯の浸食について——どの累層にも中間変種が存在しないことについて——種の群の突然の出現について——化石を含むことが判明している地層の最下層に突然種の群が現れることについて——生物が棲息し得た地球の古さ

第六章において私は、本書で主張した見解に対する正当とも見える反論の主なものを列挙した。それらの多くはすでに検討した。その一つ、すなわち種的形態がはっきり区別されていて無数の変遷的連結環によって混合していないこと、は非常に明白な難問である。なぜ今日このような連結環が、見たところ彼らの存在に最も好適な環境、すなわち段階的に変化する物理的条件を伴った広大な連続する区域に普通見出されないか、という理由を私は指摘した。私は各々の種の生活が他のすでに確立した生物の存在に気候以上に重要な方法で依存すること、従って真に支配的な生活条件は温度や湿度のように全く気づかれないほど漸次に変化するものではないこと、を示そうと努力した。私はまた、中間変種はそれが結びつけている形態よりも存在数が少ないことから、その後の変容と改良の過程で一般に打ちのめされ絶滅してしまうものであることを示そうと努めた。しかし無数の中間的連結環が現在自然界のあらゆるところに見られない主要な原因は、自然淘汰をとおして新しい変種が絶えず原形態の場を奪い取って代わる過程そのものにかかっている。しかしこの絶滅の過程が大規模に進行したのとちょうど比例して、かつて生存した中間変種の数は実に莫大であるに違いない。では何ゆえ、あらゆる地質累層やあらゆる地層はこのような中間的連結環で満たされてい

ないのであろうか？　地質学は確かにこのような精密に段階づけられた生物の連鎖を現していない。そしてこれはおそらく、この理論に対して主張される最も明白で深刻な反論である。私の信じるところでは、この説明は地質学的記録が極めて不完全であるということに求められる。

まず第一に、理論上どのような種類の中間形態がかつて生存していたかを、常に念頭に置かなければならない。任意の二つの種を見たとき、私は直接にそれらの中間にある形態を心に描くことを避け難く感じた。しかしこれは全くの間違いである。我々は常に、それぞれの種とそれぞれの種に共通ではあるが未知な祖先との中間にある形態を探すべきなのである。そしてこの祖先は一般に幾らか変容した子孫のすべてと違っていたであろう。簡単な例証をあげると、クジャクバトと胸高鳩はいずれもカワラバトに由来する。我々が、かつて存在したあらゆる中間変種を所有していたら、我々はこの両者とカワラバトとの間に極めて細かい系列をもつに違いない。しかし我々は直接にクジャクバトと胸高鳩の中間にある変種をもつはずがない。例えばこれら二品種の形質的特徴である幾らか広がった尾と幾らか大きくなった嗉嚢を兼備するものは存在しない。その上、これら二品種は著しく変容しているので、もし我々が彼らの起原についての歴史的あるいは間接的証拠をもたなかったならば、単に彼らの構造をカワラバト、すなわちコルンバ・リヴィア（C. livia）と比較しただけでは、彼らが果してこの種に由来するのか、あるいはある別な類縁形態、例えばコルンバ・エーナス（C. oenas）から出たものであるかを決定することは不可能であったに違いない。

同様に自然の種についても、もし非常に違った形態、例えば馬とバクを見るならば、我々は直接に彼らの中間にある連結環がかつて存在していたと想像する理由をもたないが、このそれぞれと未知の共通祖先との間には存在したのである。この共通祖先はその生物体全体においては、バクに対しても馬に対しても多くの一般的類似をもっていたであろうが、構造の若干の点ではかなり両者と異なっていたかも知れず、多分両者の相違以上に異なっていたであろう。それゆえこのような場合ではすべて、たとえ祖先の構造をその変容した子孫の構造と綿密に比較したとしても、同時に中間の連結環のほとんど完全な連鎖をもたなかったならば、我々は任意の二つもしくはそれ以上の種の祖先形態を知ることができないであろう。

現在の二つの形態の一つが他から、例えば馬がバクに由来するということも理論上まさしく可能である。そしてこの場合には彼らの間に直接の中間的連結環が存在したであろう。しかしこのような場合は、一つの形態は非常に永い期間変化せずに保たれたのに、その子孫は多大な量の変化を受けたことを意味する。そして生物と生物との間、子と親との間の競争の原則により、このような例は非常に稀な事であろう。なぜならば、あらゆる場合に生命の新しい改良された形態は、古い改良されない形態に取って代わる傾向があるからである。

　自然淘汰の理論によると、一切の現存種はそれぞれの属の母種とつながっており、その間の差異は我々が今日同じ種の自然変種と飼育変種との間に見る差異よりも大きくない。そして今は一般に絶滅したこれらの母種は、同様にさらに古い形態とつながっていた。このように遡ってゆくと、常にそれぞれの大きな綱の共通祖先に収束する。従って、すべての現存種と絶滅種との間の中間的過渡的連結環の数は想像以上に莫大であったに違いない。しかし、もしこの理論が真ならば、これらは確かに地球上に生存していたのである。

堆積の割合と浸食の範囲から推測された時間の経過について

　このような無数の連結環の化石的遺体が見られないこととは別に、すべての変化は徐々に行われたのであるからこれほど大量の有機的変化を生じるには時間が足りなかったはずだ、という反論が出されよう。実践的地質学者ではない読者に、時間の経過をわずかにでも理解させるような事実を思い起こさせることは私にはほとんど不可能である。チャールズ・ライエル卿の『地質学原理』(Principles of Geology)についての偉大な著作は、将来の歴史家によって自然科学に一つの革命をもたらしたものと認められるであろうが、この本を読んで、しかもなお過去の時代がどんなに長大であったかを認めない人は直ちに本書を閉じてよい。もちろん『地質学原理』を研究すればそれで十分だというわけではない。また個々の累層に関する各々の観察者の特殊な論文を読んで、いかに各々の著者がそれぞれの累層の持続期間について、あるいは各地層の持続期間についてさえ、不十分な観念を与えようと試みているかを見分ければそれで十分だというわけでもない。我々は作用の働きを知れ、どんなに深く陸地の表面が浸食されたか、またいかに多くの沈積物が堆積したかを学ぶことによって、過去の時間についての観念を最もよく得ることができるのである。ライエルが十分述べているように、堆積累層の広がりと厚さは、地殻が他の場所で受けた浸食の結果であり尺度である。それゆえ過去の時間の持続期間について何かを理解するためには、積み重ねられた地層の大堆積を自ら調べ、泥を押し流す小川や海岸の断崖をすり減らす波を観察しなければならない。周囲の至るところに過去の記念碑が見られるのである。

適度の硬さの岩で形成されている海岸があれば、そこを歩いて削剥作用の過程を見るがよい。潮は大抵の場合、一日に二回、ごく短時間断崖に達するにすぎず、波は断崖が砂または小石で詰まっているときにだけそこに食い込むのである。純粋な水が少しも岩をすり減らす作用をしないことについては確かな証拠がある。遂に断崖の根元が削り取られ巨大な破片が落下する。そしてこれらはそのまま固定されて微量ずつすり減らされてゆき、遂に形が小さくなって波のために転がされるようになり、やがてもっと早くすり砕かれて小石となり砂となり泥となる。しかし、凹んでゆく断崖の根元に沿って、丸味を帯びた玉石がすべて海産物に厚く覆われているのをいかによく見ることか。これはそれらがいかに少ししかすり減らされず、そしていかに稀にしか転がされないかを示しているのである！　その上、もし我々が削剥作用を受けている岩の断崖に沿ってどこでも数マイル歩いて見れば、断崖が今日作用を受けているのは、短い距離の間かまたは岬の周囲の、ほんのそこここにすぎないことを見出す。地表や植生の外観は、他の場所では水が崖の根元を洗ったとき以来、年数がかなり経ったことを示している。

しかしながら近頃我々は、多くの優秀な観察者――ジュークス（Jukes）、ガイキー（Geikie）、クロル（Croll）、その他――の先駆者であるラムゼイ（Ramsay）の観察から、地表大気の削剥作用は海岸の作用、すなわち波の力よりもはるかに重要な要因であることを学んだ。陸地の全表面は空気の化学作用と炭酸を溶かした雨水の化学作用にさらされており、また寒い地域では霜にさらされる。その分解した物質は大雨が降ると緩やかな傾斜のところでも押し流され、また風によって、特に乾いた地方では想像以上に多量に吹き飛ばされる。そして次にこれらは小川や河川によって運ばばれ、河川は急流であると川底を深くし破片を粉砕する。雨の日には、なだらかな起伏の地域でもあらゆる傾斜を流れてゆく濁った小流の中に、我々は地表大気の削剝作用の効果を見る。ラムゼイとウイッタカー（Whitaker）の両氏は次のことを示したが、この観察は実に際立ったものである。すなわちウィールド地方における急斜面の大きな線とイングランドを横切って延びている線は、以前には古代の海岸と見られていたが、これらはそのように形成されたものではない。なぜならば各線は同じ累層から成っているのに、我が国の海岸の崖はどこでも様々な累層が交叉してできているからである。これを事実とすると、我々はこの急斜面の起原は主として、崖を構成している岩が周囲の表面よりも地球大気の浸食に抵抗したことにあると認めないわけにはいかない。つまりこの表面は徐々に低くなり、硬い岩の線が突き出て残ったのである。我々の時間の観念によれば、見たところ非常に小さな力しかもたず、また実にゆっくりと働くように見える地表大気の作用因が偉大な結果を生じたという確信以上に、時間の長大な継続を強く心に印象づけるものはない。

陸地が地表大気や海岸の作用によってすり減らされる緩慢な速度をこうして心にとどめれば、過去の時間の経過を正しく評価するために、一方では多くの広大な区域にわたって取り除かれた岩塊を、もう一方では堆積累層の厚さを考えるのがよい。かつて私は火山島が波によってすり減らされ、全周囲を千フィートないし二千フィートの高さの垂直の断崖に削り取られているのを見て、強い印象を受けたことを覚えている。というのは、以前には液体の状態であったことに起因する熔岩流の緩やかな傾斜は、一見していかに遠くまで硬い岩の床が大洋の中へ広がっていたかを示していたからである。これと同様の話が断層——それに沿って地層が数千フィートの高さあるいは深さに、一方に隆起しているかあるいは他方に陥没している大きな裂け目——によってもっとはっきりと語られている。というのは地殻が裂け目を生じて以来、そしてこの場合隆起は突然であったか、あるいは大抵の地質学者が現在信じているように、徐々であって多くの発作によって起こされたか、いずれにしても大した違いはないが、とにかくそれ以降陸地の表面は全く完全に均らされて、このような巨大な断層の痕跡は外部からは見えなくなっているからである。例えばクレイヴン（Craven）断層は三十マイル以上広がり、そしてこの千フィートにまで及んでいる。ラムゼイ教授はアングルシー（Anglesea）における二千三百フィートの陥没断層に関する報告を公にした。そして私への知らせによると、メリオネスシャー（Merionethshire）に一万二千フィートのものがあることを氏は固く信じている。しかるにこれらの場合、地表にはこのような巨大な変動を示すものは何もない。裂け目の両側における岩の堆積が平らに掃き均らされているからである。

他方、世界の各地において沈積層の堆積はすばらしい厚さをもっている。コルディエラ（Cordillera）で私は礫岩の一塊を一万フィートと見積もった。そして、おそらく礫岩はもっと細かい沈殿層に比べれば早い速度で積み上げられたのであろうが、それでも摩滅した丸味を帯びた小石から成っていて、その一つ一つが時の歩みを刻んでいることは、その岩塊がいかにゆっくりと積み重ねられたかをよく示している。ラムゼイ教授は英国の異なる諸地方における連続累層の極大の厚さを、大抵の場合実際に測量して私に知らせてくれた。その結果は次のとおりである——

古生層（火成層を含まない）…五万七千百五十四フィート
第二紀層　…………………………一万三千百九十フィート

第三紀層　…………………………二千二百四十フィート

——合計すると七万二千五百八十四フィート、すなわちほぼ十三英国マイル四分の三となる。[1] イングランドでは薄い層で代表されている累層の幾つかが大陸では数千フィートの厚さをもっている。その上、多くの地質学者の意見では、各々の連続累層の間に非常に永い空白の時代がある。従って英国における水成岩のそびえ立つ堆積は、その積み重ねの間に経過した時間について不十分な観念を与えるにすぎない。これらの様々な事実の考察は、永遠という観念を捕えようとする空しい努力が与えるのとほとんど同様の印象を心に与える。

けれどもこの印象は部分的に誤っている。クロル氏はある興味深い論文の中で、我々は『地質時代の長さについてあまり大きすぎる概念を抱くことで』誤りを犯すのではなく、それを年数で見積もる際に誤るのであると述べている。地質学者が大きな複雑な諸現象を見て、そして次に数百万年を表す数字を見るとき、この両者は全く異なった効果を心に生じ、その数字は直ちに小さすぎると断言される。地表の浸食について、クロル氏は一定の川が年々流し出す沈積物の既知量と河の流域面積との比較計算により、ートの固い岩が徐々に崩壊するにつれて、六百万年の間に全区域の平均水準から取り除かれることを示している。これは驚くべき結果のように思われる。そして若干の考察によって、これはあまりに大きすぎるのではないかと疑われるのであるが、たとえ二分の一または四分の一であったとしても、やはり非常な驚きである。しかしながら我々の中で百万という数の真の意味を知るものはほとんどない。クロル氏は次のような例説をあげている。長さ八十三フィート四インチの細長い紙片を大広間の壁に沿って引き延ばし、その一端で十分の一インチの区切りをする。この十分の一インチは百年を表し、紙片の全長は百万年を表すであろう。しかし百年という年数が、上述の大きさの広間では全く取るに足りない寸法で表されているが、本書の主題に関連してはどういう意味をもつかに留意しよう。幾人かの優れた飼育家はその一生涯の間に、大抵の下等動物よりもはるかに繁殖速度の遅い高等動物の幾つかを大きく変容し、立派に新亜品種とよぶに値するものを作った。ある一つの血統に対して半世紀以上適当な注意をもって世話をし続けた人は稀であるから、百年とは連続した二人の飼育家の事業を表す。自然状態にある種が組織的選択の下にある飼育動物と同じ早さで変化すると想像してはならない。あらゆる点でより公平な比較は、無意識的淘汰、すなわち品種を変容するつもりがなく最も有用あるいは最も美しい動物を保存することから生じる効果との比較であろう。しかしこの無意識的淘汰の過程によって、種々の品種が二世紀あるいは三世紀の間に目立って変化したのである。

しかしながら種は、多分もっとずっとゆっくり変化し、また同じ地域の中では少数のものしか同時に変化しないであろう。このように変化が緩慢なのは、同じ地域のすべての棲息物はすでに十分よく相互に適応しているので、永い間隔の後でなければ、ある種の物理的変化の発生または新形態の移住によって自然の社会組織に新しい場を生じるということが起こらないからである。その上、棲息者の幾つかを、変えられた環境の下で彼らの新しい場によりよく適応させるような適当な性質の変異または個体差は、必ずしも直ちに生じるとは限らないであろう。不幸にして我々は、種を変容するのに必要な時間の長さを年数の基準に従って決定する方法をもたないのである。しかし時間の問題に我々は戻らなければならない。

古生物学的収集の貧弱なことについて

今最も内容豊富な地質学の博物館に眼を向けても、そこに見られる展示物の何とつまらないことか！　我々の収集が不完全なことは誰でも認める。優れた古生物学者エドワード・フォーブス（Edward Forbes）の述べたこと、すなわち非常に多くの化石種はただ一個の、しかもしばしば壊れている標本か、あるいはある一地点で集められた少数の標本により知られ名づけられた、ということは決して忘れてはならないことである。地球の表面のほんの小部分が地質学的に調査されたにすぎず、しかもどの部分も十分な注意でなされたのでないことは、ヨーロッパで毎年重要な発見があることから分かる。全体が柔軟な有機体は保存され得ない。貝殻や骨は、沈積物の集積が行われない海底に放置されたとき腐敗して消滅する。もし我々が、沈積物はほとんど全海底にわたって化石的遺体を埋没し保存するのに十分なほど早い速度で堆積しつつあると臆測するならば、多分それは全く間違った見解であろう。海洋の非常に大きな部分を通じて水が鮮やかな青色を呈しているのは、それが清浄であることを示しているのである。累層が測り知れない時間の間隔をおいた後に他のもっと新しい累層によって適当に覆われ、下層はその間に何ら削剝や破損を受けていないという多くの事例の記録は、海底が長年月の間不変状態にとどまることの稀ではない、という見解によってのみ説明できるように思われる。埋没した遺体も、もしそれが砂や礫の中であれば、その基層が上昇したとき、炭酸で満たされた雨水の浸透によって分解されるのが常である。高低両水位線の間の渚に棲む動物の多くの種類の幾つかは滅多に保存されないらしい。例えばイワフジツボ亜科（Chthamalinae 無柄蔓脚類の亜科）の幾つかの種は世界の至るところで無数に岩を覆っている。彼らはすべて厳密に沿岸棲であるが、ただ一つの地中海種が例外で、これは深水に棲んでおり、その化石はシシリー島で発見されている。しかし他の諸種はこれまで一つとして第三紀層の中に発見されていない。だがこのイワフジツボ属（Chthamalus）が白亜紀の間に生存していたことは知られている。最後に、その集積のために長大な時間を要する多くの大堆積物は、我々にはその理由を示すことはできないが、全く生物の遺体を欠いている。その最も著しい例の一つはフリッシュ（Flysch）累層である。これは頁岩と砂岩から成り、その厚さは数千フィート、時には六千フィートにも及んで、ウィーンからスイスに至る少なくとも三百マイルに広がっている。そしてこの大塊は最も注意深く探索されたにもかかわらず、少数の植物性の遺体の外は一つの化石も発見されていない。

第二紀および[2]古生紀に生存した陸棲生物については、我々の証拠が極度に断片的であることはいうまでもない。例えば近頃まで、陸棲貝類でこれらの広大な紀のいずれかに属するものは、C・ライエル卿とドーソン（Dawson）博士が北アメリカの石炭紀層の中に発見した一種以外は一つも知られていなかった。しかし今日陸棲貝類は青色石灰岩の中に発見されている。哺乳類の遺体については、ライエルの便覧にあげられた歴史表を一見すれば、その保存がいかに偶然で稀有であるかという事実を、詳細な記録を見るよりもはるかによく痛感するであろう。そしてそれが稀なことは、第三紀哺乳動物の骨のいかに大きな部分が洞穴または湖底堆積物の中で発見されたかを想起し、また洞穴あるいは真の湖底層で第二紀層または古生層の時代に属するものは一つもないことが知られていることを想起すれば、大して驚くことではない。

しかし地質学的記録の不完全なことは、上述のどれよりも重要なもう一つの原因に基づくところが大きいのである。すなわち、幾つかの累層が永い時間の間隔によって互いに隔てられていることである。この説はE・フォーブスのように種の変化を全く信じない多くの地質学者や古生物学者によって強く認められた。我々は諸著書に表としてあげられた累層を見るとき、または実地にそれらを追求するとき、それらが密接に連続していることを信じないわけにはいかない。しかし、例えばR・マーチスン（Murchison）卿のロシアに関する大著から、我々はこの国では積み重ねられた累層の間にいかに大きな空白が存在するかが分かる。これは北アメリカや世界の多くの部分においても同様である。最も練達の地質学者でも、もしその注意をもっぱらこれらの大地域に限っていたならば、自国では空白で欠けている時期に、他の場所では新しい独特の生命形態に満たされた沈積物の大堆積が積み上げられていただろうとは決して想像しなかったに違いない。そしてもし互いに隔たった各地域において、連続する累層の間に経過した時間の長さに関する何の観念も形成されないとすれば、我々はどこにもこれを確かめることはできないと推論してよい。連続する累層の鉱物学的成分にしばしば大きな変化のあるのは、一般に沈殿物を供給したその周囲の陸地の地理上の大変化を意味しており、このことは各累層の間に時間の莫大な間隔が経過したという信念と一致する。

各地における地質累層がほとんど例外なく断続的である理由、すなわち互いに密接な連続を成していない理由を、我々は察知できると思う。現世の間に数百フィート上昇した南アメリカの海岸を何百マイルにわたって調査したときの、現世の堆積には地質学上の短い一紀にわたって続いたものさえ存在しない、という事実以上に私の心を打ったものはあまりない。特異な海産動物相の棲息する西海岸の全域にわたって第三紀層の発達は極めて貧弱であるから、幾つかの連続する特異な海産動物相の記録はおそらく遠い後の時代までは保存されないであろう。南アメリカ西部の隆起海岸は、海岸の岩の著しい削剥により、また海に注ぐ濁流により、永い間沈積物の供給が豊富であったに違いないのに、現世あるいは第三紀の遺体を含む広大な累層がどこにも見られない理由も、少し考えれば説明できることである。その説明は疑いもなく次のとおりである。すなわち海岸および海岸近くの堆積物は陸地がゆっくりと漸次に隆起するために、海岸の波の摩滅作用にさらされるようになるや否や、絶え間なく削り取られるからである。

我々は次のように結論してよいと思う。すなわち沈積物は、初めて上昇したときや土地水準の連続的な昇降運動の期間における波の不断の作用にも、またその後の地表大気の削剥作用にも持ちこたえるためには、極めて厚く固い、あるいは広大な塊を成して集積されなければならない。このような厚くて広い沈積物の集積は二つの方法で形成される。その一つは海洋の深いところでの形成で、この場合海底には浅海ほど多数の変化に富んだ生命形態が棲息してなく、塊は上昇したときその集積の期間に附近に生存していた生物の不完全な記録を残すであろう。もう一つは、もし浅い海底が徐々に沈降し続けるならば、沈積物はそこに任意の厚さと広さで堆積されるであろう。この後者の場合には、沈降の割合と沈積物の供給が互いにほぼ釣り合っている限り、その海は浅いままであり、多くの様々な形態にとって好適であろう。従って上昇したとき、大量の浸食に抵抗するのに十分な厚さをもつ、化石に富んだ累層が形成されることになろう。

古代の累層でその厚さの大部分が化石に富んでいるものは、ほとんどすべてこのように沈降の間に形成されたものであることを私は確信する。この主題に関する私の見解を一八四五年に公表して以来、私は地質学の進歩に注意してきたが、あちこちの大累層を論じる著述家達が、相次いでそれは沈降の間に集積したのであると結論を下すのを見て驚いた。なお次のことを附言しておく。南アメリカの西海岸にある唯一の古い第三紀層は、今日まで受けてきたような削剥作用に抵抗するのに十分なほど大きかったが、しかし遠い後の地質時代までは存続しないと思われる。この層も土地水準の下方への昇降運動の間に堆積してこのようなかなりの厚さに達したのである。

各区域が何度も土地水準のゆっくりとした昇降運動を受けていることは、すべての地質学的事実がはっきりと示しており、これらの昇降運動は明らかに広い空間に影響を及ぼしているものと思われる。従って、化石に富みかつその後の削剥作用に抵抗するのに十分なほど厚く広い累層は、沈降の期間に広い空間にわたって形成されたのであろう。ただしこれは沈積物の供給がその海を浅く保ち、そして遺体が腐る前に埋没し保存するのに十分であったところに限られる。これに対して、海床が固定されたままでいる限り、生活に最も好適な浅い部分において厚い堆積物は集積されなかった。このことは交互に起こる上昇期にはなお一層あり得なかった。すなわちもっと正確にいえば、その際集積された海床は上昇して海岸作用の範囲内に運ばれるので、一般に破壊されたであろう。

以上の説明は主として海岸と海岸近くの堆積に当てはまる。深さが三十あるいは四十ファゾム[3]から六十ファゾムに及んでいるマレー諸島の大部分のような広く浅い海の場合は、広範囲に広がった累層が上昇期の間に形成され、しかもそのゆっくりとした隆起の間に浸食をあまりひどく受けないかも知れない。しかしこの累層の厚さは大きくならないであろう。なぜならば上昇運動のために、累層はそれが形成される場所の深さよりも小さいからである。またこの堆積物はあまり固くならないであろうし、また上から他の累層で覆われることもないであろう。従って大気の削剥作用により、またその後の土地水準の昇降運動の間の海の作用により、削り取られる危険が多いであろう。しかしホプキンス(Hopkins)氏は、もしその面積の一部が隆起ののち浸食される前に沈降したとすると、上昇運動の間に形成された堆積物は厚くはないが、その後新鮮な集積物によって保護されることになり、従って永い期間保存される可能性があるということを示唆している。

ホプキンス氏はまた、相当大きな水平的広がりをもつ沈積層が全く破壊されることは滅多にないという所信を表明している。しかし、現在の変成片岩と深成岩がかつて地球の原始的核を成していたと信じる少数の地質学者を除き、あらゆる地質学者は皆、この後者の岩が非常な広さにわたってその外被を剝ぎ取られたことを認めている。なぜならば、このような岩が外被なしに凝固し結晶化したということはほとんどあり得ないからである。しかし変成作用が海洋の深いところで起こったとすれば、以前の保護被覆の岩は大して厚くなかったであろう。そこで片麻岩、雲母片岩、花崗岩、閃緑岩などがかつては必ず覆われていたことを認めるならば、世界の多くの区域におけるこれらの岩の露出した広大な面積を説明することは、すべての上被地層がその後完全に浸食されたのだと信じる以外に何ができるであろうか？　このような広大な面積の存在することを疑うことはできない。パリム（Parime）の花崗岩地帯は、フンボルト（Humboldt）によって、少なくともスイスの十九倍の広さがあると記述されている。アマゾンの南方でブーエ（Boué）がこの性質の岩石から成る区域として色を塗っている面積は、スペイン、フランス、イタリア、ドイツの一部、および英国を全部合わせたものに等しい。この地方はまだ注意深く探査されていないが、旅行者達の一致した証言によると、花崗岩の区域は非常に大きい。例えばフォン・エシュヴェーゲ（Von Eschwege）は、リオ・デ・ジャネイロから奥地に向かって一直線に二百六十地理マイル延びていることれらの岩石の詳細な断面図をあげている。私もまた別の方角に百五十マイル旅行して花崗岩質の岩以外の何物も見なかった。リオ・デ・ジャネイロ附近からプラタ川（the Plata）河口までの、その距離千百地理マイルに及ぶ全海岸に沿って収集した多数の標本を私は調べたが、それらはすべてこの類に属していた。プラタ川の北岸全部に沿う奥地で、私は最近の第三紀層の外には軽度に変成した岩石の一小区域を見ただけであり、この変成した岩石だけが花崗岩系の元々の外被層の一部分を成したと見られるものである。よく知られている地域、すなわちH・D・ロジャース（Rogers）教授の美しい地図に示されている合衆国とカナダに眼を向け、私は紙を切り抜き目方を計って面積を見積もった結果、変成岩（『半変成岩』を除く）と花崗岩は十九対十二・五の割合で、それより新しい古生層の全体を越えていることが分かった。多くの地域では変成岩と花崗岩は、その上に不整合にかぶさっているすべての沈積層を取り除けば、外見よりもさらにずっと広く延びていることが見出されるであろう。そしてこの沈積層は、変成岩や花崗岩をその下で結晶させた元々の被覆の一部を成したものではあり得ないのである。それゆえ世界のある部分では、累層全体が完全に浸食されて跡形も無くなっているということも有りそうである。

ここで注意しなければならないことが一つある。隆起の期間には陸地の区域とそれに隣接する海の浅い部分の区域が増大し、新しい場所——前に説明したように、すべての環境が新しい変種と種の形成に好適であるような場所——がしばしば形成されるであろう。しかしこのような期間は、地質学的記録では一般に空白であろう。これに対して沈降の間では、生物の棲息する区域と棲息者の数は減少し（最初群島に分裂したときの大陸の海岸を除き）、従って沈降の間に滅亡は多いが新しい変種あるいは種の形成は少ないであろう。そして最も化石に富んだ沈積物が集積されたのはまさしくこの沈降の期間なのである。

多くの中間変種がどの一つの累層にも存在しないことについて

以上の幾つかの考察から、地質学上の記録が全体として見た場合、極めて不完全であることは疑えない。しかしもし我々の注意をある一つの累層に限定するならば、その開始と終結に生存した類縁の種の間に密接に段階づけられた変種を我々がそこに見出さない理由を理解することは、はるかに一層困難となる。同じ種が同じ累層の上部と下部に変種を呈示している幾つかの事例が記録されている。すなわちトラウチョルト（Trautschold）はアンモナイトについて幾つかの例をあげ、またヒルゲンドルフ（Hilgendorf）[6]はスイスにおける淡水累層の連続する地層の中のプラノルビス・ムルティフォルミス（Planorbis multiformis）の十個の漸次的形態の最も奇妙な事例を記述している。各累層がその堆積のために莫大な年数を費したことは明白なことであるが、各々がその開始と終結に生存した種の間に漸次的連鎖系列を通常含んでいない理由は幾つかあげられる。しかし私は次の考察のそれぞれの重要度について正しい比率を示すことはできない。

各々の累層は非常に永い年数の経過を印してはいるが、各々は一つの種が他の種に変化するに必要な期間に比べればおそらく短いであろう。私は、大いに尊敬に値する意見をもつ二人の古生物学者、すなわちブロン（Bronn）とウッドワード（Woodward）が、各累層の平均持続期間は種の形態の平均持続期間の二ないし三倍の長さであると結論していることを承知している。しかし克服し難い困難がこの題目についての正確な結論に到達することを妨げているように私には思われる。ある種がある累層に初めて現れたのを見た場合、それは以前にどこか他のところに存在しなかったと推論するのは極めて軽率であろう。同様にまた、ある種が最後の層の堆積以前に消滅したのを見出した場合に、それはそのときに絶滅したのだと想像するのも等しく軽率であろう。我々は、ヨーロッパ区域が世界のそれ以外と比べていかに小さいかを忘れている。またヨーロッパ全体を通じて、同じ累層の幾つかの階が完全な正確さで相互に関連してもいないのである。

我々はすべての種類の海産動物について、気候その他の変化に起因する移住の多かったことを推論して差しつかえない。そしてある種がある累層に初めて現れたのを見た場合、それはそのとき初めてその地域に移住してきたにすぎないというのが確からしい。例えば幾つかの種が、北アメリカの古生層でヨーロッパの古生層よりも幾らか早く現れることはよく知られている。これは彼らがアメリカの海からヨーロッパの海へ移住するのに時間を要したからであると思われる。世界の各地における最近の堆積物を調べてみてあらゆるところで見られることは、あるわずかしか現存していない幾つかの種がこの堆積物の中では普通であるのに、それに接する周辺の海では絶滅していること、あるいは反対に、幾らかの種は近隣の海で現在豊富に存在しているのに、この特殊な堆積物には稀かあるいは絶無であることである。地質学上の一つの紀の一部分を形成するにすぎない氷河期の間におけるヨーロッパの棲息物の確認された移住の量を熟考すること、同様にまたすべてこの同じ氷河時代に含まれている土地水準の変化、気候の極端な変化、また時間の大きな経過を熟考することは優れた教訓である。とはいえ、世界のある地方で、化石的遺体を含む沈積性堆積物がこの時代の全期間を通じて同じ区域内に集積し続けたかどうかは疑いの余地がある。例えばミシシッピー川の河口附近で、海産動物が最もよく栄える深さの範囲内において、沈積物が氷河時代の全期間を通じて堆積したということは確かではないであろう。なぜならば、我々はこの期間にアメリカの他の部分に大きな地理的変化が起こったことを知っているからである。氷河時代のある一部の期間に、ミシシッピー川の河口に近い浅い水のところで沈積したような地層が上昇した場合、生物の遺体は種の移住と地理的変化により、多分異なる種々の高さのところで最初に現れそして消えるであろう。そして遠い将来、これらの地層を調べる地質学者は、埋没した化石の平均の生存期間が、氷河時代の持続期間より短かったと結論したいと思うに違いない。実際にはそれよりもはるかに永かったのであって、氷河期以前から今日にまで及んでいるのである。

同じ累層の上部と下部における二つの形態の間の完全な変遷段階を得るためには、ゆっくりとした変容過程に十分なほど永い期間、堆積物が絶え間なく集積し続けたのでなければならない。従って沈積は非常に厚いものでなければならない。そして変化を受ける種は、その全期間を通じて同じ地区に生活したのでなければならない。しかし我々は先に、その厚さの全体を通じて化石を含んでいる厚い累層は沈降の期間にだけ集積されることを見た。そして深さをほぼ同一に保つことは同じ海産種が同じ場所に生存するのに必要なことであるが、そのためには沈積物の供給が沈降の量とほぼ平衡しなければならない。しかしこの同じ沈降運動が沈積物の供給源である区域を水没させる傾向をもち、従って下降運動が続く間は供給を減少させる傾向をもつであろう。事実、この沈積物の供給と沈降の量の間のほぼ正確な均衡はおそらく稀な偶然であろう。非常に厚い堆積物が、その上端または下端の近くを除いて、通常生物の遺体を欠いていることを観察した古生物学者は一二にとどまらない。

それぞれの区切られた累層は、ある地域における累層の堆積全体と同様に、一般にその集積が断続的であったように思われる。ある累層が、実際にしばしばそうであるように、大きく異なった鉱物学的成分の層から成るのを見ると き、当然我々は、堆積の過程が多少とも中断されたと想像してよい。またある累層の最も綿密な調査も、その堆積が費した時間の長さについては何の観念も与えないであろう。わずか数フィートの厚さの層が他のところでは数千フィートの厚さがあり、従ってその集積のために莫大な期間を要したに違いない累層を代表している多くの例をあげることができる。しかるにこの事実を知らない人は、その薄い累層によって代表された莫大な時間の経過に全く気づかないであろう。ある累層の下部地層が上昇し、浸食され、水没し、それから再び同じ累層の上部地層に覆われた多くの事例——その集積に永い、しかし見逃し易い間隙のあったことを示す事実——をあげることができる。別の事例では我々は、堆積の過程の間に多くの永い時間の間隙と土地水準の変化があったことを示す最も明白な証拠を、生長状態のまま直立して化石化した大木に見る。もし大木が保存されていなかったならば、このことは想像されなかったに違いない。例えばC・ライエル卿とドーソン博士がノヴァ・スコシア (Nova Scotia) で発見した厚さ千四百フィートの石炭層は、根をもつ植物を含む古い地層が少なくとも六十八の異なる高さで積み重ねられている。それゆえ同じ種がある累層の底部、中央、および頂上に現れる場合、その種は堆積の全期間同じ地点に生存したのではなく、同じ地質時代の間におそらくは何回も、消滅したりまた再出現したりしたというのが確からしい。従って、それがある一つの累層の堆積の間に相当量の変容を受けたとしても、ある断面が含むものは、我々の理論上存在したに違いないすべての細かい中間段階ではなく、多分軽微ではあろうが突発的な形態の変化であろう。

博物学者達が種と変種を区別するための黄金律をもたないことを念頭に置くことは最も重要なことである。彼らは、各々の種にあるわずかな変異性は許容する。しかしある二つの形態の間の幾らか大きい差異量に出会うと、それらを最も密な中間的段階によって結びつけることができない限り、両者を種と位置づける。ところがこの結びつきは、今示した理由により、どんな一つの地質断面においてもその実現を期待できることは稀である。BとCを二つの種と仮定し、Aをそれより古い下方の層に見出される第三の種と仮定しよう。たとえAが正確にBとCの中間にあるものであったとしても、もし同時にそれが中間変種によってどちらか一方、あるいは両方の形態と密に結びつけられなかったならば、それは単に第三の別な種として位置づけられるに違いない。また前にも説明したことで忘れてならないことは、AはBとCの実際の祖先であるかも知れないが、しかしそれでも必ずしもあらゆる点で正確に彼らの中間のものではないということである。それゆえ我々は、同じ累層の下層と上層から母種と幾つかの変容子孫を得ることがあっても、多数の過渡的漸次的移行段階を得ない限りそれらの血縁関係を認めないであろうし、従ってそれらを別異の種と位置づけるであろう。

多くの古生物学者がいかに甚だしくわずかな差異の上に種を樹立したかはよく知られている。そして彼らは、もしその標本が同じ累層の異なる亜階から出るならば、なおさら喜んでそうするのである。経験に富んだ若干の貝類学者は今やドルビニイ（D'Orbigny）その他の非常にりっぱな種の多くを変種の位置に格下げしつつある。そしてこの見解に立てば、我々は理論上見出すはずの変化の証拠を見つけるのである。再び第三紀後期の堆積物を見よう。これは大多数の博物学者によって現存種と同一であると信じられている多くの貝を含んでいる。しかし若干の優れた博物学者、例えばアガシやピクテ（Pictet）は、これら第三紀の諸種はその差異が非常にわずかであることは認めているが、すべて明らかに別異のものであると主張している。従ってここに、もし我々が、これらの優れた博物学者達は彼らの想像によって惑わされたのであり、これら第三紀後期の種は実際にはその現存の後継種と何の差異ももたない、ということを信じないとすると、あるいはもし我々が大抵の博物学者の判定に反対して、これら第三紀の種はすべて近時のものと全く別異であるということを認めないとすると、我々は必要とされる軽微な変容がしばしば起こったことの証拠をもつことになる。もしこれよりやや永い時間の間隔、すなわち同じ大きな累層における別異ではあるが連続した階を見るならば、我々はそこに埋没している化石が、種的に異なるものとして普遍的に分類されているにもかかわらず、もっと遠く隔たっている累層中に見出される種に比べて、はるかに密接に関連していることを見出す。従ってここに再び、我々は理論上必要な方向に向かう変化の疑いない証拠をもつのである。しかしこの後の主題については次章に再論するであろう。

速やかに繁殖し、そしてあまり放浪しない動物と植物については、前にも見たように、それらの変種は一般に最初は局地的であると想像すべき理由があり、またこのような局地的変種は、かなりの程度に変容し完成するまでは、広く伝播してその祖先形態に取って変わるようなことはないと想像すべき理由がある。この見解に従えば、ある地域の一累層の中に任意の二形態の間の変遷のすべての早期段階を発見する機会は少ない。なぜならば、その継続的変化は局地的、すなわちある一地点に局限されていると想像されるからである。大抵の海産動物は広い分布範囲をもっている。そして我々は植物について、最もよく変種を生じるものは最も広い分布範囲をもつものであることを見た。従って貝とその他の海産動物については、ヨーロッパにおける既知の地質累層の限界をはるかに超えて最も広い分布範囲をもっていたものが、最初に局地的変種を、そして最後に新しい種を最もよく生じたというのが確からしい。そしてこのことは再び、我々が任意の一つの地質累層の中に変遷の段階を追跡し得る機会を著しく減少させるに違いないのである。

同じ結果に導くさらに重要な考察が近頃フォークナー(Falconer)博士によって主張された。すなわち各々の種が変容を受けた期間は、年数で計れば長いけれども、何の変化も受けないで過ごした期間に比べれば、おそらく短かったであろうというのである。

忘れてならないことは、今日では検査用の完全な標本について、二つの形態が中間変種によって連結され同じ種であることが証明されることは、多くの標本が多くの場所から収集されるまでは滅多にあり得ないということである。そして化石種ではこういうことは稀にしかなされない。我々は次のように自分自身に問うことで、おそらく種を多くの細かい中間的な化石の連結環で結びつけることはできそうもないことを最もよく認識するであろう。すなわち、例えば将来のある時代の地質学者は、今日の牛、羊、馬、および犬の異なる品種が単一の先祖に由来するかもしくは幾つかの原種に由来するかを証明できるであろうか。あるいはまた、北アメリカの海岸に棲むある海産貝類は、ある貝類学者からはそのヨーロッパの類似種とは別の種として分類されており、また他の貝類学者からは単なる変種として分類されているが、これは果たして変種であろうか、あるいは明らかに別なものであろうか。これは将来の地質学者によって、化石的状態の多くの中間的段階を発見することによってのみ果たされることであろう。そしてこのような成功はほとんど有りそうもないことである。

種の不変性を信じる著述家達により、地質は連結的形態を少しも生じていないということがくり返し主張された。この主張は次章に見るように確かに間違っている。J・ラボック卿が述べているように、『あらゆる種は他の類縁形態の間の連結環である。』もし現存および絶滅の二十種をもつある属をとってその五分の四を滅ぼせば、誰も残ったものが互いにより一層異なるものになることを疑わないであろう。もしその際たまたまその属の一番端の形態が滅ぼされたとすれば、属そのものが他の類縁の属と一層別なものとなるであろう。ほとんどすべての現存種と絶滅種を、現存の変種と同じ程度に細かく結び合わせる無数の段階がかつて存在したことを、地質学的調査は示していない。しかしこれは期待すべきではない。とはいえ、これは私の見解に対する最も重大な反論としてくり返し提出されてきた。

地質学的記録が不完全なことの原因についての上述の説明を、一つの想像的例証の下で概説するのも価値があろう。マレー諸島はほぼノース岬（North Cape）から地中海までと、英国からロシアまでのヨーロッパほどの大きさである。従ってアメリカ合衆国を除き、ある精密さで調査されたすべての地質累層と同じ大きさである。私はマレー諸島の広く浅い海で隔てられている多数の大きな島から成る現状は、おそらく我々の累層の大部分が集積しつつあったヨーロッパの昔の状態に対応するものであるということについて、ゴドウィン・オーステン（Godwin Austen）氏と全く同意見である。マレー諸島は生物の最も豊富な地方の一つである。けれどもかつてそこに生存したすべての種が収集されたとしても、世界の博物学を代表させるにはいかに不完全なことであろうか！

しかし我々は、この諸島の陸棲生物がそこに集積しつつあると想定される累層の中に極めて不完全な状態で保存されるであろうと信ずべきあらゆる理由をもっている。厳密に海岸棲の動物、あるいは海底のむき出しの岩の上に生存した動物の多くは埋没しないであろう。そして礫または砂に埋没したものは、遠い時代まで存続しないであろう。沈積物が海底に集積しなかったところ、もしくは有機体の腐朽を防ぐほど十分な早さでそれが集積しなかったところでは、遺体は保存されなかったのである。

多種類の化石に富み、また第二紀層が過去に続いたのと同じほど遠い将来まで存続するに十分な厚い累層は、この諸島では一般に沈降期間にのみ形成されるであろう。これらの沈降の時期は莫大な時間の間隔によって互いに隔てられ、その間、その区域は静止か上昇をしているであろう。上昇の間には、険しい海岸にある化石を含む累層は、今日南アメリカの海岸で見られるように、絶え間ない沿岸作用によって集積されるや否や、ほとんど直ちに破壊されるであろう。この諸島内の広くて浅い海のどこでも、沈積層が隆起の期間に非常な厚さに集積したり、あるいはその後の堆積物によって被覆防護されて非常に遠い将来まで存続する好機をもつようになることは、ほとんどあり得ないであろう。沈降期間にはおそらく生命の大量の絶滅があったであろう。隆起の期間には大量の変異があったであろうが、そのときは地質学的記録はより不完全であったろう。

この諸島の全部あるいは一部における沈降と、これと同時に起こる沈積物の集積が続く一つの大きな紀の継続期間が、同じ種的形態の平均的継続期間を越えるかどうかは疑わしい。そしてこれらの偶然性が二つまたはそれ以上の種の間のすべての過渡的漸次的移行段階の保存には絶対に必要である。もしこのような漸次的移行段階がすべて十分に保存されなかったならば、過渡的変種は密接に類縁であるけれども単なる多くの種と見なされるに違いない。またそれぞれの大きな沈降期が土地水準の昇降運動によって中断されるようなことや、わずかな気候変化がこのような長い時期に起こるということもおそらくあり得るであろう。そしてこれらの場合には諸島の棲息者は移住するであろう。従って彼らの変容についての密接に連続した記録はどの累層にも保存されないであろう。

この諸島における海産動物の非常に多くは、現在その境界を越えて数千マイルの外にまで分布している。そして類推によって、最もしばしば新変種を生じるのは若干のものにすぎないけれども、主としてこれらは遠くまで分布する種であるに違いない、ということをはっきりと信じることができる。そしてこれらの変種は、最初は局地的、すなわち一箇所に限られているのであろうが、もし何らかの決定的な利点を有するか、あるいはさらに変容し改良されたときには、それらは徐々に広がりそれらの祖先形態に取って代わるであろう。このような変種が昔の本拠地に戻ってきたときには、多分極めてわずかではあろうが、それらはほぼ一様に昔の状態と異なっているであろうし、また同じ累層のわずかに違った亜階の中に埋没しているのを発見されるであろうから、それらは多くの古生物学者の従う原則によって、新しい別異の種と位置づけられるであろう。

そこでもし、以上の説明にある程度の真実性があるならば、我々は我々の理論の上からも、同じ群の過去と現在のすべての種を結びつけて生命の一つの長い分岐した鎖を形成している無数の細かい過渡的形態を、我々の地質累層の中に発見することを期待する権利をもたない。我々は少数の連結環だけを予期すべきであり、そしてそういうものは確かに見出される。——相互関係ではあるものは遠く、あるものは近い。そしてこれらの連結環は、たとえどんなに近縁であっても、もし同じ累層の別な階に見出されたならば、多くの古生物学者は別異の種と位置づけるであろう。しかし私は、たとえ各累層の初めと終わりに生存した種の間に無数の過渡的連結環の欠けていることがこれほどひどく私の理論を圧迫しなくても、最もよく保存された地質断面における記録がどんなに貧弱であるかに気づいたに違いない、というような主張はしない。

類縁の種の全群の突然の出現について

種の全群がある累層に突然現れる唐突な様子は、幾人かの古生物学者——例えばアガシ、ピクテ、およびセヂウィック（Sedgwick）——によって種の変化の信念に対する致命的難点であると力説されている。もし同じ属または科に属する多くの種が実際一度に発生したのであれば、この事実は自然淘汰をとおしての進化の理論にとって致命的であろう。なぜならば、すべてがある一つの祖先に由来する一群の形態の自然淘汰による発達は極めてゆっくりとした過程であったに違いなく、祖先はその変容子孫よりもはるか以前に生存したに違いないからである。しかし我々は絶えず地質学的記録の完全さを過大評価しており、ある属または科がある階以下に見出されないという理由から、直ちにそれらがその階以前には存在しなかったものと間違って推論する。あらゆる場合に積極的な古生物学的証拠は無条件に信用してよい。消極的な証拠は、しばしば経験が示しているように無価値である。我々は地質累層が注意深く調査された区域の面積と比較して、世界がどんなに大きいかをいつも忘れている。我々は種の群がヨーロッパの古代の諸島や合衆国に侵入する以前に他の場所で永い間存在し、そして徐々に増加してきたことを忘れている。我々は連続した累層と累層の間に経過した時間の間隔——多分多くの場合累層の集積に必要な時間よりも長い——に対して適切な考慮を払わない。これらの間隔はある一つの祖先形態からの種の増加に時間を与えたであろう。そして続いて現れる累層に、このような群または種があたかも突然創造されたかのように出現するであろう。

先に述べた一つの説明をここで思い出そう。すなわち、生物をある新しい特異な生活方向、例えば空中を飛ぶということに適応させるには永い年月の変遷を必要とし、従って過渡的形態はしばしばある一つの地方に永く限定されたままでいること、しかしこの適応が一たび成し遂げられ、こうして少数の種が他の生物に優る大きな利点を獲得したときには、比較的短時間に必然的に多くの分岐形態を生じ、それらは速やかに広く世界中に拡散するということである。ピクテ教授は本書に対する優れた『評論』で、初期の過渡的形態について註釈し、鳥類を一例証として取り上げているが、氏は想像される前肢の原型の連続する変容がどのような利点をもたらすことができたかということを理解できない。しかし南氷洋のペンギンを見よ。この鳥は『本当の腕でもなければ本当の翼でもない』正確に中間的状態の前肢をもっているのではないのか？ それなのにこの鳥は生活の闘いにおいて勝利者の地位を保っている。というのは、彼らは無数に存在し種類も多いからである。私はここに鳥の翼が通ってきた実際の過渡的段階を見ると想定しているのではない。しかし、最初にバカガモのように海面に沿って羽ばたくことができるようになり、最後には海面から上昇して空中を滑空できるようになることがペンギンの変容子孫に利益を与えるかもしれない、と信じることにどんな特別な困難があろうか？

私はここに、上述の説明を例証し、またいかに我々が、種の全群は突然に生じたのだと誤って想定しがちであるかを示す二三の例をあげようと思う。ピクテの『古生物学』に関する大著作は一八四四—四六年と一八五三—五七年に出版されたのであるが、この初版と第二版の間のような短い間でさえ、幾つかの動物群の最初の出現と消滅に関する結論がかなり修正された。第三版はより一層の変更が要求されているに違いない。私はそんな古くないときに発表された地質学の諸論文において、哺乳類が常に第三統の初めに突然出現したとされていた周知の事実を思い出す。ところが今日化石哺乳類の最も豊富な集積として知られているものの一つは[7]第二統の中央に属している。そして真の哺乳類がこの大きな統の初めに近い新赤砂岩の中に発見された。キュヴィエ(Curvier)は、猿類はどの第三紀層にも存在しないと常に主張した。しかし今日では絶滅種がインド、南アメリカ、およびヨーロッパで中新階にまで遡って発見された。もし合衆国の新赤砂岩の中に足跡が保存されていたという稀な偶然がなかったならば、少なくとも三十種類以上の鳥のような動物、そのあるものは巨大な大きさ、がこの紀に生存したと誰が敢えて想像したであろうか？　骨の一片もこれらの地層に発見されたことはないのである。鳥類の全綱が始新世の間に突然出現したと古生物学者が主張したのはそんなに昔ではない。しかし今日我々はオウエン教授の典拠により、鳥が確かに上部緑色砂の堆積の期間に生存したことを知っており、そしてさらに最近になって、トカゲのような長い尾をもち各関節ごとに一対の羽毛を着け、その翼に二個の自由な鉤爪を備えた奇妙な鳥、始祖鳥（Archeopteryx）がゾーレンホーフェン（Solenhofen）の魚卵状粘板岩の中で発見されたことを知っている。近頃の発見で、我々が世界に昔棲んでいた生物についていかにわずかしか知らないかをこれほど否応なく示すものはない。

私の眼の前で起こったことなのでとても心を打たれたもう一つの例をあげよう。無柄蔓脚類の化石に関する研究報告の中で私は次のように述べた。現存種と絶滅した第三紀の種が多数あること、北極地方から赤道まで全世界にわたって、高潮線から五十ファゾムまでの様々な深さの帯域に多くの種の個体が驚くほど豊富であること、標本が最古の第三紀層に保存されている状態の完全であること、殻の一片でさえ容易に識別できること、これらすべての情況から、私はもし無柄蔓脚類が第二紀の間に生存していたとすれば、それらは確かに保存され発見されたに違いないと推論した。そして当時この時代の層には一つの種も発見されていなかったので、私はこの大群は第三統の初めに突然発達したのであると結論した。当時の私の考えでは、これは種の大群の突然の出現例を一つ増すことになるので、私にとって堪え難い問題であった。ところが私の著書が出版されるかされないうちに、老練な古生物学者ボスケー（Bosquet）氏は、氏自らベルギーの白亜から掘り出した間違いようのない無柄蔓脚類の完全な標本のスケッチを送ってくれた。そして、まるでこの事件をできるだけ印象的なものとするかのように、この蔓脚類はごく普通にどこにでも存在する大きな属であるイワフジツボ属（Chthamalus）であった。この属はこれまでどの第三紀層にも一つとして見出されたことがなかったのである。さらに最近に至って無柄蔓脚類の別異の亜科の一員であるピルゴマ（Pyrgoma）[8]がウッドワード（Woodward）氏によって上部白亜で発見された。こうして今日我々は、第二紀の間にこの動物群が存在した証拠を豊富にもつこととなった。

古生物学者により種の全群が突然現れたように見える事例として最も強く主張されたのは真骨魚類の事例であって、これはアガシによると白亜紀のずっと下部である。この群は現存種の大部分を含んでいる。しかしあるジュラ紀と三畳紀の形態は、今日通常真骨類であると認められており、また古生代の幾つかの形態でさえ、ある権威者によって真骨類に分類されている。もし真骨類が真に北半球において白亜累層の初めに突然現れたのであったなら、それは大いに注目すべき事実であったろう。しかしそれは、同じ紀にこの種が世界の他の地域でも突然に、そして同時に発達したことが示されなければ、克服し難い困難とはならないであろう。ほとんどどんな化石魚も、赤道の南から確認されたものがないことは今さらいうまでもない。そしてピクテの『古生物学』を通読すれば、ヨーロッパの幾つかの累層で確認された種の極めて少ないことが分かるであろう。真骨魚のある少数の科は今日限られた分布範囲をもっている。真骨魚類はその昔、同様の限られた分布範囲をもっていて、ある一つの海で大いに発達した後に広く拡散したのかも知れない。また我々は世界の海が今日のように南から北まで常に自由に開いていたと想定する権利をもたない。今日でも、もしマレー諸島が陸地に変じたならば、インド洋の熱帯部分は大きな完全に閉ざされた内海となって、その中で海産動物のある大きな群が繁殖するかも知れない。そして、その中のある種が一層寒冷な気候に適応するようになってアフリカまたはオーストラリアの南方の岬を回航して他の遠い海に達するまでは、それはここに閉じ込もったままでいるであろう。

以上の考察から、また我々がヨーロッパと合衆国以外の他の地域の地質学に無知であることから、また最近十二年間の発見によって生じた古生物学上の知識の革命的変化から、私には世界中の有機的形態の変遷について断定的に主張するのは、あたかも一人の博物学者がオーストラリアのある不毛な地点に五分間上陸した後にそこの生物の数と分布を論じるのとほぼ同様に軽率なことのように思われる。

化石を含むことが知られた地層の最下層の中に類縁種の群が突然現れることについて

さらに一層深刻なもう一つの類似の困難がある。私は動物界の主要部門の幾つかに属する種が、化石を含むことが知られた岩の最下部に突然現れる様子について述べる。同じ群のすべての現存種が単一の祖先に由来することを私に確信させた論証の多くは、既知の最も初期の種にも同じ力で適用される。例えばすべてのカンブリア紀とシルリア紀の三葉虫類は、カンブリア紀のずっと以前に生存していておそらく既知の動物のどれとも大きく異なっているある一つの甲殻類から出たことを疑うことはできない。最も古い動物のあるもの、例えばオウムガイ属（Nautilus）、シャミセンガイ属（Lingula）、等はその現存種と大して違わない。そして私の理論の上からは、これらの古い種がその後に現れた同じ群に属するすべての種の祖先であったと想定することはできない。というのはそれらは形質上少しも中間的なところがないからである。

従ってもしこの理論が正しければ、最下部のカンブリア層が堆積する前に、カンブリア紀から今日までの全期間と等しいか、もしくはおそらくそれよりもはるかに永い時代が経過したこと、そしてこの長大な時代を通じて、世界が生物で充満していたことは議論の余地がない。ここで我々は一つの手強い反論に遭遇する。というのは果たして地球が生物の棲息に適当な状態で十分永く続いたかどうかが疑わしく思われるからである。W・トムソン（Thompson）卿は、地殻の固結が二千万年以内もしくは四億年以上の昔に起こったということはあり得ず、おそらく九千八百万年より近くなく二億年より遠くない昔に起こったのであろうと結論している。このような非常に幅のある制限範囲はその資料がいかに疑わしいかを示している。そして他の要素が今後この問題の中に導入されなければならないかも知れない。クロル（Croll）氏はカンブリア紀以来約六千万年を経過したと見積もっている。しかしこれは、氷河期の開始以来の生物の変化の量が小さいことから判断すると、確かにカンブリア層以来生じたはずの多くの大きな変化に対しては非常に短い時間であるように思われる。そしてそれ以前の一億四千万年も、カンブリア紀の間にすでに存在した様々な生命形態の発達に十分だとは到底見なすことができない。しかしながらウイリアム・トムソン卿が主張するように、ごく初期の時代には、世界はその物理的条件において今日よりもさらに急速で激しい変化を受けていたということは確からしい。そしてこのような変化は、当時存在した有機体にそれ相当の速度で変化を誘発させたであろう。

なぜ我々は、カンブリア系に先立つこれらの想定される最初の紀に豊富な化石含有堆積物を見出さないのかという疑問に、私は満足な答えを与えることができない。R・マーチスン（Murchison）卿を初めとする幾人かの優れた地質学者は、近頃まで、最下部のシルル紀地層の生物遺体において生命の最初の始まりを見たのであると確信していた。他の極めて有能な鑑定家、例えばライエルやE・フォーブスはこの結論に反対してきた。我々は世界のほんの一部分しか正確に分かっていないことを忘れてはならない。そんなに遠くない以前、バランド（Barrande）氏は、当時知られていたシルル系の下に、新しい特異な種に富む別のさらに低い階をつけ加えた。そして今や、さらにずっと下方の下部カンブリア累層の中に、三葉虫に富みそして種々の軟体動物や環形動物を含む地層を、ヒックス（Hicks）氏が南部ウェールズにおいて発見した。最下部の無生代の岩のあるものにさえ燐酸塩団塊や瀝青物質の存在していることは、おそらくこれらの時代における生命の徴候であろう。そしてカナダのローレンシア累層の中にエオゾーン（Eozoon）の存在することは一般に認められている。カナダのシルル系の下には三つの大きな地層統があって、その最下層の中にエオゾーンが見出される。W・ローガン（Logan）卿の記述によると、それらの『合計の厚さはことによると古生統の底部から今日までのすべての連続する岩石の合計をはるかにしのぐかも知れない。こうしてはるか遠い時代に想いをはせると、（バランドの）いわゆる始原動物相（Primordial fauna）の出現を、ある人は比較的近代の出来事と見なすかも知れない。』エオゾーンは動物のあらゆる綱の中で最も下等な生物の綱に属するが、その綱としては高等な生体構造をもっている。それは数限りなく存在した。そしてドーソン（Dowson）博士が述べたように、確かに他のやはり多数生存したに違いない微小な生物を餌食としていた。こうして、カンブリア紀よりずっと以前の生物の存在について私が一八五九年に書いた話、その後W・ローガン卿によって用いられたほぼ同じ話、の真実であることが証明された。それにもかかわらず、カンブリア系の下に化石に富んだ地層の巨大な堆積が存在しないことに対して、何らか正当な理由を示すことの困難は非常に大きい。最も古い層が浸食によって全く削り取られたり、あるいはその化石が変成作用によって完全に抹消されたということは有りそうもない。なぜならば、もしこのようなことが実際にあったとすれば、我々はそれに続く次の時代の累層の遺体をほんのわずかしか見出さなかったはずであり、そしてこれらは常に一部分変成された状態で存在したに違いないからである。しかしロシアと北アメリカにおける広大な地域にわたるシルル紀堆積物について我々がもつ記録は、累層が古いほど一層例外なくそれが極度の浸食と変成を受けたという見解を支持しない。

この問題は現在説明不可能のまま残されなければならない。そしてここに抱かれている見解に反対する正当な論拠として実際に主張されるかも知れない。それが今後何らかの説明を受ける可能性があることを示すために、私は次の仮説をあげよう。ヨーロッパと合衆国の幾つかの累層の、深海に棲息したとは思われない有機遺体の性質、そしてそれらの累層を構成する数マイルの厚さの沈積物の量から、我々は、この沈積物を供給した大きな島または陸地の広がりが終始ヨーロッパと北アメリカの現存大陸の近くにあったと推定することができる。同じ見解はその後アガシとその他の人々によって主張された。しかし我々は幾つかの連続する累層の間の間隙において、事物の状態がどんなであったかを知らないし、またヨーロッパと合衆国がこの間隙の間に乾いた陸地として存在したか、あるいは沈積物がその上に堆積しなかった陸地近くの海底表面として存在したか、あるいは広々とした底なしの海の海底として存在したかを知らない。

陸地の三倍の広さをもつ現在の海洋に眼を向けると、我々は多くの島が点在しているのを見る。しかし真の大洋島はほとんど一つとして（ニュージーランドがもし真の大洋島とよべるのであれば除く）、今までのところ古生代または第二紀のどんな累層の断片さえも供給したことが知られていないのである。それゆえ我々は多分、古生代と第二紀の間には、大陸も大陸的島も今日海洋の広がっている場所には存在しなかったと推定してよいであろう。なぜならばそれらが存在したとすれば、古生代と第二紀の累層が多分間違いなくそれらの摩耗と破損から得られた堆積物によって集積したに違いないし、またこれらは途方もなく永い紀の間に必ず起こったに違いない土地水準の昇降運動によって、少なくも部分的に隆起したに違いないからである。そこでもし、これらの事実から何かを推論するのであれば、我々は今日海洋の広がっているところには、我々が何らかの記録を有する最も遠い時代から海洋が広がっていたこと、またこれに対して今日大陸の存在するところには、カンブリア紀以来疑いもなく大きな土地水準の昇降運動を受けた広大な陸地が存在していたことを推論することができる。『珊瑚礁』に関する私の著書に添えた彩色地図から、私は海洋が今なお沈降地帯であり、大諸島は今なお土地水準の昇降運動地帯であり、そして大陸は隆起地帯であると結論した。しかし我々は事象が世界の初めからこのままであったと仮定する何の理由ももたない。今日の大陸は多くの土地水準の昇降運動の間に、隆起が優勢であったことによって形成されたように見える。しかし優勢な運動の区域は時代の経過とともに変化しなかったであろうか？　カンブリア世よりずっと前の時代には、今日海洋が広がっているところに大陸が存在していたかも知れない。また今日大陸があるところに透明で広々とした海洋が存在していたかも知れない。そしてもし、例えば太平洋の海床が今日大陸に変わったとしても、昔そこにカンブリア地層より古い沈積累層が堆積していたと想定して、我々がそれを認識可能な状態で見出すだろうと仮定することの正当な根拠をもたない。なぜならば、地球の中心のほうへ数マイルほど沈んでいて上からのしかかる水の巨大な重力によって圧しつけられていた地層が、常に表面近くにとどまってきた地層よりはるかに多くの変成作用を受けたということは十分あり得ることである。世界の若干の地方、例えば南アメリカにおける裸の変成岩の広大な区域は大圧力の下で熱せられてきたに違いなく、これらは常にある特殊な説明を要するもののように私には思われた。そして我々は多分、これらの大きな区域にカンブリア世よりずっと前の多くの累層を、全く変成、浸食された状態で見ることを信じてよいであろう。

ここで論じた幾つかの困難、すなわち——我々は我々の地質累層の中に現在生存する種と昔生存した種との間の多くの連結環を見出すが、我々はそれらすべてを緊密に結びつける無数の細かい過渡的形態を見出さないこと——種の幾つかの群がヨーロッパの累層の中に初めて現れる様子が突然であること——今日知られているところではカンブリア層の下に化石に富んだ累層がほとんど全く無いこと——はすべて疑いもなく最も深刻な性質のものである。我々はこのことを、最も優れた古生物学者すなわちキュヴィエ、アガシ、バランド、ピクテ、フォークナー、E・フォーブスらと、すべての大地質学者例えばライエル、マーチスン、セヂウィックらが、異口同音にまたしばしば熱烈に種の不変性を主張してきたという事実の中に見るのである。しかしチャールズ・ライエル卿は、今日では反対の側にその高い権威のある支持を与えている。そして大抵の地質学者と古生物学者は、彼らの以前の信念をかなり動揺させられている。地質学的記録がある程度は完全であると信じる人々は、もちろん直ちにこの説をしりぞけるであろう。私としてはライエルの比喩にならって、地質学的記録は不完全に保存された変化しつつある方言によって記された世界の歴史と見なす。この歴史の中で我々の所有するのは最後の一巻のみで、それもわずか二三の地域に関するものだけである。この巻にはここかしこに短い章が、そして各ページにはここかしこに数行が保存されているにすぎない。連続する章の中で多少異なる徐々に変化する言語の各単語は、連続的累層に埋没されていて、突然出現したように間違って見える生命形態に相当するものと考えられる。この見解に立てば、以上に論じた困難は大いに軽減され、あるいは消滅さえもする。

訳者注

(1) British mile　一英国マイル＝五千二百八十フィート

(2) Palaeozoic period　古生代のこと

(3) fathom　尋（ひろ）。一ファゾム＝六フィート

(4) geographical mile　一地理マイルは赤道における経度一分、約一・八五二キロメートル

(5) ラ・プラタ川（R. de la Plata）のこと

(6) ヒラマキガイ科ヒラマキガイ属

(7) secondary series　中生統のこと

(8) フジツボ科

(9) azoic　先カンブリア紀と同義。しかし現在は先カンブリア紀にも生物がいたことが分かっているので用いられない

(10) エオゾーンは一八六四年、Dawsonがカナダのオンタリオ州で発見した擬化石の一種。蛇紋岩とホウカイ石の同心円状互層を生物と見誤ったもの

(11) Barrandeがボヘミアの最古の化石含有層、すなわちカンブリア系の動物相に対して用いた

第十一章　生物の地史的遷移について

新種がゆっくりと連続的に出現することについて――彼らの変化の異なる進度について――一度失われた種は再現しない――種の群の出現と消滅は単一の種と同様一般的規則に従う――絶滅について――世界を通じて生命形態が一斉に変化することについて――絶滅種相互の、および絶滅種と現存種の類縁性について――古代形態の発達状態について――同一区域内の同一型の遷移について――前章および本章の摘要

ここで、生物の地史的遷移に関する幾つかの事実と法則が、種の不変性の普通の見解と最もよく一致するか、あるいは変異と自然淘汰による緩慢な段階的変容の見解と最もよく一致するかを見てみよう。

新種は陸上と水中の両方で、次から次に非常にゆっくりと出現したのである。ライエルは、第三紀の幾つかの階の場合ではこの題目に関する証拠を拒むことは到底不可能であることを示した。そして年ごとに階の間の空白が満たされ、消失形態と現存形態の間の比率がますます接近してゆく傾向にある。年数で数えればもちろん大昔に違いないが、最近の地層のあるものでは、絶滅した種は一つか二つにすぎず、また局地的に初めて現れた新種、あるいは我々の知る限りでは地球の表面に初めて現れた新種も一つか二つにすぎない。第二紀の累層はもっと途切れ途切れである。しかしブロン（Bronn）が述べているように、各累層に埋もれている多くの種の出現と絶滅は、いずれも同時に起こったのではないのである。

異なる属と綱に属する種は、同じ進度あるいは同じ程度に変化してきたのではない。第三紀の古いほうの層にも少数の現存貝類が多数の絶滅形態に混じって見出される。フォークナーは類似の事実の著しい例をあげている。すなわち現存するワニ（crocodile）はヒマラヤ山麓の堆積物において多くの絶滅した哺乳類と爬虫類の仲間入りをしているのである。シルル紀のシャミセンガイ属（Lingula）は現存

種とほとんど違っていない。しかるに他のシルル紀の軟体動物の大部分とすべての甲殻類は大きく変化している。陸上の生物は海中の生物よりも早い進度で変化したようであり、その著しい例がスイスで観察された。この規則には例外があるが、序列の高い生物は低い生物よりも早く変化すると信じられる理由がある。生物変化の総量は、ピクテが述べたように、連結するいわゆる累層のそれぞれでは同じではない。しかし任意ではあるが最も密接な関係にある累層を比較すれば、すべての種が何らかの変化を受けていることが見出されるであろう。ある種が一たび地球の表面から消滅したとき、全く同一の形態が再び出現するということを信じる理由を我々はもたない。この最後の規則に対する最も明白な例外と思われるのは、バランド氏のいわゆる『コロニー』(colonies)であって、これは一時期の間古い累層の中に侵入し、その後先在の動物相の再現を許すものである。しかしこれらはライエルの説明、すなわち地理的に別異の領域からの一時的移住の事例であるということで十分なように見える。

以上の幾つかの事実は、ある地域のすべての棲息者を突発的に、一斉に、あるいは同程度に変化させる固定した発達の法則を含まない我々の理論とよく一致する。変容の過程は緩慢に違いなく、また一般に少数の種しか同時に作用を受けないであろう。というのは各々の種の変異性は他のすべての種の変異性と無関係だからである。このような変異または個体的差異が自然淘汰をとおして大なり小なり集積され、それによって多少なりとも永久的変容をひき起こすかどうかは、多くの複雑な偶発事項——変異が有益な性質のものであること、交雑の自由、その地域の緩やかに変化する物理的条件、新しい開拓者の移住、そして変異しつつある種の競争相手である他の棲息者の性質——に依存するであろう。それゆえ一つの種が他の種よりもずっと永い間全く同一の形態のままであるからといって、あるいは変化したとしてもその変化の程度が少ないからといって驚くことはない。我々は類似の関係を異なった地域の現存棲息者の間に見出す。例えばマデイラの陸棲貝類と鞘翅目昆虫は、ヨーロッパ大陸における最も近縁なものとかなり違ってきているのに、海棲貝と鳥類は不変のままでいる。陸棲生物と高等な有機体制の生物が海棲生物と下等生物に比べて明らかに変化の進度が大きいことは、以前の章で説明したように、高等生物がその有機的無機的生活条件に対して一層複雑な関係にあることから多分理解することができる。ある区域の多くの棲息者が変容し改良されたときに、我々は競争の原則と生活闘争における生物と生物の間の最も重要な関係から、ある程度変容、改良されなかった形態が絶滅しがちであることを理解することができる。ゆえにもし十分永い時間の間隔を見るならば、なぜ同じ地区におけるすべての種が最後には変容するのかが分かる。もし変容しなければ彼らは絶滅してしまうであろう。

同じ綱の成員では、永く等しい時代の間における変化の平均量はおそらくほぼ同一であろう。しかし化石に富んだ持続的な累層の集積は、大量の沈積物が沈降する区域に堆積することによるので、今日の累層はほとんど必然的に永く不規則に断続する時間の間隔をおいて集積されたのである。従って連続した累層に埋没している化石によって示される有機的変化の総量は同じではない。この見解からすれば、各累層は新しい完全な創造を印すものではなく、絶えず徐々に変化するドラマの中からほとんど偶然に取り出された折々の一場面を印すものにすぎない。

一度消滅した種は、たとえ有機的無機的に全く同じ生活条件が再び出現しても決して再現することのない理由を、我々ははっきりと理解することができる。なぜならば一つの種の子孫が自然界の秩序における他の種の場を満たすように適応して(疑いもなくこのことは無数の例に見られる)、そしてそれに取って代わるということがあっても、二つの形態——旧形態と新形態——は全く同一ではないに違いないからである。というのは両者はほとんど確実に別な祖先から違った形質を遺伝しているに違いないし、すでに違っている生物は違った方法で変異するはずだからである。例えば、もし現在のすべてのクジャクバトが滅亡してしまったとしても、愛鳩家が今日の品種とほとんど区別のできない新しい品種を作り出すということは可能である。しかしもし母種のカワラバトも滅亡したとすれば、自然の下では祖先形態が一般にその改良子孫によって置き変えられ絶滅させられると信ずべきあらゆる理由を我々はもっているが、その場合現存の品種と全く同じクジャクバトが他の種の鳩か、もしくは何らか他の確立された飼育鳩の種族からでさえ、育成されるということは信じ難い。なぜなら連続する変異はほとんど確かにある程度違っているに違いないし、また新しくできた変種はおそらくその祖先からある形質的差異を遺伝するに相違ないからである。

種の群、すなわち属と科はその出現と消滅において単一の種と同じ一般的規則に従い、速度と程度の大小はあっても変化する。一つの群は一度消滅すると決して再現しない。すなわちその存在は、それが持続する限り連続的である。私はこの規則に対して、若干の例外と思われるものがあることを承知している。しかしその例外は驚くほど少数で、E・フォーブス、ピクテおよびウッドワードも（全員私の主張するような見解には強く反対したのであるが）この規則の真実性を認めているほどである。そしてこの規則は正確に理論と一致する。なぜならば同じ群のすべての種は、その群がどれほど永く続いていたとしても、すべては共通祖先から次から次に伝わってきた変容子孫であるからである。例えばシャミセンガイ属において、あらゆる時代に連続して現れた種は、最下層のシルル層から今日まで、途切れのない世代系列によって連結されていなければならない。

我々は前章において、種の全群が時々突然に発達したように誤って見えることを知った。そして私はもしこれが実際にあるのであれば、私の見解にとって致命的なこの事実を説明しようと試みた。しかしこのような例は確かに例外であって、一般的規則としては漸次にその数を増加して遂に群はその頂点に達し、その後早晩漸次に減少するのである。今ある属の中に含まれる種の数、またはある科の中の属の数を太さの変わる垂直線で表し、これを種が見出される連続する地質累層を貫いて上昇させたとすれば、その線は下端において、時には鋭い点ではなく突然に始まるように誤って見えることがあろう。そしてそれは上方に向かうに従って、しばしば暫時同じ太さを保ちながら次第に太くなり、そして最後に上層に至って細くなり、種の減少と終局の絶滅を示す。ある群の種の数におけるこの漸次的増加は理論と正確に一致する。なぜならば同じ属の種と同じ科の属は、徐々にそして漸次的に増加できるにすぎないからである。すなわち変容の過程と多数の近縁形態の生成は必ず緩慢な漸次的過程である。——一つの種が最初二つまたは三つの変種を生じ、これらは徐々に種に転化し、これがまた同じ緩慢な歩みによって他の変種と種を生じる、等々あたかも大樹が一本の幹から分枝するように遂に大きな群を成すのである。

絶滅について

我々は種と種の群の消滅についてはこれまでのところ附

随的に述べたにすぎない。自然淘汰の理論では、旧形態の絶滅と新しい改良された形態の生成とは緊密に結びついている。地球のすべての棲息者は連続する諸時代における大変動によって一掃されたのだという旧い考えは極めて一般的に放棄され、エリー・ド・ボーモン（Elie de Beaumont）、マーチスン、バランドらのような、その一般的見解からはこの結論に達するのが当然であるはずの地質学者によってさえ放棄された。これに対して我々は、第三紀累層の研究から、種と種の群は最初ある地点から、次に他の地点から、そして最後に世界からと順を追って漸次に消滅すると信ずべきあらゆる理由をもつ。しかしながらある少数の場合、例えば地峡の破壊によって多数の新しい棲息者が隣接の海に侵入するような、あるいは島の最後の沈降のような場合には、絶滅の過程は早くなるであろう。単一の種も種の全群も共にその継続期間は全く不等である。先に見たように、ある群は現在知られている最初期の生命のあけぼの以来今日まで存続しており、あるものは古生代の終わる以前に消滅してしまった。何らか単一の種または単一の属が存続する時間の長さを決定する固定した法則はないように見える。種の全群の絶滅は一般にその生成よりも緩慢な過程であると信ずべき理由がある。今もし、その出現と消滅を前のように太さの変わる垂直線をもって表すならば、その線は絶滅の進行を表示する上端においては、種の最初の出現と初期の増加を表示する下端においてよりも、一層緩慢に先が細くなってゆくのが見出される。もっともある場合には、第二紀の終末近くにおけるアンモナイトのように全群の絶滅が驚くほど急激であったこともある。

種の絶滅は最もわけの分からない神秘に包まれてきた。ある学者達は、個体が一定の長さの生命をもつように、種もまた一定の存続期間をもつのであるとさえ仮定した。種の絶滅について私ほど驚嘆したものはあるまい。私がラ・プラタで、マストドン（Mastodon）、オオナマケモノ（Megatherium）、トクソドン（Toxodon）、その他すべてごく最近の地質時代に現存の貝類と共存していた絶滅巨大動物の遺体と一緒に埋没していた馬の歯を発見したとき、私は実に驚いた。というのは、馬がスペイン人によって南アメリカに導入されて以来、全地域で野生化し、比類のない速度でその数を増加していることを知っているので、私は見たところこんなにも好適な生活条件の下で何がこれほど近い時代に以前の馬を絶滅させたのであろうかと自問したからである。しかし私の驚きは根拠のないことであった。オウエン教授はこの歯が、現在の馬ととてもよく似てはいるが絶滅した種のものであることにすぐ気づいた。もしこの馬がある程度稀少ではあるが現在も生存していたとしたら、博物学者はその稀少なことに何の驚きも感じなかったに違いない。なぜなら稀少はすべての地域において、あらゆる綱の莫大な数の種につきものであるからである。なぜこれこれしかじかの種が稀少であるかと問われれば、我々はその生活条件において何かが不利であるからだと答える。しかしその何かが何であるかを我々は語ることができない。仮に化石の馬が今もなお稀少種として生存しているとすれば、我々は繁殖の遅い象さえも含むあらゆる他の哺乳類からの類推と、南アメリカにおける飼育馬の帰化の歴史から、もっと有利な条件の下ではそれはごくわずかな年月の間に全大陸に繁殖したに違いないと考えたかも知れない。しかし我々は、その増加を妨げた不利な条件は何であったか、一つの偶然であったのかそれとも幾つかの偶然が重なったのか、また馬の生涯のどういう時期にどの程度それらはそれぞれ作用したのか、について語ることはできなかったであろう。もし条件が、どれほどゆっくりではあっても次第に不利になっていったとすれば、我々は確かにその事実に気づかなかったであろうが、化石馬は間違いなく次第に稀少になって遂に絶滅してしまったであろう。そしてその場は他の一層成功した競争者に奪われてしまったであろう。

　あらゆる動物の増加が気のつかない敵対作用によって絶えず抑制されること、そしてこの同じ気のつかない作用が稀少と最終的な絶滅をひき起こすのに十分であることを、常に記憶していることはいたってむずかしい。このことについての理解が非常に乏しいので、私はマストドンやもっと古い恐竜類(Dinosaurians)のような巨大動物の絶滅したことを意外なこととして驚く声をくり返しきいた。まるでただ体力だけで生活闘争に勝利が得られるかのようである。しかしそれどころか単なる大きさは、オウエンが説明したように多量の食物が必要なことから、ある場合にはかえって絶滅を早める原因となるのである。人類がインドあるいはアフリカに居住する以前に、ある原因が現存の象の引き続いての増加を妨げたに違いない。極めて有能な鑑定家フォークナー博士は、インドでは主として昆虫が象を絶え間なく悩まし、弱め、その増加を妨げているのだと信じている。そしてこれはアビシニアにおけるアフリカゾウについてのブルース（Bruce）の結論でもあった。昆虫と吸血コウモリが南アメリカの幾つかの地方における大きな帰化四足獣の存在を決定するということも確かである。

我々は第三紀の後期の累層において、多くの場合に稀少が絶滅に先行するのを見る。そしてこれは局地的、全面的のどちらでも、人間によって絶滅させられた動物についてもそうであったことを我々は知っている。私が一八四五年に発表したことをくり返していえば、種がその絶滅する前に一般に稀少になることを認めるのは——種の稀少には何ら驚かないのに、その種が存在を停止すると非常にびっくりするのは、ちょうど個人において病気が死の前兆であることを認めるのと同じであり——病気には少しも驚かないがその病人が死ぬと不思議に思い、彼は何か暴力行為によって死んだのではないかと疑うようなものである。

自然淘汰の理論は、各々の新変種と最終的には各々の新種が、その競争相手に優る幾つかの利点をもつことによって生成され維持されるという信念に基づいている。従って恵みの少ない形態の絶滅はほとんど避け難い結果である。これは飼育生物についても同じことである。少し改良された新変種が生じると、それはまずその周辺の改良の少ない変種に取って代わる。大きく改良されるとショートホーン牛のように遠くや近くに運ばれ、他の地域における他の品種の場を占領する。こうして新形態の出現と旧形態の消滅は、自然に生成されたものでも人工的に生成されたものでも、互いに相関連している。繁栄している群では、ある一定の時間内に生じた新しい種的形態の数は、ある時代においてはおそらく絶滅した古い種的形態の数よりも多かったであろう。しかし種は、少なくとも最近の地質時代の間では、無限に増加しなかったことを我々は知っている。従って近い時代に眼を向ければ、新形態の生成はそれとほぼ同数の旧形態の絶滅をひき起こしたと信じてよい。

前にも説明し実例によって例証したように、競争は一般にあらゆる点で互いに最もよく類似する形態の間で最も厳しい。それゆえ一つの種の改良変容した子孫は一般に母種の絶滅をひき起こすであろう。そしてもし多くの新形態がある一つの種から発生したならば、その種に最も近縁なもの、すなわち同じ属の種が最も絶滅し易いであろう。こうして一つの種に由来する多数の新種、すなわち新しい属は同じ科に属する古い属に取って代わることになると私は信じる。しかしある一群に属する新種が別異の群に属する種に占められていた場を奪い取って、これによってその絶滅をひき起こしたということもしばしばあったに違いない。もしこの成功した侵入者から多くの類縁形態が発生すれば、多くのものはその場を明けわたさなければならないであろう。そして共通に遺伝したある劣等性に悩むものは一般に類縁形態であろう。しかし、他の変容改良した種にその場を明けわたした種が同じ綱かあるいは別異の綱に属するかどちらであっても、これら被害者の少数は、ある特殊な生存方向に適合したり、あるいはどこか遠隔の孤立した場所に棲息していて厳しい競争を免れるところから、しばしば永い間保存されることがある。例えば、第二紀累層におけ る貝類の大属であるサンカクガイ属(Trigonia)のある種はオーストラリアの海に生存しており、また硬鱗魚類の大きなそしてほとんど絶滅した群の少数のものは、今もなお我々の淡水に棲息している。ゆえに、すでに見たように一群の完全な絶滅は一般にその生成よりも緩慢な過程である。

古生代の終わりの三葉虫類や第二紀の終わりのアンモナイトのような、全科または全目の突然の絶滅と見えるものについては、連続した累層の間にあるかもしれない長大な時間の間隙について、すでに述べたことを想起しなければならない。そしてこの間隙において多くの緩慢な絶滅があったかも知れない。その上、突然の移住または異常に早い発達によって、新しい群の多くの種が一区域を占領したとき、古い種の多くはそれに相当する急激な状態で絶滅したであろう。そしてこのようにして場を明けわたす形態は普通類縁のものであろう。なぜなら彼らは同じ劣等性を共通に分有しているからである。

このように、単一の種と種の全群が滅亡する様子は、私の見るところでは自然淘汰の理論とよく一致する。我々は絶滅に驚く必要はない。もし驚くのであれば、それは各々の種の存在が依存している多くの複雑な偶発事項を理解しているとかりそめにも想像する、我々自身の図々しさに対してでなければならない。もし我々が、各々の種は過度に増加しようとする傾向があること、そしてある抑制作用が常に働いていること、しかし我々には滅多に知覚されないこと、を寸時でも忘れるならば、自然界の秩序は全くわけの分からないものになるであろう。なぜこの種はあの種よりも個体数が多いのか、なぜこの種はある地域に帰化させることができ他の種はできないのか、に我々が正確に答えられるようになったときにこそ、我々はなぜある一つの種または種の群の絶滅を我々が説明できないかについて驚きを感じる正当な理由をもつが、それまではないのである。

生命形態が世界中でほとんど一斉に変化することについて

確かに古生物学上の発見の中で、生命形態が世界中でほとんど一斉に変化する事実ほど胸を打つものはない。例えば我がヨーロッパの白亜累層は最も違った気候の下にあり、鉱物のチョークそれ自体は一かけらも見出されない多くの遠隔の地域、すなわち北アメリカ、赤道下の南アメリカ、フエゴ諸島、喜望峰、そしてインド半島に認められるのである。というのはこれらの遠い地点では、ある地層の有機的遺体が白亜層のそれと間違いなく類似しているからである。同じ種が出現するというのではない。すなわちある場合に一つの種が全く同一なのではなく、それらが同じ科、属、および属の節に所属しており、そして時々単なる表面の彫刻のような模様といった些細な点において類似の特徴をもつのである。その上、ヨーロッパの白亜層には見出されないでそれより上か、あるいは下の累層にある他の形態が、世界のこれらの遠隔の地点に同じ順序で見出される。ロシア、西ヨーロッパ、および北アメリカの幾つかの連続する古生代累層においても、生命形態の同様の並行現象が幾人かの学者によって観察された。ライエルによれば、ヨーロッパおよび北アメリカの第三紀堆積物についても同様である。たとえ旧世界と新世界に共通する少数の化石種を全く考慮の外においたとしても、古生階と第三階における連続する生命形態の一般的並行現象はやはり明白であるに違いないし、それぞれの累層は容易に関連させられるであろう。

しかしながら以上の観察は世界の海棲生物に関したものである。遠い地点における陸上および淡水の生物が同じ並行的な状態で変化するかどうかを判断する十分な資料を我々はもたない。我々は彼らが果たしてこのように変化したかどうかを疑うこともできよう。もしオオナマケモノ、ミロドン（Mylodon）、マクラウケニア（Macrauchenia）、およびトクソドンが、それらの地質学的位置について何の報告もなしにラ・プラタからヨーロッパへ運ばれたとしたら、誰もそれらが今もすべて生存している海産貝類と共存していたことに気づかなかったに違いない。しかしこれらの異常な巨大動物はマストドンや馬と共存していたのであるから、少なくともそれらが第三階の末期の一つの階の間に生きていたことは推測されたであろう。

海棲の生命形態が世界を通じて同時に変化したといっても、この言葉を同じ年または同じ世紀に関するものと想像してはならないし、あるいはそれが極めて厳密な地質学的意味をもつと想像してさえいけないのである。今もしヨーロッパに現存するすべての海産動物と更新世（年数で測れば非常に遠い時代で氷河期の全部を含む）の間にヨーロッパに生存したすべてのものを、南アメリカあるいはオーストラリアに現存するものと比較したならば、最も熟練した博物学者でも、ヨーロッパの今日の棲息物と更新世の棲息物のいずれが南半球のものとよく似ているかをいうことは、到底不可能であるに違いない。同様にして、幾人かの極めて有能な観察家は、合衆国の現存生物はヨーロッパの今日の棲息物よりも第三階の末期の間にヨーロッパに生存していたもののほうに密接に関連していると主張している。そしてもしそうならば、現に北アメリカの海岸に堆積している化石層が、将来は幾らかそれより古いヨーロッパの層と同じに分類されることは明白である。けれども遠い将来の時代に眼を向ければ、すべての最近代の海洋累層、すなわちヨーロッパ、南北アメリカ、およびオーストラリアの上部鮮新世、更新世および厳密に近代の諸層は、ある程度類縁の化石遺体をもっていることと、より古い下層の堆積物にのみ見出される形態を含んでいないことから、地質学的意味においてはまさしく同時代のものとして分類されることはほとんど疑いない。

生命形態が世界の遠く離れた諸地方において、上述の大きな意味で同時に変化するという事実は、立派な観察者であるド・ベルヌイ（de Verneuil）とダルシアク（d' Archiac）の両氏をいたく感動させた。彼らはヨーロッパの各地における古生代の生命形態の並行現象に言及したのち次のように附言している。『もしこの奇妙な結果に心を打たれて我々が注意を北アメリカに向け、そしてそこに類似の現象の一系列を発見したとしたら、これらの種の変容、その絶滅、および新種の導入は、単なる潮流の変化あるいは多少局地的で一時的な他の原因によるのではなく、全動物界を支配する一般的法則によるものであることは確かなように思われるであろう。』バランド氏も正確に同じ趣旨の強力な意見を述べている。実際、潮流や気候やその他の物理的条件の変化を、甚だしく異なった気候の下にある世界中の生命形また彼らが経験しなければならない様々な気候に対する新種の漸次的順化に依存するので、しばしば非常に緩慢であろう。しかし時が経つうちに、優勢な形態は一般に拡散に成功し結局優勢となろう。拡散はおそらく、連続した海の海産棲息物よりも分離している大陸の陸産棲息物のほうが緩慢であろう。ゆえに我々は、実際そうであるように、海産物より陸産物のほうが変異過程における並行の度合に厳密さが少ないことを見ることができるであろう。

私の見るところでは、こうして同じ生命形態が世界中で並行的な、そして広い意味で同時的な変異過程をもつということは、新種が広く分布し変異する優勢な種によって形成されたという原則とよく一致する。こうして生じた新種は、すでに優勢であったその祖先にも優りまた他の種にも優るある利点をもっているためにそれ自身優勢であり、従ってますます広がり変異し、そして新しい形態を生成するのである。打ち負かされて、勝利を得た新しい形態にその場を明けわたす旧形態は、一般にある劣等性を共通に遺伝する類縁の群であろう。それゆえ改良された新しい群が世界中に広がるにつれて、旧群は世界から消滅する。そして形態の変異過程は、最初の出現と最後の消滅の両者においては全く意味のないことである。バランドがいったように、我々は何らかある特殊な法則に頼らなければならない。我々は生物の現在の分布を取り扱うときに、このことをもっと明瞭に知るであろう。そして様々な地域の物理的条件とその棲息者の性質との間の関係がどんなにわずかなものであるかを見出すであろう。

生命形態の変遷が世界中で並行的であるというこの大事実は自然淘汰の理論によって説明できる。新種は旧形態に優るある利点をもつことによって形成される。そしてそれらの地域ですでに優勢な形態、あるいは他の形態に優るある利点をもつ形態は、最も多数の新変種あるいは初期の種を生み出す。我々は、この題目についての明確な証拠を植物についてもっている。植物では優勢なもの、すなわち最も普通で最も広く拡散しているものが最も多数の新変種を生成する。また、すでに他の種の領域にある範囲まで侵入した優勢で変異しつつある遠くまで広がった種は、さらにもっと広がり、新しい地域で新しい変種や種を生じる最もよい機会をもつということも自然である。この拡散の過程は気候や地理上の変化に依存し、不可解な偶然に依存し、て至るところで対応する傾向をもつ。

なおこの主題に関連して述べておく価値のあることが一つある。私は、化石に富んだ大きな累層は大抵沈降の期間に沈積したこと、そして化石に関する限りでは、長期にわたる空白の間隙は海床が静止していたか隆起しつつあった期間に、また同様に沈積物が生物遺体を埋没し保存するのに十分なほど速やかに沈殿しなかった期間に、生じたことを信じる理由をあげた。これらの永い空白の間隙の間に、各地方の棲息物はかなりの量の変容と絶滅を受け、また世界の他の地方からの盛んな移住があったものと私は想像する。我々は大きな区域が同じ運動によって作用されると信ずべき理由をもっているから、厳密に同時代の累層がしばしば世界の同じ地方の非常に広大な面積にわたって集積したことは確からしい。しかし我々は、これらが常にそうであったとか、また大きな区域が常に同じ運動によって作用したとかいう結論を下す権利をどこにももっていない。二つの累層が二つの地方で、正確に同じではないがほぼ同じ時代の間に堆積したとき、我々は前の諸節で説明した原因によって、両者に生命形態の同じ一般的変遷過程を見出すであろう。しかし種は正確には対応しないであろう。というのは、一つの地方では他の地方においてよりも変容、絶滅、および移住のための時間が多かったからである。

私はこのような種類の事例がヨーロッパにあるのではないかと思う。プレストウィッチ（Prestwich）氏は、イングランドおよびフランスの始新統堆積物に関する氏の立派な研究報告において、両国の変遷する階の間に密接な一般的並行を引き出すことができた。しかし氏がイングランドのある階をフランスのそれと比較する場合、両者において同じ属に所属する種の数に奇妙な一致が見出されるにもかかわらず、種そのものは違うのであって、その違い方は二つの区域の近さを考えると――実際もし一つの地峡が、別異ではあるが同時代に存在した動物相の棲んでいた二つの海を隔てていたと仮定するのでなければ――説明が非常に困難なのである。ライエルは後期の第三紀累層のあるものについて同様の観察を行った。バランドもまたボヘミアとスカンディナヴィアの変遷するシルリア系堆積物に著しい一般的並行のあることを示している。しかしやはり種には驚くほどの量の差異を見出している。もしこれらの地方における それぞれの累層が正確に同じ時代の間に堆積したのでないならば――ある地方の累層はしばしば他の地方の空白な間隙に対応する——そしてもし両方の地方において種が幾つかの累層の集積の期間とそれらの間の永い時間の間隙を通じて徐々に変化し続けたとすれば、この場合二つの地方におけるそれぞれの累層は、生命形態の一般的変遷に一致して、同じ順序に配列されたであろう。そしてその順序は厳密に並行であるかのように誤って見えるであろう。しかしやはり種は二つの地方における外観上対応する階において全く同じではないであろう。

絶滅種相互の類縁性と現存形態の類縁性について

さて絶滅種と現存種の相互類縁性に注目しよう。すべては少数の大きな綱の中に収まる。そしてこの事実は世代継承の原則によって直ちに説明される。ある形態は古ければ古いほど、一般の規則として現存の形態と相違する。しかし、バックランド（Buckland）がずっと以前に述べたように、絶滅種はすべて今もなお存在する群の中か、あるいはそれらの中間に分類される。絶滅した生命形態が現存の属、科、および目の間の間隙を満たす助けになることは確かに真実である。しかしこの申し立てはしばしば無視され、あるいは否認さえされてきたので、この主題について若干の説明をし、また幾つかの実例をあげるのは当を得たことであろう。もし我々の注意を同じ綱の現存種か絶滅種のどちらかに限るならば、その系列は両者を一つの一般的体系に組み合わせた場合よりもはるかに不完全である。オウエン教授の書いたものの中には、絶滅動物に対して用いられる一般化した形態（generalised forms）という表現が頻繁に出てくる。またアガシの書いたものには予言的または総合的な型（prophetic or synthetic types）という表現が出る。そしてこれらの語は、このような形態が実際には中間的または連結的な環であることをほのめかしている。もう一人の著名な古生物学者ゴードリー（Gaudry）氏は、氏がアッティカ（Attica）で発見した化石哺乳類の多くが現存属の間の間隙を埋めるのに役立つことを最も際立った手法で示した。キュヴィエは反芻類と厚皮類を哺乳類の最も別異の目の二つとして分類した。しかし非常に多くの化石の連結環が掘り出されたので、オウエンは全体の分類を変更しなければならなくなり、ある厚皮動物を反芻動物と同じ亜目に入れた。例えば彼は豚とラクダの間の見かけ上広い間隙を漸次的移行によって解消する。有蹄四足獣は現在偶蹄類と奇蹄類に分けられている。しかし南アメリカのマクラウケニアはある程度までこれら二つの大きな類を結びつける。ヒッパリオンが現在の馬とある古代の有蹄形態の中間にあることを否認する人はあるまい。哺乳類の連鎖における驚異的な連結環は南アメリカのティポテリウム（Typotherium）[1]であって、これはジェルヴェー（Gervais）教授によってそれに与えられた名前の示すとおりである。これは現存のどの目にも入れられていない。海牛類（Sirenia）は哺乳類の非常に特異な一群を成していて、現存のジュゴンおよびカイギュウにおける最も著しい特性の一つは後肢が全く欠けていて痕跡さえないことである。しかし絶滅したハリテリウム（Halitherium）は、フラワー教授によれば、『骨盤におけるはっきりした輪郭をもつ関節陥に関節接合している』骨化した大腿骨をもっていた。こうしてそれは、カイギュウが他の点では類縁関係にある通常の有蹄四足獣に幾らか近接する。鯨類はすべての他の哺乳類と甚だ違っているけれども、若干の博物学者によって独立の一目を成すものとされている第三紀の原鯨（Zeuglodon）とスクアロドン（Squalodon）は、ハクスリー教授によって疑いもなく鯨類であり『水棲食肉類への連結環を構成するもの』と考えられている。

鳥類と爬虫類の間の広い間隙でさえ、一方ではダチョウと絶滅した始祖鳥（Archeopteryx）により、他方では恐竜類——あらゆる陸棲爬虫類中最も巨大なものを含む群——の一つであるコンプソグナッス（Compsognathus）により、全く思いがけない方法で部分的に橋渡しされることが上記の博物学者によって示された。無脊椎動物については並ぶ者のない高い権威者であるバランドは、古生代の動物は確かに現存の群の中に入れられるのであるが、この古い時代には諸群は今日のように判然とは分離していなかった、ということを日々教えられていると断言している。

若干の著述家達は、何らかの絶滅種または種の群をどれか二つの現存種または種の群の中間のものと見なすことに反対している。この語が、ある絶滅形態はそのあらゆる形質において直接に二つの現存形態または群の中間にあるという意味ならば、この反対もおそらく正当であろう。しかし自然分類では多くの化石種は確かに現存種の中間に、そしてある絶滅属は現存属の中間にあり、別異の科に属する属の中間にさえ位置している。最も普通の場合、特に魚類と爬虫類のような非常に離れた群に関しては、仮にそれらが今日二十の形質によって識別されるとすると、古代のものはそれより幾らか少ない数の形質によって区別されるように見える。従って二つの群は以前には現在よりも幾らか相互に近似していたのである。

形態の古いものほどその形質の幾つかが、現在大きく分けられている群を互いに結びつける傾向をもつということは普通に信じられている。この見方はもちろん、地質時代の経過の中で多くの変化を受けてきた群に範囲を限定しなければならない。そしてこの命題の真実性を証明することは困難であるに違いない。というのは時々レピドシレン(Lepidosiren)のような現存動物さえ、非常に離れた群のほうに向かう類縁性をもつことが発見されるからである。とはいえ、もし古代の爬虫類と両棲類、古代の魚類、古代の頭足類、および始新世の哺乳類を、同じ綱のもっと近代の成員と比較するならば、我々はこの見方に真理があることを認めなければならない。

以上の幾つかの事実と推論がどこまで変容を伴う継承の理論と一致するかを見よう。この主題は幾らか複雑であるから、私は読者に第四章の図に戻ってもらうことを願わなければならない。番号のついたイタリックの文字は属を表し、それから分岐する点線はそれぞれの属の種を表すものと仮定しよう。この図はあまりに簡単すぎて極めて少数の属、極めて少数の種しかあげられていないが、それは我々にとって重要ではない。水平線は連続する地質累層を表し、一番上の線の下のすべての形態は絶滅したものと見なされる。三つの現存属a^{14}、q^{14}、p^{14}は一つの小さい科を形成し、b^{14}とf^{14}は近縁の科または亜科を、o^{14}、e^{14}、m^{14}は第三の科を形成する。これらの三科は、祖先形態（A）から分岐するそれぞれの系統線の上の多くの絶滅属と合わさって一つの目を形成するであろう。なぜならすべてはそれらの古代の祖先からあるものを共通に遺伝してきたからである。この図によって前に例証した形質の分岐への連続的傾向の原則から、ある形態は新しければ新しいほど一般にその古代の祖先からもっと相違しているであろう。これによって我々は最も古い化石が現存形態と最も違っているという規則を理解することができる。けれども形質の分岐は必然的なものと想像してはならない。それはもっぱら、一つの種からの子孫がこれによって自然界の秩序において多くの違った場を占有できるということにかかっている。それゆえ、あるシルル紀の形態の場合に見たように、種がわずかに変わった生活条件に関連してわずかに変容し続け、そしてそれにもかかわらず長大な期間を通じて同じ一般的特性を保持するということも十分可能なのである。これは図において文字F^{14}で表されている。

（A）に由来するすべての絶滅と現世の形態は前述のように一つの目を形成する。そしてこの目は絶滅と形質の分岐の連続的効果により、幾つかの亜科と科に分かれてきたのであって、それらのあるものは異なる時期に滅亡し、またあるものは今日まで続いたと想像される。

この図を見て分かることは、もし連続する累層に埋まっていると想定される絶滅形態の多くがこの統の下方の幾つかの点で発見されたならば、一番上の線にある三つの現存の科は相互の独自性が少なくなるに違いないということである。例えばもし属a^{1}、a^{5}、a^{10}、f^{8}、m^{3}、m^{6}、m^{9}が発掘されたならば、右の三科は非常に密接に連結されるので、それらは多分、反芻類とある厚皮動物について起こったのとほぼ同じ状態で、一つの大きな科に統合されなければならないであろう。とはいえ、三つの科の現存属をこうして結び合わせる絶滅属を中間者と見なすことに反対した人も部分的には正しかったとしてよいであろう。なぜならこれらは直接にではなく、ただ多くの大きく異なった形態をとおしての長い回り道によって中間者であるにすぎないからである。もし多くの絶滅形態が中央部の水平線すなわち地質累層の一つより上——例えば第VIの上——で発見されるが、この線から下では一つも発見されないとすれば、二つの科（左側にあるa^{14}等とb^{14}等）だけが一つに統合されるはずである。そして二つの科が残り、それらは化石の発見以前よりも相互の独自性が少ないに違いない。同様にもし最上線における八つの属（a^{14}からm^{14}まで）から成る三つの科が互いに六つの重要な形質によって相違していると仮定すれば、VIと記された時代に存在した科は、確かにもっと少ない数の形質によって互いに相違していたであろう。なぜならそれらはこの継承の早い段階ではそれらの共通祖先からの分岐の程度が少ないからである。こうして古代の絶滅属はしばしば形質上、多かれ少なかれそれらの変容子孫または傍系親族の中間者であることになる。

自然の下ではその過程は図に表されているよりもはるかに複雑になっているであろう。なぜなら群の数がもっと多いからである。それらの持続時間は極度に不等な長さであり、そしてその変容も様々であろう。我々は地質学的記録の最後の一巻を、しかも非常に途切れ途切れの状態で所有しているにすぎないから、我々には稀な場合を除き、自然分類法における広い間隙を満たし、それによって別異の科または目を統合することを期待する権利がない。我々が期待する権利をもつのは、既知の地質時代の範囲内で多くの変容を受けた群が、古い累層において相互にわずかな接近を示すはずだということ、従って古い成員は、それらの形質の幾つかで同じ群の現存の成員よりも相互の差異が小さいはずだということである。そしてこのことは、我々の最高の古生物学者の一致した証言ではしばしばそのとおりなのである。

こうして、変容を伴う継承の理論によって、絶滅した生命形態の相互類縁と現存形態との相互類縁に関する主な事実は十分に説明される。そしてこれは他のどんな見解によっても全く説明できないのである。

この同じ理論により、地球の歴史におけるある一つの大きな時代を通じて、動物相は一般的形質においてそれに先立つものと続くものとの中間にあることは明白である。こうして図における系統の第六の大きな段に生存したものの変容子孫であり、第七段でさらに

一層変容したものの先祖である。従ってそれらは形質上、上下の生命形態のほぼ中間でないということはほとんどあり得ない。我々はしかし、若干の先行形態の完全な絶滅と、ある一つの地方では他の地方からの新形態の移住、そして連続する累層の間の永い空白の間隙における大量の変容を考慮していなければならない。これらの許容範囲を条件とすれば、各々の地質時代の動物相が形質上先行と後続の動物相の中間にあることは疑いない。一つの実例をあげるだけで事足りよう。すなわちデヴォン系の化石は、この系が最初に発見されたとき直ちに古生物学者によって形質上上層の石炭系と下層のシルル系の化石の中間にあることが認められたのである。しかし時間の様々な間隙が連続する累層を経過したのであるから、各動物相は必ずしも正確に中間ではない。

各時代の動物相が全体として形質上先行と後続の動物相のほぼ中間にあるという説の真実性は、ある属がこの規則に対する例外を提供するという異議によって実際上少しも傷つけられるものではない。例えばマストドンと象の種はフォークナー博士によって二つの系列——第一にはそれらの相互類縁により、第二にはそれらの存在の時代によ

三三六

――に配列されたとき、その配列が一致しないのである。形質上極端な種が最古のまたは最新のものではなく、また形質上中間のものが時代の中間にあるのでもない。しかし仮にこの場合と他の同様の場合において、種の最初の出現と消滅の記録が、実際にはそんなことはないが、完全であったとすると、我々は次々に生成される形態が必ずそれに相当する時間の長さだけ存続すると信ずべき理由をもたない。非常に古い形態が時折、他の場所でその後に生成された形態よりずっと永く続いたかも知れない。特に離れた地区に棲む陸棲生物の場合には可能性が大きい。大型動物に対して小型動物のことを考えて見ると、もし飼育鳩の主な現存と絶滅の品種を類縁の順に配列したならば、この配列はそれらの生成の時間の順序と密接には一致せず、それらの消滅の順序とはもっと一致しないであろう。なぜなら原祖のカワラバトは今も生存しており、カワラバトと伝書鳩との間の多くの変種は絶滅した。そして背の長さという重要な形質において極端な状態にある伝書鳩は、この点において系列の反対の端にある短顔宙返り鳩より早く生じたからである。

中間の累層からの生物の遺体は形質上ある程度中間的であるという説と密接に結びつくのは、連続する一つの累層からの化石は二つの遠く隔たった累層からの化石よりも相互の関係がはるかに密接である、というすべての古生物学者によって力説された事実である。ピクテは周知の一例として、白亜累層の幾つかの階層からの生物の遺体が、種は各階層ごとに別異であるにもかかわらず一般的に類似していることをあげている。これが一般的であるために、この事実だけでピクテ教授はその種の不変性の信念に動揺を来したらしい。地球上の現存種の分布に精通している人は、密接に連続している累層における異なった種が緊密に類似していることを、古代の区域の物理的条件がほとんど同じ状態のままであったことで説明しようとはしないであろう。生命形態が、少なくとも海に棲息する生命形態が世界中で、従って最も異なる気候と条件の下で、ほとんど同時に変化したことを思い出そう。全氷河期を含む更新世の間の気候の驚くべき変動を考慮し、そして海の棲息物の種的形態の受けた影響がどんなに小さかったかに注目しよう。

継承の理論に立てば、密接に連続する累層からの化石遺体が、別異の種として分類されるにもかかわらず、緊密に関連していることが十分な意味をもつことは明らかである。

各累層の集積はしばしば中断され、累層の連続の間に永い空白の間隙が介在したのであるから、我々は、前章で示そうとしたように、ある一つあるいは二つの累層において、これらの時代の最初と最後に現れた種の間にすべての中間的変種を見出すことを期待してはならない。しかし我々は、年数で測れば非常に長いが地質学的には普通の長さにすぎない間隙の後で、密接に類縁な形態、あるいはある学者達のよぶように対応類似の種を見出すはずである。そして確かにこれらは見出されるのである。手短かにいえば、我々は種的形態のゆっくりとしたほとんど知覚できないような変異について、当然期待してよいような証拠を見出すのである。

現存形態と比較した古代形態の発達状態について

我々は第四章において、成熟に達したときの生物における部分の分化と特殊化の程度は、それらの完成または高さの程度の最良の規準であることを見た。我々はまた、部分の特殊化は各生物にとって有利であるから、自然淘汰は各生物の生体構造をより一層特殊化し、完全にし、そしてこの意味でより高等なものにする傾向があるということを見た。もちろん単純で改良されない構造をもつ多くの生物を単純な生活条件に適合したままで放置し、ある場合には生物体を退化または簡略化することもないとはいわないが、しかしやはりこのような退化した生物も、それらの新しい生き方に一層よく適合しているのである。もう一つのもっと一般的な方法は、新種が彼らの先祖より優ったものになることである。彼らは生活闘争において、強力な競争相手であるすべての旧形態を打ち負かさなければならないのである。それゆえ、我々は次のように結論することができる。もしほとんど同じ気候の下で世界の始新世の棲息物が現存の棲息物と競争する状態に置かれたならば、前者は後者によって打ち負かされ絶滅するに違いないし、同様に第二紀の形態は始新世のものに、古生代のものは第二紀のものに打ち負かされ絶滅するに違いない。従って生活闘争に勝利を得たというこの根本的な検証により、同様に器官の特殊化の規準により、自然淘汰の理論上近代の形態は古代の形態よりも高等であるはずである。実際にそうであろうか？大多数の古生物学者の答えは肯定的であろう。そしてこの答えは、証明は困難であるけれども真実として認められなければならないように思われる。

ある腕足類（Brachiopods）が極めて遠い地質時代からわずかしか変容していないこと、またある陸棲と淡水棲の貝類が、知られている限りでは最初の出現のとき以来ほぼ同じ状態でとどまっていることは、この結論に対して有力な異議ではない。有孔虫類(Foraminifera)が、カーペンター(Carpenter)博士の主張したように、ローレンシア世に遡ってさえ生物体として進歩していないということは、克服し難い困難ではない。なぜならある生物は簡単な生活条件に適合したままでとどまっていなければならず、実際下等な生体構造の原生動物（Protozoa）よりもこの目的によく適合したものがあるであろうか？　上述のような異議は、私の見解が生物体の進歩を必然的条件として含んでいたならば致命的であろう。同様に、例えば上記の有孔虫類がローレンシア世の間に、あるいは上記の腕足類がカンブリア累層の間に初めて出現したことを証明することができたとしたら、やはり致命的であろう。なぜならこの場合には、これらの生物がその当時到達していた標準にまで発達する十分な時間がなかったからである。自然淘汰の理論の上では、ある与えられた点まで進歩したとき、彼らがそれ以上に進歩を続ける必要はないのである。もっとも彼らは各々の連続する時代の間、彼らの条件の軽微な変化に関連して彼らの場を保持できるように、軽度に変容しなければならない。上述の異議の当不当は、どんなに世界が古く、またどの時代に種々の生命形態が初めて現れたかを我々が本当に知っているかどうかにかかっている。そしてこれはおそらく十分に反論できるであろう。

生物体が全体として進歩したかどうかという問題は、多くの点で極度に複雑な問題である。すべての時代に不完全な地質学的記録は、世界の既知の歴史の範囲内で生物体が著しく進歩したことを間違いのない明瞭さで示すのに十分なほど古代まで遡っていない。今日でさえ、同じ綱の成員を比べた場合、博物学者はどの形態を最高のものとして位置づけるべきかについて意見が一致していない。例えばある学者は軟骨魚類すなわち鮫類を、それらが構造の若干の重要な点で爬虫類に近似しているところから最高の魚と見なし、他の学者は硬骨魚類を最高と見なす。硬鱗魚類は軟骨魚類と硬骨魚類の中間にある。後者が今日では数において大いに優勢である。しかし以前には軟骨魚類と硬鱗魚類だけが存在した。そしてこの場合、高さの規準の選び方によって魚類は生物体として進歩したとも退歩したともいえる。別異の型の成員を高さの序列で比較しようとするのは見込みのないことのように思われる。コウイカがミツバチ――偉大なフォン・ベール（Von Baer）が『実際、型こそ違うが、魚よりも高等な生体構造をもっている。』と信じた昆虫――より高等であるかどうかを誰が決定できようか？生活のための複雑な闘争においては、自分が属する綱の中ではそれほど高等でない甲殻類が、最高の軟体動物である頭足類を打ち負かすということも十分信じられる。そしてこのような甲殻類は高度に発達したものではないが、もしすべての試練の中で最も決定的なもの――戦いの法則――によって判定すれば、無脊椎動物の序列の中で非常に高い位置を占めることになろう。どの形態が生物体として最も進歩しているかの決定についてのこのような本来的な困難の外に、我々はある二つの時代の一つの綱の最高の成員だけを比較しなければならないのではなく――疑いもなくこれは比較考量の算出における一つの、そしておそらく最も重要な要素ではあるが――我々は二つの時代における高低すべての成員を比較しなければならないのである。古代には最高と最低の擬軟体動物(2)（molluscoidal animal）すなわち頭足類と腕足類はおびただしい数に上った。現在では両群は大いに減少し、その代わり生物体として中間の他のものが非常に増加した。従ってある博物学者は、軟体動物は以前には現在よりも高度に発達していたと主張する。しかし反対の立場から一層有力な立証がなされる。すなわちそれは腕足類の非常な衰退と、現存の頭足類が数は少ないけれどもそれらの古代の対応類似種より高い生体構造をもっている事実の考察によってである。我々はまた、ある二つの時代において、世界中の高等な綱と下等な綱の相対的比率を比較しなければならない。例えばもし今日五万種類の脊椎動物が存在し、そして昔のある時代には一万種類しか存在しなかったことが分かったとすれば、我々は、下等な形態との大量の置き換えを意味するこの最高の綱の数の増加を、世界の生物体における決定的な進歩と見なさなければならない。こうして我々は、このような極度に複雑な関係の下で、連続する時代の不完全にしか分かっていない動物相の生体構造の規準を、完全に公平に比較することがいかに絶望的な困難であるかを知る。

我々はある現存の動物相と植物相に注意することによって、この困難を一層明白に察知するであろう。ヨーロッパの生物が最近ニュージーランドに広がって、以前には土着の生物によって占められていたはずの場を奪い取った驚くべき状態から見て、我々はもし英国のすべての動植物がニュージーランドに放たれたならば、多数の英国の形態が、時が経つにつれてすっかりそこに帰化し、土着の多くを絶滅させると信じなければならない。これに対して、南半球の棲息物がヨーロッパのどの地区にでもほとんど一つとして野生になっていない事実から、我々はたとえニュージーランドのすべての生物が英国に放たれたとしても、果たして相当数が現在我々の土着の植物と動物によって占められている場を奪い取ることができるかどうかを十分疑うことができる。この見地からすれば、英国の生物はニュージーランドの生物よりも序列においてずっと高等である。それにもかかわらず、最も熟練した博物学者でも二つの国の種の調査からこの結果を予測することはできなかったであろう。

アガシと他の幾人かの非常に有能な鑑定家は、古代の動物は同じ綱に属する現世の動物の胚にある程度似ていること、また絶滅形態の地質学的遷移は現存形態の胚発生とほぼ並行していることを主張している。この見解は実に見事に我々の理論と一致する。後の章で私は、成体がその胚と違っているのは変異が初期段階でないときに発生し、それに対応する成長期に遺伝したためであることを示すであろう。この過程は胚をほとんど不変のままにしておくが、成体には世代の経過とともに絶えずより多くの差異を付け加える。こうして胚は、自然によって保存された昔の変容の少ない状態の種の、一種の画像として残されることになる。この見解は真実であろうが、しかし証明することは決してできないであろう。例えば既知の最古の哺乳類、爬虫類、および魚類が、それらの古い形態のあるものでは今日の同じ群の典型的成員よりも相互の差が幾らか少ないけれども、やはりそれらの固有の綱に厳密に所属しているのを見れば、脊椎動物に共通の発生学的形質をもった動物を求めることは、最下のカンブリア系地層のはるか下に化石に富んだ層が発見されるまでは——このような発見の機会は小さい——無駄であろう。

第三紀後期の間の、同じ区域内における同一型の変遷について

クリフト(Clift)氏は大分以前に、オーストラリアの洞穴

からの化石哺乳類が同じ大陸の現存有袋類と密接に類縁であることを示した。南アメリカでも同様の相関関係が、ラ・プラタの幾つかの地方で見出された。アルマジロのような鎧の巨大な破片は、訓練を受けていない人間の眼にさえ明らかである。またオウエン教授は、そこに埋まっている化石哺乳類の大抵のものが南アメリカの型に関連していることを最も際立った方法で示した。この相関関係はラン（Lund）とクローザン（Clausen）の両氏によってブラジルの洞穴で行われた化石骨の驚くばかりの収集をみればもっとはっきりする。私はこれらの事実に深く心を動かされた結果、一八三九年と一八四五年にこの『型の変遷の法則』――『同じ大陸における死滅したものと現存のものとの間の驚くべき相関関係』――を主張した。オウエン教授はその後、旧世界の哺乳類に同じ概念を拡張した。我々はこの著者のニュージーランドの絶滅した巨鳥の復元図で同じ法則を見る。我々はまたブラジルの洞穴の鳥類でもそれを見る。ウッドワード氏は同じ法則が海産貝類にも当てはまることを示したが、大抵の軟体動物は分布が広いのでこれらではよく分からない。マデイラの絶滅と現存の陸産貝類の間の関係、またアラル・カスピ海での絶滅と現存の半塩水産貝類の間の関係のような他の事例が附け加えられよう。

さて、同一区域内における同一型の変遷というこの注目すべき法則は何を意味するのであろうか？　同じ緯度の下にあるオーストラリアと南アメリカの各地の現在の気候を比較した後に、一方では物理的条件の違いによってこれら二大陸の棲息物の違いを説明しようとし、他方では条件の同似性によって第三紀の後期の間の各大陸における同一型の一様性を説明しようとする人があれば、それは図々しい人であろう。また有袋類が主に、あるいはもっぱらオーストラリアにだけ生成されたのだとか、貧歯類と他のアメリカ型が南アメリカだけに生成されたのだとかということを、不変の法則であると主張することもできない。なぜならば我々はヨーロッパに昔多数の有袋類が棲んでいたことを知っているからである。また私は、前に引用した出版物の中で、アメリカでは陸棲哺乳類の分布の法則が昔と今とでは違っていたことを示した。北アメリカは、以前にはその大陸の南半分の現在の形質を強く分け持っていた。そして南半分は、以前には現在よりも北半分と一層近縁であった。同様にして我々はフォークナーおよびコートリー（Cautley）の発見により、北部インドが、以前には現在以上にその哺乳類においてアフリカに密接に関連していたことを知っている。相似の事実が海産動物の分布に関してあげられよう。

変容を伴う継承の理論に立てば、同一区域内の同一型の、不変ではないが永く続く変遷の大法則は直ちに説明される。なぜなら世界の各地帯の棲息物は、明らかに次に続く時代の間にその地帯へ、ある程度変容してはいるが密接な類縁性をもつ子孫を遺す傾向をもつからである。もし一大陸の棲息物が昔他の大陸の棲息物と非常に違っていたとすれば、それらの変容子孫もやはりほぼ同じ状態と程度で違っているであろう。しかし非常に永い時間の間隙の後と、多くの移住を可能にする大きな地理的変化の後には、虚弱なものは優勢な形態に屈服することになり、生物の分布には何ら不変なものは存在しないであろう。

昔南アメリカに棲んでいたオオナマケモノと他の類縁の巨大動物が、ナマケモノ、アルマジロ、およびオオアリクイを彼らの退化した子孫として後に遺した、と私が想像しているのかどうかを嘲笑のうちに質問する人があるかもしれない。こんなことは寸時も認められるはずはない。これらの巨大な動物は完全に絶滅して子孫を遺さなかったのである。しかしブラジルの洞穴には、南アメリカに今も生きている種と大きさやすべての他の形質において密接に近縁である多くの絶滅種がある。そしてこれらの化石のあるものは、現存種の実際の先祖であったかも知れない。忘れてはならないことは、我々の理論では、同じ属のすべての種はある一つの種の子孫であるということである。従ってもし各々八つの種をもつ六つの属がある地質累層に発見され、そしてそれに続く累層には各々同数の種をもつ六つの別な類縁の、あるいは対応類似の属があるとすれば、我々は次のように結論してよい。すなわち一般に古い属のそれぞれ一つの種だけが、幾つかの種を含む新しい属を構成する変容した子孫を遺したのであって、各々の古い属の他の七つの種は死滅して子孫を遺さなかったのである。あるいは、このほうがはるかに普通の場合であろうが、六つの古い属の中の二つあるいは三つの属における二つあるいは三つの種が新しい属の祖先となり、他の種や他の古い属は全く絶滅したのであろう。南アメリカの貧歯類(Edentata)の場合のように、属と種の数が減少し衰退してゆく目では、変容した血縁の子孫を遺す属と種はさらに少数であろう。

前章および本章の摘要

私が示そうと試みたのは次のようなことである。すなわち地質学的記録は極めて不完全であること。地球のほんの一部分だけが地質学的に注意して踏査されたにすぎないこと。生物の一部の綱だけが化石状態で豊富に保存されたこと。我々の博物館に保存されている標本の数と種の数は、いずれも一つの累層の間に過ぎ去ったはずの世代の数に比べてさえ全く無に等しいこと。多種類の化石種に富み、かつ将来の削剥作用の後まで残るほど十分に厚い堆積物が集積するためには沈降がほとんど必然であるので、我々の連続する累層の大部分の間には永い時間の間隙があったはずであること。沈降の期間にはおそらくより多くの絶滅があり、隆起の期間にはより多くの変異があり、そして後者の期間には記録は最も不完全に保存されたということ。それぞれの単一な累層は続けざまに堆積したのではないこと。各累層の持続期間はおそらく種的形態の平均持続期間に比べて短いこと。ある一つの区域と累層に新形態が最初に現れるには移住が重要な役割を演じたこと。広く分布している種は最も頻繁に変異し、また最も頻繁に新種を生じた種であること。変種は最初局地的であったこと。そして最後に、各々の種は多くの過渡的段階を経てきたに相違ないのであるが、各々が変容を受けた期間は年数で測れば長大であるにしても、各々が不変の状態でとどまった期間に比べればおそらく短かったということ、である。これらの原因を一緒にすれば——多くの連結環を見出してはいるのだが——なぜすべての絶滅と現存の形態を最も微細な漸次的移行段階によって結び合わせる中間的変種を見出さないかは、大部分説明されるであろう。なお常に念頭に置かなければならないことは、二つの形態の間にある連結的な変種が見出されるかも知れないが、それは全体の連鎖が完全に復元されない限り、新しい別異の種として位置づけられるであろうということである。なぜなら我々は、種と変異を識別する確かな規準をもっているとはいえないからである。

地質学的記録が不完全であるという見解を受け入れない人は、当然理論全体を受け入れないであろう。なぜなら彼は、同じ大きな累層の連結する階層に見出された近縁の、あるいは対応類似の種を以前は連結したに違いない無数の過渡的連結環はどこにあるか?と尋ねても無駄であるからである。彼は我々の連続する累層の間に経過したはずの長大な時間の間隙を信じないであろう。彼はある一つの大きな地方、例えばヨーロッパの累層を考察するとき、移住がどんなに重要な役割を果たしたかを見逃すであろう。彼は種の全群の外見上の、しかししばしば誤ってそう見える突発的出現に固執するであろう。彼は、カンブリア系が堆積するはるか以前に存在したはずの無数の生物の遺体はどこにあるか？と尋ねるであろう。我々は今日、少なくとも一動物が当時存在していたことを知っている。しかし私はこの最後の問には次のように想定することによってのみ答えることができる。すなわち、大洋は現在広がっているところに莫大な期間広がっていたのであり、また昇降運動をする大陸が現在横たわっているところには、それらはカンブリア系の最初から横たわっていたこと、しかしこの時期のずっと以前には世界は大きく異なった様相を呈していたこと、そして我々が知っているどんな累層よりも古い累層から成る古い大陸は、今日変成された状態の断片としてのみ存在するか、あるいは今も大洋の下に埋もれて横たわっていることとである。

これらの困難を通過すれば、古生物学上の他の主要な大事実は、変異と自然淘汰をとおしての変容を伴う継承の理論と見事に一致する。こうして我々は、新種がゆっくりと連続的に生じる理由、異なる綱の種が必ずしも一緒に、あるいは同じ進度、同じ程度に変化しない理由、しかし結局はすべてがある程度の変容を受ける理由、を理解することができる。旧形態の絶滅は新形態の生成から生じるほとんど不可避の結果である。我々はなぜ種が一度消滅した場合決して再現しないかを理解することができる。種の群は徐々にその数を増し、そして持続期間は各々同じではない。というのは変容の過程は必然的にゆっくりであり、また多くの複雑な偶然に依存するからである。大きな優勢な群に属する優勢な種は多くの変容子孫を遺す傾向があり、これらの子孫は新しい亜群と群を形成する。それに伴って活力の少ない群の種は共通祖先から遺伝した劣等性のために絶滅してゆく傾向があり、また地球上に変容子孫を遺さない傾向がある。しかし種の全群の完全な絶滅は時にはゆっくりとした過程であった。それは少数の子孫が保護隔離された場所に、いつまでもだらだらと生存しているためである。ある群が一たび完全に消滅した場合それは再現しない。すなわち世代の連結環が破壊されたのである。

我々は、広く拡散し変種の最大多数を生じる優勢な形態が、世界を類縁の、しかし変容した子孫で満たす傾向をもつ理由を理解することができる。そしてこれらの子孫は一般に、生存闘争において劣っている群に取って代わることに成功するであろう。それゆえ永い時間の間隙の後には、世界の生物は同時に変化したように見えるのである。

我々は古代と近代のすべての生命形態が、全体として少数の大きな綱を形成する理由を理解することができる。我々は形質の分岐への絶え間ない傾向から、なぜ形態が古いと一般的により大きく現存のものと異なるかということ、なぜ古い絶滅した形態はしばしば現存形態の間の空白を、時には以前に別異のものとして分類された二つの群を一つに融合することにより、しかしもっと普通にはそれらを少しばかり接近させることにより、満たす傾向をもつかということ、を理解することができる。形態は古ければ古いほど一層頻繁に、現在別異である群の間のある程度中間の位置に立つ。なぜなら形態は古ければ古いほど、そこから広く分岐してきた群の共通祖先と一層近い関係にあり、従ってそれと類似しているからである。絶滅形態が現存形態の直接の中間者であることは稀であり、他の絶滅した異なった形態をとおしての遠い回り道によって中間者であるにすぎない。我々はなぜ密接に連続する累層の生物の遺体が、緊密に類縁であるかを明らかに知ることができる。なぜなら彼らは世代連続によって密接に結びついているからである。我々はなぜ中間の累層の遺体が形質上中間であるかを明らかに知ることができる。

世界の棲息物はその歴史において、連続する各時代に彼らの前任者を生存競争で打ち負かしたものであり、そしてその限りでは序列において一層高い位置を占めており、彼らの構造は一般に一層高度に分化してきている。そしてこのことは、生物体は全体として進歩したという多くの古生物学者のもっている共通の信念を説明するものである。絶滅した古代の動物は同じ綱に属する一層近代の動物の胚にある程度まで似ている。そしてこの驚異的な事実は、我々の見解に従って簡単に説明できる。後期の地質時代の間における同一区域内の同型の構造の変遷は神秘でなくなっており、遺伝の原則によって理解できる。

そしてもし地質学的記録が多くの人の信じるように不完全であり、そして記録がそれよりずっと完全であることを証明できないことが少なくとも断言されるならば、自然淘汰の理論に対する主要な反論は大きく減少するかあるいは消滅する。他方、私の見るところでは、古生物学のすべての主要法則は明らかに次のことを宣言している。すなわち種は、旧形態が『変異』と『適者生存』の産物である新しい改良された生命形態に取って代わられながら、通常の世代連続によって生成されたものである。

訳 者 注

(1) 南アメリカの洪積世にいた南蹄目(絶滅した南アメリカの有蹄類の一目)の哺乳類。典型動物の意味

(2) 現在は、頭足類は軟体動物、腕足類は触手動物に入り、擬軟体動物は触手動物のことである

第十二章　地理的分布

現在の分布は物理的条件の差異によって説明することはできない——障壁の重要性——同一大陸の生物の類縁性——創造の中心——気候と陸地の水準の変化および偶然的方法による拡散の方法——氷河時代の間の拡散——北と南とで交替する氷河時代

地球の表面を覆う生物の分布を考察して、我々の心を打つ最初の大きな事実は、様々な地方の棲息物の類似と相違はいずれも気候やその他の物理的条件によっては全く説明できないということである。近年、この主題を研究したほとんどすべての学者はこの結論に達した。アメリカの例だけでもこれの真実性を証明するのにほとんど十分であろう。というのは、北極地方と北部温帯地方を除けば、あらゆる学者は地理的分布における最も基本的な区分の一つが新世界と旧世界の間であることに同意している。しかし広大なアメリカ大陸を合衆国の中央部からその南端の地点まで旅行すると、我々は実に千差万別の条件に遭遇する。湿潤地帯、乾燥砂漠、そびえ立つ山岳、大草原、森林、湿地、湖、および大河がほとんどあらゆる気温の下にある。旧世界の気候または条件で新世界のそれと——少なくとも同じ種が一般に要求する程度に密接に——並行関係にないものはほとんどない。もちろん旧世界には新世界のどこよりも暑い小区域を指摘することはできる。しかしこれらの区域には周辺の地帯と違う動物相は棲息していない。それは、生物の一群がわずかばかりの程度他と異なった条件をもつ小区域に限って見出されるということは稀だからである。新旧両世界の条件におけるこの一般的並行にもかかわらず、それらの現存生物の何と大きく違っていることか！

南半球においてオーストラリア、南アフリカ、および南アメリカ西部の緯度二十五度と三十五度の間の広大な土地を比較すると、我々はすべての条件で極めて相似の地区を見出すが、それにもかかわらずこれ以上に全く不同である三つの動物相と植物相を指摘することは不可能であろう。あるいはまた、南アメリカの緯度三十五度以南の生物を二十五度以北の生物と比較してもよい。これらは十度にわたる空間で隔てられており、相当違った条件にさらされているわけである。しかしこれらは相互に、ほぼ同じ気候の下にあるオーストラリアまたはアフリカの生物に対してとは比較にならないほど密接に関連している。類似の事実は海の棲息物についてもあげることができる。

我々の一般的論評において我々の心を打つ第二の大きな事実は、何らかの種類の障壁、すなわち自由な移住に対する障害物が様々な地方の生物の間の差異と密接で重要な方法で関連していることである。我々はこのことを、新旧両世界のほとんどすべての陸棲生物における大きな差異に見る。ただし北方の地域は例外で、そこでは陸地がほとんど接続しており、またわずかに違う気候の下で、温帯北部の形態の自由な移住が、現在厳密に北極的な生物によって行われているのと同様に、行われていたかも知れないのである。我々は同じ事実を同じ緯度の下にあるオーストラリア、アフリカ、および南アメリカの棲息物の間の大きな差異に見る。これらの地域はほとんど可能な限り著しく相互に隔絶しているのである。各大陸の中でも我々は同じ事実を見る。なぜなら高くそびえ立つ連続的な山脈、大きな砂漠、また大きな河でさえも、相対する両側に我々は異なる生物を見出すからである。もっとも山脈、砂漠等は大陸と大陸を隔てる海洋ほどには横断が困難でなく、また海洋ほど長時間持続したのでもなさそうであるから、その差異は別異の大陸の形質的差異に比べれば程度が非常に劣っているのである。

海に眼を転じても我々は同じ法則を見出す。南アメリカの東海岸と西海岸の海棲生物は非常に異なっており、極めて少数の貝類、甲殻類、あるいは棘皮動物が共通であるにすぎない。しかしギュンター博士は近頃、魚類の約三十パーセントがパナマ地峡の両側で同一であることを示した。そしてこの事実から、博物学者は地峡が以前には開いていたと信じるようになった。アメリカの海岸の西方には開いた海洋の広い空間が広がっていて、移住者の休息地となる一つの島もない。ここに我々は別の種類の障壁をもっているのであって、これを通過するや否や、我々は太平洋の東部諸島においてもう一つの全く別な動物相に出会うのである。従って三つの海棲動物相が、対応する気候の下で互いにあまり遠くない平行線をなして、はるかな北方と南方に分布している。しかし陸または開いた海の横断困難な障壁によって互いに隔てられているために、それらはほとんど完全に別異である。これに対して、太平洋の熱帯地方の東部諸島からさらに遠く西方へ進む際には、横断困難な障壁に出会うことはなく、休息地としての無数の島または連続した海岸があって、遂に半球を廻った後にアフリカの海岸に達する。そしてこの巨大な空間の全体を通じて、我々は定義の明確な別異の海棲動物相には出会わない。上記の東部および西部アメリカ、また東部太平洋諸島の三つの接近した動物相に共通の海棲動物は極めて少数であるが、太平洋からインド洋にまで分布している魚類は多数あり、また太平洋の東部諸島と、経度の上ではほとんど正確に反対の頂点にあるアフリカの東海岸とで多くの貝類が共通である。

第三の大きな事実は、前に述べたことの中に部分的に含まれていることであるが、同じ大陸または同じ海の生物が、種自体は異なる地点と産地で別異であるが類縁性をもっていることである。これは最も広い一般性をもつ法則であって、いずれの大陸でも無数の事例を提供する。しかしながら、例えば北から南へ旅行する博物学者は、近い関係にはあるが種的に別異の生物群が次から次に交替してゆく有様にきっと心を打たれる。彼は密接に類縁であるが別異の種類の鳥からほぼ同様の鳴き声を聞き、またほとんど同じ色の卵をもったそれらの巣が、全く一様ではないが同じ構造に造られているのを見る。マゼラン海峡附近の平原にはレア（Rhea　アメリカダチョウ）の一種が棲んでおり、北方ラプラタ平原には同じ属の他の種が棲んでいる。しかし同じ緯度にあるアフリカおよびオーストラリアに棲むような本当のダチョウまたはエミューは棲んでいない。このラプラタの平原に、我々はパカ（agouti）とビスカチャ（bizcacha）を見る。これらの動物は我々のノウサギやアナウサギとほぼ同じ習性をもち、齧歯類（Rodents）の同じ目に属するのであるが、明らかにアメリカ型の構造を現している。コルディエラ山系の高峰に登るとビスカチャの高山種が見出される。水中に眼を向けると、ビーバーやマスクラットは見出されないで南アメリカ型の齧歯類であるヌートリア（coypu）やカピバラが見出される。無数の他の事例をあげることができよう。アメリカ海岸沖の諸島を見ると、地質学的構造においてそれらがどれほど違っていても、その棲息物はすべて特異な種であるにもかかわらず本質的にアメリカ的である。前章に示したように、過去の時代を振り返って見ても、我々はアメリカ型が当時のアメリカ大陸とアメリカの海に優勢であったことを見出す。我々はこれらの事実の中に、空間と時間を通じて、陸地と水の同じ区域にわたる、物理的条件とは無関係なある深い有機的きずなを見る。このきずなが何であるかを疑問に思わない博物学者は鈍感だといわなくてはならない。

このきずなは単に遺伝であって、我々が実証的に知っている限りでは、これこそ相互に全く相似た、あるいは変種の場合に見るように、ほぼ似た生物を生成する唯一の原因である。異なった地方の棲息物の相違は変異と自然淘汰をとおしての変容に起因すると考えられ、そして多分従属的な程度で、異なる物理的条件の明確な影響に起因しよう。相違の程度は次の諸項に依存するであろう。すなわち、より優勢な生命形態の一地方から他の地方への移住が、やや遠い昔の時代に多少なりとも有効に妨げられたことに――以前の移住者の性質と数に――異なる諸変容を保存する方向に導く棲息物の間の相互作用に、依存するのである。生活闘争における生物と生物の関係こそ、すでにしばしば述べたように、あらゆる関係の中で最も重要なものである。こうして障壁の高度の重要性は移住の抑制ということで顕現される。ちょうどそれは自然淘汰をとおしての変容の緩慢な過程に対する時間の働きと同様である。個体数の多い広く分布している種は、すでに彼ら自身の大きく広がった故郷で多くの競争者に打ち勝ってきたのであるから、新しい地域へ広がった場合にも、新しい場を獲得する最もよい機会をもつであろう。彼らの新しい故郷で彼らは新しい条件にさらされ、そしてもっと進んだ変容と改良を頻繁に受けるであろう。こうして彼らはなお一層の勝利者となり、そして変容子孫の群を生成するであろう。この変容を伴う遺伝の原則によって、我々は属の節、属全体、および科さえも同じ区域内に限られている理由を理解することができる。これが実際そうであることは非常に有りふれた知れわたった事実である。

前章で述べたように、必然的発達というような法則が存在する証拠は何もない。各々の種の変異性は独立した特性であって、それが各個体をその複雑な生活闘争において益する限りにのみ、自然淘汰によって利用されるのであるから、異なる種における変容の総量は決して一様な大きさではないであろう。もし若干数の種が、永い間その旧い故郷で互いに競争した後に、一団となって新しい、後に隔離された地域へ移住したとしても、彼らが変容を受けることは少ないであろう。なぜなら移住も隔離もそれ自身では何の結果も生じないからである。これらの原則は生物を相互に新しい関係におき、またそれより少ない程度で周囲の物理的条件に対して新しい関係においた場合にのみ作用する。前章で、若干の形態は法外に遠い地質時代からほぼ同じ形質を保持していることを見たが、それと同じくある種は広大な空間を移住して、しかもあまり大して、あるいは全く変容しなかったのである。

以上の見解に従えば、同じ属の幾つかの種は、世界の最も遠隔の地方に棲んでいても、同じ祖先に由来する以上は、元々同じ源から発したに違いないことは明瞭である。全地質時代を通じて少ししか変容を受けなかった種の場合には、それらが同じ地方から移住してきたことを信じるのに大した困難はない。なぜなら古代以来続発した莫大な地理的、気候的変化の間には、ほとんどどんな量の移住も可能だからである。しかし、ある属の種が比較的近代において生成されたと信ずべき理由のある多くの場合には、この題目について大きな困難が存在している。同じ種の個体は、現在は遠隔の孤立した領域に棲んでいても、彼らの祖先が最初に生成した地点から発したものに違いないこともまた明白である。なぜならすでに説明したように、全く同一の個体が種的に別異の祖先から生成したとは信じられないからである。

《仮想的創造の単一の中心》——こうして我々は、博物学者によって大いに論議された問題、すなわち果たして種は地球上の一地点で創造されたのか、あるいはそれ以上の地点で創造されたのかという問題に導かれる。いかにして同じ種がある一つの地点から、今日それらが見出されるような幾つかの遠い孤立した地点に移住することが可能であったかを理解するには、疑いなく極めて困難な多くの事例がある。しかしながら、各々の種は最初単一の地方に生じたという見解の単純さが心を捕える。これをしりぞける人は通常の世代連続とその後に続く移住という真の原因をしりぞけて奇蹟の作用を呼び入れる人である。大抵の場合、一つの種の棲息する区域が連続的であること、そしてある植物または動物が移住によって容易に通過できそうもないほど互いに遠く離れた二地点、あるいはそのような性質の隔たりをもった二地点に棲んでいるとき、その事実は何か異常な例外的なこととしてあげられる、ということは一般的に認められている。陸棲哺乳類の場合には、広い海を横切って移住する能力をもたないことはおそらく他のどんな生物よりもはっきりしている。従って我々は、同じ哺乳類が世界の遠隔の地点に棲んでいるという説明不可能な例は一つも見出さない。英国がヨーロッパの他の国と同じ四足獣を有することを地質学者は誰も難問だとは感じない。なぜならそれらは疑いなくかつては一つにつながっていたからである。しかし、もし同じ種が二つの離れた地点で生成され得るものならば、なぜ我々はヨーロッパとオーストラリアまたは南アメリカと共通の哺乳類を一つも見出さないのであろうか? 生活条件はほぼ同一であって、多数のヨーロッパの動植物がアメリカとオーストラリアに帰化しているほどであり、また土着の植物の幾つかはこれらの遠く離れた南北両半球の諸地点で全く同一であるのだが。私の信じるところでは、その答は、哺乳類は移住できなかったのに対して若干の植物は彼らの様々な散布方法によって、広い途切れ途切れの空間を超えて移住したということである。あらゆる種類の障壁の大きな著しい影響は、種の大多数が一方の側に生成されて反対の側に移住できなかったという見解によってのみ理解できる。ある少数の科、多数の亜科、非常に多数の属、そしてさらに多数の属の節は単一の地方に制限されている。そして最も自然な属、すなわちその中の種が互いに最も密接に関連している属が一般に同じ地域に限られていること、あるいは広い分布範囲をもつならばその分布範囲は連続的であること、は数人の博物学者によって観察されている。我々がこの系列をさらに一段下に下がって同じ種の個体にまで達したとき、もし正反対の規則が支配していてこれらの個体が、少なくとも最初はある一つの地方に制限されていなかったとしたら、それは何と奇妙な例外であろうか!

それゆえ私には、多くの他の博物学者と同様に、各々の種は一つの区域だけに生成され、その後、それの移住と生存の能力が過去と現在の条件の下で認めた限度内でその区域から移住した、という見解が最も確からしいように見える。確かに、いかにして同じ種が一つの地点から他の地点へ通過できたかを説明できないような多くの例がある。しかし最近の地質時代の間に確実に起こった地理的、気候的変化は、以前には連続的であった多くの種の分布範囲を不連続にしたに違いない。従って我々は、果たして分布範囲の連続性に対する例外は、各々の種が一つの区域の中で生成されてそこから可能な限り移住したのであるという、一般的考察によって確からしいとされている信念を放棄しなければならないほど多数であり、また重大な性質のものであるかどうかを考察しなければならないこととなった。現在遠く隔たった地点に棲んでいる同じ種のすべての例外的事例を論じるのは絶望的に退屈なことに違いないし、また私は、たとえわずかでも、多くの例について何らかの説明をなすことができるなどという主張はしない。しかし若干の予備的説明の後に、私は最も著しい種類の事実を幾つか論じてみたい。すなわち、同じ種が遠く隔たった山岳地域の頂上や北極地帯と南極地帯の隔たった地点に存在すること、第二に（次の章で）淡水生物の広い分布、そして第三に同じ陸棲種が島の上と、数百マイルも開いた海で隔てられてはいるが最も近い本土の上に存在することである。もし地球表面の遠く離れた孤立した地点に同じ種の存在することが多くの事例で、各々の種は単一の発祥地から移住したという見解に立って説明できるならば、出生地が単一であることは法則であるという考えは、昔の気候的、地理的変化について、また様々な時折の輸送の方法について我々が無知であることを考慮するとき、私には比較にならないほど安全なように思われる。

この主題を論じるとき、我々にとって同様に重要な一つの点を考察することができるであろう。すなわちそれは、我々の理論ではすべて共通の祖先に由来した一つの属の幾つかの種が、ある一つの区域から変容を受けつつ移住することができたかどうかという点である。もし、一つの地方に棲む種の大部分が、他の地方のものと密接に類縁ではあるが異なっている場合に、一つの地方から他の地方への移住が以前のある時期にあったらしいということを示すことができれば、我々の一般的見解は大いに強化されるであろう。なぜなら変容を伴う継承の原則に立てば、その説明は明白だからである。例えば大陸から数百マイルの距離のところで隆起して形成された火山島は、おそらく時の経過とともに大陸から少数の開拓者の移住を受けるであろう。そして彼らの子孫は、変容はしていてもやはり遺伝によって大陸の棲息者と関連しているであろう。このような性質の事例は普通であり、そして後に見るように個別的創造の理論では説明できないのである。ある地方の種と他の地方の種との関係についてのこの見解は、ウォレス氏によって提出されたものと大差ないのであって、氏は『いずれの種もその発生が先住の密接に類縁の種と空間、時間ともに一致していなかったものはない。』と結論している。そして氏がこの一致を変容を伴う継承に帰していることは今日よく知られている。

創造の中心が一つか複数かの問題は、同類ではあるが別のもう一つの問題——すなわち同じ種のすべての個体は一組あるいは一つの両性体に由来したか、あるいはある学者達が想像するように同時に創造された多数の個体から出たかという問題——とは違う。決して交雑しない生物がもし存在するならば、各々の種は、互いに他に取って代わったが決して同じ種の他の個体あるいは変種と混合しなかった変容変種の変遷によって由来したに違いない。従って変容の連続する各段階において、同形態のすべての個体は一組の親に由来するであろう。しかし大多数の場合、すなわち各出産ごとに結合する習性をもつかあるいは時折交雑するすべての生物では、同じ区域に棲む同じ種の個体は交雑によってほぼ一様に保たれるであろう。従って多くの個体は同時に変化し続け、各段階における変容の総量は一組の親に由来するのではないであろう。私の意味するところを例証するならば、我々のイングランド競走馬はあらゆる他の品種の馬と違っている。しかし彼らの差異と優越はある一組に由来するのではなく、各世代の間の多くの個体の選択と調教における絶え間ない注意のお蔭である。

『創造の単一の中心』の理論に対して最高度の困難を示すものとして私の選んだ三組の事実を論じる前に、私は拡散の方法について数言を費さなければならない。

拡散の方法

C・ライエル卿やその他の著者はこの主題を巧みに論じている。私はここではより重要な事実のごく簡単な要約を与えるにすぎない。気候の変化は移住に対して強力な影響を及ぼしたに違いない。現在はある動物にとってその気候の性質上通行できない地方も、気候が違っていたときには移住の本道であったかもしれない。しかしこの主題の細目についてはすぐ後でやや詳細に論じなくてはならないであろう。陸地の水準の変化もまた大きな影響を及ぼしたに違いない。狭い地峡が現在二つの海棲動物相を分離している。それが水中に没するかあるいは以前没していたとすれば、二つの動物相はすぐに混じり合うかあるいは以前混じり合っていたであろう。今日海の広がっているところに昔は陸地があって、島あるいは事によると大陸をさえも結合していたかも知れない。そして陸棲生物を一方から他方へ通過させていたかも知れない。現存生物の時代の範囲内で土地水準の大変動があったことに反対する地質学者はない。エドワード・フォーブスは大西洋のすべての島が最近までヨーロッパかアフリカと、そしてヨーロッパが同様にアメリカと結合していたに違いないと主張した。他の学者達はこうして仮説的にあらゆる海洋を橋渡しし、ほとんどあらゆる島を本土と結びつけた。もしフォーブスによって用いられた議論が本当に信頼できるならば、現世に大陸と結びつかなかった島はほとんど一つもないことが認められなければならない。この見解は、同じ種が最も遠い諸地点に拡散しているというゴルディウス王の結び目(1)を一刀両断し、また多くの困難を除去する。しかし私の判断する限りでは、このような巨大な地理的変化を現存種の時代の範囲内に許容することは正当と認められない。私の見るところでは、陸または海の水準に大きな昇降運動のあった証拠は沢山あるが、我々の大陸の位置や広がりに、それらを現世の間相互に、また幾つかの介在する大洋島と結びつけたような大変化があったという証拠はないのである。現在は海の下に埋まっている多くの島がかつて存在していて、それらが植物と多くの動物の移住の際の休息地として役立ったかも知れないことを、私は率直に認める。珊瑚を産する海洋では、このような沈んだ島は今日その上にある珊瑚の環すなわち環礁によってそれと分かる。各々の種が単一の発祥地から出たことが、いずれはそうなるであろうが、完全に認められれば、そして時が経つとともに我々が分布の方法について確かなことを知るようになったときには、陸地の昔の広がりについて我々は安心して考察することができるであろう。しかし私は、現在全く離れて存在している大陸の大多数が現世の間に相互に、また多くの現存大洋島と連続的に、もしくはほとんど連続的に結合していた、ということが証明されるだろうとは信じない。分布における幾つかの事実——例えばほとんどすべての大陸の両側における海棲動物相の大きな差異——幾つかの陸地と海の第三紀棲息物と現在の棲息物との密接な関係——島に棲む哺乳類と最も近い大陸の哺乳類の間の類縁の程度が（後に見るように）間にはさまった海洋の深さによって部分的に決定されること——これらの事実と他の同様の事実は、フォーブスによって提出され、彼の後継者達によって認められた見解に立てば必然であるような現世における驚くべき地理的大変革を、容認することに反対する。大洋諸島の棲息者の性質と相対的比率も、それらの島が昔大陸と連続していたという信念に反対する。またこのような島がほとんど一般的に火山的構成をもつことも、それらが沈んだ大陸の残骸であると認めることに賛成しない。——もしそれらが元来大陸の山脈地域として存在していたのであれば、それらの島の少なくとも若干のものは、単なる火山性物質の堆積から成っていないで、他の山の頂上のように花崗岩、変成片岩、古い化石含有岩石その他によって形成されているはずである。

私は次に分布の偶然的方法とよばれているもの、しかし一層適切には随時的方法というべきものについて数言を費さなければならない。ここでは植物だけに限っておく。植物学の著書には、これこれしかじかの植物は広く伝播するのに適していないということがよく説かれている。しかし海を越えて輸送する容易さの大小はほとんど全く知られていないといえよう。私がバークレイ（Berkeley）氏の助力を得て二三の実験を試みるまでは、種子が海水の有害作用にどの程度まで耐えるかということさえ知られていなかった。驚いたことには、八十七種類のうち六十四が二十八日の浸漬の後に発芽し、少数のものは百三十七日の浸漬に生き残ったことを私は見出した。ある目が他の目よりもはるかにひどく害を受けたことは注目に値する。すなわち九つのマメ科のものが試みられ、一つの例外を除けばそれらは塩水に対する抵抗が不良であった。類縁の目、ハゼリソウ科（Hydrophyllaceae）とハナシノブ科（Polemoniaceae）、の七つの種は一箇月の浸漬によって全部死滅した。便宜上私は主として朔または果実のない小さな種子を試験した。するとこれらのすべては数日後に沈んでしまったから、それらは塩水によって損なわれたか否かにかかわらず、海の広い空間を横切って浮流することはできなかったに違いない。後に私は若干のもっと大きい果実、朔等を試みたところ、これらのあるものは長時間浮いた。生木と乾燥木の浮力にどれほどの差があるかはよく知られている。そして私には、洪水がしばしば種子朔または果実のくっついた乾燥した植物または枝を海に流し込むに違いないということが思い浮かんだ。それで私は熟した果実のついた九十四の植物の幹と枝を乾かして、それらを海水の上において見た。大多数はすぐに沈んだが、若干は、生のときには非常に短時間浮かんだだけなのに、乾かしたときにはずっと長く浮かんだ。例えば熟したハシバミの実は直ちに沈んだが、乾燥したときには九十日浮かんでいて、その後蒔いたら発芽した。熟した液果のついたアスパラガスは二十三日浮かんだが乾燥すると八十五日浮かんでいて、種子はその後発芽した。ヘロシアディウム（Helosciadium）の熟した種子は二日で沈んだが、乾燥したときには九十日以上浮かんでいて後に発芽した。全体として九十四の乾燥植物のうち十八が二十八日以上浮かんでいた。そしてその十八のうちの若干ははるかにずっと長い期間浮かんでいた。こうして、八十七分の六十四種類の種子は二十八日の浸漬の後に発芽し、そして熟した果実のついた九十四分の十八の別異の種（しかしそのすべてが前の実験のと同じ種ではない）は乾燥した後に二十八日間以上浮かんだのであるから、我々は以上のささやかな事実から何かが推論されるとすれば次のように結論できよう。すなわちある地域の百分の十四種類の植物の種子は潮流によって二十八日間浮流することができ、そしてそれらは発芽能力を保持するであろう。『ジョーンストン自然地図』（Johnston's Physical Atlas）では幾つかの大西洋潮流の平均速度は一日三十三マイルである（若干の潮流は一日六十マイルの速度で流れる）。この平均速度だと一つの地域に属する百分の十四の植物の種子は九百二十四マイルの海を越えて他の地域に浮流することができるわけであり、岸に乗り上げたときにもし内陸に向かう強風によって好適な場所に吹きつけられたならば発芽するであろう。

私の実験に続いてマルテース（Martens）氏は同様の実験をはるかに良い方法で試みた。氏は箱に入れた種子を実際の海に置いたので、それらは本当に浮流する植物のように交互に湿ったり空気にさらされたりしたのである。氏は、大部分は私のと違う九十八の種子を試みた。しかし氏は多くの大きな果実と海の近くに生えている植物の種子を選んだ。そしてこのことは、それらの浮流の平均の長さと塩水の有害な作用に対する抵抗の両方に好都合であったに違いない。他方、氏は果実のついた植物あるいは枝をあらかじめ乾燥しなかった。そうしていれば、すでに見たように、それらのあるものをもっとずっと長く浮かせることができたに違いない。結果は、異なる種類の種子の九十八分の十八が四十二日間浮流してそれから発芽することができた。しかし私は、波にさらされた植物は我々の実験のような激しい運動から保護されたものよりも短時間しか浮かないことを疑わない。それゆえ、一植物相の約百分の十の植物の種子が乾燥後九百マイルの幅の海の空間を横切って浮流することができ、そしてその後に発芽すると仮定するほうが多分一層安全であると思われる。大きな果実のほうがしばしば小さいものより長く浮流するという事実は興味がある。アルフォンス・ド・カンドルが示したように、一般に制限された分布範囲をもっている大きな種子または果実の植物は、他のどんな方法によってもほとんど輸送されないからである。

種子は時折他の方法で輸送されることがある。漂流木材は大抵の島に、最も広大な海洋の真中にある島にさえ打ち上げられる。そして太平洋の珊瑚島の原住民達は、彼らの道具のための石をもっぱら漂流木の根から手に入れ、これらの石は王様の貴重な税になるのである。不規則な形をした石が木の根に深く埋まっているとき、しばしばそれらのすき間や後ろに小さな土塊が封じ込められているのを――最も長い輸送の間にも一粒も洗い流されないほど完全に封じ込められているのを――私は見出す。約五十年を経たナラの根によってこのように完全に封じ込められていた土の一部から三つの双子葉植物が発芽した。私はこの観察の正確なことを確信している。私はなお次のことを示すことができる。鳥類の死体は海上を浮流している際、時々即座に食べられるのを免れることがある。そして浮流する鳥の嗉嚢の中の多くの種類の種子は、長い間その生命力を保持している。例えばエンドウマメやカラスノエンドウは海水に二三日浸してさえ死滅するが、人工の海水に三十日間浮んでいた鳩の嗉嚢から取り出された幾つかは、驚いたことにほとんど全部発芽した。

生きている鳥が種子の運搬における高度に有効な媒介者でないことはほとんどない。私は、いかにしばしば多くの種類の鳥が、強風のために大洋を越えて大変な遠距離まで吹き寄せられるかを示す多くの事実をあげることができる。我々はこのような情況の下では、彼らの飛行速度はしばしば一時間三十五マイルに達するであろうと仮定して差しつかえない。ある学者はもっとずっと高く見積もっている。私は栄養のある種子が鳥の腸を通り抜ける例を見たことがないが、果実の堅い種子はシチメンチョウの消化器官でさえ傷つかずに通過する。私は私の庭で二箇月の間に小鳥の糞便から十二種類の種子を拾い上げた。そしてそれらは完全であるように見え、試した結果それらの幾つかは発芽した。しかし次の事実は一層重要である。鳥の嗉嚢は胃液を分泌しない。そして私が実験によって知ったところでは種子の発芽作用を少しも損なわない。ところで、鳥が大量の食物を見出してむさぼり食った後に、すべての粒が十二時間あるいは十八時間の間にさえ砂嚢の中へ入らないことは実証的に主張できる。この間に鳥は容易に五百マイルの距離を吹き送られるであろう。そして鷹が疲れた鳥をねらっていることは知られている。こうして彼らの引き裂かれた嗉嚢の中身はたやすく散布されるであろう。ある鷹とフクロウは彼らの餌食を丸呑みにして、十二時間から二十時間の合間をおいた後吐出塊を吐き出すが、それは私が動物園で行った実験で知ったところでは、発芽能力のある種子を含んでいる。カラス麦、小麦、キビ、カナリークサヨシ、大麻、クローバーおよびサトウダイコンの若干の種子は十二時間ないし二十一時間、異なった鳥の胃の中にあった後に発芽した。そしてサトウダイコンの二個の種子は二日と十四時間の間このようにして留め置かれた後に生長した。淡水魚が多くの陸上と水中植物の種子を食うのを私は見ている。魚は頻繁に鳥に食われる。こうして種子はあちこちに運ばれるであろう。私は多くの種類の種子を死んだ魚の胃に無理やり押し込んでから、その体をミサゴ、コウノトリ、およびペリカンに与えた。これらの鳥は多くの時間経った後に種子を吐出塊として吐き出すかあるいは糞便として排出するかした。そしてこれらの種子の幾つかは発芽力を保持していた。けれどもある種子はこの過程によって常に死滅した。

　バッタは時々陸地から随分遠くまで吹き飛ばされる。私自身アフリカの海岸から三百七十マイルのところで一匹捕えたことがあり、他の人々がもっと遠距離で捕えた話も聞いた。R・T・ロウ（Lowe）尊師からC・ライエル卿への報告によると、一八四四年十一月にバッタの群れがマデイラの島を訪れたという。それは数えきれないほど多数で、最もひどい吹雪のときの雪片ほどの密度に群がり、望遠鏡で見ることのできる限りの高さまで広がっていた。彼らは二日あるいは三日の間、少なくも五六マイルの直径の巨大な楕円を成してぐるぐると廻りながらゆっくりと進んだ。そして夜は高い木に止まったので、それらの木は彼らによって完全に覆われた。それから彼らは海を越えて消え去ったが、その消え方は彼らが現れたときと同じように突然であった。そしてその後は島を訪れたことがない。ところでナタル（Natal）の各地では、しばしばこの地域を訪れるバッタの大飛行群の残してゆく糞によって草地に有害な種子が導入されるということが、ある農夫達によって、不十分な証拠ではあるが信じられている。この信念に基づいてウィール（Weale）氏は手紙の中に乾いた塊の一包みを入れて私に送ってくれた。私はその中から顕微鏡の下で幾つかの種子を抽出し、それらの種子から二つの属の二つの種に属する七つの牧草を育てた。それゆえマデイラを訪れたようなバッタの大群は、本土から遠く横たわっている島に幾つかの種類の植物を導入する手段に容易になり得るであろう。

鳥の嘴や足は一般には汚れていないが、時々土の附着していることがある。あるとき私はヨーロッパヤマウズラの足から六十一グレイン、他のときには二十二グレインの乾いた粘土質の土を取り除いた。そしてその土の中にはカラスノエンドウの種子ほどの大きさの小石があった。もっとよい例がある。ヤマシギの脚が友人から私のところに送られてきたが、その脚部にはわずか九グレインの重さの小さな乾いた土の一塊が附着していた。そしてこの中にはヒメコウガイゼキショウ（Juncus bufonius）の種子が一つ含まれていて、これは発芽し花を開いた。ブライトンのスウェイスランド（Swaysland）氏は四十年来渡り鳥に綿密な注意を払ってきた人であるが、氏が私に知らせてくれたところによると、氏はしばしばセキレイ類（Motacillae）、ハシグロヒタキ類およびノビタキ類（Saxicolae）をそれらが最初に我々の海岸に到着してまだ下に降りる前に射留めた。そして氏はそれらの足に小さな土の塊が附着しているのを何度も見たという。土壌に種子が含まれていることがいかに一般的であるかを示す多くの事実があげられる。例えばニュートン（Newton）教授が私に、傷ついて飛べなくなっていたアカアシシャコ（Caccabis rufa）の脚を送ってくれたが、それには重さ六オンス半の硬い土の塊が付着していた。この土は三年間保存されていたのであるが、崩して水を掛けベルグラスの下に置いたとき、まさしく八十二の植物がそれから発生した。これらは十二の単子葉植物と七十の双子葉植物から成り、前者は普通のカラス麦と少なくとも一種類の牧草を含み、後者は若葉から判断すると少なくとも三つの別異の種から成っていた。このような事実を前にして、我々は年々強風に吹かれて大洋の大空間を越える多くの鳥、また年々移住する多くの鳥――例えば地中海を越える数百万のウズラ――が時折その足や嘴に附着している泥土に埋もれた少数の種子を運ぶに違いない，ということを疑うことができるであろうか？　しかしこの主題についでは後に再論しなくてはならないであろう。

　氷山は時々土や石を積んでおり，また粗朶，骨，および陸鳥の巣さえ運んだことが知られているのであるから，ライエルの示唆したように，それらが時折種子を北極地帯と南極地帯の一つの地点から他の地点へと，また氷河時代には現在温帯の一地点から他の地点へと運搬したに違いないことをほとんど疑うことができない。アゾレス諸島では，本土に一層近い大西洋の他の諸島の種に比べてヨーロッパと共通の植物の数が多いことと，（H・C・ワトソン氏の述べたように）緯度に比べてそれらが幾らか北方的特性をもっていることから，私はこれらの島が氷河期の間に氷で運ばれた種子によって，その植物の一部分を供給されたのではないのかと疑った。私の求めに応じてC・ライエル卿はアルタン（Hartung）氏に書を送り，氏がこれらの島で漂石を見たことがあるかどうかを尋ねた。そして氏の返事は，その諸島に産しない花崗岩と他の岩石の大きな破片を氏が見出したということであった。それゆえ我々は，かつて氷山がその岩石から成る荷物をこれらの大洋の真中にある島の海岸に陸揚げしたと推定して差しつかえなく，少なくともそれが北方植物のある少数の種子をそちらへ運んだということは可能である。

　これらの幾つかの輸送方法と疑いなく将来の発見に残されている他の方法が，数万年の間毎年作用してきたことを考慮すれば，もし多くの植物がこうして広範囲に輸送されていなかったとしたら，それこそ不思議なことであろうと私は考える。これらの輸送方法は時々偶然的とよばれているが，これは厳密には正しくない。海の潮流は偶然的ではないし，一般的な風の方向もそうではない。ほとんどどんな輸送方法も非常な遠距離には種子を運ばないことは認めなければならない。なぜなら種子は長期間海水の作用にさらされたときその生命力を保持しないし，また鳥の嗉嚢または腸の中で長く運ばれることもできないからである。けれどもこれらの方法は数百マイルの幅の海域を越えて，あるいは島から島へ，あるいは一大陸から附近の島へ，時折輸送されるには十分であろう。しかし一つの遠い大陸から他の大陸への輸送には十分ではないであろう。遠隔の大陸の植物相はこのような方法では混合されず，現在と同様に別異のまま残されるであろう。潮流はその経路の上からは決して種子を北アメリカから英国へ運ぶことはないであろう。もっともそれは種子を西インド諸島から我々の西海岸へ運ぶことはできるであろうし、また事実運ぶのであるが、その場合も、たとえ塩水に非常に長く浸漬していたために死滅することがなかったとしても、それらは我々の気候に堪えることができないであろう。ほとんど毎年一二の陸鳥が全大西洋を越えて北アメリカからアイルランドおよびイングランドの西海岸まで吹かれてくる。しかし種子はこれらの稀な放浪者によってただ一つの方法、すなわち泥土がその足または嘴にくっついているというそれ自身稀な偶然事によって輸送されるにすぎないであろう。この場合でさえ、種子が適当な土壌に落ちて成熟する機会はどんなに小さいことであろうか！　しかし英国のような動植物の十分貯えられた島が、判明している限りでは（このことを証明するのは非常にむずかしいが）最近二三世紀の間に時折の輸送方法によってヨーロッパまたは他の大陸から移住者を受けなかったからといって、貯えの乏しい島が、本土からもっと遠く離れているにもせよ、同様の方法によって開拓者を受け入れないであろうと論じるのは大きな誤りであろう。一つの島に輸送された種子または動物の百種類の中から、たとえその島が英国よりもはるかに貯えの少ない状態であっても、おそらく一種類より多くそこに帰化してしまうほど新しい郷土によく適合していることはないであろう。しかしこれは、島が隆起している間で、まだ十分棲息物が貯えられる前の永い地質時代が経過する間に、時折の輸送方法で成されることに対しては何ら正当な反論とはならない。危害を加える昆虫または鳥が少ししか、あるいは全く生存していないほとんど裸の土地では、たまたまそこに到達した種子はほとんどどんなものでも、気候に適してさえいれば芽を出し生き残るに違いない。

氷河時代の間の拡散

高山種が到底存在できないような数百マイルに及ぶ低地によって互いに隔てられている山の頂で多くの植物と動物が全く同一であることは、同じ種が一地点から他の地点に移住したという外見上の可能性なしに遠く離れた地点に生存することの、最も際立った既知の事例の一つである。同じ種の植物のこのように多くが、アルプス山脈またはピレネー山脈の雪に覆われた地方とヨーロッパの極北地方に生存しているのを見ることは実際驚くべきことである。しかしアメリカ合衆国のホワイト山上の植物がラブラドールのそれと全く同一であり、またエイサ・グレイから聞くところによると、ヨーロッパの最も高い山の上ともほぼ同一であるということは、はるかに一層驚くべきことである。すでに一七四七年の昔に、このような事実がグメリン(Gmelin)に、同じ種は多くの別異の地点で個別に創造されたのでなければならないと結論させた。そして我々もまた、もしアガシや他の人々が、すぐ次に見るようにこれらの事実に簡単な説明を与える氷河時代に対して強烈な注意を喚起しなかったならば、やはりこの同じ信念にとどまっていたかも知れない。非常に近い地質時代に中央ヨーロッパと北アメリカが北極的気候の下にあったことについては、有機的無機的なほとんどあらゆる種類の証拠を我々は有している。たとえ火事で焼けた家の残骸であっても、引掻いた傷痕のある山腹、磨かれた表面、および据え置かれた漂石をもつスコットランドとウェールズの山々が、最近までそれらの谷を満たした氷の流れを語る以上に明白にはその来歴を語らない。ヨーロッパの気候は、北部イタリアにおいて昔の氷河の残した巨大な堆石が現在はブドウとトウモロコシで覆われているほどに大きく変化したのである。合衆国の大部分を通じて、迷子石と引掻き傷のある岩石が明らかに昔の寒かった時代を示している。

昔の氷河時代の気候がヨーロッパの棲息物の分布に及ぼした影響は、エドワード・フォーブスの説明によればおおよそ次のとおりである。しかし我々は、新しい氷河時代が昔起こったように徐々にやってきて、それから過ぎ去ってゆくと想像することによって、変化の追求を一層容易にしよう。まず寒さがやってきて南方の各地帯が北方の棲息物に適合するようになるにつれて、これらは温帯地方の昔の棲息物に取って代わるであろう。同時に後者は、障壁に遮られて滅亡しない限り、どこまでも南方へ移動するであろう。山々は雪と氷に閉ざされ、それらの以前の高山棲息物は平原に下降するであろう。寒さがその極限に達する頃までには、ヨーロッパの中央部は、南はアルプスおよびピレネー、さらにはスペイン方面まで寒帯の動物相と植物相で覆われることであろう。合衆国の現在は温帯の地方も、同様に寒帯の動植物で覆われ、これらの動植物はヨーロッパのそれとほぼ同じであろう。なぜならば、我々が南方のあらゆるところに移動したと想定している今日の周極(2)棲息物は世界中で著しく一様であるからである。

暖かさが戻ってくるにつれて寒帯的形態は北方に後退し、その後退を温帯地方の生物が踵を接して追跡するであろう。そして雪が山の麓のほうから融けるにつれて、寒帯的形態は雪が除かれ氷の融けた地面を占領し、暖かさが増し雪がなお一層消えるに従って間断なく上へ上へと登るであろう。そしてその間に彼らの兄弟は北方への旅を続行するであろう。それゆえ暖かさが全く回復したとき、最近までヨーロッパと北アメリカの低地に一緒に生活していた同じ種が、再び旧世界と新世界の寒帯地方、および互いにはるか遠距離にある多くの孤立した山の頂上に見出されるであろう。

こうして我々は、合衆国の山々とヨーロッパの山々のような非常な遠隔の地点における多くの植物の同一性を理解することができる。我々はまたこうして、各山岳地の高山植物がそれらの真北あるいはほぼ真北に生存している寒帯的形態と特に深い関連をもつ事実を理解することができる。なぜならば、寒さがきたときの最初の移住と暖かさが戻ったときの再移住は、一般に真南と真北であったに違いないからである。例えばスコットランドの高山植物とピレネーの高山植物は、それぞれH・C・ワトソン氏およびラモン(Ramond)の説明したように、特に北方スカンディナヴィアの植物と類縁であり、合衆国のそれらはラブラドールと、シベリアの山々のそれはその地域の寒帯地方と類縁である。以上の見解は、昔の氷河時代の完全によく確かめられた出来事に基づくのではあるが、ヨーロッパとアメリカの高山生物と寒帯生物の現在の分布を非常に満足な状態で説明するもののように私には思われ、従って他の地方で我々が同じ種を遠く隔たった山の頂上に見出す場合、我々は他の証拠がなくともこう結論してよい。すなわち、昔のもっと寒かった気候が、今は彼らの存在には暖かすぎるようになった中間の低地を越えて彼らが移住することを許したのである。

寒帯的形態は変化する気候に応じて最初は南方へ、後にはあと戻りして北方へと移動したのであるから、彼らはその長い移住の間気温の大きな多様性にさらされることはなかったであろう。また彼らはすべて一団を成して共に移住したのであるから、彼らの相互関係はあまり乱されなかったであろう。それゆえ本書で説き進めてきた原則に従って、これらの形態は大きな変容を受けることはなかったであろう。しかし暖かさが復帰する瞬間から、最初は山の麓にそして最後には頂上に孤立して取り残された高山生物については、事情が幾らか違っていたであろう。というのは、全く同じ寒帯種がはるかに遠く隔たった山脈に取り残され、それ以来そこに生き残ったということは真実らしくない。彼らはおそらく古代の高山種、すなわち氷河期の始まる前から山々に存在していたに違いなく、また最酷寒時代の間一時的に平原に降下したと思われる種と混合したに違いない。彼らはまた、その後幾らか違った気候の影響にさらされたであろう。彼らの相互関係はこうしてある程度乱されたであろう。従って彼らは変容しがちであったろう。そして事実変容したのである。なぜなら幾つかの大きなヨーロッパ山脈の現在の高山植物と動物を互いに比較すると、多くの種は依然として全く同一であるけれども、あるものは変種として、あるものは疑わしい形態または亜種として、またあるものはそれぞれの山脈で互いに他と対応類似する、別異ではあるが近縁の種として存在するからである。

上述の例証では、私は我々の仮想の氷河時代の開始期において、寒帯生物は極地帯の周辺で今日と同じように一様であったと仮定した。しかし現在北アメリカとヨーロッパの山麓の傾斜地と平原に存在する種の若干は同一であるから、多くの亜寒帯的形態とある少数の温帯的形態が世界を通じて同じであった、ということも仮定する必要がある。そこで亜寒帯的形態と温帯的形態が、実際の氷河時代の開始期に世界を通じてこの程度に一様であった理由を、私はどう説明するのかと問われるであろう。今日では新旧両世界の亜寒帯的および温帯北部的生物は全大西洋と太平洋北部によって互いに隔てられている。新旧両世界の棲息物が今日よりももっとずっと南方に生存していた氷河時代の間には、彼らはさらに広い大洋の空間によって、より一層完全に互いに分離していたはずである。従ってどのようにして同じ種がその当時、もしくはそれ以前に二つの大陸に入ったかと問われるのはもっともなことである。その説明は氷河時代の開始以前の気候の性質にあると私は信じる。この後期鮮新世の時代には、世界の棲息物の大多数は種的に今日と同じであったのであり、また我々は、気候が現在より温暖であったと信ずべき十分な理由をもっている。それゆえ我々は、現在緯度六十度のところに生存する生物は鮮新世の時代にはずっと北の極圏、緯度六十六—六十七度に生存していたこと、そして現在の寒帯生物は、当時はさらに一層極地に近い断続する陸地に生存していたことを想定してよい。ところで地球儀を見ると、北極圏には西ヨーロッパからシベリアを経て東アメリカに至るほとんど連続的な陸地の存在することが分かる。そして周極陸地のこの連続性は、相互移住のためには一層好都合な気候下での自由と相俟って、氷河時代の前の時代における新旧両世界の亜寒帯的および温帯的生物の一様性の理由を明らかにするであろう。

前に述べた理由から、我々の大陸は土地水準の大きな昇降運動を受けたにしても、永い間ほぼ同じ相対的位置にとどまっていたことを信じるとき、私は上記の見解を拡張して、前期鮮新世のようにさらに古くさらに一層温暖な時代には、多数の同じ植物と動物がほとんど連続した周極地帯の陸地に棲んでいたと推論したい気持に強く動かされる。さらに新旧両世界において、これらの動植物は氷河時代の始まるずっと以前に、気候が暖かさを減ずるにつれて徐々に南方へ移住し始めたのであろう。私の信じるところでは、我々は現在、彼らの子孫を大部分は変容した状態でヨーロッパの中央部と合衆国に見る。この見解に立てば、我々は北アメリカとヨーロッパの生物の間の、同一性のほとんどない類縁関係——二つの地域の距離と全大西洋によるそれらの分離を考慮すれば大いに注目に値する類縁関係——を理解することができる。我々はさらに、ヨーロッパとアメリカの生物は、後期第三階では今日より一層密接に相互に関連していた、という幾人かの観察家によって述べられている奇妙な事実を理解することができる。なぜならこれらの暖かい時代に新旧両世界の北方の各地でほとんど連続的につながっている陸地が、後には寒さのため通行不能になったけれども、その棲息物の相互移住のための橋として役立ったからである。

鮮新世の徐々に暖かさの減ずる期間に、新旧両世界に棲んでいた共通の種が極圏の南に移住するや否や、それらは相互の間を完全に遮断されたであろう。この分離は、より温帯の生物に関する限り遠い昔に起こったはずである。植物と動物が南方へ移動するにつれて、それらは一つの大地域では土着のアメリカ生物と、そして他の大地域では旧世界のそれと混合し、またそれらと競争しなければならなかったに違いない。従ってここにはより多くの変容に——もっとずっと近代にヨーロッパと北アメリカの幾つかの山岳地帯と寒帯の土地に孤立して残された高山生物の場合よりもはるかに大量の変容に——好適なあらゆる情況がある。ここから、新旧両世界の温帯地方の現存生物を比較するとき、我々は同一種を極めて少数しか（エイサ・グレイは近頃、以前想像されていたよりも多くの植物が同一であることを示したけれども）見出さないが、しかし我々はあらゆる大きな綱において、ある博物学者は地理的品種として、また他の博物学者は別異の種として分類する多くの形態と、すべての博物学者によって種的に別なものとして分類される近縁の、または対応類似の形態群を見出すという結果を生じたのである。

陸地と同様海水中においても、鮮新世またはそれよりも幾らか古い時代の間に、極圏の連続的海岸に沿ってほぼ一様であった海棲動物相が徐々に南方へ移動したことは、現在多くの近縁の形態が完全に分離した海域に生存している理由を、変容の理論によって明らかにするであろう。こうして我々は、温帯北アメリカの東と西の海岸に若干の近縁の現存形態と絶滅した第三紀の形態が存在する理由を理解でき、さらに多くの近縁の甲殻類（デーナ Dana の立派な著書に記載されているように）、幾つかの魚および他の海棲動物が地中海と日本の海に――この二つの区域は全大陸の幅と広大な大洋の空間によって現在完全に分離している――棲んでいるというさらに一層印象的な事実を理解することがてきると私は考える。

北アメリカの東西両海岸の海に、地中海と日本に、そして北アメリカとヨーロッパの温帯の陸地に、現在棲んでいるか昔棲んでいた種の密接な縁類関係の事例は創造説では説明できない。我々は、このような種はその区域のほぼ類似の物理的条件に対応して似たように創造されたのだと主張することはできない。なぜなら、例えば南アメリカのある地方を南アフリカまたはオーストラリアのある地方と比べると、これらはそのすべての物理的条件において密接に類似していながら、棲息物は全く不同であるからである。

北と南で交替する氷河時代

しかし我々はもっと直接の主題に戻らなければならない。私はフォーブスの見解は大いに拡張できるものと確信する。ヨーロッパでは、我々は英国の西海岸からウラル山脈まで、そして南のピレネーまで氷河時代の最も明白な証拠に出会う。我々は凍結した哺乳類と山岳植生の性質から、シベリアも同様の影響を受けたことを推測してよい。フッカー博士によれば、レバノンでは万年雪がかつて中央山脈を覆っていて四千フィートの谷間を流れ落ちる氷河の源をなしたという。同じ観察家は最近、北アフリカのアトラス山脈の標高の低いところに大きな堆石を発見した。ヒマラヤに沿って九百マイル離れた地点に、氷河が昔低く下降した徴候を残している。またシッキムでフッカー博士はトウモロコシが古代の巨大な堆石の上に生長しているのを見た。アジア大陸の南方、赤道の反対側でも、我々はJ・ハースト(Haast)博士とヘクター（Hector）博士の優れた調査から、ニュージーランドにおいて巨大な氷河がかつて低い水準まで下降したことを知っている。そしてフッカー博士がこの島の非常に隔たった山々に同じ植物を発見したことは、昔の寒かった時代の同じ物語りを語っている。またW・B・クラーク(Clarke)尊師から私に伝えられた事実からも、オーストラリアの南東隅の山々に昔の氷河の作用の痕跡が存在しているように思われる。

アメリカを見ると、北半分では、氷に運ばれた岩の断片が大陸の東側で南は緯度三十六—三十七度まで、また気候が現在非常に違っている太平洋岸で南は緯度四十六度まで観察された。迷子石はロッキー山脈でも見つけ出された。赤道直下に近い南アメリカのコルディエラでは、かつて氷河がその現在の水準よりずっと下のほうまで延びていた。中部チリーで私は大きな漂石を含む岩屑の広大な堤がポルティロ谷(Portillo valley)を横切っているのを調査したが、これがかつて巨大な堆石を形成していたことはほとんど疑いない。またD・フォーブス氏の私への報告によれば、氏はコルディエラの南緯十三度から三十度に至る高さ一万二千フィートの種々の部分において、氏がノルウェイで見慣れていたものに似た深いしわのある岩、および溝のついた小石を含む岩屑の大塊を見出したという。コルディエラの全山系を通じて、真の氷河は今日ではもっとずっと高いところにさえ存在しない。さらにはるか南方、緯度四十一度から最南端までの大陸の両側では、昔の氷河作用の最も明白な証拠が遠くその根源から輸送されてきた多数の大漂石に見られる。

以上の幾つかの事実、すなわち氷河作用が北半球と南半球の全体に広がっていること——氷河時代は両半球において地質学的意味で現世であること——成された仕事の量から推測されるように両半球で長期間続いたものであること——そして最後に氷河が現世にコルディエラの全線に沿って低い水準まで下降したこと、から一時私には、全世界の温度は氷河時代の間一斉に低下しつつあったのだという結論が避けられないもののように思われた。しかし今日クロル(Croll)氏は、一連の見事な研究報告において、氷河的気候条件は地球軌道の離心率の増大によってひき起こされた種々の物理的原因の結果であることを示そうと試みている。これらの原因はいずれも皆同じ結果に向かっている。しかし最も強力なのは軌道の離心率が海流に及ぼす間接の影響であるらしい。クロル氏によれば、寒い時代は一万年または一万五千年目ごとに規則正しくくり返される。そしてこれらの永い合間はある偶然のために時々極めて酷烈なことがある。この偶然のうち最も重要なのはC・ライエル卿の示したように、水陸の相対的位置である。クロル氏は、最後の大氷河時代は約二十四万年以前に起こって、わずかな気候の変化とともに約十六万年続いたと信じている。もっと古代の氷河時代については、幾人かの地質学者が中新世と始新世の累層の間に起こったことを直接の証拠によって確信している。さらにもっと古代の累層については言及しない。しかしクロル氏の到達した結果で我々にとって最も重要なのは、北半球が寒い時代を通過するときには必ず南半球の気温が実際に上昇し、冬が大変温和になるということである。これは主として海流の方向の変化によるのである。逆に南半球が氷河時代を通過する間は北半球がそのようになる。この結論は地理的分布に多大の光を投げかけるので、私はそれを信じたい気持が強い。しかし私はまず説明を要求している事実をあげよう。

フッカー博士の示すところによると、南アメリカでは多くの近縁種のほかに、フエゴ諸島の貧弱な植物相のかなりの部分を占める四十ないし五十の顕花植物が北アメリカおよびヨーロッパと共通である。これらの区域は反対の半球にあって互いに著しく遠い。赤道附近のアメリカの高い山々にはヨーロッパ属に所属する特異な種の一群を生じる。ブラジルのオルガン(Organ)山では、少数の温帯ヨーロッパの属、幾らかの南極の属、および幾らかのアンデス山脈の属がガードナー(Gardner)によって発見された。これらは低い中間の熱帯地域には存在しないものである。カラカスのシラ(Silla of Caraccas)の上で、ずっと以前、有名なフンボルト(Humboldt)がコルディエラに特有な属に所属する種を発見した。

アフリカでは、ヨーロッパに特有な幾つかの形態と喜望峰の植物相の少数の対応類似形態が[3]アビシニアの山々にある。喜望峰には人間によって導入されたのではないと信じられるごく少数のヨーロッパ種が見出され、その山々には幾つかの対応類似的ヨーロッパ形態が見出される。これらはアフリカの両回帰線間の各地では発見されたことのないものである。フッカー博士はまた、最近ギネア湾にある高くそびえ立つフェルナンド・ポー島の高い部分とその近隣のカメルーンの山に生育する植物の幾つかは、アビシニアの山々と温帯ヨーロッパの植物に密接に関連していることを示した。またフッカー博士から聞いたところでは、これらの同じ温帯植物の若干がR・T・ロウ尊師によってヴェルデ岬諸島の山々で発見されたらしい。このように同じ温帯的形態がほとんど赤道直下においてアフリカの全大陸を横切り、またヴェルデ岬諸島の山々にまで広がっていることとは、植物の分布についていままでに記録された最も驚くべき事実の一つである。

ヒマラヤに、インド半島の孤立した山脈に、セイロンの高地に、またジャワの円錐状火山に、全く同一かあるいは互いに対応類似する多くの植物、そして同時にヨーロッパとの対応類似植物、の現存することが見られ、しかもそれらは中間の熱帯低地には見られないのである。ジャワの高峰で収集された植物の属の目録がヨーロッパのある小丘でなされた収集にそっくりなのである！　さらに一層著しい事実は、オーストラリアに特異な形態がボルネオの山の頂上に生えているある植物によって類似対応されていることである。フッカー博士から聞くところによると、これらのオーストラリア形態のあるものはマラッカ半島の高地に沿って広がっており、一方ではインドに、そして他方では日本のようなはるか北にまでも、まばらに広がっているという。

オーストラリアの南方の山々でF・ミュラー（Müller）博士は幾つかのヨーロッパ種を発見した。人間によって導入されたのではない他の種が低地に存在する。そしてフッカー博士から受けた報告によると、オーストラリアには見出されるが中間の炎熱地方には見られないヨーロッパ属の長い目録を作ることができる。フッカー博士の賞賛に値する著書『ニュージーランド植物誌概論』[4]（Introduction to the Flora of New Zealand）には、類似の際立った諸事実がこの大きな島の植物に関してあげられている。これによって我々は、世界のあらゆる部分の熱帯地方の高い山々や北と南の温帯の平原に生えているある植物は、同じ種であるか同じ種の変種であるかいずれかであることを知る。けれどもこれらの植物は厳密には寒帯的形態でないことが認められなければならない。なぜならH・C・ワトソン氏が述べているように『極から赤道のほうへと緯度を減ずるに従って、高山植物相または山地植物相は実際にますます寒帯的でなくなってゆく』からである。以上の同一形態と近縁形態のほかに、同じ大きく隔たった区域に棲む多くの種が、現在中間の熱帯低地には見られない属に所属している。

以上の簡単な説明は植物にだけ適用される。しかしある少数の類似の事実が陸棲動物に関してあげられる。海棲生物にもやはり同様の事例が存在する。一例として私はここに最高権威者デーナ教授の言葉を引用しよう。すなわち『ニュージーランドがその甲殻類において、世界の他のどんな地区よりもその正反対の地である英国と最も密接に似ているということは確かに驚異的な事実である。』J・リチャードスン(Richardson)卿もまたニュージーランド、タスマニア等の海岸の北方形態の魚の再現について語っている。フッカー博士は二十五種の藻類がニュージーランドとヨーロッパに共通であるが、中間の熱帯の海には見られないということを私に知らせてくれた。

前述の事実、すなわち、温帯的形態が赤道アフリカの全体を横切る高地に、そしてインド半島に沿ってセイロンとマレー諸島に及ぶ高地に、またそれほど明瞭ではないが熱帯南アメリカの広大な広がりを横切る高地に存在することから、ある昔の時代、疑いもなく氷河時代の最も厳しい時期の間に、赤道直下のこれらの大陸の低地のあらゆるところがかなりの数の温帯的形態に間借りされていたことはほとんど確かなようである。この時代には赤道の海面の高さの気候はおそらく現在の同じ緯度の五千ないし六千フィートの高さで経験される気候とほぼ同じ、あるいはおそらくそれ以上に寒冷でさえあったろう。この最寒時代には赤道直下の低地は、フッカーがヒマラヤの四千ないし五千フィートの高さの低い斜面に繁茂していることを記述しているような熱帯と温帯の植生の混合によって、しかし多分温帯的形態がずっと優勢な状態で、覆われていたに違いない。同様にギネア湾内の山岳性のフェルナンド・ポー島でマン(Mann)氏は温帯ヨーロッパ的形態が約五千フィートの高さから現れ始めることを見出した。パナマの山ではわずか二千フィートの高さのところで、シーマン(Seemann)博士がメキシコのそれのような『炎熱帯の形態と温帯の形態が調和して混じり合った状態の』植生を見出した。

さて、北半球が大氷河時代の極度の寒さを受けていたときに南半球は実は温暖であった、というクロル氏の結論が果たして両半球の温帯地方と熱帯の山々における様々な生物の、現在は外見上説明不可能な分布の上に何らかの明瞭な光を投げかけるかどうかを調べて見よう。氷河時代は年数で測れば非常に永かったに違いない。そしてある帰化動植物が二三世紀の間にいかに広大な空間に広がったかを思い出せば、この時代はどんな量の移住にも十分であったろう。寒さがますます厳しくなるにつれて寒帯的形態が温帯地方に侵入したことを我々は知っている。そして今述べた事実から、一層強健で優勢な、そして最も広く拡散している温帯的形態のあるものが赤道附近の低地に侵入したことをほとんど疑うことはできない。これらの暑い低地の棲息物はそれと同時に南の熱帯と亜熱帯の地方に移住したであろう。南半球はこの時代にはより温暖であったからである。氷河時代が衰退し、両半球が徐々に昔の気温を回復するにつれて、赤道直下の低地に棲んでいた北方の温帯的形態は南方から帰ってきた赤道的形態に席を譲り、彼らの昔の故郷に追いやられたかあるいは亡ぼされたであろう。けれども北の温帯的形態のあるものがどこか隣接の高地に登ったことはほとんど確かであろう。もしそこが十分に高ければ、彼らはそこで寒帯的形態がヨーロッパの山々で生き残ったように永く生き残ったであろう。彼らは、たとえ気候が彼らに完全に適合していなかったとしても生き残ったかも知れない。なぜなら気温の変化は非常に緩慢であったに違いないし、また植物は、彼らの子孫に暑さと寒さに耐える違った体質的能力を伝えることで示されているように、疑いもなくある順化能を所有しているからである。

規則正しい事象の経過に従って、今度は南半球が厳しい氷河時代に遭遇し、北半球は温暖となるであろう。そして南の温帯的形態が赤道附近の低地に侵入するであろう。前に山の上に取り残されていた北方の形態が今や山を降りて南方形態と混合するであろう。この後者は、温暖が戻ったとき彼らの昔の故郷に帰り、その際ある少数の種を山の上に残し、また前に山の砦から降りていた北の温帯的形態のあるものを南方へ運ぶであろう。こうして我々は北と南の温帯および中間の熱帯地方の山々に、少数の全く同一の種を見るはずである。しかしこれらの山あるいは反対の半球に永い間取り残された種は、多くの新しい形態と競争しなければならないであろうし、また幾らか違った物理的条件山の上に彼らの場を保持することができ、またその後南方形態と一緒に南方へと移住することができた。しかし南方形態は北方形態に対してそうできなかった。同様に今日でも、我々は非常に多くのヨーロッパの生物がラ・プラタ、ニュージーランドにおいて、またそれより少ない程度でオーストラリアにおいて、地面を覆い自生のものを打ち負かしたのを見る。しかるに種子を運びそうな毛皮、羊毛、その他の物質は最近の二三世紀の間にラ・プラタから、また最近四五十年の間にオーストラリアから、かなりヨーロッパへ輸入されているにもかかわらず、南方形態で北半球のどこかの地方に帰化したものは極めて少数である。しかしインドのネイルゲリー（Neilgherrie）山地は局部的例外を提供する。フッカー博士から聞くところによると、ここではオーストラリア形態が急速に伝播し帰化しつつあるという。最後の大氷河時代の前には、疑いもなく両回帰線間の山々は固有の高山形態を保有していた。しかしこれらはほとんど至るところで、北方のもっと広い区域ともっと効率のよい工場で産出されたもっと優勢な形態に屈服した。多くの島で、土着の生物は帰化したものとほぼ同数か、あるいはそれより数が少なくなっている。そしてこれらは彼らにさらされるであろう。それゆえ彼らは著しく変容を受け易く、一般に現在は変種あるいは対応類似の種として存在するであろう。そしてこれは事実である。我々はまた、両半球においてさらに昔の氷河時代があったことに留意しなければならない。というのは、これらは同じ原則に従って、多くの全く異なった種が同じ遠く離れた区域に棲む理由、またそれが現在中間の炎熱地帯に見出されない属に所属する理由を明らかにするからである。

同一の種またはわずかに変容した種は南から北へよりも北から南へ多く移住したことは、フッカーによってアメリカについて、またアルフォンス・ド・カンドルによってオーストラリアについて強く主張された顕著な事実である。我々はしかし、少数の南方形態をボルネオとアビシニアの山々に見る。私は、この北から南への移住が優勢であった原因は、北のほうが陸地の面積が大きいこと、北方形態のほうがそれぞれの故郷にはるかに多く存在していたこと、従って自然淘汰と競争によって南方形態よりも高い段階の完成度または優占力にまで進歩していたこと、にあるのではないかと考える。こうして、氷河時代の交替期に二つの組が赤道地域で混じり合ったとき、北方形態は一層強力での絶滅の第一段階である。山は陸上の島であって、そこの棲息物は北方のもっと大きな区域の中で生成されたものに屈服した。その様子はちょうど本当の島の棲息物が、人間の媒介によって帰化した大陸の形態に至るところで屈服し、今もなお屈服しつつあるのと同様である。

同じ原則が北および南の温帯と両回帰線間の山々の陸棲動物と海棲生物の分布にも当てはまる。氷河時代が最高潮で海流が現在と非常に違っていたとき、温帯の海の棲息物のあるものは赤道に達したに違いない。これらの中のある少数のものは、おそらく直ちに寒流に乗って南方へ移住することができたであろう。しかし他のものは南半球が入れ代わって氷河気候に出会い、彼らの前進を許すようになるまで、より冷たい深さのところにとどまり、そこで生き残ることであろう。フォーブスによると、今日北部温帯海域の深い部分に寒帯生物の棲む孤立した空間が存在しているというが、その状態はそれとほぼ同様であろう。

私は現在北と南に非常に離れて生存し、また時々中間の山脈に生存する同一の種や類似の種の分布と類縁性に関するすべての困難が、上述の見解によって除かれるとは決して想像していない。移住の正確な道筋は指摘できない。我々はなぜある種は移住して他の種はしなかったのか、なぜある種は変容して新形態を生じたのに他の種は不変のままでいたのかをいうことができない。このような事実は、なぜある種は人間の媒介によって外国の土地に帰化し他の種は帰化しないのか、なぜある種は彼らの故郷では他の種の二倍あるいは三倍も遠く広がり、また二倍あるいは三倍も有りふれているのか、を我々が判断できるようになるまでは説明できる見込みがない。

様々な特殊な困難がなお解決されずに残されている。例えばフッカー博士が示したように、同じ植物がケルゲレン島(Kerguelen Land)、ニュージーランド、およびフエジア(Fuegia)のような極めて遠隔の地点に存在していることである。しかしライエルの示唆にしたように氷山がそれらの拡散に関与したかも知れない。南半球のこれらの地点と他の遠い地点に、別異の種ではあるがもっぱら南だけに限られた属に所属する種の存在することは一層著しい例である。これらの種のあるものは非常に異なっているので、我々は最後の氷河時代の開始以来、彼らが移住してその後必要な程度に変容するだけの時間があったと想像することができないのである。この事実は、同じ属に所属する別異の種が共通な属から放射線状に移住したことを示しているらしい。そして私は、北半球と同様に南半球においても、最後の氷河時代が始まる前の昔の温暖な時代には、現在は氷に覆われている南極の陸地が非常に特異な孤立した植物相を維持していたということに期待をかけたい気持を感じる。この植物相が最後の氷河期の間に絶滅する前に、少数の形態はすでに時折の輸送方法と現在は沈んでいる島の休息地としての助けにより、南半球の様々な地点に広く拡散していたのではないかと考えられる。こうしてアメリカの南方海岸、オーストラリア、およびニュージーランドは同じ特異な生命形態によってわずかに色づけされることになったのであろう。

C・ライエル卿はその印象的な一節において、私とほとんど同じ言葉で、世界中の気候の大変化が地理的分布に及ぼした効果について考察している。そして我々は今や、一方の半球の連続的な氷河時代は反対の半球における温暖な時代と一致するというクロル氏の結論が、種の緩やかな変容を容認することと相俟って、地球のすべての部分における同一の生命形態と類縁の生命形態の分布に関する多くの事実を説明することを見た。生命の水はある時代には北から、他の時代には南から流れ、そしてどちらの場合も赤道に達した。しかし生命の流れは北からのほうが反対の方向よりも一層大きな力で流れ、従って一層自由に南に氾濫した。ちょうど潮がその漂流物を、潮が最も高く上る海岸の高い水平線に残してゆくように、生命の水はその生きた漂流物を、寒帯の低地から赤道下の大標高まで緩やかに登ってゆく線に沿って山頂に残したのである。このように岸に乗り上げて取り残された様々な生物は、追いやられてほとんどあらゆる土地の山岳砦に生き残っている未開人種と比べられよう。これらの土地は周囲の低地の者の棲息者についてのまことに興味深い記録として役立つのである。

訳者注

(1) Gordian knot　Gordius 王が作った結び目で、一般に解決のむずかしい問題の比喩として使われる

(2) circumpolar inhabitants　北極周辺の動植物のこと

(3) Abyssinia　エチオピアの旧称

(4) the peninsula of Malacca　マレー半島のこと

第十三章　地理的分布――続き

淡水生物の分布――大洋島の棲息物について――両棲類と陸棲哺乳類の欠けていること――島の棲息物と最も近い本土の棲息物との関係について――最も近い源からの移住とその後の変容について――前章および本章の摘要

淡水生物

湖や河川系は互いに陸地の障壁によって隔てられているので、淡水生物は同じ地域の中で広範囲には分布しなかったであろうし、また海は明らかにさらに一層手に負えない障壁のように思われるから、淡水生物は決して遠い地域まで広がることはなかったであろうと考えられるかも知れない。しかし事実はまさしく逆である。異なる綱に属する多くの淡水種が極めて大きな分布範囲をもつが、そればかりでなく類縁の種が世界中に普及している様子には注目すべきものがある。ブラジルの淡水での最初の収集のとき、私はイギリスのものと比較して、淡水産の昆虫、貝等の類似性とその周囲の陸棲生物の不同性に大いに驚きを感じたことをよく覚えている。

しかし淡水生物の広い分布力は、彼らが非常に有用な方法で、それぞれの地域内の池から池へ、あるいは小川から小川へ頻繁に短い移住をするのに適合するようになったことによって、大抵の場合説明できるものと私は考える。そして広く拡散する傾向は、この能力からほとんど必然の結果として生じるであろう。ここでは少数の事例しか考察できない。これらの中で最も説明困難なものの幾つかは魚の場合である。同じ淡水種は互いに遠く隔たった二つの大陸には決して存在しないということが以前は信じられていた。しかしギュンター博士は近頃、ガラクシアス・アテヌアッス（Galaxias attenuatus）がタスマニア、ニュージーランド、フォークランド諸島、および南アメリカ本土に棲んでいることを示した。これは驚異的な事例であって、おそらく昔の温暖時代に南極の中心から分散したことを示すものであろう。この事例はしかし、この属の種がある未知の方法で開いた海洋の相当の空間を横断する能力をもっていることから、ある程度驚きを減らすことができる。すなわちニュージーランドとオークランド諸島は約二百三十マイルの距離を隔てているのに、両者に共通の一種が存在している。同じ大陸において淡水魚はしばしば広範囲に分布していて、しかもその状態はまるで気紛れである。というのは、二つの隣接する河川系において、若干の種は同一であり若干の種は全く違っているということがあるからである。

それらがいわゆる偶然的方法によって時折輸送されることも有りそうである。例えば魚類が旋風によって生きたままで遠い地点に落とされることも稀ではない。また卵が水から離れた後も相当の時間生命力を保持していることが知られている。しかし彼らの拡散は主として陸地の水準が現世の間に変化して、河の水を互いに交流させたことに起因しよう。またこのことが土地水準の変化なしに洪水の間に起こった例もあげられよう。山脈が連続していて、従って早い時期から両側の河川系の交流を完全に妨げたに違いないと思われる場合には、大抵反対の両側で魚が非常に違っており、これがやはり同じ結論へ導く。若干の淡水魚は非常に古代の形態に属する。そしてこのような場合には大きな地理的変化のための十分な時間があり、従って大量の移住のための時間と方法があったであろう。その上ギュンター博士は近頃、幾つかの考察から、魚類では同じ形態が永く持続するという推測を行った。塩水魚は注意して徐々に淡水に慣れさせ棲まわせることができる。そして、ヴァランシエンヌ(Valenciennes)によれば、すべての成員が淡水に限られているような群はほとんど一つもない。従って淡水の群に属する海棲種が海岸に沿って遠く旅をするかも知れず、そしておそらくは大した困難もなしに遠い陸地の淡水に適応するようになるであろう。

淡水産貝類の若干の種は非常に広い分布範囲をもち、また我々の理論の上では共通の祖先に由来した単一の源から出発したはずの類縁の種が世界中に広がっている。それらの卵は鳥類によって運搬されそうもないので、このような分布は最初私をとても当惑させた。しかも成体と同じく卵も海水によって直ちに死滅する。私は若干の帰化種がどうして同じ地域の全体に速やかに広がったのかということさえ理解できなかった。しかし私の観察した二つの事実――

なお多くの他の事実が疑いなく発見されるであろう——がこの主題に若干の光を投げかける。鴨がアオウキクサで覆われた池から突然現れる際に、私は彼らの背中にこの小さな植物がくっついているのを二度見かけた。そして小さなアオウキクサを一つの水槽から別の水槽へ移す際に、私はたまたま、そのつもりはないのに、その一つに他からの淡水貝類を移したことがある。しかしもう一つの媒介作用のほうがおそらく一層効果的であろう。私は淡水貝の多数の卵が孵化しつつあった水槽に鴨の足を吊り下げた。そして極めて微細なちょうど孵化したばかりの貝が多数その足の上に這っており、水から取り出したとき振り落とすことができなかったほどしっかりとしがみついていたのを見出した。もちろんもう少し成長期が進めばそれらは自発的に離れて落ちるであろう。これらの孵化したばかりの軟体動物は、それらの本質においては水棲的であるが、湿った空気の中では、鴨の足の上に十二時間から二十時間生き残っていた。そしてこの長さの時間の間に、鴨あるいはアオサギは少なくとも六七千マイルは飛ぶであろうし、もし海を横切って大洋島またはどこか他の遠隔の地点まで吹きつけられたならば、きっと水たまりあるいは小川に降り立つであろう。チャールズ・ライエル卿から私への知らせによると、アンシルス（Ancylus ヨメガカサに似た淡水貝）の固く附着しているゲンゴロウモドキ（Dytiscus）が捕えられたという。またかつて同じ科の水棲甲虫コリム・ベーテス（Colymbetes）が最も近い陸地から四十五マイル離れていた『ビーグル号』の甲板に飛んできたことがある。順風に乗ればまだどれほど遠くまで吹かれていったか誰にも分からない。

植物については、多くの淡水種と湿地種が、大陸全体とさらに最も遠い大洋島にまで、いかに広大な分布範囲をもっているかはずっと以前から知られていた。アルフォンス・ド・カンドルによれば、このことは非常にわずかしか水棲の成員をもたない陸棲植物の大きな群において顕著に例証される。なぜなら水棲のものは、あたかも水棲であるがゆえに、すぐさま広い分布範囲を獲得するように見えるからである。私は拡散に好都合であることがこの事実を説明すると考える。時折鳥の足や嘴に幾らかの土が附着していることは前に述べた。池の泥深い岸を頻繁に訪れる渉禽類がもし突然飛び立ったならば、ほとんど間違いなく足に泥を附けているであろう。この目の鳥は他のどんな目の鳥よりも多く放浪する。そして彼らは時折外洋の最も遠い不毛の島に見出される。彼らは海面に降り立つことはないようであるから、足の泥土は洗い除かれることがないであろう。そして陸地に到達したときには、彼らはきっと彼らの本来の棲息地である淡水に飛んでゆくであろう。私は植物学者が池の泥にどれほど多く種子が含まれているかに気づいているとは信じない。私は幾つかの小実験を試みたが、ここでは最も著しい事例だけをあげよう。私は二月に小さな池の岸で三つの異なる地点から水の下の泥を大さじ三杯採った。この泥は乾かしたときわずか六オンス四分の三の重さしかなかった。私はそれを私の書斎で六箇月間覆いをして保存し、植物が生えるに従って引き抜きその数を数えた。植物は多くの種類にわたり本数は全部で五百三十七であった。しかもこのねばねばした泥は一つの大形コーヒーカップの中に全部入れられたのである！　これらの事実を考慮すれば、私はもし水鳥が淡水植物の種子を、非常に遠い場所にある植物の貯えのない池や小川に運ばなかったとしたら、それは説明不可能な情況であると考える。同じ作用が若干の小さい淡水動物の卵にも作用し得る。

なお他の未知の媒介作用がおそらく一役を演じたであろう。私は淡水魚が若干の種類の種子を食うことを述べた。もっとも他の多くの種類の種子は呑み込んだ後に吐き出してしまう。小さい魚でもコウホネやヒルムシロ属(Potamogeton)の種子のような中位の大きさの種子を呑み込む。アオサギと他の鳥は何世紀もの間毎日魚を食い続けてきた。次にそれらは飛行して他の水のところへ行くか、あるいは風に吹かれて海を越える。そして我々は種子がその発芽能力を、何時間も後に吐出塊としてあるいは排泄物として排出されたときにも保持していることを見た。私は見事なスイレン、すなわちハス属（Nelumbium）の種子が大層大きいのを見、そしてこの植物の分布についてのアルフォンス・ド・カンドルの言葉を思い出したとき、この植物の散布方法は説明不可能なまま残されなければならないと考えた。しかしオーデュボン(Audubon)はアオサギの胃の中に大きな南方のスイレン（フッカー博士によれば多分これはキバナハス Nelumbium luteum）の種子を見出したと述べている。ところでこの鳥はしばしばその胃を十分満たして遠い池に飛んだに違いない。そしてそこで豊富な魚にありつけば、種子を発芽に適した状態のまま吐出塊として吐き出したであろうことが類推から信じられる。

これら幾つかの分布方法を考察する場合、例えば池または小川が隆起する小島に初めて形成されるときにはそれは未占領であって、たった一つの種子あるいは卵も繁殖の絶好の機会をもつであろうということが記憶されなければならない。同じ池の棲息物の間には、たとえその種類はいかに少なくても、常に生活のための闘争があったであろうが、しかし生物のよく繁殖している池でさえもその数は同じ面積の陸地に棲む種の数に比べれば小さいのであるから、彼らの間の競争は多分陸棲種の間よりは厳しくないであろう。従って外国の水からの侵入者は陸棲の移住者の場合よりも新しい場を獲得する機会が多いに違いない。我々はまた、多くの淡水生物が自然の序列で低位にあることを記憶しなければならない。そして我々はこのような生物が高等生物より一層ゆっくりと変容すると信ずべき理由をもっている。そしてこのことは水棲種に移住の余裕を与えるであろう。我々は、多くの淡水形態が昔広大な区域にまたがって連続的に分布し、その後中間の地点で絶滅したということの可能性を忘れてはならない。しかし淡水植物と下等動物の広い分布は、それらが全く同一の形態を保持しているかあるいはある程度変容しているかどちらにしても、主として動物、特に大きな飛行力をもちまた本来的に水面から水面へ旅をする淡水棲鳥類による、種子と卵の広い散布によるものと思われる。

大洋島の棲息物について

さて、同じ種のすべての個体がある一つの区域から移住したというばかりでなく、現在は最も遠隔の地点に棲んでいる類縁の種も、ある単一の地域——彼らの初期の祖先の出生地——から生じたという見解に立った場合、分布に関して最大の困難を示すものとして私の選んだ三組の事実の最後のものに到達した。私はすでに、現存種の時代に大陸が大規模に拡張して、その結果幾つかの大洋の多くの島のすべてがこうして現在の陸棲棲息物を供給されたのだということを信じない理由をあげた。この見解は多くの困難を除去するが、島の生物に関するすべての事実と一致しない。以下の記述では、私は単に拡散の問題に限らず、独立創造の理論と変容を伴う継承の理論の二つの説の真実性に関係のある若干の他の事例を考察するであろう。

大洋島に棲むあらゆる種類の種は、大陸の等しい面積に棲むものと比べてその数が少ない。アルフォンス・ド・カンドルは植物について、またウォラストンは昆虫についてこのことを認めている。例えば、高くそびえる山々と多様な産地をもつニュージーランドは、離れ島のオークランド、キャンベルおよびチャタムを合わせると南北七百八十マイルに広がっているが、全部でわずか九百六十種類の顕花植物しか有していない。もしこの程よい数を南西オーストラリアあるいは喜望峰の等しい面積に群がっている種と比較すれば、我々は物理的条件の差とは別なある原因が、こんなにも大きな数の差を生じさせたのであることを認めなければならない。一様なケンブリッジ州でさえ八百四十七の植物を持ち、アングルシーの小島は七百六十四の顕花植物しかなかった証拠をしている。しかし少数のシダ類と少数の導入植物がこれらの数に含まれているし、その他の若干の点でもこの比較は全く公平ではない。我々は不毛のアセンション島には土着の種としては半ダース以下の顕花植物しかなかった証拠をしている。しかるに現在では多くの種が、ニュージーランドや他の名前をあげることができるあらゆる大洋島とこの島に帰化している。セント・ヘレナでは帰化した植物と動物が多くの土着の生物をほとんど、あるいは全く絶滅させたと信ずべき理由がある。個別的な種の創造の学説を認める人は、最もよく適応した動植物が大洋島のためには十分創造

されなかったことを認めなくてはならないであろう。なぜなら人間は無意識のうちに自然が成したよりもはるかに十分に、そして完全に大洋島を動植物で満たしたからである。

大洋島では種の数は少ないにもかかわらず、固有の種類しばしば極めて大である。例えばマデイラに固有な陸棲貝類の数、またはガラパゴス諸島に固有な鳥類の数を大陸に見出される数と比較し、次に島の面積を大陸の面積と比較するならば、我々はこれが真実であることを知るであろう。この事実は理論的に予期されたことである。なぜならすでに説明したように、永い時間の隔たりの後に時折新しい孤立した地区に到着し新しい仲間と競争しなければならない種は、極度に変容し易くしばしば変容子孫の群を形成するに違いないからである。しかしある島で一つの綱のほとんどすべての種が特有のものであるからといって、他の綱あるいは同じ綱の他の節の種までが特有のものであるということは意味しない。この差は、部分的には変容していない種が一団となって移住したので彼らの相互関係があまり乱されなかったことにより、また部分的には未変容の移住者が母国から頻繁に到着し島の形態がそれと交雑し

たことによるらしい。このような交配から生じた子孫は確かに活力を増すものであり、時折の交雑でさえ予想以上の効果を生むものであることを記憶しなければならない。前に述べたことについて二三の例証をあげよう。ガラパゴス諸島には二十六の陸棲鳥類がいる。これらのうちの二十一(あるいは多分二十三)が特有のものである。しかるに十一の海棲鳥類ではわずか二つしか特有でない。そして海棲鳥類がこれらの島に陸棲鳥類よりもはるかに容易に、また頻繁に到達できることは明白である。他方、ガラパゴス諸島が南アメリカから離れているのとほぼ同じ距離で北アメリカから離れていて、しかも非常に特異な土壌をもっているバーミューダは、たった一つの特産陸棲鳥も所有しない。そして我々はJ・M・ジョーンズ(Jones)氏の立派なバーミューダ報告から、非常に多くの北アメリカの鳥類が時折あるいは頻繁にこの島を訪れることを知っている。E・V・ハーコート(Harcourt)氏からの知らせによると、ほとんど毎年ヨーロッパとアフリカの多くの鳥がマデイラに吹かれてくる。この島には九十九種類が棲んでおり、そのうちただ一つだけが特有のものであるが、それもヨーロッパ形態に非常に密接に関連している。そして三つあるいは四つの他の種がこの島とカナリー諸島に限られている。従ってバーミューダ諸島とマデイラ島は隣接の大陸から鳥類を供給され、それらが長年月の間そこで互いに闘争し、そして互いに相互適応するようになったのである。それゆえ彼らの新しい郷土に定住したとき、各々の種類は他のものによってその固有の場と習性を固定させられ、従って変容はほとんどしなかったであろう。また何らかの変容の傾向もしばしば母国から到着する未変容の移住者との交雑によって抑制されたであろう。マデイラにはまた驚くほどの数の特有な陸棲貝が棲んでいる。しかるに海棲貝の一つの種もその海岸に特有なものはない。ところで、我々は海棲貝がどのようにして拡散するかを知らないが、それらの卵または幼体はおそらく海草または漂流木材に附着するか、あるいは渉禽類の足に附着して、外洋の三四千マイルを横切り、陸貝よりもはるかに容易に輸送されるであろうと見ることができる。マデイラに棲む種々異なる目の昆虫もほぼ並行的な事例を提供する。

大洋島は時々ある綱全体の動物を欠いており、それらの場が他の綱によって占められている。例えばガラパゴス諸島では爬虫類が、またニュージーランドでは巨大な無翼の鳥類が哺乳類の場を占めているか、あるいは最近まで占めていた。ニュージーランドは、ここでは大洋島として語られているが、果たしてそう位置づけるべきかどうかやや疑わしい。この島は面積が大きくまたオーストラリアと深い海で隔てられていない。その地質学的特性と山脈の方向から、W・B・クラーク尊師は近頃、この島はニューカレドニアと同じくオーストラリアの附属物と見なすべきであると主張した。植物に眼を向けると、フッカー博士はガラパゴス諸島では種々の目の比率が他のところと非常に違っていることを示した。このような数の差異と動植物のある全群の欠如のすべては、一般に島の物理的条件における仮想的差異によって説明される。しかしこの説明は少なからず疑わしい。移住の容易さは条件の性質と全く同じように重要であったように思われる。

多くの注目すべき小さな事実が大洋島の棲息物に関してあげられよう。例えば哺乳類の一匹も棲んでいないある島で、固有の植物の幾つかが見事な鉤のついた種子をもっている。ところが鉤が四足獣の毛または柔毛について種子の運搬に役立つことほど明瞭な関係は少ない。しかし鉤のついた種子は他の手段によって島に運ばれたのかも知れない。そしてその植物はその後変容して特産種を形成するであろう。しかし鉤はそのまま残って、多くの島嶼性甲虫の接合した翅鞘の下のしぼんだ翅のような無用の附属器官となるであろう。また、島はしばしば他のところでは草本種のみを含んでいるような目に属する喬木または灌木を有している。ところで喬木は、アルフォンス・ド・カンドルが示したように、その原因はともかくとして一般に限られた分布範囲をもっている。それゆえ喬木が遠い大洋島に達することはほとんど有りそうもない。そして、大陸に生長する多くの十分に発達した喬木と競争して成功する機会をもたなかった草本植物も、島に居を定めたときにはより高く生長し、他の草本植物の上にそびえることによって他に優る利点を獲得するかも知れない。この場合、自然淘汰は植物がどの目に所属しようと植物の丈を増大する傾向をもち、こうしてまず最初に灌木に転化し、次に喬木に転化するであろう。

大洋島に両棲類と陸棲哺乳類が欠けていること

大洋島における動物の目全体の欠如について、ボリー・セント・ヴィンセント（Bory St. Vincent）はずっと以前、両棲類（カエル、ヒキガエル、イモリ）が大洋に散在する多くの島のどれにも決して見出されないことを述べている。私はこの主張を立証しようと骨折った結果、それはニュージーランド、ニューカレドニア、アンダマン諸島、および多分ソロモン諸島並びにセーシェルを除いて真実であることを見出した。しかし私はすでにニュージーランドとニューカレドニアを大洋島として分類すべきかどうか疑わしいことを述べた。そしてこのことはアンダマンおよびソロモンの群島、そしてセーシェルについてはさらに一層疑わしい。これほど多くの真の大洋島におけるカエル、ヒキガエルおよびイモリの一般的欠如は、それらの島の物理的条件によっては説明できない。実際、島はこれらの動物には特に適しているように見える。というのは、カエルはマデイラ、アゾレスおよびモーリシャスに導入されて厄介者になるほど繁殖したからである。しかしこれらの動物とその卵は（今日知られている限りでは一つのインド種を例外として）海水によって直ちに死滅するから、それらを海を越えて輸送することは多大の困難があろう。従って我々は、それらが何ゆえ厳密な大洋島に存在しないかを理解することができる。しかし創造説では、どうしてそれらがそこに創造されなかったかを説明することは非常に困難であろう。

哺乳類は別な類似の事例を提供する。私は最も古い時代の航海を注意して調べたが、陸棲哺乳類が（原住民に保育されていた飼育動物を除き）大陸または大きな大陸的島から三百マイル以上のところにある島に棲んでいたという疑いない例には一つも出会わなかった。そしてもっとずっと近距離にある多くの島もまた同様に不毛である。狼に似た狐の棲むフォークランド諸島は最も例外に近いものである。しかしこの諸島は約二百八十マイルの距離にある本土に連なった堆の上に横たわっているのだから、大洋島と見なすことはできない。その上氷山が昔その西海岸に漂石を運んでいるので、現在もしばしば寒帯地方で起こるように、これが昔狐を輸送したのかも知れない。しかし小さい島はどんなに小さな哺乳動物も保持しないだろう、ということはできない。なぜなら彼らは世界各地の多くの島で、その島が大陸に接近して存在している場合には非常に小さな島でも見出されるからである。そして我々の小さな四足獣が帰化して大いに繁殖しなかったような島はほとんど一つもない。普通の創造説では、哺乳類の創造される時間がなかったということはできない。多くの火山島はそれが受けた驚もち大陸およびはるか遠い島々に見出されるという。それゆえ我々は、このような放浪種は彼らの新しい郷土において彼らの新しい場と関連して変容したのであると想定すれば、大洋島に固有のコウモリが存在し他のすべての陸棲哺乳類が欠けている理由を理解することができる。

もう一つの興味深い関係が存在する。すなわち島を相互に、あるいは最も近い大陸から分離している海の深さと、それらの哺乳類棲息物の類縁性の程度との関係である。大マレー諸島についてウィンザー・アール（Windsor Earl）氏がこの題目に関する若干の際立った観察を行い、その後ウォレス氏の見事な調査によって大いに拡張されたのであるが、この諸島はセレベス附近で深い海洋の空間によって分断されており、これは二つの甚だ異なった哺乳動物相の境界をなしている。その両側では島々はそれぞれ中位に浅い海底堆の上に立っており、これらの島には同一あるいは近縁の四足獣が棲んでいる。私はまだこの主題を世界のあらゆる地方について追求するだけの時間をもたなかったが、私の追求した限りではこの関係は有効である。例えば英国は浅い海峡でヨーロッパと隔てられており、哺乳類は両側で同じである。オーストラリアの海岸近くのすべての島についても同様である。これに対して西インド諸島は深さほぼ千ファゾムの深く沈んだ堆の上にあり、我々はここにアメリカ形態を見出すのであるが種および属さえも全く別異である。あらゆる種類の動物が受ける変容の量は、一部は時間の経過に依存しており、また相互にあるいは本土から浅い海峡で隔てられている島は、もっと深い海峡で隔てられている島よりも、近い時代に連続的に結合していた可能性が一層大きいのであるから、我々は二つの哺乳動物相を分ける海の深さとそれらの類縁性の程度の間に一つの関係が存在している理由を理解することができる――この関係は独立の創造行為の理論からは全く説明できない関係である。

大洋島の棲息物に関する前述の事項――すなわち、種は少ないがその中で固有な形態の比率は大きいこと――ある群の成員は変容したが同じ綱の他の群の成員は変容していないこと――両棲類や陸棲哺乳類のようなある目全体が欠けていること、それにもかかわらず空中性のコウモリの存在すること――植物のある目の異常な比率――草本形態が喬木に発達したこと、等々――は私の見るところでは、あらゆる大洋島が昔最も近い大陸と連結していたという信念よりも、永い時間の経過の間に遂行された時折の輸送方法の効果についての信念のほうに一層よく合致するようである。なぜならこの前者の見解によれば、おそらく様々な綱はもっと一様に移住したであろうし、また種が一団となって入ったことから彼らの相互関係はあまり乱されず、従って彼らは変容しなかったか、あるいはすべての種がもっと均等な状態で変容したかのいずれかであるに違いないからである。

一層遠隔の島々の棲息物の多くが、今も同じ種的形態を保持しているのかあるいはその後変容したのかどちらにしても、どのようにして彼らの現在の郷土に到達したかを理解するには、多くの深刻な困難が存在することを私は否定しない。しかし他の島々が、現在は痕跡一つ残っていないがかつては休息地として存在していたという可能性を見逃してはならない。私は一つの困難な事例を説明しよう。ほとんどすべての大洋島には、最も孤立した最も小さい島にさえも陸棲貝が棲んでおり、一般にそれは固有種であるが時には他のところにも見出される種である――これの際立った例はA・A・グールド（Gould）博士により太平洋に関してあげられた。ところで陸貝が海水によって容易に死滅することは誰でも知っている。それらの卵は、少なくとも私の試みたようなものは海水に沈んで死滅する。とはいえ彼らを輸送するある未知の、しかし時折有効な方法があるはずである。今孵化したばかりの幼体が時々地上に休む鳥の足にくっつき、それによって輸送されるであろうか？　陸貝は冬籠りして貝殻の口を膜状の隔壁で覆ったとき、漂流木材の裂け目の中で適度に広い入江を越えて浮流するかも知れないという考えが私の胸に浮かんだ。そして私は幾つかの種がこの状態で七日間海水の浸入に損われずに持ちこたえるのを見ている。一つの貝エスカルゴ(Helix pomatia)はこのように取り扱われ、そして再び冬籠りしたときに海水中に二十日間置かれたが完全に回復した。この時間の間に貝は平均の早さの海流によって六百六十地理マイルの距離を運ばれたであろう。このヘリクスは厚い石灰質の蓋をもっているので私はそれを取り除いた。そしてそれが新しい膜質のものを形成したとき、私は再びそれを十四日間海水に漬けたが再び回復して這い去った。オーキャピテイン(Aucapitaine)男爵はその後同様の実験を試みた。彼は十種に属する百個の陸貝を、孔を開けた箱に入れて二週間海に浸した。百個の貝のうち二十七が快復した。蓋のあるサイクロストマ・エレガンス（Cyclostoma elegans）の十二の供試体のうち十一が蘇生したところを見ると、蓋のあることは重要であったらしい。私の場合のエスカルゴがどんなによく塩水に堪えたかを見れば、オーキャピテインによって試みられたヘリクス属の他の四つの種に属する五十四の供試体がただの一つも回復しなかったことは注目に値する。けれども陸貝がしばしばこのようにして輸送されたということは全く有りそうもないことである。鳥の足のほうが一層可能性の大きい方法を提供する。

島の棲息物と、最も近い本土の棲息物との関係について

我々にとって最も印象的な重要な事実は、島に棲む種と最も近い本土の種との間に、全く同じではないが類縁性のあることである。多数の例があげられる。赤道直下にあるガラパゴス諸島は南アメリカの海岸から五百ないし六百マイルの距離にある。ここでは陸上と水中のほとんどどんな生物も、紛れもなくアメリカ大陸の特徴を担っている。二十六の陸鳥がおり、そのうち二十一あるいはおそらく二十三は別異の種として分類され、普通はここで創造されたと

想定されるに違いない。しかしこれらの鳥の大多数のアメリカ種に対する密接な類縁性はあらゆる形質において、彼らの習性、動作、および声の調子において明らかに示されている。このことは他の動物についても、またフッカー博士がこの諸島についての見事な植物誌で示したように、大多数の植物についても同様である。博物学者は、大陸から数百マイル離れている太平洋上のこれらの火山島の棲息物を見て、自分がアメリカの土地にいるように感じる。なぜそうなのであろうか？　なぜガラパゴス諸島で創造され他のどこにも創造されなかったと想定される種が、これほど明らかにアメリカで創造されたものに対する類縁性の特徴を担っているのであろうか？　生活条件において、島の地質学的性質において、高さ、または気候において、あるいは幾つかの綱が互いに組み合わされる比率において、南アメリカ沿岸の条件に近似するものは何もない。実際のところこれらのすべての点において著しい相違点がある。ところがガラパゴス諸島とヴェルデ岬諸島との間には、土壌の火山的性質において、気候、高さ、および島の大きさにおいて、かなりの程度の類似が存在する。だがそれらの棲息物には何という完全な絶対的差異があることか！　ヴェルデ岬諸島の棲息物とアフリカの棲息物との関係はガラパゴスとアメリカとの関係に似ている。このような事実は通常の独立創造の見解に立つどのような種類の説明も認めない。これに対してここで主張している見解に立てば、ガラパゴス諸島がおそらくアメリカから移住者を、時折の輸送方法であるかあるいは（私はこの説を信じないが）昔連続していた陸地によってであるかどちらにしても受け入れるであろうということ、そしてヴェルデ岬諸島がアフリカから移住者を受け入れるであろうということは明らかである。このような移住者は変容し易いであろう――だが遺伝の原則はやはり彼らのもとの出生地を暴露している。

多くの類似の事実があげられる。実際島の固有生物が最も近い大陸あるいは最も近い大きな島と関連していることはほとんど普遍的な規則である。例外は少なくまたそれらの大部分は説明できる。例えばケルゲレン島はアメリカよりもアフリカに近いが、その植物はフッカー博士の報告書から分かるように、アメリカの植物と非常に密接に関連している。しかしこの島は主として優勢な潮流によって押し流された氷山が土や石と一緒に運んだ種子で植物を貯えたという見解に立てばこの異例は消滅する。ニュージーランドはその固有植物において、最も近い本土であるオーストラリアに他のどの地方よりもずっと密接に関連している。そしてこれは予期されたことである。しかしそれはまた明らかに南アメリカとも関連しているのであって、南アメリカは二番目に近い大陸ではあるが非常に遠隔であるので、この事実は一つの異例となる。しかしニュージーランド、南アメリカ、および他の南方の陸地は、遠隔ではあるがほぼ中間の地点、すなわち南極の島々が最後の氷河時代の始まる前の温暖な第三紀時代の間に植生で覆われていたとき、そこから一部の植物を供給されたのであるという見解に立てば、この困難は部分的に消滅する。オーストラリアの南西隅の植物相と喜望峰の植物相との間の類縁性、微弱ではあるが事実であることをフッカー博士が私に保証した類縁性ははるかに一層著しい事例である。しかしこの類縁性は植物に限られており、いつかは説明されるであろうことは疑いない。

島の棲息物と最も近い大陸の棲息物との間の関係を決定したのと同じ法則が、時々小規模にではあるが極めて興味深い状態で同じ諸島の中に示される。例えばガラパゴス諸島の個々の島には多くの別異の種が棲んでいるという不思議な事実がある。しかしこれらの種はアメリカ大陸または世界の他のどんな地方の棲息物に対してよりも、はるかにずっと密接な状態で相互に関連している。これは予期されたことであって、互いにこんなに近く接近している島々はほとんど必然的に同じ根源から、また相互に、移住者を受け入れるに違いない。しかしどうして移住者の多くが、互いに見えるほど接近していて同じ地質学的性質、同じ高さ、気候等をもつ島々で、わずかの程度にもせよ違う変容を受けたのであろうか？ このことは長い間私には大きな困難に見えた。しかし主としてそれは、地域の物理的条件を最も重要なものと見なす根深い誤謬からきているのであって、各々の種が競争しなければならない他の種の性質が、少なくとも同じ程度に、そして一般的にははるかに一層重要な成功の要素であることは反論できない。さて、もしガラパゴス諸島に棲み、同様に世界の他の地方にも見出される種を見るならば、我々はそれらが幾つかの島で相当に違っていることを見出す。この差異は、もし島が時折の輸送方法によって――例えば一つの植物の種子は一つの島へ、そして他の植物の種子は他の島へ運ばれたことによって（もっともすべては同じ共通の源から発生したのだが）――植物を貯えたのであれば実際予期できたことである。それゆえ昔ある移住者が初めて島の一つに腰を落着けたとき、あるいは後にそれが一つの島から他の島へと広がったとき、疑いなく異なる島では異なる条件にさらされるに違いない。なぜならそれは組み合わせの異なる生物と競争しなくてはならないからである。例えばある植物に最もよく適した土地が、別の島では幾らか異なる種に占領され、そして幾らか異なる敵の攻撃にさらされているのを見出すであろう。次いでもしそれが変異したならば、おそらく自然淘汰は異なる島では異なる変種に味方するであろう。しかしある種は広く拡散しても群全体を通じて同じ形質のままでいるかも知れない。それはちょうどある種が大陸全体に拡散してしかも同じままでいるのと同じである。

このガラパゴス諸島の場合における真に驚くべき事実、そして若干の類似の場合の程度は低いがやはり驚くべき事実は、各々の新種がある一つの島で形成された後に他の島に急速に広がらなかったということである。しかし島は互いに見えてはいても、大抵の場合はイギリス海峡よりも広い入江で隔てられており、またそれらがいつか昔に連続的につながっていたと想像すべき理由もないのである。海流は島々の間を急流となって通過しており、また強風は極めて稀である。従って島は地図の上で思われるよりもはるかに有効に互いに分離されている。それでも若干の種は、世界の他の地方に見出されるものと諸島に限られるものと両方の場合において、幾つかの島に共通である。そしてそれらの現在の分布状態から、それらは一つの島から他の島へと広がったものと推測してよい。しかし我々は近縁の種が相互に自由に通交している場合、互いに他の領域を侵す可能性についてしばしば誤った見解をとっていると私は考える。もし一つの種が他の種に優る何らかの利点をもつならば、疑いなくそれは極めて短時間のうちに全部または一部を排除するであろう。しかしもし両者が彼ら自身の場に同等によく適合しているならば、両者はおそらく彼らの別々の場をほとんど任意の時間保持するであろう。我々は人間によって帰化させられた多くの種が驚くべき早さで広い区域に拡散した事実を見慣れているので、大抵の種はこのようにして拡散するであろうと推測しがちである。しかし新しい地域に帰化する種は、一般に土着の棲息物と近縁の種ではなく、多くの場合アルフォンス・ド・カンドルの示したように、別異の属に属する非常に別異の形態であるということを記憶しなければならない。ガラパゴス諸島では多くの鳥類でさえ、島から島へ飛ぶようによく適応しているにもかかわらず、異なる島では異なっている。例えばマネシツグミの三つの近縁の種があり、各々はそれ自身の島に限られている。ところで今チャタム島のマネシツグミが別の固有のマネシツグミをもっているチャールズ島に吹き送られたと想像しよう。それがそこで身を立てることに成功しなければならない理由があるであろうか？　我々は、チャールズ島はそれ自身の種で十分満たされていると推測して差しつかえない。なぜならば年々養育可能な量以上の卵が生まれ、ひなが孵化するからである。そして我々は、チャールズ島に特有のマネシツグミはチャタム島に特有な種と少なくも同じ程度にその郷土によく適合していると推論してよい。C・ライエル卿およびウォラストン氏はこの主題に関する際立った事実を私に通知してきた。すなわちマデイラおよび隣接の小島ポルト・サント島は多くの異なった、しかし対応類似した陸貝の種を所有しており、その若干は石の割れ目に棲んでいる。そして大量の石が年々ポルト・サントからマデイラに輸送されているにもかかわらず、後者の島にポルト・サント種は移住していない。それなのに両島には、疑いもなく土地固有の種に優るある利点をもっていたヨーロッパの陸貝が移住している。これらの考察から、我々はガラパゴス諸島のそれぞれの島に棲む特産種がすべて島から島へ拡散しなかったことに、大して驚く必要はないと私は思う。同じ大陸でも先に占領しているということが、おそらくほぼ同じ物理的条件をもつ異なった地区に棲む種との混合を抑制する上で、重要な役割を果たしたであろう。例えばオーストラリアの南東隅と南西隅はほぼ同じ物理的条件をもち、連続した陸地で連結しているのに、それらの土地には莫大な数の別異の哺乳動物、鳥類、および植物が棲息している。ベイツ（Bates）氏によれば、大きな、開いた、そして連続したアマゾン流域に棲む蝶と他の動物についても同様である。

大洋島の棲息物の一般的形質を支配する同じ原則、すなわち、移住者が最も容易に出てくることができた本源地に対する関係は、それらのその後の変容と相俟って、自然界全体に最も広く適用される原則である。我々はあらゆる山頂、あらゆる湖と湿地にこれを見る。すなわち高山種は、氷河期の間に同じ種が広範囲に広がった場合を除けば、周囲の低地の種と関連している。こうして我々は南アメリカにおいて、高山性ハチドリ、高山性齧歯類、高山植物等のすべてが厳密にアメリカ形態に属するのを見る。そして山が徐々に隆起するにつれて、周囲の低地から移住することは明らかである。湖と湿地の棲息物についても、輸送が非常に容易であったために同じ形態が世界の大部分に広がることのできた場合を除けばやはり同様である。我々はこの同じ原則を、アメリカとヨーロッパの洞穴に棲む盲目動物の大部分の形質において見る。他の類似の事実があげられよう。次のことは普遍的に真実であることが見出されるであろうと私は信じる。すなわち、どんなに遠隔であろうと二つの地域に多くの近縁あるいは対応類似の種が存在するところでは、どこでも幾つかの同一の種が見出されるであろう。そして多くの近縁の種が存在するところでは、どこでも、ある博物学者は別異の種として位置づけ、他の博物学者は単なる変種と位置づけるような多くの形態が見出されるであろう。これらの疑わしい形態は変容の進行段階を我々に示しているのである。

現在あるいは過去の時代のいずれかにおいて、ある種の移住の能力と範囲および世界の遠隔の地点に近縁種の存在することとの間の関係は、もう一つのもっと一般的な方法で示される。グールド氏はずっと以前私に、鳥の属で世界中に分布しているものはその種の多くが非常に広い分布範囲をもっていると説明した。私はこの規則が、証明は困難であるが一般的に真実であることをほとんど疑うことができない。哺乳類の中ではそれがコウモリにおいて顕著に示されているのを見、またそれより低い程度でネコ科とイヌ科に見る。我々は同じ規則を蝶と甲虫の分布に見る。淡水の棲息物の大多数についても同様であり、最も異なった綱の属の多くが世界中に分布し、種の多くが広大な分布範囲をもっている。非常に広く分布している属の種のすべてが非常に広い分布範囲をもっているというのではなく、ただ種の幾つかがそうだというのである。またこのような属では種が平均として非常に広い分布範囲をもっている、というのでもない。というのは、これは変容の過程がどの程度まで進んでいるかということと大いに関係するからである。例えば同じ種の二つの変種がアメリカとヨーロッパに棲んでいるとすると、その種は非常に大きな分布範囲をもつわけである。しかしもし変異がもう少し進んだとすれば、二つの変種は別異の種と位置づけられ、それらの分布範囲は大いに縮小されることとなろう。またある強力な翼をもつ鳥の場合のように障壁を越えて遠くまで達する能力を有する種が必ず広く分布する、というのではなおさらない。なぜなら広く分布するということは、障壁を越える力ばかりでなく、遠い土地で異国の社会での生活闘争に勝利を得るというもっと重要な力を暗示するものであるということを、我々は決して忘れてはならないからである。しかしある属のすべての種は、世界の最も遠い地点に分布していても単一の祖先に由来するものであるという見解に従えば、我々は、種の少なくとも若干のものは非常に広く分布していることを見出すはずであり、また事実一般的規則として見出していると私は信じる。

我々は、すべての綱の多くの属は起原が古く、そしてこの場合、種は拡散とその後の変容のために十分な時間を有していたであろうということを念頭におかなければならない。また地質学的証拠から、それぞれの大きな綱の中で、下等な生物は高等なものより遅い速度で変化すると信ずべき理由がある。従ってそれらは広く分布する機会をより多く有し、しかもなお同じ種的形質を保持していたであろう。この事実は、下等な有機形態の種子と卵が大抵非常に微細で遠距離輸送によく適している事実と相俟って、長い間の観察によって認められ、また近頃アルフォンス・ド・カンドルにより植物について検討された法則、すなわち生物のある群が下等であればあるほど一層広く分布するという法則をおそらく説明するであろう。

今論議した諸関係——すなわち、下等な生物は高等なものより広く分布していること——広く分布している属の種の幾つかはそれ自身広く分布していること——高山性、湖水性、および湿地性の生物は周囲の低地と乾燥地に棲む生物と関連しているという事実——島の棲息物と最も近い大陸の棲息物との間の顕著な関係——同じ諸島の島の別異の棲息物のさらに密接な関係——はそれぞれの種の独立創造という通常の見解では説明できないが、最も近いかまたは最も用意の整った源からの移住とその後の移住者の新郷土への適応を認めれば説明できる。

前章および本章の摘要

これらの章で私が示そうと努めたことは、もし我々が、確かに現世の間に起こった気候と土地水準の変化、並びにおそらく起こったであろう他の変化の十分な効果について我々の無知を考慮するならば——また多くの奇妙な時折の輸送方法についてどんなに無知であるかを想起するならば──そしてこれは非常に重要な考察であるが、いかにしばしば種は広い区域にわたって連続的に分布し、そして次に中間の地帯で絶滅したかに留意するならば──同じ種のすべての個体は、たとえどこに見出されようとも共通の祖先に由来する、ということを信じるのに克服し難い困難はないということである。そして多くの博物学者が創造の単一中心の名称の下に到達したこの結論に向かって、我々は様々な一般的考察、特にあらゆる種類の障壁の重要性と亜属、属、および科の相似的分布によって導かれるのである。

我々の理論では一つの両親から広がったものである同じ属に属する別異の種に関しては、もし我々の無知に対して前と同じ考慮をし、また若干の生命形態は非常にゆっくりと変化したのであって彼らの移住のために莫大な時間が与えられたことを想起するならば、その困難は決して克服し難いものではない。もちろんこの場合も同じ種の個体の場合のようにその困難はしばしば大きい。

分布における気候の変化の効果を例証するものとして、私は最後の氷河時代がどんなに重要な役割を果たしたかを示そうと試みた。氷河時代は赤道地帯にまで影響を及ぼし、そして南北における寒さの交替の間に両半球の生物を混合し、また幾らかを世界のあらゆる地方の山頂に孤立状態で残していったのである。時折の輸送方法がどんなに多様であるかを示すものとして、私は淡水生物の拡散方法を多少詳しく論じた。

永い時間の経過の間に、同じ種のすべての個体、同様に同じ属に属する幾つかの種のすべての個体がある一つの源から発したということを認めるのに克服し難い困難はないものとすれば、地理的分布の主要な大事実は、移住とその後の変容および新形態の増加という理論で説明できる。こうして我々は、水陸を問わず障壁というものが、幾つかの動物学的、植物学的帯域を分離するだけでなく、これらのはっきりとした形成にどんなに重要であるかを理解することができる。こうして我々は同じ区域内に同族の種の集中することを理解することができ、また例えば南アメリカにおいては、種々異なる緯度の下で、平原と山岳の棲息物、森林、湿地、および砂漠の棲息物が非常に神秘的な状態で互いに連結しており、また同じ大陸に昔棲息した絶滅生物とも同様に連結している理由を理解することができる。生物と生物の相互関係が最も重要なものであることに留意すれば、我々はほぼ同じ物理的条件をもつ二つの区域になぜしばしば非常に違った生命形態が棲息しているかが分かる。すなわち開拓者が一つの地方あるいは両方に入って以来経過した時間の長さに従い、またある形態を多少なりとも入れさせ他の形態を多少なりとも入れさせなかった交流の性質に従い、そして入ったものが相互の間で、また土着の形態との間で多少なりとも直接の競争をするようになったかどうかに応じ、さらに移住者の速やかに変異する能力の多少に応じて、二つまたはそれ以上の地方にそれらの物理的条件とは無関係な限りなく多様な生活条件を生じるであろう。——ほとんど無限の量の有機的な作用と反作用があろう。——そして我々は生物のある群は大いに、またある群は少しだけ変容し——あるものは威勢よく発達しあるものは貧弱な数だけ存在するのを見出すはずである。——そして事実このことを世界の幾つかの大きな地理的帯域において見出すのである。

これらの同じ原則に立って、我々は私が示そうと努めてきたように、なぜ大洋島には少ししか棲息物がなく、しかもこれらの大部分が固有あるいは特有であるのか、また移住の方法と関連して、なぜ生物の一つの群はすべての種が特有であり、他の群は同じ綱の内部においてさえすべての種が世界の隣接する地方の種と同じであるのかを理解することができる。我々は生物のある群全体、例えば両棲類と陸棲哺乳類が大洋島に存在しないのに、最も孤立した島々がそれらに特有の空中哺乳類の種すなわちコウモリを所有する理由を知ることができる。我々は島の場合に、多少とも変容した状態にある哺乳類の存在と、このような島と本土の間の海の深さとの間にある関係が存在する理由を知ることができる。我々は諸島のすべての棲息物が、幾つかの小島では種的に別異であるが相互に密接に関連している理由、そしてそれほど密接ではないが、最も近い大陸あるいは移住者が出てきた他の源の棲息地と同様に関連している理由を明らかに知ることができる。我々は、どれほど互いに隔たった区域であろうと、二つの区域に非常に近縁のまたは対応類似の種がもし存在するならば、若干の全く同一の種がほとんど常にそこに見出される理由を知ることができる。

故エドワード・フォーブスがしばしば主張したように、生命の法則には時間と空間を通じて顕著な並行が存在する。すなわち過去における形態の変遷を支配する法則は、現在異なる区域における差異を支配する法則とほぼ同じである。我々はこれを多くの事実に見る。各々の種と種の群の持続は時間的に連続である。なぜならこの規則に対する明らかな例外は非常に少ないので、それらの例外は、中間の堆積物には欠けているが上下両方には存在するある形態をまだ発見していない、ということに起因すると考えるのが公平であるからである。同様に、空間的に単一の種または種の群が棲む区域が連続的であることは確かに一般的規則である。そしてその例外は稀でなく、私が示そうと試みたように、異なる情況下における昔の移住によって、あるいは時折の輸送方法をとおして、あるいは種が中間地帯で絶滅したことによって説明される。時間と空間の両方において種と種の群は発展の極大点を有している。同じ時代に生きていた種の群、または同じ区域内に生きている種の群は、しばしば彫刻のような模様または色彩といった些細な共通の特徴が特色となっている。過去の時代の長期間の変遷を見ると、世界中の遠隔の帯域を見るのと同じように、我々はある綱の種は互いにほとんど違わないのに、他の綱の種または同じ目の中の節だけ違うにすぎない種が互いに大きく違っていることを見出す。時間と空間の両方において、各綱の下等な生体構造の成員は高等な生体構造のものより一般に変化が少ない。しかし両方の場合ともこの規則には顕著な例外がある。我々の理論によれば、時間と空間を通じてのこれら幾つかの関係は理解できる事柄である。なぜならば、連続する時代の間に変化した類縁の生命形態であろうと、あるいは遠隔の地方に移住した後に変化したものであろうと、いずれの場合もそれらは通常の世代連続の同じきずなで結ばれており、いずれの場合も変異の法則は同じであって、変容は自然淘汰の同じ方法によって累積されたのである。

第十四章　生物相互の類縁関係、形態学、発生学、痕跡器官

分類、群に従属する群——自然分類法——変容を伴う継承の理論によって説明される分類上の規則と困難——変種の分類——分類に常に用いられる継承——相似的または適応的形質——一般的な、複雑な、そして放射的な類縁性——絶滅は群を分離し明確にする——同一綱の成員間と同一個体の部分間の形態学——幼年期に生ぜず対応する成長期に遺伝する変異によって説明される発生学の法則——痕跡器官、その起原の説明——摘要

分　類

世界の歴史における最も遠い時代から、生物は血縁の程度で相互に類似することが見出されており、従ってそれらは群の下の群に分類することができる。この分類は星座における星の組み合わせのような勝手なものではない。群の存在が、もし一つの群はもっぱら陸棲に、他は水棲に適合しており、一つはもっぱら肉食に、他は植物食に適合している、といったものであったなら簡単な意味のものであったろう。しかし事実はそれと大きく異なるのであって、同じ亜群の成員でさえ違う習性を有することがいかに普通であるかはよく知られている。『変異』と『自然淘汰』に関する第二章および第四章において、私は各地域で最も変異するものは、各綱の大きい属に所属する広く分布し、大いに拡散して有りふれている優勢な種であることを示そうと試みた。こうして形成された変種または初期の種は、最終的には新しい別異の種に転化する。そしてこれらは遺伝の原則によりさらに新しい優勢な種を形成する傾向がある。従って現在大きく、そして一般に多くの優勢な種を含む群は大きさを増す傾向がある。私はさらに、各々の種の変異する子孫は自然界の秩序の中でできるだけ多くの違った場を占領しようとするので、彼らは絶えず形質を分岐する傾向をもつということを示そうと試みた。この後の結論は、あ

る小区域の中で最も伯仲した競争をする形態が非常に多様であることと観察することと、帰化に関するある事実によって支持される。

私はまた数が増加しつつあり形質が分岐しつつある形態は、先行の分岐の少ない改良の劣った形態に取って代わり絶滅させる一定の傾向をもつことを示そうと試みた。私は前に説明したように、これらの幾つかの原則の作用を図解している図に読者が再び戻って見るように希望する。そうすれば読者は、一つの祖先から発生した変容子孫が群に従属する群へと分解されることは必然の結果であることを理解するであろう。図において最上線の上の各々の文字は幾つかの種を含む属を代表するものとする。そしてこの最上線に沿った属の全体は一緒に一つの綱を形成する。すなわちすべては一つの古代の先祖に由来するのであり、従って何かを共通に遺伝しているのである。しかし左側の三つの属はこの同じ原則によって多くのものを共通に持っており、系統の第五段階において共通の親から分岐した右側の次の二つの属を含むものとは別異の亜科を形成する。これらの五つの属は、亜科に分けられたときよりは少ないがやはり多くのものを共有している。そしてそれらは一層早い時代に分岐した、さらに右のほうにある三つの属を含むものとは別異の科を形成する。そして（A）に由来するこれらすべての属は（I）に由来する属とは別異の目を形成する。従ってここに単一の先祖に由来する多くの種は属にまとめられ、属は亜科、科、および目に、そしてすべては一つの大きな綱にまとめられる。生物が群の下の群に自然に従属するこの大事実は、それを見慣れているために必ずしも十分に我々の注意をひかないが、私の判断では以上のように説明されるのである。疑いもなく生物は、すべての他の対象と同様、人為的に単一の形質によってかあるいはもっと自然に若干数の形質によって多くの方法で分類することができる。例えば我々は、鉱物と元素がこのようにして整理できることを知っている。この場合にはもちろん系統上の変遷とは関係がなく、またそれらが群に分かれることに対して現在何の原因も示すことができない。しかし生物では事情が違うのであって、上記の見解は生物の群の下の群という自然的配列と合致する。そして他の説明はまだ試みられたことがないのである。

すでに見たように、博物学者は『自然分類法』とよばれるものによって各々の綱に種、属、および科を配置しようと試みる。しかしこの分類法の意味するものは何であろうか？　ある学者達はそれを単に、最もよく似た生物を一まとめにし、最も似ていないものを分ける処置とみる。あるいはできるだけ簡単に一般的命題を宣言する人為的方法とみる——すなわち、例えば一文をもってあらゆる哺乳動物に共通の形質を与え、他の一文をもってあらゆる食肉類に共通の形質を与え、他の一文をもってイヌ属に共通の形質を与える方法であり、そして次に一つの文をつけ加えることによって犬の各種類についての完全な記述が与えられるのである。この分類法の巧妙であることと有用であることは議論の余地がない。しかし多くの博物学者は、『自然分類法』によって何かそれ以上のものが意味されていると考える。彼らは、それは創造主の計画をあばくものであると信じている。しかし創造主の計画というのは、果たして時間または空間あるいは両者における秩序を意味するのか、あるいは何か別のことを意味するのかが明記されない限り、これによって我々の知識につけ加えるものは何もないように思う。我々が多少とも隠された形でしばしば出会う有名なリンネ(Linnaeus)の表現、すなわち、形質が属を造るのではなく属が形質を与えるという言葉などは、我々の分類に単なる類似以上の深いきずなが含まれていることを暗示しているように思われる。私はこれが事実であること、そして継承の共有——生物における密接な類似の唯一の分かっている原因——こそそのきずなであることを信じる。このきずなは様々な程度の変容によって観察されるが、部分的には我々の分類によって示されるであろう。

さて、分類の際に遵守される規則についてと、分類とは創造の未知な計画を与えるものであるか、あるいは単に一般的命題を宣言し互いに最もよく似た形態をまとめる処置であるかのどちらかであるという見解に立った場合遭遇する困難について考察しよう。生活習性を決定した構造の部分と自然界の秩序における各生物の一般的場が、分類上非常に重要なものと考えられるかも知れない（そして古代にはそう考えられた）。これ以上間違っているものはない。ハツカネズミのトガリネズミに対する、ジュゴンの鯨に対する、鯨の魚に対する外的類似を何か重要なものとは誰も考えない。これらの類似は生物全体と非常に密接につながっているが、単に『適応性の、あるいは相似の形質』として分類される。しかしこれらの類似を我々は後に再び考察するであろう。生物体のどこかの部分が特殊な習性と関係が少ないほど、それは分類にとってより重要であるということを一般的規則としてあげることさえできよう。一例をあげれば、オウエンはジュゴンについて述べている際に次のようにいっている。『生殖器は動物の習性と食物に対して最も縁の遠いものなので、私はこれこそ動物の真の類縁性を非常に明瞭に示すものであると常に考えてきた。我々はこれらの器官の変容において、単なる適応性の形質を本質的形質と間違える恐れが最も少ないのである。』植物では、それらの栄養摂取と生命を左右する生長器官は大した意味をもたないのに、生殖器官とその所産である種子および胚が最高の重要性をもつということは何と印象的なことであろうか！　同様にまた、前に機能上重要でないある形態学的形質を論じた際、我々はそれらがしばしば分類上最高度に役立つことを見た。このことは多くの類縁の群を通じてそれらが一定不変であることに起因している。そしてこれらの不変性は、主にどんな軽微な偏向も有用な形質にのみ作用する自然淘汰によって保存され累積されなかったことに起因する。

ある器官の単なる生理学的重要性がその分類上の価値を決定しないことは、我々がそう想像すべきあらゆる理由をもつように、同じ器官がほぼ同じ生理学的価値をもっている類縁の群において、それの分類上の価値は大きく違っているという事実によってほとんど証明される。どれかの群を久しく研究した博物学者でこの事実に心を打たれなかった者はない。そしてそれはほとんどどんな学者の著作の中にも十分に認められている。最高権威者ロバート・ブラウン（Robert Brown）を引用すれば十分であろう。彼はヤマモガシ科（Proteaceae）のある器官のことを述べる際に、それらの属的価値は『すべてのそれらの部分と同様、この科ばかりでなく、私の認めるところではいずれの自然的科でも非常に不等であって、ある場合には完全に無価値であるように見える。』といっている。また他の著作の中で、彼はコウトウマメモドキ科（Connaraceae）の属は『一個の子房をもつかそれ以上の子房をもつかによって、胚乳があるかないかによって、芽層が重なっているか弁状となっているかによって違っている。これらの形質のどれか一つが単独であってもしばしば属的価値以上のものである。しかしこの場合それらは、全部を一緒に合わせてもクネスティス（Cnestis）をコンナルス（Connarus）から区別するのさえ不十分である。』といっている。昆虫について一つの例をあげよう。膜翅類の一つの大きな部門において、触角はウェストウッドが述べたように構造上最も一定不変である。他の部門ではそれは大きな差異があって、その差異は分類上全く従属的価値のものである。しかし誰もこれらの同じ目の二つの部門において触角が生理学的重要性を異にするとはいわないであろう。同じ生物群の中で同じ価値の器官が分類に対して種々異なった価値をもつ例は幾らでもあげられる。

　また、誰も痕跡器官あるいは萎縮器官が高度の生理学的あるいは生命的重要性をもつとはいわないであろう。しかるに疑いもなくこの状態の器官がしばしば分類上多大な価値をもつのである。幼い反芻動物の上顎にある痕跡的な歯と脚にある痕跡的な骨が、反芻動物と厚皮動物の間の密接な類縁性を提示するのに大変有用であることは誰も異存はないであろう。ロバート・ブラウンは痕跡的小花の位置が禾本類の分類では最高度の重要性をもつという事実を強く主張している。

　非常にわずかな生理学的価値のものと見なさなければならないが、群全体の定義には大いに役立つものとして普遍的に認められているような部分に由来する形質については、数多くの例があげられる。例えば鼻孔から口に通ずる開いた通路があるかどうかということは、オウエンによれば魚類と爬虫類を絶対的に区別する唯一の形質である。――有袋類における下顎の角の湾曲――昆虫の翅の折りたたまれる方法――藻類における単なる色彩――禾本類における花の各部の単なる軟毛――脊椎動物における毛または羽のような皮膚を覆うものの性質――である。もしカモノハシ属が毛の代わりに羽で覆われていたならば、この外面のわずかな形質は博物学者によって、この奇妙な生き物の鳥類に対する類縁の程度を決定する重要な助けと見なされたに違いない。

　分類に対する些細な形質の重要性は、それらが主として多少とも重要な他の多くの形質と相関関係にあることに依存する。実際、形質の一つの集合に価値があるということは、博物学上極めて明白なことである。それゆえ、しばしば述べたように、一つの種が、高い生理学的価値をもちほとんど普遍的に行きわたっている幾つかの形質においてその類縁者から離れ、しかもその種をどこに位置づけるべきかについて我々に何の疑いも残さないということがあり得るのである。ゆえに、ある単一の形質に基づいた分類は、たとえそれがどんなに重要な形質であっても、常に失敗に終わることが分かった。それは生物体のどの部分も例外なく不変であることはないからである。形質の一つ一つは大して重要でなくともそれらの集合は重要であるということだけが、リンネの述べた金言、すなわち形質は属を与えず属が形質を与える、ということを説明する。なぜならこれは定義するにはあまりに軽微な多くのつまらない類似点の正しい評価に基づいているように思われるからである。キントラノオ科（Malpighiaceae）に属するある植物は完全な花と退化した花をつける。後者では、A・ド・ジュシュー（de Jussieu）が述べたように、『種に、属に、科に固有な形質の多くが消滅していて、我々の分類を嘲笑する。』フランスでアスピカルパ（Aspicarpa）が数年の間、構造の最も重要な多くの点においてその目の固有の型から驚くほど離れている退化した花のみを生じたとき、それにもかかわらずリシャール（Richard）氏は、ジュシューが観察したように、賢明にもこの属はやはりキントラノオ科の仲間にとどまるべきであることを認めた。この事例は我々の分類の精神をよく例証している。

実際上、博物学者が仕事をするときには、彼らはある群を定義したりまたはある特別な種の位置を決定するのに用いる形質の生理学的価値には煩わされない。もし彼らがある形質はほぼ一様で大多数の形態に共通であり、そして他の形態には共通でないことを見出すならば、彼らはそれを高い重要性をもつ形質として使用する。もしもっと少数のものに共通であるならば、彼らはそれを従属的重要性のものとして使用する。この原則はある博物学者達によって真実であることをはっきりと表明され、中でも優れた植物学者オーギュスト・サンティレールは最もはっきり表明している。もし幾つかの些細な形質が、判然とした結合のきずながそれらの間に発見されなくても常に組み合わさって見出されるならば、特別な価値がそれらに与えられる。動物の大抵の群では、血液を循環させたり空気にさらすための器官、または種族を繁殖させるための器官のような重要な器官はほぼ一様であることが見出されるので、それらは分類には大いに有用であると見なされている。しかしある群では、これらの最も重要な生命器官はすべて、全く従属的な価値の形質を呈示することが見出される。例えば、フリッツ・ミュラーが近頃述べたように、甲殻類の同じ群の中でウミホタル属（Cypridina）は心臓を備えているのに、あまりにも近縁な属、すなわちカイミジンコ属（Cypris）とソコカイミジンコ属（Cytherea）にはそのような器官がないのである。ウミホタル属（Cythere）の一つの種はよく発達したえらをもっているのに他の種はもっていないのである。

我々は、なぜ胚に由来する形質が成体に由来するものと同じ価値をもつかを理解できる。なぜなら自然分類は当然あらゆる成長期を包含するからである。しかし通常の見解では、なぜ胚の構造が、自然界の秩序においてその十分な役割を果たす唯一のものである成体の構造よりも、この目的に一層重要であるかは決して明白ではない。それにもかかわらず、発生学的形質はすべての中で最も重要なものであることが、大博物学者ミルヌ・エドワールとアガシによって強く主張されている。そしてこの学説は非常に一般的な真理として認められている。しかしながらその重要性は、幼体の適応的形質が除外されなかったことに起因して、時々過大評価された。これを示すためにフリッツ・ミュラーはこのような形質のみを助けとして、甲殻類の大綱を配列した。そしてその配列が自然なものであることを証明しなかった。しかし幼体形質を除く胚の形質が動物だけでなく植物についても分類上最高の価値をもつことは疑うことができない。例えば顕花植物の主要な部門分けは胚における差異——子葉の数と位置、および幼芽と幼根の発生様式——に基づいている。我々はなぜこれらの形質が分類においてこれほど高い価値を有するかを直ちに理解するであろう。すなわちそれは、自然分類法がその配列において系統的であることによるのである。

我々の分類は明らかにしばしば類縁性の連鎖によって左右される。すべての鳥類に共通な多数の形質を定義することほど容易なことはないが、甲殻類についてはこのような定義は今日まで不可能とされてきた。系列の両端にある甲殻類はほとんど一つも共通な形質をもたない。とはいえ両端にある種は、明らかに他の種と類縁であり、それはまた他と類縁であるというようになっていて、体節動物は明らかにこの綱に属し、他の綱には属さないことが認められるのである。

地理的分布は、おそらく十分論理的にではないが、分類、特に近縁形態の非常に大きな群の分類にしばしば用いられる。テミンク（Temminck）は鳥のある群において、これを適用することの有用性と必要性さえ主張している。そして幾人かの昆虫学者と植物学者がそれに従っている。

最後に、種の様々な群、すなわち目、亜目、科、亜科、および属の相対的等級については、少なくとも現在のところではほとんど勝手気ままに定めたものであるように見える。最も優れた植物学者の幾人か、例えばベンサム(Bentham)氏その他はそれらが勝手に定めた等級であることを強く主張した。植物と昆虫について、ある群が最初、経験のある博物学者によって単なる属として分類され、次に亜科または科に昇級した例をあげることができる。そしてそうなったのは、研究が進んで最初見逃していた重要な構造上の差異が検出されたからではなく、わずかに違う程度の差異をもった多くの類縁種がその後発見されたからである。

分類における上記のすべての規則、補助および困難は、もし私がひどい思い違いをしていなければ、自然分類法が変容を伴う継承に基づいているという見解――博物学者が任意の二つまたはそれ以上の種の間の真の類縁性を示すものと見なす形質は、共通の祖先から遺伝されたものであり、真の分類はすべて系統的であるという見解――継承の共有は博物学者が無意識に求めていた隠れたきずなであって、ある未知の創造計画あるいは一般命題の宣言あるいは単に多少とも似通った対象を一緒にしたり分類したりすることではないという見解――によって説明される。

しかし私は、私の意味するところをもっと十分に説明しなければならない。私の信じるところでは、適当な相互の従属関係と類縁関係をもつそれぞれの綱の中の群の配列が自然的であるためには、厳密に系統的でなければならない。しかしそれぞれの部門または群における差異の総量は、たとえ血統上彼らが共通祖先に対して同じ程度の類縁性であっても、彼らの受けた変容の程度が違うために、大いに異なっている場合があるのである。そしてこのことは諸形態が異なる属、科、節、または目の下に位置づけられることで示される。読者がもし第四章の図を参照する労を厭わなければ、このことはよく理解されるであろう。AからLまでの文字を、シルル世の間に存在し、もっと古いある形態に由来する類縁の属を表すものと仮定しよう。これらの属の三つ(A、F、およびI)では、種は最上段の水平線上の十五の属(a^{14}からz^{14}まで)で表される変容子孫を今日まで伝えた。さて単一の種からのこれらすべての変容子孫は、血統上または継承上同じ程度の関係である。比喩的にいえば彼らは同じ百万親等の従兄弟である。しかし彼らは互いに大きくしかも様々な程度で相違している。現在二つまたは三つの科に分かれているAに由来する形態は、Ｉに由来するやはり二つの科に分かれているものとは別異の目を構成する。またAに由来する現存種は先祖Aと同じ属には分類されず、Ｉに由来するものも先祖Ｉと同じ属には分類されない。しかし現存種F[14]はわずかしか変容しなかったと想定されるので、それは先祖の属Fと一緒に位置づけられるであろう。ちょうどある少数の現存の生物がシルル系の属に属するのと同じである。従って血統上互いにすべて同じ親等の関係である生物の間の差異の比較上の価値が、大きく違ったものになってきている。けれども彼らの系統的配・列が、現在ばかりでなく継承の連続するそれぞれの時代においても、厳密に真であることには変わりがない。Aからの変容子孫のすべては彼らの共通の先祖から何かを共通に遺伝したであろう。Ｉからのすべての子孫も同様であろう。また各々の連続する段階における各々の従属的分枝の子孫についても同様であろう。しかしもしAまたはＩのどれかの子孫がその出身のあらゆる痕跡を失うほど大きく変容したと仮定すれば、この場合自然分類法におけるその場は失われるであろう。このことはある少数の現存生物において起こっているように思われる。属Fの系統線全体に沿うすべての子孫はわずかしか変容しなかったと想定され、彼らは単一の属を形成する。しかしこの属は、甚だ孤立していても、やはりその固有の中間的位置を占めるであろう。ここで平面上の図に画かれたような群の表示はあまりに簡単すぎる。枝はあらゆる方向に分岐したはずである。もし群の名称が簡単に線状の系列に書き下されたとすれば、表示はなお一層不自然になったであろう。そして我々が自然界で同じ群の生物の間に発見する類縁性を平面上の一系列で表示することは周知のように不可能である。こうして、自然分類法はその配列においては系図と同じく系統的である。しかし異なる群が受けた変容の総量は、種々異なったいわゆる属、亜科、科、節、目、および綱の下に配置することで表現されなければならない。

この分類の見解を言語の場合をとって例証するのも無駄ではない。もし我々が人類の完全な血統表を所有していたならば、人間の種族の系統的配列は現在世界中で話されている様々な言語の最良の分類を提供するであろう。そしてもしすべての絶滅した言語とすべての中間的で徐々に変化している方言が包含されるべきであるとすれば、このような配列こそ唯一可能な配列であろう。しかしながら、ある古代言語はほとんど全く変化せず、また新しい言語をほとんど生じなかったのに、他の言語はそれぞれの同系統種族の伝播、孤立、および文明状態によって甚だしく変化し、多くの新しい方言と言語を生じたということがあるかも知れない。同じ系統の言語の間の差異の様々な程度は、群に従属する群によって表現されなければならないであろう。しかし固有の、あるいは唯一の可能な配列はやはり系統的であろう。そしてこれは厳密に自然的であろう。というのは、それはあらゆる死語と近代語を最も密接な類縁性で互いに結びつけ、そしてそれぞれの言語の発生系統と起原を与えるからである。

この見解を確かめるために、単一の種に由来するものとして知られているかもしくは信じられている変種の分類を少し見てみよう。これらは変種の下にある亜変種とともに種の下にまとめられ、そしてある場合には、飼育鳩のように他の幾つかの段階の差異を伴っている。種を分類する際とほぼ同じ規則に従うのである。学者達は変種を人為的分類法でなく自然分類法で配列する必要性を主張してきた。我々は例えばパイナップルの二変種を、単にそれらの果実が最も重要な部分ではあっても、たまたまほとんど同一というだけでは一緒に分類しないように警告されている。スウェーデンカブラと普通のカブラとは食用にする肥大した茎が非常に似ているが、誰もこの二つを一緒にしない。どの部分であろうと、最も一定不変であると認められるものが変種の分類に用いられる。例えば大農学者マーシャル(Marshall)の言によれば、牛では角がこの目的のために非常に有用である。なぜなら角は体の形や色などよりも変異性が少ないからである。しかるに羊では、角はそれほど不変でないのではるかに役に立たない。変種を分類するに当たって、もし我々が真実の血統表を持っていたならば、系統的分類のほうが普遍的に選び採られるのではないかと思う。そしてそれは幾つかの事例で試みられた。というのは、変容が大きかろうと小さかろうと、遺伝の原則は最も多くの点で類縁であった形態を一緒にしておくだろうと確信してよいからである。宙返り鳩では亜変種のあるものは嘴の長さという重要な形質において異なっているにもかかわらず、すべてが共通の宙返りの習性をもつために一緒に飼われる。しかし短顔の品種はほとんどあるいは全くこの習性を失っている。それでもこのことを何ら考慮することなく、これらの宙返り鳩は血統上類縁であり若干の他の点で似ているために同じ群に入れられる。

自然状態にある種については、どんな博物学者でも彼の分類の中に事実上継承を持ち込んでいるのである。なぜなら彼は種の分類の最も低い段階に雌雄両性を含めているからである。そして両性が時々最も重要な形質でどんなに大きく違っているかを知らない博物学者はいない。ある蔓脚類の成熟した雄と両性体の間に共通であると断言できる事実はほとんどないが、それでも誰もこの二つを分けようとは夢想しない。三つのラン科の形態、モナカントス（Monachanthus）、ミアントス（Myanthus）、およびカタセタム（Catasetum）は以前は三つの別異の属として分類されていたのであるが、これらが時に同じ植物の上に生成することが知られるや否や直ちに変種と見なされた。そして今日では、私はそれらが同じ種の雄、雌、および両性体の形態であることを示すことができるのである。博物学者は同じ個体の種々の幼体段階を、それらがいかに相互に違い、また成体と違っていようと一つの種として包括する。単に学術的な意味でのみ同じ個体と見なされるスティーンストルップ（Steenstrup）のいわゆる世代交番も同様である。博物学者は奇形と変種を、それらが先祖の形態に部分的に似ているからではなく、それに由来したものであるからこそ一つの種として包括する。

雄、雌、および幼体は時々極端に違っているが、同じ種の個体を一緒に分類する際には継承ということが普遍的に使用されている。そしてまた継承は、時には相当の量の変容を受けた変種を分類するのに使用されている。それゆえ、この継承の同じ要素は種を属の下に、属を一層高い群の下に、そしてすべてをいわゆる自然分類法の下にまとめる際に無意識に使用されているのではなかろうか？　私はそれが無意識に使用されたと信じる。そしてこれによってのみ私は我々の最も優れた分類学者によって遵守された幾つかの規則と指針を理解することができる。我々は書かれた系図を持たないので、何らかの類似によって継承の共有を跡づけることを余儀なくされる。従って我々は、各々の種が最近さらされた生活条件に関連して、最も変容が少ないような形質を選ぶ。この見解に立てば痕跡的構造は生物体の他の部分と同等、あるいは時折それ以上に有用である。我々は形質がどんなにつまらないものであろうと頓着しない——それが顎の角《かど》の単なる湾曲であれ、昆虫の翅がたたまれる方法であれ、皮膚が毛で覆われているか羽で覆われているかということであれ――もしそれが多くの異なる種、特に非常に違った生活習性をもつ種を通じて一般的であるならば、それは高い価値をもつ。なぜならこのような違った習性をもつ多くの形態にそれが存在していることは、共通祖先からの遺伝によってのみ説明することができるからである。我々は構造の単一な点についてはこのことで誤りを犯すかも知れないが、たとえ非常につまらないものであっても、幾つかの形質が習性の違う生物の大きな群を通じて存在するときには、我々は継承の理論によって、これらの形質は共通の先祖から遺伝したことをほとんど確信してよい。そして我々はこのような集合した形質が分類上特殊な価値をもつことを知っている。

我々は種または種の群がなぜ最も重要な特性の幾つかでその類縁から離れるか、それにもかかわらずなぜそれらと同じ部門に入れて差しつかえないかを理解することができる。このことは、たとえ重要な形質でなくとも、継承の共有の隠れたきずなを十分に露呈する限り行って差しつかえなく、またしばしば行われている。二つの形態が共通の形質を一つももたなくても、もしこれら両極端の形態が中間的群の鎖によって連結されるならば、我々は直ちにそれらが継承を共有することを確信してよく、そしてそれらをすべて同じ綱の中に入れるのである。生理学的に高い重要性の器官――最も変化に富んだ生存条件の下で生命を保全するのに役立つような器官――は一般に最も一定不変であることが見出されるので、我々はそれらに特別な価値を賦与する。しかしもしこれらの同じ器官が、他の群または群の節において大いに違っていることが見出されるならば、我々は直ちにそれらの分類上の価値を引き下げる。我々はなぜ、発生学的形質がこのような高い分類的重要性をもつかを間もなく見るであろう。地理的分布は大きな属を分類するのに時に有効に利用される。なぜならあるはっきりと孤立した地方に棲む同じ属のすべての種は十中八九同じ先祖に由来するからである。

〔相似的類似〕――我々は上述の見解によって真の類縁性と相似的あるいは適応的類似との間の非常に重要な区別を理解することができる。ラマルクが最初この主題に注意を喚起し、マクレイ(Macleay)その他の人々が巧みにこれに追随した。ジュゴンと鯨の間、また哺乳類のこれら二目と魚類の間の体の形とひれ状の前肢における類似は相似的である。異なる目に属するハツカネズミとトガリネズミ(Sorex)

一般的な類似、およびマイヴァート氏によって主張されたハツカネズミとオーストラリアのある小さい有袋動物（フクロトビネズミ Antechinus）の間のさらに一層密接な類似も同様である。これら後者の類似は、私の見るところでは、藪や草原を通って活発に運動したりまた敵から身を隠したりするための似通った適応によって説明されよう。

昆虫の間には無数の似た例がある。現にリンネは外見に騙されてある同翅類（homopterous）昆虫を蛾として分類した。我々はこれと同じようなことを我々の飼育変種にさえ見る。例えば異なった種に由来する改良品種の中国産の豚と普通の豚における驚くばかりに似た体形、また普通のカブラと種的に別異のスウェーデンカブラの同じように肥大した茎において見る。グレイハウンドと競走馬との間の類似も、ある学者達によって大いに異なる動物の間で引き出された相似以上に奇抜なものでは決してない。

形質が実際に分類上重要であるのは、それらが継承を示す限りにおいてであるという見解に立てば、我々はなぜ相似的もしくは適応的形質が、生物の繁栄にとって極めて重要なものであるにもかかわらず、分類学者にはほとんど無価値であるかを明瞭に理解することができる。二つの最も別異の系統線に属する動物が似通った条件に適応し、それによって密接な外的類似を身につけることはあり得るが、このような類似は彼らの血統関係を示さず——むしろこれを隠す傾向があろう。我々はこうして、同じ形質が一つの群を他の群と比較するときには相似的であるが、同じ群の成員を互いに比較するときには真の類縁性を与えるという外見上の矛盾した状態を理解することができる。例えば、体形とひれ状の肢は鯨を魚類と比較した場合には、どちらの綱でも水中を泳ぐための適応であるから、単に相似的であるにすぎない。しかしクジラ科の幾つかの成員の間では、体形とひれ状の肢は真の類縁性を呈示する形質を提供する。なぜならこれらの部分は科全体を通じて非常によく似ているので、我々はそれらが共通祖先から遺伝したことを疑うことができないからである。魚類についても同様である。

全く別異の生物における、同じ機能に適応した単一の部分または器官の間の顕著な類似については数多くの事例があげられる。そのよい例は犬とタスマニアオオカミすなわちフクロオオカミ(Thylacinus)——これらは自然分類法では遠く隔たった動物である——の顎の密接な類似である。しかしこの類似は犬歯の突起とか臼歯の鋭利な形のような一般的外観に限られている。すなわち歯は実際は大きく異なっており、例えば犬は上顎のそれぞれの側に四つの前臼歯とわずかに二つの臼歯を持つが、フクロオオカミは三つの前臼歯と四つの臼歯を持つ。また臼歯は両動物においてその相対的大きさと構造を大いに異にする。永久歯列に先立って大きく異なった乳歯列を生じる。どちらの場合も、連続する変異の自然淘汰をとおして、肉を引き裂くことに適応したのだということは、もちろん誰でも否定するであろう。しかしもしこれらが一つの場合に認められるならば、それが他の場合に否定されることは私には理解できない。フラワー教授のような高い権威者が同じ結論に達しているのを見ることは喜ばしい。

前の章にあげた異常な事例、すなわち大きく異なった魚が電気器官を有すること──大きく異なった昆虫が発光器官を有すること──またランとトウワタが粘着性円盤のある花粉塊をもつこと、はこの同じ相似的類似の項目に入る。しかしこれらの類似はあまりに不思議なので、我々の理論に対する異議または反論として提出された。このような例のすべてに部分の成長または発達とそれらの成熟した構造全般において根本的な差異が見出される。得られた目的は同じであるが、その手段は、表面上は同じように見えるけれども本質的に違っている。前に相似的変異という言葉で言及した原則が、おそらくこれらの場合にしばしば作用したと思われる。すなわち同じ綱の成員は、たとえ遠縁にすぎなくとも彼らの体質に非常に多くのものを共通に遺伝しているので、同じような刺激原因の下では同じような状態に変異しがちである。そしてこれは明らかに互いに著しく似た部分または器官を、共通祖先からの直接的遺伝とは無関係に、自然淘汰をとおして獲得することを助けるに違いない。

別異の綱に属する種が、しばしば連続する軽微な変容によってほぼ似通った環境に生活するように適応してきた──例えば陸、空、および水の三領域に棲むように──のであるから、我々はおそらく数的並行現象が時々別異の綱の亜群の間に観察される理由を理解することができるであろう。この自然の並行現象に心を打たれた博物学者は、幾つかの綱の中の群の価値を勝手に上げたり下げたりして（我々のすべての経験は、それらの評価が今までのところでは勝手なものであることを示している）、簡単にこの並行現象を広い範囲に広げることができた。そして、こうして七元、五元、四元、および三元からなる分類が多分生じたのであろう。

密接な外的類似が同じような生活習性への適応によらないで、保護のために獲得されたというもう一つの奇妙な部類の事例がある。私がいうのはある蝶類が、最初ベイツ氏によって記述されたように、他の全く別異の種を模倣する不思議な状態のことである。この優れた観察家の示したところによると、南アメリカのある地方では、例えばイトミア(Ithomia)が華やかな群れをなして沢山棲息しているが、その同じ群れの中にしばしば他の蝶すなわちレプタリス(Leptalis)の混じっているのが見出される。そして後者は色彩のあらゆる濃淡と縞において、また翅の形までもイトミアに酷似しているので、十一年間の採集によって眼が鋭敏になったベイツ氏も、常に用心していながら常に騙され続けたという。この真似する者と真似される者を捕えて比較して見ると、それらは本質的構造において非常に相違しており、別異の属に所属するばかりでなくしばしば別異の科に所属することが見出される。もしこの擬態がわずか一二の例に見られるのみであったなら、それは奇妙な偶然の一致として見逃されたかも知れない。しかしもし我々が、一つのレプタリスがあるイトミアを模倣している地域から進んで行くと、同じ二つの属に所属する他の真似る種と真似られる種が等しく密接な類似の状態で見出されるのである。全体では他の蝶を模倣する種を含む属は十以上数えられる。真似する者と真似される者とは常に同じ地域に棲んでいる。我々は模倣される形態から遠く離れて生活している模倣者を決して見出さない。真似する者はほとんど常に稀少昆虫であり、真似られる者はほとんどあらゆる場合に群れをなして沢山棲息している。レプタリスのある種がイトミアをそっくり模倣している同じ地域に、時々同じイトミアを擬態する他の鱗翅類が存在する。従って同じ場所に蝶や蛾の三つの属の種がすべて第四の属に所属する一つの蝶にそっくり似ているのが見出される。特に注目に値することは、擬態される形態と同様に、レプタリスの擬態形態の多くも、漸次的系列によって単に同じ種の変種であることが示されるのに、他のものは疑いもなく別異の種であるということである。しかしなぜある形態は被擬態者として、そして他の形態は擬態者として取り扱われるのか?と問われるかも知れない。ベイツ氏は、模倣される形態はそれの所属する群の通常の装いを保持しているのに、模倣者はその装いを変えていて、その最も近い類縁者にも似ていないということを示すことによって、この疑問に申し分なく答えている。

我々は次に、ある蝶類と蛾類がこのようにしばしば他の全く別異の形態の装いを身に着けるのはどういう理由があるのか、なぜ自然は芝居の仮装にまで身を落として博物学者を当惑させるのか？、を尋ねなくてはならない。ベイツ氏は疑いもなく正しい説明の的を射ている。棲息数の常に多い被模倣形態はいつも大量の破滅を免れているはずでさもなければこれほどの群れをなして存在することはできなかったであろう。そしてそれらが鳥類やその他の食虫動物にとってまずいものであることを示す証拠が現在沢山集められている。他方、同じ地域に棲む模倣形態は比較的稀であり稀少の群に所属している。それゆえ彼らはいつもある危険を受けているはずである。そうでなければ、あらゆる蝶類の産む卵の数から推して、それらは三四世代を経れば国全体に群がり満ちるに違いない。ところで、もしこれらの迫害された稀少群の一つの群のある成員が、よく保護された種の装いに非常によく似た装いを着け、その結果昆虫学者の熟練した眼を絶えず欺くほどであったとすれば、

それはしばしば動物捕食性の鳥類および昆虫類を欺き、そしてそれによってしばしば破滅を免れるに違いない。ベイツ氏は、擬態者が被擬態者に非常によく似るようになってきた過程を実際に目撃したといっても差しつかえないほどである。なぜなら彼は、非常に多くの他の蝶類を擬態するレプタリスの形態の幾つかが極端に変異するのを見出したからである。ある地方では幾つかの変種が見出され、その中のたった一つだけが同じ地域の普通のイトミアにある程度まで類似していた。他の地域では二つあるいは三つの変種が存在していて、その中の一つが他のものよりずっと有りふれて見出され、そしてこれがイトミアの他の形態をそっくり真似ていた。この類の事実からベイツ氏は次のように結論する。レプタリスはまず最初変異する。そしてたまたま一変種が同じ地域に棲むどれかの普通の蝶にある程度似る場合にはこの変種は繁栄し、迫害の少ない種への類似のおかげで捕食性の鳥類および昆虫による破滅を免れる一層よい機会をもち、従って一層しばしば保存される——『類似の不完全なものは各世代ごとに排除され、他のものだけが残されてその種類を伝播するのである。』従ってここに我々は自然淘汰の優れた例証をもつ。

ウォレスおよびトライメン（Trimen）両氏もまた、マレー諸島とアフリカの鱗翅類と若干の他の昆虫について、模倣の幾つかの同様に際立った事例を記述している。ウォレス氏はまた鳥類についてこのような一例を発見しているが、もっと大きい四足獣については一例も発見されていない。昆虫が他の動物よりも模倣の頻度がずっと大きいのは多分形が小さいからであろう。昆虫は実際針を備えた種類を除けば自分自身を守ることができないのであって、私はこのような針をもつ種類が、真似られることはあっても、他の昆虫を真似るという例は一つも聞いたことがない。昆虫は自分達を餌食とする大きい動物から簡単に飛んで逃げることができない。それゆえ比喩的にいえば、彼らは最も弱い生き物のように策略と偽装を余儀なくされるのである。

模倣の過程はおそらく色の全く似ていない形態の間では決して開始されなかったであろう、ということは認められなければならない。しかしすでに幾らか互いに似ている種から出発すれば、最も密接な類似ももしそれが有益であれば、上述の方法によって容易に達せられたであろう。そしてもし模倣された形態がその後徐々に何らかの作用で変容したならば、模倣する形態は同じ足跡をたどり、ほとんどどんな程度にも変わるであろう。従って結局はそれの属している科の他の成員とは全く似ていない外観または色彩を装うことになったであろう。けれどもこの主題についてはある困難がある。というのは若干の場合には、幾つかの別異の群に属する古代の成員が、現在の程度まで分岐してしまう以前に、他の保護された一群の成員にある軽微な保護を得るのに十分なほど偶然に似ていて、これがその後の最も完全な類似を獲得するための基礎を与えたのである、ということを想定する必要があるからである。

《生物を連結する類縁性の性質について》——大きな属に所属する優勢な種の変容子孫は、彼らの所属する群を大きくし彼らの先祖を優勢にした利点を遺伝する傾向があるので、彼らはほとんど確実に広く拡散し、自然界の秩序における場をますます多く占領する。それぞれの綱の中のより大きなより優勢な群はこうしてその大きさを増し続ける傾向があり、そして彼らは多くの小さな弱い群に取って代わる。こうして我々は、あらゆる現世の生物と絶滅した生物が、少数の大きな目とさらに一層少数の綱の下に包括される事実を説明することができる。高位の群の数がいかに少なく、また彼らが世界中にいかに広く拡散しているかを示すものとして、オーストラリアの発見が新しい綱に属する昆虫を一つも付け加えなかったという事実、また植物界では、フッカー博士から教わったところによると、わずかに二つあるいは三つの小型の科を附け加えただけであるという事実は際立っている。

地質遷移についての章で私は、各々の群は永く続いた変容の過程の間に一般に大きく形質を分岐するという原則に立って、より古代の生命形態がしばしば現存する群の中間の形質をある程度示す理由を示そうと試みた。古い中間的形態の少数のものは、ほとんど変容していない子孫を今日まで伝えているので、これらはいわゆる中間的（osculant）または常軌を逸した（aberrant）種を構成する。ある形態が常軌を逸していればいるほど、滅亡し完全に消滅した連結形態の数は一層多いはずである。そして我々は、常軌を逸した群が厳しい絶滅を受けたある証拠をもっている。なぜなら彼らはほとんど常に極端に少数の種によって代表されているからである。そして現存するこのような種は、一般に互いに非常に別異であって、このことがやはり絶滅を意味している。例えばカモノハシ属とレピドシレン属（Lepidosiren）はそれぞれが今日のように単一の種、または二三の種によって代表される代わりに一ダースの種によって代表されたとしても、やはり依然として常軌を逸しているであろう。思うに、常軌を逸した群は成功した競争者に征服された形態であって、その少数の成員が異常に好適な条件の下で今も保存されているのだと見ることによってのみ、この事実を説明できるであろう。

ウォーターハウス氏は、動物の一つの群に属するある成員が全く別異の群に対して一つの類縁性を現している場合には、この類縁性は大抵の場合一般的なもので特殊なものではないといっている。すなわちウォーターハウス氏によれば、すべての齧歯類の中でビスカチャが有袋類と最も近い関係にある。しかしそれがこの目に近似している点においてその関係は一般的であって、ある有袋類の種が特に他の種以上に深い関係にあるわけではない。これらの類縁点は真実のもので、単なる適応性のものではないと信じられるので、それらは我々の見解どおりに共通祖先からの遺伝に起因しているはずである。それゆえ我々は、ビスカチャを含むあらゆる齧歯類は、あらゆる現存有袋類に対して形質上多少とも中間的であったと思われるある古代の有袋類から分枝したと想定するか、あるいは齧歯類も有袋類もともに共通祖先から分枝して、その後両群が別々の方向に大きな変容を受けたのであると想定するか、いずれかでなければならない。どちらの見解に立つにしても、我々はビスカチャが遺伝によってその古代祖先の形質を他の齧歯類よりも多く保持したと想定しなければならない。従ってそれはある一つの現存有袋類と特別な関係があるわけではなく、あらゆる有袋類の共通祖先、またはその群のある早期の成員の形質を部分的に保持していることから、間接的にすべての、またはほとんどすべての有袋類と関係があろう。他方、ウォーターハウス氏が述べたように、すべての有袋類の中でウォンバット（Phascolomys）が、ある一種に対してではなく齧歯類の総体の目に最も似ている。しかしこの場合には類似は単に相似的であって、ウォンバットが齧歯類の習性に似た習性に適応したことに起因するのではないかという疑いが濃厚である。老ド・カンドルは植物の別異の科の類縁性の一般的性質についてほぼ同様の観察を行っている。

共通祖先に由来する種の増殖と形質の漸次的分岐の原則は、若干の形質が遺伝によって共通に保有されることと相俟って、同じ科または一層高位の群のすべての成員を共に連結させる、極めて複雑で放射的な類縁性を我々に理解させる。なぜならば、現在は絶滅によって別異の群と亜群に分割されている全体の科の共通祖先は、その形質の幾つかを、様々な方法で様々な程度に変容した状態ですべての種に伝えたであろうし、従ってそれらの種は（しばしば参考とした図から分かるように）多くの先祖をとおして登って行く様々な長さの迂回した類縁経路によって互いに関連するからである。古代の貴族の数多い親類縁者の間の血縁関係を示すことは系統樹の助けを借りてさえむずかしく、またこの助けなしではほとんど不可能であるので、我々は博物学者が同じ大きな自然の綱の多くの現存と絶滅の成員の間に認められる種々の類縁性を図表の助けなしに記述するに当たって、彼らの経験してきた極度の困難を理解することができる。

第四章で見たように、絶滅はそれぞれの綱の幾つかの群の間の隔たりを明確にし拡大するのに重要な役割を果たした。我々はこうして全綱が相互に別異である理由——例えば鳥類があらゆる他の脊椎動物と別異である理由——を、鳥類の早期の祖先と、当時はあまり分化していなかった脊椎動物の綱の早期の祖先とを以前連結していた多くの古代の生命形態が完全に消滅したのだ、という信念によって説明することができる。かつて魚類と両棲類を連結していた生命形態の絶滅はずっと少なかった。ある全綱、例えば甲殻類の内部ではさらに一層少なかった。すなわちここでは最も不思議な状態で異なっている形態が、長くまた一部分しか途切れていない類縁性の鎖によって今もなお連結されているのである。絶滅は群を明確にしただけである。決してそれらを造ったのではない。というのは、もしこの地上にかつて生きていたあらゆる形態が突然再現したとしたら、各群を区別する定義を与えることは全く不可能となるであろうが、自然的分類あるいは少なくとも自然的配列はやはり可能であるに違いないからである。図に戻ってこのことを見てみよう。AからLまでの文字は十一のシルル紀の属を表すものとし、それらの若干は変容子孫の大きな群を生じ、各々の枝と小枝のあらゆる連結環は今もなお生存しているものとする。そして連結環は現在の変種の間のそれより大きくないとする。この場合にはそれぞれの群のそれぞれの成員を、それらのより直接の親や子から区別するような定義を与えることは全く不可能であろう。とはいえ、図の配列はやはり有効で自然であろう。なぜなら遺伝の原則によって、例えばAに由来するすべての形態は何かを共通にもっているからである。樹木では、実際の叉のところでは二つの枝は結合し合一しているけれども、それぞれの枝は区別することができる。すでに述べたように、我々はそれぞれの群を定義することはできないであろう。しかし我々は大小は問わず、各々の群の形質の大部分を代表する型または形態を選び出して、それらの間の差異の価値の一般的観念を与えることはできよう。もしある一綱において、我々がすべての時間と空間を通じて生きていたすべての形態を収集することに成功したとすれば、これこそ我々が強制してでもしなければならないことである。もちろん我々は、このような完全な収集には決して成功しないであろう。しかしある綱では我々はこの目的に向かいつつある。そして近頃ミルヌ・エドワールは立派な論文において、このような型の属する群を分離し定義することができるかどうかにかかわりなく、型に注意を払うことが非常に重要であることを主張している。

最後に、生存闘争の結果生じ、また一祖先種からの子孫をほとんど必然的に絶滅と形質の分岐へ導く自然淘汰は、あらゆる生物の類縁性における大きな普遍的な特徴、すなわち彼らの群の下の群への従属を説明することを我々は見た。我々は雌雄両性の個体とあらゆる成長期の個体を一つの種の下に分類するに当たって、それらが共通の形質をほとんどもたなくても世代継承の要素を用いる。我々は、一般に認められた変種はその先祖とどれほど違っていても、それを分類するのに世代継承を用いる。そして私はこの世代継承の要素こそ、博物学者が『自然分類法』の名の下に探し求めていた隠れた連結のきずなであると信じる。自然分類法が完全になればその配列は系統的になるという観念に立てば、属、科、目、などの名によって表現される差異の段階と相俟って、我々は分類において遵守することを迫られる規則を理解することができる。なぜ我々はある類似を他の類似よりずっと高く評価するのか、なぜ我々は痕跡器官と不用器官、または他の生理学的につまらない価値の器官を使用するのか、なぜ一つの群と他の群との間の関係を見出すのに、我々は相似的または適応的形質を即座に拒否し、しかもこれらの同じ形質を同じ群の範囲内では使用するのか、を理解することができる。我々は、あらゆる生存形態と絶滅形態が少数の大きな綱の中にまとめられる理由、また各綱の幾つかの成員が最も複雑で放射的な類縁系列によって連結される理由を明らかに知ることができる。我々はおそらく、任意の一綱の成員の間の類縁性のもつれた網目を解きほぐすことは決してないであろう。しかし我々が一つの明確な目標をもち、ある未知の創造計画などは見なければ、我々はゆっくりではあるが確実な進歩を期待してよい。

ヘッケル教授は近頃その『一般形態学』(Generelle Morphologie)その他の著作において、彼のいわゆる系統発生学すなわちすべての生物の系統線に対して彼の偉大な学識と才能を傾注した。それぞれの系列を作成する際、彼は主として発生学的形質に頼っているのだが、種々の生命形態が我々の地質累層に最初に現れたと信じられる連続する時代からの助けはもとより、相同器官と痕跡器官からの助けも受けている。彼はこうして大胆に偉大な端緒を開き、分類が将来どのように取り扱われるかを我々に示している。

形態学

我々は、同じ綱の成員がその生活習性とは無関係に生物体の一般的設計において互いに類似していることを見た。この類似はしばしば『型の一致』という言葉で表現され、あるいはその綱の異なる種のそれぞれの部分と器官は相同であるといわれる。この主題全体は形態学という一般的名称の下に包括される。これは博物学の最も興味深い部門の一つであって、まさにその核心といってよいほどである。握るように造られた人間の手、掘るためのモグラの手、馬の脚、イルカの櫂のような肢、およびコウモリの翼がすべて同じ様式に造られ、同じ相対的位置に同じような骨を含んでいること以上に奇妙なことがあり得るであろうか? 際立ったものではあるが従属的な例をあげるならば、広々とした平原上を跳びはねるのに非常によく適したカンガルーの後足——木の枝を摑むのに同じくよく適している攀木性・食葉性の木登りコアラの後足——地上に棲息して昆虫や根を食うフクロアナグマの後足——およびその他の幾つかのオーストラリアの有袋類の後足——がすべて同じ特殊な型に造られていること、すなわち第二指と第三指の骨が極端に細くそして同じ皮膚の中に包まれており、従って二つの鉤爪を備えた一つの足指のように見える、ということは何と奇妙なことであろう。この様式の同似性にもかかわらず、これらの幾つかの動物の後足が想像可能な限りに大きく異なった目的に使用されることは明白である。この事例はアメリカ産のオポッサムによっていよいよ際立ったものにされる。これはオーストラリアの同類のあるものとほぼ同じ生活習性に従っているが、足は通常の設計に造られている。以上の叙述はフラウァー教授から借用したのだが彼は結論として『我々は現象の説明にこれ以上あまり接近することなしにこれを型への相似とよんでよい。』と述べ、そしてなおこれに附け加えて、『しかしそれは真の類縁関係と、共通祖先からの遺伝について、有力な示唆を与えるのではなかろうか?』といっている。

ジォフロア・サンティレールは相同部分における相対的位置あるいは連結が高度の重要性をもつことを強く主張している。それらは形や大きさにおいてはほとんどどんな程度にも異なるが、それにもかかわらず同じ一定不変の秩序で結合を保持している。我々は例えば上膊の骨と下膊の骨、または大腿骨と脛の骨が入れ換わっているのを決して見出さない。従って大きく異なった動物における相同の骨に同じ名前を与えることができる。我々は昆虫の口の構造において同じ大法則を見る。スズメガの非常に長い螺旋形の吻、ミツバチまたはナンキンムシの奇妙に折りたたまれた吻、および甲虫の大きな顎ほど互いに違っているものがあり得ようか?——それにもかかわらず、このように大きく異なった用途に役立つこれらすべての器官が、上唇、大顎、および二対の小顎の無数の変容によって形成される。同じ法則が甲殻類の口と肢の構造を支配している。植物の花についても同様である。

同じ綱の成員におけるこの様式の同似性を有用性によって、あるいは目的因の教説によって説明しようと試みることほど見込みのないものはあり得ない。この試みが見込みのないことをオウエンはその『肢の性質』(Nature of Limbs)に関する最も興味深い著作ではっきり認めている。それぞれの生物の独立創造という通常の見解に立てば、我々はただそうだからそうだといえるだけである——すなわち各々の大きな綱におけるすべての動植物を一様な設計で造ることが創造主の御意にかなったのだ、と。しかしこれは科学的説明ではない。

連続的な軽微な変容の淘汰の理論によれば大部分簡単に説明される——各変容は何かの点で変容形態に有益であるが、しかししばしば相関によって生物体の他の部分に作用を及ぼす。この種の変化では原様式を変更する、すなわち部分を入れ換えるという傾向はほとんどあるいは全くないであろう。肢の骨はどこまでも短く扁平にされ、同時に厚い膜で包まれて、結局ひれとして役立つようになるであろう。あるいは水掻のある手は、そのすべての骨または一部の骨をどこまでも長くし、それとともにそれらを連結する膜が増大して、結局翼として役立つようにもなるであろう。けれどもこれらの変容のすべては、骨の枠組または部分の相対的連結を変更するような傾向をもたないであろう。すべての哺乳類、鳥類および爬虫類の初期の祖先——原型とよばれてよいもの——が現存の一般的様式によって構成されている肢をもっていたと想定するならば、それがどんな用途であろうとも、我々は直ちにその綱全体の肢の相同的構造の明白な意義を認めることができる。同様に昆虫の口についても、我々は彼らの共通祖先がおそらく非常に簡単な形の上唇、大顎、および二対の小顎をもっていたと想定しさえすればよい。そうすれば自然淘汰が昆虫の口の構造と機能における無限の多様性を説明するであろう。けれども、ある器官の一般的様式が、ある部分の縮小により、また根本的には完全な発育中止により、他の部分の融合により、また他のものの重複あるいは増加により、甚だしく不明瞭になり遂には失われてしまうということも想像できる。

――これらの変異が可能性の範囲内にあることを我々は知っている。絶滅した巨大なウミトカゲのひれ足において、またある吸盤をもつ甲殻類の口において、一般的様式はこうして部分的に不明瞭となっているように見える。

この主題にはもう一つの等しく奇妙な分科がある。すなわちそれは連続的相同で、これは同じ個体における異なる部分または器官の比較であり、同じ綱の異なる成員における同じ部分または器官の比較ではない。多くの生理学者は頭蓋骨が脊椎骨の一定数の基本的部分と相同である――すなわち数と相対的連結において対応している――と信じている。すべての高等脊椎動物の綱における前肢と後肢は明らかに相同的である。甲殻類の驚くほどに複雑な顎と脚についても同様である。花において萼片、花弁、雄蕊および雌蕊の相対的位置とそれらの本質的構造が茎頂に配置された変態葉からなる、という見解によって理解されることはほとんど誰もが知っていることである。奇形動物において、我々はしばしば一つの器官が他の器官に変形する可能性の直接の証拠を得る。そして実際、我々は諸々の花や甲殻類その他多くの動物における発生の初期または胚の段階で、成熟期には極端に違ってくる器官が最初は正確に同似であるのを見ることができる。

連続的相同の例は通常の創造説ではなんと説明し難いことであろうか！　なぜ脳は、明らかに脊椎骨に対応する多数の特殊な形の骨片からなる箱の中に納まっているのであろうか？　オウエンがいったように、哺乳類の分娩に際して、分離した骨片が曲がることから得る利益は、鳥類および爬虫類の頭蓋骨における同じ構造を決して説明しないであろう。コウモリの翼と脚は全く違った用途すなわち飛行と歩行に使用されるのに、それらを造るためになぜ同似の骨が創造されたのであろうか？　なぜ多くの部分からなる極度に複雑な口をもつある甲殻類はその結果として常に少数の脚をもち、逆に多数の脚をもつものは簡単な口をもつのであろうか？　なぜ各々の花における萼片、花弁、雄蕊、および雌蕊はそれぞれ別異の用途に適しているにもかかわらず、すべて同じ様式に構成されているのであろうか？

自然淘汰の理論によれば、我々はある程度までこれらの疑問に答えることができる。我々はある動物の体が最初どのようにして体節の連続に分けられるようになったか、あるいはどのようにして対応器官をもつ左右両側に分かれることになったか、をここで考察する必要はない。このような疑問はほとんど研究の域を越えている。しかし若干の連続的構造は細胞が分裂によって増殖した結果であり、それがそのような細胞から発達した部分の増殖を伴っているということは確からしい。我々の目的には次のことに留意するだけで十分なはずである。すなわち同じ部分または器官の無限のくり返しは、オウエンの述べたように、あらゆる下等の、またはほとんど特殊化していない形態の共通の特徴である。従って脊椎動物の未知の祖先はおそらく多数の脊椎骨を、体節動物の未知の祖先は多数の体節を、そして顕花植物の未知の祖先は一つまたはそれ以上の茎頂に配置された多数の葉をもっていたであろう。我々はまた、何度もくり返される部分は、その数ばかりでなく形も著しく変異し易いということを前に見た。従ってこのような部分はすでに相当の数存在しており、また高度に変異性であるので、当然最も異なる目的への適応に対する材料を提供するに違いない。とはいえ、それらは遺伝の力によって一般にそれらの原始的または基本的類似の明らかな痕跡を保持するに違いない。自然淘汰をとおしてその後の変容に対する基盤を提供した変異は、成長の初期では部分は似ており、またほぼ同じ条件の下にあるために、最初から同似的な傾向をもつので、ますますこの類似を保持するであろう。このような部分は、変容が大きくても小さくても、それらの共通の起原が完全に不明瞭になっていなければ連続的相同であろう。

軟体動物の大きな綱では、別異の種の部分は相同的であることを示すことができるが、連続的相同は例えばヒザラガイ（Chitons）の殻のような少数のものが指摘されるにすぎない。すなわち一つの部分が同じ個体の他の部分と相同であるということができる場合は滅多にない。そして我々はこの事実を理解することができる。なぜなら我々は、軟体動物ではこの綱の最下等の成員にさえも、一つの部分の際限ないくり返しを、動植物界の他の大きな綱に見られるほど多くは見ないからである。

しかし形態学は最初感じるよりははるかに複雑な課題であって、それは近頃E・レイ・ランケスター（Ray Lankester）氏が注目すべき一論文で示したとおりである。彼は博物学者がすべて等しく相同的として分類した事例のある部門の間に重要な区別を設けた。彼は別異の動物において、それらが共通の祖先から変容を伴いながら継承してきたために互いに類似しているような構造を同源的（homogenous）とよび、このように説明できない類似を同塑的(homoplastic)とよぶように提唱する。例えば鳥類と哺乳類の心臓は全体としては同源的である――すなわち、共通祖先から出た――と彼は信じている。しかしこの両綱における心臓の四つの腔は同塑的である――すなわち独立に発生した――と信じている。ランケスター氏はまた体の左右両側および同じ個体の動物の連続する体節における部分の密接な類似を引用する。そしてここに我々は、別異の種の共通祖先からの継承とは何の関係もない部分で、通常相同的とよばれているものを見る。同塑的構造は、私が非常に不完全な方法ではあるが相似的変容または類似として分類したものと同じである。これらの形成は一部分は別異の生物、または同じ生物の別異の部分が相似的な方法で変異したことに起因し、また一部分は同似の変容が同じ一般的目的または機能のために保存されたことに起因する――これについては多くの実例があげられている。

博物学者はしばしば頭蓋骨は変形した脊椎骨から、蟹の顎は変形した脚から、花の雄蕊と雌蕊は変形した葉から形成されたようにいう。しかしハクスリー教授の述べたように、頭蓋骨と脊椎骨の両者、顎と脚の両者等は一つが他から現在のように変形してきたのではなく、ある共通の一層簡単な要素から変形してきたものというほうが大抵の場合より正しいであろう。大部分の博物学者はしかしこのような言葉をただ比喩的な意味にだけ用いる。彼らには、継承の永い経過の間に、ある種類の原始器官――ある場合には脊椎骨また他の場合には脚――が現実に頭蓋骨または顎に転化したなどということは思いも及ばない。それにもかかわらずこのことが現に起こったらしい外見があまりにはっきりしているので、博物学者達はこの明らかな意義をもつ言葉を用いないわけにはいかないのである。ここに主張した見解では、このような言葉は字義どおりに用いてよい。そして例えば蟹の顎が、極めて簡単なしかし正真正銘の脚からもし本当に変形したのであれば、おそらく遺伝によって保持されたに違いないと思われるような数多くの形質を残しているという驚異的な事実は、部分的に説明されるのである。

発生と発生学

これは博物学の全部門を通じて最も重要な課題の一つである。誰にもよく知られている昆虫の変態は一般に少数の段階によって突発的に実行される。しかし形質変換は実際には多数で漸次的であり、ただそれが隠されているのである。あるカゲロウ（Chlöeon）は、J・ラボック卿の示したように、その発生の間に二十回以上脱皮し、その度ごとにある量の変化を受ける。そしてこの場合、我々は変態の営みが原始的で漸次的な方法で行われるのを見る。多くの昆虫と特にある甲殻類は、いかに不思議な構造上の変化が発生の間に遂行され得るかを我々に示している。このような変化はしかし下等動物のあるもののいわゆる世代交番においてその頂点に達する。例えば、ポリプでちりばめられ海底の岩に附着している繊細な分枝をした珊瑚状のものが、最初は芽生法により、次に横断分裂によって巨大な浮游するクラゲの大群を生じ、そしてそれらが卵を生じ、卵から游泳する極微動物が孵化し、極微動物は岩に附着して分枝した珊瑚状に発達し、このようにして果てしのない循環をなすのは驚くべき事実である。世代交番の過程と通常の変態の過程が本質的に同一であるという信念は、ある蠅、すなわちセシドミア属(1)（Cecidomyia）の幼虫または蛆が無性的に他の幼虫を生じ、そしてこれらの他の幼虫は最後には成熟した雄と雌に発達し、卵による通常の方法でそれらの種を繁殖させる、というヴァグナー（Wagner）の発見によって大いに強化された。

ヴァグナーの注目すべき発見が初めて発表されたとき、この蠅の幼虫が無性繁殖の能力を獲得したことを説明するのはいかにして可能であるかを私に質問した人のあったことは注意に値する。この事例が唯一のものであった間は答えは得られなかった。しかしすでにグリム（Grimm）は他の蠅、キロノムス属(2)（Chironomus）がほぼ同じ方法で生殖することを示し、そして彼は、これはこの『目』には幾らもある例だと信じている。この能力をもつのはキロノムスの蛹であって幼虫ではない。そしてグリムはさらに、この場合はある程度まで『セシドミアの場合とカタカイガラムシ科（Coccidae）の単為生殖を結合する』ものであることを示している。――単為生殖という言葉はカタカイガラムシ科の成熟した雌が雄との交流なしに繁殖性の卵を生じる能力をもつことを意味する。幾つかの綱に属する動物が、異常に早い時期に通常の生殖作用の能力をもつことが今日知られている。そして我々はただ単為生殖的繁殖を漸次的により早い成長期へと促進しさえすれば――キロノムスはほとんど正確に中間的段階すなわち蛹のそれを我々に示しているので――多分セシドミアの不思議な場合を説明することができるであろう。

同じ個体において、初期の胚の時代に正確に同似である様々な部分が成熟の状態では大きく違ったものとなり、かなり違った目的に用いられることはすでに述べた。同様にまた、同じ綱に属する最も別異の種の胚は一般に密接に同似であるが、十分に発育したときにはかなり異なってくることも示した。この後の事実の証拠としてはフォン・ベール(Von Baer)の次の陳述に優るものはない。すなわち『哺乳類、鳥類、トカゲ、および蛇の胚は、またおそらくカメ類の胚も、その最初の状態では、全体としてもまたその部分の発生様式においても互いに極めてよく似ている。実際我々にとってそれらの胚はしばしばその大きさによってのみ区別し得るほどによく似ている。私は二つの小さなアルコール漬けの胚を所有しているが、その名前を附け落してしまったので、現在私はそれらがどの綱に属しているかを全くいうことができない。それらはトカゲかも知れないし小鳥かも知れない、あるいは非常に幼い哺乳類であるかも知れない。それらの動物における頭と胴の形成様式の類似はそれほど完全なのである。ただしこれらの胚には四肢はまだ存在していない。しかしたとえそれらが発生の最初期の段階において存在したとしても、我々は何事も学ぶことはないであろう。なぜならトカゲと哺乳動物の足、鳥類の翼と足、さらに人間の手足はいずれも同じ基本形から生じるからである。』大抵の甲殻類の幼体は、成体がどれほど違っていてもその発生の対応段階において互いに密接に類似している。そしてこれらは非常に多くの他の動物についても同様である。胚の類似の法則の痕跡は時折かなり遅い成長期まで持続する。例えば同じ属と類縁の属の鳥はしばしばその未熟な羽毛において互いに類似している。それはツグミ群のひなの斑点のある羽に見られるとおりである。ネコ族ではその種の大多数は成熟時に縞または線状の斑をもつ。そして縞または斑はライオンとピューマの仔では明らかに見分けられる。我々は稀にではあるが時折同じ類の事を植物に見る。例えばハリエニシダの最初の葉、および仮葉をもつアカシアの最初の葉は、マメ科の通常の葉のように羽状であるかまたは分裂している。

同じ綱の中のかなり異なった動物の胚の構造の互いに似ている点は、しばしば彼らの生存条件とは何の直接的関係ももたない。例えば我々は脊椎動物の胚において、えら状の裂け目の近くにある動脈の特異な環状経路が――母の子宮内で養われる幼い哺乳動物において、巣で孵化する鳥の卵において、および水の下のカエルの卵において――類似の条件に関連していると想定することはできない。そのような関連を信じる理由を我々がもたないことは、人間の手、コウモリの翼、およびイルカのひれにおける同似の骨が類似の生活条件に関連していると信じなければならない理由をもたないのと同様である。ライオンの仔の縞、または幼いクロウタドリの斑がこれらの動物に何か役に立つと想像する人はない。

しかし動物がその胚生活のいずれかの時期に活動的で自らを養わなければならない場合には異なる。活動の時期は生存の間に遅かれ早かれやってくる。しかしそれがやってくるときにはいつでも、幼体の生活条件への適応は成体動物と全く同じように完全で見事である。これがどのように重要な方法で行われるかということを、近頃J・ラボック卿が、非常に異なる目に属するある昆虫の幼虫はそれらの生活習性に応じて密接に同似であり、また同じ目の中の他の昆虫の幼虫は不同である、という彼の所見において十分に示した。このような適応に起因して、類縁動物の幼体の同似性は時々甚だしく不明瞭にされる。特に種々異なる発生段階において仕事の区分がある場合、例えば同じ幼体がある段階では食物を求めなくてはならず、他の段階では附着の場所を求めなくてはならないような場合にはそうである。類縁の種、または種の群の幼体が成体以上に相互に違っている場合さえあげられる。しかし大抵の場合、幼体は活動的であってもやはり多少とも密に普通の胚の類似の法則を守っている。蔓脚類はその好適例を提供する。著名なキュヴィエでさえフジツボが甲殻類であることに気づかなかった。しかし幼生を一目見ればこのことは間違いようのない状態で示されている。同様にまた、蔓脚類の二つの主要部門、有柄と無柄は外見上かなり違っているにもかかわらず、その幼生はすべての段階において辛うじて見分けられる程度である。

発生途上にある胚は一般にその生体構造を向上させる。生体構造が高いあるいは低いということの意味をはっきり定義することはほとんど不可能であることを承知してはいるが、私はこの表現を用いる。しかし蝶が毛虫より高等であることはおそらく誰も反論すまい。けれどもある場合には、ある寄生性甲殻類のように、成熟動物が序列において幼生より下等であると見なさなければならない。もう一度蔓脚類を引き合いに出すと、その幼生は第一段階において三対の移動器官、一つの簡単な単眼、および吻型の口をもち、その口で大いに食う。というのは彼らは大きさを非常に増すからである。蝶類の蛹の段階に相当する第二の段階においては、彼らは六対の美しい構造の游泳用の脚、一対のすばらしい複眼、および極度に複雑な触角をもつ。しかし彼らは閉じた不完全な口をもち物を食うことができない。この段階における彼らの機能は、附着して最後の変態を受ける適当な場所を彼らのよく発達した感覚器官で探し出し、彼らの活発な游泳能力によってそこに到達することである。これが完了したとき彼らは一生涯固着状態となる。彼らの脚は今や捕捉器官に転化する。彼らは再び巧みな構造の口を獲得する。しかし彼らは触角をもたず、彼らの両眼は今や再び微小な単眼の簡単な眼点に転化する。この最後の完成状態において蔓脚類は幼生状態にあったときよりも生体構造上高等であるとも下等であるとも考えられる。しかし若干の属では幼生は通常の構造をもつ両性体へと成長し、そして私のいわゆる補助雄へと成長する。そして後者では成長は確かに退歩である。何となればこの雄は単なる袋であって、短時間生きていて、口も胃もなく、また生殖器官を除く他のすべての重要器官を欠いているからである。

我々は胚と成体の間の構造上の差異をあまりに見慣れているので、この差異をある必然的な状態で成長に附随するものと見なすように誘惑される。しかし例えばコウモリの翼あるいはイルカのひれは、彼らのある部分が見えるようになるや否や直ちにすべての部分が固有の釣り合いを保つように描き出されたのではない、という理由は何もない。動物のある群全体と他の群のある成員では事実そうなのであって、胚はどの時期にも成体と大きく違わないのである。例えばオウエンはコウイカについて、『そこには変態はない。その頭足類的形質は胚の部分が完成されるずっと以前に顕現する。』と述べている。陸貝類と淡水甲殻類はその固有の形態をもったまま生まれる。しかるに同じ二つの大綱の海産成員はその発生の間に相当の、そしてしばしば大きな変化を経験する。クモ類もまた辛うじて幾らかの変態を受ける程度である。大抵の昆虫の幼虫は、それらが活動的で多様な習性に適応するにしても、あるいは適当な栄養物の中に置かれるか両親によって養われる結果非活動的であるにしても、いずれの場合も蛆虫状の段階を経過する。しかしワタアブラムシ属（Aphis）の場合のようなある少数の例では、この昆虫の発生についてのハクスリー教授の賞讃に値する線画によれば、我々は蛆虫形段階の痕跡をほとんど見ない。

時々初期の発生段階だけが欠けていることがある。例えばフリッツ・ミュラーは次のような注目すべき発見をした。すなわちある小えび状の甲殻類（クルマエビ属 Penoeus に類縁）は最初簡単なノープリウス形態で現れ、そして二つまたはそれ以上のゾエア期をとおり、次にミシス期をとおりってから、最後にその成熟した構造を獲得する。ところでこれらの甲殻類が所属している大きな軟甲目全体の中で、多くのものがゾエアとして現れるにもかかわらず、最初ノープリウス形態で発生する成員は、他にはまだ一つも知られていない。しかしミュラーは、もし発生の抑圧がなかったならば、これらの甲殻類のすべてはノープリウスとして現れたに違いないと彼が信じる理由を示している。

それではどのようにして我々は発生学におけるこれらの幾つかの事実――すなわち、胚と成体との間の構造上の、普遍的ではないにしても非常に一般的な差異――最後には非常に異なった目的を果たす同じ一個の胚における種々の部分が成長の初期には似ていること――同じ綱の中の最も別異の種の胚または幼体の間の、普通ではあるが一定不変ではない類似――胚が卵または子宮の中にある間、その時期にもあるいは生涯のもっと後の時期にも何ら役に立たないような構造をしばしば保持していること、これに対して自分自身の要求のために備えをしなければならない幼体は周囲の条件に完全に適応していること――そして最後に、ある幼体は生物体の序列において、彼らが後に発達してゆく成熟動物よりも高い位置にあるという事実――を説明することができるであろうか？　私は、すべてのこれらの事実は次のようにして説明できると信じる。

多分奇形が非常に早い時期に胚に影響することから、軽微な変異または個体差は必然的に同様に早い時期に現れるものと普通仮定されている。我々がこの題目について持っている証拠は少ないのであるが、我々の持っているものは確かに別の道を指している。というのは、牛、馬、および種々の珍種動物の飼育者が、出生後ある時期までは幼い動物の長所短所が何であるかを確信をもっていうことができないのはよく知られていることだからである。我々はこのことを我々自身の子供にはっきりと見る。我々は子供の丈が高くなるかならないか、あるいは正確にどういう顔だちになるかをいうことができない。問題は生涯のどの時期に各々の変異の原因を生じたかではなくて、どの時期にその結果が外部に現れるかである。その原因は出産行為以前に一方の親もしくは両方の親に作用したかも知れないし、事実しばしば作用したと私は信じる。非常に幼い動物にとっては、母親の子宮または卵の中にとどまっている限り、あるいは親によって養われ守られている限り、その形質の大部分が生涯の少し早い時期に得られるかまたは遅い時期に得られるかは何ら重要なことではないということは注目に値する。例えば著しく曲がった嘴をもつことによって食物を獲得した鳥にとって、幼い間にこの形の嘴を所有したかどうかは、両親から食物を得ている限りでは大して意味のないことであろう。

私は第一章で、変異が最初親のどの成長期に現れても、それはそれに対応する成長期に子孫に再現する傾向のあることを述べた。ある変異は対応する成長期にしか現れない。例えばカイコガの幼虫、まゆ、または成虫状態における特異性、あるいはまた牛の完全に成長した角における特異性等である。しかし、我々の知り得る限りでは、最初生涯のもっと早い時期かあるいはもっと遅い時期に現れたかも知れない諸変異も、やはり子孫と親における対応する成長期に再現する傾向がある。私はもちろんこのことが例外なしに事実であるとは決していわないのであって、親よりも早い成長期に子供に続発した変異（この語を最も広い意味にとって）の幾つかの例外的事例を私はあげることができる。

これら二つの原則、すなわち軽微な変異は一般的に生涯のあまり早くない時期に現れて、そして対応する早くない時期に遺伝するという原則は、私の信じるところでは、上に特記したすべての発生学上の主要事実を説明する。しかしまず我々の飼育変種における少数の相似的事例に注目してみよう。犬について書いた若干の学者は、グレイハウンドとブルドッグは非常に違うけれども、実際には同じ野生の原種から出た密接に類縁の変種であると主張している。そこで私は彼らの仔犬が互いにどれほど違っているかを知りたいと思った。飼育者達が私に語ったところでは、彼らはその親とちょうど同じくらい違っているということであり、このことは眼で判断すればほとんど事実であるように思われた。しかし実際に成犬と生後六日の仔犬を測定した結果、私は仔犬が決して相対的差異の十分な量を獲得していないことを見出した。同様にまた、私は馬車馬と競走馬——ほとんど全く飼育下の淘汰によって形成された品種——の仔馬が十分に成長したものと同じ程度に違うと聞かされていた。しかし競走馬と重い馬車馬の母馬と生後三日の仔馬について行った注意深い測定の結果、私はこれが決して事実ではないことを見出した。

鳩の品種は単一の野生種に由来するという決定的証拠を我々は持っているので、私は孵化後十二時間以内のひなを比較した。私は野生の先祖種、胸高鳩、クジャクバト、ラント、バーバリバト、ドラゴン、伝書鳩、および宙返り鳩における嘴の大きさ、口の幅、鼻孔および目蓋の長さ、足の大きさ、および脚の長さを注意深く測定した（しかしここには詳細をあげない）。さてこれらの鳥のあるものは成熟期には嘴の長さや形において、またその他の形質において、もし自然の状態で見出されたならば確実に別異の属として分類されたに違いないと思うほど甚だしく互いに異なっている。しかしこれらの幾つかの品種の孵りたてのひなを一列に並べたとき、それらの大部分は正確に見分けられたが、上記の諸点における相対的差異は、十分に成長した鳥の場合とは比較にならないほど小さかった。差異の若干の特性的な点——例えば口の幅の差——は幼鳥ではほとんど検出されなかった。しかしこの規則には一つの注目すべき例外があった。というのは短顔宙返り鳩のひなは野生のカワラバトおよび他の品種のひなと、成熟状態とほとんど正確に同じ比率で違っていたからである。

以上の事実は前述の二つの原則によって説明される。愛好家は飼育用の犬、馬、鳩等をそれらがほぼ成熟したときに選別する。彼らは十分に成長した動物がもし望みの性質をもっていれば、それが生涯の早い時期に得られるか遅い時期に得られるかには無関心である。そして今あげた事例、特に鳩の事例は、人間の淘汰によって累積されるその品種に価値を与える形質的差異が、一般に生涯のあまり早い時期には現れず、それに対応する早くない時期に遺伝されることを示している。しかし生後十二時間のときにその固有の形質を所有していた短顔宙返り鳩の事例は、これが普遍的規則ではないことを証明している。なぜならこの場合、形質的差異は普通より早い時期に現れたか、あるいはもしそうでなければ、差異は対応する成長期ではなくそれより早い成長期に遺伝されたのでなければならないからである。

さてこれら二つの原則を自然状態にある種に適用してみ

よう。ある古代形態に由来し、異なる習性に対する自然淘汰をとおして変容した一群の鳥をとろう。そうすると、多くの軽微な連続的変異は早くない成長期にそれぞれの種に続発したのであり、また対応する成長期に遺伝したのであるから、ひなはほとんど変容しなかったであろうし、従って今もなお成体よりはずっと密接に互いに類似しているであろう――ちょうど我々が鳩の品種で見たようにである。我々はこの見解をかなり別異の構造にまで、また全綱にまで拡張できよう。例えばかつては遠い先祖にとって脚の用を果たした前肢が、変容の永い過程を通じて、ある子孫には手として、他の子孫には水掻として、さらに別の子孫には翼として作用するように適応したのであろう。しかし上述の二原則によれば、前肢は各形態の成熟状態では大いに違うが、これらの幾つかの形態の胚ではあまり変容しなかったであろう。永く継続した使用または不使用がある種の肢または他の部分を変容するのにどれほどの影響を与えたとしても、これは主としてあるいはもっぱら、それがほぼ成熟して自らの生活の糧を得るためにその全能力を使わなければならなくなったときにのみ作用したであろう。そしてこのようにして生じた結果は、対応するほぼ成熟した成長期に子孫に伝えられたであろう。従って幼体は、部分の使用増加または不使用の効果によって変容しないかあるいはわずかしか変容しないであろう。

ある動物では連続的変異が生涯の非常に早い時期に続発したのかも知れず、あるいはまた、その進歩が最初に生じた成長期よりも早い成長期に遺伝したのかも知れない。これらのいずれかの場合には、幼体または胚は短顔宙返り鳩で見たように成熟した先祖形態と密接に類似しているであろう。そしてこれはコウイカ、陸貝、淡水甲殻類、クモ、および昆虫の大きな綱の幾つかの成員におけるように、ある全群またはある亜群のみについての発生の規則である。このような群の幼体が何の変態も経験しないことの窮極的原因については、これは次のような偶然の結果であろうと考えることができる。すなわち幼体が非常に早い成長期に自らの要求に備えなければならないこと、そしてそれらが親と同じ生活習性に従うことである。というのはこの場合、それらが親と同じ方法で変容することはその生存のために避けられないことであるからである。また、多くの陸棲と淡水棲の動物は何の変態も受けないのに、同じ群の海棲の一員は様々な変形を経験するという奇妙な事実に関して、フリッツ・ミュラーは、動物を海の代わりに陸上または淡水中に棲むように徐々に変容し適応させてゆく過程は幼体的段階を通らないことによって大いに簡略化されるであろう、と提唱した。というのは幼体と成熟の両段階によく適応している場が、このような新しい大いに変化した生活習性の下で、他の生物によって全く占領されていないか、あるいは不十分にしか占領されずに普通に見出されるということは有りそうもないことだからである。この場合、自然淘汰は次第により早い成長期に成体の構造を獲得するようになることを助けるに違いない。そして昔の変態のあらゆる痕跡が終に消失するに違いない。

これに対して、もし動物の幼体にとって親形態の生活習性とは少し異なる生活習性に従うことが利益であり、従って少し異なる設計で構成されることが利益であるならば、あるいはもしすでにその親と異なっている幼体にとってさらに一層変化することが利益であるならば、対応する成長期における遺伝の法則により、幼体または幼虫は自然淘汰によって、想像可能な程度にまで次第次第に祖先と異なったものになってゆくであろう。また幼体における差異はその発生の連続する各段階と相関関係をもつかも知れない。従って第一段階の幼体は、多くの動物がそうであるように、第二段階の幼体と大いに違ったものになるかも知れない。また成体が、移動器官あるいは感覚器官などが無用であるような位置あるいは習性に適合するようになるかも知れない。そしてこの場合変態は退化であろう。

今述べたことから、我々は変化した生活習性とともに対応する成長期における遺伝に応じての幼体構造の変化によって、動物が彼らの成体先祖の原始状態とは完全に別異の発生段階を通るようになる経路を知ることができる。我々の最も優れた権威者の大多数は現在、昆虫の種々の幼虫と蛹の段階はこのような適応をとおして獲得されたのであって、ある古代形態からの遺伝をとおしてではないことを確信している。シタリス(Sitaris)の奇妙な事例――シタリスはある異常な発生段階を経る甲虫――はこのことがどのようにして起こるかを例証するであろう。第一期の幼虫形態はファーブル氏によって、六本の脚、二本の長い触角および四個の眼を備えた活発な微小昆虫として記述されている。これらの幼虫は蜂の巣の中で孵化する。そして春になって雄蜂が雌蜂に先立ってその穴から出るとき、幼虫はそれに跳びつき後に雌蜂が雄蜂と番っている間に雌蜂に這い移る。

雌蜂が蜜室に貯えた蜜の表面にその卵を産み落とすや否や、シタリスの幼虫は卵に跳びかかりそれをむさぼり食う。後に彼らは完全な変化を受ける。彼らの眼は消失する。彼らの脚と触角は痕跡的となり彼らは蜜を食料とする。従って彼らは今や通常の昆虫の幼虫に一層密接に似てくる。最後に彼らはさらに一層進んだ変態を経験して遂に完全な甲虫として現れる。さて、もしシタリスのような変態を経る昆虫が昆虫の新しい綱全体の先祖になったとしたら、その新しい綱の発生の経過は現存の昆虫とは大いに違うものとなったであろう。そして第一期の幼虫段階は確かにどのような成体および古代形態の前期状態にも該当しないであろう。

他方多くの動物では、胚または幼体の段階が全群の先祖の成体状態を多少とも完全に我々に示しているということはかなり確からしい。甲殻類の大きな綱では、驚くほど相互に別異の形態、すなわち吸着する寄生動物、蔓脚類、切甲類、および軟甲類さえ最初はノープリウス形態の幼生として現れる。そしてこれらの幼生は外洋に棲んでそこで食物を得ているのであり、またどんな特殊な生活習性にも適応していないので、フリッツ・ミュラーの指摘したその他の理由を含めると、ある非常に遠い昔の時代にノープリウスに似た独立の成体動物が存在していて、その後幾つかの分岐した系統線に沿って上記の大きな甲殻類の群を生成したということは確からしい。同様にまた、哺乳類、鳥類、魚類、および爬虫類の胚について我々の知っていることから、これらの動物が成体状態においてえら、浮き袋、四つのひれ状の肢、および長い尾などすべて水中生活に適する器官を備えていたある古代先祖の変容子孫であることは確からしい。

かつて生存したことのあるすべての絶滅生物と現世の生物は少数の大きな綱の中に配列でき、またそれぞれの綱のすべては、我々の理論によれば、細かい漸次的移行によって互いに連結されたのであるから、もし我々の収集がほぼ完全であったならば、最善の、そして唯一の可能な配列は系統的であるに違いない。継承は博物学者達が『自然分類法』の下に探し求めていた隠れた結合のきずなである。この見解に立てば我々は、大多数の博物学者の眼には胚の構造のほうが成体の構造よりも分類に対しては一層重要である理由を理解することができる。動物の二つまたはそれ以上の群において、成体状態の構造と習性が互いにどれほど違っていようと、もしそれらが密接に類似の胚段階をとおるならば、我々はそれがすべて一つの原形態に由来するものであり、従って密接に関連していることは確かだと感じる。こうして胚構造の共有は継承の共有を示す。しかし胚発生の相違は継承の非共有を証明してはいない。なぜなら二つの群の一方において発生段階が抑制されたのかも知れず、あるいは新しい生活習性への適応によって非常に変容し、もはや認められなくなったのかも知れないからである。成体が極度に変容したような群においてさえ、起原の共有はしばしば幼体の構造によって示される。我々は例えば、蔓脚類が外見は貝と非常によく似ているにもかかわらず、その幼生によって直ちに甲殻類の大綱に属することが知れることを見た。胚はしばしばその群の変容の少ない古代の先祖の構造を多少とも明らかに示すので、我々はなぜ、古代の絶滅形態がその成体状態においてこれほどしばしば同じ綱の現存種の胚に類似するかを理解することができる。アガシは、これは自然界の普遍的法則であると信じている。そして我々は、今後この法則の真であることが証明されるのを期待してよい。しかしそれが真であることを証明できるのは、連続的変異が成長の非常に早い時期に続発したか、あるいはこのような変異が最初現れた成長期よりも早い成長期に遺伝したかによって、群の先祖の古代状態が完全に抹殺されることのなかった場合に限る。また、法則はたとえ真であっても、地質学的記録が十分に遡らないために、それは永い期間あるいは永久に立証不可能なまま残されるかも知れない、ということに留意しなければならない。古代形態が幼体状態において生活のある特殊な方向に適応し、同じ幼体状態を子孫の全群に伝えたような場合には、この法則は厳密には当てはまらないであろう。なぜならこのような幼体は、成体状態ではさらに古代のどのような形態とも似ていないからである。

私の見るところ、重要さでは並ぶもののない発生学上の主要な事実は、ある一つの古代先祖からの多くの子孫における変異は生涯のあまり早くない時期に現れ、そして対応する時期に遺伝した、という原則によって説明される。我々が胚を、同じ大きな綱のすべての成員の成体か幼体かいずれかの状態において多少とも不明瞭になった先祖の肖像として見るとき、発生学はその興味を大いに増すのである。

痕跡的で萎縮した発育不全の器官

はっきりと無用の烙印を押されているこの奇妙な状態の

器官または部分は、自然界を通じて極めて普通のものであり、むしろ一般的でさえある。高等動物でどこかの部分が痕跡的状態にないようなものを一つでもあげることは不可能であろう。例えば哺乳類では、雄は痕跡的な乳房をもっている。蛇では一つの肺葉が痕跡的である。鳥では『小翼羽』は痕跡的指と見なして差しつかえないし、ある種では翼全体が飛ぶ用をなさないほどに痕跡的である。成長したときにはその頭部に歯をもっていない鯨の胎生時には歯があること、あるいは胎内の仔牛の上顎に決して歯茎から生えてこない歯のあること、以上に奇妙なことがあろうか？

痕跡器官はその起原と意味を様々な方法ではっきり宣言している。近縁の種に属すかあるいは全く同一の種に属す甲虫で、十分な大きさの完全な翼をもつものと、雨覆いの下に堅く接合していることも稀ではない単なる膜の痕跡をもつものとがあり、この場合その痕跡が翼に該当することは疑問の余地がない。痕跡器官が時々潜在能力を保持していることがある。これは時折哺乳類の雄の乳房に見られることで、雄の乳房が十分に発達して乳を分泌するようになることは人の知るところである。同様にまた、ウシ属の乳房には正常では四つの発達した乳頭と二つの痕跡的乳頭があある。しかし我々の飼育雌牛では後者が時々十分に発達して乳を出すことがある。植物に関しては、同じ種の個体において花弁がある時には痕跡的であり、ある時には十分に発達している。両性の分離しているある植物に関してケールロイターは、雄花が雌蕊の痕跡を有している種を十分に発達した雌蕊をもっている雌雄両性花の種と交雑することによって、雑種子孫におけるその痕跡が著しく大きさを増したことを発見した。そしてこのことは明らかに、痕跡的な雌蕊と完全な雌蕊が本質的には同様の性質であることを示している。ある植物が種々の部分を完全な状態で所有しているにもかかわらず、それらがある意味で、すなわち不用であるために痕跡的であることもあり得る。例えばセイヨウイモリ（common Salamander）のおたまじゃくしは、G・H・ルイス（Lewes）氏の述べているように『えらをもっていて水中に生活する。しかし高い山の上に棲むサラマンドラ・アトラ（Salamandra atra）は完全な形をした仔を産む。この動物は決して水中には棲まない。それにもかかわらず妊娠している雌を開いて見ると、精巧な羽毛状のえらを備えたおたまじゃくしが見出される。そして水中に放つとそれはセイヨウイモリのおたまじゃくしのように泳ぎ廻る。明らかにこの水棲的生体構造はこの動物の将来の生活とは何の関係もなく、またその胎生条件への何の適応でもない。それはただ先祖の適応と関係があるだけであり、先祖の発生におけるある状態の再現である。』

二つの目的に役立つ一つの器官は、一方の一層重要な目的に対して痕跡的または全く発育不全のものとなり、そして他方の目的に対して完全に有効なものとして残ることがあり得る。例えば植物において、雌蕊の役目は花粉管を子房内の胚珠に到達させることである。雌蕊は花柱に支えられた柱頭からなる。しかしキク科のあるものでは、もちろん受精させることのできない雄性の小筒花が痕跡的雌蕊、すなわち柱頭がのっかっていない雌蕊をもっている。しかし花柱は十分に発達した状態で残っており、花粉を周囲の接合した葯からこすり取る役をする毛で一般的な状態に覆われている。また、ある器官はその固有の用途に対して痕跡的となり、別な目的に用いられることがある。すなわちある魚類では浮き袋は浮力を与えるという本来の機能に対しては痕跡的であるように見えるが、発生初期の呼吸器官すなわち肺に転化している。多くの同様の例があげられよう。

有用な器官は、たとえその発達程度がどれほど低くても、それが以前にはもっと高度に発達していたと想定される理由をもたない限り、痕跡的と見なすべきではない。それらは発生初期の状態にあって、さらに一層発達する途上にあるのかも知れない。これに対して痕跡器官は、歯茎から決して生えてこない歯のように全く無益であるか、あるいは単に帆の役をするだけのダチョウの翼のようにほとんど無益であるかのいずれかである。この状態の器官は、もっと発達程度の低かった昔には今日よりもなお一層役に立たなかったに違いないから、昔それらが変異と、有用な変容の保存によってのみ作用する自然淘汰とをとおして生成されたということはあり得ない。それらは部分的には遺伝の力によって保持されたのであって、それらの昔の状態と関連している。しかし痕跡器官と発生初期の器官を区別するのは困難なことがしばしばある。なぜならば、我々はある部分がさらに発達することができるかどうかをただ類推によってのみ判断できるのであり、このさらに発達し得る場合にのみ発生初期とよぶ値打ちがあるのである。この状態にある器官は常にやや稀であろう。それは、このような器官をもった生物は、一般に同じ器官をさらに完全な状態でもっている後継者と置き代えられ、従ってはるか昔に絶滅してしまうからである。ペンギンの翼はひれの役を果たし高度に有用なものである。従ってそれは翼の発生初期状態を示しているかも知れない。けれども私はこのことを事実だと信じているわけではない。それは新しい機能に対して変容した縮退器官であるというほうが一層確からしい。これに対してキーウィ属（Apteryx）の翼は全く無用であり真に痕跡的である。オウエンはレピドシレンの簡単な繊条質の肢を『一層高等な脊椎動物において十分な機能的発達を遂げる器官の発端』であると見なす。しかし近頃ギュンター（Günther）博士によって主張された見解によれば、それらはおそらくひれの永続的軸からなり、発育不全の側生のひれとげか分枝が附随している残存物であろう。カモノハシ属の乳腺は、雌牛の乳房と比較すれば発生初期の状態にあると見なせよう。ある蔓脚類の負卵繫帯は卵を附着させることをやめており発達も微弱であるが、これは発生初期のえらである。

同じ種の個体における痕跡器官は、発達程度その他の点で非常に変化しがちである。また密接に類縁の種では、同じ器官の縮退した程度は時折大きく相違する。この後者の事実は同じ科に属する雌の蛾の翅の状態ではよく例示される。痕跡器官は全く発育していないかも知れない。ということは、ある動物または植物では、類推から我々がそれらに見出すことが予想され、そして時折奇形の個体に見出される部分が、実際には全く欠如した状態にあるという意味である。例えばゴマノハグサ科（Scrophulariaceae）の大部分では第五雄蕊が全く発育していない。けれども我々は、かつては第五雄蕊が存在していたと結論してよい。なぜならそれの痕跡はその科の多くの種に見出されるし、またこの痕跡はたまに普通のキンギョソウに見られるように、時折完全に発達することがあるからである。同じ綱の異なる成員におけるある部分の相同関係の跡を追うとき、痕跡器官の発見ほど有りふれたことはなく、また部分の関係を完全に理解するためにもこれほど有益なことはない。これは馬、雄牛、およびサイの脚骨についてオウエンの描いたスケッチによく示されている。

鯨や反芻動物の上顎にある歯のような痕跡器官がしばしば胚に見出されるが、後に全く消失することは重要な事実である。また、痕跡的部分は隣接部分との相対的大きさでは胚のほうが成体よりも大きい、ということは普遍的規則であると私は信じる。従ってその器官はこの初期の成長期では退化の程度が小さく、あるいは決して痕跡的であるとはいえないものさえある。それゆえ成体における痕跡器官はしばしばそれらの胚的状態を保持してきたのであるといわれる。

今や私は痕跡器官に関する主要な事実をあげた。これらを熟考するとき誰もが驚きに胸を打たれるに違いない。なぜなら多くの部分と器官がある目的に精巧に適応していることを我々に告げる同じ推理力が、同等の明瞭さをもってこれらの痕跡器官または萎縮器官が不完全で無用なことを我々に告げるからである。博物学者の著書では、痕跡器官は一般に『対称性のために』、あるいは『自然の計画を完成する』ために創造されたのだと説かれている。しかしこれは何の説明でもなく、単なる事実のいい直しにすぎない。またそれは首尾一貫していない。例えばボアは後肢と骨盤の痕跡をもっているが、もしこれらの骨が『自然の計画を完成するために』保持されたというならば、ワイスマン教授の問うように、なぜこれらの同じ骨の跡かたさえも持っていない他の蛇類には保持されなかったのであろうか？　衛星が惑星の周囲を楕円軌道を描いて公転するのは『対称性のため』である、なぜなら惑星はやはりこのようにして太陽の周囲を公転するから、と主張する天文学者があったらどう思われるであろうか？ ある著名な生理学者は痕跡器官の存在理由を、それらは過剰な物質または組織に有害な物質を排泄するのに役立つのだ、と想定することによって説明する。しかし我々は、しばしば雄花における雌蕊に該当し単なる細胞組織からなる微小な突起毛が、このような働きをすると想定することができようか？ 我々は、後に吸収されてしまう痕跡的な歯が、急速に成長する牛の胚に対して燐酸石灰のような貴重な物質を除去することによって利益を与えると想定することができようか？ 人間の指が切断されたとき、不完全な爪がその切り残りの上に現れることが知られている。そして私は、カイギュウのひれの上の痕跡的な爪が角質の物質を排泄するために発生したとするならば、これらの人間の爪の痕跡も同じ目的で発達したと信じることができよう。

変容を伴う継承の見解に立てば、痕跡器官の起原は比較的簡単である。そして我々はそれらの不完全な発生を支配する法則を大部分理解することができる。我々の飼育生物には痕跡器官の事例が沢山ある――例えば尾のない品種における尾の根元——羊の耳なし品種における耳の痕跡——牛の角なし品種における、特にユーアット（Youatt）によれば仔牛における、微小なぶら下がった角の再現——およびカリフラワーにおける花全体の状態、などである。我々は奇形においてしばしば様々な部分の痕跡を見る。しかし私はこれらの事例のどれかが、自然状態の痕跡器官の起原の上に、痕跡器官が生成され得ることを示す以上の光を投げかけるかどうかを疑う。なぜなら証拠の比較考量は、自然の下にある種が大きな突発的変化を受けないことをはっきりと示しているからである。しかし我々は飼育生物の研究から、部分の不使用が大きさの縮小をひき起こすこと、そしてその結果が遺伝されることを学んでいる。

不使用が器官を痕跡的にする主な要因であることは確かなようである。不使用は最初緩慢な歩みで始まり、段々と局部の完全な縮退をひき起こし、遂には痕跡的となってしまったであろう。——例えば暗い洞穴に棲む動物の眼の場合、また大洋島に棲んでいて猛獣によって飛ぶことを余儀なくされることが滅多になく、遂に飛ぶ能力を失ってしまった鳥の翼の場合、のようにである。また、ある条件の下では有用な器官が他の条件の下では有害になるかも知れない。例えば小さな吹きさらしの島に生活する甲虫の翅の場合である。この場合には自然淘汰はその器官を縮退させ遂に無害な痕跡的なものとするように助力したであろう。

極めてゆっくりと達成することができる構造上および機能上の変化は、すべて自然淘汰の能力の範囲内にある。従って生活習慣の変化によって一つの目的に対して無用または有害となった器官も、他の目的に対して変容し使用されるかも知れない。またある器官は以前の機能の中のただ一つだけに対して保持されるかも知れない。元来自然淘汰の助けによって形成された器官は、無用になった場合には多分変異性のものとなろう。なぜならそれらの変異はもはや自然淘汰によっては抑制されないからである。これらのすべては我々が自然界で見る事柄とよく一致する。さらに不使用か淘汰がある器官を生涯のどの時期に縮退させるのであっても、そしてこれは一般に生物が成熟してその全能力を発揮しなければならない時期であろうが、その際に、対応する成長期における遺伝の原則は縮退状態にあるその器官を同じ成熟期に再生する傾向をもち、胚には滅多に影響を及ぼさないであろう。こうして我々は、痕跡器官がその隣接部分との比較の上からは胚では形が大きく、成体では比較的小さい理由を理解することができる。例えばもし、ある動物の成体の指がある習性の変化のために多くの世代の間使用がますます少なくなったならば、あるいはある器官または腺の機能的働きがますます少なくなったならば、我々はそれがこの動物の子孫の成体では大きさを減少するが、しかし胚では元々の発生規準をほぼ維持するであろうと推論してよい。

しかしまだ困難が残っている。ある器官が使用を中止し、その結果大いに縮退した後にそれがさらに一層大きさを減らし、遂に全くの痕跡だけが残されるようになることがいかにして可能であろうか？ そしてそれが最後には全く消えてしまうことがいかにして可能であろうか。器官が一度無機能になった後に、不使用がさらに何らかの効果を生じ続けるということはほとんどあり得ないことである。ある附加的説明がここでは要求されるが、私にはそれを与えることができない。例えば、もし、生物体のあらゆる部分は大きさの増大に向かってよりも減少に向かって一層大きく変異することが証明されたとすれば、我々は無用になった器官が不使用の効果とは無関係に痕跡的なものとなり、最後には完全に抹殺される理由を理解することができるであろう。なぜなら、大きさの減少に向かう変異はもはや自然淘汰によっては抑制されないからである。どこの部分を造る物質も、もし所有者に有用でなければ可能な限り節約される、という以前の章で説明した成長の秩序の原則は、多分不用部分を痕跡的なものにする働きを示すであろう。しかしこの原則はほとんど必然的に縮小過程の初期の段階に限られるであろう。なぜならば、例えば雄花において雌花の雌蕊に該当する単なる細胞組織からなる微小な突起毛が、栄養を節約するためにさらに一層縮小するか吸収されようとは想定できないからである。

最後に、痕跡器官は、どのような段階によって現在の不用な状態にまで退化したのであっても、それの以前の状態の記録であり遺伝の力によってのみ保持されたのであるから——我々は分類の系統的見解の上から、分類学者が生物を自然分類法で適当な場におく際に、痕跡的部分をしばしば高い生理学的重要性の部分と同等に有用な、あるいは時には一層有用なものとして見出す理由を理解することができる。痕跡器官は、一つの語の中のつづりの中には残っているが発音には無用となり、しかし語源を解く手掛りとしてはまだ役に立つ文字と比較されよう。変容を伴う継承の見解では、見解に立てば、痕跡的で不完全で無用な状態の器官、もしくは全く発育しない器官の存在は、古い創造説では確実に示される不思議な困難を呈示しないばかりか、かえってここに説明した見解に従って予測さえされたことであると結論することができる。

摘　要

本章で私が示そうと試みたことは、すべての時を通じてのすべての生物の群の下への群の配列——あらゆる現存生物と絶滅生物を複雑で放射的で迂廻的な類縁経路によって少数の大きな綱の中に結合させる関係の性質——博物学者が分類の際に遵守する規則および遭遇する困難——形質がもし恒常で一般的であるならば、高い重要度のものか最も些細なものか、あるいは痕跡器官のように重要性のないものかにかかわりなく、それらの上に賦与される価値——相似的または適応的形質と真の類縁性の形質との間の大きな価値の対立、および他のこのような規則——これらすべては、もし我々が類縁形態の血統の共有、並びに変異と自然淘汰をとおしてのそれらの変容、またそれに附随する絶滅と形質の分岐、を認めるならば自然に帰結するものである。分類についてのこの見解を考察する際に念頭に置かなければならないことは、同じ種の両性、成長期、二形性および一般に認められた変種を、構造上それらが互いにどれほど違っていても、一緒に分類する場合に継承の要素が普遍的に用いられているということである。もし我々がこの継承要素——生物における同似性の唯一の確実に分かっている原因——の使用を押し広めるならば、我々は自然分類法とは何を意味するかを理解するであろう。すなわちそれは系統的な配列の試みであり、それとともに獲得した差異の程度が変種、種、属、科、目、および綱という語で表示されたものである。

変容を伴う継承のこの同じ見解によって、形態学における大きな事実の大部分が理解できるものとなる——同じ綱の異なる種の相同器官がどのような目的に使用されようと同じ様式に現れることについて、あるいは個々の動物と植物における連続的、側生的相同について、いずれも理解できる。

連続的な軽微な変異は、生涯の非常に早い時期に必然的にも一般的にも続発するものではなく、またそれは対応する時期に遺伝されるという原則によって、我々は発生学上の主要な事実、すなわち個々の胚において相同的であり、成熟時には構造と機能が大きく違ったものとなる部分が密接に類似していること、また別異ではあるが類縁の種における相同の部分あるいは器官が、成体状態では可能な限りに異なった習性に適合しているにもかかわらず類似していること、を理解することができる。幼体は、その生活習性に関連して大なり小なり特殊な変容をし、その変容が対応する成長初期に遺伝した活動的な胚である。同じ原則から――そして器官が不使用か自然淘汰によってその大きさを減ずるのは、一般にその生物が自分の要求に自ら用意しなければならない時期であるということに留意し、また遺伝の力がどれほど強大であるかに留意すれば――痕跡器官の出現は予測さえされたことである。分類における胚的形質と痕跡器官の重要性は、自然的配列が系統的でなければならないという見解に立てば理解できることである。

最後に、本章で考察した幾つかの部門の事実は、この世界に棲む無数の種、属、および科はすべて、それぞれが自分の綱または群の中で共通の祖先に由来したものであり、またすべて継承の経過の間に変容したものであることを実にはっきりと宣言しているように私には思われるので、たとえ他の事実や論証によってこの見解が支持されなかったとしても、私はためらわずこれを採用するであろう。

訳者注

(1) タマバエ科

(2) ユスリカ科

(3) ヨーロッパの高山性イモリ

第十五章　要約および結論

自然淘汰の理論に対する反論の要約——この理論に有利な一般的および特別な情況の要約——種の不変性に対する一般的信念の理由——自然淘汰の理論はどこまで展開できるか——博物学の研究にこの理論を採用する効果——結論的意見

本書全体は一つの長い論証であるから、主要な事実と推論を簡単に要約するのが読者に便利であろう。

多くの深刻な反論が、変異と自然淘汰による変容を伴う継承の理論に対して提出されることを私は否定しない。私はそれらの全勢力を示すことに努めた。複雑な器官と本能が、人間の理性に似てはいるがそれを越えたような手段によってではなく、個々の所有者にとってそれぞれ有益であるような無数の軽微な変異の累積によって完成された、ということ以上に信じ難いことはあり得ないように最初は思われる。しかしこの困難は、我々の想像の中では克服し難く大きなものに見えるけれども、次の命題を認めれば真実の困難と考えることはできない。その命題とは、生物体のあらゆる部分と本能は少なくとも個体差を示すこと——構造または本能の有益な偏向を保存するように導く生存闘争の存在すること——そして最後に、各器官の完成状態にそれぞれがその種の利益であるような漸次的移行段階が存在したことなどである。これらの命題の真理であることは論争の余地がないと思う。

どのような漸次的移行によって多くの構造が完成したかは、特に大きな絶滅を受けた切れ切れの衰弱した生物群では、推測さえ極めて困難であることは疑いない。しかし我々は自然界に実に多くの不思議な漸次的移行段階を見るので、ある器官または本能、あるいはある構造全体が多くの漸次的歩みによって現在の状態に到達することはあり得ない、と主張するには極めて慎重でなければならない。自然淘汰の理論に反対する特別な困難の事例があることは認めなければならない。そしてこれらの最も奇妙なものの一つは、同じ共同体の中に働き蟻すなわち不稔の雌蟻の二つあるいは三つのはっきりした階級が存在することである。しかし私はこれらの困難がどのようにして克服できるかを示そうと試みた。

変種が交雑したときほとんど普遍的に多産であるのと著しい対照をなす、種の最初の交雑時のほとんど普遍的な不稔性については、私は、第九章の終わりにあげた事実の要約を読者が参照されることを願わなくてはならない。これらの事実は、二つの別な種類の木の接ぎ木に対する無能力が特殊な資性でないのと同様に、この不稔性も特殊な資性ではなく、交雑した種の生殖系統だけに限られた差異に附随するものであることを、決定的に示すように私には思われる。我々は同じ二つの種を相反的に交雑する――すなわち、一つの種が最初は父として、次に母として用いられる――ときの結果が大きく違っているところにこの結論の真実性を見る。二形性と三形性の植物の考察からの類推も明らかに同じ結論に導く。なぜならそれらの形態が不和合に結合するとき、それらはほとんどあるいは全く種子を生ぜず、それらの子孫は多少とも不稔であるからである。しかもこれらの形態は疑いなく同じ種に属し、生殖機能を除く他のどの点でも互いに違っていないからである。

交雑したときの変種とそれらの変種間雑種子孫が多産であることは、多くの著述家によって普遍的であると断言されているにもかかわらず、ゲルトナーとケールロイターの高い権威に基づいて与えられた事実を見れば、これは全く正しいと見なすことはできない。実験された変種の大部分は飼育の下で生成されたものである。そして飼育（単なる監禁の意味ではない）はほとんど確実に、母種がもし交雑したとすれば作用したに違いないと類推から判断される不稔性、を除去する傾向があるのだから、我々は飼育がそれらの変容子孫の交雑の際に同じように不稔性を誘発するだろうと期待してはならない。この不稔性の除去は明らかに、我々の飼育動物を多様な環境の下で自由に繁殖させるのと同じ原因からきている。そしてこれはまた明らかに、彼らが彼らの生活条件の頻繁な変化に徐々に馴らされてきたことの結果である。

並行的な二つの事実の系列が、最初の交雑時の不稔性とそれらの雑種子孫の不稔性の解決に多くの光を投げかけるように見える。一方では、生活条件における軽微な変化はすべての生物に活力と繁殖力を与えると信ずべき確実な理由がある。我々はさらに、同じ変種の別異の個体の間の交雑と別異の変種の間の交雑はそれらの子孫の数を増し、また確かに大きさと活力を増すことを知っている。これは主として、交雑した形態が幾らか違う生活条件にさらされたことに起因する。なぜかというと、私は骨の折れる一連の実験によって、もし同じ変種のすべての個体が数世代の間同じ条件の下に置かれると、交雑から得られた利益はしばしば著しく減少するか、あるいは全く消滅することを確かめたからである。これが一方の例である。他方では、永い間ほぼ一様な条件にさらされた種が監禁の下で新しい大きく変化した条件に遭遇すると、死んでしまうか、あるいは生き残った場合も、完全な健康を保ってはいても不稔になるか、のいずれかであることを我々は知っている。変動する条件に永い間さらされてきた我々の飼育生物ではこんなことは起こらず、起こっても非常に軽微な程度にすぎない。それゆえ二つの異なった種の間の交雑によって生じた雑種が、受胎後すぐかまたは非常に早い成長期に死滅し、もし生き残っても多少不稔になるために数が少ないことを我々が見出すとき、この結果は、二つの異なった生物体の複合のためにそれらが事実上生活条件の大きな変化に遭遇した、ということに起因することは大いに確かなように思われる。例えばなぜ、象または狐がその自生地でも監禁の下では繁殖しないのに、飼育豚または犬が最も多様な条件の下で自由に繁殖するのか、ということを明確に説明できる人は、なぜ交雑したときの二つの異なった種がその種間雑種子孫と同様に一般に多少とも不稔であるのに、交雑したときの二つの飼育変種とその変種間雑種子孫が完全に多産であるのかという疑問にも、同時に明確な解答を与えることができるであろう。

地理的分布に眼を転じると、変容を伴う継承の理論が遭遇する困難は全くもって深刻である。同じ種のすべての個体と、同じ属のあるいはもっと高い群のすべての種は共通祖先に由来するのである。従って現在、世界のどんな遠い隔絶した地方にそれらが見出されようとも、それらは連続する世代の間に、ある一つの地点から他のすべての地点へ移動したものに違いない。どうしてこのようなことが起こり得たのかを推測することさえ全くできない場合がしばしばある。とはいえ、ある種は同じ種的形態を非常に永く、年数で測れば莫大な長さの期間、保持したと信ずべき理由を我々はもっているので、同じ種の時折の広い拡散ということにあまりとらわれるべきではない。なぜなら非常に永い時代の間には、多くの方法で広く移住する好適な機会が常にあるからである。分布範囲が途切れ途切れであることあるいは中断していることは、しばしば中間地帯における種の絶滅によって説明される。近代の間に地球が受けた様々な気候的、地理的変化の全量について、我々がまだ非常に無知であることは否定できない。そしてこのような変化はしばしば移住を容易にしたであろう。一例として、私は氷河時代が世界中で同じ種と類縁の種の分布の上に及ぼした影響がいかに強力であったかを示そうと試みた。我々は多くの偶然的な輸送方法についてまだ甚だしく無知である。遠い隔絶した地帯に棲む同じ属の別異の種については、変容の過程はもちろん緩慢であったのであるから、非常に永い期間にはあらゆる移住の方法が可能であったろう。従って同じ属の種の広大な拡散の困難はある程度軽減する。

自然淘汰の理論によれば、無限の中間形態が存在していて、各群のすべての種を現存変種と同様の細かい漸次的移行によって互いに連結しているはずであるから、次のように問われるかも知れない。なぜ我々はこれらの連鎖形態を我々の周囲の至るところに見ないのか？　なぜすべての生物は解き難い無秩序の中に混ぜ合わされていないのか？　現存形態に関しては、我々は（稀な場合を除いて）それらの間の連結環を直接に発見することを期待する権利はないのであって、ただその各々と、ある取って代わられた絶滅形態との間にそれを期待する権利をもつだけである、ということを想起しなければならない。永い期間ずっと連続した状態にとどまっており、そして一つの種が占領している地方からそれに密接に類縁な種が占領している他の地方へ進む際に気候その他の生活条件が気づかないほど徐々に変化する広い区域においてさえ、我々は中間地帯に中間変種をしばしば見出すことを期待する正当な権利をもっていない。なぜなら我々は、一つの属の少数の種だけが変化に堪え、他の種は完全に絶滅して変容子孫を残さないと信ずべき理由をもつからである。変化する種のうち、同じ地域では少数のものだけが同時に変化する。そしてあらゆる変容は徐々に遂行される。私はまた、おそらく最初は中間地帯に存在していた中間変種が、どちらかの側の類縁形態によって取って代わられがちであろうということを示した。というのは、後者は一層多く存在していることから、一般に少数しか存在していない中間変種よりも急速に変容し改良されるであろうし、そのため中間変種は結局は取って代わられ絶滅するに違いないからである。

世界の現存棲息物と絶滅棲息物の間、そして連続する時代のそれぞれの絶滅種とそれよりさらに古い種の間、の無数の連結環の絶滅というこの学説に立てば、なぜどの地質累層もこのような環で充満していないのであろうか？　なぜ化石遺体のすべての収集物が生命形態の漸次的移行と突然変異の明らかな証拠を提供しないのであろうか？　地質学的調査は疑いもなく、多くの環の昔の存在を示し、多くの生命形態を互いに著しく接近させたのであるが、それは理論上要求される過去の種と現在の種との間の無限に細かい多くの漸次的移行段階を生じていない。そしてこれらはこの理論に反対する多くの異論の中で最も明白なものである。またなぜ類縁種の全群が連続的地質階層の上に突然出現するように見えるのであろうか？　もっともこう見えることはしばしば虚妄なのである。現在我々は、生物がこの地上に現れたのはカンブリア系の最下層が堆積するよりはるか以前の測りしれない遠い時代であることを知っているが、それにもかかわらず、なぜ我々はこの系の下にカンブリア化石の先祖の遺体を貯えた地層の大堆積を見出さないのか？　理論上このような地層は世界の歴史におけるこれら古代の全く未知な時期にどこかで堆積したはずである。

私はこれらの疑問と反論に、地質学的記録は大多数の地質学者が信じているよりもはるかに不完全であるという仮定に立ってのみ答えることができる。我々のすべての博物館にある標本の数は、確かに存在していたはずの無数の種の無数の世代に比較したら全く無に等しい。ある二つまたはそれ以上の種の祖先形態は、カワラバトが嗉嚢と尾において、その子孫である胸高鳩とクジャクバトの直接の中間者でないのと同様に、すべての形質において変容子孫の直接的中間者ではないであろう。ある種を他の変容した種の先祖として認知することは、たとえその二つをどれほど綿密に調べたとしても、中間的連結環の大多数を我々が所有しない限り、我々にはできないことであろう。そして地質学的記録が不完全なために、我々はそのような多くの環を見つけることを期待する正当な権利をもっていないのである。仮に二つまたは三つあるいはそれ以上の連鎖形態が発見されたとしても、それらは多くの博物学者によって簡単にそれだけの数の新種として分類されるであろう。特に異なる地質亜階に見出された場合には、それらの差異がどれほど軽微であってもそうされるであろう。おそらく変種であろうと思われる数多くの現存の疑わしい形態の名をあげることができよう。しかし将来において、これらの疑わしい形態が変種とよばれるべきであるかどうかを博物学者が決定できるほど多くの化石の連結環が発見されるであろう、と主張する人があろうか? 世界のわずかな一部分だけが地質学的に踏査されたにすぎない。ある程度大きな数で生物が化石状態で保存されるのは一部の綱にすぎない。多くの種は一度形成されると決してそれ以上の変化を受けず、変容子孫を残さないで滅亡する。そして種が変容を受けた期間は、年数で測れば長いが、同じ形態を保持した期間と比較すればおそらく短いであろう。最も頻繁に最も大きく変異するのは優勢な広く分布した種であり、また変種はしばしば最初は局地的である——どちらの原因もある一つの累層に中間の連結環を発見する可能性を小さくする。局地的変種はそれらが相当に変容し改良されるまでは他の遠い地域に広がらないであろう。そしてそれらが広がって地質累層の中に発見される場合、それらはあたかも突然そこに創造されたかのように見え、そして単純に新種として分類されるであろう。大抵の累層はその集積が断続的である。そしてそれらの持続期間はおそらく種的形態の平均の持続期間より短かったであろう。連続する累層は大抵の場合、非常な長さの時間の空白的間隙によって互いに隔てられている。なぜならば、将来の風化浸食に十分堪えるほどの厚さの化石含有累層は、一般的規則として沈降する海床の上に多くの沈積物が堆積するような場所でしか集積されないからである。入れ代わりにやってくる隆起と水準静止の期間には記録は一般に空白であろう。これらの後者の期間にはおそらく生命形態に一層多くの変異性があり、沈降の期間には一層多くの絶滅があろう。

カンブリア累層の下に化石に富んだ地層が欠けていることについては、私はただ第十章にあげた仮説をくり返すだけである。すなわち、我々の大陸と海洋は長大な期間、ほぼ現在の相対的位置を保ってきたのであるが、我々はこれらが常にそうであったと仮定しなければならない理由をもたない。従って今日知られているどの累層よりもずっと古い累層が大洋の下に埋まって横たわっているかも知れない。我が惑星が凝固して以来の時間の経過は、仮想された生物の変化の総量に対して十分ではなかったというウィリアム・

トムスン卿の主張した異議は、おそらく今日までに提出された最も重大ものの一つであるが、私はただ次のことをいえるだけである。すなわち第一に、我々は種が年数で測ってどれくらいの速度で変化するかを知らないということ、そして第二に、多くの物理学者はまだ今日までのところ、我々が宇宙の構成や地球内部の構成について、安心してその過去の存続期間を推測できるほど十分に知っている、ということを認めようとはしていないということである。

地質学的記録が不完全であることは誰もが認めるであろう。しかしそれが我々の理論にとって必要とする程度に対しても不完全である、ということはほとんど認めようとしない。もし十分永い時間の間隔に注目するならば、地質学は明らかに、種はすべて変化したと断言している。そしてそれらはこの理論が要求する方法で変化している。すなわちそれらは徐々に、そして段階的な状態で変化している。我々はこのことを、連続する累層からの化石遺体は遠く隔たった累層からの化石の場合よりも例外なくはるかに密接に関連していることからはっきりと知るのである。

以上が我々の理論に対して正当に主張される幾つかの主要な反論と難点の要点である。そして私は今、私の理解できる範囲で与えることのできる解答と説明を簡単に要約した。私はこれらの困難を多年の間あまりにも重く感じていて、その重要性を疑うことができなかった。しかし重要性の大きい反論は、我々が全く知識のない問題と関連している、ということは特別に注目すべきことである。そして我々は、我々がいかに無知であるかを知らないのである。我々は最も単純な器官と最も完全な器官との間の可能な過度的な漸次的移行段階のすべてを知らない。我々は長年月が経過した間の変化に富んだ『分布』方法のすべてを知っているとか、あるいは『地質学的記録』がどの程度に不完全であるかを知っているとか主張することはできない。これらの幾つかの反論は深刻であるには違いないが、私の判断ではそれらはその後の変容を伴う継承の理論をひっくり返すに十分なものではない。

さて他の方面の議論に転じよう。飼育の下において、我々は生活条件の変化が原因となったか、あるいは少なくともそれによって刺激された多くの変異性を見る。しかしそれはしばしば非常に不明瞭な方法であるために、我々はその変異を自発的なものと見なしたくなる。変異性は多くの複雑な法則によって——相関的成長、代償作用、部分の使用増加と不使用、および周囲の条件の一定の作用によって——支配される。我々の飼育生物がどれくらい変容したかを確かめることは非常に困難である。しかし我々は、その量が大きいことと変容が永い期間遺伝され得ることを推論して差しつかえない。生活条件が同じままでとどまっている限り、すでに多くの世代にわたって遺伝してきた変容は、ほとんど無限の世代にわたって引き続き遺伝してゆくと信ずべき理由を我々はもっている。他方、我々は変異性が一度働き始めると飼育の下では非常に長い期間停止しない証拠をもっている。我々はそれがかつて停止したということを知らない。なぜなら新しい変種が今もなお時折我々の最も古い飼育生物によって生成されているからである。

変異性は実際に人間によってひき起こされたのではない。人間はただ無意識に生物を新しい生活条件にさらすだけであり、次いで自然が生物体に作用してそれを変異させるのである。しかし人間は、自然によって人間に与えられた変異を選択することはできるしまた事実選択する。そしてそれによって変異をどんな望みの状態にも累積する。こうして人間は動物と植物を自分自身の利益または快楽に適応させる。人間はこれらを組織的に行うこともできるし、あるいは自分に最も有用なあるいは気に入った個体を、その品種を変えようという意図なしに保存することによって無意識に行うこともできる。人間が、訓練した眼でなければ気づかないほどのわずかな個体差を、連続する世代のそれぞれに選択することによって、品種の形質に大きな影響を及ぼすことができるのは確かである。この無意識的淘汰過程は最も異なった最も有用な飼育品種を形成する大きな要因であった。人間によって生成された多くの品種が高度に自然種の形質をもっていることは、それらの多くが変種であるかあるいは元々別な種であるかについての疑問が解決できないことによって示される。

飼育の下でこれほど効果的に作用した原則が自然の下で作用しない理由はない。恵まれた個体と種族が絶えずくり返される『生存闘争』の間に生き残ってゆくところに、我々は強力で常に作用している『淘汰』の形式を見る。生存闘争は、すべての生物に共通な高い幾何級数的増加からの必然的帰結である。この高率の増加は計算によって——多くの動植物が特別な季節の続く間や新しい国に帰化した場合に急速な増加をすることによって——証明される。生存可能な数よりも多くの個体が生れる。ほんのわずかな差が、どの個体が生きどの個体が死ぬか――どの変種または種が数を増し、どの変種または種が減少し、あるいは遂に絶滅するか――を決定する。同じ種の個体はすべての点で互いに最も密接な競争をすることになるので、闘争は一般に彼らの間で最も厳しいであろう。同じ種の変種の間でもほとんど同様に厳しいであろうし、それに次ぐのは同じ属の種の間の厳しさであろう。他方、闘争はしばしば自然の序列において遠く隔たった生物の間で厳しいであろう。ある個体がある年齢またはある季節において、その競争相手にほんのわずかでも優越するか、あるいはどんなにわずかであろうと周囲の物理的条件に一層よく適応すれば、長い間には均衡は破られるであろう。

両性の分かれている動物では、多くの場合、雄の間で雌を所有するための闘争があろう。最も精力のある雄、あるいはその生活条件と最も首尾よく闘った雄は一般に最も多くの子孫を残すであろう。しかし成功は雄が特別な武器または防御手段、あるいは魅力をもつかどうかにしばしば左右される。そしてわずかな優越によって勝利がもたらされるであろう。

地質学は明らかに各々の陸地が大きな物理的変化を受けたことを宣言しているので、我々は生物が飼育下で変異したのと同じように自然の下でも変異したことを期待してよいであろう。そしてもし自然の下で何らかの変異性が存在したとすれば、自然淘汰が働かなかったとは考えられないであろう。自然の下での変異量は厳密に限られた量であるということがしばしば主張されたが、この主張は証明不能である。人間はただ外的形質だけに、しかもしばしば気紛れに働きかけるにもかかわらず、その飼育生物における単なる個体差を集計することによって短期間に大きな結果を生み出すことができる。そして誰でも種が個体差を示すことを認めている。しかしこのような差異のほかに、分類上記録する価値があるほど十分に別異であると考えられる自然的変種の存在していることを、すべての博物学者は認めている。個体差と軽微な変種との間、またはもっと明らかな特徴のある変種と亜種および種との間にはっきりした区別をたてた人はいない。分離した大陸の上に、そして何らかの種類の障壁によって分けられている同じ大陸の異なる地区に、また離れ島の上に、ある経験を積んだ博物学者は変種とし、他の博物学者は地理的品種または亜種として、また別の博物学者は近縁ではあるが別異の種として分類するような形態が何と多く存在していることであろうか！

ではもし動物と植物が、たとえどれほど軽微または緩慢ではあってもとにかく変異するとすれば、何らかの点で有益な変異または個体差がどうして自然淘汰すなわち適者生存をとおして保存され累積されないはずがあろうか？　もし人間が自分に有用な変異を忍耐によって選択することができるならば、どうして変化する複雑な生活条件の下で、自然界の生物に有用な変異がしばしば発生して保存または選択されないはずがあろうか？　永い期間作用し、それぞれの創造物の全構成、構造、および習性を厳重に吟味する――良いものを利し悪いものを除く――この力にどのような限界を設けることができようか？　私はこの力が各形態を最も複雑な生活関係にゆっくりと見事に適応させることに何の限界も見ることができない。自然淘汰の理論は、たとえこれ以上のことを考えなくても、最高度に確かなもののように思われる。私はすでに、対立する難点と反論をできるだけ公平に要約した。そこで今度はこの理論に有利な特別な事実と論証に眼を転じよう。

種は単に著しい特徴のある永続的な変種であり、各々の種は最初変種として存在していたという見解に立てば、一般に特別な創造行為によって生成されたと想像されている種と、二次的法則によって生成されたと認められている変種との間に境界線を引くことのできない理由を我々は理解することができる。この同じ見解によって、我々はある属の多くの種が生成され現在それらが繁栄している地方では、これらの同じ種が多くの変種を現している理由を理解することができる。なぜなら種の製造の活発であった場所では、一般規則として今もそれが活動状態にあることを我々は期待してよいからである。そしてこのことはもし変種が初期の種であれば事実である。さらに、多数の変種または初期の種を産出する大きな属の種は、ある程度変種の形質を保持している。なぜなら、それらは小さい属の種よりも相互の差異量が小さいからである。また大きな属の近縁の種は明らかに限定した分布範囲をもち、またそれらの類縁関係ではそれらは他の種のまわりに小群を成して群らがっている――両方の点で変種に類似している。これらは各々の種が別々に創造されたという見解に立てば奇異な関係であるが、もし各々が最初は変種として存在したのであれば理解できることである。

各々の種は再生産の幾何級数的増加率によって過度に数を増す傾向があり、また各々の種の変容子孫は、自然界の秩序において多くの幅広く異なった場を占めることができるようにその習性と構造がより多様になればそれだけ増加が可能となるので、自然淘汰にはある一つの種の最も分岐した子孫を保持しようとする一定の傾向があるであろう。それゆえ、永く続く変容の過程の間に、同じ種の変種の特性を示す軽微な差異は、同じ属の種の特性を示す一層大きな差異になるまで増大する傾向がある。新しい改良された変種は、必然的に古く改良程度の少ない中間にある変種に取って代わり、それを絶滅させるであろう。こうして種は大部分はっきりと異なった対象として示される。各々の綱の中の大きな群に属する優勢な種は新しい優勢な形態を生み出す傾向があり、従って各々の大きな群はより一層大きくなり、それと同時に形質が一層分岐する傾向をもつ。しかしあらゆる群がこうして大きさを増し続けることは、世界がそれらを保持しない以上できないことなので、一層優勢な群がそれより劣ったものを打ち負かす。大きな群が大きさを増し続け形質を分岐し続けるこの傾向は、必然的にそれに附随する多くの絶滅と相俟って、すべての生命形態が群に従属する群に配列され、そしてすべての時間をとおして広がっていた少数の大きな綱の中に包含されることを説明する。すべての生物がいわゆる『自然分類法』で群分けされるこの大事実は創造説では全く説明できない。

自然淘汰は単に軽微な連続する好適な変異を累積することによってのみ作用するのであるから、それは大きな、あるいは突然の変容を生じることはできない。それは短いゆっくりとした歩みによってしか事を成し得ない。それゆえ、我々の知識に新しいものが加えられるごとにますます確かなものとなってゆく『自然は飛躍せず』の規範はこの理論によって理解される。我々は自然界を通じて同じ一般的目的がほとんど無限に多様な方法によって獲得される理由を知ることができる。それは、どんな特質でも一度獲得したものは永く遺伝し、そしてすでに多くの異なる方法で変容した構造も同じ一般的目的に向かって適応しなくてはならないからである。端的にいえば、我々はなぜ、自然は新機軸を出し惜しみするのに変異を浪費するのか、ということを理解できる。しかしなぜこれが自然の法則であるかということは、もし各々の種が別々に創造されたのであれば誰もこれを説明できない。

私の見るところでは多くの他の事実がこの理論で説明できる。キツツキの形態をもった鳥が地上の昆虫を捕食すること、稀にしかまたは全く泳がない高地のガンが水掻のある足をもっていること、ツグミのような鳥が水中に潜って半水棲昆虫を食べていること、またあるミズナギドリがウミスズメの生活に適する習性と構造をもっていること、などの何と奇妙なことか！　まだほかに無数の同じような事例がある。しかし各々の種は絶えず数を増そうとし、また自然淘汰は常に各々の種の徐々に変異する子孫を自然のどこか未占領の、あるいは十分占領されていない場に適応させる用意をしているという見解に立てば、これらの事実は奇異なことではなくなり、あるいは予期さえされてもよかったことである。

我々はどうして自然界の至るところに非常に多くの美が存在しているのか、をある程度理解することができる。これは淘汰の作用に起因するところが多いからである。我々の美の感覚に従っての美が普遍的でないことは、ある毒蛇、ある魚類、および人間の顔をゆがめたような顔のある忌わしいコウモリを見る人は誰でも認めるはずである。雌雄淘汰は多くの鳥、蝶、その他の動物の雄に、また時にはその両性に、最も輝やかしい色彩、優雅な模様、および他の装飾を与えた。鳥類ではしばしば雄の声を我々の耳にも雌鳥の耳にも音楽的なものにした。花と果物は輝やく色彩により葉の緑と対照をなして目立つようにされている。これは花が昆虫によって容易に見出され、訪問され、そして受精されるためであり、また種子が鳥類によって蒔き散らされるためである。どうしてある色彩、音響、および形体が人間およびもっと下等な動物に快感を与えることになるのか——すなわち、どのようにして最も単純な形式における美の感覚が最初得られたのか——ということを我々が知らないのは、どのようにして香気と風味が最初心地よいものにされたかを知らないのと同様である。

自然淘汰は競争を通じて作用するのであるから、それは各地域の棲息物をただその共同棲息物との関係においてのみ適応させ改良させる。従って我々はある一つの地域の種が、通常の見解ではその地域のために創造され特別にその地域に適応していると想定されるにもかかわらず、他の土地からの帰化生物によって打ち負かされ取って代わられるということに驚きを感じる必要はない。我々はまた、我々の判断できる限りでは、自然界のすべての仕掛けが、人間の眼でさえも絶対に完全ではなく、またそれらのあるものが我々の合目的性の観念から逸脱していても驚くことはないのである。我々はミツバチの針が敵に対して用いられたときミツバチ自身の死をひき起こすこと、雄蜂がただ一つの行為のためにあれほど多く生産され、そしてその不稔性の姉妹によって虐殺されること、我々のモミが花粉を驚くほど浪費すること、女王蜂の彼女自身の稔性の娘に対する本能的憎悪、ヒメバチ科が芋虫の生きた体の中で育つこと、あるいは他のこのような事例、に驚く必要はない。自然淘汰の理論から見ての驚異は、むしろ絶対的完全の欠けている事例がもっと沢山見出されていないことにある。

変種の生成を支配する複雑でほとんど分かっていない法則は、我々の判断し得る限りでは、別異の種の生成を支配した法則と同じである。どちらの場合にも物理的条件がある直接の一定の効果を及ぼしたように思われるが、どの程度までということはいえない。こうして、変種がある新しい場所に入った場合、彼らは時折その場所の種に固有な形質の幾つかを身につける。変種と種の両方の場合に、使用と不使用は相当の効果を及ぼしたように思われる。なぜなら、例えばアヒルとほぼ同じ状態にあって飛行不能の翼をもっているバカガモを我々が見た場合、あるいは時折盲目となっている穴を掘るツコツコを見、次に常態的に盲目で皮膚に覆われた眼をもつあるモグラを見た場合、あるいはアメリカとヨーロッパの暗い洞穴に棲む盲目動物を見た場合、この結論に逆らうことは不可能だからである。変種と種について、相関変異は重要な役割を演じたように思われ、従って一つの部分が変容したとき他の部分も必然的に変容したのである。変種と種の両方において、永く失われていた形質への回帰が時折生じる。ウマ属の幾つかの種とその雑種の肩と脚に時折縞の現れることが創造説ではいかに説明し難いことであろうか！　これらの種はすべて縞のある祖先に由来することは、鳩の幾つかの飼育品種が青くて縞のあるカワラバトに由来するのと同様であることを我々が信じるならば、いかに簡単にこの事実が説明されることであろうか！

各々の種が別々に創造されたという通常の見解では、なぜ種的形質、すなわち同じ属の種で互いに異なっている形質は、彼らのすべてが一致している属的形質よりも変異し易いのであろうか？　例えばなぜ、ある属において、すべての種が同じ色の花を有する場合よりも、他の種が違った色の花を有する場合のほうが、ある一つの種の花の色は変異し易いのであろうか? もし種が単に特徴の著しい変種でその形質が高度に永続的となったものにすぎないならば、我々はこの事実を理解することができる。なぜなら、それらは共通祖先から分かれたとき以来ある形質においてすでに変異してきたのであり、それによってそれらは互いに明確に別異のものとなったのであるから、従ってこれらの同じ形質は、測り知れないほどの期間変化なしに遺伝してきた属的形質よりも、さらに再び変異し易いに違いないからである。創造説では、ある属の一つの種のみに非常に異常な状態に発達した部分、従って当然推論されるようにその種にとって大いに重要な部分が極度に変異し易い理由を説明できない。しかし我々の見解では、この部分は幾つかの種が共通祖先から分かれたとき以来、異常な量の変異性と変容を経験してきたのであり、従って我々はその部分が一般に今もなお変異し易いことを期待してよい。しかしある部分はコウモリの翼のように最も異常な状態に発達していても、もしその部分が多くの従属形態に共通であるならば、すなわち、もしそれが非常に永い期間遺伝してきたものであれば、他の構造より変異し易くはないであろう。なぜならこの場合、それは永く続いた自然淘汰によって定常なものにされたからである。

本能を一見すると、そのあるものは確かに不思議であるが、それらは連続する軽微な、しかし有益な変容の自然淘汰の理論に対して、肉体的構造の場合よりも大きな困難を提供することはない。我々はこうして、自然が同じ綱の異なる動物にそれぞれの本能を賦与するのに漸次的な段階で進んでゆく理由を理解することができる。私は漸次的移行の原則がミツバチの驚嘆すべき建築能力を説明するのにどれほど多くの光を投げかけるかを示そうと試みた。習性は疑いもなくしばしば本能を変容する働きをする。しかし確かにそれは永く続けられた習性の効果を遺伝すべき子孫を残さない中性昆虫の場合に見られるように必須のものではない。同じ属のすべての種は共通祖先に由来するものであり、多くのものを共通に遺伝したという見解に立てば、我々は類縁の種が大きく異なる生活条件の下に置かれた場合にもほぼ同じ本能に従う理由を理解することができ、例えばなぜ南アメリカの熱帯と温帯のツグミがその巣を我々の英国の種と同じように泥で裏打ちするかを理解することができる。本能は自然淘汰をとおして徐々に獲得されたという見解に立てば、我々はある本能が完全でなく過失を犯しがちであり、また多くの本能が他の動物を苦しめるということに驚く必要はない。

もし種が単に特徴の著しい永続的な変種にすぎないとすれば、我々は直ちに、それらの交雑子孫がそれらの先祖に類似する程度と種類――継続的交雑によって相互に他の中に吸収されること、またその他の同様の点――において、変種と認められたものの間の交雑子孫が従うのと同じ複雑な法則に従う理由を理解することができる。この類似は、もし種が別々に創造されたのであり変種は二次的な法則によって生成されたのであるならば、奇妙な事実であろう。

もし我々が地質学的記録は極度に不完全であることを認めるならば、その記録の与える事実は変容を伴う継承の理論を強力に支持する。新しい種は徐々にそして継続的な間隔を置いて階層に現れる。そして等しい時間の間隔の後の変化の総量は異なる群では大いに異なる。生物世界の歴史において際立った役割を演じた種の絶滅と種の全群の絶滅は、自然淘汰の原則からほとんど必然的に帰結する。なぜなら古い形態は新しい改良された形態に取って代わられるからである。単一の種も種の群も通常の世代連続の鎖が一たび切断されれば再現することはない。優勢形態の漸次的散布は、それらの子孫の緩徐な変容と相俟って、生命形態が永い時間の隔たりの後に、あたかも世界中でそれらが一斉に変化したかのような外観を呈する原因をなす。各累層の化石遺体が形質上ある程度上下の累層の化石の中間にあるという事実は、それらが継承の鎖において中間の位置にあるということで簡単に説明される。あらゆる絶滅生物があらゆる現世の生物と一緒に分類することができるという大きな事実は、現存と絶滅の生物が共通祖先の子孫であることの当然の帰結である。種は一般にその永い継承と変容の過程の間に形質が分岐してきたのであるから、我々は、古代の形態すなわち各群の初期の祖先がしばしば現存群のある程度中間の位置を占めているのはなぜか、ということを理解することができる。現世の形態は、一般に生物体の序列において古代の形態よりも全体として一層高等であると見なされる。そしてそれらは、後に出現した一層改良された形態がそれより古い改良の少ない形態を生活闘争において征服してきたということに限れば、一層高等でなければならない。それらはまた一般に、異なる機能に対して一層特殊化された器官をもっている。この事実は、数多くの生物が今もなお単純な生活条件に適合したほとんど改良されていない単純な構造を保有していることと完全に両立し得る。それはまた若干の形態が、継承の各段階において新しい退化した生活習性に一層よく適合するようになったことによって、生物体として退化したこととも両立する。最後に、類縁形態が同じ大陸で長期間持続するという不思議な法則——オーストラリアにおける有袋類、アメリカにおける貧歯類、および他のこのような事例——が理解できる。なぜなら同じ地域の中では現存するものと絶滅するものとは継承によって密接に類縁であるからである。

地理的分布に眼を向けると、もし我々が、昔の気候的、地理的変化に起因し、また多くの随時的な未知の拡散方法に起因して、長年月の間に世界の一地方から他の地方へ多くの移住があったことを認めるならば、我々は変容を伴う継承の理論によって『分布』に関する大きな主要事実の大部分を理解することができる。我々はなぜ、空間を通じての生物の分布と時間を通じての地質遷移にこれほど顕著な並行現象が存在しているかを理解することができる。なぜなら両方の場合とも、生物は通常の世代連続のきずなによって連結してきたのであり、変容方法は同じであったからである。我々はすべての旅行者を感銘させた不思議な事実、すなわち、同じ大陸では最も多様な条件の下で、炎熱と寒冷の下で、山地と低地で、砂漠と湿地で、各々の大きな綱の中の棲息物の大多数が明らかに関連している事実の完全な意味を知る。なぜならそれらは同じ先祖や初期の開拓者の子孫であるからである。多くの場合変容と結びついているこの昔の移住の同じ原則から、我々は氷河時代の助けにより、最も遠い山々で、また南北の温帯地方で、ある少数の植物は全く同一であり、多くの他の植物は密接に類縁であること、また同じく海の棲息物のあるものが南北の温帯地方において、熱帯海洋の全体によって隔てられているにもかかわらず、密接に類縁であることを理解することができる。二つの地域が同じ種の要求するような密接に類似の物理的条件を示しているとしても、もしそれらが永い期間互いに完全に隔てられていたのならば、我々はそれらの棲息物が大きく違っていることに驚きを感じる必要はない。なぜならば、生物対生物の関係がすべての関係の中で最も重要なものであり、二つの地域は開拓者を様々な時期に様々に異なる割合である他の地域から、あるいは相互に受けたのであり、変容の過程は二つの地域で異なることが必然的であったからである。

移住とその後の変容というこの見解によれば、我々は大洋島にほんの少数の種しか棲息していない理由、しかしこれらの中の多くは独特の、または固有の形態である理由が分かる。我々はなぜカエルや陸棲哺乳類のような海洋の広い空間を横切ることのできない動物の群に属する種が大洋島に棲んでいないのか、また他方ではなぜ、海洋を横断できる動物であるコウモリの新しい独特の種がどの大陸からも遠く離れた島の上にしばしば見出されるのか、がはっきりと分かる。大洋島にコウモリの独特の種が存在していて他のすべての陸棲哺乳類が存在していないというような事例は、別々の創造行為の説では全く説明できない事実である。

ある二つの地域に近縁のまたは対応類似の種の存在していることは、変容を伴う継承の理論では、同じ祖先形態がかつて双方の区域に棲んでいたことを暗示している。そして我々は、多くの近縁の種が二つの区域に棲んでいるところではどこでも、若干の全く同一の種が今でも両者に共通していることをほとんど常に見出す。多くの近縁であるが別異の種が現存しているところではどこでも、同じ群に属する疑わしい形態と変種が同様に現存している。各区域の棲息物が、そこへの移住者が出てきたに違いないと思われる最も近い源の棲息物と関連していることは、高度の一般性をもった規則である。我々はガラパゴス諸島、ファン・フェルナンデス(Juan Fernandez)、および他のアメリカの島々のほとんどすべての植物と動物が隣接するアメリカ本土の植物と動物に対し、またヴェルデ岬諸島と他のアフリカの島々の動植物がアフリカ本土に対し、顕著に関連することでこれを知る。これらの事実が創造説で説明できないことは認められなければならない。

あらゆる過去および現在の生物が群に従属する群をなし、またしばしば絶滅群が現世群の中間に位置して少数の大きな綱の中に配列され得る、というすでに我々の見た事実は、附随的に絶滅と形質の分岐を伴う自然淘汰の理論で理解される。これらの同じ原則により、我々はそれぞれの綱の中の形態の相互類縁性が、非常に複雑で遠廻しである理由が分かる。我々はなぜある形質は他の形質よりも分類に際してはるかに有用であるか——なぜ適応的形質は、生物にとって最高の重要性をもつにもかかわらず、分類にはほとんど何の重要性もないのか、なぜ痕跡的部分に由来する形質は、生物には何の役にも立たないのにしばしば高い分類的価値をもつのか、またなぜ発生学的形質はしばしばすべての中で最も貴重なものであるのか——が分かる。適応的類似と対照的に区別されたすべての生物の真の類縁性は遺伝または継承の共有に帰せられる。『自然分類法』は系統的配列であり、それとともに差異の獲得程度が変種、種、属、科などの語で表示されたものである。そして我々は最も永続的な形質によって、たとえそれが何であろうと、またいかにわずかな生命価値のものであろうと、系統線を発見しなくてはならない。

人間の手、コウモリの翼、イルカのひれ、および馬の脚における同似の骨組——キリンと象の頸椎骨の数の同じであること——および無数の他のこのような事実、は緩慢で軽微な連続的変容を伴う継承の理論によって直ちに説明される。コウモリの翼と脚が全く違う目的に用いられるのに様式が同似であること——蟹の顎と脚——花弁、雄蕊、および雌蕊、は同様にして大部分、これらの綱の各々の初期の祖先において古くから似たものであった部分または器官が漸次に変容したのである、という見解によって理解される。連続する変異が必ずしも早い成長期に続発せず、また対応する早くない生涯の時期に遺伝されるという原則によって、我々はなぜ哺乳類、鳥類、爬虫類、および魚類の胚が非常に密接に同似で、成体形態が極めて不同であるかをはっきりと理解できる。我々は、空気を吸う哺乳類または鳥の胚が、よく発達したえらの助けによって水中に溶けた空気を吸わなくてはならない魚のようなえらの裂け口と環状に走る動脈をもっていることに驚嘆することもないのである。

不使用は、時には自然淘汰に助けられて、変化した生活習性または生活条件の下で不用となった器官をしばしば縮小させたであろう。そして我々はこの見解によって痕跡器官の意味を理解することができる。しかし不使用と淘汰は、一般に各生物が成熟して生存闘争に全力を尽くさなければならないときに作用を及ぼし、成長初期の間に器官に及ぼす力は小さいであろう。従って器官はこのような成長初期には縮小したり痕跡的となったりはしないであろう。例えば仔牛は決して上顎の歯茎から生えてこない歯を、十分発達した歯をもつ初期の祖先から遺伝した。そして我々は、成熟動物の歯は舌と口蓋、あるいは唇が歯の助けなしに若葉を食うように自然淘汰をとおしてうまく適応したことに起因する不使用によって、昔縮小したのであると信じてよい。しかるに仔牛では歯は影響を受けないで残され、そして対応する成長期における遺伝の原則によって、遠い時代から今日まで遺伝してきたのである。各生物はそのすべての個々の部分を特別に創造されたという見解に立てば、牛の胎児の歯や多くの甲虫の接合された翅鞘の下の萎びた翅のように、明白に無用の烙印を押されている器官が非常に頻繁に見出されることは、いかに全く説明不可能なことであろうか。自然は痕跡器官により、発生学的および相同的構造により、その変容の機構を啓示する労をとったといえるかもしれないが、我々はその意味を理解するにはあまりに盲目でありすぎるのである。

私は今、種が継承の永い過程の間に変容したことを徹底的に私に確信させた事実と考察を要約した。これは主として多くの連続する軽微で好適な変異の自然淘汰をとおして遂行され、部分の使用不使用の遺伝的効果という重要な方法で助けられ、そして過去と現在を問わず重要でない方法、すなわち適応的構造との関連において外的条件の直接作用により、また無知な我々には自発的に生じるように見える変異によって助けられた。私は以前には、自然淘汰とは別個に構造の永続的変容を導くこれらの後者の形式の変異の頻度と価値を、過小評価していたように見える。しかし私の結論が近頃かなり誤り伝えられており、私は種の変容をもっぱら自然淘汰のみに帰しているといわれているので、私は次のような注意をしておくことを許されよう。すなわち本書の第一版およびその後の版で、私は最も眼につき易い箇所――すなわち『序論』の末尾――に次の言葉を記しておいたのである。『私は自然淘汰が主要ではあるが唯一ではない変容の手段であったと確信している。』これは何の役にも立たなかった。定着した誤伝の力は大きい。しかし科学の歴史は幸いにもこの力が永続しないことを示している。

間違った理論が、自然淘汰の理論が行うような申し分のない方法で、上記の幾つかの大きな事実を説明するだろうとは到底想像することができない。近頃、これは不確かな論証方法であるという異議が出された。しかしこれは人生の日常の出来事を判断するのに用いられる方法であり、しばしば最も偉大な自然哲学者によって用いられた。光の波動説はこれによって到達したのであり、地球が自転しているという信念も近頃まではほとんど何の直接的証拠を持たなかった。科学は今日までのところ、はるかに高級な生命の本質または起原の問題には何の解決の光も投げかけていないというのは妥当な異議ではない。重力の本質が何であるかを誰が説明できようか?　かつてライプニッツ(Leibnitz)[(1)]はニュートン(Newton)を『神秘的性質と奇蹟を哲学の中に』導入するものとして非難したにもかかわらず、誰も今日この未知の引力要素から生じる結果を追求してゆくことに反対はしない。

本書で説いた見解がなぜ各人の宗教的感情に衝撃を与えるのか、私にはその理由がよく分からない。このような印象がいかに消え易いものであるかを示すものとしては、かつて人間の成し得た最大の発見、すなわち重力の法則もまたライプニッツによって『自然宗教を、またおそらくは啓示宗教をも破滅させるものとして』攻撃されたことを想起することで十分である。ある名高い著述家兼神学者は私に次のように書き送ってきた。『神が、他の必要な形態に自力で発達する能力をもった少数の原始形態を創造したと信じることは、神が神の法則の作用によってもたらされた空所に補給するために新たな創造行為を必要とした信じるのと全く同様に、崇高な神の概念であることを人は徐々に学んだ。』

なぜ近頃まで、ほとんどすべての最も優れた現存の博物学者や地質学者が種の変異性を信じなかったのかと問われるかもしれない。自然の状態にある生物が何の変異も受けないことは断言できない。変異の総量が長年月の経過の間有限な量であるということは証明できない。種と特徴の著しい変種との間にはっきりした区別は立てられなかったか、あるいは立てることができない。種が交雑したときには常に不稔で、変種の場合には常に多産であるとか、あるいは不稔性は創造の特別な資質であり特徴である、とかいうことは主張できない。種が不変の生成物であったという信念は、世界の歴史の継続期間が短いと考えられていた間はほとんど避け難かった。そして時の経過についてある観念が得られたとなると、今度は証明もなしに、地質学的記録は種がもし変質を受けたのならその変質の明白な証拠を我々に提供したはずである、と考えるほど完全なものであると臆測しがちである。

しかし一つの種が他の別異の種を生じたということを我々がありのままに認めようとしない主な原因は、我々が歩みの見えない大きな変化を認めるには時間がかかるというところにある。その困難は、奥地の断崖の長い線が形成されまた大きな谷がくり抜かれたのは、今もなお働きを現している作用によってであることをライエルが最初主張したときに、多くの地質学者が感じた困難と同じものである。百万年という言葉の十分な意味さえ、とても心では捕えることができない。心はほとんど無限の世代数の間累積された多くの軽微な変異の十分な効果を総計し知覚することができない。

　私は抜萃の形で本書に述べた見解の真実性を十分に確信しているけれども、多年の間、私とはすべて正反対の見地から観察した多数の事実を心に貯えている経験の深い博物学者を信服させようとは決して期待していない。『創造の設計』、『構想の統一』等の表現の下に我々の無知を隠し、またただ事実をいい直しているにすぎない場合に、これは説明を与えているのだ、と考えることはいたって容易である。ある一定数の事実が説明されることよりも、説明されない困難のほうに重きを置こうとするような気質の人は、もちろんこの理論を拒否するであろう。柔軟性に富んだ心をもち、すでに種の不変性を疑い始めている少数の博物学者は、本書によって影響を受けるであろう。しかし私は確信をもって将来に――問題の両面を公平に観察できる若い新進の博物学者に――期待する。種が変わり易いことを信じるようになった人は誰でも、良心に従ってその確信を表明することにより立派な貢献をなすであろう。なぜならこうすることによってのみ、この主題の上に圧力を加えている偏見の重荷が取り除かれるからである。

　幾人かの優れた博物学者は近頃、各々の属において一般に種と見なされているものの多くは真の種ではないが、他の種は真の種、すなわち独立に創造された種であるという所信を発表した。このような結論に到達するのは奇妙なことだと私には思われる。彼らは近頃まで、彼ら自身特別な創造と考え、そして今もなお大多数の博物学者によってそう見られ、従って正真の種のすべての外的な形質的特徴をもっている多数の形態が変異によって生成されたことを認めるが、しかし彼らは同じ見解を他のわずかに違う形態に広げることを拒絶する。それにもかかわらず、彼らはどれが創造された生命形態でどれが二次的法則によって生成された形態であるかを定義できるとは、あるいは推測できるとさえも主張していない。彼らは変異をある場合には真の原因として認め、他の場合には、これらの間に何の区別も指示することなく勝手にそれを拒否する。これが先入観の盲目性の珍奇な例証としてあげられる日がくるであろう。これらの学者が奇蹟的な創造行為にびっくりしないのは、通常の出産にびっくりしないのと同様であるらしい。しかし彼らは本当に、地球の歴史における無数の時期に、ある元素的原子が突然ぱっと生命組織にまで燃え上がることを命じられたと信じているのであろうか？ 彼らは想定された各創造行為ごとに、一つまたは多くの個体が生成されたと信じているのであろうか？ 動物と植物の無限に多い種類のすべては、卵または種子として創造されたのか、それとも十分成長したものとして創造されたのか？ そして哺乳類の場合、それらは栄養物の間違った傷跡を生じながら母親の子宮から創造されたのか？ 疑いもなくこれらの同じ疑問の幾つかは、ただ少数の生命形態のみ、もしくはある一形態のみの出現または創造を信じる人々によっても答えられない疑問である。幾人かの学者は、百万の生物の創造を信じることは一つの生物の創造を信じるのと同様に容易であると主張した。しかしモーペルテュイ(Maupertuis)の『最小作用の』哲学的公理は、小さいほうの数を進んで認めるように我々の心を導く。そして確かに我々は、各々の大きな綱の中の無数の生物が単一な祖先からの継承の明白な、しかし偽りの特徴を示しながら創造されたのである、と信じるべきではない。

往時の事態の記録として、私は前記の諸節および他の箇所に、博物学者達がそれぞれの種の個別的創造を信じているという意味の幾つかの文章をそのまま残しておいた。そして私がこのように思うところをはっきりいったことに対して、私はひどく非難された。しかし疑いもなくこれは本書の第一版が出た当時の一般的信念であった。私はかつて進化の主題について非常に多くの博物学者と語り合ったが、一度も好意的同意に出会ったことがない。当時幾らかの人が進化を信じていたことは確からしいが、彼らは沈黙していたか、あるいは非常に曖昧に表現していたので彼らの意味するところを理解するのが容易でなかったかのいずれかであった。今は事態が全く違っていて、ほとんどあらゆる博物学者が進化の大原則を認めている。しかし今でも、種は全く説明されない方法で新しい全く違う形態を突然に生み出したと考えている人が若干ある。しかし私が示そうと試みたように、大きな突発的な変容の容認を妨げる有力な証拠がある。科学的な見地から、また一層進んだ研究に導くものとして、新しい形態が説明できない方法で古く大きく違った形態から突然発達すると信じることによって得られる利益は、地の塵からの種の創造という古い信念にほとんど優るところがないのである。

種の変容の学説をどこまで私は展開するのかと問われるであろう。この問題に答えるのはむずかしい。なぜならば、我々の考察する形態が別異であればあるほど、継承の共有に有利な証拠はますます数が少なくなり力が弱くなるからである。しかし若干の最も重要な論拠は非常に遠くまで展開できる。全綱のすべての成員は類縁性の鎖で互いに連結され、そしてすべては同じ原則によって群に従属する群に分類される。化石遺体は時々現存の目の間の非常に広い間隙を満たす傾向がある。

痕跡的状態にある器官は、初期の祖先が十分に発達した状態の器官をもっていたことを明白に示している。そしてこのことは、ある場合には子孫における法外な量の変容を暗示している。全綱を通じて様々な構造が同じ様式で造られており、そして非常に早い成長期では胚は互いに密接に類似している。それゆえ私は、変容を伴う継承の理論が同じ大きな綱または界のすべての成員を包含することを疑うことができない。私は、動物はせいぜい四つか五つの先祖から由来したのであり、植物はそれと同数またはそれ以下の数から由来したものと信じる。

類推はもう一歩前進するように、すなわち、あらゆる動物と植物はある一つの原型に由来するものである、という信念へと私を誘うであろう。しかし類推は騙され易い案内者である。にもかかわらず、あらゆる生物はその化学的組成、その細胞的構造、成長の法則、および有害な影響を受け易いことにおいて共通するものを沢山もっている。我々はこのことを、同じ毒薬が植物と動物にしばしば類似の作用を及ぼすことや、あるいはフシバチの分泌する毒がノイバラまたはナラの木に奇形的増殖を生じさせることなどの極めて些細な事実の中にさえ見るのである。多分最下等の幾つかを除けば、あらゆる生物について、有性生殖は本質的に同似であるように思われる。今日知られている限りでは、あらゆる生物について胚胞は同一である。従ってあらゆる生物は共通の起原から出発している。二つの主要な部門——すなわち動物界と植物界——を見てさえも、ある下等な形態はどちらの界に所属させるべきかを博物学者達が論じ合ったほどに形質上中間なのである。エイサ・グレイ教授が述べたように『多くの下等な藻類の胞子とその他の生殖体は、最初は形質的に動物的な生存様態を、そして次には明白に植物的生存様態をもっていることを主張している。』それゆえ、形質の分岐を伴う自然淘汰の原理によれば、あるこのような下等な中間的な形態から動物と植物の両者が発生してきたかも知れない、ということは信じられないことではないように思われる。そしてもしこれを認めるならば、我々はこの地上にかつて生存したすべての生物がある一つの原始形態に由来したことも同様に認めなければならない。しかしこの推論は主として類推に基づくものであり、それが受け入れられるかどうかは重要なことではない。G・H・ルイス氏の主張したように、生命の最初の始まりにおいて多くの異なる形態が発生した、ということももちろん可能である。しかしもしそうならば、我々はほんの少数のものだけが変容子孫を残したと結論してよい。なぜなら、私が近頃脊椎動物、体節動物等のようなそれぞれ大きな界の成員に関して述べたように、我々はそれらの発生学的、相同的および痕跡的構造において、各界の中のすべての成員は単一の祖先に由来するという明確な証拠をもつからである。

私が本書に提出した見解とウォレス氏による見解、あるいは種の起原に関する類似の見解が一般に認められたときには、博物学に相当な変革があることを我々はおぼろげながら予見することができる。分類学者は今日と同様にその仕事を続行することができよう。しかし彼らはこれこれしかじかの形態が真の種であるかどうかについての疑惑に絶えず影のようにつきまとわれることはないであろう。私は確信し経験に従っていうのだが、これは決してわずかな救いではない。クロイチゴの五十ばかりの種が正真の種であるかどうかについての果てしない論争は終わるであろう。分類学者はただある形態が、定義できるほどに十分に定常で、十分に他の形態と別異であるかどうかを決定しさえすればよいし(これが容易なことだというわけではない)、そしてもし定義できれば、その差異が種の名に値するほど十分に重要であるかどうかを決定すればよい。この後者の点は現在におけるよりもはるかに本質的な考察となるであろう。なぜならある二形態の間の差異は、どれほど軽微であっても、もし中間的な漸次的移行段階によって混ぜ合わされていなければ、大多数の博物学者によって両形態を種の位置に昇格させるのに十分であると見なされているからである。

ある。

将来我々は、種と特徴の著しい変種との間の唯一の区別は、後者は中間的な漸次的移行段階によって連結されることが今日知られるかもしくは信じられているものであり、これに対して種は昔このように連結していたものである、というところにあることを認めないわけにいかなくなるであろう。従って、ある二つの形態の間の中間的漸次的移行段階の現在の存在について考察することを拒むことをせず、我々は二形態の間の現実の差異量のほうを一層注意深く比較考量し、一層高く評価するように導かれるであろう。現在一般に単に変種であると認められている形態が将来種の名に値すると考えられることは実際あり得ることである。そしてこの場合には、科学用語と日常用語が一致することになろう。端的にいえば、我々は、属は単に便宜上作られた人為的組み合わせにすぎないと認めている博物学者が属を取り扱うのと同じ方法で種を取り扱わなくてはならないであろう。これは喜ばしい予想ではないかも知れない。しかし我々は少なくとも、種という語の、まだ発見されていない、そして発見することのできない本質を探究する無駄から開放されるであろう。

博物学の他の一層一般的な部門が大いに関心を高めるであろう。博物学者の用いる類縁性、類縁関係、型の共有、父系、形態学、適応的形質、痕跡器官、および退化器官等の語は比喩的なものではなくなり、明瞭な意義をもつようになるであろう。未開人が船を全く自分の理解を越えたものとして見るように我々が生物を見ることがなくなったとき、我々が、自然界のあらゆる生成物を永い歴史をもつものとして眺めるとき、我々が、あらゆる複雑な構造と本能を、ある大きな機械的発明が労力、経験、理性、および多数の労働者の失敗さえも含む総和であるのと同じように、それぞれがその所有者に有用な多くの仕掛けの総和であると考えるとき、我々が各生物をこのように見るとき、博物学の研究は――私は経験からいうのだが――いかに興味を増すことであろう!

大きなそして人跡未踏の研究分野が、変異の原因および法則、相関関係、使用と不使用の効果、外的条件の直接作用などの上に開かれるであろう。飼育生物の研究が測り知れないほど価値を増すであろう。人間に育成された新変種は、すでに記録された無数の種にもう一つの種を付け加えることよりも研究上一層重要な興味のある主題であろう。

我々の分類は可能な限り系統的となろう。そして次に創造の設計とよばれ得るものを本当に与えるであろう。分類の規則は我々が眼前に明確な目標をもつとき、疑いなく一層簡単になるであろう。我々は系図や紋章を所有していない。そして我々は我々の自然系統図における多くの分岐する系統線を、永く遺伝してきた任意の種類の形質によって発見し跡づけなくてはならない。痕跡器官は永く失われていた構造の性質について誤りなく物語るであろう。変型とよばれ、また空想的に生きた化石ともよばれる種と種の群は、我々が古代の生命形態の絵を画く助けとなるであろう。発生学は各々の大きな綱の原型の、ある程度ぼんやりした構造をしばしば我々に示すであろう。

同じ種のすべての個体、および大部分の属のすべての近縁種があまり遠くない時代に一つの祖先から出て、そしてある一つの出生地から移住したものであることを我々が確信できるとき、そして多くの移住方法を我々が一層よく知るとき、気候と土地水準の昔の変化について地質学が現在投じ、また今後も投じ続ける光によって、我々は確かに全世界の棲息物の昔の移住を立派に跡づけることができるであろう。現在でさえも、ある大陸の両側にある海の棲息物の間の差異を比較し、またその大陸上の様々な棲息物の性質をそれらの明白な移住方法との関連において比較することにより、古代地理学の上に多少の光を投じることができるのである。

地質学という高貴な科学は、その記録の極端な不完全さのために栄光を失う。埋没遺体を含む地殻は内容充実した博物館と見なされてはならず、偶然に、そして稀になされた貧弱な収集と見なされなければならない。各々の大きな化石含有累層の集積は好適な情況の例外的同時発生によるものであり、連続する階層の間の空白の間隙は、長大な継続期間をもつものであることが認識されるであろう。しかし我々は、これらの間隙の継続期間を先行と後続の有機形態を比較することによってかなり正確に評価することができるであろう。我々は多くの同一の種を含んでいない二つの累層を、生命形態の一般的系列によって厳密に同時代のものとして相互に関連させようと試みるには慎重でなければならない。種が生成され絶滅するのは徐々に作用し今もなお存在している原因によってであって、奇蹟的な創造行為によってではないのであり、そして有機的変化のあらゆる原因の中で最も重要なのは、物理的条件の変化、おそらくは突然の変化、とほとんど無関係な原因、すなわち生物対生物の相互関係――一生物の改良は他の生物の改良あるいは絶滅をもたらす――であるのだから、連続的累層の化石における有機的変化の総量は、実際の経過ではないが相対的な時間経過の公平な尺度としてはおそらく役立つであろう、ということが結論される。しかし一団となっている多数の種は長期間変化しないままでいるかも知れないいし、これに対して同じ期間にこれらの種の幾つかは新しい地域に移住し、異国の仲間と競争することによって変容するかも知れない。従って我々は時間の尺度としての有機的変化の精度を過大評価してはならない。

私はさらに一層重要な研究のための開かれた分野を将来に見る。心理学は、すでにハーバート・スペンサー氏によって十分に用意された基礎の上に、すなわち漸次的変化による各々の精神能力と精神容量の必然的な獲得という基礎の上に、堅固に築き上げられるであろう。多くの光が人類の起原とその歴史の上に投げかけられるであろう。

最高位の学者達が、各々の種は独立に創造されたという見解に十分満足しているように見える。私の意見では、世界の過去と現在の棲息物の生成と絶滅が個体の出生と死亡を決定するような二次的原因に起因しているということは、創造主によって物質の上に刻まれた法則について我々の知っていることと一層よく調和する。あらゆる生物を特殊な創造物と見ず、カンブリア系の最初の層が堆積したときよりもずっと前に生存していたある少数の生物の直系子孫であると見るとき、それらは高貴なものとなるように私には思われる。過去から判断すれば、我々は、現存の種の一つとして不変の外観を遠い将来にまで伝えるものはないであろう、と推論して差しつかえない。そして現在生きている種のうち、何らかの種類の子孫をはるか遠い将来にまで伝えるのはごくわずかであろう。なぜならあらゆる生物が類別されるその様子は、各々の属における種の大多数と多くの属におけるすべての種が、全く子孫を残さないで完全に絶滅したことを示しているからである。我々は、最後に勝利を得て新しい優勢な種を造るのは、それぞれの綱の大きな優勢な群に属する有りふれた広く伝播した種であろうと予告する程度にまでは、将来への予言的ほのめかしをなすことができる。すべての現存の生命形態はカンブリア紀よりずっと以前に生存していたものの直系子孫であるのだから、我々は通常の世代連続は決して一度も途切れなかったということ、また全世界を荒廃させるような大激変はなかったということは確かだと考えてよい。従って我々は相当の確信をもって将来も長期間安全であることを期待してよい。そして自然淘汰はもっぱら各生物の利益によって、利益のためにのみ働くのであるから、あらゆる肉体的精神的資性は完成に向かって進歩する傾向があろう。

多くの種類の多くの植物、叢林に歌う鳥類、飛び交う様々な昆虫、および湿地を這うミミズで覆われた入り組んだ川岸を観察し、そしてこれらの精巧に造られた形態は、互いに非常に異なりまた互いに非常に複雑な方法で依存し合っているけれども、すべて我々の周囲で作用している法則によって生成されたものであることを考察するのは興味深い。これらの最も広義に用いられた法則は『再生産を伴う成長』、ほとんど再生産の中に含まれている『遺伝』、生活条件の関接的、直接的作用と、使用不使用からの『変異性』であり、『生存闘争』を導き、その結果として『形質の分岐』と改良の少ない形態の『絶滅』を伴う『自然淘汰』を導く高率の『繁殖速度』である。こうして、自然界の戦争から、飢餓と死から、我々の想像し得る最も高位の対象、すなわち一層高等な動物の生成が直接に帰結する。生命はその幾つかの能力とともに創造によって最初少数の形態または一つの形態に吹き込まれたのであり、そしてこの惑星が引力に従って回転し続けている間に、このような簡単な始まりから実に見事なそして驚異的な果てしのない形態が進化し、今も進化しつつあるというこの見解は崇高である。

訳者注

(1) 原文ではこうなっているがライプニッツは Leibniz と表記する

本書に用いられた主要な科学用語の解説

この用語解説はW・S・ダラス（Dallas）氏の好意によってできた。これを設けた理由は、幾人かの読者から若干の理解できない用語が用いられていることを訴えられたからである。ダラス氏は用語をできるだけ通俗的に説明することに努めた。

Aberrant（変型）――動物または植物の形態あるいは群が、重要な形質においてその最も近縁なものから外れていて、それらと同じ群に容易に含むことができないような場合を変型という。

Aberration（in Optics）（収差（視覚において））――凸レンズによる光の屈折において、レンズの異なる部分を通過する光線は少し異なる距離の焦点に運ばれる。――これは球面収差とよばれる。それと同時に光線の色はレンズのプリズム的作用によって分離され、同様に異なる距離の焦点に運ばれる。――これは色収差である。

Abnormal（変則）――通則の反対

Aborted（発育停止した）――ある器官の発達が非常に早い段階で停止したとき発育停止したという。

Albinism（白化症）――種に特有の通常の色素が皮膚およびその附属器官に生成されなかった動物が白子である。白化症とは白子になっている状態のことである。

Algae（藻類）――通常の海草および糸状の淡水藻を含む植物の綱。〔現在の分類では藻類は幾つかの門に分けられ明確に定義されたものではないが、狭義には Algae は緑藻類、褐藻類、紅藻類を指すことが多い。〕

Alternation of Generations（世代交番）――この語は下等動物の多くに普及している特異な生活様式に対して用いられる。すなわち、卵はその親とは全く違う生命形態を生じるが、親からは出芽過程によって、あるいは卵の最初の生成物の組織の分裂によって、親の形態が再生されるのである。〔世代交代ともいう。現在の定義は、一つの生物において生殖法を異にした世代が、周期的または不規則的に交代すること。〕

Ammonites（アンモナイト）――螺旋状の数室に分かれた化石貝の一群で現存のオウムガイに類縁であるが、部屋の仕切りは貝の外壁との接合部で複雑な模様をなして波打っている。〔菊石ともいう。〕

Analogy（相似）――昆虫の翅と鳥の翼のような機能の類似による構造の類似。このような構造は相似的（analogous）であるといわれ、また互いに相似体（analogues）であるといわれる。

Animalcule（極微動物）――微細な動物。一般に顕微鏡でのみ見得るものをいう。

Annelids（環形動物）――体の表面が多少とも明確に環帯または体節に分かれていて、一般にはそれに移動のための附属肢およびえらが備わっているような蠕虫類の一綱。それは通常の海産蠕虫、ミミズ、およびヒルを含む。〔現在は環形動物門。蠕虫類には環形動物以外の多くの下等動物が含まれている。〕

Antennae（触角）――昆虫類、甲殻類およびムカデ類の頭についている接合器官で口には属さない。

Anthers（葯）――花の雄蕊の頂上部で、この中に花粉すなわち授精粉が生成される。

Aplacentalia, Aplacentata or Aplacental Mammals（無胎盤類）―― Mammalia（哺乳類）を見よ。〔後獣類ともいう。〕

Archetypal（原型の）――原型、すなわち一つの群の全生物がその上に構成されているように見える典形的な原始形態の、あるいはそれに属するもの。

Articulata（体節動物）――動物界の大きな部門で、一般に体の表面が体節という環帯に分かれているのが特徴で、大なり小なり環節で接合された脚を備えている（昆虫類、甲殻類およびムカデ類）。〔環形動物と節足動物を一つにして体節動物というが、Articulata という語は、触手動物の腕足綱の有関節類および棘皮動物海百合綱の関節類にも使う。〕

Asymmetrical（非対称的）――両側が同じでない。

Atrophied（萎縮した）――非常に早い段階で発育を阻止された。〔発達後の衰退も含む。〕

Balanus（フジツボ属）――海岸の岩の上に豊富に棲息する普通の Acorn-shell（フジツボ）を含む属。

Batrachians（両棲類）――爬虫類に類縁な動物の一綱であるが特有な変態を行い、幼体は一般に水棲でえらで呼吸する。（例えばカエル、ヒキガエル、およびイモリ）。

Boulders（漂石）――運ばれた大きな岩塊で一般に粘土または砂礫の中に埋まっている。〔漂礫ともいうが、礫の中でも大きなものを指す。〕

Brachiopoda（腕足類）――海棲軟体動物の一綱で二枚の貝殻を備え、殻の一つにある孔から出ている柄によって海底の物体に附着しており、また房状の腕の作用によって食物を口に運ぶ。〔軟体動物ではなく、長い間触手動物の一綱とされてきたが、現在は独立の腕足動物門として分類されている。〕

Branchiae（鰓《さい》）――えらすなわち水中で呼吸する器官。

Branchial（鰓の）――えらすなわち鰓に関係する。

Cambrian System（カンブリア系）――非常に古い古生代の岩石の統で、ローレンシア系とシルル系の間にある。これは最近まで最古の化石岩有層と見なされていた。〔ここでいうシルル系は広義のもので、現在は普通、オルドビス系とシルル系に分ける。〕

Canidae（イヌ科）—— dog family（イヌ科）で犬、狼、狐、ジャッカル等を含む。

Carapace（甲皮）——一般に甲殻類の体の前半部を包む殻で蔓脚類の固い殻状片にも適用される。〔甲殻あるいは頭胸甲ともいう。〕

Carboniferous（石炭系）——この語は他の岩石の間の石炭層を含む大きな累層に適用される。最も古い系すなわち古生代の累層に属する。

Caudal（尾部の）——しっぽの、あるいはしっぽに属する。

Cephalopods（頭足類）——軟体動物中の最も高等な綱で、その特徴は口のまわりに多少の肉質の腕または触手をもつことであり、現存種は大抵この腕に吸盤を備えている（例えばコウイカ、オウムガイ）。

Cetacea（クジラ目）——鯨、イルカ等を含む哺乳類の一目で、体形は魚のようで皮膚に毛を有せず、前肢だけが発達している。

Chelonia（カメ類）——ウミガメ、カメ等を含む爬虫類の一目。〔Chelonia は旧称で現在は Testudinata が使われる。また Chelonia はアオウミガメ属のことも意味する。〕

Cirripedes（蔓脚類）——エボシガイおよびフジツボを含む甲殻類の一目。その幼生は他の多くの甲殻類と形が似ている。しかし成熟期には直接か柄によって常に他の物体に附着しており、その体は数片から成る石灰質の介殻で覆われていて、それらの中の二片は開くことができ、肢に相当する螺旋状の接合した触手の束をそこから出す。〔現在は甲殻綱蔓脚亜綱〕

Coccus（カイガラムシ類）——カーミンカイガラムシ（Cochineal）を含む昆虫の一属。雄は微細な翅のある虫で、雌は一般に動かずキイチゴの実に似た塊である。〔Coccus とはもともとカーミンカイガラムシのこと。〕

Cocoon（まゆ）——普通絹状物質でできている殻で、昆虫はしばしばその生存の第二期または休眠期（さなぎ）の間その中に封じ込められている。『まゆ』という語は本書では『さなぎ』と同じ意味である。

Coelospermous（腔種）——内面が中腔の種子をもつセリ科（Umberiferae）の実に用いられる言葉。

Coleoptera（鞘翅類）——昆虫の一目で甲虫という。嚙みつく口をもち、第一対の翅は多少角質で第二対の翅の翅鞘を成し、普通背面の中央で一直線に会合する。

Column（蕊柱）——ラン科の花に特有の器官で、雄蕊、花柱および柱頭（すなわち生殖器官）が合体している。

Compositae or Compositous Plants（キク科）——多数の小さい花（小筒花）が頂部に密集した花序を成し、それらの基部は共通の外被で囲まれている（例えばデイジー、タンポポ等）。

Confervae（淡水藻）——淡水の繊維状植物。〔狭義にはイト黄緑藻のトリボネマ（Tribonema）を指す。〕

Conglomerate（礫岩）——岩の破片や小石が他の物質によって固結されてできた岩石。

Corolla（花冠）——花の第二の花被で、普通種々の色を帯びた葉のような器官（花弁）から成り、それらは基部で結合しているかあるいは全体が結合しているかのどちらかである。

Correlation（相関）——一つの現象、特質等が他の現象と正規に同時に起こること。

Corymb（散房花序）——花柄の下方の部分から出ている花が長い柄を有し、上方の部分から出ているものとほぼ同じ高さにあるような花序。

Cotyledons（子葉）——植物の最初の葉または種子の葉。

Crustaceans（甲殻類）——体節動物の一綱で、皮膚が一般に石灰質の沈積によって多小硬化しており、えらで呼吸する（例えばカニ、ウミザリガニ、エビの類）。

Curculio（ゾウムシ属）——Weevils（ゾウムシ）として知られる甲虫の古い属名。その特徴は四関節から成る足をもち、また頭に一種の口吻がありその両側に触角がある。

Cutaneous（皮膚の）——皮膚（skin）の、あるいは皮膚に属する。

Degradation（削剥作用）——海の作用または大気的要因の作用による陸地の損耗。〔狭義には浸食による河川の削平衡作用をいう。〕

Denudation（浸食）——地表が水によって損耗すること。〔この語にも削剥作用という訳語があてられる。〕

Devonian System or formation（デボン系あるいはデボン累層）——古生代の岩石の統で古い赤色砂岩を含む。

Dicotyledons or Dicotyledonous Plants（双子葉植物）——植物の一綱で二枚の子葉をもち、樹皮と古い木部の間に新しい木部を形成し、葉は網状脈を有する。花の器官は一般に五または五の倍数から成る。

Differentiation（分化）——簡単な生命形態では多少合一していた部分または器官が分離または分業化すること。

Dimorphic（二形の）——二つの異なった形態をもっていること。二形性（Dimorphism）は同じ種が二つの別異の形態で現れる状態。

Dioecious（雌雄異体）——雌雄の器官を別異の個体にもっていること。

Diorite（閃緑岩）——緑岩（Greenstone）の特異な形態。

Dorsal（背面の）——背中（back）の、あるいは背中に属する。

Edentata（貧歯類）——四足獣の特異な一目で、両顎の少なくとも中央門歯（前歯）の欠如しているのが特徴（例えばナマケモノ、アルマジロ等）。

Elytra（翅鞘）——甲虫の堅い前翅のことで、真の飛行器官である膜質の後翅の鞘の役をする。

Embryo（胚）——卵または子宮の中で発育しつつある幼い動物。〔種子植物の種子の発育して幼植物となる部分も意味する。〕

Embryology（発生学）——胚の発達を研究する学問。

Endemic（固有の）——一定の地方に特有の。

Entomostraca（切甲類）——甲殻類の一部門。体のすべての体節が明瞭で、えらが足または口器に附いており、足には細かい毛が房状についている。一般に小型である。〔以前は甲殻類を軟甲類と切甲類に分け、軟甲類（エビ、カニ、フナムシの類）以外の亜綱はすべて切甲類の中に含めたが、今はこの用語は使われていない。〕

Eocene（始新世）――地質学者の第三紀の三つの区分のうちの最初。この時期の岩石は現存種と全く同じ貝類の小部分を含む。〔現在は第三紀の五つの区分の二番目。〕

Ephemerous Insects（カゲロウ類昆虫）――カゲロウ（Mayfly）に類似の昆虫。

Fauna（動物相）――ある国またはある地方に自然状態で棲息する動物の総体、あるいは一定の地質時代の間に生きていた動物の全体。

Felidae（ネコ科）――ネコ科（cat family）。

Feral（野生化）――栽培あるいは飼育の状態から野生（wild）になること。

Flora（植物相）――ある国に自然状態で生育している植物、または一定の地質時代の植物の全体。

Florets（小花）――禾本類、タンポポ等に見られるように、ある点で発育の不完全な穂状または頭状に密集している花。

Foetal（胎児の）――胎児（foetus）の、あるいは胎児に属する、あるいは発達途中の胚。

Foraminifera（有孔虫類）――非常に下等な生体構造の動物の一綱で、一般に小さく、ゼリー状の体をもつ。その表面からは繊細な糸状の偽足を出したり引込めたりして外界の物体を捕捉する。また殻は石灰質あるいは砂質で、通常数房に分かれており、表面に多数の小さい孔が開いている。

Fossiliferous（化石含有）――化石を含むこと。

Fossorial（掘地性の）――穴を掘る能力をもつこと。掘地性膜翅目はジガバチのような昆虫の群で、幼虫のために砂に穴を掘って巣を造る。

Frenum（複数 Frena）（繋帯）――皮膚の小さな帯あるいはひだ。

Fungi（単数 Fungus）（菌類）――細胞植物（Cellular plants）の一綱でマッシュルーム、キノコおよびカビが身近かな例である。〔細胞植物とはド・カンドルの分類による名称で、菌類、苔類、藻類を含めたもの。菌類は現在植物界から分けられ菌界を構成する。〕

Furcula（叉骨）――多くの鳥、例えば普通のニワトリのように鎖骨の結合によって形成された叉状の骨。

Gallinaceous Birds（鶉鶏類）――鳥類の一目で普通のニワトリ、シチメンチョウおよびキジはよく知られた例である。

Gallus（ヤケイ属）――普通のニワトリを含む鳥の一属。

Ganglion（神経節）――神経がふくれ結節状になり、その中心から神経が出る。

Ganoid Fishes（硬鱗魚）――特異なエナメル質の骨の鱗片で覆われた魚類。多くは絶滅している。〔チョウザメ類。〕

Germinal Vesicle（胚胞）――動物の卵の微細な小胞で、胞の発達はそれから始まる。〔卵核胞ともいう。〕

Glacial Period（氷河時代）――極めて寒く地表に氷がひろく

広がった時代。氷河時代は地球の地史においてくり返し何度も起こったと信じられているが、この語は一般に第三紀の終末期に適用される。この時期にはヨーロッパのほとんど全部が北極的気候の下にあった。

Gland（腺）——動物の血液または植物の樹液からある特殊な生成物を分泌または分離する器官。

Glottis（声門）——気管が食道あるいは喉に通じる開き口。

Gneiss（片麻岩）——構成上花崗岩に近いが多少薄片状を成している岩石で、沈殿堆積物が固結した後の変質作用によって生成されたものである。

Grallatores（渉禽類）——いわゆるWading-birds（渉禽）（コウノトリ、サギ、シギ等）で一般に脚が長く、踵の上方に羽毛がなく足指の間に膜がない。

Granite（花崗岩）——石英の塊の中の長石と雲母の結晶を主成分とする岩石。

Habitat（棲息地）——植物あるいは動物が自然に棲息している場所。

Hemiptera（半翅類）——昆虫の一目または亜目で、関節接合の吻あるいは嘴をもち、前翅は基部が角質で、それらが互いに交叉する先端は膜質であるのが特徴。この群はBugs（半翅類）の様々な種を含む。〔この説明は半翅目の異翅亜目についてである。カメムシ、アメンボなど。〕

Hermaphrodite（両性体）——雌雄両性の器官をもつこと。

Homology（相同）——胚の対応する部分から発生したことによる諸部分の関係をいい、異なる動物の場合には、例えば人間の腕、四足獣の前脚、および鳥の翼がこの関係にあり、同じ個体の場合には、例えば四足獣の前脚と後脚、またミミズ、ムカデ等の体節あるいは環節ならびにその附属肢がそれである。後者は連続的相同とよばれる。互いにこのような関係にある部分を相同的（homologous）といい、このような部分または器官の一つは他の相同物（homologue）とよばれる。異なる植物では花の部分が相同的であり、また一般にこれらの部分は葉と相同的であると見なされている。

Homoptera（同翅類）——昆虫の目または亜目で（半翅類のように）関節接合の吻をもつが、前翅は全体が膜質であるかあるいは革質である。セミ（Cicadae）、アワフキムシ、アリマキ（Aphides）等がよく知られている例である。〔現在は半翅目の同翅亜目として分類されることが多い。〕

Hybrid（種間雑種）——二つの別異の種の結合によって生じた子孫。

Hymenoptera（膜翅類）——噛みつく顎と普通四枚の膜質で支脈の少ない翅をもつ昆虫類の一目。ミツバチ、スズメバチはこの群の身近かな例である。〔口器は舐めたり、吸収するものもある。寄生性のものが多い。〕

Hypertrophied（肥大）——過度の発達。〔生体の器官の正常でない容積の増大と定義される。〕

Ichneumonidae（ヒメバチ科）——膜翅目昆虫の一科で、卵を他の昆虫の体または卵に産みつける。

Imago（成虫）――昆虫の完全な（普通は羽化）生殖機能をもった状態。

Indigens（原産種）――ある国あるいはある地方に棲息する土着の動物あるいは植物。

Inflorescence（花序）――植物の花の配列様式。

Infusoria（浸滴虫類）――顕微鏡的微小動物の一綱で、もともと植物質の浸出液で観察されたのでこうよばれる。繊細な膜に包まれたゼラチン状物質から成り、膜の全部または一部には短い振動する毛（繊毛とよばれる）を備え、これによって水中を泳ぎあるいは微粒子状の食物を口の孔に運ぶ。〔繊毛虫類のことであるが、かつては鞭毛虫類も含んでいた。〕

Insectivorous（食虫性）――昆虫を食べること。

Invertebrata, or Invertebrate Animals（無脊椎動物）――背骨あるいは脊柱をもたない動物。

Lacunae（腔孔）――下等動物のあるものにおいて組織の間に残された空間であり、体液の循環に対する管の代わりをする。

Lamellated（薄板のある）――薄板（lamellae）あるいは小さな板を備えた。

Larva（複数 Larvae）（幼虫）――卵から孵化した昆虫の最初の状態で、通常幼虫（grub）〔甲虫の太った幼虫〕、毛虫（caterpillar）あるいは蛆虫（maggot）のときである。

Larynx（喉頭）――気管の上部で食道に開いている。

Laurentian（ローレンシア系）――セントローレンス川の水路に沿って巨大に発達した非常に古代の甚だしく変質した岩石の一群。最初期の有機体の痕跡が見出されたのはこの岩層においてである。〔北米大陸北東部とグリーンランドに広く分布する先カンブリア界露出地のうち、片麻岩と花崗岩から成る部分をローレンシア系とした。〕

Leguminosae（マメ類）――通常のエンドウ、大豆などで代表される植物の一目。〔現在は科〕不規則な花を有しその一つの花弁は蝶の翅のように立っており、雄蕊および雌蕊は他の二つの花弁から成る鞘に包まれている。実はさや（すなわち legume（莢））である。

Lemuridae（キツネザル科）――四手動物（four-handed animals）の一群。猿とは別異で形質および習性の幾つかにおいて食虫四足獣に近似する。この群の成員は曲がった、あるいはねじれた鼻孔をもち、後方の手の第一指に爪（nail）の代わりに鉤爪（claw）をもつ。〔霊長類の中の原始的な原猿類（擬猴類）に属する。〕

Lepidoptera（鱗翅類）――昆虫の一目で螺旋形の吻および多少鱗粉で覆われた四枚の大きな翅を有するのが特徴。よく知られた蝶や蛾がこれに属する。

Littoral（沿岸棲）――海岸に棲息すること。

Loess（レス）――現世（第三紀後）の泥灰質堆積でライン川流域の大きな部分を占めている。〔黄土ともいう。更新世に風により堆積したシルト質堆積物で世界に広く分布。ヨーロッパ大陸のものは氷河の運んだ細粒堆積物に由来。〕

Malacostraca（軟甲類）――甲殻類の高等な部類で、通常のカニ、ウミザリガニ(robster)、小エビ等のほか、ワラジムシ、およびハマトビムシを含む。

Mammalia（哺乳類）――動物中最も高等な綱。通常の有毛四足獣、鯨、および人類を含み、幼児産出後母親の乳頭（乳腺）から乳を出してこれを保育する。胎児の発生に関する著しい差異によってこの綱は二つの大きな群に分けられる。その一つでは、胎児がある段階に達したとき、胎児と母親の間に胎盤とよばれる血管連結が形成される。他のものではこれがなく、幼児は非常に不完全な状態で産まれる。前者はこの綱の大部分を含み、胎盤哺乳類とよばれ、後者すなわち無胎盤哺乳類は有袋類および単孔類（カモノハシ属）を含む。

Mammiferous（乳腺のある）――乳腺（mamma）すなわち乳首（teats）のある（哺乳類を見よ）。

Mandibles, in Insects（大顎）――最初の、あるいは上部の一対の顎で、普通堅く角質で嚙みつく器官。鳥ではこの語は角質の外被をもつ両あごに適用される。四足獣では厳密には下あごをいう。〔節足動物の場合、大腮あるいは上腮ともいう。鳥および哺乳類では顎あるいは下顎という。〕

Marsupials（有袋類）――哺乳類の一目で幼児は非常に不完全な発育状態で生まれ、乳を吸っている間は母親の腹部にある袋（育児囊(marsupium)）の中に運ばれる。カンガルー、オポッサム等（哺乳類を見よ）。

Maxillae, in Insects（小顎）――二番目あるいは下の一対のあごで、幾つかの関節から成り、触覚器官すなわち触鬚といわれる特殊な附属器官を連結している。

Melanism（黒化症）――白化症の反対。皮膚とその附属器官における色素物質の過度の発達。

Metamorphic Rocks（変成岩）――堆積し固結した後に、一般に熱の作用によって変質した堆積岩。

Mollusca（軟体動物）――動物界の大部門の一つで、軟かな体をもち通常貝殻を備えている。神経節または神経中枢は明確な一般的配列を示さない。これらは一般に"shell-fish"の名で知られている。コウイカおよび普通のカタツムリ、バイ、カキ、ムラサキイガイおよびトリガイなどがこれらの例である。

Monocotyledons, or Monocotyledonous Plants（単子葉植物）――種子からは一つの子葉のみが生じる植物で、茎に木質の連続的層（内生生長）がなく、葉の葉脈は一般に直線的で、花の各部は主に三の倍数から成る（例えば禾本類、ユリ、ラン、ヤシ等）。

Moraines（堆石）――氷河によって運ばれた岩石の砕片の集積。〔氷堆石ともいう。日本でも「モレーン」（フランス語源）が常用されている。〕

Morphology（形態学）――機能とは無関係な形または構造の法則。

Mysis-stage（ミシス期）――ある甲殻類（クルマエビ）の発生における一段階。この期にはそれは少し下等な群に属する

一属（ミシス〔アミ〕）の成体に酷似している。〔アミ期ともいう。クルマエビに限らず多くのエビ類が経過する。〕

Nascent（発生期）——発達の開始。

Natatory（游泳に適した）——泳ぐことに適応した。

Nauplius-form（ノープリウス形態）——多くの甲殻類、特に下等な群に属する甲殻類の発生の最初期。この期にそれらは短い体をもち、体節への区分が不明瞭で、房のついた肢を三対有している。普通の淡水産ケンミジンコ（Cyclops）の形態はノープリウスの名の下に別異の属として記載されていた。

Neuration（翅脈相）——昆虫の翅における翅脈（veins or nervures）の配列。

Neuters（中性虫）——ある社会性昆虫（例えば蟻およびミツバチ）の不完全に発達した雌で、それらはその共同体のすべての労働を行う。それゆえまた職虫（workers）ともいう。

Nictitating Membrane（瞬膜）——鳥類および爬虫類の眼の閉じることができる半透明の膜。強い光の効果を柔らげたり、またゴミを眼の表面から取り除く。

Ocelli（単眼）——昆虫の簡単な構造の眼すなわち点眼で、通常大きな複眼の間の頭の頂上にある。〔昆虫だけでなく節足動物の様々な動物に存在する。〕

Oesophagus（食道）——食道（gullet）。

Oolitic（魚卵状）——第二紀〔中生代〕岩石の大統で、そのあるものの構造が小さな卵状の石灰質塊で化粧したように見えるのでこうよばれる。〔鮞《じ》状ともいい、石灰岩、鉄鉱、珪質岩に多く、微細な異物を核とした化学的沈殿作用でできる。〕

Operculum（貝蓋）——多くの軟体動物にある貝の開口部を閉じる石灰質の板。蔓脚類の蓋弁はこれで殻の開口部を閉じる。〔へたあるいはふたともいう。operculum という語はこのほかウズマキゴカイの殻蓋、カブトガニの蓋板、ヒドラの刺胞蓋、朔の蘚蓋、ツボカビや子嚢菌の蓋など様々な生物の構造的に蓋となる器官に適用される。〕

Orbit（眼球孔）——眼を受けるための骨の凹み。〔眼窩ともいう。〕

Organism（生物）——植物あるいは動物どちらかの有機的生物。〔有機体ともいう。〕

Orthospermous（直種）——真直な種子をもつセリ科の実に用いられる言葉。

Osculant（中間形）——二つの群の間の明らかな中間形態あるいは中間群でそれら二群を連結するものを中間形という。

Ova（卵）——たまご〔Ovum の複数で卵子、卵細胞の意。〕

Ovarium or Ovary（in plants）（子房）——花の雌蕊すなわち雌性器官の下部で胚珠または初期の種子を包蔵する。花の他の器官が落ちた後の生長によってそれは通常果実となる。〔動物では卵巣の意。〕

Ovigerous（負卵）——卵を保持すること。〔担卵ともいう。〕

Ovules（of plants）（胚珠）——初期状態の種子。〔動物では卵子あるいは卵細胞の意。〕

Pachyderms（厚皮獣）——哺乳類の一群で厚い皮膚をもつところからこういう。象、サイ、カバ等を含む。

Palaeozoic（古生代）——化石含有岩の最古の系。〔現在は古生代より前の先カンブリア代からも化石が発見されている。〕

Palpi（触鬚）——昆虫類および甲殻類における口器の部分に附属している接合器官で口には属さない。〔多くの動物のひげをpalpという。〕

Papilionaceae（蝶形花類）——植物の一目（マメ類を見よ）。これらの植物の花は広がった上部花弁が蝶の翅を想像させることから蝶形花冠（papilionaceous）すなわち蝶のような、とよばれる。〔マメ科植物の旧称。〕

Parasite（寄生生物）——他の有機体の外部または内部でそれを犠牲にして生活する動物または植物。

Parthenogenesis（単為生殖）——受精していない卵または種子から生物が生じること。〔単為発生ともいう。〕

Pedunculated（花柄に生じる）——茎あるいは軸に支えられていること。花柄のあるナラ・カシ類はそのどんぐりを花柄の上に生じる。

Peloria or Pelorism（正化）——通常は不規則な花をつける植物が規則正しい構造の花をつけること。〔ペロリア化ともいう。〕

Pelvis（骨盤）——脊椎動物の後肢が関節接合している半円形の太い骨。

Petals（花弁）——花冠の各片で花の器官の第二の輪環。通常繊

細な組織と鮮やかな色彩をもつ。

Phyllodineous（仮葉のある）——真の葉の代わりに偏平な葉状の小枝または葉柄をもつこと。

Pigment（色素）——一般に動物の表面に生じる着色物質。それを分泌する細胞を色素細胞という。

Pinnate（羽状）——中央の葉柄の両側に小葉を生じること。

Pistils（雌蕊）——花の各器官の中央にある雌性器官。雌蕊は通常子房すなわち生殖質、花柱および柱頭に分けられる。

Placentalia, Placentata, or Placental Mammals（有胎盤類あるいは有胎盤動物）——哺乳類を見よ。

Plantigrades（蹠行性動物）——クマのように足裏全体をつけて歩く四足獣。

Plastic（可塑性）——容易に変化し得ること。

Pleistocene Period（更新紀）——第三世（Tertiary epoch）の最後の区分。〔period（紀）はepoch（世）よりも大きいのでPleistocene（epoch）（更新世）およびTertiary（period）（第三紀）というのが正しい。また現在の区分では更新世は第四紀の前期である。〕

Plumule（in plants）（幼芽）——発芽した植物の間の微小な芽。

Plutonic Rocks（深成岩）——地殻の深い所で火成作用によって生成されたと想像される岩石。

Pollen（花粉）——顕花植物の雄性要素。通常葯によって生成される微細な粉で、柱頭との接触によって種子の受精作用をひきおこす。この受精は、柱頭に附着する花粉粒から出て組織を貫通し子房にまで達する管（花粉管）によって運

ばれる。

Polyandrous（flowers）（多雄蕊の）――多くの雄蕊をもった花。

Polygamous Plants（雑性花植物）――ある花は単性花で他の花は両性花である植物。単性（雄性および雌性）花は同じ植物上にある場合と違う植物上にある場合がある。〔雑居花植物ともいう。〕

Polymorphic（多形的）――多くの形態を現すこと。

Polyzoary（コケムシ群体）――よく知られた sea-mat〔コケムシ綱フルストラ（Flustra）〕のような、コケムシ類の虫室によって形成された通常の構成物。〔コケムシは触手動物門の一綱とされてきたが、現在は独立の外肛動物門とする。〕

Prehensile（把握力のある）――掴むことができる。

Prepotent（優勢な）――優越した能力をもつこと。

Primaries（初列風切羽）――鳥の翼の先端を形成する羽で、人間の手に相当する部分に差し込まれている。

Processes（突起）――骨の突出部で、普通筋肉、靱帯等が附着する。

Propolis（蜂ろう）――ミツバチが様々な木の開いている芽から集める樹脂性物質。

Protean（形態を種々に変える）――極めて変化し易いこと。

Protozoa（原生動物）――動物界の最下等の大部門。これらの動物はゼラチン質の物質から成り、ほとんど明確な器官の形跡を示さない。浸滴虫類、有孔虫類、海綿動物が他の幾つかの形態とともにこの部門に属する。〔海綿動物は現在は海綿動物門として原生動物とは別に扱われている。〕

Pupa（複数 Pupae）（蛹）――昆虫類の発生の第二段階で、さなぎから完全な（羽化）生殖形態が出てくる。大抵の昆虫では蛹期は完全な休眠状態にある。蝶蛹（chrysalis）は蝶の蛹期である。

Radicle（幼根）――植物の胚の微小な根。

Ramus（下顎枝）――哺乳類における下顎の片方。頭骨と関節接合している部分を上昇枝（ascending ramus）という。

Range（分布範囲）――植物あるいは動物が自然に拡散した地域の広がり。分布範囲は同時に地殻の化石含有層をとおしての種あるいは群の分布も表す。

Rentina（網膜）――眼の繊細な内層で視神経が広がった神経繊維で形成され、光によってつくられる像を知覚する役をする。

Retrogression（退化）――逆方向への発達。動物が成熟したとき、それが初期段階で期待されたよりも不完全な有機構造であれば、後退的発達あるいは後退的変態を受けたといわれる。

Rhizopods（根足虫類）――下等な生物体（原生動物）の一綱で、ゼラチン質の体をもち、表面から根のような突起あるいは細糸を出すことができ、それは移動と食物の捕捉の役をする。最も重要な目は有孔虫類である。

Rodents（齧歯類）――ネズミ、ウサギおよびリスのようなかじる性質の哺乳類。それらは特にそれぞれの顎に一対のみのような鋭い歯をもち、その歯と臼歯との間は大きく開いているのが特徴である。〔ウサギは齧歯目とは別のウサギ目として分類される。〕

Rubus（キイチゴ属）――キイチゴ類（Bramble）の属。

Rudimentary（痕跡的）――非常に不完全な発達。

Ruminants（反芻類）――牛類、羊、および鹿のような反芻、すなわち食い戻したものを噛む四足獣の一群。分かれたひづめをもち、上顎の前歯がない。

Sacral（仙骨の）――仙骨、すなわち脊椎動物の骨盤に附着している脊椎が通常二つあるいは三つ結合してできた骨に属すること。

Sarcode（肉様質）――最下等動物（原生動物）の体を構成するゼラチン質の物質。〔原形質(protoplasm)の旧称で主に動物体の原形質に適用した。原形質はすべての生物細胞を構成している。〕

Scutellae（角鱗）――一般に鳥の足、特に前部を多少とも覆っている角質の板。

Sedimentary Formations（堆積累層）――水中の沈殿物として堆積した岩。

Segments（体節）――体節動物あるいは環形動物の体を構成している横に並んだ環状の節。〔環節ともいう。〕

Sepals（萼片）――萼の葉あるいは小片、すなわち普通の花の一番外側の覆い。通常緑色であるが時には鮮やかな色彩をもつ。

Serratures（鋸歯状）――鋸の歯のようになっているもの。

Sessile（無柄の）――茎あるいは柄に支えられていないこと。

Silurian System（シルル系）――化石含有岩の非常に古代の系で古生統（Palaeozoic series）の初期のほうの部分に属する。〔年代層序区分と岩相層序区分の区別がはっきりしていなかったので、統(series)という語はしばしば層群(group)あるいは累層（formation）と同じ意味で用いられた。〕

Specialisation（特殊化）――特殊な機能を果たすために特殊な器官を別個に固定すること。〔特化ともいう。〕

Spinal Chord（脊髄）――脊椎動物の神経系の中央に位置し、脳から出て脊椎骨のアーチをとおり、体の様々な器官のほとんどすべての神経を出す。

Stamens（雄蕊）――顕花植物の雄性器官で、花弁の中に輪状に立っている。通常花糸と葯から成り、葯は花粉すなわち受精能力をもつ粉を形成する重要な部分である。

Sternum（胸骨）――胸の骨。

Stigma（柱頭）――顕花植物の雌蕊の頂端部。

Stipules（托葉）――多くの植物の葉柄の基部にある小さな葉状器官。〔葉柄の上部にある場合もある。〕

Style（花柱）――完全な雌蕊の中央部に位置し、子房から柱状に起立し、その頂上に柱頭を支えている。

Subcutaneous（皮下にある）――皮膚の下に位置する。

Suctorial（吸収に適した）――吸うこと（sucking）に適応した。

Sutures（in the skull）（縫合）――頭蓋を構成する骨と骨の間

の接合線。

Tarsus（複数 Tarsi）（跗節）——昆虫のような体節動物の関節接合した肢。

Teleostean Fishes（硬骨魚類）——今日我々に身近かな種類の魚で、通常完全に硬化した骨格と角質の鱗をもつ。〔硬骨魚類の中の真骨類（Teleostei）をいうこともある。〕

Tentacula or Tentacles（触手）——下等動物の多くがもっている纖細な肉質の捕捉または接触の器官。

Tertiary（第三紀）——最近代の地質期で事象の現在の秩序が確立する直前の時代。

Trachea（気管）——肺に空気を入れるための気管（windpipe）すなわち通路。

Tridactyle（三指の）——三指の（three-fingered）、すなわち共通の根元に附着した三つの動かすことができる部分から構成される。

Trilobites（三葉虫）——絶滅した甲殻類の特異な一群で、外形が幾らかワラジムシ類に似ており、それらのあるもののように体を丸めて球状にすることができる。遺体は古生代岩層のみに発見され、シルル期（Silurian age）に最も豊富である。

Trimorphic（三形性の）——三つの異なった形態を現すこと。

Umbelliferae（セリ科）——植物の一目（order）で花は五つの雄蕊と二つの花柱をもつ一つの雌蕊をもち、花は花茎の頂上から分かれ傘の骨のように広がった花柄に支えられている。従って同じ花序（繖形花序）のすべての花はほとんど同じ高さとなっている。（例えばパセリ、ニンジン）。〔本書では現在の科に相当する分類段階にしばしば目という語を用いている。〕

Ungulata（有蹄類）——ひづめをもった四足獣。

Unicellular（単細胞の）——単一の細胞から成ること。

Vascular（脈管）——血管を含んでいる。

Vermiform（虫形）——蛆虫のようであること。〔虫様ともいう。〕

Vertebrata; or Vertebrate Animals（脊椎動物）——動物界の最高部門で、大抵の場合、背骨が多くの関節、すなわち脊椎で構成されていることからこうよばれ、脊椎は骨格の中心を構成し、同時に神経系の中心部を支え、保護する。

Whorls（輪生）——植物の部分が生長軸上で円環あるいは渦巻状に配列すること。

Workers（職虫）——中性虫を見よ。〔働き蟻あるいは働き蜂ともいう。〕

Zoëa-stage（ゾエア期）——多くの高等甲殻類の発生の最初の段階で、これらの幼生が特異な一属を構成すると想像されていたときに適用された Zoëa の名からこうよばれる。〔現在ではゾエア期はプロトゾエア、ゾエア、およびメタゾエアの三期に区分されている。〕

Zooids（個虫）――多くの下等動物（サンゴ、クラゲ等のような）では繁殖は二つの方法で行われる。すなわち卵による方法と出芽過程による方法である。後者はそれを生じた親から離れる場合と離れない場合があり、卵から生じたものとは非常に異なっている。種の個体としての存在は両性の生殖によって生じた形態の全体によって表され、外見上個々の動物のように見えるこれらの形態は個虫といわれてきた。

原著第六版における増補と訂正の内容

この最新版では、根拠がいくらか強化されたり、逆に薄弱になったりしたため、様々な課題に対して細かいながらもおびただしい数の訂正を施した。この課題に興味を持ち、すでに第五版を所有している読者の便宜のために、この版で行った主要な訂正と補足を表にまとめた。第二版は初版とほとんど変わっていない。第三版はかなり訂正し補足もした。そして第四版と第五版はさらに大きく変わっている。この最新版が海外に送られたときのために、海外版の状態を明記しておくのは有用と思われる。フランス語第二版およびドイツ語第二版は第三版によるものであり、若干第四版から補足している。新しいフランス語第四版はコロネル・ムリニエ（Colonel Moulinje）によって翻訳されることになっているが、前半は第五版、後半は最新版の内容となっている。ヴィクトル・カルス（Victor Carus）教授監修によるドイツ語第三版は第四版からのものであり、同じ翻訳者によるドイツ語第五版はこの第六版から翻訳される。アメリカ版第二版は第二版によっており、若干第三版から補足されている。アメリカ版第三版は第五版から印刷されている。イタリア語版は第三版からのものであり、オランダ語版と三つのロシア語版は第二版からのものであり、スウェーデン語版は第五版から翻訳されている。

第五版（頁）	第六版（頁）	主要な補足と訂正
100	63	自然淘汰における偶発的絶滅の影響
158	94	種的形質の収斂について
220	132	ラプラタの土に穴を掘るキツツキについての説明を改変
225	136	目の変異について
230	140	生殖期間が早くなったり遅くなったりすることを通しての変容
231	140	魚類の電気器官の説明を追加
233	142	頭足類と脊髄動物の目の相似的類似について

234	143	コナダニ科の毛把握器の可能な利用法
248	152	ガラガラヘビの発音器の可能な利用法
248	152	人間の目の不完全に関するヘルムホルツの説明
255	156	この新しい章の最初の部分は、前の版の第四章から抜き出した部分をかなり改変した状態にしている。その後の大部分は、新しく書き加えたもので、有用な構造の初期段階に対して自然淘汰は無能だと想定されることを主に説明する。さらに、自然淘汰を通して有用構造を獲得するのを妨げる多くの事例の原因について検討する。最後に、飛躍的な突然の変容を信じない理由が述べられる。しばしば機能の変化も伴う特性の漸次的変化もここで附随的に考察される。
268	200	乳兄弟を常習的に巣から追い出してしまうカッコウの雛について説明
270	200	カッコウのような習性をもつコウウチョウ属について
307	224	繁殖能力のある蛾の雑種について
319	232	自然淘汰による強化と変容を通して獲得されるのではない雑種の繁殖性に関する検討
326	235	雑種の不稔性の原因について補足と訂正
377	267	白亜層で発見されたピルゴマ
402	283	現存するグループを結びつける絶滅形態
440	308	渡り鳥の脚に付着している土壌
463	322	淡水魚ガラクシアヌス属の一種の、広い地理的分布について
505	350	相似的類似に関する検討を拡大、改変
516	358	有袋類の脚の相同的構造
518	361	連続的相同性について訂正
520	362	形態学についてのE・レイ・ランケスター氏の説明
521	363	キロノムス属の無性繁殖について
541	377	退化部分の起源について、を訂正
547	381	雑種の不稔性についての要約を訂正
552	384	カンブリア系の下に化石が存在しないことについての要約を訂正
568	395	本書で常に主張してきた、主の変容における排他的作用でない自然淘汰
572	398	ごく最近まで種の分離的創造が博物学者によって信じられてきたこと

訳者あとがき

本書はチャールズ・ダーウィン（Charles Robert Darwin, 一八〇九―一八八二）の『種の起原』第六版（一八七二）（原題は The Origin of Species by Means of Natural Selection, or the Preservation of Favoured Races in the Struggle for Life）の訳である（ちなみに、第一版から第五版（一八六九）までの原著のタイトルには最初に "On" が付いていたが、第六版ではなくなっている）。

ダーウィンによる「種の起原」の発表はその後の世界にきわめて大きな影響を与え、本書は長い人類の歴史の中でも最も重要な著作の一つに数えられている。しかしこれほど有名な書物でありながら、その内容を十分に理解している人はきわめて少ないのが実情である。

ダーウィンの種の起原に対する考えは「自然淘汰あるいは適者生存による生物の漸次的変化」を基本とするものであるが、一八五九年の初版発行以来、ダーウィンに寄せられた様々な批判や反論は彼を大いに苦しませた。しかし一方では、これらの反論は彼の考えを、必ずしも自然淘汰説のみでなく、他の進化要因も認めた幅の広い一層深みのあるものにさせたのである。そして何度かの改訂作業の後に大幅な改訂を行って発表したのが本書である。ダーウィンはその後も幾つかの著作を発表しているが、種の起原に関してはこれが最後の出版となった。故に第六版はダーウィンの種の起原に関する最終的な考え方を表明したものとなっており、さらに公平でしかも固定した観念にとらわれない彼のきわめて柔軟な思考方法をよく表した内容となっている。もちろん、ダーウィンの考えは現在の科学水準から見れば多くの誤りがあり、言葉の使い方からは、その当時の欧州で普通であった南米やアフリカの住民に対する偏見もうかがえるが、これらの点を差し引いても本書を読む価値はきわめて高いと断言できる。

ところで、私の父、堀伸夫は一九四七年に本書を初めて翻訳し、一九五八年に改訳を行ったが、その後も新たな改訳を行いたい希望を持っていた。しかしその願いも果たせぬまま亡くなったため、私がその遺志を引き継ぎ、一九八八年に大幅な改訳作業を行って出版した。このたび朝倉書店から新たな版として出版されることとなったが、訂正は重要と考えるわずかな部分にとどめた。

最後に、本書の発行に惜しみないご協力を賜った朝倉書店の方々に厚く御礼申し上げる。

二〇〇九年三月

堀　大才

訳者略歴

堀　伸夫（ほり　のぶお）

1909年　広島県に生まれる
1932年　京都帝国大学文学部哲学科卒業
1935年　東北帝国大学理学部物理学科卒業
1948年～1979年　日本大学理工学部教授
1986年　逝去
　理学博士
主な著作　科学と宗教（槇書店）、ニュートン著「光学」（訳，槇書店）

堀　大才（ほり　たいさい）

1947年　東京都に生まれる
1970年　日本大学農獣医学部林学科卒業
2005年～現在　特定非営利活動法人樹木生態研究会代表理事
主な著作　樹木医完全マニュアル（牧野出版）、図解樹木の診断と手当て（共著、農山漁村文化協会）

チャールズ・ダーウィン
種の起原（原書第6版）　定価はカバーに表示

2009年5月10日　初版第1刷
2018年5月25日　　　第5刷

訳者　堀　伸夫
　　　堀　大才
発行者　朝倉誠造
発行所　株式会社　朝倉書店
東京都新宿区新小川町6-29
郵便番号　162-8707
電話　03(3260)0141
FAX　03(3260)0180
http://www.asakura.co.jp

〈検印省略〉

新日本印刷・渡辺製本

ISBN 978-4-254-17143-3　C 3045　Printed in Japan